Zeichen	Bedeutu
Algebra	
sgn	signum,
$\|a\|$	Betrag v
$n!$	n Fakultät ($n! = 1 \cdot 2 \cdot 3 \cdot \cdots \cdot n$)
$\binom{n}{p}$	n über p, Binomialkoeffizient, z. B. $\binom{5}{3} = \frac{5 \cdot 4 \cdot 3}{1 \cdot 2 \cdot 3} = 10$
$\sum_{n=1}^{m} a_n$	Summe aller a_n für $n = 1$ bis $n = m$ $\left(\sum_{n=1}^{m} a_n = 1 + 2 + 3 + \cdots + a_m\right)$
$\prod_{n=1}^{m} a_n$	Produkt aller a_n für $n = 1$ bis $n = m$ $\left(\prod_{n=1}^{m} a_n = 1 \cdot 2 \cdot 3 \cdot \cdots \cdot a_m\right)$
a^n	n-te Potenz von a, z. B. $2^4 = 2 \cdot 2 \cdot 2 \cdot 2 = 16$
$\sqrt{\ }$; $\sqrt[n]{\ }$	(Quadrat-) Wurzel aus, n-te Wurzel aus
$(a_{ik}) = \boldsymbol{A}$	Matrix aus den Elementen a_{ik}
$\begin{pmatrix} a_{11} & a_{12} & \cdots & a_{1n} \\ \cdots & & & \\ a_{m1} & a_{m2} & \cdots & a_{mn} \end{pmatrix} = (a_{ik})_{m,n}$	Matrix vom Typ m, n
$\boldsymbol{0}$	Nullmatrix
$\boldsymbol{A}^{-1}$	inverse Matrix
A, det $\boldsymbol{A}$, $\|\boldsymbol{A}\|$, Δ	Determinante der quadratischen Matrix $\boldsymbol{A}$
$\begin{vmatrix} a_{11} & a_{12} & \cdots & a_{1n} \\ \cdots & & & \\ a_{n1} & a_{n2} & \cdots & a_{nn} \end{vmatrix} = \|a_{ik}\|$	n-reihige Determinante
Komplexe Zahlen	
i oder j	imaginäre Einheit ($j^2 = -1$)
$z = a + jb$	komplexe Zahl in arithmetischer Form
Re z	Realteil der komplexen Zahl z
Im z	Imaginärteil der komplexen Zahl z
$\bar{z} = a - jb$	konjugiert komplexe Zahl zu z
$\|z\|$	Betrag von z $\left(\|z\| = \sqrt{a^2 + b^2} = r\right)$
arg z	Argument der komplexen Zahl z (Winkel $\measuredangle \varphi$)

BARTSCH · MATHEMATISCHE FORMELN

MATHEMATISCHE FORMELN

Von Dr.-Ing. HANS-JOCHEN BARTSCH

23. Auflage

Mit 397 Bildern

FACHBUCHVERLAG LEIPZIG

Bartsch, Hans-Jochen: Mathematische Formeln / von Hans-Jochen Bartsch. – 23. Aufl. – Leipzig: Fachbuchverl., 1991 – 580 S.: 397 Bild.

ISBN 3-343-00746-3

23. Auflage
Registriernummer 114-210/17/91
LSV 1017
Verlagslektor: Helga Fago
Printed in Germany
Satz: Druckhaus Maxim Gorki-Druck GmbH, Altenburg, 7400
Druck und Binden: Graphischer Großbetrieb Pößneck GmbH
Ein Mohndruck-Betrieb

Vorwort

Nur sichere, gut fundierte mathematische Kenntnisse befähigen die Ingenieure, Konstrukteure, Physiker, Naturwissenschaftler und Ökonomen, jederzeit dem Tempo des technischen Fortschritts und der gestiegenen ökonomischen Erfordernisse folgen zu können. Voraussetzung dafür ist vor allem eine gute mathematische Grundausbildung in allen Lehreinrichtungen und die stetige Verfügbarkeit dieses Wissens im praktischen Einsatz. Die Ausbildung in dieser Richtung zu fördern und das erworbene Rüstzeug griffbereit zu erhalten ist das Ziel auch dieser Formelsammlung.
Sie wendet sich in erster Linie an Studenten, aber auch für Oberschüler und Teilnehmer an Weiterbildungskursen kann das Buch eine wertvolle Hilfe sein.
Es ist verständlich, daß nicht jedes Spezialgebiet aufgenommen werden konnte. Der Rahmen der Formelsammlung — er erstreckt sich von den Grundrechenarten und der mathematischen Logik über die Geometrie und Infinitesimalrechnung bis zu den Reihen, der Wahrscheinlichkeitsrechnung, der linearen Optimierung bis zur LAPLACE-Transformation — scheint jedoch weit genug gespannt zu sein, um den Ansprüchen breiter Interessengruppen zu genügen. Gegenüber den bisherigen Auflagen wurde mit der Neubearbeitung der Inhalt sogar etwas erweitert.
Die verschiedenen Darstellungs- und Beschreibungsmethoden für den gleichen Aufgabenkreis wurden zusammengefaßt, wie z. B. Vektorrechnung und Analytische Geometrie. Dadurch werden Dopplungen vermieden, und der Benutzer wird zum Bedenken weiterer mathematischer Möglichkeiten angeregt.
Vergleicht man vorherige Auflagen mit der jetzigen, so wird deutlich, daß auch die Mathematik einer ständigen Vervollkommnung und Erhöhung der Exaktheit der Darstellung unterliegt. Dieser Tatsache wurde mit dieser Neuauflage weitgehend Rechnung getragen. Wir möchten aber zu bedenken geben, daß Verlag und Autor mit der Herausgabe dieser Formelsammlung kein Lehrbuch schaffen wollten, weil weder alle Zusammenhänge darstellbar sind noch Beweise Platz finden konnten.
Es wurde weiterhin besonderer Wert auf ein ausführliches, redundant aufgebautes Sachwortverzeichnis und eine klare, übersichtliche Gliederung gelegt. Durch zahlreiche Beispiele soll das Verständnis der abstrakten mathematischen Formeln erleichtert wer-

den, Erläuterungen mögen den Benutzer zu eigenem schöpferischem Anwenden der Mathematik anregen

Für wertvolle Hinweise bei der Manuskripterarbeitung danken wir Herrn Dipl.-Ing. Ronald-Ulrich Schmidt.

Verfasser und Verlag

Inhaltsverzeichnis

1. Mathematische Zeichen und Symbole

Zeichen	Bedeutung, Sprechweise
Mathematische Logik, Aussagen	
w, f	Konstante wahr, falsch
$\bar{a}$, $\sim a$, a', $\neg a$	a quer, a nicht (Negation)
non a	Komplement $x \in \bar{A} \leftrightarrow x \notin A$
$\rightarrow$, seq $(A_1 A_2)$	aus A_1 folgt A_2; „wenn A_1, so (muß) A_2" aber „wenn A_2, so kann A_1" A_1 hinreichende Bedingung für A_2, A_2 notwendige Bedingung für A_1 (Implikation)
$\leftrightarrow$, äqu $(A_1 A_2)$	A_1 und A_2 sind gleichwertige Aussagen (Äquivalenz)
$\rightarrowtail\!\!\!\leftarrow$, $A_1 \rightarrowtail\!\!\!\leftarrow A_2$, $A_1 \oplus A_2$	A_1 und A_2 schließen einander aus (Antivalenz)
$\vee$, $+$,	vel, ODER (Disjunktion), z. B. $A_1 + A_2 = (A_1$ oder auch $A_2)$
$\wedge$, $\cdot$, &	et, UND, auch ohne Rechenzeichen (Konjunktion)
$\exists$	Existentialquantor (es gibt ein . . .)
$\forall$	Allquantor (für alle . . .)
$\overset{\text{Def}}{=}$, $=_{\text{Def}}$	bedeutet nach Definition
$:=$, $\Leftarrow$	ergibt, z. B. Datenflußplan $i := i + 1$
$\mapsto$	abgebildet auf
Ordnungszeichen, Gleichheit, Ungleichheit	
$\ldots$	und so weiter (bis)
$a_1, a_2, \ldots, a_n$	a eins, a zwei usw. bis a n
(), [], {}, $\langle\rangle$	runde, eckige, geschweifte, spitze Klammer auf, zu
$=$	gleich
$\neq$	nicht gleich, ungleich, z. B. $2 \neq 5$
$\sim$	proportional, ähnlich, äquivalent
$\approx$	angenähert, rund, etwa, ungefähr
$\cong$	kongruent
$\triangleq$	entspricht, z. B. $180° \triangleq \pi$

Zeichen	Bedeutung, Sprechweise
$<$	kleiner als, z. B. $3 < 4$
$>$	größer als, z. B. $-1 > -5$
$\leqq$	kleiner, gleich; nicht größer als, z. B. $a \leqq 9 \Rightarrow (-\infty, 9\rangle$
$\geqq$	größer, gleich; nicht kleiner als, z. B. $a \geqq -3 \Rightarrow \langle -3, +\infty)$
$\ll$	klein gegen
$\gg$	groß gegen

Elementare Rechenoperationen

$+$	plus
$-$	minus
$\cdot$, $\times$	mal
:, /, —	geteilt durch, zu, z. B. $12:3 = \frac{12}{3} = 12/3 = 4$
$\mid$	teilt, ist Teiler von, z. B. $6 \mid 18$
$\nmid$	teilt nicht, z. B. $6 \nmid 19$
%	Prozent
‰	Promille

Exponential- und Logarithmusfunktion

exp	Exponentialfunktion zur Basis e, z. B. $\exp x = e^x$
log	Logarithmus (allgemein)
$\log_a$	Logarithmus zur Basis a
lg	Zehnerlogarithmus (Basis 10)
ld	Zweierlogarithmus, dyadischer Logarithmus (Basis 2)
ln	natürlicher Logarithmus (Basis e)
M	Modul, ($M = \lg e = 0{,}43429448\ldots$) ($1/M = \ln 10 = 2{,}30258509\ldots$)

Trigonometrische und Hyperbelfunktionen sowie deren Umkehrungen

sin	Sinus
cos	Cosinus
tan	Tangens
cot	Cotangens
sec	Sekans
cosec	Cosekans

Zeichen	Bedeutung, Sprechweise
arcsin	Arcussinus
arccos	Arcuscosinus
arctan	Arcustangens
arccot	Arcuscotangens
sinh	Hyperbelsinus
cosh	Hyperbelcosinus
tanh	Hyperbeltangens
coth	Hyperbelcotangens
arsinh	Areasinus
arcosh	Areacosinus
artanh	Areatangens
arcoth	Areacotangens

Griechisches Alphabet

Buchstabe groß	Buchstabe klein	Benennung	Buchstabe groß	Buchstabe klein	Benennung
A	α	Alpha	N	ν	Ny
B	β	Beta	Ξ	ξ	Xi
Γ	γ	Gamma	O	o	Omikron
Δ	δ	Delta	Π	π	Pi
E	ε	Epsilon	P	ϱ	Rho
Z	ζ	Zeta	Σ	σ	Sigma
H	η	Eta	T	τ	Tau
Θ	ϑ	Theta	Y	υ	Ypsilon
I	ι	Jota	Φ	φ	Phi
K	$\varkappa$	Kappa	X	χ	Chi
Λ	λ	Lambda	Ψ	ψ	Psi
M	μ	My	Ω	ω	Omega

Vergrößerungs- und Verkleinerungsvorsätze

10^1	Deka	da	10^{-1}	Dezi	d
10^2	Hekto	h	10^{-2}	Zenti	c
10^3	Kilo	k	10^{-3}	Milli	m
10^6	Mega	M	10^{-6}	Mikro	μ
10^9	Giga	G	10^{-9}	Nano	n
10^{12}	Tera	T	10^{-12}	Piko	p
10^{15}	Peta	P	10^{-15}	Femto	f
10^{18}	Exa	E	10^{-18}	Atto	a

Häufig gebrauchte Zahlen und ihre dekadischen Logarithmen
(aus Müller, Logarithmentafeln)

	n	$\lg n$
π	3,1416	0,49715
2π	6,2832	0,79818
3π	9,4248	0,97427
4π	12,566	1,09921
$\frac{\pi}{2}$	1,5708	0,19612
$\frac{\pi}{3}$	1,0472	0,02003
$\frac{2\pi}{3}$	2,0944	0,32106
$\frac{4\pi}{3}$	4,1888	0,62209
$\frac{\pi}{4}$	0,78540	0,89509 − 1
$\frac{\pi}{6}$	0,52360	0,71900 − 1
π^2	9,8696	0,99430
$4\pi^2$	39,478	1,59636
$\frac{\pi^2}{4}$	2,4674	0,39224
π^3	31,006	1,49145

	n	$\lg n$
$\frac{\pi}{360}$	$8{,}7266 \cdot 10^{-3}$	$0{,}94085 - 3$
$\frac{2\pi}{360} = \frac{\pi}{180}$	$1{,}7453 \cdot 10^{-2}$	$0{,}24188 - 2$
$\text{arc } 1' = \frac{\pi}{180 \cdot 60}$	$2{,}9089 \cdot 10^{-4}$	$0{,}46373 - 4$
$\text{arc } 1'' = \frac{\pi}{180 \cdot 60 \cdot 60}$	$4{,}8481 \cdot 10^{-6}$	$0{,}68557 - 6$
$1 \text{ rad}; \varrho^\circ = \frac{360}{2\pi} = \frac{180}{\pi}$	$57{,}296$	$1{,}75812$
$\varrho' = \frac{360 \cdot 60}{2\pi}$	$3437{,}7$	$3{,}53627$
$\varrho'' = \frac{360 \cdot 60 \cdot 60}{2\pi}$	$2{,}0626 \cdot 10^{5}$	$5{,}31443$
$\frac{1}{\pi}$	$0{,}31831$	$0{,}50285 - 1$
$\frac{1}{2\pi}$	$0{,}15915$	$0{,}20182 - 1$
$\frac{1}{4\pi}$	$7{,}9577 \cdot 10^{-2}$	$0{,}90079 - 2$
$\frac{3}{4\pi}$	$0{,}23873$	$0{,}37791 - 1$
$\frac{1}{\pi^2}$	$0{,}10132$	$0{,}00570 - 1$
$\frac{1}{4\pi^2}$	$2{,}5330 \cdot 10^{-2}$	$0{,}40364 - 2$
$\sqrt{\pi}$	$1{,}7725$	$0{,}24857$
$2\sqrt{\pi}$	$3{,}54491$	$0{,}54960$
$\sqrt{2\pi}$	$2{,}5066$	$0{,}39909$
$\sqrt{\frac{\pi}{2}}$	$1{,}2533$	$0{,}09806$

Häufig gebrauchte Zahlen und ihre dekadischen Logarithmen

	n	$\lg n$
$\frac{1}{\sqrt{\pi}}$	0,56419	0,75143 − 1
$c = \frac{2}{\sqrt{\pi}}$	1,1284	0,05246
$\frac{1}{c} = \frac{\sqrt{\pi}}{2}$	0,88623	0,94754 − 1
$c_1 = \sqrt{\frac{40}{\pi}}$	3,5682	0,55246
$\sqrt{\frac{2}{\pi}}$	0,79788	0,90194 − 1
$\pi\sqrt{2}$	4,4429	0,64766
$\pi\sqrt{3}$	5,4414	0,73571
$\frac{\pi}{\sqrt{2}}$	2,2214	0,34663
$\frac{\pi}{\sqrt{3}}$	1,8138	0,25859
$\sqrt[3]{\pi}$	1,4646	0,16572
e	2,7183	0,43429
e^2	7,3891	0,86859
$M = \lg e$	0,43429	0,63778 −1
$\frac{1}{M} = \ln 10$	2,3026	0,36222
$\frac{1}{e}$	0,36788	0,56571 − 1

	n	$\lg n$
$\frac{1}{e^2}$	0,135 34	0,131 41 − 1
e^{π}	23,141	1,364 38
$\sqrt{e}$	1,648 7	0,217 15
g	9,806 65	0,991 52
g^2	96,170	1,983 04
$\frac{1}{g}$	0,101 97	0,008 48 − 1
$\frac{1}{2g}$	$5{,}0986 \cdot 10^{-2}$	0,707 45 − 2
$\frac{1}{g^2}$	$1{,}0398 \cdot 10^{-2}$	0,016 96 − 2
$\sqrt{g}$	3,131 6	0,495 76
$\sqrt{2g}$	4,428 7	0,646 28
$\pi\sqrt{g}$	9,838 1	0,992 91
$\frac{1}{\sqrt{g}}$	0,319 33	0,504 24 − 1
$\frac{\pi}{\sqrt{g}}$	1,003 2	0,001 39
$\frac{2\pi}{\sqrt{g}}$	2,006 4	0,302 42
$\sqrt{2}$	1,414 2	0,150 51
$\sqrt{3}$	1,732 1	0,238 56
$\frac{1}{\sqrt{2}}$	0,707 11	0,849 49 − 1
$\frac{1}{\sqrt{3}}$	0,577 35	0,761 44 − 1

2. Mathematische Logik

2.1. Aussagenlogik

2.1.1. Allgemeines

Ein *Ausdruck* ist eine endliche *Zeichenreihe* (*Wort*) mit *aussagenlogischen Variablen* (Boolesche *Variablen*), der mittels *Funktoren* (aussagenlogische Konstanten, *Junktoren*) und technischen Zeichen gebildet wird (*Aussageform*).

Eine aussagenlogische Variable ($a, b, x_1, \ldots$) ist ein Zeichen, dem nur die Werte 0 und 1 aus dem zweiwertigen Alphabet {0, 1} zugeordnet werden können (*Belegung* der Variablen).

Die Aussageform wird zur *Aussage*, indem die Variablen belegt werden und entsprechend der objektiven Realität bzw. auf Basis der den Junktoren zugeordneten Wahrheitsfunktionen der Wahrheitsgehalt ermittelt wird. Ein Ausdruck mit n Variablen wird dabei zur n-stelligen *Wahrheitswertfunktion* F (Boolesche Funktion), wenn den n-Tupeln von Elementen aus {0, 1} ein Wert aus {0, 1} zugeordnet wird.

Daraus folgt: Eine Aussage ist entweder wahr (w) oder falsch (f) (Satz der *Zweiwertigkeit*), eine dritte Aussage, etwa w **und** f, ist ausgeschlossen (ausgeschlossener Widerspruch).

Darstellung:

Zweiwertiges Alphabet {0, 1} oder {0, L}
wahr = 1, falsch = 0

Bei n Variablen sind 2^n Belegungen möglich, z. B. bei 2 Variablen 00, 01, 10, 11, die wiederum wahr oder falsch sein können. Es gibt also genau 2^{2^n} Boolesche Funktionen mit n Variablen (*lexikographische Ordnung*).

Die 4 Wahrheitswerte F(w, w), F(w, f), F(f, w), F(f, f) heißen *kanonisches Quadrupel*.

Darstellungen:

Boolesche Funktion F_n^k	k Anzahl der Variablen n dezimale Äquivalente der Belegung

Wahrheitstafel, logische Matrix

x_1	x_2	Aussage (z. B. x_1x_2)
0	0	0
0	1	0
1	0	0
1	1	1

F	Aussage (z. B. x_1x_2)
$F_0^2 = F(\mathrm{f}, \mathrm{f})$	0
$F(\mathrm{f}, \mathrm{w})$	0
$F(\mathrm{w}, \mathrm{f})$	0
$F(\mathrm{w}, \mathrm{w})$	1

Aussagenlogische *Funktoren*:

$\sim$	$\wedge$	$\vee$	$\rightarrow$	$\leftrightarrow$
non	et	vel	seq	äq

Die Bindung im Ausdruck nimmt in angegebener Reihenfolge von links nach rechts ab, d. h., die weiter links stehende Rechnung ist vorrangig auszuführen.

Beispiel:

$$y = x_1 \vee x_2 \wedge x_3 = x_1 \vee (x_2x_3) \quad \text{richtig}$$

$$\neq (x_1 \vee x_2)\, x_3 \quad \text{falsch}$$

Jede BOOLEsche Funktion läßt sich aus den Grundfunktionen durch Superposition zusammensetzen.

2.1.2. Boolesche Grundfunktionen

Negation, Komplement, non

$$F = \sim x = \bar{x} = 1, \text{ wenn } x = 0 \ (x \textbf{ nicht} \text{ wahr})$$

x	$F = \bar{x}$
0	1
1	0

Konjunktion, log. Produkt, log. UND, et

$$x_1 \wedge x_2 = 1, \text{ wenn } x_1 = 1 \textbf{ und } x_2 = 1$$

auch: x_1x_2, $x_1 \cdot x_2$, $x_1 \mathbin{\&} x_2$
kanonisches Quadrupel (w, f, f, f)

x_1	x_2	$F = x_1x_2$	$F = x_1 \vee x_2$
0	0	0	0
0	1	0	1
1	0	0	1
1	1	1	1

Disjunktion, log. Addition, log. ODER, Alternative, vel

$x_1 \vee x_2 = 1$, wenn $x_1 = 1$ **oder** $x_2 = 1$

auch: $x_1 + x_2$

Bemerkung: Die Alternative schließt $x_1 = x_2 = 1$ **nicht** aus.
kanonisches Quadrupel (w, w, w, f)

Implikation, seq

$x_1 \rightarrow x_2 = 0$, **wenn** $x_1 = 1$, **so** $x_2 = 0$

$x_1 \rightarrow x_2 = \bar{x}_1 \vee x_2$

kanonisches Quadrupel (w, f, w, w)

x_1	x_2	$F = x_1 \rightarrow x_2$	$F = x_1 \leftrightarrow x_2$
0	0	1	1
0	1	1	0
1	0	0	0
1	1	1	1

Äquivalenz, äq

$x_1 \leftrightarrow x_2 = 1$ **genau dann, wenn** $x_1 \equiv x_2$

$x_1 \leftrightarrow x_2 = x_1x_2 \vee \bar{x}_1\bar{x}_2$

kanonisches Quadrupel (w, f, f, w)
Äquivalenz = $\sim$ Antivalenz

Weitere spezielle Funktionen

Antivalenz, aut, Addition modulo 2 (ausschließendes ODER)

$x_1 \oplus x_1 = x_1 \succ\!\prec x_2 = 1$ genau dann, wenn **entweder** x_1 **oder** $x_2 = 1$

$x_1 \succ\!\prec x_2 = x_1\bar{x}_2 \vee \bar{x}_1x_2$

kanonisches Quadrupel (f, w, w, f)
Antivalenz = $\sim$ Äquivalenz

x_1	x_2	$F = x_1 \succ\!\prec x_2$	$F = \overline{x_1 \vee x_2}$
0	0	0	1
0	1	1	0
1	0	1	0
1	1	0	0

Anti-Alternative, Nicodsche Funktion, NOR

$\overline{x_1 \vee x_2} = 1$, wenn **weder** x_1 **noch** $x_2 = 1$

kanonisches Quadrupel (f, f, f, w)

Anti-Konjunktion, Sheffersche Funktion, NAND

$x_1 \mid x_2 = \overline{x_1 x_2} = 1$, wenn **nicht sowohl** x_1 **als auch** $x_2 = 1$

kanonisches Quadrupel (f, w, w, w)

x_1	x_2	$F = \overline{x_1 x_2}$
0	0	1
0	1	1
1	0	1
1	1	0

Funktionelle Vollständigkeit einer Menge Grundverknüpfungen liegt vor, wenn **alle** Aussagenverknüpfungen mit den Elementen der Menge darstellbar sind. Es sind dies:

Negation und Konjunktion
Negation und Alternative
Negation und Implikation
Anti-Alternative
Anti-Konjunktion

Anwendung: Alle logischen Verknüpfungen sind mit einem bzw. zwei Schaltkreisen erreichbar.

Aussagenlogische Identitäten (*Tautologien*) sind unabhängig von der Belegung der Variablen immer wahr, *Kontradiktionen* immer falsch.

Beispiele:

$p \to (q \to p) = 1$

$p \to \overline{\overline{p}} = 1 \qquad p \to (p \vee q) = 1$ sind Tautologien.

2.1.3. Rechengesetze, Rechenregeln

Kommutatives Gesetz:

$$x_1 \vee x_2 = x_2 \vee x_1 \quad x_1 x_2 = x_2 x_1 \quad x_1 \leftrightarrow x_2 = x_2 \leftrightarrow x_1$$

Assoziatives Gesetz:

$x_1 \vee (x_2 \vee x_3)$	$x_1(x_2 x_3) = (x_1 x_2)\, x_3 = x_1 x_2 x_3$
$= (x_1 \vee x_2) \vee x_3$	$x_1 \leftrightarrow (x_2 \leftrightarrow x_3) = (x_1 \leftrightarrow x_2) \leftrightarrow x_3$
$= x_1 \vee x_2 \vee x_3$	$= x_1 \leftrightarrow x_2 \leftrightarrow x_3$

Distributive Gesetze:

$$x_1(x_2 \vee x_3) = x_1 x_2 \vee x_1 x_3$$

$$x_1 \vee x_2 x_3 = (x_1 \vee x_2)\,(x_1 \vee x_3)$$

Bemerkung: Für die letztgenannte Beziehung gibt es nichts Entsprechendes in der konventionellen Algebra.

$0 \vee 0 = 0$	$0 \wedge 0 = 0 \wedge 1$ $= 1 \wedge 0 = 0$	$\bar{0} = 1$
$0 \vee 1 = 1 \vee 0 = 1 \vee 1 = 1$	$1 \wedge 1 = 1$	$\bar{1} = 0$
$x \vee 0 = x$	$x \wedge 0 = 0$	$\bar{\bar{x}} = x$
$x \vee 1 = 1$	$x \wedge 1 = x$	$(\bar{x}) = \bar{x}$
$x \vee x \vee x \ldots = x$ (idempotent)	$xxx \ldots = x$	$\overline{(\bar{x})} = \bar{\bar{x}} = x$
$x \vee \bar{x} = 1$ (ausgeschl. Dritter)	$x\bar{x} = 0$ (ausgeschl. Widerspruch)	

$\overline{x_1 \vee x_2} = \bar{x}_1 \bar{x}_2$	$\overline{x_1 x_2} = \bar{x}_1 \vee \bar{x}_2$ (DE-MORGANsches Theorem)
$\overline{x_1 \vee x_2 \vee \cdots \vee x_k}$ $= \bar{x}_1 \wedge \bar{x}_2 \wedge \cdots \wedge \bar{x}_k$	$\overline{x_1 x_2 \wedge \cdots \wedge x_k}$ $= \bar{x}_1 \vee \bar{x}_2 \vee \cdots \vee \bar{x}_k$
$x_1 x_2 \vee x_1 \bar{x}_2 = x_1(x_2 \vee \bar{x}_2) = x_1$	$(x_1 \vee x_2)\,(x_1 \vee \bar{x}_2) = x_1$
$x_1 \vee x_1 x_2 = x_1(\mathrm{L} \vee x_2) = x_1$	$x_1(x_1 \vee x_2) = x_1$
$x_1 \vee \bar{x}_1 x_2 = x_1 \vee x_2$	$x_1(\bar{x}_1 \vee x_2) = x_1 x_2$
$x_1 x_2 \vee x_1 x_3 = x_1(x_2 \vee x_3)$	$(x_1 \vee x_2)\,(x_1 \vee x_3) = x_1 \vee x_2 x_3$
$(x_1 \vee x_2)\,(\bar{x}_1 \vee x_3) = x_1 x_3 \vee \bar{x}_1 x_2$	
$x_1 x_2 \vee x_1 \bar{x}_3 \vee x_2 x_3 = x_1 \bar{x}_3 \vee x_2 x_3$	$(x_1 \vee x_2)\,(x_1 \vee \bar{x}_3)\,(x_2 \vee x_3)$ $= x_2 \bar{x}_3 \vee x_1 x_3$

Zerlegung von F nach der Variablen x_1:

$$F(x_1, x_2, \ldots, x_n)$$
$$= x_1 \wedge F(1, x_2, \ldots, x_n) \vee \bar{x}_1 \wedge F(0, x_2, \ldots, x_n)$$

Mit den Elementarkonjunktionen bez. des n-Tupels $[x_1, x_2, \ldots, x_n]$ $x_i^{\sigma_i}$, $\sigma_i \in \{0; 1\}$ und $x^0 = \bar{x}$, $x^1 = x$, d. h., $\sigma_i = 0 \Rightarrow$ negierte Variable x_i, $\sigma_i = 1 \Rightarrow$ nicht negierte Variable x_i wird die Zerlegung allgemein darstellbar:

$$F(x_1, x_2, \ldots, x_h, x_{h+1}, \ldots, x_n)$$
$$= \bigvee_{[\sigma_1, \sigma_2, \ldots, \sigma_h]} x_1^{\sigma_1} x_2^{\sigma_2} \cdots x_h^{\sigma_h} F(\sigma_1, \sigma_2, \ldots, \sigma_h, x_{h+1}, \ldots, x_n)$$
$$(1 \leqq h \leqq n)$$

2.1.4. Verknüpfungsmöglichkeiten von zwei Eingangsvariablen in lexikographischer Ordnung

$x_1 \rightarrow$ / x_2 / $n \downarrow$	1 1 0 0 / 1 0 1 0	F_n^2	
0	0 0 0 0	$F_0^2 = 0$	Konstanz
1	0 0 0 1	$F_1^2 = \overline{x_1 \vee x_2} = \bar{x}_1 \bar{x}_2$	NOR; Weder-noch
2	0 0 1 0	$F_2^2 = \bar{x}_1 x_2$	Inhibition
3	0 0 1 1	$F_3^2 = \bar{x}_1$	Negation
4	0 1 0 0	$F_4^2 = x_1 \bar{x}_2$	Inhibition
5	0 1 0 1	$F_5^2 = \bar{x}_2$	Negation
6	0 1 1 0	$F_6^2 = x_1 \bar{x}_2 \vee \bar{x}_1 x_2$	Antivalenz
7	0 1 1 1	$F_7^2 = \overline{x_1 x_2} = \bar{x}_1 \vee \bar{x}_2$	NAND
8	1 0 0 0	$F_8^2 = x_1 x_2$	Konjunktion
9	1 0 0 1	$F_9^2 = x_1 x_2 \vee \bar{x}_1 \bar{x}_2$	Äquivalenz
10	1 0 1 0	$F_{10}^2 = x_2$	Identität
11	1 0 1 1	$F_{11}^2 = \bar{x}_1 \vee x_2$	Implikation
12	1 1 0 0	$F_{12}^2 = x_1$	Identität
13	1 1 0 1	$F_{13}^2 = x_1 \vee \bar{x}_2$	
14	1 1 1 0	$F_{14}^2 = x_1 \vee x_2$	Disjunktion
15	1 1 1 1	$F_{15}^2 = 1$	Konstanz

Von den 16 Möglichkeiten sind 6 trivial (0; 3; 5; 10; 12; 15).

2.1.5. Normalformen

Vollkonjunktion (*Elementarkonjunktion*) bez. einem k-Tupel $[x_1, x_2, \ldots, x_k]$

$$K_n^k = \bigwedge_{\nu=0}^{k} x_\nu \text{ (lies Summe aller Konjunktionen für } \nu = 1 \text{ bis } k)$$

Anzahl der möglichen Vollkonjunktionen 2^k

Der Term K_n^k heißt Vollkonjunktion, wenn er die konjunktive Bindung aller k Eingangsvariablen (negiert oder nichtnegiert), bewertet nach Potenzen von 2, enthält.

Beispiel:

$$K_{38}^6 = \bigwedge_{\nu=1}^{6} x_\nu = x_1\bar{x}_2\bar{x}_3x_4x_5\bar{x}_6 \Rightarrow 100110 \triangleq 38 = n$$

Volldisjunktion (*Elementardisjunktion*)

$$D_n^k = \bigvee_{\nu=0}^{k} x_\nu \text{ (lies Summe aller Disjunktionen für } \nu = 1 \text{ bis } k)$$

Anzahl der möglichen Volldisjunktionen 2^k

Der Term D_n^k heißt Volldisjunktion, wenn er die disjunktive Bindung aller k Eingangsvariablen (negiert oder nichtnegiert), bewertet nach Potenzen von 2, enthält.

Beispiel:

$$D_{11}^4 = \bigvee_{\nu=1}^{4} x_\nu = x_1 \vee \bar{x}_2 \vee x_3 \vee x_4 \Rightarrow 1011 \triangleq 11 = n$$

De-Morgansche Regel

Werden in einem Ausdruck A ohne $\rightarrow$ und $\leftrightarrow$ alle Variablen negiert und reihenfolgerichtig 0, 1, $\wedge$, $\vee$ durch 1, 0, $\vee$, $\wedge$ ersetzt, dann entsteht der wertverlaufsgleiche Ausdruck $\sim A$.

$$\left.\begin{aligned}\bar{K}_n^k &= A_m^k\\ \bar{A}_n^k &= K_m^k\end{aligned}\right\} \quad m = 2^k - 1 - n \quad k \text{ Anzahl Variablen}$$

Disjunktive Normalform, konjunktive Normalform

Jede disjunktive Verknüpfung von Konjunktionen (*Fundamentalterme*) heißt disjunktive Normalform, z. B. $y = x_1x_3x_4 \vee \bar{x}_3x_4 \vee x_2$. Analog die konjunktive Normalform, z. B. $y = (x_1 \vee x_2)(x_1 \vee x_3 \vee x_4)(\bar{x}_1 \vee \bar{x}_4)$.

Fundamentalterme, die sich nicht mehr vereinfachen lassen, heißen *Primimplikanten* der Funktion.

Kanonische alternative (disjunktive) Normalform (Reihen-Parallelschaltung).

Kanonische konjunktive Normalform (Parallel-Reihenschaltung)
Jede disjunktive Bindung von Vollkonjunktionen heißt kanonische alternative Normalform: $y^k = \bigvee_n K_n^k$ (bevorzugt angewendet!).
Analog $y^k = \bigwedge_n D_n^k$.

Anzahl der möglichen kanonischen alternativen Normalformen

$$n = (2)^{2k} \quad k \text{ Anzahl der Eingangsvariablen}$$

Beispiel:

Die 3 Eingangsvariablen x_1, x_2, x_3 sind mit der Ausgangsvariablen y gemäß einer technischen Aufgabe nachfolgend verknüpft. Berechne eine Minimalform der Schaltfunktion!

n	x_1	x_2	x_3	K_n
0	0	0	0	1
1	0	0	1	1
2	0	1	0	1
3	0	1	1	1
4	1	0	0	1
5	1	0	1	1
6	1	1	0	0
7	1	1	1	0

Ansprechtabelle mit 2^k Möglichkeiten
k Anzahl der Eingangsvariablen

Für $y = 1$ gilt die kanonische alternative Normalform:

$$y = \bigvee_n K_n \quad \text{für} \quad n = 0, 1, 2, 3, 4, 5$$

$$y = K_0 \vee K_1 \vee K_2 \vee K_3 \vee K_4 \vee K_5$$

$$= \bar{x}_1\bar{x}_2\bar{x}_3 \vee \bar{x}_1\bar{x}_2x_3 \vee \bar{x}_1x_2\bar{x}_3 \vee \bar{x}_1x_2x_3 \vee x_1\bar{x}_2\bar{x}_3 \vee x_1\bar{x}_2x_3$$

$$= \bar{x}_1\bar{x}_2(\bar{x}_3 \vee x_3) \vee \bar{x}_1x_2(\bar{x}_3 \vee x_3) \vee x_1\bar{x}_2(\bar{x}_3 \vee x_3)$$

$$= \bar{x}_1\bar{x}_2 \vee \bar{x}_1x_2 \vee x_1\bar{x}_2$$

$$= \bar{x}_1(\bar{x}_2 \vee x_2) \vee x_1\bar{x}_2 = \bar{x}_1 \vee x_1\bar{x}_2 = \underline{\underline{\bar{x}_1 \vee \bar{x}_2}}$$

Da nur in 2 Zeilen $y = 0$ auftritt, ist es besser, die kanonische alternative Normalform der 0-Entscheidung zu wählen und das Ergebnis zu invertieren:

$$\bar{y} = K_6 \vee K_7$$

$$\bar{y} = x_1x_2\bar{x}_3 \vee x_1x_2x_3 = x_1x_2(\bar{x}_3 \vee x_3) = x_1x_2$$

$$y = \overline{x_1x_2} = \underline{\underline{\bar{x}_1 \vee \bar{x}_2}} \quad \text{wie oben}$$

2.1.6. Karnaugh-Tafel

Jedes Feld stellt die Konjunktion der am Rande angegebenen Eingangsvariablen dar. KARNAUGH-Tafeln werden in der Ebene bis zu 5 Eingangsvariablen aufgestellt (entspricht 32 Feldern).
Von Spalte zu Spalte und Zeile zu Zeile wechselt jeweils nur 1 Variable (Gray-Code!). Das gilt auch für die Ränder z. B. zwischen 1. und letzter Spalte bzw. Zeile,
z. B. $K_{13}^4 = x_1 x_2 \bar{x}_3 x_4 \triangleq 1101$

	$\bar{x}_3\bar{x}_4$	$\bar{x}_3 x_4$	$x_3 x_4$	$x_3\bar{x}_4$
$\bar{x}_1\bar{x}_2$	K_0	K_1	K_3	K_2
$\bar{x}_1 x_2$	K_4	K_5	K_7	K_6
$x_1 x_2$	K_{12}	K_{13}	K_{15}	K_{14}
$x_1\bar{x}_2$	K_8	K_9	K_{11}	K_{10}

In die Schnittpunkte der Zeilen und Spalten wird zu den entsprechenden Elementarkonjunktionen K_n der Eingangsvariablen der gewünschte Ausgangswert 1 oder O eingetragen. Die Felder sind durch *Oder* verknüpft.
Die Auswertung erfolgt, indem möglichst große Zweier-, Vierer- oder Achterblöcke mit $K_n = 1$ (bzw. $K_n = 0$) gebildet werden, die sich auch über die Ränder erstrecken dürfen. Wertet man die Blöcke aus, wobei alle Eingangsvariablen entfallen, deren Wert sich innerhalb der Blöcke ändert, so erhält man die Primimplikanten der Schaltfunktion.

Beispiel:

Von 4 Pumpen x_1, x_2, x_3, x_4 sollen jeweils höchstens 2 arbeiten. Es ist zu verhindern, daß mehr als 2 gleichzeitig eingeschaltet werden können (Ansprechen einer Verriegelung $K_n = 1$)
Arbeiten einer Pumpe: $x = 1$
Anzahl der möglichen Verknüpfungen: $n = 2^k = 16$

n	x_1	x_2	x_3	x_4	K_n	n	x_1	x_2	x_3	x_4	K_n
0	0	0	0	0	0	8	1	0	0	0	0
1	0	0	0	1	0	9	1	0	0	1	1
2	0	0	1	0	0	10	1	0	1	0	1
3	0	0	1	1	1	11	1	0	1	1	1
4	0	1	0	0	0	12	1	1	0	0	1
5	0	1	0	1	1	13	1	1	0	1	1
6	0	1	1	0	1	14	1	1	1	0	1
7	0	1	1	1	1	15	1	1	1	1	1

Die Zeilen 7, 11, 13, 14, 15 könnten entfallen, da diese Variablenkombinationen lt. Aufgabenstellung nicht eintreten dürfen. Ihre Beachtung erleichtert jedoch oft die Rechnung.

	$\bar{x}_3\bar{x}_4$	$\bar{x}_3x_4$	x_3x_4	$x_3\bar{x}_4$
$\bar{x}_1\bar{x}_2$	0	0	1	0
$\bar{x}_1x_2$	0	1	1	1
x_1x_2	1	1	1	1
$x_1\bar{x}_2$	0	1	1	1

Viererblöcke 3. Spalte 3. Zeile Mitte Mitte unten Mitte rechts rechts unten

$$y = x_3x_4 \vee x_1x_2 \vee x_2x_4 \vee x_1x_4 \vee x_2x_3 \vee x_1x_3$$
$$= \underline{\underline{[x_3(x_1 \vee x_2 \vee x_4)] \vee [x_2(x_1 \vee x_4)] \vee x_1x_4}}$$

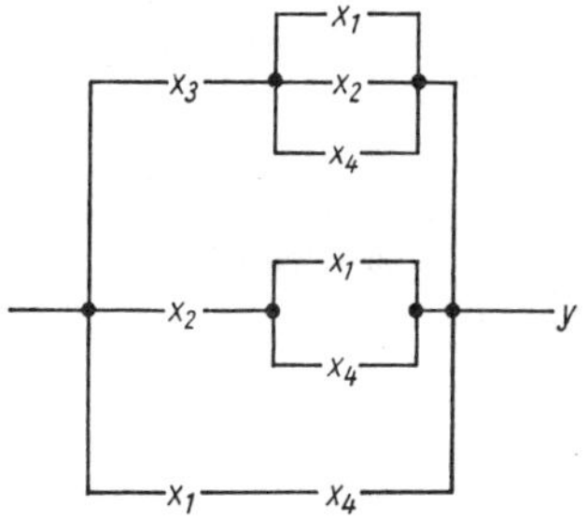

Bild 2.1. Schaltung zum Beispiel

2.2. Prädikatenlogik

2.2.1. Allgemeines

Erweiterung der Aussagenlogik durch Berücksichtigung des inneren Aufbaus einfacher Aussagen „Prädikat P trifft auf die Dinge a_1, a_2 zu" und durch Quantifizierung der *Individuenvariablen* x im nichtleeren *Individuenbereich* I führt zu Prädikatenlogik.

Prädikat (Attribut): Widerspiegelung von Eigenschaften und Beziehungen zwischen Objekten x_i (*Individuen*), $x_i \in I$, mit sog. Leerstellen, in die Individuenvariablen eingesetzt werden können (*Aus-*

sageform, prädikativer Ausdruck). Eine Aussageform wird zur *Aussage*, weist man den Variablen bestimmte Bezeichnungen (Werte) zu.
P ist ein zweiwertiges, n-stelliges Prädikat über I, wenn es eine eindeutige Abbildung ist, die jedem n-Tupel von Individuen aus I eindeutig einen Wert aus $\{0, 1\}$ zuordnet.
Stellenzahl (*Arität*) eines Prädikats n: Anzahl der Leerstellen (Variablen)

einstellig	Eigenschaft über I (z. B. 7 ist Primzahl)
zweistellig	Beziehung zwischen Individuenvariablen (z. B. $x = y$, $5 < 7$, $5 \mid 15$)
mehrstellig	(z. B. $14 + 7 = 21$)

Binäre, zweistellige Relationen erhalten besondere Wichtigkeit.

Beschreibungsmittel, Zeichenvorrat für Ausdrücke:

Individuenkonstante: $7, \sqrt{2}$
Individuenvariablen: a, x, x_1, allgemeingültige Zeichen, die durch Werte (Bezeichnungen) belegbar sind.
Prädikatenkonstante: Symbol mit fester Bedeutung, z. B. $\geqq, \mid$
Prädikatenvariable: P^n n Stellenzahl, kann entfallen!
allgemein: $P^n (x_1, x_2, \ldots, x_n)$, z. B. $x_1 \vee x_2$
logische Konstanten, Funktoren: $\sim, \wedge, \vee, \rightarrow, \leftrightarrow$

Die *Quantifikatoren* (Quantoren) sind eindeutige Abbildungen, die Prädikaten über I wieder Prädikate über I zuordnen.

Allheitsquantifikator (*Generalisator*) $\forall$ »für alle«

Beispiele:

$\forall\, xP$ heißt: für alle x gilt, x hat die Eigenschaft P.

$\forall\, xP = 1$: für alle x gilt $P(x) = 1$.

Existenzquantifikator (*Partikulator*) $\exists$ »es gibt ein«

Beispiel:

$\exists\, xP$ heißt: es gibt ein x, das die Eigenschaft P hat.

Erweiterung:

$\exists!$ »es gibt höchstens ein«
$\exists!!$ »es gibt genau ein«
$\exists_n!$ »es gibt höchstens n«
$\exists_n!!$ »es gibt genau n«

Mit einer Quantifizierung wird ein $(n + 1)$-stelliges Prädikat in ein n-stelliges übergeführt ($n \geqq 0$).
Technische Zeichen: ( ) , .

Prädikative Ausdrücke H, H_i, Prädikat H, H_i

Ausdruck $H = P^n(x_1, x_2, \ldots, x_n)$ x_i Individuenvariablen
P^n Prädikatenvariablen

Sind H und H_i Ausdrücke, sind es auch $\sim H$, $H_1 \wedge H_2$, $H_1 \vee H_2$, $H_1 \rightarrow H_2$, $H_1 \leftrightarrow H_2$.
Ist H ein Ausdruck mit vollfreier Individuenvariable x, sind auch $\forall\, xH$ und $\exists\, xH$ Ausdrücke.

Allgemeingültige Ausdrücke, Erfüllbarkeit

Ausdruck H bzw. eine Aussage sind allgemeingültig, wenn für jede Belegung über I und alle abzählbar unendlichen Individuenbereiche $H = 1$ gilt.
H ist erfüllbar, wenn in $I \neq 0$ eine Belegung existiert, für die $H = 1$ wird. Gegensatz *Kontradiktion*: $H = 0$ für jede Belegung.

Beispiel:

$\sim \forall\, xH(x) \leftrightarrow \exists\, x \sim H(x)$ »genau dann, wenn $H(x)$ nicht für alle x gilt, gibt es ein x, für das $H(x)$ nicht gilt«

Wirkungsbereich der Quantifikatoren

$\forall$ und $\exists$ beziehen sich auf die unmittelbar folgende Individuenvariable, ihr Wirkungsbereich ist der kürzeste folgende Teil eines Ausdrucks H, der selbst Ausdruck ist.

Beispiel:

$\forall\, x\; \exists\, y\;\; (x < y)$ »zu jedem reellen x gibt es ein reelles y, für das x kleiner als y ist«

$I = P$ (P hier „Bereich P"), x, y Individuenvariablen

$<$ zweistelliges Prädikat »kleiner als«

Beschränkte Quantifizierung

Beschränkung auf Elemente einer Menge $M \neq \boldsymbol{O}$: $\forall\, x \in M$ »für alle $x \in M$« bzw. $\exists\, x \in M$ »es gibt ein $x \in M$«

Beispiel:

$\exists\, x[x \in M \wedge H(x)]$ äq $\exists\, x \in M[H(x)]$

Eine an einer Stelle von H vorkommende Individuenvariable x heißt *frei* an dieser Stelle, wenn sie dort weder quantifiziert noch im Wirkungsbereich von sich selbst vorkommt.
Eine Individuenvariable x heißt *vollfrei*, wenn sie in einer Zeichenreihe Z vorkommt, jedoch nicht quantifiziert wird (freies x im gesamten Bereich $H = Z$),
sie heißt gebunden an einer Stelle von H, wenn sie dort im Wirkungsbereich $\forall\, x$ oder $\exists\, x$ liegt.

Rang

Die quantifizierte Individuenvariable x hat an einer Stelle von H den Rang 1, wenn in ihrem Wirkungsbereich keine quantifizierte Variable, den Rang $k + 1$, wenn mindestens eine quantifizierte Variable vom Rang k vorkommt.

Beispiel:

$$\exists x \exists y(\exists z P(x, z, u) \wedge \exists z P(y, z, u) \wedge \cdots)$$

z Rang 1, y Rang 2, x Rang 3 an beiden Stellen

Allgemeingültige Ausdrücke

Festsetzungen zwei- und dreistelliger Prädikate:

$K(x, y) = 1$ genau dann, wenn $x < y$

$\sum(x, y, z) = 1$ genau dann, wenn $x + y = z$

$\Pi(x, y, z) = 1$ genau dann, wenn $x \cdot y = z$

Beispiele:

$$\exists a \exists b[K(a, x) \wedge K(b, x) \wedge \Pi(a, b, x)]$$

»es gibt Zahlen a und b, die kleiner als x sind und deren Produkt $a \cdot b$ gleich x ist«

$x < y$ ist identisch mit $\exists a \sum(x, a, y)$.

2.2.2. Axiome, Ableitungsregeln

Abtrennung:

$$H_1 \wedge H_1 \rightarrow H_2 \Rightarrow H_2$$

vordere Generalisierung:

$H_1 \rightarrow H_2 \Rightarrow \forall x H_1 \rightarrow H_2$ x vollfreie Variable von H_1

hintere Generalisierung:

$H_1 \rightarrow H_2 \Rightarrow H_1 \rightarrow \forall x H_2$ $x \notin H_1$, x vollfrei in H_2

vordere Partikularisierung:

$H_1 \rightarrow H_2 \Rightarrow \exists x H_1 \rightarrow H_2$ x vollfrei in H_1, $x \notin H_2$

hintere Partikularisierung:

$H_1 \rightarrow H_2 \Rightarrow H_1 \rightarrow \exists x H_2$ x vollfrei in H_2

freie Termeinsetzung:

x freie Variable, x in H im Wirkungsbereich von Quantifikatoren, die $x_{i1}, \ldots, x_{ik}$ binden aber keine weiteren Quantifikatoren.
t Term, in dem $x_{i1} \cdots x_{ik}$ nicht frei vorkommen

Aus H folgt $H\left(\frac{x}{t}\right)$ für $x \Rightarrow t$.

Äquivalenz H_1 äq H_2, wenn $H_1 \leftrightarrow H_2$ allgemeingültig ist ($H_1 = H_2$ für gleiche Belegung)

Beispiel:

$$H_1 \wedge \sim (H_2 \wedge H_3) \text{ äq } H_1 \wedge (\bar{H}_2 \vee \bar{H}_3) \text{ äq } (H_1 \wedge \bar{H}_2) \vee (H_1 \wedge \bar{H}_3)$$

Beziehungen zwischen $\forall$ und $\exists$

$\forall\, xH(x)$ äq $\sim \exists\, x \sim H(x)$ Austausch der Quantifikatoren

$\exists\, x\, H(x)$ äq $\sim \forall\, x \sim H(x)$

Verteilungssätze

$$\forall\, x[H_1(x) \wedge H_2(x)] \text{ äq } \forall\, xH_1(x) \wedge \forall\, xH_2(x)$$

$$\exists\, x[H_1(x) \vee H_2(x)] \text{ äq } \exists\, xH_1(x) \vee \exists\, xH_2(x)$$

Vertauschungssätze

$$\forall\, x\, \forall\, yH(x, y) \text{ äq } \forall\, y\, \forall\, xH(x, y)$$

$$\exists\, x\, \exists\, yH(x, y) \text{ äq } \exists\, y\, \exists\, xH(x, y)$$

Verschiebungssätze x in H vollfrei, $x \notin H^*$

$$\forall\, x[H(x) \wedge H^*] \text{ äq } \forall\, xH(x) \wedge H^*$$

$$\forall\, x[H(x) \vee H^*] \text{ äq } \forall\, xH(x) \vee H^*$$

$$\exists\, x[H(x) \wedge H^*] \text{ äq } \exists\, xH(x) \wedge H^*$$

$$\exists\, x[H(x) \vee H^*] \text{ äq } \exists\, xH(x) \vee H^*$$

Anwendung: Veränderung des Wirkungsbereichs einer quantifizierten Individuenvariablen.

Umformung der Ausdrücke $\forall\, x \ldots$ in konjunktive Normalform
$\exists\, x \ldots$ in alternative Normalform

3. Arithmetik

3.1. Mengen

3.1.1. Grundbegriffe

Definition

Eine *Variable* ist ein *Zeichen* für ein beliebiges Element einer vorgegebenen Menge, dem *Grundbereich* dieser Variablen.
Gebundene Variable: beliebig wählbare, aber innerhalb der Betrachtung dann konstante Zahl $a, b, \ldots$
Freie Variable: innerhalb einer Betrachtung beliebige Werte des Definitionsbereichs annehmbare Zahl $x, y, \ldots$
Eine *Aussageform* einer Beziehung enthält mindestens eine Variable und wird zur *Aussage*, wenn den Variablen bestimmte *Objekte* aus dem Grundbereich zugeordnet werden. Objekte, die zu wahren Aussagen führen, sind die *Lösungen* der Aussageform.

Definition der Menge

Alle unterscheidbaren (mathematischen) Objekte aus einem Grundbereich, die eine bestimmte **gemeinsame** Eigenschaft haben und damit eine Aussageform erfüllen, bilden eine Menge.
Für jedes Objekt muß eindeutig entscheidbar sein, ob ihm diese gemeinsame Eigenschaft zukommt (Objekt ist Element der Menge, $x_i \in M$) oder nicht ($x_k \notin M$). Die Objekte haben daneben mindestens eine Eigenschaft, die sie voneinander unterscheidet.
Die Elemente bestimmen eindeutig die Menge.

Schreibweise: Mengen A, B, M
Elemente a, b, x_1 $\qquad A = \{a_1, a_2\}$

Darstellungsformen:

verbal Menge der Seiten eines Buches
Menge der natürlichen Zahlen

Aufzählung der Elemente

$$M_1 = \{3, 7, 11\}$$

$$M_2 = \{2, 4, \ldots, 2n\}$$

Aussageform $M = \{x \mid |x| < 1;\, x \in R\}$
allgemein $a \in \{x \mid H(x);$ Grundbereich$\} \leftrightarrow H(a)$
mit $H(x)$ Aussageform, Eigenschaft der Elemente x, *Prädikat*

Bemerkung: Wenn kein Grundbereich angegeben ist, zählt die Menge der reellen Zahlen als Grundbereich.

Punktmengen sind Mengen, deren Elemente Punkte einer Kurve, einer Ebene oder eines Raumes sind, die von geschlossenen Kurven (Ebenen) begrenzt werden.

Zweiermenge = Paar $\{a_1, a_2\}$

Leere Menge $\emptyset$ enthält kein Element $\emptyset \overset{\text{Def}}{=} \{x \mid x \neq x\}$

Endliche Menge: endliche Zahl Elemente, ggs. *unendliche Menge*
Elementfremde Menge, *disjunkte Menge* $A \cap B = \emptyset$

Allmenge: Menge U, die alle Elemente des Grundbereichs enthält

Geordnetes Paar einer Menge: Zweiermenge mit festgelegter Reihenfolge der Elemente, Symbol $[x; y]$

Mengenrelationen

Inklusion:

A ist *Teilmenge* (*Untermenge*) von B (*Obermenge*), wenn jedes a_i auch Element von B ist.

$$A \subseteqq B \leftrightarrow B \supseteqq A$$

$A \subset B$ *echte Teilmenge*

identische Darstellungen

$H(x) \to K(x)$	Implikation mit
$A = \{x \mid H(x)\}$	*Vorderglied* und *hinreichende* Bedingung für $K(x)$
$B = \{x \mid K(x)\}$	*Hinterglied* und *notwendige* Bedingung für $H(x)$

bzw. $\forall\, x\, (x \in A \to x \in B)$

Gleichheit:

$A = B \to B = A$ *unechte Teilmenge*, wenn

$A \subseteqq B$ und $B \subseteqq A$

bzw. $\forall x\, (x \in A \leftrightarrow x \in B)$

identische Darstellung ist $H(x) \leftrightarrow K(x)$ mit

$A = \{x \mid H(x)\}$ und $B = \{x \mid K(x)\}$ notwendige **und** hinreichende Bedingungen

3.1.2. Mengenoperationen

Vereinigung zweier Mengen $A \cup B$ (lies »A vereinigt mit B«)

$$A \cup B \stackrel{\text{Def}}{=} \{x \mid x \in A \vee x \in B\}$$

= Alternative, einschließendes ODER

Durchschnitt zweier Mengen $A \cap B$ (lies »A geschnitten mit B«)

$$A \cap B \stackrel{\text{Def}}{=} \{x \mid x \in A \wedge x \in B\}$$

= Konjunktion, UND, sowohl ... als auch

Differenz zweier Mengen $A \setminus B$ (lies »A ohne B«)

$$A \setminus B \stackrel{\text{Def}}{=} \{x \mid x \in A \wedge x \notin B\}$$

Symmetrische Differenz $A \Delta B \stackrel{\text{Def}}{=} (A \setminus B) \cup (B \setminus A)$

Produkt zweier Mengen $A \times B$ (lies »A Kreuz B«)

ist die Menge **aller** geordneten Elementepaare $[a; b]$ mit $a \in A$, $b \in B$ (**Jedes** Element von B ist **jedem** Element von A zugeordnet, mehrdeutige Abbildung.)

Komplement der Menge A bez. E $\quad \bar{A}$ (lies »A quer«)

$$C_E A \stackrel{\text{Def}}{=} E \setminus A \qquad (A \subseteqq E)$$

$$C_E A = \bar{A} \leftrightarrow x \notin A$$

Bemerkung: Für die Disjunktion (ausschließendes ODER) gibt es kein Mengenoperationszeichen.

3.1.3. Beziehungen, Eigenschaften, Rechenregeln, Abbildung

Reflexive Beziehung $A \subseteqq A \quad \bar{\bar{A}} = A$
(auf sich selbst beziehend)

Transitive Beziehung $A \subset B$ und $B \subset C \rightarrow A \subset C$
(ineinander überführend) $A = B$ und $B = C \rightarrow A = C$

Teilmengenbeziehungen $A \cap B \subseteqq A \cup B$

$$A \setminus B \subseteqq A$$

$$\emptyset \subseteqq A$$

$A \subseteqq U$ (Allmenge)

Kommutatives Gesetz $A \cap B = B \cap A$ $A \cup B = B \cup A$
(Austausch der Elemente)

Assoziatives Gesetz $(A \cap B) \cap C = A \cap (B \cap C)$
(Zusammenfassung) $(A \cup B) \cup C = A \cup (B \cup C)$

Distributives Gesetz $A \cap (B \cup C) = (A \cap B) \cup (A \cap C)$
(Auflösung von Ausdrücken) $A \cup (B \cap C) = (A \cup B) \cap (A \cup C)$

$$A \cup \emptyset = A$$

$$A \cap \emptyset = \emptyset$$

$$A \setminus B = A \setminus (A \cap B)$$

$$(A \setminus B) \cap B = \emptyset$$

$$A \setminus A = \emptyset$$

$$A \cup B = (A \setminus B) \cup (B \setminus A) \cup (A \cap B)$$

Aus einer der Beziehungen $A \subset B$, $A \cup B = B$, $A \cap B = A$ folgen die beiden anderen.

$$(A \cup B) \times C = (A \times C) \cup (B \times C)$$

$$A \times (B \cup C) = (A \times B) \cup (A \times C)$$

$$(A \cap B) \times C = (A \times C) \cap (B \times C)$$

$$A \times (B \cap C) = (A \times B) \cap (A \times C)$$

$$(A \setminus B) \times C = (A \times C) \setminus (B \times C)$$

$$A \times (B \setminus C) = (A \times B) \setminus (A \times C)$$

$$(A \times B) \cup (C \times D) \subseteqq (A \cup C) \times (B \cup D)$$

$$(A \times B) \cap (C \times D) = (A \cap C) \times (B \cap D)$$

$$A \times B = \emptyset \leftrightarrow A = \emptyset \cup B = \emptyset$$

$$A \subseteqq C \wedge B \subseteqq D \rightarrow A \times B \subseteqq C \times D$$

Schranken, Grenzen einer Menge

Definition

Ist eine Menge M nach unten (oben) beschränkt, so hat sie (mindestens) eine untere (obere) *Schranke*

$$S \leqq x \quad (S \geqq x) \quad \forall\, x \in M$$

Gegensatz: unbeschränkt

Treffen beide Bedingungen zu, ist M *beiderseitig beschränkt.* Die kleinste aller oberen bzw. größte aller unteren Schranken heißt obere bzw. untere *Grenze* G von M.

Abbildung

Definition

Ordnet man die Elemente einer Menge B denen einer Menge A zu, so heißt die Menge F der geordneten Paare $[a; b]$ eine Abbildung von A auf B (auch »A in B«).

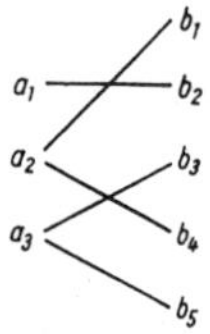

Bild 3.1.
Mehrdeutige Zuordnung

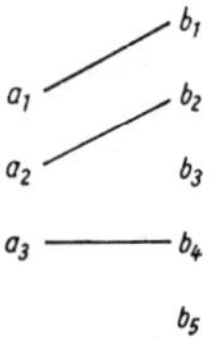

Bild 3.2.
Eindeutige Zuordnung

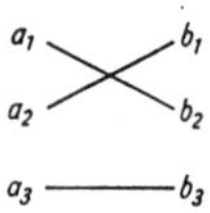

Bild 3.3. Eineindeutige Zuordnung

Eine Abbildung F von A auf B ist

mehrdeutig, wenn wenigstens einem $a \in A$ zwei oder mehr $b \in B$,
eindeutig, wenn jedem $a \in A$ genau ein $b \in B$
eineindeutig, wenn jedem $a \in A$ genau ein $b \in B$ **und**
jedem $b \in B$ genau ein $a \in A$

zugeordnet ist.
Eineindeutig abbildbare Mengen sind gleichmächtig, d. h.,
$A \mapsto B' \subset B$ folgt: A ist von geringerer Mächtigkeit als B.

Definition der Funktion

Die eindeutige Abbildung der Menge X auf die Menge Y, d. h., jedem $x \in X$ ist genau $y \in Y$ zugeordnet, dargestellt als Menge F der geordneten Paare $[x; y]$, heißt Funktion. $F: x \mapsto y$

Intervall

Definition

Ein Intervall ist die Menge der reellen Zahlen x zwischen zwei gegebenen reellen Zahlen.

Offenes Intervall $(a, b) \leftrightarrow a < x < b$

Geschlossenes Intervall $\langle a, b \rangle \leftrightarrow a \leqq x \leqq b$

Halboffenes Intervall $\langle a, b) \leftrightarrow a \leqq x < b$

$(a, b\rangle \leftrightarrow a < x \leqq b$

andere Darstellung: $(a, b) = \{x \mid a < x < b\}$ Lösungsmenge der Ungleichung

Spezialfälle:

$(-\infty, b) \leftrightarrow x < b$

$(-\infty, b\rangle \leftrightarrow x \leqq b$

$(a, \infty) \leftrightarrow a < x$

$\langle a, \infty) \leftrightarrow a \leqq x$

$(-\infty, +\infty) = P$

3.1.4. Zahlensysteme

Polyadische Zahlensysteme

Ziffernfolge $\sum_{k=-\infty}^{n} a_k B^k$ $\quad B \geqq 2;\ 0 \leqq a_k < B;\ a_k \in N$

Dualsystem (Zweiersystem, dyadisches System)

Definition

Einheit des Informationsgehalts 1 *Bit* (binary digit) kennzeichnet eine ja-nein-Entscheidung, auch als *Binärstelle* in einer Zeichenfolge. Häufig verwendet: 1 *Byte* (sprich: bait) = 8 Bit, 1 KByte $= 2^{10} = 1024$ Bit.

Grundsymbole: 0, 1 auch 0, L

$$\sum_{k=-\infty}^{n} a_k 2^k \qquad a_k = 0; 1$$

Stellenwert: Potenzen von 2

Darstellungen:

Dekadische Zahl	Dualzahl	BCD (binary coded decimal)
0	0000	0000 0000
1	0001	0000 0001
2	0010	0000 0010
3	0011	0000 0011

Dekadische Zahl	Dualzahl	BCD (binary coded decimal)
4	0100	0000 0100
5	0101	0000 0101
6	0110	0000 0110
7	0111	0000 0111
8	1000	0000 1000
9	1001	0000 1001
10	1010	0001 0000
11	1011	0001 0001
12	1100	0001 0010
13	1101	0001 0011
⋮	⋮	⋮
20	10100	0010 0000
21	10101	0010 0001

usw.

Dekadisches, Zehner-System

$$\sum_{k=-\infty}^{n} a_k \cdot 10^k \quad \text{Grund-Ziffern} \quad 0 \leqq k \leqq 9 \quad k \in G$$

Schreibweise $\ldots a_3 a_2 a_1 a_0,\ a_{-1} a_{-2} \ldots$ (*Dezimalbruch*)

Römisches Zehnersystem

Grundsymbole: I = 1; V = 5; X = 10; L = 50; C = 100;

D = 500; M = 1000

Schreibweise: links beginnend mit dem Symbol der größten Zahl; die Symbole I, X, C werden bis zu dreimal geschrieben; die Symbole V, L, D werden nur einmal geschrieben.
Steht ein Symbol einer kleineren Zahl vor dem einer größeren, so wird sein Wert von dem folgenden größeren subtrahiert.

3.1.5. Zahlenbereiche

Definition

Ein Zahlenbereich ist eine Menge von Zahlen, in der eine Ordnung erklärt ist und gewisse mathematische Operationen **uneingeschränkt** ausführbar sind.
Bei Zahlenbereichserweiterung ist der Ausgangsbereich Teilbereich des neuen:

$$N \subset R^* \subset R \subset P \subset C \quad \text{bzw.} \quad N \subset G \subset R \subset P \subset C$$

Bereich der natürlichen Zahlen $N = \{0, 1, 2, 3, \ldots\}$

Uneingeschränkt ausführbar sind: Addition, Multiplikation, Kleiner-als-Relation

Abbildung aller $n \in N$ auf den Zahlenstrahl als isolierte Punkte. Jede Zahl n hat ihren unmittelbaren Nachfolger $n + 1$.

Bereich der ganzen Zahlen $G = \{\ldots, -2, -1, 0, +1, +2, \ldots\}$

Uneingeschränkt ausführbar sind: Addition, Subtraktion, Multiplikation, Kleiner-als-Relation

Definition

Alle Differenzen $(a - b)$ aus den geordneten Paaren $[a; b]$ natürlicher Zahlen, die demselben Punkt der Zahlengeraden zugeordnet sind, gehören zur gleichen *Klasse* und heißen ganze Zahl.

$\stackrel{\text{Def}}{=}$ die Klasse enthält

$a - 0 \rightarrow +a$

$0 - 0 \rightarrow \quad 0$

$0 - a \rightarrow -a$

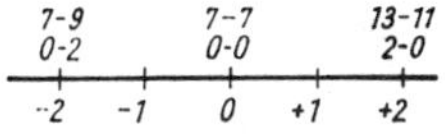

Bild 3.4. Definition der ganzen Zahlen

Bereich der gebrochenen Zahlen $R^* = \frac{m}{n} \quad m, n \in N,\ n \neq 0$

(nicht negative rationale Zahlen)
Repräsentant: teilerfremder Bruch
Uneingeschränkt ausführbar sind: Addition, Multiplikation, Division (außer Divisor Null), Kleiner-als-Relation

Bereich der rationalen Zahlen $R = \frac{a}{b} \quad a, b \in G,\ b \neq 0$

Uneingeschränkt ausführbar sind: Addition, Subtraktion, Multiplikation, Division (außer Divisor Null), Kleiner-als-Relation

Rationale Zahlen sind: gebrochene Zahlen
unendliche periodische Dezimalbrüche ohne Neunerperiode
endliche Dezimalbrüche

Sie liegen überall dicht bezüglich der Ordnungsrelation auf der Zahlengeraden (rationale Bildpunkte), haben weder Vorgänger noch Nachfolger, d. h., zwischen zwei rationalen Zahlen liegen beliebig viele weitere rationale Zahlen.

Bereich der reellen Zahlen P

Definition

Eine reelle Zahl ist ein unendlicher *Dezimalbruch* ohne Neunerperiode.

Uneingeschränkt ausführbar sind: Addition, Subtraktion, Multiplikation, Division (außer Divisor Null), Kleiner-als-Relation, Grenzwertbildung

Definition

Ein nicht negativer Dezimalbruch ist eine unendliche Folge der Ziffern 0 bis 9 mit folgenden Eigenschaften:

a_0 beliebige natürliche Zahl

$0 \leqq a_n \leqq 9$ *Grundziffern* $n \geqq 1$

Schreibweise: $a_0, a_1 a_2 a_3 \ldots$

endlicher Dezimalbruch: alle $a_{n+k} = 0$ für $k \geqq 1$

periodischer Dezimalbruch: Eine Gruppe von Gliedern tritt in ununterbrochener Wiederholung auf (z. B. $\frac{7}{13} = 0{,}538\,461\,538\,461 \ldots = 0{,}\overline{538\,461}$

Abbildung der reellen Zahlen

Ein unendlicher Dezimalbruch ist eine Folge von Gliedern (Grundziffern mal Stellenwert), die ineinander geschachtelte Intervalle jeweils 10 gleicher Teile darstellt. Die Zahl liegt auf dem reellen Zahlenstrahl in all diesen Intervallen. Reelle Zahlen werden eineindeutig auf die Zahlengerade abgebildet (*Gleichmächtigkeit*).

Reelle Zahlen sind: rationale Zahlen R
irrationale Zahlen $P \setminus R$ (unendliche nichtperiodische Dezimalbrüche)

$\rightarrow x^n = a$ hat im Bereich P die nichtnegative Lösung $\sqrt[n]{a}$ $a \geqq 0$
$n \geqq 1$

Ordnungsprinzip: $a < b$ (a, b positiv), wenn beim ersten $a_k \neq b_k$ (von links) $a_k < b_k$ ist.

Sofern nicht anders angegeben, ist P für Variablen, Zahlen $a, x, \ldots$ Definitions- bzw. Grundbereich.

Bereich der komplexen Zahlen $C = \{a + \mathrm{j}b\}$ $a, b \in P$
$[0; 1] = \mathrm{j}, \mathrm{j}^2 = -1$

Uneingeschränkt ausführbar sind die Operationen für reelle Zahlen und die Erfüllung algebraischer Gleichungen $x^2 + q = 0$ $q > 0$

Definition

Eine komplexe Zahl ist ein geordnetes Paar $[a; b]$ reeller Zahlen mit $[0; 1] = \mathrm{j}, \mathrm{j}^2 = -1$.

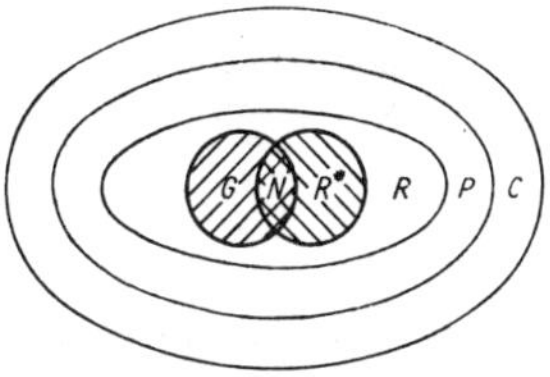

Bild 3.5. Zahlenbereiche

3.2. Bereich der reellen Zahlen *P*

3.2.1. Grundoperationen (Rechenoperationen 1. und 2. Stufe)

3.2.1.1. Die vier Grundrechenarten

		a	b	c
1. Stufe	$a + b = c$	*Summand*	*Summand*	*Summe*
	$a - b = c$	*Minuend*	*Subtrahend*	*Differenz*
	$a \cdot b = c$	*Faktor* (*Multiplikand*)	*Faktor* (*Multiplikator*)	*Produkt*
2. Stufe	$a : b = \frac{a}{b} = c$ $(b \neq 0)$	*Dividend*	*Divisor*	*Quotient*

Kommutatives Gesetz $a + b = b + a$ $\quad a \cdot b = b \cdot a$

Assoziatives Gesetz $(a + b) + c = a + (b + c)$ $\quad a \cdot (b \cdot c) = (a \cdot b) \cdot c$

Distributives Gesetz $a \cdot (b + c) = a \cdot b + a \cdot c$

$a + 0 = a \quad a \cdot 1 = a \quad a : 1 = a$

$a - 0 = a \quad a \cdot 0 = 0 \quad a : 0$ nicht ausführbar

$a - a = 0 \quad 0 \cdot 0 = 0 \quad 0 : a = 0 \; (a \neq 0)$

$a : a = 1$

$a \cdot b = 0 \rightarrow a = 0 \vee b = 0$

Auflösen von Klammern:

$$(a + b)(c + d) = ac + ad + bc + bd$$

$$a - (b + c) = a - b - c$$

Echter **Bruch** $\frac{a}{b} \in (-1, +1)$ bzw. $a < b$

unechter **Bruch** $a > b \quad b \neq 0$

Erweitern $\frac{a}{b} = \frac{ac}{bc}$ *Kürzen* $\frac{a}{b} = \frac{a:c}{b:c}$ $b \neq 0,\ c \neq 0$

Alle durch Erweitern/Kürzen entstehenden Brüche bilden eine *Klasse*, die *gebrochene Zahl.*

$$\frac{a}{b} \pm \frac{c}{b} = \frac{a \pm c}{b} \qquad \frac{a}{b} \pm \frac{c}{d} = \frac{ad \pm bc}{bd}$$

$$\frac{a}{b} \cdot \frac{c}{d} = \frac{ac}{bd} \quad b \neq 0,\ d \neq 0$$

$$\frac{a}{b} : \frac{c}{d} = \frac{a}{b} \cdot \frac{d}{c} \quad b \neq 0,\ c \neq 0,\ d \neq 0$$

$$\frac{a}{b} < \frac{c}{d}, \text{ wenn } ad < bc$$

Doppelbruch $\dfrac{\frac{a}{b}}{\frac{c}{d}} = \frac{a}{b} : \frac{c}{d} = \dfrac{\frac{a}{b} \cdot bd}{\frac{c}{d} \cdot bd} = \frac{ad}{bc}$

Partialdivision (Division von Summen)

- Ordne Dividend und Divisor nach gleichem Grundsatz
- 1. Glied Dividend durch 1. Glied Divisor → 1. Glied Quotient
- Rückmultiplikation mit Divisor
- Subtraktion bis die Differenz Null wird bzw. ein Rest bleibt

Beispiel:

$$\begin{array}{rl} (4a^2b - 2ab + 3b) : (2ab + b) & = 2a - 2 + \dfrac{5b}{2ab + b} \\ -\ \underline{(4a^2b + 2ab \qquad)} & \\ -4ab + 3b & = 2a - 2 + \dfrac{5}{2a + 1} \\ -\ \underline{(-4ab - 2b)} & \\ 5b & \end{array}$$

Ungleichnamige Brüche werden vor einer Addition/Subtraktion auf den *Hauptnenner*, das *kleinste gemeinsame Vielfache* (kgV) der Einzelnenner, gebracht.

Bildung des kgV: Zerlegung der Nenner in Potenzen von Primfaktoren, kgV = Produkt der Potenzen mit den höchsten Exponenten

Beispiel:

$$\begin{array}{lllll} 12a & = 2^2 \cdot 3 & & \cdot a & \\ 40a^2 & = 2^3 & \cdot 5 \cdot a^2 & & \\ 18b & = 2 \cdot 3^2 & & & \cdot b \\ \hline \text{kgV} & = 2^3 \cdot 3^2 \cdot 5 \cdot a^2 \cdot b & & & \end{array}$$

3.2.1.2. Proportionen

$$a : b = c : d \leftrightarrow \frac{a}{b} = \frac{c}{d}$$

$a, b, c, d \in R$

a, d Außenglieder $\quad a, c$ Vorderglieder

b, c Innenglieder $\quad b, d$ Hinterglieder

Erweitern/Kürzen

$$a : b = c : d \leftrightarrow ak : bk = c : d \leftrightarrow ak : b = ck : d$$

$$\leftrightarrow a : c = b : d \leftrightarrow d : b = c : a \text{ usw.}$$

Korrespondierende Addition/Subtraktion

$$a : b = c : d \leftrightarrow (a + b) : a = (c + d) : c$$

$$(a + b) : b = (c + d) : d$$

$$(a - b) : a = (c - d) : c$$

$$(a + b) : (a - b) = (c + d) : (c - d) \text{ usw.}$$

Proportionalitätsfaktor $k \in P$

$$a : b = c : d \rightarrow \begin{cases} a = k \cdot c \\ b = k \cdot d \end{cases}$$

Beispiel:

Kreisumfänge $U_1 : U_2 = r_1 : r_2; \quad U_1 = k \cdot r_1 = 2\pi r_1$,
d. h., $k = 2\pi$

Vierte Proportionale $a : b = c : x$

Stetige Proportion $a : b = b : d$

Mittlere Proportionale $a : x = x : d \quad x = \sqrt{ad}$ (*geometrisches Mittel*)

Stetige harmonische Proportion $(a - x) : (x - b) = a : b \quad x = \frac{2ab}{a + b}$

(*harmonisches Mittel*)

3.2.1.3. Prozentrechnung, Zinsrechnung

Definition

1% von G sind $\frac{G}{100}$

$$\frac{P}{p} = \frac{G}{100}$$

P Prozentwert
p Prozentsatz
G Grundwert

Prozent »auf« und »in« Hundert

Auf Hundert bezeichnet man Aufschläge auf den Grundwert

$$p' = \frac{100p}{100 + p}\,\%$$

Beispiel:

15% Großhandelszuschlag auf den Herstellerpreis sind $p' = \frac{100 \cdot 15}{115} = \underline{\underline{13\%}}$ Großhandelsanteil beim Verkauf an den Kleinhandel.

In Hundert bezeichnet man Abschläge, Verluste vom Grundwert

$$p' = \frac{100p}{100 - p}\,\%$$

Beispiel:

Einem Materialverlust von 23% vom Gewicht der Rohstoffe bei einer Fertigung entspricht ein höherer Materialeinsatz, vom Fertigprodukt aus betrachtet, von

$$p' = \frac{100 \cdot 23}{77} = \underline{\underline{29{,}9\%}}$$

Zinsrechnung

Zinsen

$$Z = \frac{G \cdot p}{100} \cdot t = \frac{N}{D}$$

Z Zinsen
p *Zinssatz* in %
G *Guthaben*

$$t = \begin{cases} t \text{ in Jahren} \\ t/12 \text{ in Monaten} \\ t/360 \text{ in Tagen} \end{cases}$$

Zinszahl $N = \frac{G \cdot t}{100}$

Zinsdivisor

$$D = \begin{cases} \frac{360}{p} & t \text{ in Tagen} \\ \frac{12}{p} & t \text{ in Monaten} \\ \frac{1}{p} & t \text{ in Jahren} \end{cases}$$

Hilfsmittel: %-Taste des Taschenrechners

3.2.1.4. Näherung

Verkürzen: Abbruch der Grundziffernfolge (z. B. 3,141 5...)

Runden: Ersatz einer oder mehrerer Grundziffern am Ende der Zahl durch Nullen

Abrunden: die links davor stehende Ziffer a_k bleibt, wenn

$a_{k-1} \in \{0, 1, 2, 3, 4\}$ folgt (z. B. $7\,345 \approx 7\,300$)

Aufrunden: a_k wird um 1 erhöht, wenn $a_{k-1} \in \{5, 6, 7, 8, 9\}$
(z. B. $6{,}748\,8 \approx 6{,}75$)
Ist eine 5 durch Aufrunden entstanden, so wird im nächsten Schritt abgerundet
(z. B. $0{,}145 \approx 0{,}15 \approx 0{,}1$)

Geradezahlregel: (veraltet)

folgt 5 und weiter nur Nullen:
— abrunden, wenn letzte Ziffer gerade
(z. B. $1/8 = 0{,}125(00) \approx 1{,}12$)
— aufrunden, wenn letzte Ziffer ungerade
(z. B. $3/8 = 0{,}375(00) \approx 0{,}38$)

3.2.1.5. Betrag, Signum

(auch absoluter Betrag von ...)

Definition

$$|a| = \begin{cases} a & \text{für} \quad a \geqq 0 \\ -a & \text{für} \quad a < 0 \end{cases}$$

$$\overset{\text{Def}}{=} |a| = |-a| \quad |a| \geqq 0$$

$$|x| = a \leftrightarrow x = \pm a$$

$$|x| < a \leftrightarrow x \in (-a, +a) \quad |x| > a \leftrightarrow x \in P \setminus \langle -a, +a \rangle$$

$$|x| \geqq a \leftrightarrow x \in P \setminus (-a, +a)$$

Dreiecksungleichung

$$|a| - |b| \leqq |a + b| \leqq |a| + |b|$$

$$|a| - |b| \leqq |a - b| \leqq |a| + |b|$$

$$|a_1 + a_2 + a_3 + \cdots + a_n| \leqq |a_1| + |a_2| + |a_3| + \cdots + |a_n|$$

$$|ab| = |a| \cdot |b|$$

$$\left|\frac{a}{b}\right| = \frac{|a|}{|b|} \qquad b \neq 0$$

Vorzeichen (Signum)

Definition

$$\operatorname{sgn} a = \begin{cases} +1 & \text{für} \quad a > 0 \\ 0 & \text{für} \quad a = 0 \\ -1 & \text{für} \quad a < 0 \end{cases}$$

$$\operatorname{sgn} a = \frac{a}{|a|} \qquad a \neq 0$$

3.2.1.6. Summen- und Produktzeichen

(Summations-/Multiplikationsindex $i \in N$)

$$\sum_{i=m}^{n} a_i = a_m + a_{m+1} + \cdots + a_n$$

$$m < n$$

$$\prod_{i=m}^{n} a_i = a_m \cdot a_{m+1} \cdot \cdots \cdot a_n \qquad n! = \prod_{x=1}^{n} x$$

Summenkonvention von Gauss: $\sum_{i=1}^{n} a_i = [a] = a_1 + a_2 + \cdots + a_n$

$$\sum_{i=1}^{n} (a_i \pm b_i) = \sum_{i=1}^{n} a_i \pm \sum_{i=1}^{n} b_i$$

$$\sum_{i=1}^{n} c a_i = c \sum_{i=1}^{n} a_i \qquad c \text{ Konstante}$$

$$\sum_{i=1}^{m} a_i + \sum_{i=m+1}^{n} a_i = \sum_{i=1}^{n} a_i \qquad m < n$$

$$\sum_{i=1}^{m} a_i + \sum_{i=k}^{n} a_i = \sum_{i=1}^{n} a_i + \sum_{i=k}^{m} a_i \qquad k < m < n$$

$$\sum_{i=1}^{m} a_i + \sum_{i=k}^{n} a_i = \sum_{i=1}^{n} a_i - \sum_{i=m+1}^{k-1} a_i \qquad m < k < n$$

$$\sum_{i=m}^{n} c = (n - m + 1)\, c \qquad c \text{ Konstante } m < n$$

$$\prod_{i=1}^{n} (a_i b_i) = \prod_{i=1}^{n} a_i \cdot \prod_{i=1}^{n} b_i \qquad \text{auch für Division gültig!}$$

$$\prod_{i=1}^{n} (c \cdot a_i) = c^n \cdot \prod_{i=1}^{n} a_i \qquad c \text{ Konstante}$$

$$\prod_{i=1}^{m} a_i \cdot \prod_{i=m+1}^{n} a_i = \prod_{i=1}^{n} a_i \qquad m < n$$

$$\prod_{i=1}^{m} a_i \cdot \prod_{i=k}^{n} a_i = \prod_{i=1}^{n} a_i \cdot \prod_{i=k}^{m} a_i \qquad k < m < n$$

$$\prod_{i=1}^{m} a_i \cdot \prod_{i=k}^{n} a_i = \prod_{i=1}^{n} a_i : \prod_{i=m+1}^{k-1} a_i \qquad m < k < n$$

$$\prod_{i=m}^{n} c = c^{n-m+1} \qquad c \text{ Konstante, } m < n$$

$$\frac{\mathrm{d}}{\mathrm{d}x} \sum_{i=1}^{n} f_i(x) = \sum_{i=1}^{n} \frac{\mathrm{d}}{\mathrm{d}x} f_i(x)$$

$$\sum_{i=m}^{n} a_i = \sum_{k=c}^{n+c-m} a_{k-c+m} \qquad \text{Transformation der Indizes}$$

$$\sum_{i=1}^{m} \sum_{k=1}^{n} a_{ik} = \sum_{k=1}^{n} \sum_{i=1}^{m} a_{ik} \qquad \text{Doppelsumme = Zeilensumme + Spaltensumme}$$

3.2.2. Potenzen, Wurzeln

Diese Rechenoperationen 3. Stufe binden stärker als die der 1. und 2. Stufe.

Definition der Potenz mit natürlichem Exponenten

$$\underbrace{a^n = a \cdot a \cdot a \cdot \cdots}_{n \text{ Faktoren}} \qquad n \neq 0, \textit{ Exponent} \quad a \textit{ Basis}$$

$n = 2$ *Quadratzahlen*

$n = 3$ *Kubikzahlen*

Definition

$$a^0 = 1 \qquad a \neq 0$$

$$a^{-k} = \frac{1}{a^k} \qquad a \neq 0,\ k \in G$$

$$0^k = 0 \qquad k \neq 0$$

Reziproke Zahl $a^{-1} = \frac{1}{a} \leftrightarrow a \cdot a^{-1} = 1$

$$a > 0 \rightarrow a^k > 0 \qquad k \in G$$

$$a < 0 \rightarrow \begin{cases} a^{2k} > 0 \\ a^{2k+1} < 0 \end{cases} \qquad k \in G \qquad \begin{matrix} (-1)^{2k} = 1 \\ (-1)^{2k+1} = -1 \end{matrix}$$

Definition der n-ten Wurzel (*Radizieren*) mit natürlichem Exponenten

$$\sqrt[n]{a} = b \leftrightarrow b^n = a \quad \text{für} \quad n \neq 0,\ a \geqq 0,\ b \geqq 0$$

n *Wurzelexponent*

a *Radikand*

Quadratwurzel $\sqrt[2]{a} = \sqrt{a}$

$$\sqrt[n]{0} = 0 \qquad \sqrt[n]{1} = 1$$

$$\sqrt[n]{a^n} = \left(\sqrt[n]{a}\right)^n = a \qquad \sqrt[2n]{a^{2n}} = |a|$$

Definition der Potenz mit rationalem Exponenten

$$a^{\frac{m}{n}} = (a^m)^{\frac{1}{n}} = \sqrt[n]{a^m} \qquad a > 0,\ \frac{m}{n} \in R$$

$$\overset{\text{Def}}{=} a^{\frac{1}{n}} = \sqrt[n]{a}$$

Potenzgesetze für positive, reelle Zahlen a, b und beliebige reelle Exponenten ($a, b, r, s \in P$; $a > 0, b > 0$)

$$a^r \cdot a^s = a^{r+s} \qquad a^r \cdot b^r = (a \cdot b)^r$$

$$\frac{a^r}{a^s} = a^{r-s} \qquad \frac{a^r}{b^r} = \left(\frac{a}{b}\right)^r \quad b \neq 0$$

$$(a^r)^s = (a^s)^r = a^{r \cdot s} \qquad pa^r \pm qa^r = (p \pm q)\, a^r$$

Wurzelgesetze für positive reelle Zahlen a, b und natürliche Exponenten $(a, b \in P;\ m, n \in N;\ a > 0,\ b > 0)$

$$\sqrt[n]{a} \cdot \sqrt[n]{b} = \sqrt[n]{a \cdot b} \qquad \frac{\sqrt[n]{a}}{\sqrt[n]{b}} = \sqrt[n]{\frac{a}{b}} \qquad \sqrt[n]{a^m} = \left(\sqrt[n]{a}\right)^m = a^{\frac{m}{n}}$$

$$\sqrt[n]{\sqrt[m]{a}} = \sqrt[m]{\sqrt[n]{a}} = \sqrt[m \cdot n]{a} \qquad \sqrt[n \cdot k]{a^{m \cdot k}} = \sqrt[n]{a^m}$$

Beispiele:

$$6^{\frac{1}{3}} \cdot 6^{\frac{2}{3}} = 6^{\frac{1}{3}+\frac{2}{3}} = \underline{\underline{6}} \leftrightarrow \sqrt[3]{6} \cdot \sqrt[3]{6^2} = \sqrt[3]{6^3} = \underline{\underline{6}}$$

$$a^{\frac{-4}{7}} \cdot a^{\frac{-1}{2}} \cdot a^{\frac{5}{14}} = a^{\frac{-8-7+5}{14}} = a^{\frac{-5}{7}} = \underline{\underline{\frac{1}{\sqrt[7]{a^5}}}}$$

$$3^{\sqrt{18}} \cdot 3^{\sqrt{32}} = \underline{\underline{3^{7 \cdot \sqrt{2}}}}$$

Bemerkung: Der Wurzelexponent kann auch reell sein!

Rationalmachen des Nenners

Brüche mit Wurzeln im Nenner werden so erweitert, daß der Nenner rational wird.

Beispiele:

$$\frac{x}{\sqrt[4]{x^3}} = \frac{x\sqrt[4]{x}}{\sqrt[4]{x^3}\,\sqrt[4]{x}} = \frac{x\sqrt[4]{x}}{\sqrt[4]{x^4}} = \frac{x\sqrt[4]{x}}{x} = \sqrt[4]{x}$$

$$\frac{m}{a+\sqrt{b}} = \frac{m(a-\sqrt{b})}{(a+\sqrt{b})\,(a-\sqrt{b})} = \frac{m(a-\sqrt{b})}{a^2-b}$$

3.2.3. Logarithmus

(Zweite Umkehrung der Potenzrechnung)

3.2.3.1. Allgemeines

Definition

Der Logarithmus von b (*Numerus, Logarithmand*) zur *Basis* a ist die reelle Zahl c (*Exponent*), für die gilt:

$$\log_a b = c \leftrightarrow a^c = b \quad a > 0,\ a \neq 1,\ b > 0$$

Schreibweisen: $\log_a b = {}^a\log b = {}_a\log b = c$
Jede Gleichung $a^x = b$ hat genau eine reelle Lösung.

Beispiel:

$$10^x = 3$$

$$\log_{10} 3 = \underline{\underline{0{,}47712\ \ldots}}$$

$$a^{\log_a b} = b \qquad \log_a (a^b) = b \qquad \log_a (a^{-b}) = -b$$

$$\log_a 1 = 0 \qquad \log_a a = 1$$

Beispiel:

$$\log_2 \sqrt[3]{2} = \frac{1}{3} \log_2 2 = \underline{\underline{\frac{1}{3} \cdot 1}}$$

3.2.3.2. Logarithmengesetze

$$\left.\begin{array}{l} \log_a (u \cdot v) = \log_a u + \log_a v \\ \log_a \left(\dfrac{u}{v}\right) = \log_a u - \log_a v \end{array}\right\} \begin{array}{l} a > 0,\ a \neq 1 \\ u > 0,\ v > 0 \end{array}$$

$$\log_a u^w = w \cdot \log_a u \qquad w \in P,\ u > 0$$

$$\log_a \sqrt[w]{u} = \frac{1}{w} \log_a u \qquad w \in P,\ w \neq 0,\ u > 0$$

3.2.3.3. Logarithmensysteme

Dekadische (gemeine, Briggssche) Logarithmen

Basis $a = 10$

Schreibweise: $\log_{10} b = \lg b$ (lies „l-g-b“)

$$\lg b = c \leftrightarrow b = 10^c \qquad \lg 10^k = k \quad k \in P$$

Darstellung: Eine reelle **Zahl** a läßt sich *halblogarithmisch* darstellen durch $a = m \cdot 10^k$ mit $m \in (0, 9\rangle$, $k \in G$, $m \in P$

$\lg a = \lg m + k$ — m *Mantisse*, $\lg m \in (0, 1)$
k *Kennzahl* des Logarithmus, gleich Exponent des Stellenwertes der ersten wesentlichen Ziffer des Numerus

Kennzahl k: Stellenzahl der Mantisse vor dem Komma minus 1 bzw. bei echten Dezimalbrüchen negativ gleich Anzahl der Nullen bis zur ersten Ziffer $\neq 0$

Beispiele:

$$27\,900 = 2{,}79 \cdot 10^4$$

$\lg 27900 = \lg 2{,}79 + 4 = \underline{\underline{4{,}44560}}$ gemäß Logarithmentafel bzw. Taschenrechner

$4 = 4 \cdot 10^0$

$\lg 4 = \lg 4 + 0 = \underline{\underline{0{,}60206}}$

$0{,}00549 = 5{,}49 \cdot 10^{-3}$

$\lg 0{,}00549 = \lg 5{,}49 - 3 = \underline{\underline{0{,}73957 \quad -3}}$

Hat der Numerus eine Ziffer mehr als die Tafel ausweist, so ist die abzulesende Mantisse für die folgende Ziffer durch *Interpolation* zu erhöhen:

Mantissenzuwachs $d = \frac{Dn}{10}$, D Tafeldifferenz, n nächste Ziffer

Beispiel:

$\underset{\substack{\uparrow \\ n}}{\lg 37489} = 4{,}57391$, denn $\left.\begin{array}{l} \lg 37480 = 4{,}57380 \\ \lg 37490 = 4{,}57392 \end{array}\right\} D = 12$

$d = \frac{12 \cdot 9}{10} = 10{,}8 \approx 11$ $\qquad \begin{array}{r} \lg 37489 = 4{,}57380 \\ 11 + \\ \hline \underline{\underline{4{,}57391}} \end{array}$

Aufsuchen der letzten Stelle des Numerus

$$n = \frac{d \cdot 10}{D}$$

Beispiel:

$\lg x = 0{,}99637 \quad -3 \qquad n = \frac{3 \cdot 10}{4} \approx 8$

$x = \underline{\underline{0{,}0099168}}$

Natürliche Logarithmen

Basis $a = \mathrm{e} = \lim\limits_{n \to \infty} \left(1 + \frac{1}{n}\right)^n = 2{,}718281828459\ldots$ (*Eulersche Zahl*)

Schreibweise: $\log_{\mathrm{e}} b = \ln b$ (lies „l-n-b“, logarithmus naturalis)

$\ln b = c \leftrightarrow \mathrm{e}^c = b \qquad \ln \mathrm{e}^k = k \quad k \in P$

Zusammenhang der Logarithmensysteme

Für alle $x > 0$ und reelle Zahlen a, b ($a > 0$, $b > 0$, $a \neq 1$, $b \neq 1$) gilt:

$$\log_a b = \frac{1}{\log_b a} \qquad \log_a x = \log_a b \cdot \log_b x = \frac{1}{\log_b a} \log_b x$$

Speziell für $a = 10$ und $b = \mathrm{e}$

$$\lg x = \lg \mathrm{e} \cdot \ln x = \frac{1}{\ln 10} \ln x \qquad \ln x = \ln 10 \cdot \lg x = \frac{1}{\lg \mathrm{e}} \lg x$$

Umrechnungsfaktoren (*Moduln*)

$$M = \lg \mathrm{e} = \frac{1}{\ln 10} \approx 0{,}43429 \qquad \lg M = 0{,}63778 \ -1$$

$$\frac{1}{M} = \frac{1}{\lg \mathrm{e}} = \ln 10 \approx 2{,}30259 \qquad \lg \frac{1}{M} = 0{,}36222$$

Beispiel:

$$\ln 5473 = \frac{1}{M} \cdot \lg 5473 = \frac{1}{M} \cdot 3{,}73822 = x$$

Logarithmisch berechnet: $\lg x = \lg \frac{1}{M} + \lg 3{,}73822$

	N	$\lg N$	
	3,73822	0,57266	+
	$1/M$	0,36222	
$x =$	8,60755 ←	0,93488	

3.2.4. Binomischer Lehrsatz

Definition

Das Produkt aller natürlichen Zahlen von 1 bis n ($n > 1$) heißt *n-Fakultät:*

$$n! = 1 \cdot 2 \cdot 3 \cdot \cdots \cdot n; \quad n! = \prod_{x=1}^{n} x$$

Festsetzung: $0! = 1 \quad 1! = 1$

$$(n + 1)! = (n + 1) \cdot n!$$

Definition

Für n reell und k natürliche Zahl außer Null ist der Binomialkoeffizient definiert zu:

$$\binom{n}{k} = \frac{n(n-1)(n-2) \cdot \cdots \cdot (n-k+1)}{1 \cdot 2 \cdot 3 \cdot \cdots \cdot k}$$

$$= \frac{n(n-1)(n-2) \cdot \cdots \cdot (n-k+1)}{k!}$$

$\binom{n}{k}$ lies „n über k“

Festsetzung: $\binom{n}{0} = 1$

Besondere Werte: $\binom{n}{n} = 1 \qquad \binom{n}{1} = \binom{n}{n-1} = n$ für $n \in N$

Für $n < k$: $\binom{n}{k} = 0$

Für $n \geqq k$ und $n \in N$: $\binom{n}{k} = \binom{n}{n-k} = \frac{n!}{k!(n-k)!}$

(Symmetrie, Pascalsches Dreieck)

$$\binom{n}{k} + \binom{n}{k+1} = \binom{n+1}{k+1}$$

Beispiele:

$$\binom{10}{4} = \frac{10 \cdot 9 \cdot 8 \cdot 7}{1 \cdot 2 \cdot 3 \cdot 4} = \underline{\underline{210}}$$

$$\binom{-\frac{1}{2}}{2} = \frac{\left(-\frac{1}{2}\right)\left(-\frac{3}{2}\right)}{1 \cdot 2} = \underline{\underline{\frac{3}{8}}}$$

$$\binom{3}{5} = \frac{3 \cdot 2 \cdot 1 \cdot 0 \cdot (-1)}{1 \cdot 2 \cdot 3 \cdot 4 \cdot 5} = \underline{\underline{0}}$$

Pascalsches Dreieck zur Bestimmung der Binomialkoeffizienten

$n = 0$						1						Zeilensumme 2^0
$n = 1$					1		1					2^1
$n = 2$				1		2		1				2^2
$n = 3$			1		3		3		1			2^3
$n = 4$		1		4		6		4		1		2^4
$n = 5$	1		5		10		10		5		1	2^5
	↑		↑		↑		↑		↑		↑	
	$\binom{5}{0}$		$\binom{5}{1}$		$\binom{5}{2}$		$\binom{5}{3}$		$\binom{5}{4}$		$\binom{5}{5}$	

Beziehungen zwischen Binomialkoeffizienten $k \in N$

$$\binom{n}{k+1} = \binom{n}{k} \cdot \frac{n-k}{k+1} \qquad n \in P$$

$$\binom{n}{k} + \binom{n}{k-1} = \binom{n+1}{k} \qquad n \in P$$

$$\binom{k}{k}+\binom{k+1}{k}+\cdots+\binom{n}{k}=\binom{n+1}{k+1}$$

$$\binom{k}{0}+\binom{k+1}{1}+\cdots+\binom{k+n}{n}=\binom{k+n+1}{n}$$

$$\sum_{k=0}^{n}\binom{n}{k}=2^n$$

$$\binom{n}{0}+\binom{n}{2}+\binom{n}{4}+\cdots=2^{n-1}$$

$$\binom{n}{1}+\binom{n}{3}+\binom{n}{5}+\cdots=2^{n-1}$$

Differenz letztgenannter Formeln

$$\sum_{k=0}^{n}(-1)^k\binom{n}{k}=\binom{n}{0}-\binom{n}{1}+\binom{n}{2}-+\cdots=0$$

$$\sum_{k=0}^{n}\binom{n}{k}^2=\binom{n}{0}^2+\binom{n}{1}^2+\binom{n}{2}^2+\cdots=\binom{2n}{n}$$

Binomischer Lehrsatz für natürliche Exponenten ($n \in N; a, b, \in P$)

$$\begin{aligned}(a+b)^n &= \binom{n}{0}a^n+\binom{n}{1}a^{n-1}b+\binom{n}{2}a^{n-2}b^2\\ &\quad+\binom{n}{3}a^{n-3}b^3+\cdots+\binom{n}{n-1}ab^{n-1}+\binom{n}{n}b^n\\ &=\sum_{k=0}^{n}\binom{n}{k}a^{n-k}b^k\end{aligned}$$

$$\begin{aligned}(a-b)^n &= \binom{n}{0}a^n-\binom{n}{1}a^{n-1}b+\binom{n}{2}a^{n-2}b^2\\ &\quad-\binom{n}{3}a^{n-3}b^3+-\cdots\\ &\quad+(-1)^{n-1}\binom{n}{n-1}ab^{n-1}+(-1)^n\binom{n}{n}b^n\\ &=\sum_{k=0}^{n}(-1)^k\binom{n}{k}a^{n-k}b^k\end{aligned}$$

Binomischer Lehrsatz für einige Werte von n

$$(a \pm b)^2 = a^2 \pm 2ab + b^2$$

$$(a \pm b)^3 = a^3 \pm 3a^2b + 3ab^2 \pm b^3$$

$$(a \pm b)^4 = a^4 \pm 4a^3b + 6a^2b^2 \pm 4ab^3 + b^4$$

$$(a \pm b)^5 = a^5 \pm 5a^4b + 10a^3b^2 \pm 10a^2b^3 + 5ab^4 \pm b^5$$

Allgemeiner binomischer Lehrsatz für reelle Exponenten ($r \in P$; $a, b, \in P$)

$$(a + b)^r = \binom{r}{0} a^r + \binom{r}{1} a^{r-1}b + \binom{r}{2} a^{r-2}b^2 + \cdots$$

Konvergenzbedingung $|b| < |a|$

Beispiel:

$$(4{,}96)^6 = (5 - 0{,}04)^6$$

$$= \binom{6}{0} 5^6 - \binom{6}{1} 5^5 \cdot 0{,}04 + \binom{6}{2} 5^4 \cdot 0{,}04^2$$

$$- \binom{6}{3} 5^3 \cdot 0{,}04^3 + \binom{6}{4} 5^2 \cdot 0{,}04^4$$

$$- \binom{6}{5} 5 \cdot 0{,}045 + \binom{6}{0} 0{,}04^6$$

$$= 15625 - 6 \cdot 3125 \cdot 0{,}04 + 15 \cdot 625 \cdot 16 \cdot 10^{-4}$$

$$- 20 \cdot 125 \cdot 64 \cdot 10^{-6} + 15 \cdot 25 \cdot 256 \cdot 10^{-8} - \cdots$$

$$(\text{vernachlässigbar}) \approx \underline{\underline{14889{,}8}}$$

3.3. Bereich der komplexen Zahlen C

3.3.1. Allgemeines

Definition

Eine komplexe Zahl z ist ein geordnetes Paar reeller Zahlen.

$$z = [a; b] \qquad a, b \in P$$

wobei Realteil $\operatorname{Re} z = a$
Imaginärteil $\operatorname{Im} z = b$

Imaginäre Einheit	$[0; 1] = \mathrm{j} \to \mathrm{j}^2 = -1$	
Imaginäre Zahl	$[0; b] = \mathrm{j}b$	$b \in P$
Reelle Zahl	$[a; 0] = a$	$a \in P \to P \subset C$

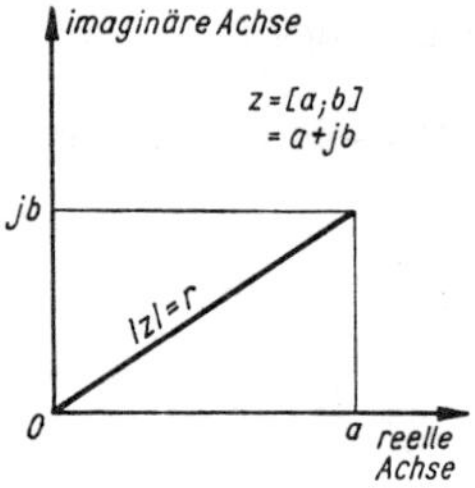

Bild 3.6. Punktdarstellung von z

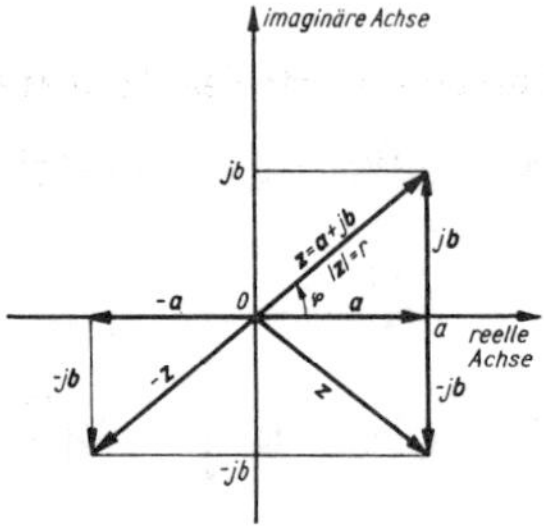

Bild 3.7. Vektor z

Die Darstellung der komplexen Zahlen ist ihre eineindeutige Abbildung auf die Menge der Punkte der komplexen Gaussschen *Zahlenebene*. Imaginäre Zahlen werden auf die imaginäre, reelle Zahlen auf die reelle Achse abgebildet.
Neben der Punktdarstellung $P[a; b]$ wird die komplexe Zahl als *zweidimensionaler Vektor z* in der Gaussschen Zahlenebene dargestellt.

Potenzen der imaginären Einheit

$$\mathrm{j}^0 = 1$$

$$\left.\begin{aligned} \mathrm{j}^{4k} &= +1 \\ \mathrm{j}^{4k+1} &= \mathrm{j} \\ \mathrm{j}^{4k+2} &= -1 \\ \mathrm{j}^{4k+3} &= -\mathrm{j} \end{aligned}\right\} \text{ für } k \in G \qquad \begin{aligned} \mathrm{j}^1 &= \mathrm{j} & \mathrm{j}^{-1} &= -\mathrm{j} \\ \mathrm{j}^2 &= -1 & \mathrm{j}^{-2} &= -1 \\ \mathrm{j}^3 &= -\mathrm{j} & \mathrm{j}^{-3} &= \mathrm{j} \\ \mathrm{j}^4 &= +1 & \mathrm{j}^{-4} &= +1 \end{aligned}$$

3.3.2. Darstellungsformen komplexer Zahlen

Arithmetische Form:	$z = [a; b] = a + \mathrm{j}b$	$a, b \in P$
Goniometrische Form:	$z = r(\cos\varphi + \mathrm{j}\sin\varphi)$	$r \in P, r \geqq 0$
Exponentialform:	$z = r \cdot \mathrm{e}^{\mathrm{j}\varphi}$	
Eulersche *Formel:*	$\mathrm{e}^{\mathrm{j}\varphi} = \cos\varphi + \mathrm{j}\sin\varphi$	

Periode der Exponentialfunktion $\mathrm{e}^{\mathrm{j}(\varphi + k \cdot 2\pi)} = \mathrm{e}^{\mathrm{j}\varphi} \qquad k \in G$

Definition

Betrag (*Modul*) der komplexen Zahl $|z| = r = \sqrt{a^2 + b^2}$
mit $a^2 + b^2$ Norm der komplexen Zahl z bzw. $\bar{z}$
Argument (*Phase*) φ der komplexen Zahl : $\tan \varphi = \dfrac{b}{a}$

Spezielle Werte des Faktors $e^{j\varphi}$

$$e^{j2k\pi} = 1; \qquad e^{j(2k+1)\pi} = -1 \quad k \in G$$

$$e^{j\frac{\pi}{2}} = j; \qquad e^{j\frac{2\pi}{3}} = -\frac{1}{2} + \frac{j}{2}\sqrt{3}$$

$$e^{j\frac{3}{2}\pi} = -j; \qquad e^{j\frac{4\pi}{3}} = -\frac{1}{2} - \frac{j}{2}\sqrt{3}$$

Zusammenhang zwischen Exponential- und trigonometrischen Funktionen siehe S. 176

Beispiele für Formwandlungen:

Wandle die arithmetische Form $z = 3 - j4$ in die beiden anderen!

$$r = \sqrt{3^2 + (-4)^2} = 5$$

$$\tan \varphi = \frac{-4}{3} \rightarrow \varphi = 306^\circ\, 52' = 306{,}87^\circ = 5{,}356 \text{ rad}$$

wegen $a > 0$, $b < 0$ 4. Quadrant

$$z = 3 - j4 = \underline{\underline{5(\cos 306^\circ\, 52' + j \sin 306^\circ\, 52') = 5\, e^{j5{,}356}}}$$

Wandle $z = 17\, e^{j\, 37^\circ 22'}$ in die arithmetische Form!

$$z = a + jb = 17\,(\cos 37^\circ\, 22' + j \sin 37^\circ\, 22')$$

$$= 17(0{,}795 + j0{,}607) = \underline{\underline{13{,}5 + j10{,}3}}$$

3.3.3. Grundrechenarten mit komplexen Zahlen

Definition der Gleichheit und der Grundrechenarten komplexer Zahlen
Für $z_1 = a_1 + jb_1$ und $z_2 = a_2 + jb_2$ gilt:

$$z_1 = z_2 \leftrightarrow a_1 = a_2 \wedge b_1 = b_2$$

$$z_1 \pm z_2 = (a_1 \pm a_2) + j(b_1 \pm b_2)$$

$$z_1 \cdot z_2 = (a_1a_2 - b_1b_2) + \mathrm{j}(a_1b_2 + a_2b_1)$$

$$\frac{z_1}{z_2} = \frac{a_1a_2 + b_1b_2}{a_2^2 + b_2^2} + \mathrm{j}\,\frac{-a_1b_2 + a_2b_1}{a_2^2 + b_2^2} \qquad a_2 \neq 0,\ b_2 \neq 0$$

Speziell für *konjugiert komplexe Zahlen* $z = a + \mathrm{j}b$, $\bar{z} = a - \mathrm{j}b$

$$z + \bar{z} = 2a$$

$$z - \bar{z} = \mathrm{j}2b$$

$$z \cdot \bar{z} = |z|^2 = a^2 + b^2 \quad \textit{Norm}$$

$$z^{-1} = \frac{\bar{z}}{|z|^2}$$

Beispiele:

$$\mathrm{j}4 - \mathrm{j}7 + \mathrm{j}9 = \underline{\underline{\mathrm{j}6}}$$

$$\mathrm{j}5 \cdot \mathrm{j}7 = \mathrm{j}^2 35 = \underline{\underline{-35}}$$

$$\frac{\mathrm{j}14}{\mathrm{j}15} = \underline{\underline{\frac{14}{15}}}$$

$$(5 - \mathrm{j}3) - (3 + \mathrm{j}5) = \underline{\underline{2 - \mathrm{j}8}}$$

$$\frac{1 + 2\mathrm{j}}{3 - \mathrm{j}} = \frac{(1 + 2\mathrm{j})(3 + \mathrm{j})}{(3 - \mathrm{j})(3 + \mathrm{j})} = \frac{1 + 7\mathrm{j}}{10} = \underline{\underline{\frac{1}{10} + \frac{7}{10}\,\mathrm{j}}}$$

Addition komplexer Zahlen

Arithmetische Form: $z_1 \pm z_2 = (a_1 \pm a_2) + \mathrm{j}(b_1 + b_2)$

Graphisches Verfahren: Vektoraddition

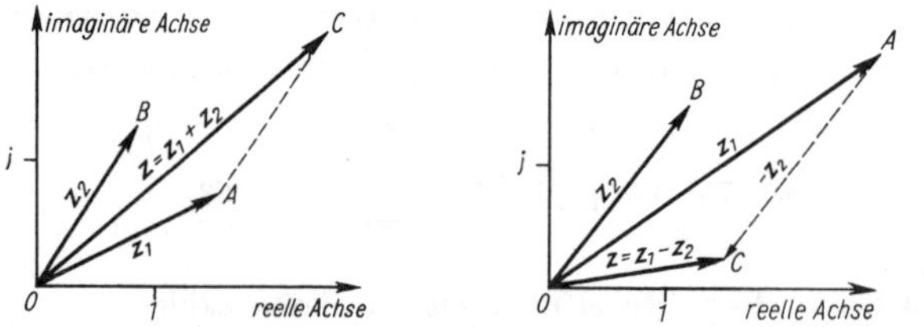

Bild 3.8. Vektoraddition, graphische Addition komplexer Zahlen

Multiplikation komplexer Zahlen

Arithmetische Form: $z_1z_2 = (a_1a_2 - b_1b_2) + \mathrm{j}(a_1b_2 + a_2b_1)$

Goniometrische Form: $z_1z_2 = r_1r_2[\cos(\varphi_1 + \varphi_2) + \mathrm{j}\sin(\varphi_1 + \varphi_2)]$

Exponentialform: $z_1z_2 = r_1r_2\, \mathrm{e}^{\mathrm{j}(\varphi_1 + \varphi_2)}$

Graphisches Verfahren: Die graphische Multiplikation ist **nicht** identisch mit einer der möglichen Produktbildungen von Vektoren.

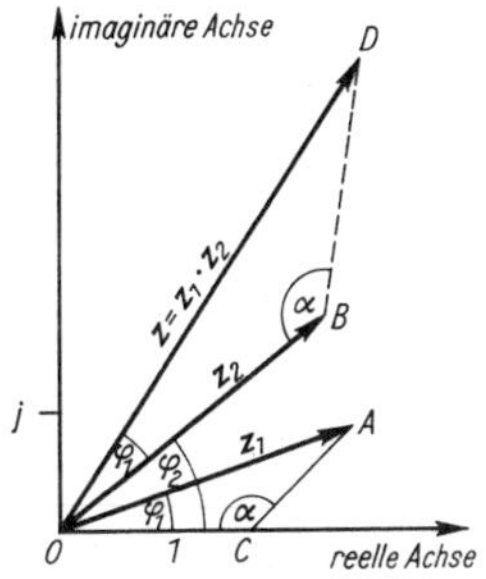

Bild 3.9. Graphische Multiplikation komplexer Zahlen

Aus $r = r_1 r_2$ folgt $r : r_2 = r_1 : 1$.

1. Schritt: Zeichnen der den komplexen Zahlen entsprechenden Vektoren OA und OB.
2. Schritt: Antragen des Winkels φ_1 an den Vektor OB gemäß $\varphi = \varphi_1 + \varphi_2$.
3. Schritt: Von O aus auf der reellen Achse die Strecke 1 abtragen (Punkt C).
4. Schritt: Verbinden von C mit A.
5. Schritt: Antragen des Winkels $OCA = \alpha$ an die Strecke OB im Punkt B. Der Schnittpunkt D seines freien Schenkels mit dem freien Schenkel des angetragenen Winkels φ_1 bestimmt den Vektor des Ergebnisses.

Begründung: $\triangle\, OCA \sim \triangle\, OBD$

Division komplexer Zahlen

Arithmetische Form:

$$\frac{z_1}{z_2} = \frac{a_1 a_2 + b_1 b_2}{a_2^2 + b_2^2} + \mathrm{j}\,\frac{-a_1 b_2 + a_2 b_1}{a_2^2 + b_2^2} \qquad \begin{array}{l} a_2 \neq 0 \\ b_2 \neq 0 \end{array}$$

Goniometrische Form:

$$\frac{z_1}{z_2} = \frac{r_1}{r_2}\,[\cos(\varphi_1 - \varphi_2) + \mathrm{j}\sin(\varphi_1 - \varphi_2)] \qquad r_2 \neq 0$$

Exponentialform:

$$\frac{z_1}{z_2} = \frac{r_1}{r_2}\,\mathrm{e}^{\mathrm{j}(\varphi_1 - \varphi_2)} \qquad r_2 \neq 0$$

Graphisches Verfahren:

Aus $\frac{r_1}{r_2} = r$ folgt $r : r_1 = 1 : r_2$

1. Schritt: Zeichnen der den komplexen Zahlen entsprechenden Vektoren OA und OB.
2. Schritt: Antragen des Winkels φ_2 an den Vektor OA im negativen Sinne gemäß $\varphi = \varphi_1 - \varphi_2$.
3. Schritt: Von O aus auf der reellen Achse die Strecke 1 abtragen (Punkt C).
4. Schritt: Verbindungen von B mit C.
5. Schritt: Antragen des Winkels $OBC = \alpha$ an die Strecke OA im Punkt A.

Der Schnittpunkt D seines freien Schenkels mit dem freien Schenkel des angetragenen Winkels φ_2 bestimmt den Vektor des Ergebnisses.

Begründung: $\triangle\, OCB \sim \triangle\, ODA$

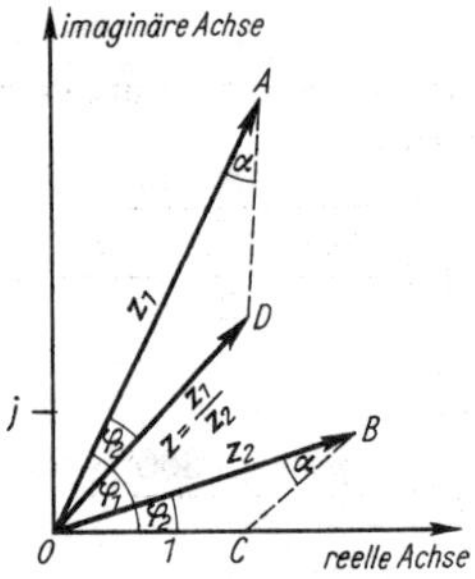

Bild 3.10. Graphische Division komplexer Zahlen

3.3.4. Potenzen und Wurzeln komplexer Zahlen

Potenzen komplexer Zahlen

Arithmetische Form:

$$(a + \mathrm{j}b)^2 = a^2 - b^2 + \mathrm{j}2ab$$

$$(a + \mathrm{j}b)^3 = a^3 - 3ab^2 + \mathrm{j}(3a^2b - b^3)$$

$$(a + \mathrm{j}b)^4 = a^4 - 6a^2b^2 + b^4 + \mathrm{j}(4a^3b - 4ab^3)$$

Goniometrische Form: $z^n = r^n(\cos n\varphi + \mathrm{j} \sin n\varphi) \quad n \in G$

(*Satz von* Moivre) $(\cos \varphi + \mathrm{j} \sin \varphi)^n = \cos n\varphi + \mathrm{j} \sin n\varphi$

Exponentialform: $z^n = r^n\, \mathrm{e}^{\mathrm{j}n\varphi} \quad n \in G$

Graphisches Verfahren:

Konstruktion durch mehrfache graphische Multiplikation bzw. $\varphi^* \Leftarrow n\varphi$ und $r^* \Leftarrow r^n$

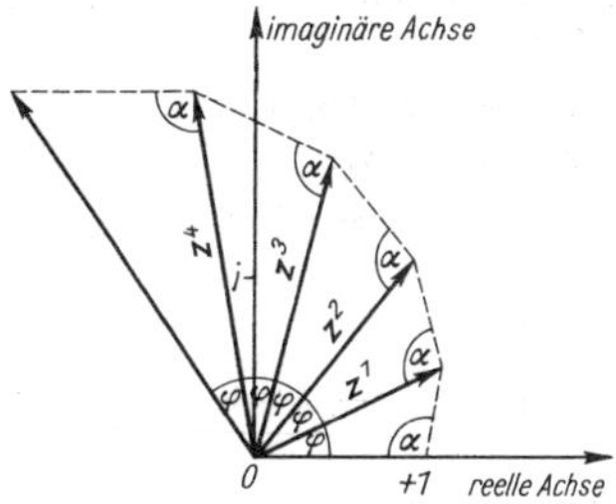

Bild 3.11. Graphisches Potenzieren

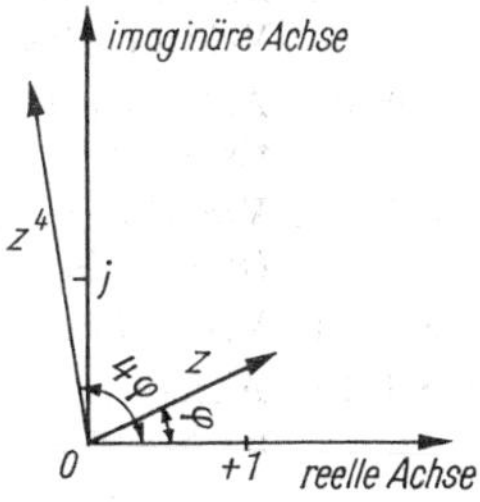

Bild 3.12. Potenz z^4

Komplexe n-te Wurzeln komplexer Zahlen

Definition

Lösungen der Gleichung $x^n = z$ heißen komplexe n-te Wurzeln von z.
Arithmetische Form (komplexe Quadratwurzel):

$$x_{1,2} = \pm\left[\sqrt{\frac{\sqrt{a^2+b^2}+a}{2}} + \mathrm{j}\sqrt{\frac{\sqrt{a^2+b^2}-a}{2}} \cdot \operatorname{sgn} b\right]$$

Goniometrische Form:

$$x_k = \sqrt[n]{r}\left(\cos\frac{\varphi + k\cdot 360°}{n} + \mathrm{j}\sin\frac{\varphi + k\cdot 360°}{n}\right)$$

$$n \neq 0 \quad k \in \{0, 1, 2, \ldots, (n-1)\}$$

Exponentialform:

$$x_k = \sqrt[n]{r}\cdot \mathrm{e}^{\mathrm{j}\frac{\varphi + 2k\pi}{n}} \qquad \begin{array}{l} n \neq 0 \\ k \in \{0, 1, 2, \ldots, (n-1)\}\end{array}$$

Graphisches Verfahren:

Das Verfahren benutzt die errechneten Werte $\varphi^* \Leftarrow \dfrac{\varphi}{n}$ und $r^* \Leftarrow \sqrt[n]{r}$

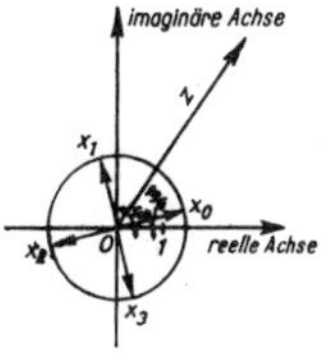

Bild 3.13. Komplexe 4. Wurzel

Komplexe n-te Einheitswurzeln

für $r = 1$, $\varphi = 0$ (n-te Kreisteilungsgleichung):

$$x_e^n = 1 \Rightarrow x_{e_k} = \cos \frac{k \cdot 360^\circ}{n} + j \sin \frac{k \cdot 360^\circ}{n}$$

$$x_e^n = -1 \Rightarrow x_{e_k} = \cos \frac{180^\circ + k \cdot 360^\circ}{n} + j \sin \frac{180^\circ + k \cdot 360^\circ}{n}$$

für $k \in \{0, 1, 2, \ldots, (n-1)\}$

Beispiele:

$$x_e^3 = 1 \Rightarrow \begin{cases} x_{e_0} = 1 \\ x_{e_1} = -\frac{1}{2} + \frac{j}{2}\sqrt{3} \\ x_{e_2} = -\frac{1}{2} - \frac{j}{2}\sqrt{3} \end{cases} \qquad x_e^3 = -1 \Rightarrow \begin{cases} x_{e_0} = \frac{1}{2} + \frac{j}{2}\sqrt{3} \\ x_{e_1} = -1 \\ x_{e_2} = \frac{1}{2} - \frac{j}{2}\sqrt{3} \end{cases}$$

$$x_e^4 = 1 \Rightarrow \begin{cases} x_{e_0} = 1 \\ x_{e_1} = j \\ x_{e_2} = -1 \\ x_{e_3} = -j \end{cases} \qquad x_e^4 = -1 \Rightarrow \begin{cases} x_{e_0} = \frac{1}{2}\sqrt{2} + \frac{j}{2}\sqrt{2} \\ x_{e_1} = -\frac{1}{2}\sqrt{2} + \frac{j}{2}\sqrt{2} \\ x_{e_2} = -\frac{1}{2}\sqrt{2} - \frac{j}{2}\sqrt{2} \\ x_{e_3} = +\frac{1}{2}\sqrt{2} - \frac{j}{2}\sqrt{2} \end{cases}$$

Graphische Darstellung der Wurzeln aus der positiven und negativen Einheit (Bild 3.14)

Die Einheitswurzeln teilen den *Einheitskreis* (Radius 1) in n gleiche Teile.

Lösung der binomischen Gleichung $x^n + a_0 = 0$

$$x_k = \begin{cases} \sqrt[n]{a_0} \cdot x_{e_k} \text{ für } a_0 \geqq 0 \text{ und } x_e^n = -1 \\ \sqrt[n]{-a_0} \cdot x_{e_k} \text{ für } a_0 < 0 \text{ und } x_e^n = 1 \end{cases}$$

$n \neq 0 \quad k \in \{0, 1, 2, \ldots, (n-1)\}$

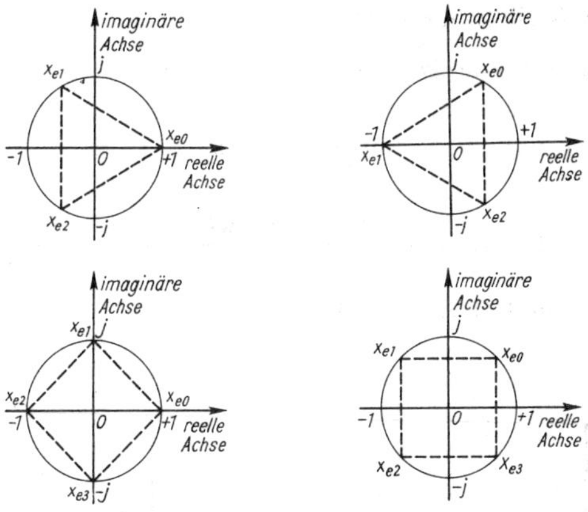

Bild 3.14. Einheitswurzeln

3.3.5. Natürliche Logarithmen von komplexen Zahlen

Definition

Der natürliche Logarithmus von $z = r \cdot e^{j\varphi}$ $(z \neq 0)$ ist:

$$\ln z = \ln r \cdot e^{j\varphi} = \ln [r(\cos\varphi + j\sin\varphi)] = \ln r + j(\varphi + 2k\pi)$$

$$k \in G$$

Für $k = 0$ ergibt sich der *Hauptwert*.

Beispiel:

$\ln (3 - j7)$ ist zu berechnen.

$$r = \sqrt{9 + 49} = \sqrt{58} \qquad \tan\varphi = \frac{-7}{3} = -2{,}33\ldots$$

$$\varphi = 293^\circ\, 12' \triangleq 5{,}12 \text{ rad}$$

$$\ln (3 - j7) = \ln \sqrt{58} + j(5{,}12 + 2k\pi)$$
$$= 2{,}030\,22 + j(5{,}12 + 2k\pi)$$

$k = 0$: $\ln (3 - j7) = \underline{\underline{2{,}030\,22 + j5{,}12}}$

$k = 1$: $= 2{,}030\,22 + j(5{,}12 + 2\pi) = \underline{\underline{2{,}030\,22 + j11{,}4}}$

$k = 2$: $= 2{,}030\,22 + j(5{,}12 + 4\pi) = \underline{\underline{2{,}030\,22 + j17{,}68}}$

usw.

Spezialfälle

Positive imaginäre Zahl jb

$$a = 0, \quad b > 0 \to \varphi = \frac{\pi}{2}$$

$$\ln(\mathrm{j}b) = \ln b + \mathrm{j}\left(\frac{\pi}{2} + 2k\pi\right) \qquad k \in G$$

Negative imaginäre Zahl $-\mathrm{j}b$ $\left(\varphi = \frac{3}{2}\pi\right)$

$$\ln(-\mathrm{j}b) = \ln b + \mathrm{j}\left(\frac{3\pi}{2} + 2k\pi\right) \qquad k \in G$$

Positive reelle Zahl a $(\varphi = 0)$

$$\ln \mathrm{a} \cdot \mathrm{e}^{\mathrm{j}(0+2k\pi)} = \ln a + \mathrm{j}2k\pi \qquad k \in G$$

Negative reelle Zahl $-a$ $(\varphi = \pi)$

$$\ln(-a) \cdot \mathrm{e}^{\mathrm{j}(\pi+2k\pi)} = \ln a + \mathrm{j}(\pi + 2k\pi) \qquad k \in G$$

$$\left.\begin{aligned} \ln 1 &= \mathrm{j}2k\pi \\ \ln(-1) &= \mathrm{j}(\pi + 2k\pi) \\ \ln \mathrm{j} &= \mathrm{j}\left(\frac{\pi}{2} + 2k\pi\right) \\ \ln(-\mathrm{j}) &= \mathrm{j}\left(\frac{3}{2}\pi + 2k\pi\right) \end{aligned}\right\} \text{ für } k \in G$$

3.4. Kombinatorik

3.4.1. Permutationen

Definition

Eine eineindeutige Abbildung einer endlichen Menge $\{a_1, a_2, \ldots, a_n\}$ auf sich selbst heißt Permutation.

$\stackrel{\text{Def}}{=}$ Permutationen von n Elementen sind die Anordnungen (*Komplexionen*) aller n Elemente in jeder möglichen Reihenfolge.

Zuordnung seines Bildes zu jedem Element

$$p = \begin{pmatrix} a_1 & a_2 & \ldots & a_n \\ p(a_1) & p(a_2) & \ldots & p(a_n) \end{pmatrix}$$

Anzahl der Permutationen von n verschiedenen Elementen

$$P_n = n! \leftrightarrow P_n = n \cdot P_{n-1}$$

Lexikographische Anordnung zur Systematisierung

Anordnung von Elementegruppen so, daß bei allen möglichen *Transpositionen* (= Vertauschen zweier Elemente) jeweils das in der natürlichen Reihenfolge vorher liegende Element, links beginnend, auch lexikographisch früher angeordnet wird.

Beispiele:

Permutation der Elemente 1, 2, 3, lexikographisch geordnet.

$P_3 = 3! = 6$

123 132 213 231 312 321

Lexikographische Anordnung der $P(4)$: $P_4 = 4! = 24$

1234 1243 1324 1342 1423 1432 2134 2143 ... 4321

Anzahl der Permutationen von n Elementen mit Wiederholung

Unter den n Elementen befinden sich je $r, s, t, \ldots$ gleiche Elemente:

$$P_n^{(r,s,t)} = \frac{n!}{r!\,s!\,t!} \ldots$$

Beispiel:

Wieviel verschiedene fünfstellige ganze Zahlen lassen sich aus den Ziffern 2, 3, 3, 7, 7 bilden?

$$P_n^{(2,2)} = \frac{5!}{2!\,2!} = \underline{\underline{30}}$$

Inversion

Definition

Werden Elemente in einer bestimmten Anordnung permutiert, dann bilden zwei Elemente der Permutation eine *Inversion*, wenn die Reihenfolge gegenüber der ursprünglichen Reihenfolge umgekehrt wird, d. h., $\begin{pmatrix} i & j \\ p(i) & p(j) \end{pmatrix} \to \begin{cases} i < j \\ p(i) > p(j) \end{cases}$

Beispiel:

$p = \begin{pmatrix} 4, & 5, & 6, & 7 \\ 7, & 4, & 6, & 5 \end{pmatrix}$ repräsentiert die 4 Inversionen

$\begin{pmatrix} 4, & 5 \\ 7, & 4 \end{pmatrix}, \begin{pmatrix} 4, & 6 \\ 7, & 6 \end{pmatrix}, \begin{pmatrix} 4, & 7 \\ 7, & 5 \end{pmatrix}, \begin{pmatrix} 6, & 7 \\ 6, & 5 \end{pmatrix} \triangleq$ gerade Permutation

Es gibt je $n!/2$ gerade und ungerade Permutationen.

3.4.2. Variationen

Definition

Anordnungen, die aus n gegebenen Elementen nur eine bestimmte Anzahl k in allen möglichen Reihenfolgen enthalten, heißen Variationen ($k \leqq n$).

Anzahl der Variationen von n Elementen zur k-ten Klasse ohne Wiederholung

Jedes Element kommt in einer Variation nur einmal vor.

$$V_n^{(k)} = \frac{n!}{(n-k)!} = \binom{n}{k} \cdot k!$$

Beispiele:

Wieviel Würfe mit verschiedenen Augen sind mit drei Würfeln möglich?

$$V_6^{(3)} = \frac{6!}{3!} = 4 \cdot 5 \cdot 6 = \underline{\underline{120}}$$

Bilde die Variationen zur 2. Klasse von 1, 2, 3!

1 2, 1 3, 2 1, 2 3, 3 1, 3 2

Anzahl der Variationen von n Elementen zur k-ten Klasse mit Wiederholung w

Jedes Element kann in einer Variation mehrfach vorkommen.

$$V_{n,w}^{(k)} = n^k$$

Beispiel:

Wieviel Möglichkeiten bestehen beim Ausfüllen eines Fußballtotoscheines?

$n = 3$ (gewonnen, unentschieden, verloren)
$k = 12$ (Anzahl der Spiele)

$$V_{3,w}^{(12)} = 3^{12} = \underline{\underline{531\,441}}$$

3.4.3. Kombinationen

Definition

Werden jeweils k Elemente aus der Gesamtzahl n ausgewählt und in **beliebiger**, aber nur jeweils einer Reihenfolge angeordnet, entstehen Kombinationen.

Kombination von n Elementen zur k-ten Klasse ohne Wiederholung

Jede Kombination darf dasselbe Element nur einmal enthalten.

$$C_n^{(k)} = \binom{n}{k} = \frac{n!}{k!(n-k)!} = \frac{V_n^{(k)}}{k!} \quad n \geqq k$$

Beispiel:

Wieviel Möglichkeiten gibt es beim Durchkreuzen von fünf Zahlen aus dem Bereich 1 bis 35 (5 aus 35)?

$n = 35,\ k = 5$

$$C_{35}^{(5)} = \binom{35}{5} = \underline{\underline{324\,632}}$$

Kombinationen von n Elementen zur k-ten Klasse, mit Wiederholung

Jede Kombination darf dasselbe Element mehrfach enthalten.

$$C_{n,w}^{(k)} = \binom{n+k-1}{k}$$

—, die von den n Elementen m vorgegebene enthalten

$$C_{n-m}^{(k-m)} = \binom{n-m}{k-m}$$

—, die von den n Elementen m vorgegebene **nicht** enthalten

$$C_{n-m}^{(k)} = \binom{n-m}{k}$$

—, die mindestens eines von den m vorgegebenen Elementen aus den n Elementen enthalten

$$C_n^{(k)} - C_{n-m}^{(k)} = \binom{n}{k} - \binom{n-m}{k}$$

3.5. Folgen

3.5.1. Allgemeines

Definition

Eine Folge ist eine eindeutige Abbildung einer Menge natürlicher Zahlen auf eine gegebene Menge M.

Ist M eine Punktmenge, entsteht eine *Punktfolge*,
ist M eine Zahlenmenge, entsteht eine *Zahlenfolge*.

Folgen sind Teilmengen der Funktionen.

Definition

Eine reelle *Zahlenfolge* ist eine Funktion $[n, f(n)]$, deren Definitionsbereich die Gesamt- (*unendliche Folge*) bzw. eine Teilmenge (*endliche Folge*) der natürlichen Zahlen ist. Die Elemente $f(n)$ des Wertebereichs (*Funktionswerte*) heißen *Glieder der Folge* und sind ebenfalls Zahlen a_n.
Schreibweise einer Zahlenfolge:

(a_n) n Indizes der Glieder der Folge (*Urbilder*)
$a_n \in P$ Glieder der Folge (*Bilder*)
a_n allgemeines Glied

Darstellungen:

Wortdarstellung: z. B. Jeder natürlichen Zahl n wird ihr Quadrat zugeordnet.

Unabhängige Darstellung: (a_n): $a_n = f(n)$ (Funktionsgleichung, explizite Bildungsvorschrift)
$n \in \{1, 2, 3, \ldots, k\}$ endliche Zahlenfolge
$n \in N, n \neq 0$ unendliche Zahlenfolge

Beispiel:

$$(a_n):\ a_n = n^2 \to a_n = 1, 4, 9, 16, 25, \ldots$$

16. Glied $a_{16} = 256$

Rekursive Darstellung: $a_n = \varphi(a_{n-1})$ unter Angabe eines, meist des ersten Gliedes

Beispiel:

$$a_3 = 14$$

$$a_n = a_{n-1} + 2n \to a_{n-1} = a_n - 2n$$

$$n \in \{1, 2, 3, \ldots, k\}$$

$$a_2 = a_3 - 2 \cdot 3 = 8, \quad a_1 = 8 - 2 \cdot 2 = 4$$

Die Folge lautet: $(a_n) = 4, 8, 14, 22, \ldots, (a_{k-1} + 2k)$

Tabellarische Darstellung: $(a_n) = 1, 4, 9, \ldots, n^2, \ldots$

Diese Darstellung ist auch zu verwenden, wenn die analytischen Darstellungen versagen, z. B. Folge der Primzahlen 2, 3, 5, 7, 11, 13, 17, ...

Definitionen

Eine Zahlenfolge (a_n) heißt

$$\left.\begin{array}{l}\text{positiv definit}\\ \text{negativ definit}\end{array}\right\}\ \text{wenn}\ \forall n\ \left\{\begin{array}{l}a_n > 0\\ a_n < 0\end{array}\right.$$

$$\left.\begin{array}{l}\text{alternierend}\\ \text{konstant}\\ \text{streng monoton wachsend}\\ \text{streng monoton fallend}\end{array}\right\}\ \text{wenn}\ \forall\, n\ \left\{\begin{array}{l}a_n \cdot a_{n+1} < 0\\ a_n = a_{n+1}\\ a_n < a_{n+1}\\ a_n > a_{n+1}\end{array}\right.$$

3.5.2. Schranken, Grenzen, Grenzwert einer Folge

Definition

Eine Zahlenfolge (a_n) hat die $\begin{matrix}\text{untere}\\ \text{obere}\end{matrix}$ *Schranke* $\begin{matrix}S_u\\ S_o\end{matrix}$, wenn für alle n gilt: $S_u \leqq a_n$, $S_o \geqq a_n$.
(sprich: nach unten/oben beschränkte Folge, beschränkte Folge bei S_u und S_o, unbeschränkte Folge ohne S_u, S_o)

Definition

Eine Zahlenfolge (a_n) hat eine untere (obere) *Grenze* G, wenn G die größte aller unteren (kleinste aller oberen) Schranken ist, z. B. ist jede monoton wachsende Folge nach unten beschränkt ($S_u = G = a_1$).

Endliche (*Unendliche*) *Folgen* haben ein (kein) letztes Glied a_k:

$a_n = 0 \quad \forall\, n > k$

$(a_n) = a_1, a_2, a_3, \ldots, a_k$ bzw. $a_n = f(n)$ für $n = 1, 2, \ldots, k$

bzw. $(a_n) = a_1, a_2, a_3, \ldots \qquad a_n = f(n)$ für $n \in N$

Definition

Eine Zahlenfolge (a_n) hat den Grenzwert g, wenn für eine beliebige Zahl $\varepsilon > 0$ fast alle a_n innerhalb der ε-Umgebung $U_\varepsilon(g)$ von g liegen bzw. sich ein Index $n = N(\varepsilon)$ so angeben läßt, daß gilt:

$$|a_n - g| < \varepsilon \qquad \forall\, n \geqq N(\varepsilon)$$

$$U_\varepsilon(g) = (g - \varepsilon, g + \varepsilon)$$

Schreibweisen:

$$\lim_{n\to\infty} a_n = g$$

$$(a_n) \xrightarrow[n\to\infty]{} g, \quad \text{d. h., } (a_n - g) = \text{Nullfolge}$$

Eine *Zahlenfolge* (a_n) heißt *konvergent*, wenn der Grenzwert g existiert, sonst *divergent*. (a_n) konvergiert gegen g.

Nullfolge: $g = 0$, z. B. $(1/n)$ ist Nullfolge für $n \in N$

Definition

Eine Zahlenfolge (a_n) wächst (fällt) unbeschränkt, wenn für beliebiges $k > 0$ für fast alle a_n gilt: $a_n > k$ $(a_n < k)$.

Uneigentlicher Grenzwert: (a_n) divergiert gegen $+\infty$ bzw. $-\infty$

$$\lim_{n\to\infty} a_n = +\infty$$

Teilfolge: Sind (a_n) eine beliebige Zahlenfolge und (n_m) eine monoton wachsende Folge natürlicher Zahlen, gilt:

$$(a_{n_m}) = (a'_n) \text{ ist Teilfolge von } (a_n).$$

Eine *Teilfolge* entsteht, wenn man in einer unendlichen Folge endlich oder unendlich viele Glieder wegläßt, wodurch aber immer noch eine unendliche Folge verbleibt.
Teilfolgen haben den gleichen Grenzwert wie die konvergente Ausgangsfolge (a_n).

Beispiele:

$(1/10^n)$, $(1/n^3)$ sind Teilfolgen von $(1/n)$

$b_n = a_{2n}$: $(b_n) = 2, 4, 6, \ldots, 2n, \ldots$ ist Teilfolge von

$a_n = n$: $(a_n) = 1, 2, 3, \ldots, n, \ldots$

Differenzenfolge: (d_n) ist Differenzenfolge zu (a_n), wenn gilt:

$$d_n = a_{n+1} - a_n$$

Quotientenfolge: (q_n) ist Quotientenfolge zu (a_n), wenn gilt:

$$q_n = \frac{a_{n+1}}{a_n}$$

Jede nach $\begin{matrix}\text{oben}\\\text{unten}\end{matrix}$ beschränkte monoton $\begin{matrix}\text{wachsende}\\\text{fallende}\end{matrix}$ Zahlenfolge (a_n) konvergiert gegen ihre $\begin{matrix}\text{obere}\\\text{untere}\end{matrix}$ Grenze.

Für $\lim_{n\to\infty} a_n = g_1$ und $\lim_{n\to\infty} b_n = g_2$ gilt:

$$\lim_{n\to\infty} (a_n \pm b_n) = g_1 \pm g_2 \qquad \lim_{n\to\infty} (a_n b_n) = g_1 g_2$$

$$\lim_{n\to\infty} \frac{a_n}{b_n} = \frac{g_1}{g_2} \quad g_2 \neq 0$$

Beispiele für Grenzwerte von Zahlenfolgen ($n \in N$)

$$\lim_{n\to\infty} \frac{1}{1+a^n} = \begin{cases} 1 & \text{für } |a| < 1 \\ \frac{1}{2} & \text{für } a = 1, \\ 0 & \text{für } |a| > 1 \end{cases} \quad \text{divergent für } a = -1$$

$$\lim_{h\to 0} (1+h)^{\frac{1}{h}} = \lim_{n\to\infty} \left(1+\frac{1}{n}\right)^n \stackrel{\text{Def}}{=} \mathrm{e} = 2{,}71828\ldots$$

(EULERsche Zahl)

$$\lim_{n\to\infty} \left(1+\frac{x}{n}\right)^n = \mathrm{e}^x$$

$$\lim_{n\to\infty} \frac{n^k}{a^n} = 0 \quad \text{für} \quad a > 1;\ k \in N$$

$$\lim_{n\to\infty} \frac{a^n}{n!} = 0 \qquad \lim_{b\to a} \frac{b^n - a^n}{b-a} = na^{n-1}$$

$$\lim_{n\to 0} \frac{a^n - 1}{n} = \ln a \quad \text{für} \quad a > 0$$

$$\lim_{n\to\infty} \left(1 + \frac{1}{2} + \frac{1}{3} + \cdots + \frac{1}{n} - \ln n\right) = C = 0{,}5772\ldots$$

(EULER*sche Konstante*)

$$\lim_{n\to\infty} \frac{n!}{n^n \mathrm{e}^{-n} \sqrt{n}} = \sqrt{2\pi} \quad \text{(STIRLING\textit{sche Formel})}$$

$$\lim_{n\to\infty} \left[\frac{2\cdot 4\cdot 6\cdots(2n)}{1\cdot 3\cdot 5\cdots(2n-1)}\right]^2 \cdot \frac{1}{2n} = \frac{\pi}{2} \quad \text{(WALLIS\textit{sches Produkt})}$$

3.5.3. Arithmetische und geometrische Folgen

Definition

(a_n) ist eine *arithmetische Zahlenfolge* für eine von n unabhängige Differenz d, so daß gilt:

$$a_{n+1} = a_n + d$$

$\stackrel{\text{Def}}{=}$ Arithmetische Folgen weisen eine konstante Differenzenfolge auf:

$$(d_n) = d, d, d, \ldots$$

Darstellungen:

$$a_n = a_1 + (n-1) \cdot d$$

$$a_{n+1} = a_n + d \quad \forall\, n \in N$$

$$a_n = \frac{a_{n-1} + a_{n+1}}{2}$$

Definition

(a_n) ist eine *geometrische Zahlenfolge* für einen festen Faktor $q \neq 0$, so daß gilt:

$$a_{n+1} = a_n \cdot q \quad a_1 \neq 0$$

$\stackrel{\text{Def}}{=}$ Geometrische Folgen weisen eine konstante Quotientenfolge auf:

$$(q_n) = q, q, q, \ldots$$

Darstellungen:

$$a_n = a_1 \cdot q^{n-1} \qquad a_1 \neq 0,\, q \neq 0$$

$q < 0$ alternierend

$q \in (0, 1)$ monoton fallend

$q > 1$ monoton wachsend

$$a_{n+1} = a_n \cdot q \quad \forall\, n \in N$$

$$a_n = \sqrt{a_{n-1} \cdot a_{n+1}}$$

Geometrisches Mittel $a_{n+1} : a_n = a_n : a_{n-1}$

Partialsummen

Definition

$s_n = a_1 + a_2 + \cdots + a_n = \sum_{k=1}^{n} a_k$ heißt n-te Partialsumme der ersten n Glieder (Summanden) der Folge (a_n).
Für die *arithmetische Folge* $(a_n) = (a_1 + (n-1)\, d)$ gilt:

$$s_n = \sum_{k=1}^{n} (a_1 + (k-1)\, d) = \frac{n(a_1 + a_n)}{2}$$

$$= \frac{n}{2}\, [2a_1 + (n-1)\, d]$$

Für die *geometrische Folge* $(a_n) = (a_1 \cdot q^{n-1})$ mit $q \neq 1$ gilt:

$$s_n = \sum_{k=1}^{n} a_1 \cdot q^{k-1} = a_1 \frac{q^n - 1}{q - 1} = a_1 \frac{1 - q^n}{1 - q} = \frac{a_1 q^n - a_1}{q - 1}$$

Beispiele:

Summen der ersten n natürlichen Zahlen $(a_n) = (n)$

$$s_n = \sum_{k=1}^{n} k = \frac{n(1+n)}{2} = \underline{\underline{\frac{1}{2}(n^2+n)}}$$

Summe der ersten n ungeraden Zahlen

$$s_n = \sum_{k=1}^{n} (2k-1) = \frac{n(1+2n-1)}{2} = \underline{\underline{n^2}}$$

Summe der ersten 8 Glieder der Folge $(a_n) = (a_1 \cdot q^{n-1})$ mit $a_1 = 20$ und $q = 0{,}5$

$$s_8 = 20 \cdot \frac{1-0{,}5^8}{1-0{,}5} = \underline{\underline{39{,}844}} \quad \text{(exakt 39,84375)}$$

Abgeleitete Formeln:

Summe der ersten n Quadratzahlen

$$s_n = \sum_{k=1}^{n} k^2 = \frac{n(n+1)(2n+1)}{6}$$

Summe der ersten n Kubikzahlen

$$s_n = \sum_{k=1}^{n} k^3 = \left[\frac{n(n+1)}{2}\right]^2 = \left[\sum_{k=1}^{n} k\right]^2$$

Konvergenz geometrischer Folgen

Geometrische Folgen (q^n) sind konvergent für $-1 < q \leqq 1$,
divergent für $q > 1$ und $q \leqq -1$

Vorzugszahlen

Vorzugszahlen in der Standardisierung bilden angenähert geometrische Folgen, die dem Dezimalsystem angepaßt sind.
Anfangs- und Endglied sind aufeinanderfolgende Zehnerpotenzen, die zu den Grundreihen (math. richtig Grundfolgen) R 5, R 10, R 20, R 40 mit dem Stufensprung

$$\varphi_k = \sqrt[k]{10}$$

k Index der Folge
$m = k - 1$ Anzahl zwischengeschalteter Glieder

führen.

$$\varphi_5 = \sqrt[5]{10} = 1{,}5849, \qquad \varphi_{10} = 1{,}2589,$$

$$\varphi_{20} = 1{,}1220, \qquad \varphi_{40} = 1{,}059$$

Hauptwerte der Grundreihen (gerundete Werte gemäß Standard TGL 27786, DIN 323, Teile 1, 2)

R 5	R 10	R 20	R 40
1,00	1,00	1,00	1,00
			1,06
		1,12	1,12
			1,18
	1,25	1,25	1,25
			1,32
		1,40	1,40
			1,50
1,60	1,60	1,60	1,60
			1,70
		1,80	1,80
			1,90
	2,00	2,00	2,00
		2,24	⋮
2,50	2,50	2,50	
		2,80	
	3,15	3,15	
		3,55	
4,00	4,00	4,00	
		4,50	
	5,00	5,00	
		5,60	
6,30	6,30	6,30	
		7,10	
	8,00	8,00	
		9,00	
10,00	10,00	10,00	10,00

Arithmetische Folgen höherer Ordnung

Eine arithmetische Folge k-ter Ordnung liegt vor, wenn erst die k-te Differenzenfolge konstante Glieder aufweist.

Beispiel:

(a_n) =	1 5 10 18 31 51	… Grundfolge
$(d^1 a_n)$ =	4 5 8 13 20	… 1. Differenzenfolge
$(d^2 a_n)$ =	1 3 5 7	… 2. Differenzenfolge
$(d^3 a_n)$ =	2 2 2	… 3. Differenzenfolge = konstant

Die Ausgangsfolge ist eine Folge 3. Ordnung.

Bildungsgesetze für arithmetische Folgen höherer Ordnung

$$\left.\begin{array}{l} a_k = b_2(k-1)^2 + b_1(k-1) + b_0 \\ \quad \text{arithmetische Folge 2. Ordnung} \\ a_k = b_m(k-1)^m + b_{m-1}(k-1)^{m-1} + \dots + b_0 \\ \quad \text{arithmetische Folge } m\text{-ter Ordnung} \end{array}\right\} \begin{array}{l} \text{für} \\ k \in \{1; 2; 3; \dots; n\} \end{array}$$

Interpolation einer Folge

Einschalten von m Gliedern zwischen zwei aufeinanderfolgende Glieder einer Zahlenfolge gibt eine neue Folge:

arithmetische Folge $\quad d \to d_1 = \dfrac{d}{m+1}$

geometrische Folge $\quad q \to q_1 = \sqrt[m+1]{q}$

3.5.4. Zinseszins- und Rentenrechnung

Die Beträge G bilden eine geometrische Folge.
Zinseszinsformel (Zinszuschläge am Jahresende)

$$G_n = G_0 \cdot q^n$$ G_0 Grundbetrag, Barwert $\quad G_n$ Endbetrag

mit *Zinsfaktor*

$$q = 1 + \frac{p}{100}$$

p Zinssatz in % bezogen auf 1 Jahr
n Anzahl der Zinsabschnitte, z. B. Jahre
r Rate, regelmäßige Zahlung, Rente

(bei Vierteljahres-Bezug $p/4$, Halbjahres-Bezug $p/2$)

Beispiel:

Energieverbrauch bei 5% Jahreszuwachs $W(t) = W_0 \cdot 1{,}05^t$

Diskontieren

$$G_0 = \frac{G_n}{q^n} = G_n \cdot v^n \quad \text{mit} \quad v = \frac{1}{q} \quad \textit{Diskontierungsfaktor}$$

$$q = \sqrt[n]{\frac{G_n}{G_0}} \qquad n = \frac{\lg G_n - \lg G_0}{\lg q}$$

Endbetrag regelmäßiger Zahlungen, regelmäßiger, stetig verzinster Ertrag

$$G_n = \frac{r(q^n - 1)}{q - 1}$$ für Zahlungen am Ende des Jahres (*nachschüssig, postnumerando*)

$$G_n = \frac{rq(q^n - 1)}{q - 1}$$ für Zahlungen am Anfang des Jahres (*vorschüssig, pränumerando*)

Barwert einer n-mal vorschüssig/nachschüssig zahlbaren Rate r

vorschüssig $$G_0 = \frac{r(q^n - 1)}{q^{n-1}(q - 1)}$$

nachschüssig $$G_0 = \frac{r(q^n - 1)}{q^n(q - 1)}$$

Berechnung der *Raten* (Rentenhöhe) einer regelmäßigen Zahlung

nachschüssig

$$r = \frac{G_n(q - 1)}{q^n - 1}$$

$$r = \frac{G_0 q^n(q - 1)}{q^n - 1}$$

vorschüssig

$$r = \frac{G_n(q - 1)}{q(q^n - 1)}$$

$$r = \frac{G_0 q^{n-1}(q - 1)}{q^n - 1}$$

Berechnung der Zeit

$$n = \frac{\lg [G_n(q - 1) + r] - \lg r}{\lg q}$$ für Postnumerandozahlungen

$$n = \frac{\lg [G_n(q - 1) + rq] - \lg (rq)}{\lg q}$$ für Pränumerandozahlungen

$$n = \frac{\lg r - \lg (r + G_0 - G_0 q)}{\lg q}$$ für Postnumerandozahlungen

$$n = \frac{\lg r + \lg q - \lg (G_0 + rq - G_0 q)}{\lg q}$$ für Pränumerandozahlungen

Barwert einer *ewigen Rente*

$$G_0 = \frac{r}{q - 1}$$ (nachschüssige Rente)

$$G_0 = \frac{rq}{q - 1}$$ (vorschüssige Rente)

Endbetrag eines Grundbetrags bei regelmäßigen Einzahlungen und Abhebungen von r (in Mark)

$$G_n = G_0 q^n + \frac{r(q^n - 1)}{q - 1}$$ bei Einzahlungen am Ende des Jahres

$$G_n = G_0 q^n + \frac{rq(q^n - 1)}{q - 1}$$ bei Einzahlungen am Anfang des Jahres

$$G_n = G_0 q^n - \frac{r(q^n - 1)}{q - 1}$$ bei Abhebungen am Ende des Jahres

$$G_n = G_0 q^n - \frac{rq(q^n - 1)}{q - 1}$$ bei Abhebungen am Anfang des Jahres

Tilgung einer Schuld

Annuität $A = \frac{G_0 q^n (q - 1)}{q^n - 1}$ G_0 Schuldsumme

Tilgungsfuß (Prozentsatz, mit dem die Schuld getilgt wird)

$$i = \frac{p}{q^n - 1} = \frac{100A}{G_0} - p$$

Tilgungsdauer $n = \frac{\lg\left(1 + \frac{p}{i}\right)}{\lg q}$

Stetige (*organische*) *Verzinsung* eines Grundbetrages G_0 in n Jahren

(Wachstumsgesetz)

$$G_n = G_0 \cdot e^{\frac{pn}{100}} \leftrightarrow G_0 = G_n \cdot e^{\frac{-pn}{100}}$$

4. Algebra

4.1. Gleichungen, Ungleichungen

4.1.1. Allgemeines

Term: Ein Term T, S, $T(x, y)$ ist ein aus Zahlen, Buchstaben (zur Symbolisierung von Variablen) und mathematischen Zeichen sinnvoll gebildeter Ausdruck, der einen (Zahlen-) Wert annimmt, wenn man die Variablen mit im Definitionsbereich des Terms frei wählbaren Elementen (Zahlen, Größen) belegt.

Linearer Term: $T(x, y) = ax + by + c$ a, b, c Konstanten, x, y linear

Linearkombination von Termen: $k_1T_1 + k_2T_2 + \cdots$ k_n Konstanten

Gemischt quadratischer Term: $ax^2 + bx + c$

Polynom, ganzrationaler Term n-ten bzw. m-ten Grades [max (n, m)]

$$T(x, y) = a_nx^n + a_{n-1}x^{n-1} + \cdots + a_1x + b_my^m + b_{m-1}y^{m-1} + \cdots + b_1y + a_0 \quad n, m \in N$$

$$T(x) = a_nx^n + a_{n-1}x^{n-1} + \cdots + a_1x + a_0 \quad n\text{-ten Grades}$$

Rationaler Term: Die Variablen werden mit den vier Grundrechenarten verbunden,

$$T(x) = \frac{a_nx^n + a_{n-1}x^{n-1} + \cdots + a_1x + a_0}{b_mx^m + b_{m-1}x^{m-1} + \cdots + b_1x + b_0} \quad n, m \in N$$

Definition der Gleichung/Ungleichung

Verbindung zweier Terme durch $=$ bzw. $<$, $\leqq$, $>$, $\geqq$, $\neq$ ergibt eine Gleichung bzw. Ungleichung:

$$T_1 = T_2 \quad T_1 \geqq T_2$$

Gleichung und Ungleichung sind Aussageformen bzw. Aussagen.

Definitionsbereich D einer Gleichung/Ungleichung ist die Durchschnittsmenge der Definitionsbereiche der Terme:

$$D = \{X = X_1 \cap X_2 \wedge Y = Y_1 \cap Y_2\}$$

Schreibweise:

$$L = \{(x, y, \ldots \mid T_1(x, y, \ldots) = T_2(x, y, \ldots) \\ \wedge\, x \in X;\; y \in Y; \ldots\}$$

Bemerkung: Ohne Angabe eines Grundbereichs handelt es sich um den Bereich der reellen Zahlen P.

Identität, Allgemeingültigkeit

Erfüllen alle n-Tupel $(x, y, \ldots) \in D$ die Gleichung/Ungleichung, heißt sie identische Gleichung/Ungleichung über D.

Beispiele:

$$L = \{(x, y) \mid (x + y)^2 = x^2 + 2xy + y^2;\; x, y \in C\} = \underline{\underline{C}}$$

$$L = \{(x, y) \mid \sin 2x = 2 \sin x \cos x\} = \underline{\underline{P}}$$

$$L = \left\{x \mid x = \sqrt{x^2}\right\} = \underline{\underline{\text{positive reelle Zahlen}}}$$

$$L = \{x \mid 3^x = -4 \wedge x \in P\} = \underline{\underline{\emptyset}}$$

$$L = \{(x, y, z) \mid x^2 + y^2 + z^2 \geqq 0;\; x, y, z \in P\} = \underline{\underline{P}}$$

Äquivalenz

Zwei Gleichungen/Ungleichungen sind gleichwertig (äquivalent) über demselben Variablen-Grundbereich D, wenn sie gleiche Lösungsmenge L besitzen.

Gleichung $T_1 = T_2$ Ungleichung $T_1 < T_2$

Äquivalente Umformungen:

T im Variablenbereich definierter Term

Gleichung		Ungleichung	
$T_1 \pm T = T_2 \pm T$		$T_1 \pm T < T_2 \pm T$	
$T_1 T = T_2 T$	Variable $\notin T$, $T \neq 0$	$T_1 T < T_2 T$	$T > 0$
$\dfrac{T_1}{T} = \dfrac{T_2}{T}$	Variable $\notin T$, $T \neq 0$	$\dfrac{T_1}{T} < \dfrac{T_2}{T}$	$T > 0$
$T_1 T_2 = 0 \leftrightarrow T_1 = 0 \vee T_2 = 0$		$T_1 T > T_2 T$	$T < 0$
		$\dfrac{T_1}{T} > \dfrac{T_2}{T}$	$T < 0$

Bemerkung: Bei nichtäquivalenten Umformungen (Quadrieren und Multiplizieren mit der Variablen) entstehen zusätzliche Lösungen. Die Richtigkeit der Lösungsmenge ist getrennt an der Ausgangsgleichung zu prüfen.

Rechnen mit Ungleichungen

$$0 < T_1 < T_2 \Rightarrow \frac{1}{T_1} > \frac{1}{T_2}$$

$$T_1 < T_2 \text{ und } T_3 < T_4 \Rightarrow T_1 + T_3 < T_2 + T_4$$

$$T_1 < T_2 \text{ und } T_3 < T_4 \Rightarrow T_1 T_3 < T_2 T_4 \quad T_2, T_3 > 0$$

$$T_1 < T_2 \Rightarrow -T_1 > -T_2$$

$$T_1^n + T_2^n \leqq (T_1 + T_2)^n \qquad T_1, T_2 > 0; \quad n \in N \setminus \{0\}$$

$$(1 + T)^n \geqq 1 + nT \qquad T \geqq 0, n \in N$$

(Bernoullische Ungleichung)

$$2^x > x \quad x \in N$$

$$\sqrt[n]{1 + T} < 1 + \frac{T}{n} \qquad T > 0, \ n \in N \setminus \{0; 1\}$$

$$(a_1 b_1 + a_2 b_2)^2 \leqq (a_1^2 + a_2^2)(b_1^2 + b_2^2)$$

Unerfüllbarkeit $L = \emptyset$

Beispiel:

$$3^x = -4, \quad x \in P \rightarrow L = \emptyset$$

4.1.2. Lineare algebraische Gleichungen/Ungleichungen

4.1.2.1. Gleichungen/Ungleichungen mit einer Variablen

Lineare Gleichung mit einer Variablen

Normalform: $ax + b = 0 \quad a \neq 0 \rightarrow L = \left\{-\frac{b}{a}\right\}$

Lineare Ungleichung mit einer Variablen

Mittels Äquivalenzregeln ist die Ungleichung so umzuformen, daß die Lösungsmenge erkennbar wird.

Beispiel:

$$x - 10 < 3(x - 2) \qquad | \ -3x + 10$$

$$x - 3x < 4$$

$$-2x < 4$$

$$x > -2 \qquad L = \underline{\underline{(-2, \infty)}}$$

Probe: Lösungsmenge als Summe $x = -2 + p \quad p > 0$

eingesetzt	$(-2 + p) - 10$ $= p - 12$	$3[(-2 + p) - 2]$ $= 3p - 12$

Vergleich $p < 3p$ für $p > 0$

$$\underline{\underline{L = \{x > -2,\ x \in P\}}} \text{ bzw. } L = \underline{\underline{(-2, \infty)}}$$

4.1.2.2. Gleichungen/Ungleichungen mit mehreren Variablen

Zur eindeutigen Bestimmung von n Variablen sind n voneinander unabhängige, durch logisch UND verbundene und einander nicht widersprechende Gleichungen notwendig.
Liegen r unabhängige Gleichungen mit n Variablen ($r < n$) vor, so werden $(n - r)$ Variablen als freie Parameter ausgewählt. Diese können mit beliebigen Werten des Definitionsbereichs belegt werden.
Die Erfüllungsmenge L eines Gleichungssystems ist gleich dem Durchschnitt der Erfüllungsmengen der einzelnen Gleichungen.

Geometrische Deutung: Die Lösungsmenge stellt den Schnittpunkt der Graphen der zu den Gleichungen gehörenden Kurvengleichungen $F(x, y, z, \ldots) = 0$ dar.

Diophantische Gleichung: $f(x_1, x_2, \ldots, x_n) = a \qquad x_i \in G$

(Gleichung mit ganzzahligen Koeffizienten und Variablen) $\qquad a \in G$

$f(x_1, x_2, \ldots, x_n)$ Polynom mit Koeffizienten $a_i \in G$

Eine lineare diophantische Gleichung mit 2 Variablen

$$a_1x_1 + a_2x_2 = b \qquad a_1, a_2, b \in G$$
$$x_1, x_2 \in G$$

Lösbar mit unendlich vielen Lösungen, wenn größter gemeinsamer Teiler von a_1 und a_2 ein Teiler von b ist.

Beispiel:

$$12x_1 + 8x_2 = 44 \quad L = \underline{\underline{\{[3; 1] \vee [5; -2] \vee \cdots\}}}$$

Eulersche Reduktionsmethode für diophantische Gleichungen

- Umstellung nach der Variablen mit dem kleinsten Koeffizienten
- Division mit ganzzahligen Quotienten und Restbildung
- Schluß auf Basis der Ganzzahligkeit usw.

Beispiel:

$$5x + 28y = 114 \quad x, y \in G$$

$$x = \frac{114 - 28y}{5} = 22 - 5y + \frac{4 - 3y}{5}$$

$$\to \frac{4 - 3y}{5} = r \quad \text{ganzzahlig}$$

$$y = \frac{4 - 5r}{3} = 1 - r + \frac{1 - 2r}{3}$$

$$\to \frac{1 - 2r}{3} = s, \qquad r = \frac{1 - 3s}{2} = -s + \frac{1 - s}{2}$$

$$\to \frac{1 - s}{2} = t, \qquad s = 1 - 2t$$

eingesetzt:

$$r = \frac{1 - 3(1 - 2t)}{2} = 3t - 1$$

$$y = \frac{4 - 5(3t - 1)}{3} = 3 - 5t$$

$$x = \frac{114 - 28(3 - 5t)}{5} = 6 + 28t$$

$$L = \underline{\underline{\{[x; y] \mid x = 6 + 28t,\ y = 3 - 5t,\quad t \in G\}}}$$

Eine lineare Gleichung mit 2 Variablen: $a_1x + a_2y = b$

$$L = \left\{[x; y] \mid x \in P,\ y = \frac{b - a_1x}{a_2}\right\}$$

Abbildung $x \mapsto y$ hat die Form einer Geraden.

Zwei lineare Gleichungen mit 2 Variablen

$$\left.\begin{array}{l} a_{11}x + a_{12}y = b_1 \\ a_{21}x + a_{22}y = b_2 \end{array}\right|$$

Die Lösungsmenge ist die Menge aller geordneten Wertepaare $[x; y]$, für die beide Aussageformen zu wahren Aussagen führen.

Schreibweise:

$$L = \{[x; y] \mid x, y \in P;\ a_{11}x + a_{12}y = b_1 \wedge a_{21}x + a_{22}y = b_2\}$$

Bemerkung: »$x, y \in P$« kann entfallen, wenn der Definitionsbereich offensichtlich ist.
Lösung durch Zurückführen auf eine Gleichung mit einer Variablen durch äquivalente Umformungen:

Einsetzungsmethode (Substitutionsmethode)

Beispiel:

$$\{[x; y] \mid 3x + 7y - 7 = 0 \wedge 5x + 3y + 36 = 0\}$$

Lösung:

$$\begin{array}{l|} 3x + 7y - 7 = 0 \\ 5x + 3y + 36 = 0 \\ \hline \end{array}$$

$$y = \frac{7 - 3x}{7}$$

$$5x + 3\left(\frac{7 - 3x}{7}\right) + 36 = 0$$

$$L = \underline{\underline{\{[-10{,}5; 5{,}5]\}}}$$

Gleichsetzungsmethode

Man löst beide Gleichungen nach einer Variablen auf und setzt die gefundenen Terme einander gleich.

$$\begin{array}{l|} 3x + 7y - 7 = 0 \\ 5x + 3y + 36 = 0 \\ \hline \end{array} \qquad \frac{-3x + 7}{7} = \frac{-5x - 36}{3}$$

$$\begin{array}{l|} 7y = -3x + 7 \\ 3y = -5x - 36 \\ \hline \end{array}$$

$$\begin{array}{l|} y = \dfrac{-3x + 7}{7} \\ y = \dfrac{-5x - 36}{3} \\ \hline \end{array}$$

L wie oben

Additionsmethode

Man multipliziert beide Seiten jeder Gleichung mit geeigneten Faktoren so, daß eine Veränderliche in beiden Gleichungen denselben Koeffizienten aufweist. Durch Addition bzw. Subtraktion beider Gleichungen fällt diese Veränderliche dann heraus.

$$\begin{array}{rl|l} 3x + 7y - 7 = 0 & & \cdot 3 \\ 5x + 3y + 36 = 0 & & \cdot 7 \end{array}$$

$$\begin{array}{rl|l} 9x + 21y - 21 = 0 & & - \\ 35x + 21y + 252 = 0 & & + \end{array}$$

$$26x + 273 = 0$$

L wie oben

Siehe auch Determinanten!

Graphische Lösung als Näherungsverfahren

Jede Gleichung 1. Grades in x und y kann als Funktionsgleichung aufgefaßt werden und ergibt bei graphischer Darstellung eine Gerade. Die Koordinaten des Schnittpunktes sind dann die reelle Lösung des Gleichungssystems.

Beispiel (Bild 4.1):

Es ist $\{[x; y] \mid x + 3y = 3 \wedge x - 3y = 9\}$ zu bestimmen!

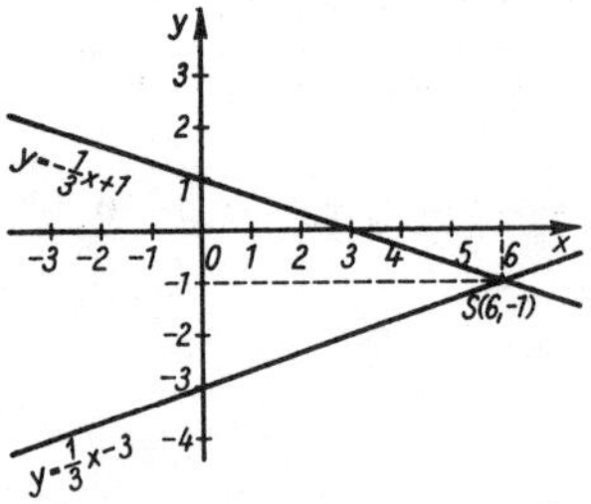

Bild 4.1. Zum Beispiel

$L_1 = \{[x; y] \mid x + 3y - 3 = 0\}$ $\quad$ $L_2 = \{[x; y] \mid x - 3y - 9 = 0\}$

$y = -\frac{1}{3}x + 1$ $\quad$ $y = \frac{1}{3}x - 3$

$L_1 = \left\{\left[x;\ -\frac{1}{3}x + 1\right]\right\}$ $\quad$ $L_2 = \left\{\left[x;\ \frac{1}{3}x - 3\right]\right\}$

Lösung: $L = L_1 \cap L_2 = \underline{\underline{\{[6; -1]\}}}$

Parallele Geraden: Die Gleichungen widersprechen einander, $L = \emptyset$

Deckungsgleiche Geraden: Die Gleichungen sind äquivalent,

L hat unendlich viele Elemente.

Lineare Ungleichung mit 2 Variablen

$$a_1x + a_2y + a_0 < 0 \quad a_i \in P$$

(Rechenzeichen auch $\geqq$, $\leqq$, $>$, $\neq$)

Lösungsmenge sind alle Punkte des kartesischen Koordinatensystems auf der einen Seite der Geraden $a_1x + a_2y + a_0 = 0$. Ist die Gerade ausgeschlossen ($>$, $<$), wird sie gestrichelt gezeichnet.

Beispiel (Bild 4.2):

$$x + 3y - 3 < 0$$

$$y < 1 - \frac{x}{3}$$

$$\text{Gerade } y = -\frac{1}{3}x + 1$$

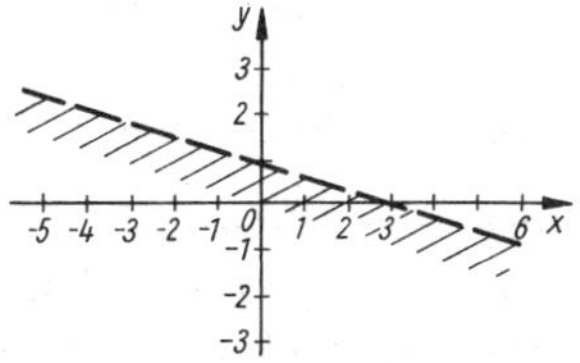

Bild 4.2. Zum Beispiel

4.1.2.3. Systeme linearer Gleichungen mit mehreren Variablen

Das Gleichungssystem

$$\begin{aligned} a_{11}x_1 + a_{12}x_2 + a_{13}x_3 + \cdots + a_{1n}x_n + a_1 &= 0 \\ a_{21}x_1 + a_{22}x_2 + a_{23}x_3 + \cdots + a_{2n}x_n + a_2 &= 0 \\ &\vdots \\ a_{m1}x_1 + a_{m2}x_2 + a_{m3}x_3 + \cdots + a_{mn}x_n + a_m &= 0 \end{aligned}$$

lautet in Matrizenschreibweise

$$\boldsymbol{Ax} + \boldsymbol{a} = \boldsymbol{o}$$

mit

$$\boldsymbol{A} = \begin{pmatrix} a_{11} & a_{12} & a_{13} & \dots & a_{1n} \\ \vdots & & & & \\ a_{m1} & a_{m2} & a_{m3} & \dots & a_{mn} \end{pmatrix} = (a_{ik})_{(m,n)}$$

$$\boldsymbol{x} = (x_1 x_2 x_3 \dots x_n)^{\mathrm{T}}$$

$$\boldsymbol{a} = (a_1 a_2 a_3 \dots a_m)^{\mathrm{T}}$$

Invertiert wird $\boldsymbol{y} = \boldsymbol{Ax} + \boldsymbol{a}$ zu $\boldsymbol{x} = \boldsymbol{By} + \boldsymbol{b}$ mit $\boldsymbol{y} = \boldsymbol{o}$.
Die $x_i = b_i$ sind die Lösungen des Gleichungssystems.

Lösungsverfahren: Austauschverfahren, GAUSSscher Algorithmus, CRAMERsche Regel.

Das Austauschverfahren bricht ab, wenn kein Pivotelement $\neq 0$ mehr existiert.

Lösbarkeitsregeln:

$m \geqq n$	für $r = n$	eindeutige Lösungsmenge;	r Rang: $r(\boldsymbol{A}, a) = r(\boldsymbol{A}) \rightarrow$
	für $r < n$	unendliche Lösungsmenge mit $(n - r)$ Parametern	alle $b_i \in \{b_{r+1}, \ldots, b_m\} = 0.$
$m < n$	für $r \leqq m$		

Ist mindestens ein $b_i \in \{b_{r+1}, \ldots, b_m\} \neq 0 \rightarrow L = \emptyset$; $r(\boldsymbol{A}, a) \neq r(\boldsymbol{A})$

Beispiel:

$$\begin{array}{l} 2x_1 - 2x_2 + 4x_3 - 14 = 0 \\ 2x_1 - 3x_2 + 5x_3 - 17 = 0 \\ 3x_1 - 2x_2 - x_3 - 12 = 0 \end{array}$$

Die Inversion wird im »Austauschverfahren«, S. 102 gezeigt.

$y_1 = y_2 = y_3 = 0$ ergibt $L = \{3, 1, -2\}$

Homogenes System $b_i = 0$

$r = n$ triviale Lösung $x_i = 0$

$r < n$ auch nicht triviale Lösungen möglich

Lösungsmenge des inhomogenen Systems auch

$L_i = \{x_0 + x^*\}$ x_0 spezielle Lösung des inhomogenen Systems
x^* Lösung des homogenen Systems

4.2. Matrizen

4.2.1. Allgemeines

Definition

Eine Matrix vom Typ (m, n) ist ein rechteckig angeordnetes Schema von $m \cdot n$ Größen (m *Zeilen*, n *Spalten*), den Elementen a_{ik} der Matrix. Zeilen und Spalten heißen *Reihen*.

Die Elemente sind Zahlen (reell oder komplex) bzw. andere mathematische Objekte, wie Vektoren, Polynome, Differentiale, Parameterangaben u. ä.

Darstellungen:

$$\boldsymbol{A}_{(m,n)} = \begin{pmatrix} a_{11} & a_{12} & \cdots & a_{1n} \\ a_{21} & a_{22} & \cdots & a_{2n} \\ \vdots & & & \\ a_{m1} & a_{m2} & \cdots & a_{mn} \end{pmatrix} = (a_{ik})_{(m,n)} \qquad \begin{matrix} i = 1, 2, \ldots, m \\ k = 1, 2, \ldots, n \end{matrix}$$

Hauptdiagonale $i = k$: $a_{11}, a_{22}, a_{33}, \ldots$

Vektor

Definition

Eine Matrix $\boldsymbol{a}$ mit nur einer Zeile oder Spalte heißt Vektor.

Zeilenmatrix vom Typ $(1, n)$ = *Zeilenvektor* $\boldsymbol{a}^i = \boldsymbol{a}_{(1,n)} = (a_{i1}a_{i2} \cdots a_{in})$ (lies »a oben i«, i Zeilennummer)

Spaltenmatrix vom Typ $(m, 1)$ = *Spaltenvektor*

$$\boldsymbol{a}_k = \boldsymbol{a}_{(m,1)} = \begin{pmatrix} a_{1k} \\ a_{2k} \\ \vdots \\ a_{mk} \end{pmatrix}$$

(lies »a unten k«, k Spaltennummer)

Bemerkung: Jeder $(m, 1)$Spaltenvektor kann als Element des Vektorraumes der geordneten m-Tupel von Zahlen aufgefaßt werden.

Gesamtmatrix in **Vektorenschreibweise**

$$\boldsymbol{A} = \begin{pmatrix} \boldsymbol{a}^1 \\ \boldsymbol{a}^2 \\ \vdots \\ \boldsymbol{a}^m \end{pmatrix} = (\boldsymbol{a}_1 \boldsymbol{a}_2 \ldots \boldsymbol{a}_n)$$

Definition

Für $m = n$ entsteht die n-reihige *quadratische Matrix* (quadratische Matrix der Ordnung n): $\boldsymbol{A}_{(n,n)}$

Spur der quadratischen Matrix:

$$a_{11} + a_{22} + \cdots + a_{nn}$$

Diagonalmatrix: Alle Elemente einer quadratischen Matrix außer die der Hauptdiagonalen verschwinden.

$$D_{(n,n)} = \begin{pmatrix} d_1 & 0 & 0 & \dots & 0 \\ 0 & d_2 & 0 & \dots & 0 \\ 0 & 0 & d_3 & \dots & 0 \\ \vdots & & & & \\ 0 & 0 & 0 & \dots & d_n \end{pmatrix} = (\delta_{ik} d_i)$$

KRONECKER-*Symbol* $\delta_{ik} = \begin{cases} 0 & \text{für} \quad i \neq k \\ 1 & \text{für} \quad i = k \end{cases}$

Für $d_1 = d_2 = \dots = d$ nennt man D *Skalarmatrix*.
Für $d = 1$ wird die Skalarmatrix zur **Einheitsmatrix**

$$E_{(n,n)} = \begin{pmatrix} 1 & 0 & 0 & \dots & 0 \\ 0 & 1 & 0 & \dots & 0 \\ 0 & 0 & 1 & \dots & 0 \\ \vdots & & & & \\ 0 & 0 & 0 & \dots & 1 \end{pmatrix} = (\delta_{ik})_{(n,n)}$$

Nullmatrix: Alle Elemente sind Null $O_{(m,n)} = (0)_{(m,n)}$

Festlegung: Eine Matrix ändert ihre Aussage nicht, wenn am rechten oder unteren Rand Nullvektoren zugefügt werden.

$$\begin{pmatrix} 1 & 3 & 5 \\ 2 & 4 & 7 \end{pmatrix} = \begin{pmatrix} 1 & 3 & 5 & 0 & 0 \\ 2 & 4 & 7 & 0 & 0 \\ 0 & 0 & 0 & 0 & 0 \end{pmatrix}$$

Transponierte Matrix

Definition

Vertauscht man in einer Matrix die Zeilen mit den gleichstelligen Spalten, so entsteht die transponierte Matrix A^T.

$$A = (a_{ik})_{(m,n)} \leftrightarrow A^T = (a_{ki})_{(n,m)}$$

$$(A^T)^T = A \qquad (A + B)^T = A^T + B^T \quad (kA)^T = k \cdot A^T$$

k Skalar

Beispiel:

$$A_{(3,4)} = \begin{pmatrix} 7 & 4 & 3 & 5 \\ 1 & 0 & 7 & 6 \\ 4 & 2 & 9 & 8 \end{pmatrix} \qquad A^T_{(4,3)} = \begin{pmatrix} 7 & 1 & 4 \\ 4 & 0 & 2 \\ 3 & 7 & 9 \\ 5 & 6 & 8 \end{pmatrix}$$

Symmetrische quadratische Matrix

$$\boldsymbol{A} = \boldsymbol{A}^{\mathrm{T}} \leftrightarrow a_{ik} = a_{ki} \quad \text{für alle} \quad i, k \in \{1, 2, \ldots, n\}$$

$$a_i = a^i \; \forall \; i$$

Beispiel:

$$\boldsymbol{A} = \boldsymbol{A}^{\mathrm{T}} = \begin{pmatrix} 1 & 5 & 7 \\ 5 & 2 & -6 \\ 7 & -6 & 8 \end{pmatrix}$$

Schiefsymmetrische (antisymmetrische) Matrix

$$\boldsymbol{A} = -\boldsymbol{A}^{\mathrm{T}} \qquad a_{ik} = -a_{ki}$$

Beispiel:

$$\boldsymbol{A} = -\boldsymbol{A}^{\mathrm{T}} = \begin{pmatrix} 0 & 5 & -7 \\ -5 & 0 & 3 \\ 7 & -3 & 0 \end{pmatrix}$$

Bei quadratischen *Dreiecksmatrizen* ist für eine

obere Dreiecksmatrix $\quad a_{ik} = 0$ für $i > k$
untere Dreiecksmatrix $\quad a_{ik} = 0$ für $i < k$

Beispiele:

$$\boldsymbol{A} = \begin{pmatrix} 11 & 2 & 7 \\ 0 & 3 & 4 \\ 0 & 0 & 2 \end{pmatrix} \qquad \boldsymbol{B} = \begin{pmatrix} 3 & 0 & 0 \\ 7 & 4 & 0 \\ 9 & 1 & 6 \end{pmatrix}$$

obere Dreiecksmatrix   untere Dreiecksmatrix

Konjugiert komplexe Matrix $\bar{\boldsymbol{A}}$

Man ersetzt jedes Element der ursprünglichen Matrix durch sein konjugiert komplexes.

$$\bar{\boldsymbol{A}} = (\bar{a}_{ik})$$

$$\bar{\bar{\boldsymbol{A}}} = \boldsymbol{A}$$

$$\overline{\boldsymbol{A} + \boldsymbol{B}} = \bar{\boldsymbol{A}} + \bar{\boldsymbol{B}}$$

$$\overline{k\boldsymbol{A}} = k\bar{\boldsymbol{A}}$$

$$(\bar{\boldsymbol{A}})^{\mathrm{T}} = (\bar{\boldsymbol{A}}^{\mathrm{T}})$$

Beispiel:

$$\boldsymbol{A} = \begin{pmatrix} 1 + 3j & 2 - 5j \\ 5 & 7 + 2j \end{pmatrix} \qquad \bar{\boldsymbol{A}} = \begin{pmatrix} 1 - 3j & 2 + 5j \\ 5 & 7 - 2j \end{pmatrix}$$

Man nennt $\bar{\boldsymbol{A}}^{\mathrm{T}}$ einer quadratischen Matrix *hermitesch.* Für diese gilt

$$\boldsymbol{A} = \bar{\boldsymbol{A}}^{\mathrm{T}} \qquad \bar{a}_{ik} = a_{ki}$$

Beispiel:

$$\boldsymbol{A} = \bar{\boldsymbol{A}}^{\mathrm{T}} = \begin{pmatrix} 2 & 1 - 2j & 3 + 5j \\ 1 + 2j & 3 & 2 - j \\ 3 - 5j & 2 + j & 5 \end{pmatrix}$$

Schief-hermitesch ist eine quadratische Matrix, für die gilt:

$$\boldsymbol{A} = -\bar{\boldsymbol{A}}^{\mathrm{T}} \qquad a_{ik} = -\bar{a}_{ki}$$

Beispiel:

$$\boldsymbol{A} = -\bar{\boldsymbol{A}}^{\mathrm{T}} = \begin{pmatrix} 2j & 1 - 2j & 3 + 5j \\ -1 - 2j & j & 2 - j \\ -3 + 5j & -2 - j & 5j \end{pmatrix}$$

Potenzen von Matrizen

Definitionen

Ist $\boldsymbol{A}$ eine quadratische Matrix, gilt:

$$\boldsymbol{A}^n = \boldsymbol{AAA} \ldots \quad (n \text{ Faktoren})$$

$$\boldsymbol{A}^{-n} = \boldsymbol{A}^{-1}\boldsymbol{A}^{-1}\boldsymbol{A}^{-1} \ldots \quad (n \text{ Faktoren})$$

$$\boldsymbol{A}^0 = \boldsymbol{E}$$

$$\boldsymbol{A}^n\boldsymbol{A}^m = \boldsymbol{A}^{n+m} \qquad n, m \in G$$

Limes einer Matrix $\boldsymbol{A}(t)$

Hängt eine Matrix von einem Parameter t ab, versteht man unter der Grenzmatrix diejenige Matrix, bei der an jedem Glied der Grenzübergang $t \to t_0$ vollzogen ist.

$$\lim_{t \to t_0} \boldsymbol{A}(t) = \left(\lim_{t \to t_0} a_{ik}(t)\right)$$

Differentialquotient einer Matrix $\boldsymbol{A}(t)$

Die Elemente werden einzeln differenziert.

$$\frac{\mathrm{d}}{\mathrm{d}t} \boldsymbol{A}(t) = \left(\frac{\mathrm{d}}{\mathrm{d}t} a_{ik}(t)\right) \qquad a_{ik} \text{ differenzierbar}$$

Die Elemente werden analog einzeln integriert.

$$\int_a^b \boldsymbol{A}(t)\,\mathrm{d}t = \left(\int_a^b a_{ik}(t)\,\mathrm{d}t\right) \quad a_{ik} \text{ integrierbar}$$

4.2.2. Matrizengesetze

Für Matrizen gleichen Typs (m, n) gilt:

Gleichheit von Matrizen

$$\boldsymbol{A} = \boldsymbol{B} \quad a_{ik} = b_{ik} \quad \forall\, i, k$$

Summe zweier Matrizen

$$\boldsymbol{C} = \boldsymbol{A} \pm \boldsymbol{B} = (a_{ik} \pm b_{ik})$$

$$\boldsymbol{A} + \boldsymbol{B} = \boldsymbol{B} + \boldsymbol{A} \quad \text{kommutatives Gesetz}$$

$$(\boldsymbol{A} + \boldsymbol{B}) + \boldsymbol{C} = \boldsymbol{A} + (\boldsymbol{B} + \boldsymbol{C}) = \boldsymbol{A} + \boldsymbol{B} + \boldsymbol{C}$$

assoziatives Gesetz

$$\boldsymbol{A} = \boldsymbol{B} \rightarrow \boldsymbol{A} + \boldsymbol{C} = \boldsymbol{B} + \boldsymbol{C}$$

Multiplikation einer Matrix mit einer reellen Zahl (einem Skalar)

$$k\boldsymbol{A} = k(a_{ik}) = (ka_{ik})$$

$$\left.\begin{aligned} k(\boldsymbol{A} + \boldsymbol{B}) &= k\boldsymbol{A} + k\boldsymbol{B} \\ (k \pm l)\,\boldsymbol{A} &= k\boldsymbol{A} \pm l\boldsymbol{A} \end{aligned}\right\} \quad \text{distributives Gesetz}$$

$$k(l\boldsymbol{A}) = (kl)\,\boldsymbol{A} = kl\boldsymbol{A} \quad \text{assoziatives Gesetz}$$

$$k\boldsymbol{A} = \boldsymbol{A}k \quad \text{kommutatives Gesetz}$$

Umkehrung: Ein gemeinsamer Faktor kann vor die Matrix gesetzt werden, gleiche Maßeinheit wird einmal hinter der Matrix angegeben.

Beispiel:

$$\boldsymbol{A} = \begin{pmatrix} 7 & 4 \\ -3 & 0 \end{pmatrix} \quad \boldsymbol{B} = \begin{pmatrix} 4 & 5 \\ 6 & -1 \end{pmatrix}; \quad 2\boldsymbol{A} - 3\boldsymbol{B} = \begin{pmatrix} 2 & -7 \\ -24 & 3 \end{pmatrix}$$

Skalares Produkt

Multiplikation von Zeilen- und Spaltenvektoren

$$\boldsymbol{a}^1\boldsymbol{b}_1 = (a_1 a_2 \ldots a_n) \begin{pmatrix} b_1 \\ b_2 \\ \vdots \\ b_n \end{pmatrix} = \sum_{i=1}^{n} a_i b_i$$

Durch Transposition ist die Bedingung Zeilenvektor mal Spaltenvektor erreichbar.

Produkt von Matrizen, **Definition**

Das Element c_{ik} des Matrizenprodukts $\boldsymbol{C} = \boldsymbol{A} \cdot \boldsymbol{B}$ ergibt sich als skalares Produkt $\boldsymbol{a}^i\boldsymbol{b}_k$ des Zeilenvektors $\boldsymbol{a}^i$ mit dem Spaltenvektor $\boldsymbol{b}_k$:

$$\left(a_{ik}\right)_{(m,n)} \cdot \left(b_{ik}\right)_{(n,p)} = \left(c_{ik}\right)_{(m,p)}$$

Voraussetzung: Spaltenzahl von $\boldsymbol{A}$ = Zeilenzahl von $\boldsymbol{B}$ (*Verkettbarkeit*)

Beispiel:

$$\boldsymbol{A} \cdot \boldsymbol{B} = \begin{pmatrix} 1 & 3 & 2 \\ 2 & 4 & 1 \end{pmatrix} \begin{pmatrix} 1 & 0 \\ 2 & 3 \\ 4 & 1 \end{pmatrix}$$

$$= \begin{pmatrix} 1 \cdot 1 + 3 \cdot 2 + 2 \cdot 4 & 1 \cdot 0 + 3 \cdot 3 + 2 \cdot 1 \\ 2 \cdot 1 + 4 \cdot 2 + 1 \cdot 4 & 2 \cdot 0 + 4 \cdot 3 + 1 \cdot 1 \end{pmatrix}$$

$$= \begin{pmatrix} 15 & 11 \\ 14 & 13 \end{pmatrix}$$

Schema von Falk:

$$\begin{array}{cc|c|c} & & p & \\ \cline{3-3} & n \qquad n & \boldsymbol{B} & \\ \hline m & \boldsymbol{A} & \boldsymbol{A} \cdot \boldsymbol{B} & m \\ \hline & & p & \end{array}$$

Die Elemente c_{ik} der Matrix $\boldsymbol{C} = \boldsymbol{A} \cdot \boldsymbol{B}$ stehen im Kreuzungspunkt der i-ten Zeile von $\boldsymbol{A}$ und der k-ten Spalte von $\boldsymbol{B}$ und sind deren skalares Produkt.

Obiges Beispiel ergibt:

$$\boldsymbol{A}_{(2,3)} \cdot \boldsymbol{B}_{(3,2)}$$

$$\begin{array}{cc|ccc|cc|} \multicolumn{5}{c}{} & \boldsymbol{b}_1 & \multicolumn{1}{c}{\boldsymbol{b}_2} \\ \multicolumn{5}{c}{} & \multicolumn{2}{c}{2} \\ \cline{6-7} & \multicolumn{4}{c|}{} & 1 & 0 \\ & \multicolumn{4}{r|}{3} & 2 & 3 \\ & \multicolumn{4}{c|}{3} & 4 & 1 \\ \hline \boldsymbol{a}^1 & & 1 & 3 & 2 & 15 & 11 \\ \boldsymbol{a}^2 & 2 & 2 & 4 & 1 & 14 & 13 \\ \hline \multicolumn{5}{c}{} & \multicolumn{2}{c}{2} \end{array}$$

Zur Kontrolle gestattet das Schema die Zeilensummenprobe von $\boldsymbol{B}$ bzw. analog die Spaltensummenprobe von $\boldsymbol{A}$

	$\boldsymbol{B}$	$\boldsymbol{b}$	Zeilensumme von $\boldsymbol{B}$
$\boldsymbol{A}$	$\boldsymbol{A} \cdot \boldsymbol{B} = \boldsymbol{C}$	$\boldsymbol{c}$	Zeilensumme von $\boldsymbol{C}$
$\boldsymbol{a}$	$\boldsymbol{c}$		
Spaltensumme von $\boldsymbol{A}$	dgl. von $\boldsymbol{C}$		

Man fügt den Zeilensummenvektor $\boldsymbol{b}$ als zusätzliche Spalte an und multipliziert skalar mit den Zeilen von $\boldsymbol{A}$, d. h., $\boldsymbol{A} \cdot \boldsymbol{b} = \boldsymbol{c}$, wobei $\boldsymbol{c}$ = Zeilensummenvektor von $\boldsymbol{C}$ (analog für Spaltensummen)

Beispiel:

				$\boldsymbol{b}_1$	$\boldsymbol{b}_2$	$\boldsymbol{b}$	
				1	0	1	
				2	3	5	
				4	1	5	
$\boldsymbol{a}^1$	1	3	2	15	11	26	$\leftarrow 1 \cdot 1 + 5 \cdot 3 + 5 \cdot 2$
$\boldsymbol{a}^2$	2	4	1	14	13	27	
bzw. $\boldsymbol{a}$	3	7	3	29	24		
				$\uparrow$ $1 \cdot 3 + 2 \cdot 7 + 4 \cdot 3$			

Das *kommutative Gesetz* gilt im allgemeinen nicht:

$$\boldsymbol{A} \cdot \boldsymbol{B} \neq \boldsymbol{B} \cdot \boldsymbol{A}$$

$$(\boldsymbol{A} \cdot \boldsymbol{B})^{\mathrm{T}} = \boldsymbol{B}^{\mathrm{T}} \cdot \boldsymbol{A}^{\mathrm{T}}$$

$$\boldsymbol{A} = \boldsymbol{B} \to \begin{cases} \boldsymbol{A} \cdot \boldsymbol{C} = \boldsymbol{B} \cdot \boldsymbol{C} \\ \boldsymbol{C} \cdot \boldsymbol{A} = \boldsymbol{C} \cdot \boldsymbol{B} \end{cases}$$

$$\boldsymbol{A} \cdot \boldsymbol{E} = \boldsymbol{E} \cdot \boldsymbol{A} = \boldsymbol{A} \qquad \boldsymbol{A} \cdot \boldsymbol{O} = \boldsymbol{O} \cdot \boldsymbol{A} = \boldsymbol{O}$$

Merke: $\boldsymbol{A} \cdot \boldsymbol{B} = \boldsymbol{O}$ bedingt **nicht** notwendig $\boldsymbol{A} = \boldsymbol{O}$ oder $\boldsymbol{B} = \boldsymbol{O}$.

Ist $\boldsymbol{A} \cdot \boldsymbol{B} = \boldsymbol{O}$ und $\boldsymbol{A} = \boldsymbol{O}, \boldsymbol{B} = \boldsymbol{O}$, so sind $\boldsymbol{A}$ und $\boldsymbol{B}$ singulär.

Distributives Gesetz:

$$\boldsymbol{A} \cdot (\boldsymbol{B} + \boldsymbol{C}) = \boldsymbol{A} \cdot \boldsymbol{B} + \boldsymbol{A} \cdot \boldsymbol{C}$$

$$(\boldsymbol{A} + \boldsymbol{B}) \cdot \boldsymbol{C} = \boldsymbol{A} \cdot \boldsymbol{C} + \boldsymbol{B} \cdot \boldsymbol{C}$$

Multiplikation mit der Diagonalmatrix $\boldsymbol{D}$

von rechts

$$\boldsymbol{A} \cdot \boldsymbol{D} = (a_{ik}d_k) = \begin{pmatrix} a_{11}d_1 & a_{12}d_2 & \dots & a_{1n}d_n \\ a_{21}d_1 & a_{22}d_2 & \dots & a_{2n}d_n \\ \vdots & & & \\ a_{m1}d_1 & a_{m2}d_2 & \dots & a_{mn}d_n \end{pmatrix}$$

von links

$$\boldsymbol{D} \cdot \boldsymbol{A} = (a_{ik}d_i) = \begin{pmatrix} a_{11}d_1 & a_{12}d_1 & \dots & a_{1n}d_1 \\ a_{21}d_2 & a_{22}d_2 & \dots & a_{2n}d_2 \\ \vdots & \vdots & & \vdots \\ a_{m1}d_n & a_{m2}d_n & \dots & a_{mn}d_n \end{pmatrix}$$

Kehrmatrix, inverse Matrix

Definition

Zwei quadratische Matrizen heißen zueinander invers, wenn ihr Produkt die Einheitsmatrix $\boldsymbol{E}$ ergibt.

$$\boldsymbol{A} \cdot \boldsymbol{A}^{-1} = \boldsymbol{E} = \boldsymbol{A}^{-1} \cdot \boldsymbol{A}$$

$$(\boldsymbol{A}^{-1})^{-1} = \boldsymbol{A} \qquad (\boldsymbol{A} \cdot \boldsymbol{B})^{-1} = \boldsymbol{B}^{-1} \cdot \boldsymbol{A}^{-1}$$

$(\boldsymbol{A}^{\mathrm{T}})^{-1} = (\boldsymbol{A}^{-1})^{\mathrm{T}}$ *kontragrediente Matrix* zu $\boldsymbol{A}$

Die Lineartransformation $\boldsymbol{y} = \boldsymbol{A} \cdot \boldsymbol{x}$ läßt sich in $\boldsymbol{x} = \boldsymbol{B} \cdot \boldsymbol{y} = \boldsymbol{A}^{-1} \cdot \boldsymbol{y}$ umformen.
Bestimmung von $\boldsymbol{A}^{-1}$ mit Hilfe des Austauschverfahrens (Abschn. 4.3.) bzw. des GAUSSschen Algorithmus (Abschn. 4.4.) als EDV-gerechte Methode.

Definition

Eine quadratische Matrix, für die die inverse Matrix existiert (nicht existiert), heißt *regulär* (*singulär*). Sie hat den *Rang* $r(\boldsymbol{A})$, wenn sie aus r linear unabhängigen Zeilen besteht.
$\boldsymbol{A}_{(n,n)}$ ist regulär für $r(\boldsymbol{A}) = n$, singulär für $r(\boldsymbol{A}) < n$.
Für $\boldsymbol{A}_{(n,m)}$ gilt $r(\boldsymbol{A}) \leqq \min(m, n)$, d. h. nicht größer als die kleinere der beiden Zahlen.
Anwendung der inversen Matrix: Lösen von Gleichungssystemen.

Multiplikation von 3 und mehr Matrizen

Assoziatives Gesetz: $(\boldsymbol{A} \cdot \boldsymbol{B}) \cdot \boldsymbol{C} = \boldsymbol{A} \cdot (\boldsymbol{B} \cdot \boldsymbol{C}) = \boldsymbol{ABC}$
Voraussetzung ist die Verkettbarkeit:

$$\boldsymbol{A}_{(m,n)}; \quad \boldsymbol{B}_{(n,p)}; \quad \boldsymbol{C}_{(p,q)} \quad \text{ergibt } (m,q)\text{-Matrix}$$

Distributives Gesetz:

$$(\boldsymbol{A} + \boldsymbol{B})\,\boldsymbol{C} = \boldsymbol{AC} + \boldsymbol{BC}$$
$$\boldsymbol{A}(\boldsymbol{B} + \boldsymbol{C}) = \boldsymbol{AB} + \boldsymbol{AC}$$

FALKsches Schema für mehrere Matrizen

$[(\boldsymbol{A} \cdot \boldsymbol{B}) \cdot \boldsymbol{C}] \cdot \boldsymbol{D} \cdots$

	$\boldsymbol{B}$	$\boldsymbol{C}$	$\boldsymbol{D}$	...
$\boldsymbol{A}$	$\boldsymbol{A} \cdot \boldsymbol{B}$	$\boldsymbol{A} \cdot \boldsymbol{B} \cdot \boldsymbol{C}$	$\boldsymbol{A} \cdot \boldsymbol{B} \cdot \boldsymbol{C} \cdot \boldsymbol{D}$	...

Kontrolle ...

Darstellung eines Systems von Lineartransformationen

$$y_1 = a_{11}x_1 + a_{12}x_2 + \cdots + a_{1n}x_n + a_1$$
$$y_2 = a_{21}x_1 + a_{22}x_2 + \cdots + a_{2n}x_n + a_2$$
$$\vdots$$
$$y_m = a_{m1}x_1 + a_{m2}x_2 + \cdots + a_{mn}x_n + a_m$$
$$\boldsymbol{y} = \boldsymbol{A} \cdot \boldsymbol{x} + \boldsymbol{a} \qquad \boldsymbol{A} \text{ Koeffizientenmatrix}$$

mit

$$\boldsymbol{y} = \begin{pmatrix} y_1 \\ y_2 \\ \vdots \\ y_m \end{pmatrix} \qquad \boldsymbol{x} = \begin{pmatrix} x_1 \\ x_2 \\ \vdots \\ x_m \end{pmatrix} \qquad \boldsymbol{a} = \begin{pmatrix} a_1 \\ a_2 \\ \vdots \\ a_m \end{pmatrix}$$

$$\boldsymbol{A} = \begin{pmatrix} a_{11} & a_{12} & \dots & a_{1n} \\ a_{21} & a_{22} & \dots & a_{2n} \\ \vdots & & & \\ a_{m1} & a_{m2} & \dots & a_{mn} \end{pmatrix}$$

Für $\boldsymbol{y} = \boldsymbol{o}$ ergibt sich ein System linearer Bestimmungsgleichungen.

Beispiel:

$$\boldsymbol{A} \cdot \boldsymbol{x} + \boldsymbol{a} = \boldsymbol{o}$$

mit

$$\boldsymbol{A} = \begin{pmatrix} 1 & -1 & 2 \\ 2 & -3 & 5 \\ 3 & -2 & -1 \end{pmatrix} \qquad \begin{matrix} \boldsymbol{x}^{\mathrm{T}} = (x_1 \quad x_2 \quad x_3) \\ \boldsymbol{a}^{\mathrm{T}} = (-7 \quad -17 \quad -12) \end{matrix}$$

$$\begin{pmatrix} 1 & -1 & 2 \\ 2 & -3 & 5 \\ 3 & -2 & -1 \end{pmatrix} \begin{pmatrix} x_1 \\ x_2 \\ x_3 \end{pmatrix} + \begin{pmatrix} -7 \\ -17 \\ -12 \end{pmatrix} = \begin{pmatrix} 0 \\ 0 \\ 0 \end{pmatrix}$$

Gleichungssystem:

$$\begin{array}{rrrrl|} x_1 & - \quad x_2 & + 2x_3 & - \quad 7 & = 0 \\ 2x_1 & - 3x_2 & + 5x_3 & - 17 & = 0 \\ 3x_1 & - 2x_2 & - \quad x_3 & - 12 & = 0 \\ \hline \end{array}$$

4.3. Austauschverfahren

Das Verfahren dient zum Austausch von Variablen, u. a. zur Bestimmung der Kehrmatrix.

$$\boldsymbol{y} = \boldsymbol{A} \cdot \boldsymbol{x} + \boldsymbol{a} \rightarrow \boldsymbol{x} = \boldsymbol{B} \cdot \boldsymbol{y} + \boldsymbol{b}$$

Mit $\boldsymbol{y} = \boldsymbol{o}$ wird daraus die Lösung eines Gleichungssystems ermittelt.

Pivotzeile: Zeile mit der auszutauschenden Variablen y_i

Pivotspalte: Spalte mit der auszutauschenden Variablen x_k

Pivotelement: Element $p = a_{ik} \neq 0$ im Kreuzungspunkt von Pivotzeile und -spalte.

Auswahlkriterium: Vorzug haben $a_{ik} = 1$ oder -1 bzw. bei gebrochenen Werten das größte a_{ik}.

Arbeitsschritte nach schematischer Darstellung des Ausgangssystems, wobei gilt:

— Die Absolutglieder werden in einer »Variablenspalte« mit $x_{n+1} = 1$ behandelt.

— Das Ausgangsschema wird um die Kontrollspalte $K = 1 - \left(\sum\limits_{k=1}^{n} a_{ik} + a_i\right)$ erweitert, d. h., die Zeilensumme ist stets 1. Die Elemente der Spalte K werden wie Nicht-Pivotspalten behandelt.

(1) Ersetze Pivotelement p durch $1/p$.

(2) Multipliziere die übrigen Elemente der Pivotspalte mit $1/p$ aus (1).

(3) Multipliziere die übrigen Elemente der Pivotzeile mit $-\dfrac{1}{p}$. Bringe diese Werte $q, r, s, \ldots$ als Kellerzeile zusätzlich unter dem ursprünglichen System an.

(4) Vermehre die restlichen Elemente um das q-, r-, s-, ...fache des in der gleichen Zeile stehenden Elements der Pivotspalte.

Beispiel für drei Variablen, allgemeine Darstellung

$$\boldsymbol{y} = \boldsymbol{A} \cdot \boldsymbol{x} + \boldsymbol{a} \qquad y_i = a_{i1}x_1 + a_{i2}x_2 + a_{i3}x_3 \quad i = 1, 2, 3$$

$k \rightarrow$ / $i \downarrow$	x_1	x_2 Pivot-spalte	x_3	1	K
Pivot-zeile y_1	a_{11}	$\boxed{a_{12}}$	a_{13}	a_1	$1 - \left(\sum_{k=1}^{3} a_{1k} + a_1\right)$
y_2	a_{21}	a_{22}	a_{23}	a_2	$1 - \left(\sum_{k=1}^{3} a_{2k} + a_2\right)$
y_3	a_{31}	a_{32}	a_{33}	a_3	$1 - \left(\sum_{k=1}^{3} a_{3k} + a_3\right)$
Keller-zeile	$\frac{a_{11}}{-p} = q$		$\frac{a_{13}}{-p} = r$	$\frac{a_1}{-p} = s$	$\frac{1 - (\ldots)}{-p} = t$

1. Austausch: x_2 gegen y_1, $a_{12} = p$

	x_1	y_1	x_3	1	K
x_2	$\frac{a_{11}}{-p} = q$	$\frac{1}{p}$	$\frac{a_{13}}{-p} = r$	$\frac{a_1}{-p} = s$	$\frac{1 - (\ldots)}{-p} = t$
y_2	$a_{21} + qa_{22}$	$\frac{a_{22}}{p}$	$a_{23} + ra_{22}$	$a_2 + sa_{22}$	$1 - (\ldots) + ta_{22}$
y_3	$a_{31} + qa_{32}$	$\frac{a_{32}}{p}$	$a_{33} + ra_{32}$	$a_3 + sa_{32}$	$1 - (\ldots) + ta_{32}$
usw.					

Beispiel: Es ist folgendes System zu invertieren

$$\begin{aligned} y_1 &= 2x_1 - 2x_2 + 4x_3 - 14 \\ y_2 &= 2x_1 - 3x_2 + 5x_3 - 17 \\ y_3 &= 3x_1 - 2x_2 - x_3 - 12 \end{aligned}$$

	x_1	x_2	x_3	1	K	
y_1	$\boxed{2}$	-2	4	-14	11	
y_2	2	-3	5	-17	14	
y_3	3	-2	-1	-12	13	
		1	-2	7	$\frac{-11}{2}$	Kellerzeile

1. Austausch: x_1 gegen y_1, Pivotelement $p = \boxed{2}$

	y_1	x_2	x_3	1	K
x_1	$\frac{1}{2}$	1	-2	7	$\frac{-11}{2}$
y_2	1	$-3 + 1 \cdot 2$	$5 + (-2) \cdot 2$	$-17 + 7 \cdot 2$	$14 + \left(\frac{-11}{2}\right) \cdot 2$
y_3	$\frac{3}{2}$	$-2 + 1 \cdot 3$	$-1 + (-2) \cdot 3$	$-12 + 7 \cdot 3$	$13 + \left(\frac{-11}{2}\right) \cdot 3$

ergibt

	y_1	x_2	x_3	1	K
x_1	$\frac{1}{2}$	1	-2	7	$-\frac{11}{2}$
y_2	1	-1	1	-3	3
y_3	$\frac{3}{2}$	$\boxed{1}$	-7	9	$-\frac{7}{2}$
	$-\frac{3}{2}$		7	-9	$\frac{7}{2}$

2. Austausch: x_2 gegen y_3, $p = \boxed{1}$

	y_1	y_3	x_3	1	K
x_1	$\frac{1}{2} + \left(\frac{-3}{2}\right) \cdot 1$	1	$-2 + 7 \cdot 1$	$7 + (-9) \cdot 1$	$\frac{-11}{2} + \frac{7}{2} \cdot 1$
y_2	$1 + \left(\frac{-3}{2}\right)(-1)$	-1	$1 + 7(-1)$	$-3 + (-9)(-1)$	$3 + \frac{7}{2}(-1)$
x_2	$-\frac{3}{2}$	1	7	-9	$\frac{7}{2}$

ergibt

	y_1	y_3	x_3	1	K
x_1	-1	1	5	-2	-2
y_2	$\frac{5}{2}$	-1	$\boxed{-6}$	6	$-\frac{1}{2}$
x_2	$-\frac{3}{2}$	1	7	-9	$\frac{7}{2}$
	$\frac{5}{12}$	$-\frac{1}{6}$		1	$-\frac{1}{12}$

3. Austausch: x_3 gegen y_2, $p = \boxed{-6}$

	y_1	y_3	y_2	1	K
x_1	$-1 + \frac{5}{12} \cdot 5$	$1 + \left(\frac{-1}{6}\right) \cdot 5$	$-\frac{5}{6}$	$-2 + 1 \cdot 5$	$-2 + \left(\frac{-1}{12}\right) \cdot 5$
x_3	$\frac{5}{12}$	$-\frac{1}{6}$	$-\frac{1}{6}$	1	$-\frac{1}{12}$
x_2	$\frac{-3}{2} + \frac{5}{12} \cdot 7$	$1 + \left(\frac{-1}{6}\right) \cdot 7$	$-\frac{7}{6}$	$-9 + 1 \cdot 7$	$\frac{7}{2} + \left(\frac{-1}{12}\right) \cdot 7$

ergibt

	y_1	y_3	y_2	1	K
x_1	$\frac{13}{12}$	$\frac{1}{6}$	$-\frac{5}{6}$	3	$-\frac{29}{12}$
x_3	$\frac{5}{12}$	$-\frac{1}{6}$	$-\frac{1}{6}$	1	$-\frac{1}{12}$
x_2	$\frac{17}{12}$	$-\frac{1}{6}$	$-\frac{7}{6}$	-2	$\frac{35}{12}$

Lösung:

$$x_1 = \frac{13}{12} y_1 - \frac{5}{6} y_2 + \frac{1}{6} y_3 + 3$$

$$x_2 = \frac{17}{12} y_1 - \frac{7}{6} y_2 - \frac{1}{6} y_3 - 2$$

$$x_3 = \frac{5}{12} y_1 - \frac{1}{6} y_2 - \frac{1}{6} y_3 + 1$$

Das Verfahren bricht ab, wenn sich kein Pivotelement ungleich Null mehr ergibt.

4.4. Gaußscher Algorithmus

Ein inhomogenes lineares System mit n Variablen und n unabhängigen Gleichungen wird durch schrittweise Elimination der Variablen in ein gestaffeltes (Dreiecks-) System überführt.

Äquivalente Umformungen zur Lösung eines linearen Systems sind:

- Umstellung (Vertauschen) von Gleichungen
- Multiplikation einer Gleichung mit einer konstanten reellen Zahl
- Addition des Vielfachen einer Gleichung zu einer anderen (*Linearkombination*)

$$\boldsymbol{A}_{(n,n)} \cdot \boldsymbol{x} = \boldsymbol{b}$$

$$\begin{array}{l|}
a_{11}x_1 + a_{12}x_2 + \cdots + a_{1n}x_n = b_1 \\
a_{21}x_1 + a_{22}x_2 + \cdots + a_{2n}x_n = b_2 \\
\vdots \\
a_{n1}x_1 + a_{n2}x_2 + \cdots + a_{nn}x_n = b_n \\ \hline
\end{array}$$

Man multipliziert die erste Gleichung ($a_{11} \neq 0$, evtl. umstellen) mit $q_{21} = \frac{-a_{21}}{a_{11}}$ und addiert zur zweiten, danach mit $q_{31} = \frac{-a_{31}}{a_{11}}$ und addiert zur dritten usw., so daß alle Glieder mit x_1 herausfallen. Es reduziert sich das ursprüngliche Gleichungssystem auf $(n - 1)$ Variablen und Gleichungen. Fortsetzung des Verfahrens mit $a_{22} \neq 0$ führt auf die Dreiecksform.

$$\begin{aligned}
a_{11}x_1 + a_{12}x_2 + a_{13}x_3 + \cdots + a_{1n}x_n &= b_1 \\
a'_{22}x_2 + a'_{23}x_3 + \cdots + a'_{2n}x_n &= b'_2 \\
a''_{33}x_3 + \cdots + a''_{3n}x_n &= b''_3 \\
&\vdots \\
a_{nn}^{(n-1)}x_n &= b_n^{(n-1)}
\end{aligned}$$

aus der sich der Reihe nach, beginnend mit x_n aus der letzten Gleichung, die Variablen berechnen lassen.

Beispiel:

$$\begin{array}{rcl|l|l}
x + 2y - 0{,}7z &=& 21 & \cdot(-3) & \cdot(-0{,}9) \\
3x + 0{,}2y - z &=& 24 & & \\
0{,}9x + 7y - 2z &=& 27 & & \\ \hline
\end{array}$$

$$\begin{array}{rcl|l}
x + 2y - 0{,}7z &=& 21 & \\
-5{,}8y + 1{,}1z &=& -39 & \cdot\frac{5{,}2}{5{,}8} \\
5{,}2y - 1{,}37z &=& 8{,}1 & \\ \hline
\end{array}$$

$$\begin{array}{rl|} x + 2y - 0{,}7z = & 21 \\ -5{,}8y + 1{,}1z = & -39 \\ -\dfrac{11{,}13}{29} z = & -\dfrac{779{,}1}{29} \\ \hline \end{array}$$

$\underline{\underline{z = 70}}$; $\underline{\underline{y = 20}}$; $\underline{\underline{x = 30}}$, $L = \underline{\underline{\{30, 20, 70\}}}$

Einfacher Gaußscher Algorithmus, Rechenschema

	x_1	x_2	$\ldots$ x_n	1	K
	σ_1	σ_2	σ_n	σ	s
Eliminationszeile E	a_{11}	a_{12}	$\ldots$ a_{1n}	b_1	s_1
2. Zeile + $q_{21} \cdot a_{1k}$	$a_{21} + q_{21}a_{11}$	$a_{22} + q_{21}a_{12}$	$\ldots$ $a_{2n} + q_{21}a_{1n}$	$b_2 + q_{21}b_1$	s_2
3. Zeile + $q_{31} \cdot a_{1k}$	$a_{31} + q_{31}a_{11}$	$a_{32} + q_{31}a_{12}$	$\ldots$ $a_{3n} + q_{31}a_{1n}$	$b_3 + q_{31}b_1$	s_3
$\vdots$					
n-te Zeile + $q_{n1}a_{1k}$	$\ldots$				
neue El.-Zeile E	0	$a_{22} + q_{21}a_{12}$	$\ldots$		

a_{ii} sollte in der E-Zeile möglichst durch Linearkombinationen zu 1 gemacht werden.

Pivotelement $a_{11} \neq 0$, durch Zeilentausch stets erreichbar

Erweiterungsfaktor $q_{i1} = -\dfrac{a_{i1}}{a_{11}}$ (Multiplikator für die E-Zeile)

Spaltensummen $\sigma_k = \sum\limits_{i=1}^{n} a_{ik}$ $k = 1, 2, \ldots, n$

Spaltensumme der Absolutglieder $\sigma = \sum\limits_{i=1}^{n} b_i$

Zeilensummen $s_1 = \sum\limits_{k=1}^{n} a_{ik} + b_i$ $i = 1, 2, \ldots, n$

Summe aller Glieder $s = \sum\limits_{k=1}^{n} \sigma_k + \sigma$

Beispiel:

Welche Lösungsmenge hat das Gleichungssystem:

$$\begin{array}{rl|} x + 2y - 0{,}7z = & 21 \\ 3x + 0{,}2y - z = & 24 \\ 0{,}9x + 7y - 2z = & 27 \\ \hline \end{array}$$

	x	y	z	1	K	
	4,9	9,2	−3,7	72	82,4	(4,9+9,2−3,7+72) (23,3+26,2+32,9)
E	1	2	−0,7	21	23,3	
2. Z. + (−3) E		$\overbrace{\quad}^{5,8}$				
	3−3	0,2−6	−1+2,1	24−63	26,2−69,9	
3. Z. + (−0,9) E		$\overbrace{\quad}^{5,2}$				
	0,9−0,9	7−1,8	−2+0,63	27−18,9	32,9−20,97	
E	0	−5,8	1,1	−39	−43,7	(−5,8+1,1−39)
$+\frac{5,2}{5,8}E$		5,2−5,2	−1,37 +0,986	8,1−35	11,93−39,214	
	0	0	−0,384	−26,9	−27,284	(−0,384−26,9)

Gestaffelte Form:

$$\begin{aligned} x + 2y - 0{,}7z &= 21 \\ -5{,}8y + 1{,}1z &= -39 \\ -0{,}384z &= -26{,}9 \end{aligned} \quad \left| \quad \begin{aligned} x &= 30 \\ y &= 20 \\ z &= 70 \text{ eingesetzt} \end{aligned} \right.$$

$$L = \underline{\underline{\{30,\ 20,\ 70\}}}$$

Mit Hilfe des Gaussschen Algorithmus läßt sich eine quadratische Matrix invertieren:

$$\boldsymbol{A} \cdot \boldsymbol{A}^{-1} = \boldsymbol{A} \cdot \boldsymbol{B} = \boldsymbol{E} = \begin{pmatrix} 1 & 0 & \dots & 0 \\ 0 & 1 & \dots & 0 \\ \vdots & & & \\ 0 & 0 & \dots & 1 \end{pmatrix}$$

$$\boldsymbol{A} \cdot \begin{pmatrix} b_{1k} \\ b_{2k} \\ \vdots \\ b_{mk} \end{pmatrix} = \begin{pmatrix} 1 \\ 0 \\ \vdots \\ 0 \end{pmatrix}; \quad = \begin{pmatrix} 0 \\ 1 \\ 0 \\ \vdots \\ 0 \end{pmatrix}; \quad = \begin{pmatrix} 0 \\ 0 \\ 0 \\ \vdots \\ 1 \end{pmatrix}$$

$$\text{für} \qquad k = 1 \qquad k = 2 \qquad k = m$$

Schema für $n = 3$

		$k =$	1	2	3	K
a_{11}	a_{12}	a_{13}	1	0	0	
a_{21}	a_{22}	a_{23}	0	1	0	
a_{31}	a_{32}	a_{33}	0	0	1	

Beispiel:

Invertiere

$$\boldsymbol{A} = \begin{pmatrix} 3 & -2 & 1 \\ -3 & 5 & 0 \\ 2 & -1 & 2 \end{pmatrix}$$

	b_{1k}	b_{2k}	b_{3k}	$k = 1$	$k = 2$	$k = 3$	K
E	3	-2	1	1	0	0	3
$q = 1$	$-3+3$	$5-2$	$0+1$	$0+1$	1	0	$3+3$
$-\frac{2}{3}$	$2-2$	$-1+\frac{4}{3}$	$2-\frac{2}{3}$	$0-\frac{2}{3}$	0	1	$4-2$
E		3	1	1	1	0	6
$-\frac{1}{9}$		$\frac{1}{3}-\frac{1}{3}$	$\frac{4}{3}-\frac{1}{9}$	$-\frac{2}{3}-\frac{1}{9}$	$0-\frac{1}{9}$	1	$2-\frac{6}{9}$
			$\frac{11}{9}$	$-\frac{7}{9}$	$-\frac{1}{9}$	1	$\frac{4}{3}$

Gestaffeltes System:

	$k = 1$	2	3
$3b_{1k} - 2b_{2k} + b_{3k} =$	1	0	0
$3b_{2k} + b_{3k} =$	1	1	0
$\frac{11}{9} b_{3k} =$	$-\frac{7}{9}$	$-\frac{1}{9}$	1

Man berechnet, mit b_{3k} beginnend, unter Nutzung der Spalte $k = 1$ zunächst die b_{31}, b_{21}, b_{11}, mit $k = 2$ b_{32}, b_{22}, b_{12} und mit $k = 3$ b_{33}, b_{23}, b_{13}.

	$k = 1$	$k = 2$	$k = 3$
b_{1k}	$\frac{10}{11}$	$\frac{3}{11}$	$-\frac{5}{11}$
b_{2k}	$\frac{6}{11}$	$\frac{4}{11}$	$-\frac{3}{11}$
b_{3k}	$-\frac{7}{11}$	$-\frac{1}{11}$	$\frac{9}{11}$

Inverse Matrix:

$$\boldsymbol{A}^{-1} = \frac{1}{11}\begin{pmatrix} 10 & 3 & -5 \\ 6 & 4 & -3 \\ -7 & -1 & 9 \end{pmatrix}$$

4.5. Determinanten

4.5.1. Allgemeines

Definition

Eine Determinante ist eine Funktion, die einer quadratischen Matrix $\boldsymbol{A}$ eindeutig einen Wert $D \in C$ zuordnet.

$$D^{(n)} = \det \boldsymbol{A} = \det \begin{pmatrix} a_{11} & a_{12} & \cdots & a_{1n} \\ a_{21} & a_{22} & \cdots & a_{2n} \\ \vdots & & & \\ a_{n1} & a_{n2} & \cdots & a_{nn} \end{pmatrix} = \begin{vmatrix} a_{11} & a_{12} & \cdots & a_{1n} \\ \vdots & & & \\ a_{n1} & a_{n2} & \cdots & a_{nn} \end{vmatrix}$$

$$= |a_{ik}|$$

n Ordnung der Determinante
a_{ik} Elemente der Determinante, i Zeile, k Spalte

Hauptdiagonale $a_{11}\ a_{12} \ldots a_{nn}$, *Nebendiagonale* $a_{1n}\ a_{2(n-1)} \cdots a_{n1}$

Hauptglied $\prod_{i=1}^{n} a_{ii}$

Definition

Berechnung der zweireihigen Determinante

$$D = \begin{vmatrix} a_{11} & a_{12} \\ a_{21} & a_{22} \end{vmatrix} = a_{11}a_{22} - a_{12}a_{21}$$

Beispiel:

$$D = \begin{vmatrix} 2 & 4 \\ 6 & 7 \end{vmatrix} = 2 \cdot 7 - 4 \cdot 6 = \underline{\underline{-10}}$$

Definition

Die zum Element a_{ik} gehörige *Adjunkte* A_{ik} ist die Determinante $(n - 1)$ter Ordnung, die durch Streichen der i-ten Zeile und k-ten Spalte, multipliziert mit $(-1)^{i+k}$ entsteht.

Merkschema für das Vorzeichen der Adjunkte

A_{11} $+$	A_{12} $-$	A_{13} $+$	$\cdots$
A_{21} $-$	A_{22} $+$	A_{23} $-$	$\cdots$
A_{31} $+$	A_{32} $-$	A_{33} $+$	$\cdots$
$\vdots$	$\vdots$	$\vdots$	

Regel von Sarrus nur für dreireihige Determinanten

Man fügt die ersten beiden Spalten an und bildet die Summe der Produkte parallel der Hauptdiagonalen (positiv) und parallel der Nebendiagonalen (negativ).

Beispiel:

$$\left|\begin{array}{ccc|cc} 2 & 1 & 9 & 2 & 1 \\ 1 & -2 & -3 & 1 & -2 \\ 3 & 5 & 4 & 3 & 5 \end{array}\right| = \begin{array}{l} 2 \cdot (-2) \cdot 4 + 1 \cdot (-3) \cdot 3 + 9 \cdot 1 \cdot 5 \\ - 3 \cdot (-2) \cdot 9 - 5 \cdot (-3) \cdot 2 - 4 \cdot 1 \cdot 1 = 100 \end{array}$$

Entwickeln nach den Elementen der i-ten Zeile/k-ten Spalte

$$D = \sum_{k=1}^{n} a_{ik} A_{ik} \qquad D = \sum_{i=1}^{n} a_{ik} A_{ik}$$

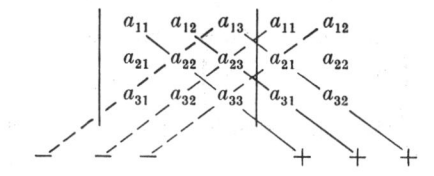

Beispiele:

Entwicklung nach der 1. Zeile

$$D = \begin{vmatrix} a_{11} & a_{12} & a_{13} \\ a_{21} & a_{22} & a_{23} \\ a_{31} & a_{32} & a_{33} \end{vmatrix} = a_{11}A_{11} + a_{12}A_{12} + a_{13}A_{13}$$

$$= a_{11}\begin{vmatrix} a_{22} & a_{23} \\ a_{32} & a_{33} \end{vmatrix} - a_{12}\begin{vmatrix} a_{21} & a_{23} \\ a_{31} & a_{33} \end{vmatrix} + a_{13}\begin{vmatrix} a_{21} & a_{22} \\ a_{31} & a_{32} \end{vmatrix}$$

$$D = \begin{vmatrix} 3 & 7 & 4 & 6 \\ 10 & 5 & 9 & 6 \\ 1 & 2 & 7 & 8 \\ 5 & 4 & 2 & 9 \end{vmatrix}$$

$$= 3\begin{vmatrix} 5 & 9 & 6 \\ 2 & 7 & 8 \\ 4 & 2 & 9 \end{vmatrix} - 7\begin{vmatrix} 10 & 9 & 6 \\ 1 & 7 & 8 \\ 5 & 2 & 9 \end{vmatrix} + 4\begin{vmatrix} 10 & 5 & 6 \\ 1 & 2 & 8 \\ 5 & 4 & 9 \end{vmatrix} - 6\begin{vmatrix} 10 & 5 & 9 \\ 1 & 2 & 7 \\ 5 & 4 & 2 \end{vmatrix}$$

LAPLACE*scher Entwicklungssatz:* Die Summe der Produkte aus den zu einer Reihe gehörenden Adjunkten und den Elementen einer parallelen Reihe ist Null.

$$\sum_{i=1}^{n} a_{ik}A_{il} = \begin{cases} D & \text{für} \quad k = l \\ 0 & \text{für} \quad k \neq l \end{cases}$$

Beispiel:

$$\begin{vmatrix} 2 & 7 & 13 \\ 4 & 6 & 9 \\ 16 & 3 & 8 \end{vmatrix} \qquad A_{11} = \begin{vmatrix} 6 & 9 \\ 3 & 8 \end{vmatrix} = 21$$

$$A_{21} = -\begin{vmatrix} 7 & 13 \\ 3 & 8 \end{vmatrix} = -17 \qquad A_{31} = \begin{vmatrix} 7 & 13 \\ 6 & 9 \end{vmatrix} = -15$$

$$A_{11} \cdot a_{12} + A_{21} \cdot a_{22} + A_{31} \cdot a_{32}$$

$$= 21 \cdot 7 + (-17) \cdot 6 + (-15) \cdot 3 = 0 \qquad L = \underline{\underline{\{0\}}}$$

4.5.2. Determinantengesetze

1. Vertauschen der Zeilen mit den gleichstelligen Spalten (Transposition, *Stürzen*) ändert den Wert nicht.
2. Vertauschen von zwei parallelen Reihen ändert das Vorzeichen.

Beispiele:

$$\begin{vmatrix} 2 & 7 & 13 \\ 4 & 6 & 9 \\ 16 & 3 & 8 \end{vmatrix} = \begin{vmatrix} 2 & 4 & 16 \\ 7 & 6 & 3 \\ 13 & 9 & 8 \end{vmatrix} \qquad \begin{vmatrix} 2 & 7 & 13 \\ 4 & 6 & 9 \\ 16 & 3 & 8 \end{vmatrix} = - \begin{vmatrix} 4 & 6 & 9 \\ 2 & 7 & 13 \\ 16 & 3 & 8 \end{vmatrix}$$

3. Ein allen Elementen einer Reihe gemeinsamer Faktor kann ausgehoben werden. Umkehrung: Multiplikation einer Determinante mit einem Faktor kann durch Multiplikation einer beliebigen Reihe mit dem Faktor ausgeführt werden.

Beispiele:

$$\begin{vmatrix} 2 & 7 & 13 \\ 4 & 6 & 9 \\ 16 & 3 & 8 \end{vmatrix} = 2 \cdot \begin{vmatrix} 1 & 7 & 13 \\ 2 & 6 & 9 \\ 8 & 3 & 8 \end{vmatrix} \qquad 5 \cdot \begin{vmatrix} 2 & 7 & 13 \\ 4 & 6 & 9 \\ 16 & 3 & 8 \end{vmatrix} = \begin{vmatrix} 2 & 35 & 13 \\ 4 & 30 & 9 \\ 16 & 15 & 8 \end{vmatrix}$$

4. Eine Determinante hat den Wert Null, wenn

- die Elemente von zwei parallelen Reihen proportional sind
- die Elemente einer Reihe Linearkombinationen der Elemente paralleler Reihen sind
- alle Elemente einer Reihe Null sind.

Beispiele:

$$\begin{matrix} \\ \rightarrow \\ \rightarrow \end{matrix} \begin{vmatrix} 2 & 7 & 13 \\ 4 & 6 & 9 \\ 8 & 12 & 18 \end{vmatrix} = 0 \qquad \begin{matrix} \\ 2 \times \text{ 1. Zeile } + \rightarrow \\ 3 \times \text{ 2. Zeile} \end{matrix} \begin{vmatrix} 2 & 7 & 13 \\ 4 & 6 & 9 \\ 16 & 32 & 53 \end{vmatrix} = 0$$

5. Addition eines Vielfachen der Elemente einer Reihe zu einer parallelen Reihe ändert den Wert der Determinante nicht.

Beispiel:

$$\begin{vmatrix} 2 & 7 & 13 \\ 4 & 6 & 9 \\ 16 & 3 & 8 \end{vmatrix} = \begin{vmatrix} 2 & 7 & 13 \\ 4 & 6 & 9 \\ 16 + 5 \cdot 4 & 3 + 5 \cdot 6 & 8 + 5 \cdot 9 \end{vmatrix}$$

6. Determinanten, die sich nur in einer Reihe unterscheiden, können addiert werden, indem in der Summendeterminante die Elemente dieser unterschiedlichen Reihen addiert werden, alle übrigen erhalten bleiben.

Beispiel:

$$\begin{vmatrix} 2 & 7 & 13 \\ 4 & 6 & 9 \\ 16 & 3 & 8 \end{vmatrix} + \begin{vmatrix} 2 & 7 & 13 \\ 5 & -2 & 9 \\ 16 & 3 & 8 \end{vmatrix} = \begin{vmatrix} 2 & 7 & 13 \\ 9 & 4 & 18 \\ 16 & 3 & 8 \end{vmatrix}$$

Berechnungsbeispiel:

$$D = \begin{vmatrix} 1 & 7 & 5 & 4 \\ -4 & 4 & 12 & 8 \\ 2 & 6 & 9 & -2 \\ 3 & 1 & 7 & 3 \end{vmatrix} = 4 \begin{vmatrix} 1 & 7 & 5 & 4 \\ -1 & 1 & 3 & 2 \\ 2 & 6 & 9 & -2 \\ 3 & 1 & 7 & 3 \end{vmatrix}$$

Gemeinsamer Faktor

$$= 4 \begin{vmatrix} 0 & 8 & 8 & 6 \\ -1 & 1 & 3 & 2 \\ 2 & 6 & 9 & -2 \\ 3 & 1 & 7 & 3 \end{vmatrix} = 4 \begin{vmatrix} 0 & 8 & 0 & 6 \\ -1 & 1 & 2 & 2 \\ 2 & 6 & 3 & -2 \\ 3 & 1 & 6 & 3 \end{vmatrix}$$

Zeile 2 zu Zeile 1 addiert — Spalte 2 von Spalte 3 subtrahiert

$$= 4(-8) \begin{vmatrix} -1 & 2 & 2 \\ 2 & 3 & -2 \\ 3 & 6 & 3 \end{vmatrix} + 4(-6) \begin{vmatrix} -1 & 1 & 2 \\ 2 & 6 & 3 \\ 3 & 1 & 6 \end{vmatrix}$$

Entwickelt nach den Elementen der ersten Zeile

$$= -32 \begin{vmatrix} -1 & 0 & 2 \\ 2 & 5 & -2 \\ 3 & 3 & 3 \end{vmatrix} - 24 \begin{vmatrix} -1 & 0 & 2 \\ 2 & 8 & 3 \\ 3 & 4 & 6 \end{vmatrix}$$

Spalte 3 von Spalte 2 subtrahiert — Spalte 1 zu Spalte 2 addiert

$$= -32 \cdot 3 \begin{vmatrix} -1 & 0 & 2 \\ 2 & 5 & -2 \\ 1 & 1 & 1 \end{vmatrix} - 24 \begin{vmatrix} -1 & 0 & 0 \\ 2 & 8 & 7 \\ 3 & 4 & 12 \end{vmatrix}$$

3 ausgeklammert — Doppelte Spalte 1 zu Spalte 3 addiert

$$= -96(-1) \begin{vmatrix} 5 & -2 \\ 1 & 1 \end{vmatrix} - 96 \cdot 2 \begin{vmatrix} 2 & 5 \\ 1 & 1 \end{vmatrix} - 24(-1) \begin{vmatrix} 8 & 7 \\ 4 & 12 \end{vmatrix}$$

$$= 96(5 + 2) - 192(2 - 5) + 24(96 - 28) = \underline{\underline{2880}}$$

4.5.3. Cramersche Regel, Lösung eines Gleichungssystems

$$\left.\begin{aligned} a_{11}x_1 + a_{12}x_2 + \cdots + a_{1n}x_n &= a_1 \\ a_{21}x_1 + a_{22}x_2 + \cdots + a_{2n}x_n &= a_2 \\ &\vdots \\ a_{n1}x_1 + a_{n2}x_2 + \cdots + a_{nn}x_n &= a_n \end{aligned}\right|$$

$$x_k = \frac{D_{xk}}{D} \quad k = 1, 2, \ldots, n$$

Koeffizientendeterminante

$$D = \begin{vmatrix} a_{11} & a_{12} & \ldots & a_{1n} \\ a_{21} & a_{22} & \ldots & a_{2n} \\ \vdots & & & \\ a_{n1} & a_{n2} & \ldots & a_{nn} \end{vmatrix}$$

Zählerdeterminante D_{xk}: Koeffizient a_{ik} von x_k ersetzt durch a_i

Lösbarkeitsregeln:

$D \neq 0,\ D_{xk} \in P \quad \to$ eindeutige Lösungsmenge

$$D = 0 \begin{cases} \forall\, D_{xk} = 0 \to \text{unendliche Lösungsmenge (abhängige Gln.)} \\ \exists\, D_{xk} \neq 0 \to \text{leere Lösungsmenge (Widerspruch)} \end{cases}$$

Beispiel:

$$\left.\begin{aligned} x - y + 2z &= 7 \\ 2x - 3y + 5z &= 17 \\ 3x - 2y - z &= 12 \end{aligned}\right|$$

$$D = \begin{vmatrix} 1 & -1 & 2 \\ 2 & -3 & 5 \\ 3 & -2 & -1 \end{vmatrix} = \begin{vmatrix} 0 & -1 & 0 \\ -1 & -3 & -1 \\ 1 & -2 & -5 \end{vmatrix} = 1 \begin{vmatrix} -1 & -1 \\ 1 & -5 \end{vmatrix} = \underline{\underline{6}}$$

$$D_x = \begin{vmatrix} 7 & -1 & 2 \\ 17 & -3 & 5 \\ 12 & -2 & -1 \end{vmatrix} = \begin{vmatrix} 0 & -1 & 0 \\ -4 & -3 & -1 \\ -2 & -2 & -5 \end{vmatrix} = 18,$$

$$D_y = -12, \qquad D_z = 6$$

$$x = \frac{18}{6} \qquad y = \frac{-12}{6} \qquad z = \frac{6}{6} \qquad L = \underline{\underline{\{3,\ -2,\ 1\}}}$$

4.6. Algebraische Gleichungen (Ungleichungen) höheren Grades

Algebraische (rationale) Gln. n-ten Grades

$$a_n x^n + a_{n-1} x^{n-1} + \cdots + a_1 x + a_0 = 0 \quad a_i \in P,\ i \in N$$

Diophantische Gleichungen für $a_i \in G$
Lösungen sind *algebraische Zahlen.*

Merke: Division durch die Variable bei $a_0 = 0$ ergibt keine äquivalente Gleichung (Lösungen gehen verloren). Auch Quadrieren ist keine *äquivalente Umformung.*

4.6.1. Quadratische Gleichung (Ungleichung) mit einer Variablen

Allgemeine Form $Ax^2 + Bx + C = 0 \quad A \neq 0 \quad A, B, C \in P$
Normalform, gemischtquadratische Gleichung

$$\{x \mid x^2 + px + q = 0\}$$

Lösung durch *quadratische Ergänzung*

$$x^2 + px + \left(\frac{p}{2}\right)^2 = \left(\frac{p}{2}\right)^2 - q$$

$$\left(x + \frac{p}{2}\right)^2 = \left(\frac{p}{2}\right)^2 - q$$

$$x_{1;2} = -\frac{p}{2} \pm \sqrt{\left(\frac{p}{2}\right)^2 - q}$$

Die Lösungsmenge besitzt stets 2 Elemente (*Wurzeln* der Gln.)

Lösbarkeitsregeln

$$\text{Diskriminante } D = \left(\frac{p}{2}\right)^2 - q \begin{cases} > 0 & \text{2 reelle verschiedene Lsg.} \\ = 0 & \text{2 gleiche reelle Lsg.} \\ < 0 & \text{2 konjugiert komplexe Lsg.} \end{cases}$$

Geometrische Deutung siehe S. 157

Nach VIETA gilt: $x_1 + x_2 = -p$
$x_1 x_2 = q$

Reinquadratische Gleichung ($p = 0$)

$$\{x \mid x^2 + q = 0\}$$

$$x_{1;2} = \begin{cases} \pm\sqrt{-q} & \text{für} \quad q \leqq 0 \\ \pm \mathrm{j}\sqrt{q} & \text{für} \quad q > 0 \end{cases}$$

Gemischtquadratische Gleichung mit $q = 0$

$$\{x \mid x^2 + px = 0\} \rightarrow x(x + p) = 0$$

$$x_1 = 0 \qquad x_2 = -p$$

Beispiel:

$$x^2 - \frac{13}{6}x + 1 = 0$$

$$x_{1;2} = \frac{13}{12} \pm \sqrt{\frac{13^2}{12^2} - 1} \qquad L = \underline{\underline{\left\{1{,}5,\ \frac{2}{3}\right\}}}$$

Quadratische Ungleichung mit einer Variablen

$$Ax^2 + Bx + C \leqq 0 \quad (\text{bzw. } \geqq, <, >, \neq) \quad A, B, C \in P$$
$$A \neq 0$$

Die Ungleichung ist lösbar, wenn ihre Normalform $x^2 + px + q \leqq 0$ durch quadratische Ergänzung in die Form überführbar ist:

$$(x - x_1)^2 \leqq a \qquad a \geqq 0$$

Beispiel:

$$\{x \mid x^2 + 2x + 3 > 2\}$$

$$x^2 + 2x + 1^2 > 2 - 3 + 1^2$$

$$(x + 1)^2 > 0$$

$$|x + 1| > 0$$

$$L = \underline{\underline{P \setminus \{-1\}}}$$

4.6.2. Quadratische Gleichungen mit zwei Variablen

$$\begin{array}{l|} a_1x^2 + b_1xy + c_1y^2 + d_1x + e_1y + f_1 = 0 \\ a_2x^2 + b_2xy + c_2y^2 + d_2x + e_2y + f_2 = 0 \\ \hline \end{array}$$

Das System läßt sich nach der Einsetzungsmethode lösen, jedoch ist dieses Verfahren rechnerisch sehr umständlich, da es auf eine Gleichung 4. Grades führt.

Sonderfälle

a) *Eine Gleichung quadratisch, eine linear*

Die Einsetzungsmethode führt zum Ziel.

Beispiel:

$$\left.\begin{array}{l} x^2 + y^2 = 25 \\ x - y = 4 \end{array}\right| \Rightarrow x^2 + (x-4)^2 = 25 \quad \text{usw.}$$

$$L = \left\{\left[2 + \sqrt{\frac{17}{2}}, -2 + \sqrt{\frac{17}{2}}\right]; \left[2 - \sqrt{\frac{17}{2}}, -2 - \sqrt{\frac{17}{2}}\right]\right\}$$

b) *Reinquadratische Gleichungen* (ohne Glied mit xy)
Das Additionsverfahren führt zum Ziel.

Beispiel:

$$\begin{array}{rcl|l|l} 9x^2 - 2y^2 &=& 18 & \cdot 3 & + \\ 5x^2 + 3y^2 &=& 47 & \cdot 2 & + \end{array}$$

$$37x^2 = 148$$

$$x^2 = 4$$

$$L = \{[2, 3]; \ [2, -3]; \ [-2, 3]; \ [-2, -3]\}$$

c) *Gleichungen, in denen als quadratisches Glied nur xy vorkommt*
Additionsverfahren und Substitutionsmethode führen zum Ziel.

Beispiel:

$$\begin{array}{lcl|l} 5x + y + 3 &=& 2xy & \text{(I)} \\ xy &=& 2x - y + 9 & \text{(II)} \end{array}$$

$$\begin{array}{r|l|l} -2xy + 5x + y + 3 = 0 & & + \\ xy - 2x + y - 9 = 0 & \cdot 2 & + \end{array}$$

$$x + 3y - 15 = 0$$

$$x = 15 - 3y$$

in Gleichung (II) eingesetzt, ergibt

$$y(15 - 3y) = 2(15 - 3y) - y + 9$$

eine quadratische Gleichung für y. $\rightarrow L = \left\{\left[2, \frac{13}{3}\right]; [6, 3]\right\}$

d) *Zwei homogene quadratische Gleichungen*

Gleichungen heißen *homogen,* wenn ihre linken Seiten homogene Terme der Variablen sind.
Die Substitution $y = xz$ führt auf eine quadratische Gleichung für z.

Beispiel:

$$\left.\begin{aligned} x^2 - xy + y^2 &= 39 \\ 2x^2 - 3xy + 2y^2 &= 43 \end{aligned}\right|$$

$$\left.\begin{aligned} x^2 - x^2z + x^2z^2 &= 39 \\ 2x^2 - 3x^2z + 2x^2z^2 &= 43 \end{aligned}\right|$$

$$\left.\begin{aligned} x^2(1 - z + z^2) &= 39 \\ x^2(2 - 3z + 2z^2) &= 43 \end{aligned}\right|$$

$$\frac{1 - z + z^2}{2 - 3z + 2z^2} = \frac{39}{43}$$ (quadratische Gleichung für z)

$$z_1 = \frac{7}{5}; \qquad z_2 = \frac{5}{7}$$ Hieraus durch Einsetzen quadratische Gleichungen für x_1 bzw. x_2

$$L = \{[5, 7]; [-5, -7]; [7, 5]; [-7, -5]\}$$

4.6.3. Kubische Gleichung mit einer Variablen

Allgemeine Form $Ax^3 + Bx^2 + Cx + D = 0$ $\quad A, B, C, D \in P$, $A \neq 0$

Normalform $\{x \mid x^3 + ax^2 + bx + c = 0\}$

Lösung durch Substitution $x = y - \frac{a}{3}$

reduzierte Form $y^3 + py + q = 0$

Cardanische Lösungsformel für die reduzierte Form:

$$y_1 = u + v$$

$$y_2 = \frac{u + v}{2} + \mathrm{j}\,\frac{u - v}{2}\sqrt{3}$$

$$y^3 = -\frac{u + v}{2} - \mathrm{j}\,\frac{u - v}{2}\sqrt{3}$$

wobei

$$u = \sqrt[3]{-\frac{q}{2} + \sqrt{\left(\frac{q}{2}\right)^2 + \left(\frac{p}{3}\right)^3}}$$

$$v = \sqrt[3]{-\frac{q}{2} - \sqrt{\left(\frac{q}{2}\right)^2 + \left(\frac{p}{3}\right)^3}}$$

Diskriminante $D = \left(\frac{q}{2}\right)^2 + \left(\frac{p}{3}\right)^3$

$D > 0$ ergibt eine reelle und zwei konjugiert komplexe Lösungen.
$D = 0$ ergibt drei reelle Lösungen, darunter eine Doppelwurzel.
$D < 0$ ergibt drei reelle Lösungen, die sich auf goniometrischem Wege errechnen lassen (irreduzibler Fall, *casus irreducibilis*)

$$y_1 = 2\sqrt{\frac{|p|}{3}}\cos\frac{\varphi}{3}$$

$$y_2 = -2\sqrt{\frac{|p|}{3}}\cos\left(\frac{\varphi}{3} - 60^\circ\right) \qquad \cos\varphi = \frac{-\frac{q}{2}}{\sqrt{\left(\frac{|p|}{3}\right)^3}}$$

$$y_3 = -2\sqrt{\frac{|p|}{3}}\cos\left(\frac{\varphi}{3} + 60^\circ\right)$$

Beispiele:

$\{x \mid x^3 - 3x^2 + 4x - 4 = 0\}$

Substitution $x = y - \frac{-3}{3} = y + 1$

$(y + 1)^3 - 3(y + 1)^2 + 4(y + 1) - 4 = 0$

$y^3 + y - 2 = 0 \qquad p = 1; q = -2 \quad D > 0$

$$u = \sqrt[3]{-\frac{-2}{2} + \sqrt{\left(\frac{-2}{2}\right)^2 + \left(\frac{1}{3}\right)^3}} = \sqrt[3]{1 + \sqrt{\frac{28}{27}}} \approx 1{,}264$$

$$v = \sqrt[3]{1 - \sqrt{\frac{28}{27}}} \approx -0{,}264$$

$$\underline{\underline{L = \left\{2;\ \frac{1}{2} + \mathrm{j}0{,}764\sqrt{3};\ \frac{1}{2} - \mathrm{j}0{,}764\sqrt{3}\right\}}}$$

$\{x \mid x^3 - 21x - 20 = 0\}$ (bereits reduzierte Form)

$$D = \left(\frac{q}{2}\right)^2 + \left(\frac{p}{3}\right)^3 = (-10)^2 + (-7)^3 < 0$$

$$\cos\varphi = \frac{10}{\sqrt{343}}; \quad \varphi = 57^\circ\,19'$$

$x_1 = 2\sqrt{7}\cos 19^\circ\,6';$

$x_2 = -2\sqrt{7}\cos(-40^\circ\,54')$

$x_3 = -2\sqrt{7}\cos 79^\circ\,6'$

$$\underline{\underline{L = \{5,\ -4,\ -1\}}}$$

Sonderfälle der kubischen Gleichung in reduzierter Form

a) $p = 0 \quad \{y \mid y^3 + q = 0\}$ (*binomische Gleichung*, S. 68)

b) $q = 0 \quad \{y \mid y^3 + py = 0\}$

Lösung:

$$y(y^2 + p) = 0 \quad y_1 = 0; \quad y_{2;3} = \begin{cases} \pm\sqrt{-p} & \text{für} \quad p \leqq 0 \\ \pm \mathrm{j}\sqrt{p} & \text{für} \quad p > 0 \end{cases}$$

Symmetrische Gleichung 3. Grades

$$\{x \mid ax^3 + bx^2 + bx + a = 0\}$$

$$a(x^3 + 1) + bx(x + 1) = 0$$

$$(x + 1)\,[a(x^2 - x + 1) + bx] = 0$$

Hieraus: $x + 1 = 0;\ x_1 = -1$

$$a(x^2 - x + 1) + bx = 0 \text{ (quadratische Gleichung)}$$

Beispiel:

$$\{x \mid 6x^3 - 7x^2 - 7x + 6 = 0\}$$

$$x_1 = -1$$

$$6(x^2 - x + 1) - 7x = 0$$

$$L = \underline{\underline{\{-1,\ 1{,}5,\ 2/3\}}}$$

4.6.4. Symmetrische Gleichung 4. Grades

$$\{x \mid ax^4 + bx^3 + cx^2 + bx + a = 0\}$$

Division durch x^2 und Zusammenfassen ergibt

$$a\left(x^2 + \frac{1}{x^2}\right) + b\left(x + \frac{1}{x}\right) + c = 0$$

Substitution $y = x + \dfrac{1}{x}$ und $y^2 - 2 = x^2 + \dfrac{1}{x^2}$

$$a(y^2 - 2) + by + c = 0$$

Biquadratische Gleichung 4. Grades

$$\{x \mid ax^4 + cx^2 + e = 0\}$$

Substitution $x^2 = y$

$$ay^2 + cy + e = 0$$

4.6.5. Algebraische Gleichungen n-ten Grades

Polynom n-ten Grades

$$g_n(x) = a_n x^n + a_{n-1} x^{n-1} + \cdots + a_1 x + a_0 \quad a_i \in P \quad i \in N$$

mit dem Vektor $(a_n, a_{n-1}, \ldots, a_0)$ a_0 Absolutglied

$$g_n(x) = 0 \quad \text{Gleichung } n\text{-ten Grades}$$

$$g_n(x) = f(x) = y \quad \text{Funktion } n\text{-ten Grades, } y = \text{freie Variable}$$

Hornersches Schema

Es dient zur numerischen Berechnung von Polynomen (Funktionsberechnung) und ist mit dem Taschenrechner (Konstantenautomatik) leicht ausführbar.

Vorschrift:

$$a_k^{(j)} := a_k^{(j-1)} + x_0 a_{k+1}^{(j)} \quad \text{mit} \quad a_k^{(0)} \overset{\text{Def}}{=} a_k$$

$$k = n, n-1, \ldots, j-1$$

$$a_{n+1}^{(j)} \overset{\text{Def}}{=} 0$$

$$\begin{array}{l|cccccc|l}
 & a_k^{(0)}: a_n & a_{n-1} & a_{n-2} & \ldots a_2 & a_1 & a_0 & + \\
x = x_0 & 0 & x_0 a_n^{(1)} & x_0 a_{n-1}^{(1)} \ldots & x_0 a_3^{(1)} & x_0 a_2^{(1)} & x_0 a_1^{(1)} & + \\
\hline
 & a_n^{(1)} & a_{n-1}^{(1)} & a_{n-2}^{(1)} & \ldots a_2^{(1)} & a_1^{(1)} & \boxed{a_0^{(1)}} & \text{Wert des Polynoms für } x = x_0 \\
x = x_0 & 0 & x_0 a_n^{(2)} & x_0 a_{n-1}^{(2)} \ldots & x_0 a_3^{(2)} & x_0 a_2^{(2)} & & \\
\hline
 & a_n^{(2)} & a_{n-1}^{(2)} & a_{n-2}^{(2)} & \ldots a_2^{(2)} & \boxed{a_1^{(2)}} & & \\
x = x_0 & 0 & x_0 a_n^{(3)} \ldots & & x_0 a_3^{(3)} & & & \\
\hline
 & a_n^{(3)} & a_{n-1}^{(3)} \ldots & & \boxed{a_2^{(3)}} & & & \\
 & \vdots & & & & & & \\
\hline
 & \boxed{a_n^{(n+1)}} & & & & & &
\end{array}$$

Abspalten eines Linearfaktors:

$$g_n(x) : (x - x_0) = a_n^{(1)} x^{n-1} + a_{n-1}^{(1)} x^{n-2} + \cdots + a_1^{(1)} + \frac{a_0^{(1)}}{x - x_0}$$

Wert des Polynoms für $x = x_0$

$$g_n(x_0) = a_0^{(1)}$$

Wert der Ableitungen an der Stelle $x = x_0$

$$g_n'(x_0) = a_1^{(2)}$$

$$g_n''(x_0) = 2!a_2^{(3)} \quad \text{allgemein} \quad g_n^{(n)}(x_0) = n!a_n^{(n+1)} = n!a_n$$

Entwicklung zur TAYLORschen *Reihe*

$$g_n(x) = a_0^{(1)} + a_1^{(2)}(x - x_0) + \cdots + a_n^{(n+1)}(x - x_0)^n$$

Beispiel:

$$g_4(x) = x^4 + 2x^3 - 5x + 7 \qquad x_0 = 2$$

$$\begin{array}{r|rrrrr|l}
 & 1 & 2 & 0 & -5 & 7 & + \\
 & 0 & 2 & 8 & 16 & 22 & + \\
x = 2 & \multicolumn{5}{l}{\quad 1\cdot 2 \quad 4\cdot 2} & \\
\hline
 & 1 & 4 & 8 & 11 & \boxed{29} & \\
 & 0 & 2 & 12 & 40 & & \\
x = 2 & & & & & & \\
\hline
 & 1 & 6 & 20 & \boxed{51} & & \\
 & 0 & 2 & 16 & & & \\
x = 2 & & & & & & \\
\hline
 & 1 & 8 & \boxed{36} & & & \\
 & 0 & 2 & & & & \\
x = 2 & & & & & & \\
\hline
 & 1 & \boxed{10} & & & & \\
 & 0 & & & & & \\
\hline
 & 1 & & & & &
\end{array}$$

Linearfaktor:

$$(x^4 + 2x^3 - 5x + 7) : (x - 2) = x^3 + 4x^2 + 8x + 11 + \frac{29}{x - 2}$$

Wert für $x = 2$: $g(2) = 29$

Ableitungen:

$$\begin{aligned}
g'(2) &= 51 \\
g''(2) &= 2! \cdot 36 = 72 \\
g'''(2) &= 3! \cdot 10 = 60 \\
g^{(4)}(2) &= 4! \cdot 1 = 24
\end{aligned}$$

TAYLOR-Reihe:

$$x^4 + 2x^3 - 5x + 7 = 29 + 51(x - 2) + 36(x - 2)^2 + 10(x - 2)^3 + 1(x - 2)^4$$

Weisen alle $a_n^{(1)}$ für

$x_0 > 0$ gleiches Vorzeichen auf, existiert keine weitere Nullstelle für $x > x_0$

$x_0 < 0$ wechselnde Vorzeichen auf, so existiert keine weitere Nullstelle für $x < x_0$.

Ergibt sich $a_0^{(1)} = 0$, ist x_0 eine *Nullstelle* des Polynoms:

$$g_n(x_0) = 0 \leftrightarrow g_n(x) = (x - x_0)\, g_{n-1}(x)$$

und

$$g_n(x) = (x - x_0)\,(x - x_1) \cdot \dots \cdot (x - x_{m-1})\, g_{n-m}(x)$$

Ist eine Lösung x_0 bekannt, kann somit der Grad einer Gleichung durch Division mit $(x - x_0)$ erniedrigt werden.

Fundamentalsatz der Algebra

Jede algebraische Gleichung n-ten Grades mit einer freien Variablen hat genau n reelle oder komplexe Wurzeln (auch mehrfach auftretend).
Sind $x_0, x_1, x_2, \ldots, x_{n-1}$ die Wurzeln einer Gleichung, gilt:

$$a_n x^n + a_{n-1} x^{n-1} + a_{n-2} x^{n-2} + \cdots + a_1 x + a_0 = 0$$
$$= a_n(x - x_0)\,(x - x_1) \cdot \dots \cdot (x - x_{n-1})$$

4.7. Transzendente Gleichungen

Werden mit den Variablen nicht nur algebraische Operationen vorgenommen, entstehen transzendente (*irrationale*) Gleichungen, die oft nicht geschlossen, sondern nur näherungsweise lösbar sind.

4.7.1. Wurzelgleichungen mit einer Variablen

Die Variable $x \in P$ tritt im Radikanden einer Wurzel auf. Durch die notwendige nichtäquivalente Umformung Potenzieren zur Beseitigung einer isolierten Wurzel wird die Wurzelgleichung in eine algebraische Gl. mit evtl. eingeschränktem Definitionsbereich übergeführt. Dabei können zusätzliche Lösungen auftreten, die durch eine Probe an der Ausgangsgleichung zu eliminieren sind.

Grundgleichungen

$$\sqrt{x} + b = a \quad a, b \in P \quad x \in P$$

$$x = (a - b)^2 \quad \text{für} \quad a \geq b$$

$\sqrt{x + b} = a \qquad a, b \in P \quad x \in P$

$x = a^2 - b \quad \text{für} \quad x \geqq -b, \quad a \geqq 0$

$\sqrt{cx} + b = a \quad a, b, c \in P \quad c \neq 0 \quad x \in P$

$x = \frac{(a - b)^2}{c} \quad \text{für} \quad \operatorname{sgn} x = \operatorname{sgn} c$

Beispiele:

1. $\sqrt{3x + 1} - \sqrt{7x - 2} = 0 \qquad x \in P$

$$\sqrt{3x + 1} = \sqrt{7x - 2}$$

$$3x + 1 = 7x - 2$$

$$x = \frac{3}{4} \qquad L = \underline{\underline{\left\{\frac{3}{4}\right\}}}$$

2. $x - \sqrt{x + 10} - 2 = 0$

$$x - 2 = \sqrt{x + 10}$$

$$x^2 - 4x + 4 = x + 10$$

$$x_1 = 6 \qquad L = \underline{\underline{\{6\}}}$$

$(x_2 = -1)$ lt. Probe keine Lösung!

4.7.2. Exponentialgleichungen

Die Variable tritt in mindestens einem Exponenten auf. Sie sind nur geschlossen lösbar, wenn die freie Variable ausschließlich im Exponenten steht.

Grundgleichung $a^x = b \quad a, b \in P \quad a, b > 0 \quad a \neq 1$

$$x = \frac{\lg b}{\lg a}$$

Sonderfall gleicher Basen: $a^x = a^c$

$x = c$ (Eineindeutigkeit der Exponentialfunktion)

Beispiele:

1. $\left\{x \mid \sqrt[3]{a^{x+2}} = \sqrt{a^{x-5}}\right\}$

$$a^{\frac{x+2}{3}} = a^{\frac{x-5}{2}}; \ \frac{x + 2}{3} = \frac{x - 5}{2}; \ 2x + 4 = 3x - 15$$

$$L = \underline{\underline{\{19\}}}$$

2. $\{x \mid 2^{x+1} + 3^{x-3} = 3^{x-1} - 2^{x-2}\}$

$$2^x \cdot 2 + 3^x \cdot 3^{-3} = 3^x \cdot 3^{-1} - 2^x \cdot 2^{-2}$$

$$216 \cdot 2^x + 27 \cdot 2^x = 36 \cdot 3^x - 4 \cdot 3^x; \quad 243 \cdot 2^x = 32 \cdot 3^x$$

$$\left(\frac{2}{3}\right)^x = \frac{32}{243} = \frac{2^5}{3^5} = \left(\frac{2}{3}\right)^5 \qquad L = \underline{\underline{\{5\}}}$$

3. $\{x \mid 4^{3x} \cdot 5^{2x-3} = 6^x\}$

$$3x \lg 4 + (2x - 3) \lg 5 = x \lg 6$$

$$x(3 \lg 4 + 2 \lg 5 - \lg 6) = 3 \lg 5$$

$$L = \underline{\underline{\left\{\frac{3 \lg 5}{3 \lg 4 + 2 \lg 5 - \lg 6}\right\}}}$$

4.7.3. Logarithmische Gleichungen

Die Variable tritt im Argument logarithmischer Terme auf, geschlossene Lösungen gelingen nur im Ausnahmefall.

Grundgleichung $\log_a x = b \quad x > 0 \quad a > 0$

$$x = a^b$$

Bemerkung: Festlegung des Definitionsbereichs verhindert bei evtl. nichtäquivalenten Umformungen das Auftreten unzulässiger Lösungen, z. B.

$2n \cdot \log_a x$ für $x > 0$, $n \in G$, aber $\log_a x^{2n}$ für $x \in P \setminus \{0\}$, $n \in G$ ist nicht äquivalent.

Sonderfall: $\log_a x = \log_a c$

$$x = c$$

Beispiele:

1. $\left\{x \mid 3 \ln (2x - 7) + 8 = \sqrt{\ln (2x - 7) + 20}\right\}$

Definitionsbereich $\frac{7}{2} < x < \infty$

Substitution $\quad y = \ln (2x - 7)$

$$3y + 8 = \sqrt{y + 20}$$

$$9y^2 + 47y + 44 = 0$$

Hieraus zwei Werte für y. Auf Grund der Substitution $y = \ln(2x - 7)$ ergibt sich dann $e^y = 2x - 7$, woraus x berechnet werden kann.

$$L = \{3{,}6473\}$$

2. $\{x \mid \lg(x^2 + 1) = 2 \lg(3 - x)\}$

Definitionsbereich $-\infty < x < 3$

$$\lg(x^2 + 1) = \lg(3 - x)^2$$

$$x^2 + 1 = (3 - x)^2$$

$$L = \left\{\frac{4}{3}\right\}$$

3. $\{x \mid 2 \ln x = \ln 25\}$ Definitionsbereich $0 < x < \infty$

$$\ln x = \frac{1}{2} \ln 25 = \ln 5$$

$$x = 5 \qquad L = \{5\}$$

4.7.4. Goniometrische Gleichungen

Die Variable tritt im Argument einer Winkelfunktion auf.
Mittels goniometrischer Formeln müssen evtl. vorkommende verschiedene Argumente in den goniometrischen Termen auf ein Argument zurückgeführt werden. Danach sind evtl. verschiedenartige goniometrische Terme auf eine Termart umzuwandeln. Wegen der Periodizität der Winkelfunktionen hat jede goniometrische Gleichung eine unendliche Lösungsmenge. Meist beschränkt man sich auf die Lösungen, die zwischen 0° und 360° (0 und 2π) liegen (Hauptwerte).
Durch eine Probe an der Ausgangsgleichung sind die durch nichtäquivalente Umformung entstandenen Lösungen auszuschließen.

Grundgleichungen $\sin x = a \quad \cos x = a \quad$ für $a \in \langle -1, 1 \rangle$

$\tan x = a \quad \cot x = a \quad$ für $a \in (-\infty, +\infty)$

Beispiele:

1. $\sin x = -0{,}743$

$\sin x^* = 0{,}743 \quad x^* = 47{,}98°$

Lösung im III. bzw. IV. Quadranten

$$L = \{227{,}98° + k \cdot 360°,\ 312{,}02° + k \cdot 360°,\ k \in G\}$$

2. $\{x \mid \sin 2x = \sin x\}$

$2 \sin x \cos x = \sin x$

$\sin x(2 \cos x - 1) = 0$ ergibt als Hauptwerte

$\sin x = 0 \to x_1 = 0,\ x_2 = 180°,\ x_3 = 360°$

$2 \cos x - 1 = 0 \to x_4 = 60°,\ x_5 = 300°$

Alle Werte sind gültig: $L = \underline{\underline{\{0°, 60°, 180°, 300°, 360°\}}}$
Hauptwerte!

3. $\{x \mid \sin 2x = \tan x\}$

$$2 \sin x \cos x = \frac{\sin x}{\cos x}$$

$2 \sin x \cos^2 x - \sin x = 0$

$\sin x(2 \cos^2 x - 1) = 0$

$$\sin x = 0 \text{ ergibt } \left.\begin{aligned} x_1 &= 0° \\ x_2 &= 180° \\ x_3 &= 360° \end{aligned}\right\} \text{ als Hauptwerte}$$

$2 \cos^2 x - 1 = 0$

$$(\cos x)_{1;2} = \pm\frac{1}{2}\sqrt{2} \text{ ergibt } \left.\begin{aligned} x_4 &= 45° \\ x_5 &= 135° \\ x_6 &= 225° \\ x_7 &= 315° \end{aligned}\right\} \text{ als Hauptwerte}$$

Alle Werte sind gültig

$L = \underline{\underline{\{0°, 45°, 135°, 180°, 225°, 315°, 360°\}}}$

4. Form $a \sin x + b \cos x = c$

$\{x \mid 2 \sin x + \cos x = 2\}$

Lösungsweg 1:

$\cos x = 2 - 2 \sin x$

$\cos^2 x = 4 - 8 \sin x + 4 \sin^2 x$

$1 - \sin^2 x = 4 - 8 \sin x + 4 \sin^2 x$

$$(\sin x)_{1;2} = \frac{4}{5} \pm \sqrt{\frac{16}{25} - \frac{15}{25}} = \frac{4}{5} \pm \frac{1}{5}$$

$(\sin x)_1 = 1$ ergibt $x_1 = 90°$ als Hauptwert

$(\sin x)_2 = \frac{3}{5}$ ergibt $x_2 = 36°\,52'$ $\quad [x_3 = 143°\,8']$

Nachprüfung ergibt, daß x_3 die Gleichung nicht befriedigt.
$L = \{90°; 36°\,51'\}$

Lösungsweg 2: *Hilfswinkelmethode*

Substitution $\tan z = \frac{b}{a}$

$2 \sin x + \cos x = 2 \Rightarrow \sin x + \frac{1}{2} \cos x = 1$

Substitution $\tan z = \frac{1}{2} \Rightarrow z = 26°\,34'$

$\sin x + \tan z \cos x = 1$

$\sin x + \frac{\sin z}{\cos z} \cos x = 1$

$\sin x \cos z + \sin z \cos x = \cos z$

$\sin (x + z) = \cos z = \cos 26°\,34' = 0{,}8944$

$(x + z)_1 = 63°\,26'$ führt zu $x_1 = 36°\,52'$

$(x + z)_2 = 116°\,34'$ führt zu $x_2 = 90°$

4.8. Näherungsverfahren zur Bestimmung der Wurzeln einer Gleichung

4.8.1. Regula falsi

(lineare Interpolation, Intervallschachtelung)

Hat die Gleichung $f(x) = 0$ eine Wurzel zwischen den Werten x_1 und x_2, d. h., haben $f(x_1)$ und $f(x_2)$ entgegengesetzte Vorzeichen, so ergibt sich als verbesserter Näherungswert

$$x_3 = x_1 - \frac{(x_2 - x_1)\, f(x_1)}{f(x_2) - f(x_1)}$$

Geometrische Deutung: Die Kurve wird ersetzt durch die Sehne durch P_1 und P_2 (*Sehnennäherungsverfahren*).
Das Intervall $\langle x_1, x_2 \rangle$ wird im Verhältnis $|f(x_1)| : |f(x_2)|$ geteilt. Das Verfahren ist numerisch stabil und mit dem Taschenrechner leicht beherrschbar.

Beispiel:

$$\{x \mid x^3 - x + 7 = 0\}$$

$$f(x) = x^3 - x + 7.$$

Aus der Wertetabelle liest man ab:

$$x_1 = -2 \qquad f(x_1) = 1$$

$$x_2 = -2{,}5 \qquad f(x) = -6{,}125$$

$$x_3 = -2 + \frac{(-2{,}5 + 2) \cdot 1}{1 + 6{,}125}$$

$$= -2 + \frac{-0{,}5}{7{,}127} = -2{,}07$$

$$f(x_3) = 0{,}200$$

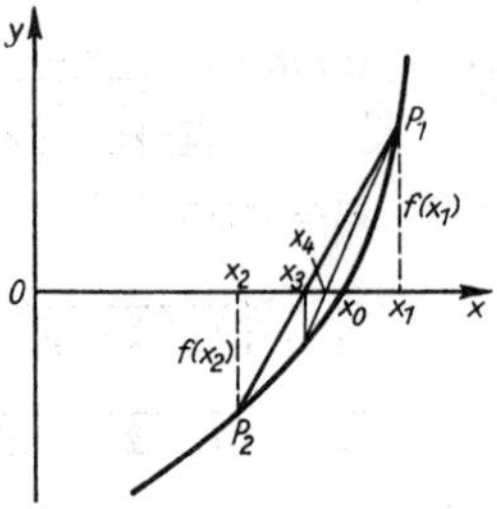

Bild 4.3. Regula falsi

Wiederholung des Verfahrens führt zu weiterer Annäherung: x_4. x_4 liegt bei gleichem Vorzeichen von $f(x_1)$ und $f(x_3)$ zwischen x_2 und x_3, sonst zwischen x_1 und x_3.

4.8.2. Iterationsverfahren

Man bringt die Gleichung $f(x) = 0$ auf die Form $x = \varphi(x)$. Ist x_1 ein Näherungswert für eine Wurzel der Gleichung und ist für diesen Wert x_1 die Konvergenzbedingung $|\varphi'(x_1)| \leqq m < 1$ erfüllt, dann ist

$$x_2 = \varphi(x_1), \quad \text{allgemein} \quad x_{i+1} = \varphi(x_i)$$

eine bessere Näherung. Wiederholung des Verfahrens erhöht die Genauigkeit. Bei $\varphi'(x_1) < 0$ liegen zwei aufeinanderfolgende Näherungswerte auf verschiedenen Seiten des genauen Wurzelwertes, und man kann daher die erreichte Genauigkeit abschätzen.
Praktisch verwertbar ist das Verfahren für $|\varphi'(x)| < 0{,}8$.
Ist $|\varphi'(x_1)| > 1$, dann ist die inverse Funktion einzuführen.

Beispiel:

$$\{x \mid x^3 + 2x - 6 = 0\}$$

Näherungswert $x_1 = 1{,}45$ für eine Wurzel, $f(x_1) = -0{,}051\,375$

$$x = \frac{6 - x^3}{2} = \varphi(x)$$

$$\varphi'(x) = -\frac{3x^2}{2} \qquad |\varphi'(x_1)| = |\varphi'(1{,}45)| = 3{,}143\,75 > 1$$

Es ist nach dem zweiten Glied von x aufzulösen:

$$x = \frac{6 - x^3}{2} \qquad x^3 = 6 - 2x \qquad x = \sqrt[3]{6 - 2x} = \psi(x)$$

$$\psi'(x) = \frac{-2}{3 \cdot \sqrt[3]{(6 - 2x)^2}} \qquad |\psi'(1{,}45)| = \left| \frac{-2}{3 \cdot \sqrt[3]{3{,}1^2}} \right| < 1$$

$$x_1 = 1{,}45$$

$$x_2 = \sqrt[3]{6 - 2 \cdot 1{,}45} = 1{,}458\,1$$

$$x_3 = \sqrt[3]{6 - 2 \cdot 1{,}458\,1} = 1{,}455\,6$$

usw.

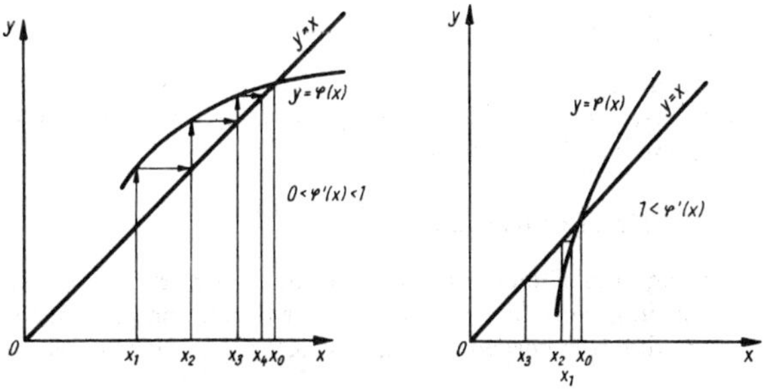

Bild 4.4. Iterationsverfahren $\varphi' < 1$ bzw. > 1

4.8.3. Newtonsches Näherungsverfahren

Ist für die Gleichung $f(x) = 0$ der Näherungswert x_1 einer Wurzel bekannt, so ergibt sich eine bessere Näherung aus

$$x_2 = x_1 - \frac{f(x_1)}{f'(x_1)} \qquad f'(x_1) \neq 0$$

allgemein $x_{i+1} = x_i - \dfrac{f(x_i)}{f'(x_i)}$

Das Verfahren ist von *zweiter Ordnung* (*quadratische Konvergenz*), da sich die Anzahl der richtigen Stellen von x_i mit jedem Schritt etwa verdoppelt.

Das Verfahren versagt, wenn die Kurve $f(x)$ an der Näherungsstelle der x-Achse nahezu parallel ist oder wenn zwischen dem Näherungswert und dem genauen Wurzelwert eine Extremstelle oder ein Wendepunkt mit zur x-Achse nahezu paralleler Wendetangente liegt.

Kriterium für Anwendbarkeit: In dem Intervall, das x_0 und alle Näherungswerte enthält, muß gelten:

$$\left|\frac{f(x)\,f''(x)}{[f'(x)]^2}\right| \leqq m < 1$$

Geometrische Deutung:

Die Kurve wird ersetzt durch ihre Tangente im Näherungspunkt P_1 (*Tangentennäherungsverfahren*).

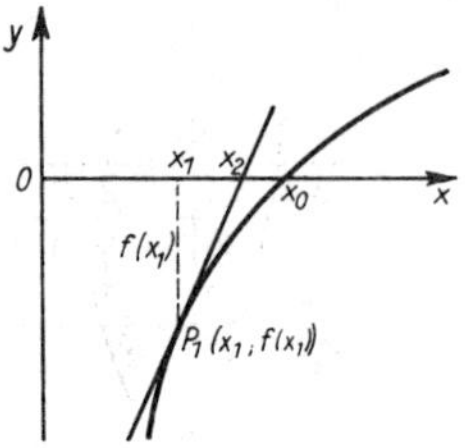

Bild 4.5. Newtonsches Näherungsverfahren

Beispiel:

$$\{x \mid x^3 + 2x - 1 = 0\}$$

Zugehörige Funktionsgleichung $f(x) = x^3 + 2x - 1$.
Näherungswert $x_1 = 0{,}5$, $f(x_1) = 0{,}125$.
Ableitungen $f'(x) = 3x^2 + 2$; $f''(x) = 6x$
$f'(x_1) = 2{,}75$; $f''(x_1) = 3$, demnach

$$\left|\frac{f(x_1)\,f''(x_1)}{[f'(x_1)]^2}\right| \approx 0{,}05 < 1$$

$$x_2 = 0{,}5 - \frac{0{,}125}{2{,}75} \approx 0{,}5 - 0{,}045 \approx 0{,}455$$

$$f(x_2) \approx 0{,}004 \quad \text{usw.}$$

4.8.4. Graphische Lösung von Gleichungen

Die Gleichung mit einer Variablen wird in eine Funktionsgleichung übergeführt. Ihr Graph ergibt die reellen Lösungen der Gleichung als Schnittpunkt mit der x-Achse ($y = 0$).
Mitunter ist es vorteilhaft, die zu lösende Gleichung in der Form $\varphi(x) = \psi(x)$ zu schreiben und als zwei Graphen darzustellen. Lösungen sind die Abszissen der Schnittpunkte beider.

Beispiele:

1. $\{x \mid x^2 - x - 6 = 0\}$

$$y = x^2 - x - 6$$

$$L = \underline{\underline{\{-2, 3\}}}$$

2. $\{x \mid x^3 - 1{,}5x - 0{,}5 = 0\}$

$$x^3 = 1{,}5x + 0{,}5$$

$L = \underline{\underline{\{-1, -0{,}4, 1{,}35\}}}$

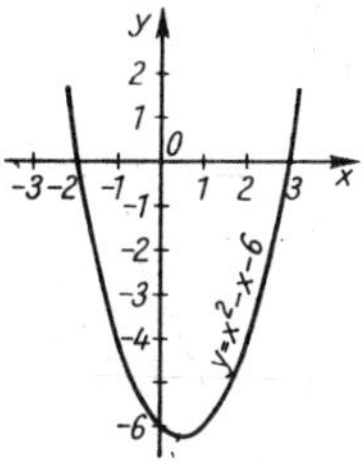

Bild 4.6. Zu Beispiel 1

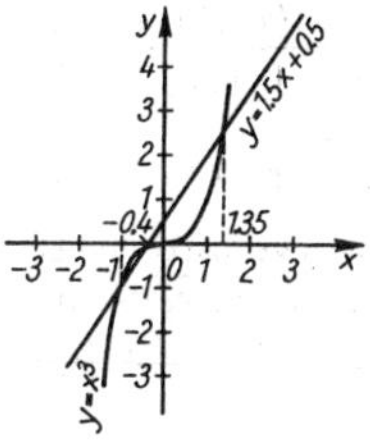

Bild 4.7. Zu Beispiel 2

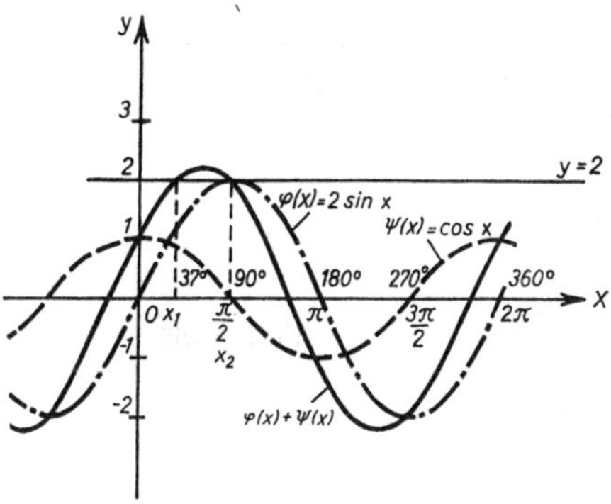

Bild 4.8. Zu Beispiel 3

3. $\{x \mid 2\sin x + \cos x\} = 2$

$$\varphi(x) = 2\sin x$$

$$\psi(x) = \cos x$$

$$y(x) = 2$$

$L = \underline{\underline{\{37°, 90°\}}}$ Hauptwerte!

Gleichungssysteme mit zwei Variablen

Jede Gleichung wird als Funktion graphisch dargestellt. Die Koordinaten des (der) Schnittpunkte(s) sind die reellen Lösungen des Gleichungssystems. Treten keine Schnittpunkte auf (parallele

Geraden, zusammenfallende Geraden), widersprechen die Gleichungen einander bzw. sind abhängig.

Beispiele:

1.
$$\left.\begin{aligned} x + 3y &= 3 \\ x - 3y &= 9 \end{aligned}\right|$$

$$y = -\frac{1}{3}x + 1$$

$$y = \frac{1}{3}x - 3$$

$$L \approx \{[6;\ -1]\}$$

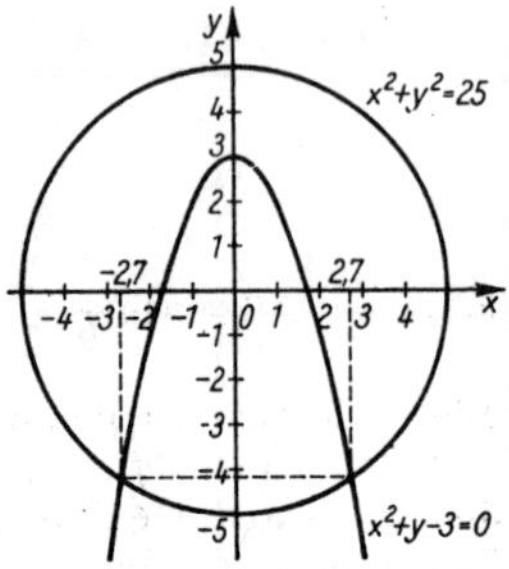

Bild 4.9. Zu Beispiel 2

2.
$$\left.\begin{aligned} x^2 + y^2 &= 25 \\ x^2 + y &= 3 \end{aligned}\right|$$

$$L \approx \{[2{,}7;\ -4{,}2],\ [-2{,}7;\ -4{,}2]\}$$

5. Funktionen

5.1. Allgemeines

Die eindeutige Abbildung einer Menge X auf eine Menge Y, dargestellt als Menge f der *geordneten Paare* $[x; y]$, heißt Funktion. Jedem Element $x \in X$ ist genau ein Element $y \in Y$ zugeordnet. Die Zahl y aus dem Wertebereich W, die bei einer Funktion einer Zahl x aus dem Definitionsbereich $D(f)$ zugeordnet wird, heißt der zu x gehörige *Funktionswert*.

X *Definitionsbereich, Urbildmenge,* Menge der Argumentwerte der Funktion f.

Merke: Ohne besonderen Hinweis wird als *Definitionsbereich* $D(f)$ die Menge aller reellen Zahlen $x \in P$ verstanden, für die $f(x) \in P$ wird.

Y *Wertebereich, Bildmenge,* Menge der Funktionswerte, *Wertevorrat* der Funktion f

x *unabhängige Variable, Argument, Urbild* von f

y *abhängige Variable, Funktionswert, Bild* von f an der Stelle x

Reelle Funktionen: $X \subseteqq P$ und $Y \subseteqq P$

Schreibweisen: $f, F, g, h, f_1, \varphi, \ldots$

Feste Argumente: $x_0, x_1, \ldots$
Konstanten: $a, b, a_0, \ldots$
Funktionswerte zu festen Argumenten: $f(0)$ (lies f von Null), $f(a), f(x_1), y(0), \ldots$

Darstellungsarten (Bildungsvorschriften) für eine Funktion f:

$y = f(x)$ als Abbildung $x \mapsto y$:

Geordnete Paare: $[x; y] = [x; f(x)]$ z. B. $[x; x^2]$

Wortvorschrift: z. B. Abbildung der Menge der ganzen Zahlen auf die Menge der Quadrate der ganzen Zahlen

Darstellung durch Skale: z. B. logarithmische Achse als Abbildung der Menge der ganzen Zahlen auf ihren Logarithmus zur Basis a.

Analytische Darstellung (*Funktionsgleichung*)

in *expliziter* Form $f\colon \quad y = f(x)$

in *impliziter* Form $f(x, y) = 0$

in *Parameterform* $x = \varphi(t)$

$y = \psi(t)$

mittelbare Funktion $f\colon y = f(u) = f(\varphi(x))$ mit $u = \varphi(x)$

Übergang von der Parameterform in parameterfreie Darstellung ist nicht immer möglich!

Exakteste Schreibweisen

$$f = \{[x; y] \mid y = f(x),\ x \in X, y \in Y\}$$

$$f = \{[x; y] \mid F(x, y) = 0,\ x \in X,\ y \in Y\}$$

$$f = \{[x, f(x)] \mid x \in X,\ f(x) \in Y\}$$

Tabellarische Darstellung (*Wertetabelle*) der geordneten Paare:

z. B. f :

x	0	1	2	3	4	…
y	0	1	4	9	16	…

Darstellung als *Graph* in einem Koordinatensystem, wobei jedem Paar $[x; y]$ ein Punkt $P(x, y)$ der Ebene eineindeutig zugeordnet wird.

Bemerkung: $y = f(x)$ ist die zur Funktion f gehörige Funktionsgleichung und nicht die Funktion selbst. Zur eindeutigen Darstellung gehört noch der Definitionsbereich.
Eine Teilmenge der Funktionen sind die Folgen.
Funktionen mit $Y = P$ sind *unbeschränkt*, mit $Y \subset P$ *beschränkt*.

f heißt nach $\begin{matrix}\text{oben}\\\text{unten}\end{matrix}$ beschränkt, wenn $\forall x \in D \begin{cases} f(x) \leqq S \\ f(x) \geqq S \end{cases}$

$S \in P$ heißt obere/untere Schranke für f.

Umkehrfunktionen, inverse Funktionen

Ordnet man bei einer eineindeutigen Funktion f den Bildern ihre Urbilder zu, erhält man die Umkehrfunktion f^{-1}. Jede eineindeutige bzw. streng monotone Funktion besitzt eine Umkehrfunktion. Man erhält diese durch Vertauschen der Buchstaben für die Variablen und, wenn möglich, Auflösung nach y.
Die Graphen von f und f^{-1} liegen im gleichgeteilten kartesischen Koordinatensystem spiegelbildlich zur Geraden $y = x$.

Beispiel:

$$f\colon y = \frac{x}{1+x} \qquad x \neq -1; \quad \text{Vertauschung } x = \frac{y}{1+y}$$

$$f^{-1}\colon y = \frac{x}{1-x} \qquad x \neq 1$$

$f\downarrow$	x	-5	-3	-2	$-1{,}5$	-1	$-1/2$	0	1	2	3	4	$\ldots\ y$	$\uparrow f^{-1}$
	y	$5/4$	$3/2$	2	3	Pol	-1	0	$1/2$	$2/3$	$3/4$	$4/5$	$\ldots\ x$	

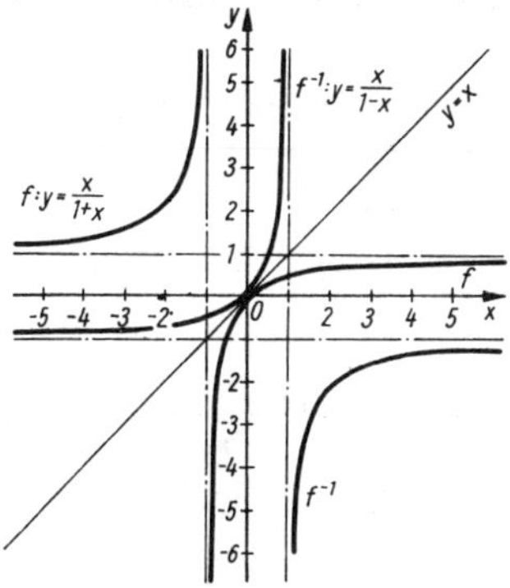

Bild 5.1. Zum Beispiel

Monotonie einer Funktion

Eineindeutigkeit heißt: Für x wiederholt sich im Intervall $I \subseteqq X$ kein Funktionswert.

Definition

Eine Funktion f heißt im Intervall $I \subseteqq X$ *streng* (eigentlich echt) *monoton* $\begin{smallmatrix}\text{wachsend}\\ \text{fallend}\end{smallmatrix}$, wenn für alle x_1, x_2 mit $x_1 < x_2$ stets $f(x_1) \lessgtr f(x_2)$ gilt.

Beispiele:

monoton wachsend $f\colon y = 2x + 3$

nicht monoton $f\colon y = \sin x$

Definition

Eine Funktion ist an der Stelle x_0 *lokal monoton* $\begin{smallmatrix}\text{wachsend}\\ \text{fallend}\end{smallmatrix}$, wenn f in der Umgebung $U(x_0)$ definiert

$x_0 - \varepsilon < x < x_0$, so daß $f(x) \lesseqgtr f(x_0)$

bzw. $x_0 < x < x + \varepsilon$, so daß $f(x) \gtreqless f(x_0)$ ist.

Einteilung der Funktionen (Klassen)

- reelle Fkt. (reeller Variablen)
  - rationale Fkt.
    - ganzrationale Fkt.
    - gebrochen rationale Fkt.
      - echt gebrochene
      - unecht gebrochene Fkt.
  - nichtrationale Fkt.

Definition

Eine Funktion f mit dem Definitionsbereich X heißt *rationale Funktion* für $n, m \in N$ und $a_i, b_i \in P$:

$$y = \frac{a_n x^n + a_{n-1} x^{n-1} + \cdots + a_1 x + a_0}{b_m x^m + b_{m-1} x^{m-1} + \cdots + b_1 x + b_0} = \frac{\sum\limits_{k=0}^{m} a_k x^k}{\sum\limits_{l=0}^{n} b_l x^l} = \frac{u(x)}{v(x)}$$

$v(x) \neq 0$ a_i, b_i Koeffizienten n, m Grad

Ganzrationale Funktion für $m = 0$: $f\colon f(x) = \sum\limits_{k=0}^{n} a_k x^k$
normiert für $b_0 = 1$

Echt gebrochene Funktion für $n < m$ (unecht für $n \geqq m$)

Rationale Funktionen } algebraische Fkt.
Nichtrationale Fkt.: { Wurzelfkt., z. B. $y = \sqrt[3]{x+3}$ } algebraische Fkt.

Transzendente Fkt.: {
- logarithmische Fkt., z. B. $y = \ln x^2$
- Exponentialfkt., z. B. $y = e^{3x}$
- trigonometrische Fkt., z. B. $y = \sin\left(x + \frac{\pi}{4}\right)$
- Arcusfkt., z. B. $y = \arcsin x$

Funktionen mit mehreren unabhängigen Variablen

Definition

Die eindeutige Abbildung der Menge D (*Definitionsbereich*) von geordneten n-Tupeln $[x_1; x_2; \ldots; x_n]$ auf die Menge W (*Wertevorrat*) ergibt die Menge geordneter $(n+1)$-Tupel $[x_1; x_2; \ldots; x_n; w]$ und heißt Funktion mit n unabhängigen Variablen (z. B. Raumkoordinaten, OHMsches Gesetz, Temperaturverteilungen usw.).

Schreibweise: $f = \{(x_1; x_2; x_3; \ldots; x_n; y) \mid y = f(x_1; x_2; x_3; \ldots; x_n)\}$

Identisch gleiche Funktionen

Stimmen die Definitions- und Wertebereiche zweier Funktionen f und g überein und wird durch beide Funktionen jedes $x \in X$ auf denselben Funktionswert $y \in Y$ abgebildet, so sind beide Funktionen identisch gleich:

$$f \equiv g$$

Dagegen bedeutet $f(x) = g(x)$ Übereinstimmung des Funktionswertes für mindestens ein Argument.

Gerade und ungerade Funktionen

Gerade Funktion: $f(-x) = f(x) \quad x \in D \quad -x \in D$
(axialsymmetrisch zur y-Achse),
z. B. $y = x^2$

Ungerade Funktion: $f(-x) = -f(x) \quad x \in D$
(zentralsymmetrisch zum Ursprung),
z. B. $y = x^3$

Homogene Funktionen

Eine Funktion

$$f(x_1, x_2, x_3, \ldots, x_n) = 0$$

heißt homogen vom Grad k bezüglich der Variablen $x_1, x_2, \ldots, x_n$, wenn

$$f(tx_1, tx_2, \ldots, tx_n) = t^k \cdot f(x_1, x_2, \ldots, x_n)$$

k Homogenitätsgrad

Periodische Funktionen

$$f(x) = f(x \pm nT_0) \qquad \forall\, x, x + nT_0 \in D(f)$$

T_0 Periode von f, $T_0 > 0$

Die kleinste Periode (primitive Periode) heißt auch »*die* Periode von f«.

Zwischenwertsatz

Eine in $\langle a, b\rangle$ stetige Funktion f mit $f(a) \neq f(b)$ hat für jedes $y \in \langle f(a), f(b)\rangle$ mindestens ein x aus (a, b) mit $f(x) = y$, d. h., f nimmt jeden Wert zwischen $f(a)$ und $f(b)$ an.

Kurvengleichungen

Die Funktion $y = f(x)$, $F(x, y) = 0$ oder $x = \varphi(t)$, $y = \psi(t)$ wird zur Kurvengleichung einer Kurve K im rechtwinkligen Koordinatensystem $\{0, \boldsymbol{i}, \boldsymbol{j}\}$.
Den geordneten Paaren $[x; y]$ werden eineindeutig variable Punkte $P(x, y)$ der Ebene zugeordnet:

$$K = \{P(x, y) \mid F(x, y) = 0\}$$

Die Menge aller Punkte P_i, die der Kurvengleichung genügen, heißt Punktmenge und stellt eine Kurve dar (älterer Sprachgebrauch »geometrischer Ort«).
Schnittpunkte zweier (mehrerer) Kurven werden analytisch durch Lösung des Gleichungssystems gefunden: $P_s \in K_1 \cap K_2 \cap \ldots$

5.2. Operationen mit Funktionen

5.2.1. Rationale Operationen

Für jedes $x \in D$ gilt bei zwei Funktionen mit gleichem Definitionsbereich D, der erhalten bleibt:

$$\left.\begin{array}{l} s(x) \\ d(x) \\ p(x) \\ q(x) \end{array}\right\} = \left\{\begin{array}{ll} f(x) + g(x) & \\ f(x) - g(x) & \\ f(x) \cdot g(x) & g(x) \neq 0 \\ f(x) : g(x) & \text{(Nullstellen ausgenommen)} \end{array}\right.$$

Auf dieser Basis wird die Überlagerung (*Superposition*) ausgeführt.

Verkettung von Funktionen

Schreibweise: $y = v(x) = f(g(x))$ $\quad g$ innere Funktion

$v = f \circ g$ $\quad f$ äußere Funktion

Definition

Die durch Verkettung der Funktionen g und f, $z = g(x)$, $y = f(z)$ entstandene Funktion v: $y = v(x) = f(g(x))$
ist die Menge $[x; y]$, für die es ein z derart gibt, daß gilt:

$$[x; z] \in g, [z; y] \in f.$$

Beispiel:

$$\left.\begin{array}{l} z = g(x) = 1 - \cos^4 x \\ y = f(z) = z^2 \end{array}\right\} y = v(x) = (1 - \cos^4 x)^2$$

5.2.2. Operatoren der numerischen Mathematik

In der numerischen Mathematik werden Rechengänge mittels Operatoren formalisiert bezüglich Funktionswerten y_k bzw. $f_k = f(x_k)$

Identität $\quad Iy_k \overset{\text{Def}}{=} y_k$

Verschiebung $\quad Ey_k \overset{\text{Def}}{=} y_{k+1} = y_k + h$

$$E^p y_k \overset{\text{Def}}{=} y_{k+p} = y_k + ph \quad p \in P$$

Differenzen

vorwärts $\Delta y_k \overset{\text{Def}}{=} y_{k+1} - y_k$

rückwärts $\nabla y_k \overset{\text{Def}}{=} y_k - y_{k-1}$

zentral $\delta y_k \overset{\text{Def}}{=} E^{1/2} y_k - E^{-1/2} y_k = y_{k+1/2} - y_{k-1/2}$

Mittelwert $\mu y_k \overset{\text{Def}}{=} \frac{1}{2}(y_{k+1/2} + y_{k-1/2}) = \frac{1}{2}\left(E^{\frac{1}{2}} + E^{\frac{-1}{2}}\right) y_k$

Regeln

$$E = I + \Delta = (I - \nabla)^{-1} = \left(\frac{1}{2}\delta + \mu\right)^2$$

$$E^n = (I + \Delta)^n = \sum_{i=0}^{n} \binom{n}{i} \Delta^i$$

$$\Delta^n = (E - I)^n = \sum_{i=1}^{n} \binom{n}{i} (-1)^{n-i} E^n$$

$$\Delta E = E\Delta$$

$$\nabla E = E\nabla = \Delta$$

5.3. Grenzwert, Stetigkeit, Kurvendiskussion

5.3.1. Grenzwert

Definition

Eine Funktion f hat an der Stelle $x = x_0$ den Grenzwert g, wenn es zu einer beliebigen Zahl $\xi > 0$ eine Zahl $\varepsilon = \varepsilon(\xi) > 0$ derart gibt, daß für alle x mit $|x - x_0| < \varepsilon$

$$|f(x) - f(x_0)| < \xi$$

bzw. für alle x und $x + h$ die Ungleichung $|f(x + h) - f(x)| < \xi$ bei $|h| < \varepsilon$ gilt.

Schreibweise: $\lim\limits_{x \to x_0} f(x) = f(x_0) = g$

oder: wenn f in der Umgebung $U(x_0)$ definiert ist (evtl. unter Ausschluß von x_0) und für jede gegen x_0 konvergierende Folge (x_n), deren Glieder $U(x_0)$ angehören, die Folge der zugehörigen Funktionswerte $(f(x_n))$ gegen g konvergiert.

Rechts-/linksseitiger Grenzwert einer Funktion

$\begin{matrix} g^+ \\ g^- \end{matrix}$ ist $\begin{matrix} \text{rechtsseitiger} \\ \text{linksseitiger} \end{matrix}$ Grenzwert, wenn die Funktion $y = f(x)$ für $x = \begin{matrix} a + 0 \\ a - 0 \end{matrix}$ sich dem Wert $\begin{matrix} g^+ \\ g^- \end{matrix}$ unbegrenzt nähert. Der Definitionsbereich enthält rechts/links die Umgebung von a.

Schreibweisen:

$$g^+ = \lim_{x=a+0} f(x) \qquad g^- = \lim_{x=a-0} f(x)$$

$$= \lim_{\substack{x \to a \\ x > a}} f(x) \qquad = \lim_{\substack{x \to a \\ x < a}} f(x)$$

$$= \lim_{x \downarrow x_0} f(x) \qquad = \lim_{x \uparrow x_0} f(x)$$

Ist $\lim\limits_{x=a+0} f(x) = \lim\limits_{x=a-0} f(x)$, so ist der Grenzwert der Funktion $\lim\limits_{x \to a} f(x) = g$.

Rechnen mit Grenzwerten

Unter der Voraussetzung, daß die in den Regeln auftretenden Grenzwerte existieren, gilt:

$$\lim_{x \to a} [f(x) \pm g(x)] = \lim_{x \to a} f(x) \pm \lim_{x \to a} g(x)$$

$$\lim_{x \to a} [f(x)\, g(x)] = \lim_{x \to a} f(x) \lim_{x \to a} g(x)$$

$$\lim_{x \to a} [cf(x)] = c \lim_{x \to a} f(x)$$

$$\lim_{x \to a} \frac{f(x)}{g(x)} = \frac{\lim\limits_{x \to a} f(x)}{\lim\limits_{x \to a} g(x)} \qquad \lim_{x \to a} g(x) \neq 0$$

$$\lim_{x \to a} \sqrt[n]{f(x)} = \sqrt[n]{\lim_{x \to a} f(x)}$$

$$\lim_{x \to a} [f(x)]^n = \left[\lim_{x \to a} f(x)\right]^n$$

$$\lim_{x \to a} c^{f(x)} = c^{\lim\limits_{x \to a} f(x)} \qquad c \in P$$

$$\lim_{x \to a} [\log_c f(x)] = \log_c \left[\lim_{x \to a} f(x)\right]$$

Ist $g(x) < f(x) < h(x)$ und $\lim\limits_{x \to a} g(x) = g$, $\lim\limits_{x \to a} h(x) = g$, so gilt $\lim\limits_{x \to a} f(x) = g$.

Beispiele für Grenzwerte von Funktionen

$$\lim_{x \to 0} \frac{\sin x}{x} = 1 \qquad \lim_{n \to 0} \frac{\sin nx}{n} = x$$

$$\lim_{x \to \infty} \frac{\sin x}{x} = 0$$

$$\lim_{x \to 0} \frac{\tan x}{x} = 1 \qquad \lim_{n \to 0} \frac{\tan nx}{n} = x$$

$$\lim_{x \to 0} \frac{\sin x}{x \sqrt[3]{\cos x}} = 1 \quad \text{(Maskelyne}\textit{sche Regel})$$

$$\lim_{x \to +0} \arctan \frac{1}{x} = \frac{\pi}{2}$$

$$\lim_{x \to -0} \arctan \frac{1}{x} = -\frac{\pi}{2}$$

$$\lim_{x \to 0} \log_a (1 + x)^{\frac{1}{x}} = \lim_{x \to 0} \frac{\log_a (1 + x)}{x} = \log_a \mathrm{e}$$

5.3.2. Unbestimmte Ausdrücke

Ausdrücke der Form »$\frac{0}{0}$« oder »$\frac{\infty}{\infty}$« heißen unbestimmte Ausdrücke.

Wird $\varphi(x) = \frac{f(x)}{g(x)}$ für $x = x_0$ ein unbestimmter Ausdruck, gilt die

l'Hospitalsche Regel:

$$\lim_{x \to x_0} \frac{f(x)}{g(x)} = \lim_{x \to x_0} \frac{f'(x)}{g'(x)}$$

Wenn der neue Grenzwert wieder in unbestimmter Form erscheint, ist das Verfahren zu wiederholen.

Beispiel:

$$\varphi(x) = \frac{\sin 2x - 2 \sin x}{2\mathrm{e}^x - x^2 - 2x - 2}; \quad \varphi(0) \text{ hat die Form } »\frac{0}{0}«.$$

$$\lim_{x\to 0} \varphi(x) = \lim_{x\to 0} \frac{2\cos 2x - 2\cos x}{2e^x - 2x - 2}$$

$$= \lim_{x\to 0} \frac{-4\sin 2x + 2\sin x}{2e^x - 2}$$

$$= \lim_{x\to 0} \frac{-8\cos 2x + 2\cos x}{2e^x} = -3 \qquad L = \underline{\underline{\{-3\}}}$$

Ausdrücke der Form »0 · ∞«

$$\varphi(x) = f(x) \cdot g(x)|_{x=x_0} \to 0 \cdot \infty$$

Umformung:

$$\lim_{x\to x_0} \varphi(x) = \lim_{x\to x_0} \frac{f(x)}{\frac{1}{g(x)}} \quad \text{oder} \quad \lim_{x\to x_0} \frac{g(x)}{\frac{1}{f(x)}},$$

Beispiel:

$\varphi(x) = (1 - \sin x)\tan x$; $\varphi\left(\frac{\pi}{2}\right)$ hat dann die Form »$0 \cdot \infty$«.

$$\lim_{x\to\frac{\pi}{2}} \frac{1-\sin x}{\frac{1}{\tan x}} = \lim_{x\to\frac{\pi}{2}} \frac{-\cos x}{-\frac{1}{\tan^2 x}\cdot\frac{1}{\cos^2 x}}$$

$$= \lim_{x\to\frac{\pi}{2}} \frac{\cos^3 x}{\frac{\cos^2 x}{\sin^2 x}} = \lim_{x\to\frac{\pi}{2}} (\cos x \sin^2 x) = 0 \qquad L = \underline{\underline{\{0\}}}$$

Ausdrücke der Form »∞ − ∞«

$$\varphi(x) = f(x) - g(x)|_{x=x_0} \to \infty - \infty$$

Umformung:

$$\lim_{x\to x_0} [f(x) - g(x)] = \lim_{x\to x_0} \frac{\frac{1}{g(x)} - \frac{1}{f(x)}}{\frac{1}{f(x)}\cdot\frac{1}{g(x)}}$$

Der Grenzwert hat jetzt die Form »$\frac{0}{0}$«.

Beispiel:

$\varphi(x) = \frac{1}{x-1} - \frac{1}{\ln x}$; $\varphi(1)$ hat die Form »$\infty - \infty$«.

$$\lim_{x\to 1} \frac{\ln x - (x-1)}{(x-1)\ln x}$$

$$= \lim_{x\to 1} \frac{\dfrac{1}{x} - 1}{1 + \ln x - \dfrac{1}{x}} = \lim_{x\to 1} \frac{1-x}{x + x\ln x - 1}$$

$$= \lim_{x\to 1} \frac{-1}{1 + 1 + \ln x} = -\frac{1}{2} \qquad L = \left\{-\frac{1}{2}\right\}$$

Ausdrücke der Form »0^0«, »∞^0«, »1^∞«

Wenn $\varphi(x) = f(x)^{g(x)}$ für $x = a$ die unbestimmte Form »0^0« oder »∞^0« oder »1^∞« annimmt, so gilt:

$$\lim_{x\to a} f(x)^{g(x)} = \lim_{x\to a} e^{g(x)\ln f(x)},$$

womit der Exponent auf die Form »$0 \cdot \infty$« zurückgeführt ist.

Beispiel:

$$\varphi(x) = (\sin x)^{\tan x}; \ \varphi\left(\frac{\pi}{2}\right) \text{ hat die Form »}1^\infty\text{«.}$$

$$\lim_{x\to\frac{\pi}{2}} e^{\tan x \ln \sin x} \text{ hat die Form »}e^{\infty\cdot 0}\text{«.}$$

Für den Exponenten gilt:

$$\lim_{x\to\frac{\pi}{2}} \frac{\ln(\sin x)}{\dfrac{1}{\tan x}} = \lim_{x\to\frac{\pi}{2}} \frac{\dfrac{1}{\sin x}\cos x}{-\dfrac{1}{\tan^2 x}\cdot\dfrac{1}{\cos^2 x}}$$

$$= \lim_{x\to\frac{\pi}{2}} [-\cot x \tan^2 x \cos^2 x] = \lim_{x\to\frac{\pi}{2}} (-\sin x \cos x) = 0$$

demnach $\lim\limits_{x\to\frac{\pi}{2}} (\sin x)^{\tan x} = e^0 = 1 \qquad L = \{1\}$

Anmerkung: Mitunter führt die Entwicklung nach steigenden Potenzen von x (Reihenentwicklung) schneller zum Ziel.

Beispiel:

$$\varphi(x) = \frac{1 - \cos x}{\sin^2 x}; \quad \varphi(0) \text{ hat die Form } »\frac{0}{0}«$$

$$1 - \cos x = \frac{x^2}{2!} - \frac{x^4}{4!} + - \cdots = x^2\left(\frac{1}{2!} - \frac{x^2}{4!} + - \cdots\right)$$

$$\sin^2 x = \left(\frac{x}{1!} - \frac{x^3}{3!} + - \cdots\right)^2 = x^2\left(\frac{1}{1!} - \frac{x^2}{3!} + - \cdots\right)^2$$

$$\lim_{x\to 0} \frac{1 - \cos x}{\sin^2 x} = \lim_{x\to 0} \frac{\frac{1}{2!} - \frac{x^2}{4!} + - \cdots}{\left(\frac{1}{1!} - \frac{x^2}{3!} + - \cdots\right)^2} = \frac{1}{2}$$

$$L = \left\{\frac{1}{2}\right\}$$

5.3.3. Stetigkeit einer Funktion

Definition

Eine Funktion f, deren Definitionsbereich die ε-Umgebung der Stelle x_0 $U_\varepsilon(x_0)$ enthält, ist an der Stelle x_0 genau dann stetig, wenn

- sie an der Stelle x_0 und deren Umgebung definiert ist (es existiert $f(x_0)$)
- der Grenzwert $\lim\limits_{x\to x_0} f(x)$ existiert und gleich $f(x_0)$ ist.

Stetigkeit ist eine zu einem Punkt x_0 gehörende Eigenschaft. Eine stetige Funktion ist im gesamten Definitionsbereich stetig. Eine Funktion ist im Intervall I stetig, wenn sie für jedes x des

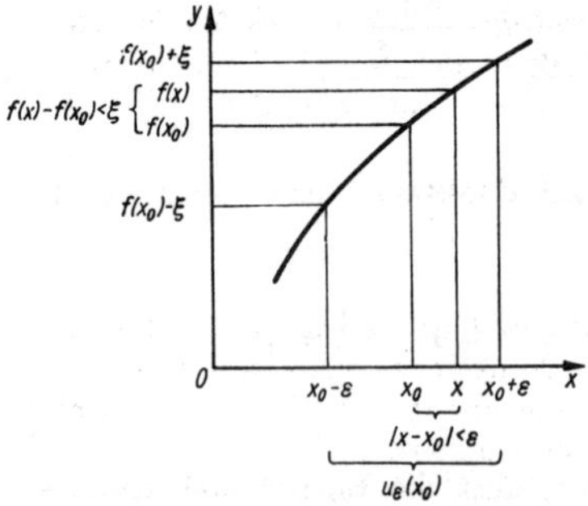

Bild 5.2. ε-Umgebung, Stetigkeit

Intervalls stetig ist. Der Wertebereich einer in $I = \langle a, b \rangle$ stetigen Funktion ist beschränkt, die Grenzen des Wertebereichs sind Funktionswerte von f in $\langle a, b \rangle$.
Zwei im Intervall I gleichmäßig stetige Funktionen führen durch rationale Operationen (Grundrechnungen) wieder zu stetigen Funktionen.
Sind die Stetigkeitskriterien nicht erfüllt, heißen diese Stellen *Unstetigkeitsstellen*, die Funktion ist dort unstetig. Unstetigkeitsstellen lassen sich heben unter der Voraussetzung, daß $\lim\limits_{x \to x_0} f(x)$ existiert, indem man der Unstetigkeitsstelle diesen Grenzwert zuordnet.
Rechts-/linksseitige Stetigkeit entsprechend g^+ bzw. g^-.

5.3.4. Kurvendiskussion

Man untersucht den Verlauf der zu $f\colon y = f(x)$ gehörigen Kurve.

1. Definitionsbereich $D\colon x \in D$
2. Symmetrie, Periodizität: $f(x) = f(x + kT)$
3. Verhalten im Unendlichen: $x \to \pm\infty$
4. Achsschnittpunkte, Nullstellen: $x_0, \ldots$
5. Unstetigkeitsstellen: Pol, Lücke, Sprung
6. Extrempunkte: x_E
7. Wendepunkte: x_W mit Anstieg der Wendetangente $f'(x_W)$
8. Zeichnen des Graphen der Kurve
9. Wertebereich $W\colon y \in W$

5.3.4.1. Verhalten im Unendlichen, Grenzwert des Funktionswertes für $x \to \pm\infty$

Definition

Für unbeschränkt wachsende (abnehmende) Argumente hat f den Grenzwert $\lim\limits_{x \to (\pm)\infty} f(x) = g$, Bedingungen siehe Grenzwert.

5.3.4.2. Nullstellen einer Funktion

Definition

Nullstelle x_0 einer Funktion f ist der Wert aus dem Definitionsbereich, bei dem der Funktionswert verschwindet: $f(x_0) = 0$. Man löst die Funktionsgleichung für $y = 0$. Der Graph von f schneidet bzw. berührt die Abszisse.
Eine in $\langle a, b \rangle$ stetige Funktion, bei der $f(a)$ und $f(b)$ verschiedene Vorzeichen aufweisen, hat im Intervall $\langle a, b \rangle$ mindestens eine

Nullstelle x_0:

$$a < x_0 < b \quad \text{mit } f(x_0) = 0$$

Bei rationalen Funktionen $f(x_0) = \frac{u(x_0)}{v(x_0)}$ gilt: $u(x_0) = 0,\ v(x_0) \neq 0$

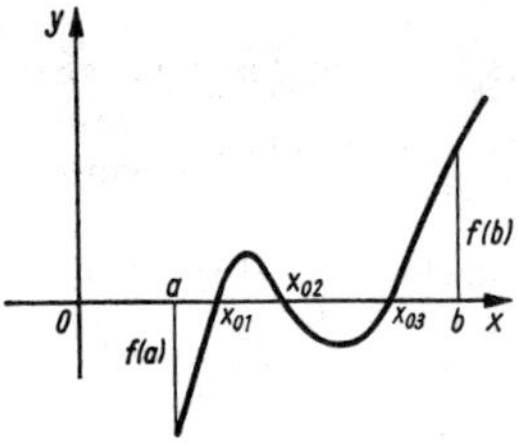

Bild 5.3.
Funktion mit Nullstellen

5.3.4.3. Unstetigkeiten

Pol x_P der Funktion f ist der Wert aus dem Definitionsbereich, bei dem der Funktionswert $f(x_P) \to \pm\infty$ (*Unendlichkeitsstelle*).

Bei rationalen Funktionen $f(x_P) = \frac{u(x_P)}{v(x_P)}$ gilt: $\begin{matrix} u(x_P) \neq 0 \\ v(x_P) \to 0 \end{matrix}$

Polasymptote: $x = x_P$

Lücken bei gebrochen rationalen Funktionen treten an den Stellen auf, wo Zähler und Nenner gleichzeitig verschwinden, z. B.

$y = \frac{1 - x^3}{1 - x}$ an der Stelle $x = 1$, $f(1) = \frac{0}{0}$.

Eine weitere Unstetigkeit ist der **Sprung** (Schaltvorgang, Impuls), z. B. $f(x) = \begin{cases} 1 & \text{für} \quad x < 1 \\ 2 & \text{für} \quad x \geqq 1 \end{cases}$

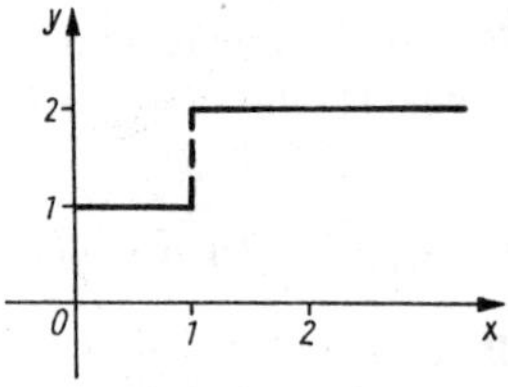

Bild 5.4. Sprungfunktion

Beispiele:

$y = \frac{1}{x}$ ist an der Stelle $x = 0$ unstetig (Pol)

$y = \frac{3}{1 - e^{\frac{1}{x}}}$ ist an der Stelle $x = 0$ unstetig

(die Funktion springt von einem Wert auf einen anderen)

$y = \frac{x^3 - 1}{x^2 - 1}$ ist an den Stellen $x = \pm 1$ unstetig (Lücke bei $x = +1$ und Pol bei $x = -1$)

Die Lücke ist hebbar, da $\lim\limits_{x \to 1} \frac{x^3 - 1}{x^2 - 1} = \frac{3}{2}$ existiert. Mit der Festsetzung $f(1) = \frac{3}{2}$ wird die fehlende Stetigkeitsbedingung erreicht.

5.3.4.4. Lokale Monotonie und Extrema von Funktionen

Definition

Eine im Intervall I differenzierbare Funktion f ist an der Stelle x_0, in deren Umgebung sie definiert ist, *lokal monoton* $\begin{matrix}\text{wachsend}\\ \text{fallend}\end{matrix}$, wenn es ein $\varepsilon > 0$ gibt, so daß für alle x gilt

$$x_0 - \varepsilon < x < x_0 \to \begin{matrix} f(x) < f(x_0) \\ f(x) > f(x_0) \end{matrix} \quad \text{und} \quad \begin{matrix} f'(x_0) \geqq 0 \\ f'(x_0) \leqq 0 \end{matrix}$$

und

$$x_0 < x < x_0 + \varepsilon \to \begin{matrix} f(x) > f(x_0) \\ f(x) < f(x_0) \end{matrix} \quad \text{und} \quad \begin{matrix} f'(x_0) \geqq 0 \\ f'(x_0) \leqq 0 \end{matrix}$$

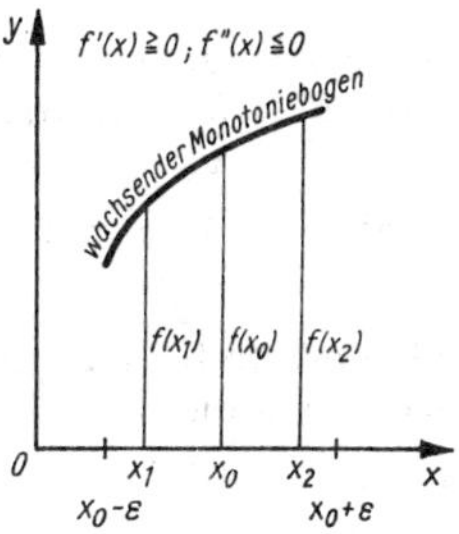

Bild 5.5. Wachsende Monotonie

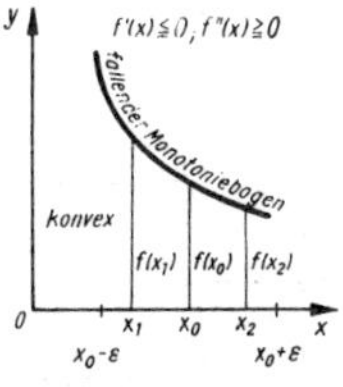

Bild 5.6. Fallende Monotonie, konvexes Verhalten

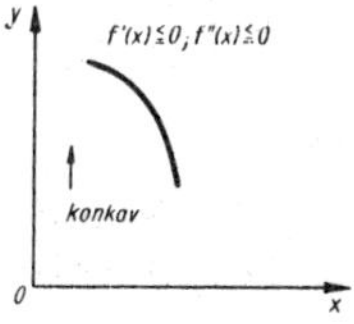

Bild 5.7. Konkaves Verhalten

Definition

Eine im Intervall I differenzierbare Funktion f heißt von unten $\begin{matrix}\textit{konvex}\\ \textit{konkav}\end{matrix}$ in I, wenn für eine Tangente t an einen Punkt in I alle

Kurvenpunkte des Intervalls $\begin{matrix}\text{oberhalb}\\ \text{unterhalb}\end{matrix}$ t liegen. Ist f in I zweimal differenzierbar, gilt für eine von unten

$$\begin{matrix}\text{konvexe}\\ \text{konkave}\end{matrix}\ \text{Kurve:}\quad \begin{matrix}f''(x) \geqq 0\\ f''(x) \leqq 0\end{matrix}$$

Lokale Extrema von Funktionen

Ein relativer Extrempunkt einer Kurve liegt vor, wenn er von zwei verschiedenartigen Monotoniebögen eingeschlossen wird. Eine an der Stelle x_E differenzierbare Funktion f hat an der Extremstelle x_E ein lokales Maximum/Minimum, wenn es ein $\varepsilon > 0$ gibt, daß für alle x ($x \neq x_E$) und $x_E - \varepsilon < x_E < x_E + \varepsilon$ gilt:

Maximum: $f(x) < f(x_E)$, $f'(x_E) = 0$ $f''(x_E) < 0$

Minimum: $f(x) > f(x_E)$, $f'(x_E) = 0$ $f''(x_E) > 0$

Allgemein: Verschwinden die ersten $(n - 1)$ Ableitungen einer Funktion f, so hat diese an der Stelle $x = x_0$ ein

Maximum für $f^{(n)}(x_E) < 0$
Minimum für $f^{(n)}(x_E) > 0$ n gerade

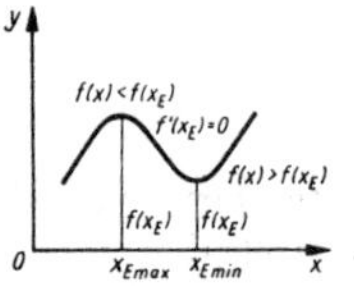

Bild 5.8. Lokale Extrema

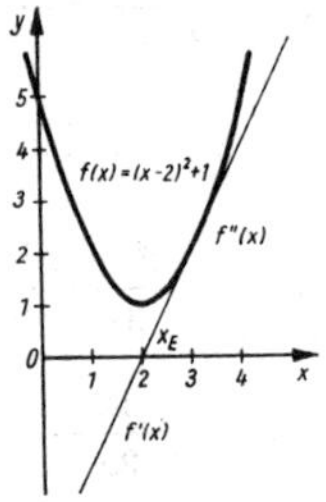

Bild 5.9. Zu Beispiel 1

Beispiele:

1. $f(x) = (x - 2)^2 + 1$ (Bild 5.9)
   $f'(x) = 2(x - 2) = 0$ $L = \{2\}$
   $f''(x_E) = 2 > 0 \rightarrow$ Minimum $\underline{\underline{[2;\ 1]}}$

2. $y = x^3 + 15x^2 + 48x - 3$
   $y' = 3x^2 - 30x + 48$
   $y'' = 6x - 30$
   $y' = 0$: $3x^2 - 30x + 48 = 0$ $L = \{8, 2\}$
   $y''(x_{E1}) = 6 \cdot 8 - 30 > 0$ Minimum $\underline{\underline{[8;\ -67]}}$
   $y''(x_{E2}) = 6 \cdot 2 - 30 < 0$ Maximum $\underline{\underline{[2;\ 41]}}$

Vereinfachte Berechnung der Extremstellen gebrochener Funktionen

$f(x) = \dfrac{u(x)}{v(x)}$, $f'(x) = \dfrac{p(x)}{q(x)}$ ebenfalls gebrochene Funktionen

Notwendige Bedingung für ein Extremum: $p(x) = 0$

$q(x) \neq 0$

Art des Extremums entscheidet das Vorzeichen der 2. Ableitung. Für die Nullstellen von $p(x)$ vereinfachte Form

$$f''(x_E) = \frac{p'(x_E)}{q(x_E)}$$

Maximumbedingung $f''(x_E) < 0$

Minimumbedingung $f''(x_E) > 0$

Beispiel:

$$f : y = \frac{2 - 3x + x^2}{2 + 3x + x^2}$$

$$y' = \frac{(-3 + 2x)(2 + 3x + x^2) - (2 - 3x + x^2)(3 + 2x)}{(2 + 3x + x^2)^2}$$

$$= \frac{6x^2 - 12}{(2 + 3x + x^2)^2} = \frac{p(x)}{q(x)}$$

$$y'' = \frac{12x}{(2 + 3x + x^2)^2}$$ [in vereinfachter Form für die Nullstellen von $p(x)$]

$y' = 0$: $6x^2 - 12 = 0$ mit $L = \left\{\sqrt{2}, -\sqrt{2}\right\}$

$$f''\left(\sqrt{2}\right) = \frac{12\sqrt{2}}{(2 + 3x + x^2)^2} > 0 \to \text{Minimum}$$

$$f''\left(-\sqrt{2}\right) = \frac{-12\sqrt{2}}{(2 + 3x + x^2)^2} < 0 \to \text{Maximum}$$

Die Extremstellen sind:

$$E_1 = \left[\sqrt{2}; \frac{4 - 3\sqrt{2}}{4 + 3\sqrt{2}}\right] \quad \text{Minimum}$$

$$E_2 = \left[-\sqrt{2}; \frac{4 + 3\sqrt{2}}{4 - 3\sqrt{2}}\right] \quad \text{Maximum}$$

Extremstellen unentwickelter Funktionen

Bedingungsgleichungen für ein Extremum:

$$f(x_E, y_E) = 0$$

$$f_x(x_E, y_E) = 0 \qquad f_y(x_E, y_E) \neq 0$$

Maximumbedingung: $\frac{f_{xx}}{f_y} > 0$

für $x = x_E$

Minimumbedingung: $\frac{f_{xx}}{f_y} < 0$

Beispiel:

$$f(x, y) = x^3 - 3a^2x + y^3 = 0$$

$$f_x = 3x^2 - 3a^2; \quad f_y = 3y^2; \quad f_{xx} = 6x$$

$$f(x; y) = 0 \quad \text{und} \quad f_x = 0: x^3 - 3a^2x + y^3 = 0$$

$$3x^2 - 3a^2 = 0$$

$$\text{mit} \quad L = \underline{\underline{\left\{\left[a; a\sqrt[3]{2}\right], \left[-a; -a\sqrt[3]{2}\right]\right\}}}$$

Für $\left[a; a\sqrt[3]{2}\right]$ wird

$$\left.\begin{array}{l} f_y = 3a^2\sqrt[3]{4} \neq 0 \\ f_{xx} = 6a \end{array}\right\} f_{xx} : f_y = \frac{6a}{3a^2\sqrt[3]{4}} > 0 \rightarrow \text{Maximum}$$

für $\left[-a; -a\sqrt[3]{2}\right]$ wird

$$\left.\begin{array}{l} f_y = 3a^2\sqrt[3]{4} \neq 0 \\ f_{xx} = -6a \end{array}\right\} f_{xx} : f_y = \frac{-6a}{3a^2\sqrt[3]{4}} < 0 \rightarrow \text{Minimum}$$

Extremstellen von Funktionen in Parameterdarstellung

$x = \varphi(t) \quad y = \psi(t)$

Bedingungsgleichungen für ein Extremum

$$\frac{d\psi}{dt} = \dot{\psi}(t) = 0 \qquad \frac{d\varphi}{dt} = \dot{\varphi}(t) \neq 0$$

Maximumbedingung: $\ddot{\psi}(t) < 0$

Minimumbedingung: $\ddot{\psi}(t) > 0$

Beispiel:

$$x = a \cos t = \varphi(t)$$
$$y = b \sin t = \psi(t)$$
$$\dot{\varphi}(t) = -a \sin t \qquad \dot{\psi}(t) = b \cos t \qquad \ddot{\psi}(t) = -b \sin t$$
$$\dot{\psi}(t) = 0 \Rightarrow b \cos t = 0 \quad \text{mit} \quad t_1 = \frac{\pi}{2}; \quad t_2 = \frac{3\pi}{2}$$
$$\dot{\varphi}(t_1) \neq 0; \quad \dot{\varphi}(t_2) \neq 0$$
$$\ddot{\psi}(t_1) = -b \sin \frac{\pi}{2} = -b < 0 \rightarrow \text{Maximum}$$
$$\ddot{\psi}(t_2) = +b > 0 \rightarrow \text{Minimum}$$

Zugehörige Extremstellen:

$$x_1 = a \cos \frac{\pi}{2} = 0 \qquad y_1 = b \sin \frac{\pi}{2} = b$$
$$x_2 = a \cos \frac{3\pi}{2} = 0 \qquad y_2 = b \sin \frac{3\pi}{2} = -b$$

Es ergeben sich $E_1 = [0; b]$ als Maximum und $E_2 = [0; -b]$ als Minimum.

$$L = \underline{\underline{\{[0; b], [0; -b]\}}}$$

Extremstellen der Funktion $z = f(x, y)$: $[x_{\mathrm{E}}; y_{\mathrm{E}}]$

(*Maximal-* und *Minimalpunkte* einer Fläche)

Bedingungsgleichungen

$$f_x = 0; \quad f_y = 0; \quad f_{xx} f_{yy} - (f_{xy})^2 > 0$$

Maximum für $f_{xx} < 0$

Minimum für $f_{xx} > 0$

Für $f_{xx} f_{yy} - (f_{xy})^2 < 0$ ist der betreffende Punkt ein *Sattel-* oder *Jochpunkt.*
Für $f_{xx} f_{yy} - (f_{xy})^2 = 0$ kann nicht entschieden werden, ob ein Maximum oder ein Minimum oder keines von beiden vorhanden ist.

Maxima und Minima mit Nebenbedingungen (Multiplikatorenmethode)

Sollen für die Funktion $z = f(x, y)$ die Extremstellen bestimmt werden, die durch die Gleichung (Nebenbedingung) $\varphi(x, y) = 0$ miteinander verknüpft sind, dann gelten folgende *Bedingungsgleichungen:*

$$\varphi(x, y) = 0 \qquad \frac{\partial}{\partial x}[f(x, y) + \lambda\varphi(x, y)] = 0$$

$$\frac{\partial}{\partial y}[f(x, y) + \lambda\varphi(x, y)] = 0 \quad \lambda \in P$$

Aus den drei Gleichungen bestimmen sich die drei Variablen x, y, λ.
Entscheidung über die Art des Extremums:

$$\Delta = \frac{\partial^2(f + \lambda\varphi)}{\partial x^2}\left[\frac{\partial\varphi}{\partial y}\right]^2 - 2\frac{\partial^2(f + \lambda\varphi)}{\partial x\,\partial y}\cdot\frac{\partial\varphi}{\partial x}\cdot\frac{\partial\varphi}{\partial y}$$

$$+ \frac{\partial^2(f + \lambda\varphi)}{\partial y^2}\left[\frac{\partial\varphi}{\partial x}\right]^2 \begin{matrix} < 0 \to \text{Maximum} \\ > 0 \to \text{Minimum} \end{matrix}$$

[f bedeutet hierbei $f(x, y)$ und φ bedeutet $\varphi(x, y)$.]
Die Methode ist sinngemäß auch für n unabhängige Variablen mit m Nebenbedingungen ($n + m$ Gleichungen) anwendbar.

Beispiel:

$$z = f(x, y) = x^2 + xy + y^2$$

Nebenbedingung: $\varphi(x, y) = xy - 9 = 0$
Bedingungsgleichungen, aus denen sich x, y, λ berechnen lassen:

$$xy - 9 = 0 \qquad (\varphi(x, y) = 0)$$

$$2x + y + \lambda y = 0 \qquad \left(\frac{\partial}{\partial x}[f(x, y) + \lambda\varphi(x, y)] = 0\right)$$

$$x + 2y + \lambda x = 0 \qquad \left(\frac{\partial}{\partial y}[f(x, y) + \lambda\varphi(x, y)] = 0\right)$$

$$x_{1;2} = \pm 3$$

$$y_{1;2} = \pm 3; \quad \lambda = -3$$

Extremwerte bei $P_1(3, 3, 27)$ und bei $P_2(-3, -3, -27)$

$$L = \{[3; 3; 27], [-3; -3; -27]\}$$

Entscheidung über die Art des Extremums:

$$\frac{\partial^2(f + \lambda\varphi)}{\partial x^2} = 2 \qquad \left(\frac{\partial\varphi}{\partial y}\right)^2 = x^2 \qquad \frac{\partial^2(f + \lambda\varphi)}{\partial x\,\partial y} = 1 + \lambda$$

$$\frac{\partial\varphi}{\partial x} = y \qquad \frac{\partial\varphi}{\partial y} = x \qquad \frac{\partial^2(f + \lambda\varphi)}{\partial y^2} = 2$$

$$\Delta = 2x^2 - 2(1 + \lambda)\,xy + 2y^2$$

Für P_1 gilt:

$$\Delta = 2 \cdot 9 - 2(1-3) \cdot 3 \cdot 3 + 2 \cdot 9 = 72 > 0 \rightarrow \text{Minimum}$$

Für P_2 gilt:

$$\Delta = 2 \cdot 9 - 2(1-3) \cdot 9 + 2 \cdot 9 = 72 > 0 \rightarrow \text{Minimum}$$

5.3.4.5. Wendepunkt einer Kurve

Eine in der Umgebung $U(x_W)$ differenzierbare Funktion f hat an der Stelle x_W einen Wendepunkt, wenn $f'(x_W)$ ein lokales Extremum aufweist. Ein Wendepunkt trennt konvexe und konkave Bögen einer Kurve.

Bedingung: $f''(x_W) = 0 \qquad f'''(x_W) \neq 0$

Sind auch $f^{(3)}(x_W) = 0 \cdots f^{(k-1)}(x_W) = 0$, aber $f^{(k)}(x_W) \neq 0$, liegt für k ungerade auch ein Wendepunkt vor.

Stufenpunkt, Terrassenpunkt: $f'(x_W) = 0$

Die Bedingung $f''(x) = 0$ für Wendepunkte lautet bei der Kurve $x = \varphi(t)$; $y = \psi(t)$:

$$\begin{vmatrix} \dot{\varphi} & \dot{\psi} \\ \ddot{\varphi} & \ddot{\psi} \end{vmatrix} = 0$$

bei der Kurve $r = f(\varphi)$:

$$r^2 + 2\left(\frac{dr}{d\varphi}\right)^2 - r\,\frac{d^2r}{d\varphi^2} = 0$$

bei der Kurve $f(x, y) = 0$:

$$\begin{vmatrix} f_{xx} & f_{xy} & f_x \\ f_{yx} & f_{yy} & f_y \\ f_x & f_y & 0 \end{vmatrix} = 0$$

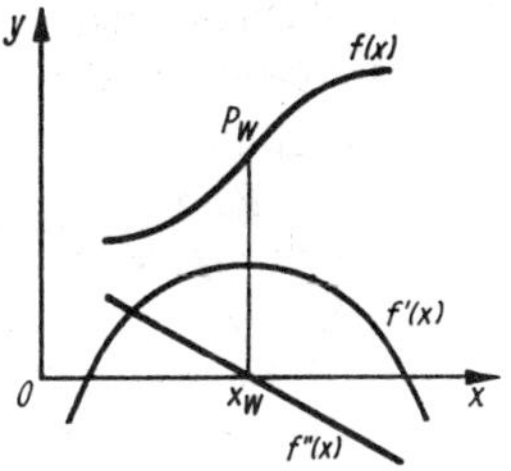

Bild 5.10. Wendepunkt

5.3.4.6. Verschiebung, Stauchung, Streckung, Spiegelung

Verschiebung um b in Richtung y-Achse

$$g(x) = f(x) + b$$

Stauchung, Streckung, Spiegelung

$$g(x) = a \cdot f(x)$$

$|a| > 1$ Streckung in y-Richtung

$\lvert a\rvert < 1$	Stauchung in x-Richtung
$a < 0$	Spiegelung verbunden mit Streckung/Stauchung an der x-Achse

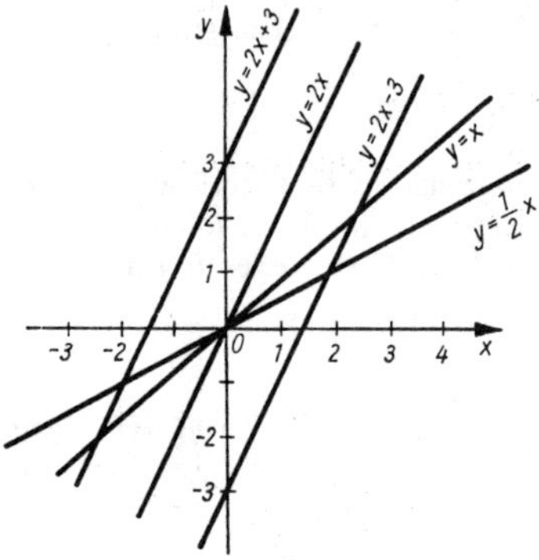

Bild 5.11. Verschiebung, Stauchung, Streckung

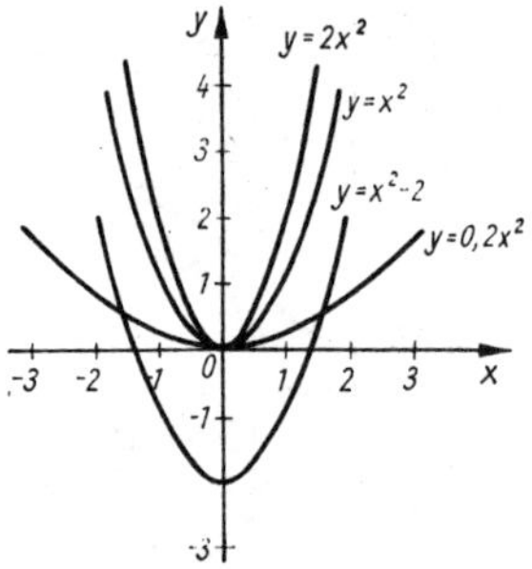

Bild 5.12. Verschiebung, Stauchung, Streckung

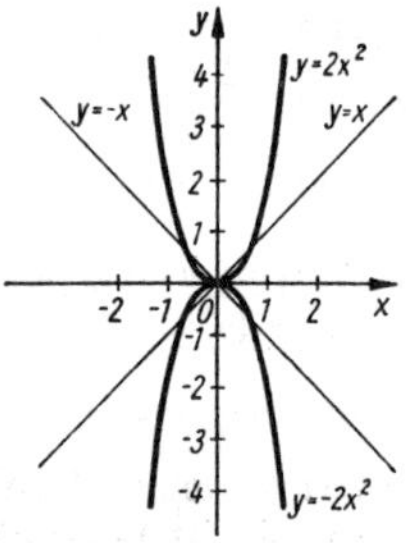

Bild 5.13. Spiegelung

5.4. Rationale Funktionen

5.4.1. Ganzrationale Funktionen

5.4.1.1. Ganzrationale Funktion 1. Grades (lineare Funktion)

Allgemeine Form: $f(x) = a_1x + a_0$ (meist $y = mx + b$) $a_i \in P$, $a_1 \neq 0$
Graph im kartesischen Koordinatensystem: Gerade

$m = a_1 = \tan\alpha$ Richtungsfaktor, α Winkel der Geraden mit positiver x-Achse

$0 < m < 1$	steigende Gerade, gestaucht
$1 < m$	steigende Gerade, gestreckt
$m = 0$	parallele Gerade zur Abszisse
$m < 0$	fallende Gerade, gespiegelt gegenüber positivem m
b	Abschnitt auf der y-Achse, Verschiebung

x-Achse: $y = 0$
y-Achse: $x = 0$, Parallele zur y-Achse $x = k$

Proportionalität: $f(x) = k \cdot x$ k Proportionalitätsfaktor

Umgekehrte Proportionalität: $f(x) = k \cdot x^{-1}$

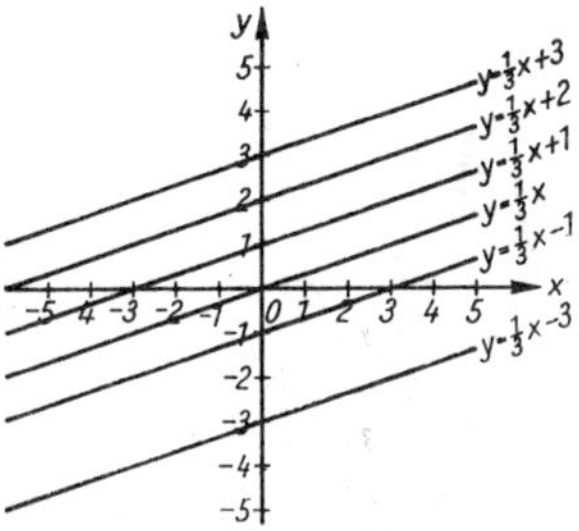

Bild 5.14. Lineare Funktion, $\alpha_1 = m =$ konst.

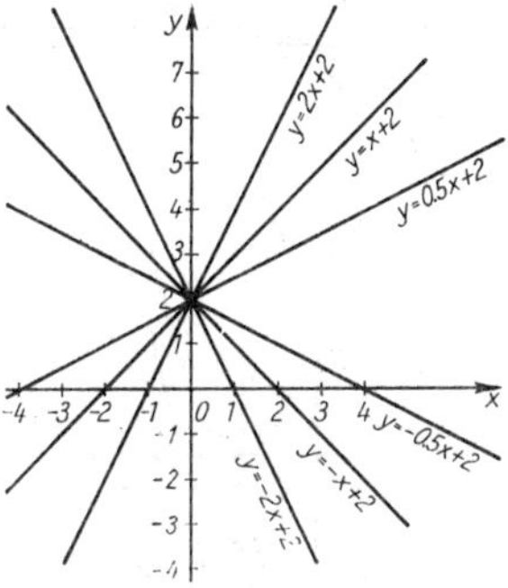

Bild 5.15. Lineare Funktion, $a_0 = b =$ konst.

5.4.1.2. Ganzrationale Funktion 2. Grades (quadratische Funktion)

Allgemeine Form: $f(x) = a_2x^2 + a_1x + a_0 \quad a_i \in P,\ a_2 \neq 0$
Graph im kartesischen Koordinatensystem: quadratische Parabel, kongruent zur gestreckten, gestauchten Normalparabel, Achse parallel Ordinatenachse

$a_2 > 0$ nach oben geöffnet, Minimum vorhanden
$a_2 < 0$ nach unten geöffnet, Maximum vorhanden

Parabelscheitel S: $\left[\dfrac{-a_1}{2a_2};\ \dfrac{-a_1^2}{4a_2} + a_0\right]$

Normalform:

$$g(x) = x^2 + px + q = \left(x + \frac{p}{2}\right)^2 - \left(\frac{p^2}{2} - q\right)$$

mit

$$S = \left[-\frac{p}{2}; -\left(\left(\frac{p}{2}\right)^2 - q\right)\right] \quad (\triangleq 2 \text{ Verschiebungen})$$

$$x \leqq -\frac{p}{2} \quad \text{monoton fallend}$$

$$x \geqq \frac{p}{2} \quad \text{monoton wachsend}$$

$g(x)$ hat zwei Nullstellen für $D = \frac{p^2}{4} - q > 0$

eine Nullstelle für $D = 0$ (Berührung)

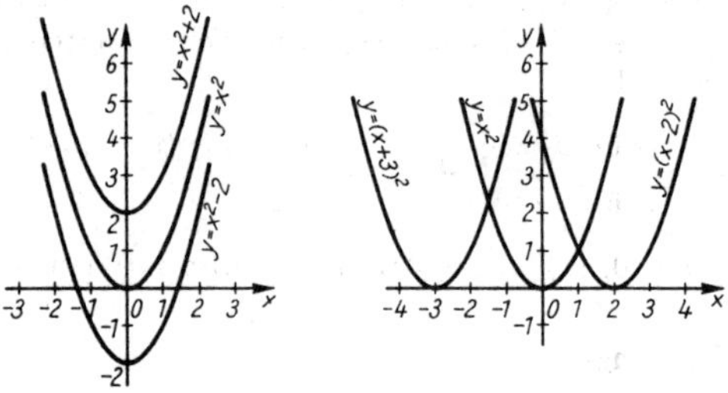

Bild 5.16. Quadratische Funktion, verschoben

5.4.1.3. Ganzrationale Funktion 3. Grades (kubische Funktion)

Allgemeine Form:

$f(x) = a_3x^3 + a_2x^2 + a_1x + a_0 \quad a_i \in P, a_3 \neq 0$

Graph im kartesischen Koordinatensystem: kubische Parabel

$a_3 > 0$ Die Parabel läuft von der unteren Halbebene nach der oberen Halbebene

$a_3 < 0$ umgekehrter Verlauf

a_0 verschiebt die Kurve in Ordinatenrichtung (Schnittpunkt mit der Ordinate)

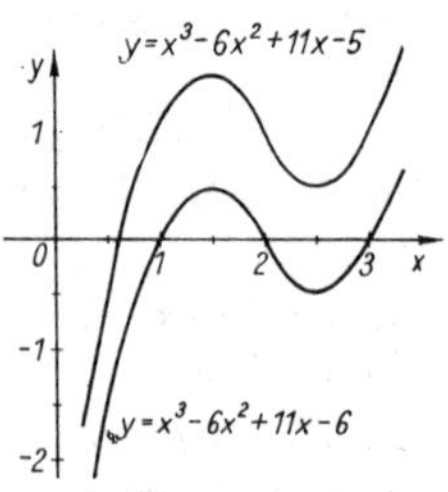

Bild 5.17. Kubische Parabeln

5.4.1.4. Zerlegung ganzrationaler Funktionen in Linearfaktoren

Ist x_0 eine Nullstelle der Funktion f, gilt für alle x:

$$g_n(x) = (x - x_0)\, g_{n-1}(x) \qquad (\textit{Polynomzerlegung})$$

Bei mehreren Nullstellen $x_0, x_1, \ldots, x_{m-1}$

$$g_n(x) = (x - x_0)\,(x - x_1) \cdot \cdots \cdot (x - x_{m-1})\, g_{n-m}(x)$$

Die ganzrationale Funktion n-ten Grades mit genau n Nullstellen kann in n Linearfaktoren zerlegt werden (*Hornersches Schema*).

5.4.1.5. Interpolationsformeln

Sie dienen der Annäherung von Funktionen durch eine ganzrationale Funktion n-ten Grades bei gegebenen Wertepaaren $[x_0; y_0]$, $[x_1; y_1], \ldots, [x_n; y_n]$.

x_0 bis x_n	$n + 1$	Stützstellen	der Fkt.	$a \leqq x_0 < x_1 < x_2 < \cdots < x_n$
y_0 bis y_n		Stützwerte		$\leqq b$

$f(x_i) = I_n(x_i)$ $i = 0, 1, 2, \ldots, n$, dazwischen wird interpoliert.

Formel von Lagrange

$$I_n(x) = \sum_{i=0}^{n} y_i L_i(x) \quad \text{mit}$$

$$L_i(x) = \frac{(x - x_0)\,(x - x_1) \cdot \cdots \cdot (x - x_{i-1})\,(x - x_{i+1}) \cdot \cdots \cdot (x - x_n)}{(x_i - x_0)\,(x_i - x_1) \cdot \cdots \cdot (x_i - x_{i-1})(x_i - x_{i+1}) \cdot \cdots \cdot (x_i - x_n)}$$

$$I_n(x) = y_0 \frac{(x - x_1)\,(x - x_2) \cdot \cdots \cdot (x - x_n)}{(x_0 - x_1)\,(x_0 - x_2) \cdot \cdots \cdot (x_0 - x_n)}$$

$$+ y_1 \frac{(x - x_0)\,(x - x_2) \cdot \cdots \cdot (x - x_n)}{(x_1 - x_0)\,(x_1 - x_2) \cdot \cdots \cdot (x_1 - x_n)} + \cdots$$

$$+ y_n \frac{(x - x_0)\,(x - x_1) \cdot \cdots \cdot (x - x_{n-1})}{(x_n - x_0)\,(x_n - x_1) \cdot \cdots \cdot (x_n - x_{n-1})}$$

Beispiel:

Gesucht wird die ganzrationale Funktion zu folgender Wertetabelle

x	1	4	6	9
y	2	5	3	6

$$I_3(x) = 2 \cdot \frac{(x-4)(x-6)(x-9)}{(1-4)(1-6)(1-9)} + 5 \cdot \frac{(x-1)(x-6)(x-9)}{(4-1)(4-6)(4-9)}$$

$$+ 3 \cdot \frac{(x-1)(x-4)(x-9)}{(6-1)(6-4)(6-9)} + 6 \cdot \frac{(x-1)(x-4)(x-6)}{(9-1)(9-4)(9-6)}$$

$$= -\frac{1}{60}(x^3 - 19x^2 + 114x - 216)$$

$$+ \frac{1}{6}(x^3 - 16x^2 + 69x - 54)$$

$$- \frac{1}{10}(x^3 - 14x^2 + 49x - 36)$$

$$+ \frac{1}{20}(x^3 - 11x^2 + 34x - 24)$$

$$I_3(x) = \underline{\underline{\frac{1}{10}x^3 - \frac{3}{2}x^2 + \frac{32}{5}x - 3}}$$

Formel von Newton (*Newtonsches Interpolationspolynom*)

$$I_n(x) = \sum_{i=0}^{n} A_i N_i(x) \quad \text{mit} \quad N_0(x) = 1$$

$$N_i(x) = (x - x_0)(x - x_1) \cdot \dots \cdot (x - x_{i-1})$$

A_i s. unten

$$I_n(x) = A_0 + A_1(x - x_0) + A_2(x - x_0)(x - x_1) + \cdots$$
$$+ A_n(x - x_0)(x - x_1)(x - x_2) \cdot \dots \cdot (x - x_{n-1})$$

Einsetzen der Wertepaare liefert ein gestaffeltes Gleichungssystem für die A_i.

$$A_0 = y_0, \qquad A_1 = \frac{y_1 - y_0}{x_1 - x_0}, \qquad A_2 = \frac{(y_2 - y_0) - A_1(x_2 - x_0)}{(x_2 - x_0)(x_2 - x_1)}$$

$$A_3 = \frac{(y_3 - y_0) - A_1(x_3 - x_0) - A_2(x_3 - x_0)(x_3 - x_1)}{(x_3 - x_0)(x_3 - x_1)(x_3 - x_2)}$$

Beispiel:

Gesucht wird die ganzrationale Funktion zur bereits oben angegebenen Wertetabelle

x	1	4	6	9
y	2	5	3	6

$$\begin{aligned} I_3(x) &= A_0 + A_1(x - x_0) + A_2(x - x_0)(x - x_1) \\ &\quad + A_3(x - x_0)(x - x_1)(x - x_2) \\ &= A_0 + A_1(x - 1) + A_2(x - 1)(x - 4) \\ &\quad + A_3(x - 1)(x - 4)(x - 6) \end{aligned}$$

Gestaffeltes System:

$$\begin{aligned} I_3(x_0) = I_3(1) &= 2 = A_0 \\ I_3(4) &= 5 = A_0 + (4 - 1)\,A_1 \\ I_3(6) &= 3 = A_0 + 5A_1 + 10A_2 \\ I_3(9) &= 6 = A_0 + 8A_1 + 40A_2 + 120A_3 \end{aligned}$$

Daraus: $A_0 = 2$, $A_1 = 1$, $A_2 = -2/5$, $A_3 = 1/10$
oder gemäß obiger Formeln $A_0 = y_0 = 2$,

$$A_1 = \frac{y_1 - y_0}{x_1 - x_0} = \frac{5 - 2}{4 - 1} = 1,$$

$$A_2 = \frac{(3 - 2) - 1 \cdot (6 - 1)}{(6 - 1)(6 - 4)} = -\frac{2}{5} \quad \text{usw.}$$

$$\begin{aligned} f(x) \approx I_3(x) &= 2 + 1(x - 1) \\ &\quad - \frac{2}{5}(x - 1)(x - 4) + \frac{1}{10}(x - 1)(x - 4)(x - 6) \\ &= \underline{\underline{\frac{x^3}{10} - \frac{3x^2}{2} + \frac{32}{5}x - 3}} \quad \text{wie oben} \end{aligned}$$

Interpolationsformel von Gregory-Newton für äquidistante Stützstellen:

Differenzenschema

k	y_k	$\Delta^1 y_k$	$\Delta^2 y_k$	$\Delta^3 y_k$
0	y_0			
		$\Delta^1 y_0 \; (= y_1 - y_0)$		
1	y_1		$\Delta^2 y_0 \; (= \Delta^1 y_1 - \Delta^1 y_0)$	
		$\Delta^1 y_1$		$\Delta^3 y_0$
2	y_2		$\Delta^2 y_1$	
		$\Delta^1 y_2$		$\Delta^3 y_1$
3	y_3		$\Delta^2 y_2$	
		$\Delta^1 y_3$		$\Delta^3 y_2$
$\vdots$				

$\Delta^n y_k$ Differenz n-ter Ordnung

Bildungsgesetz

$$\Delta^0 y_k := y_k \quad \Delta^n y_k := \Delta^{n-1} y_{k+1} - \Delta^{n-1} y_k$$

für $\Delta x = h = x_{k+1} - x_k \quad k \in N \setminus \{0\}$

Interpolationsformel von GREGORY-NEWTON

$$I_n(x) = y_0 + \frac{\Delta^1 y_0 (x - x_0)}{1!\, h} + \frac{\Delta^2 y_0 (x - x_0)(x - x_1)}{2!\, h^2} + \cdots + \frac{\Delta^n y_0 (x - x_0)(x - x_1) \cdot \cdots \cdot (x - x_{n-1})}{n!\, h^n}$$

bzw. mit der neuen Variablen t: $x = x_0 + th \quad t \in (0, n)$

$$I_n(x) = y_0 + \binom{t}{1} \Delta^1 y_0 + \binom{t}{2} \Delta^2 y_0 + \cdots + \binom{t}{n} \Delta^n y_0 = \sum_{k=0}^{n} \binom{t}{k} \Delta^k y_0$$

bzw. mit der neuen Variablen s: $x = x_0 - sh$

$$I_n(x) = y_n - \binom{s}{1} \nabla y_n + \binom{s}{2} \nabla^2 y_n - + \cdots + (-1)^n \binom{s}{n} \nabla^n y_n = \sum_{k=0}^{n} (-1)^k \binom{s}{k} \nabla^k y_n$$

Δ, ∇ s. 5.2.2.

Beispiel:

Bestimme das GREGORY-NEWTONsche Interpolationspolynom von maximal 4. Grad, das durch die Stützpunkte gemäß Wertetabelle beschrieben wird

x	2	3	4	5	6
y	3	5	4	2	7

k	(x_k)	y_k	$\Delta^1 y_k$	$\Delta^2 y_k$	$\Delta^3 y_k$	$\Delta^4 y_k$
0	(2)	3				
			+2			
1	(3)	5		−3		
			−1		+2	
2	(4)	4		−1		+6
			−2		+8	
3	(5)	2		+7		
			+5			
4	(6)	7				

$$I_4(x) = 3 + \frac{2(x-2)}{1!\cdot 1} + \frac{-3(x-2)(x-3)}{2!\cdot 1^2}$$
$$+ \frac{2(x-2)(x-3)(x-4)}{3!\cdot 1^3}$$
$$+ \frac{6(x-2)(x-3)(x-4)(x-5)}{4!\cdot 1^4}$$
$$= \frac{1}{4}x^4 - \frac{19}{6}x^3 + \frac{53}{4}x^2 - \frac{61}{3}x + 12$$

5.4.2. Potenzfunktionen

Rationale Potenzfunktion

$$y = f(x) = ax^k \quad k \in G \quad x \in P \quad x \neq 0$$

Potenzfunktion mit positivem ganzzahligem Exponenten

$$y = f(x) = ax^n \quad n \in N \quad x \in P \quad x \neq 0$$

Graphen der Potenzfunktion mit $n \geqq 2$ heißen *Parabeln n-ten Grades*.

Normalparabeln für $a = 1$, z. B. $y = x^2$, $y = x^3$

$|a| < 1$ gestaucht

$|a| > 1$ gestreckt

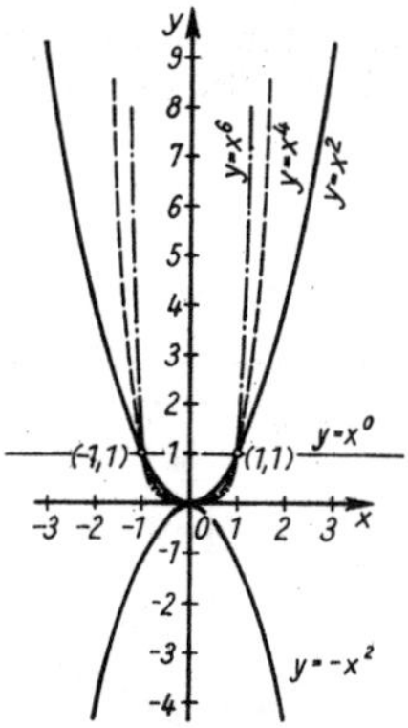

Bild 5.18.
Gerade Potenzfunktion
$f(-x) = f(x)$; $n > 0$

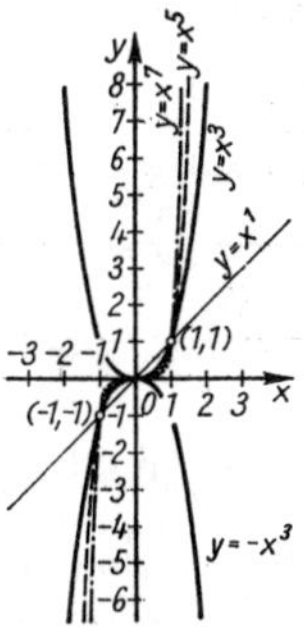

Bild 5.19.
Ungerade Potenzfunktion
$f(-x) = -f(x)$; $n > 0$

Potenzfunktionen mit negativem, ganzzahligem Exponenten (gebrochen rationale Funktion)

$$y = f(x) = a\,\frac{1}{x^n} = ax^{-n} \quad n \in N \quad x \in P,\, x \neq 0$$

Der Graph wird auch als *Hyperbel* bezeichnet.

$|a| < 1$ gestaucht in y-Richtung

$|a| > 1$ gestreckt

Asymptoten (griech. nicht zusammenfallend) $y = 0 \wedge x = 0$

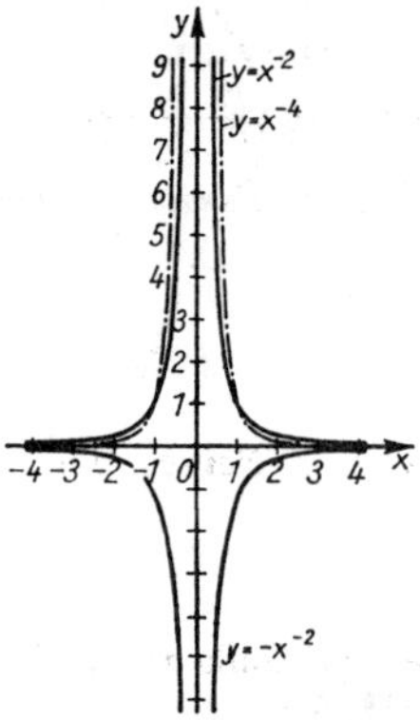

Bild 5.20.
Gerade Potenzfunktion $n < 0$

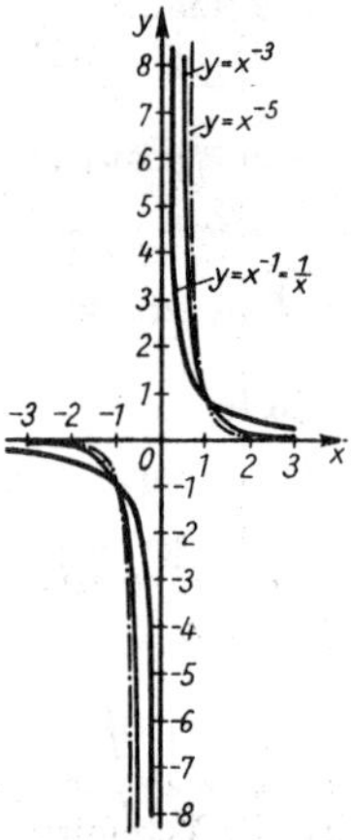

Bild 5.21.
Ungerade Potenzfunktion $n < 0$

5.5. Nichtrationale Funktionen

5.5.1. Wurzelfunktion

Wurzelfunktionen sind die Umkehrfunktionen der entsprechenden Potenzfunktionen.

$$y = f(x) = ax^{\frac{p}{q}} = a\sqrt[q]{x^p}$$

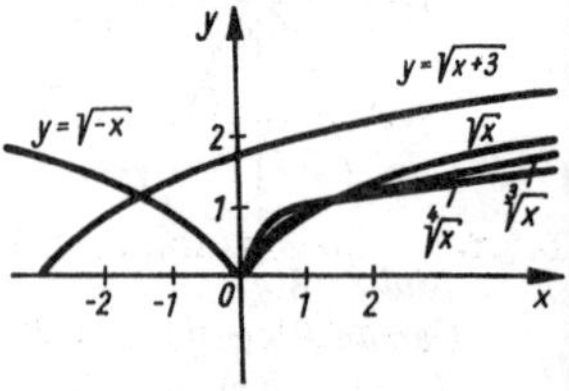

Bild 5.22. Wurzelfunktionen

$$x \geqq 0 \qquad p, q \in G, p \neq k \cdot q, k \in G$$
$$q > 0$$
$$x \neq 0 \quad \text{für} \quad \frac{p}{q} < 0$$

$$y = f(x) = \sqrt[q]{x} \leftrightarrow f^{-1}(x) = x^q \quad x \geqq 0$$

$$y = f(x) = \begin{Bmatrix} \sqrt[2n-1]{x} & \text{für} \quad x \geqq 0 \\ -\sqrt[2n-1]{-x} & \text{für} \quad x < 0 \end{Bmatrix} \leftrightarrow f^{-1}(x) = x^{2n-1}$$

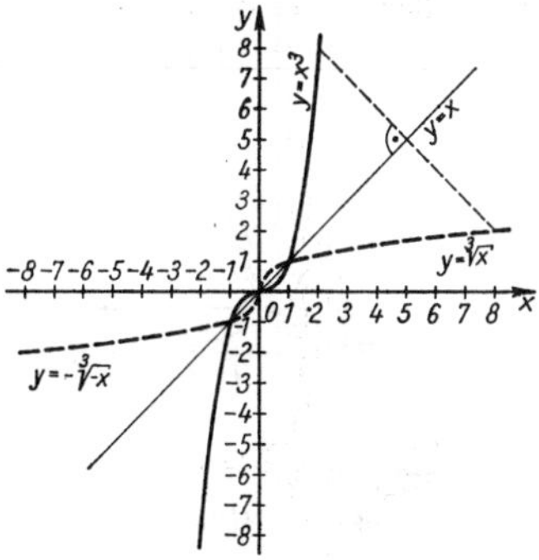

Bild 5.23. Wurzel-/Potenzfunktion als Umkehrfunktion

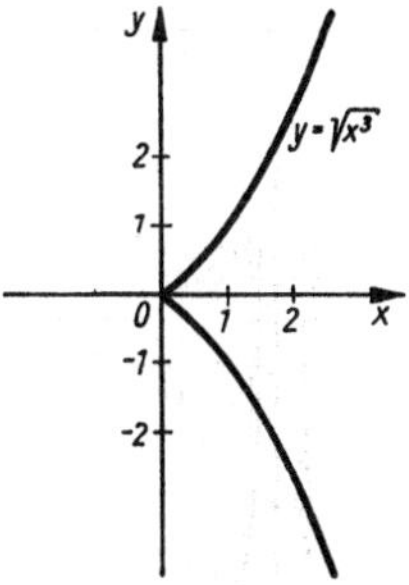

Bild 5.24. Neilsche Parabel

Dagegen hat $y = x^{2n}$, $x \geqq 0$ keine eindeutige Umkehrung, jede Abbildung ist die Vereinigung zweier Funktionen:

$$f(x) = \sqrt[2n]{x} \wedge g(x) = -\sqrt[2n]{x}$$

Sonderfall: *Neilsche (semikubische) Parabel*

$$f(x) = x^{\frac{3}{2}} = \sqrt{x^3} \qquad x \geqq 0$$

$$f(x) = -x^{\frac{3}{2}} = -\sqrt{x^3} \quad x \geqq 0$$

5.5.2. Exponentialfunktion

$$y = f(x) = a^x \quad a \in P, a > 0, a \neq 1$$
$$x \in P$$

$a > 1$ monoton wachsend für $x > 0$

$0 < a < 1$ monoton fallend für $x > 0$

$a = \mathrm{e} \rightarrow$ e-*Funktion* $y = \mathrm{e}^x$

Asymptote: x-Achse keine Nullstellen
Der Graph der Exponentialfunktion ist nach unten konvex und hat weder Extrema noch Wendepunkte.

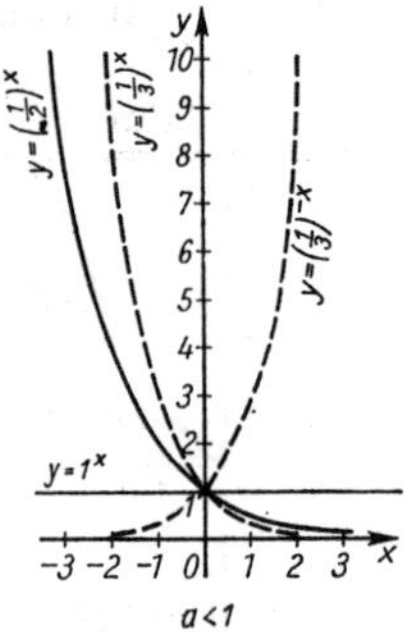

Bild 5.25.
Exponentialfunktion $a < 1$

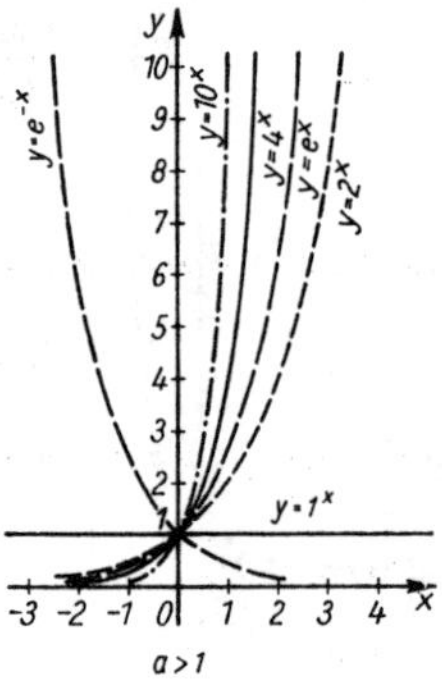

Bild 5.26.
Exponentialfunktion $a > 1$

Mit $\mathrm{e}^{x \ln a} = a^x$ kann $y = a^x$ durch Streckung/Stauchung mit $\ln a$ aus der e-Funktion gewonnen werden.
Durchläuft in $f(x) = c \cdot a^x$ ($c \neq 0$, $a > 0$, $a \neq 1$) das Argument x eine arithmetische Folge, so durchläuft der Funktionswert $f(x)$ eine geometrische Folge.

Organisches Wachstum

$n = n_0 \cdot \mathrm{e}^{k \cdot t}$

$n_0 > 0$ Grundmenge
$k \in P$ Wachstumsintensität
$k > 0$ Wachstumsprozeß
$k < 0$ Abklingprozeß
t Variable, meist Zeit

Radioaktiver Zerfall

$n(t) = n_0 \, \mathrm{e}^{-\lambda t}$

λ Zerfallskonstante
t Zeit
n_0 Anfangsbestand an Atomkernen

Halbwertszeit $t = T_{\mathrm{H}}$ für $n(t) = \frac{1}{2} n_0$

$$T_{\mathrm{H}} = \frac{\ln 2}{\lambda} = \frac{0{,}6931}{\lambda}$$

Beispiel:

Radium $\lambda = 1{,}382 \cdot 10^{-11}\ \mathrm{s}^{-1}$

$$T_{\mathrm{H}} = \frac{0{,}6931}{1{,}382}\, 10^{11}\ \mathrm{s} = \frac{0{,}6931}{1{,}382 \cdot 3{,}154}\, 10^{4}\ \text{Jahre} = \underline{\underline{1{,}59 \cdot 10^{3}\ \text{Jahre}}}$$

Mittlere Lebensdauer $T_{\mathrm{m}} = \frac{1}{\lambda}$

$$T_{\mathrm{H}} : T_{\mathrm{m}} = \ln 2 : \ln \mathrm{e}$$

Zerfallsgeschwindigkeit $v = \frac{\mathrm{d}n(t)}{\mathrm{d}t} = -\lambda n_0\, \mathrm{e}^{-\lambda t} = -\lambda n$

Kettenreaktion:

$$n(t) = n_0\, \mathrm{e}^{(\nu - 1)\frac{t}{l}}$$

$\nu \geqq 1$ Vermehrungsfaktor je Neutronengeneration

n_0 Anzahl freie Neutronen zum Zeitpunkt $t = 0$

l mittlere Zeit zwischen 2 Neutronengenerationen

5.5.3. Logarithmische Funktion

$$y = f(x) = \log_a x \qquad a \in P,\ a > 0,\ a \neq 1; \quad x \in P,\ x > 0$$

als Umkehrfunktion der Exponentialfunktion $y = a^x$.

$a > 1$ monoton wachsend

$0 < a < 1$ monoton fallend

Nullstelle $x = 1$

Natürlicher Logarithmus: $y = f(x) = \ln x$

$$y = \log_a x = \frac{1}{\ln a} \ln x$$

d. h., durch Streckung/Stauchung mit $1/\ln a$ läßt sich jede logarithmische Funktion auf den natürlichen Logarithmus zurückführen.

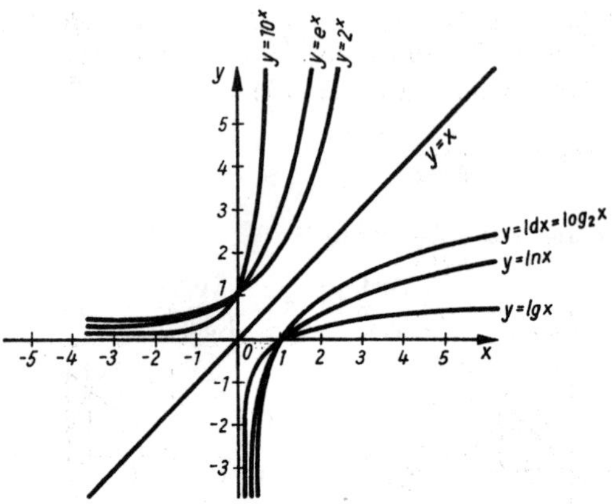

Bild 5.27. Logarithmische Funktion

5.5.4. Winkelfunktionen (trigonometrische, goniometrische Funktionen)

5.5.4.1. Allgemeines

Winkel $x = \sphericalangle (u, k)$

Definitionen

$$\left.\begin{array}{l} y = f(x) = \sin x = \dfrac{v}{r} \\[2ex] y = f(x) = \cos x = \dfrac{u}{r} \end{array}\right\} \begin{array}{l} x \in P,\ y \in \langle -1, +1 \rangle \\ r, u, v \in P;\ r > 0 \\ u \in \langle -r, +r \rangle \\ v \in \langle -r, +r \rangle \end{array}$$

$$y = f(x) = \tan x = \frac{v}{u} \qquad \begin{array}{l} x \in P,\ x \neq (2k+1)\dfrac{\pi}{2},\ k \in G \\ y \in P, \quad r, u, v \text{ wie oben} \end{array}$$

$$y = f(x) = \cot x = \frac{u}{v} \qquad \begin{array}{l} x \in P, \quad x \neq k\pi,\ k \in G \\ y \in P, \quad r, u, v \text{ wie oben} \end{array}$$

Definitionen

$$\tan x = \frac{\sin x}{\cos x} \qquad \cot x = \frac{\cos x}{\sin x}$$

Im *Einheitskreis* ($r = 1$) gilt:

Der Funktionswert der *Sinusfunktion* ist gleich der Maßzahl der Ordinate: $f(x) = \sin x = \overline{AB}$

Der Funktionswert der *Cosinusfunktion* ist gleich der Maßzahl der Abszisse: $f(x) = \cos x = \overline{OA}$

Der Funktionswert der *Tangensfunktion* (*Cotangensfunktion*) ist gleich der Maßzahl des Abschnitts auf der Haupttangente (Nebentangente): $f(x) = \tan x = \overline{CD}$ bzw. $f(x) = \cot x = \overline{EF}$

Cosecans: $\operatorname{cosec} x = \dfrac{1}{\sin x}$

Secans: $\sec x = \dfrac{1}{\cos x}$

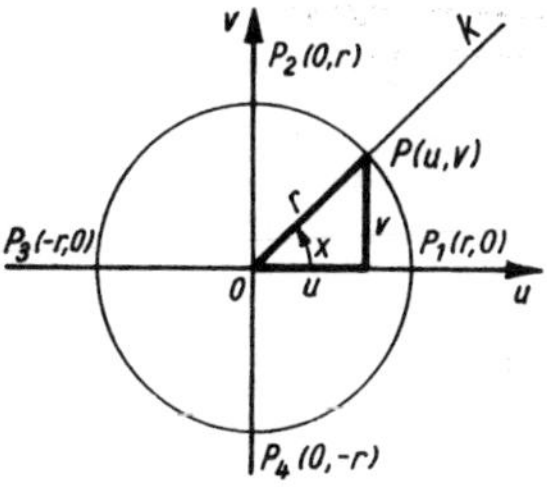

Bild 5.28.
Zu Winkelfunktionen

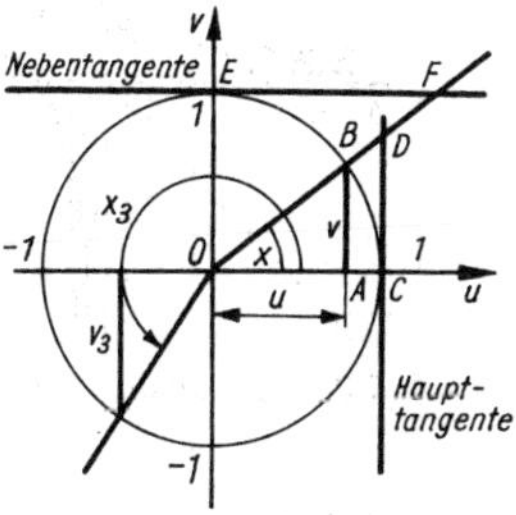

Bild 5.29.
Winkelfunktion am Einheitskreis

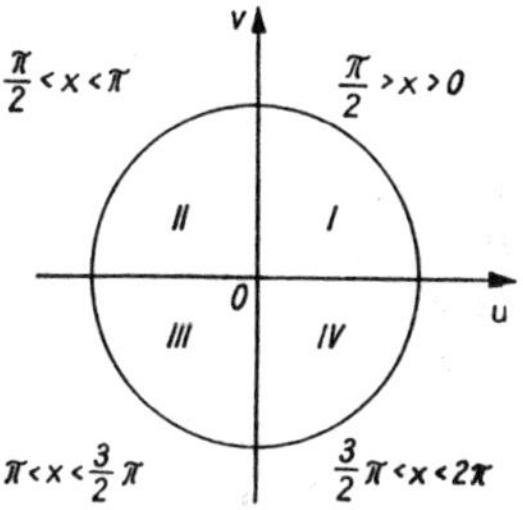

Bild 5.30. Quadranten

Symmetrieeigenschaften der trigonometrischen Funktionen

(Vorzeichen der Funktionswerte in den 4 Quadranten)

Quadrant	sin	cos	tan	cot
I	+	+	+	+
II	+	−	−	−
III	−	−	+	+
IV	−	+	−	−

Weitere **Eigenschaften** der trigonometrischen Funktionen

	$\sin x$	$\cos x$	$\tan x$	$\cot x$
Definitionsbereich	P	P	$P \setminus \left\{(2k+1)\frac{\pi}{2}\right\}$	$P \setminus \{k\pi\}$
Wertebereich	$\langle -1, +1 \rangle$	$\langle -1, +1 \rangle$	$(-\infty, +\infty)$	$(-\infty, +\infty)$
Nullstellen	$k\pi$	$\frac{\pi}{2} + k\pi$	$k\pi$	$\frac{\pi}{2} + k\pi$
Pole	—	—	$(2k+1)\frac{\pi}{2}$	$k\pi$
Extrema	$\frac{\pi}{2} + k\pi$	$k\pi$	—	—
Wendepunkte	$k\pi$	$\frac{\pi}{2} + k\pi$	$k\pi$	$\frac{\pi}{2} + k\pi$
Asymptoten	—	—	$y = (2k+1)\frac{\pi}{2}$	$y = k\pi$

Komplementbeziehungen

$$\left.\begin{aligned} y &= \sin x = \cos\left(\frac{\pi}{2} - x\right) \\ y &= \cos x = \sin\left(\frac{\pi}{2} - x\right) \end{aligned}\right\} \quad x \in P$$

$$\left.\begin{aligned} y &= \tan x = \cot\left(\frac{\pi}{2} - x\right) \\ y &= \cot x = \tan\left(\frac{\pi}{2} - x\right) \end{aligned}\right\} \quad x \in P,\ x \neq k\frac{\pi}{2}$$

Reduktionsformeln für beliebige Winkel $\left(0 < x < \frac{\pi}{2}\right)$

(Zurückführung auf den ersten Quadranten)

$\varphi \rightarrow$ $f(\varphi) \downarrow$	$-x$	$90° \pm x$ $\frac{\pi}{2} \pm x$	$180° \pm x$ $\pi \pm x$	$270° \pm x$ $\frac{3}{2}\pi \pm x$	$360° - x$ $2\pi - x$
$\sin \varphi$	$-\sin x$	$+\cos x$	$\mp\sin x$	$-\cos x$	$-\sin x$
$\cos \varphi$	$+\cos x$	$\mp\sin x$	$-\cos x$	$\pm\sin x$	$+\cos x$
$\tan \varphi$	$-\tan x$	$\mp\cot x$	$\pm\tan x$	$\mp\cot x$	$-\tan x$
$\cot \varphi$	$-\cot x$	$\mp\tan x$	$\pm\cot x$	$\mp\tan x$	$-\cot x$

Beispiele:

$$\sin(\pi + x) = -\sin x \quad \tan(270° - x) = +\cot x$$

Periodizität der trigonometrischen Funktionen

$$\left.\begin{aligned} y &= \sin x = \sin(x + k \cdot 2\pi) \\ y &= \cos x = \cos(x + k \cdot 2\pi) \\ y &= \tan x = \tan(x + k\pi) \\ y &= \cot x = \cot(x + k\pi) \end{aligned}\right\} \quad k \in G$$

2π bzw. π heißen *primitive* (kleinste) *Periode* ($k = 1$)

Beispiele:

$$\begin{aligned} \sin(-500°) &= \sin(-500° + 2 \cdot 360°) = \sin 220° \\ &= \sin(180° + 40°) = -\sin 40° = \underline{\underline{-0{,}642787}} \\ \cos 1000° &= \cos(720° + 280°) = \cos 280° \\ &= \cos(360° - 80°) = \cos 80° = \sin 10° \\ &= \underline{\underline{0{,}173648}} \end{aligned}$$

Graphen der Winkelfunktionen (s. Bilder S. 172)

Besondere Funktionswerte ($0 \leq \alpha \leq 2\pi$)

$\alpha \rightarrow$ / Fkt. $\downarrow$	$0°; 360°\ \ 0; 2\pi$ / $180°\ \ \pi$	$30°\ \frac{\pi}{6}$ / $150°\ \frac{5}{6}\pi$	$45°\ \frac{\pi}{4}$ / $135°\ \frac{3}{4}\pi$	$60°\ \frac{\pi}{3}$ / $120°\ \frac{2}{3}\pi$	$90°\ \frac{\pi}{2}$ / $270°\ \frac{3}{2}\pi$
$\sin\alpha$	0	$\frac{1}{2}$	$\frac{1}{2}\sqrt{2}$	$\frac{1}{2}\sqrt{3}$	± 1
$\cos\alpha$	± 1	$\pm\frac{1}{2}\sqrt{3}$	$\pm\frac{1}{2}\sqrt{2}$	$\pm\frac{1}{2}$	0
$\tan\alpha$	0	$\pm\frac{1}{3}\sqrt{3}$	± 1	$\pm\sqrt{3}$	—
$\cot\alpha$	—	$\pm\sqrt{3}$	± 1	$\pm\frac{1}{3}\sqrt{3}$	0

Obere Vorzeichen gültig für Winkel der ersten, untere der zweiten Zeile.

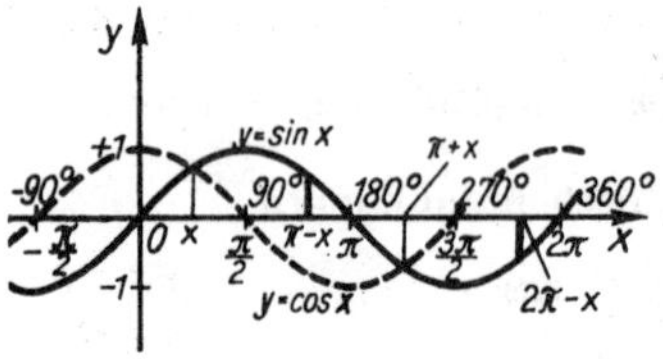

Bild 5.31. $y = \sin x$, $y = \cos x$

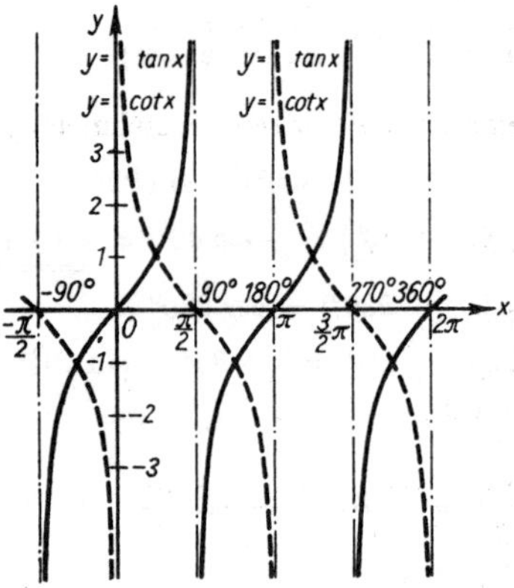

Bild 5.32. $y = \tan x$, $y = \cot x$

Zusammenhang zwischen den Funktionswerten bei gleichem Winkel

	sin	cos	tan	cot
$\sin x =$	—	$\pm\sqrt{1-\cos^2 x}$	$\pm\dfrac{\tan x}{\sqrt{1+\tan^2 x}}$	$\pm\dfrac{1}{\sqrt{1+\cot^2 x}}$
$\cos x =$	$\pm\sqrt{1-\sin^2 x}$	—	$\pm\dfrac{1}{\sqrt{1+\tan^2 x}}$	$\pm\dfrac{\cot x}{\sqrt{1+\cot^2 x}}$
$\tan x =$	$\pm\dfrac{\sin x}{\sqrt{1-\sin^2 x}}$	$\pm\dfrac{\sqrt{1-\cos^2 x}}{\cos x}$	—	$\dfrac{1}{\cot x}$
$\cot x =$	$\pm\dfrac{\sqrt{1-\sin^2 x}}{\sin x}$	$\pm\dfrac{\cos x}{\sqrt{1-\cos^2 x}}$	$\dfrac{1}{\tan \alpha}$	—

Bei beliebigen Winkeln x entscheidet der Quadrant des Winkels über das Vorzeichen der Wurzel.

$$\sin^2 x + \cos^2 x = 1 \qquad x \in P$$

$$\tan x = \frac{\sin x}{\cos x} = \frac{1}{\cot x} \leftrightarrow \tan x \cdot \cot x = 1 \quad x \in P,\ x \neq k\frac{\pi}{2},\ k \in G$$

$$1 + \tan^2 x = \frac{1}{\cos^2 x} \qquad x \in P,\ x \neq \frac{\pi}{2} + k\pi,\ k \in G$$

$$1 + \cot^2 x = \frac{1}{\sin^2 x} \qquad x \in P,\ x \neq k\pi,\ k \in G$$

5.5.4.2. Additionstheoreme (goniometrische Beziehungen)

Summen und Differenzen

$$\sin(\alpha \pm \beta) = \sin\alpha\cos\beta \pm \cos\alpha\sin\beta$$

$$\cos(\alpha \pm \beta) = \cos\alpha\cos\beta \mp \sin\alpha\sin\beta$$

$$\tan(\alpha \pm \beta) = \frac{\tan\alpha \pm \tan\beta}{1 \mp \tan\alpha\tan\beta} = \frac{\sin(\alpha \pm \beta)}{\cos(\alpha \pm \beta)}$$

$$\cot(\alpha \pm \beta) = \frac{\cot\alpha\cot\beta \mp 1}{\cot\beta \pm \cot\alpha} = \frac{\cos(\alpha \pm \beta)}{\sin(\alpha \pm \beta)}$$

$$\sin(\alpha + \beta)\sin(\alpha - \beta) = \cos^2\beta - \cos^2\alpha$$

$$\cos(\alpha + \beta)\cos(\alpha - \beta) = \cos^2\beta - \sin^2\alpha$$

Doppelte, halbe Winkel

$$\sin 2\alpha = 2\sin\alpha\cos\alpha = \frac{2\tan\alpha}{1 + \tan^2\alpha}$$

$$\cos 2\alpha = \cos^2\alpha - \sin^2\alpha = 1 - 2\sin^2\alpha = 2\cos^2\alpha - 1$$

$$= \frac{1 - \tan^2\alpha}{1 + \tan^2\alpha}$$

$$\tan 2\alpha = \frac{2\tan\alpha}{1 - \tan^2\alpha} = \frac{2}{\cot\alpha - \tan\alpha}$$

$$\cot 2\alpha = \frac{\cot^2\alpha - 1}{2\cot\alpha} = \frac{\cot\alpha - \tan\alpha}{2}$$

$$\sin\frac{\alpha}{2} = \pm\sqrt{\frac{1 - \cos\alpha}{2}}$$

$$\cos\frac{\alpha}{2} = \pm\sqrt{\frac{1+\cos\alpha}{2}}$$

$$\tan\frac{\alpha}{2} = \pm\sqrt{\frac{1-\cos\alpha}{1+\cos\alpha}} = \frac{1-\cos\alpha}{\sin\alpha} = \frac{\sin\alpha}{1+\cos\alpha}$$

$$\cot\frac{\alpha}{2} = \pm\sqrt{\frac{1+\cos\alpha}{1-\cos\alpha}} = \frac{1+\cos\alpha}{\sin\alpha} = \frac{\sin\alpha}{1-\cos\alpha}$$

Terme von weiteren Vielfachen eines Winkels

$$\sin 3\alpha = 3\sin\alpha - 4\sin^3\alpha$$

$$\sin 4\alpha = 8\sin\alpha\cos^3\alpha - 4\sin\alpha\cos\alpha$$

$$\sin 5\alpha = 16\sin\alpha\cos^4\alpha - 12\sin\alpha\cos^2\alpha + \sin\alpha$$

$$\cos 3\alpha = 4\cos^3\alpha - 3\cos\alpha$$

$$\cos 4\alpha = 8\cos^4\alpha - 8\cos^2\alpha + 1$$

$$\cos 5\alpha = 16\cos^5\alpha - 20\cos^3\alpha + 5\cos\alpha$$

$$\sin n\alpha = n\sin\alpha\cos^{n-1}\alpha - \binom{n}{3}\sin^3\alpha\cos^{n-3}\alpha + \binom{n}{5}\sin^5\alpha\cos^{n-5}\alpha - + \cdots$$

$$\cos n\alpha = \cos^n\alpha - \binom{n}{2}\sin^2\alpha\cos^{n-2}\alpha + \binom{n}{4}\sin^4\alpha\cos^{n-4}\alpha - + \cdots$$

$$\tan 3\alpha = \frac{3\tan\alpha - \tan^3\alpha}{1 - 3\tan^2\alpha}$$

$$\tan 4\alpha = \frac{4\tan\alpha - 4\tan^3\alpha}{1 - 6\tan^2\alpha + \tan^4\alpha}$$

$$\cot 3\alpha = \frac{\cot^3\alpha - 3\cot\alpha}{3\cot^2\alpha - 1}$$

$$\cot 4\alpha = \frac{\cot^4\alpha - 6\cot^2\alpha + 1}{4\cot^3\alpha - 4\cot\alpha}$$

Summen und Differenzen von trigonometrischen Termen

$$\sin\alpha + \sin\beta = 2\sin\frac{\alpha+\beta}{2}\cos\frac{\alpha-\beta}{2}$$

$$\sin\alpha - \sin\beta = 2\cos\frac{\alpha+\beta}{2}\sin\frac{\alpha-\beta}{2}$$

$$\cos\alpha + \cos\beta = 2\cos\frac{\alpha+\beta}{2}\cos\frac{\alpha-\beta}{2}$$

$$\cos\alpha - \cos\beta = -2\sin\frac{\alpha+\beta}{2}\sin\frac{\alpha-\beta}{2}$$

$$\cos\alpha \pm \sin\alpha = \sqrt{2}\,\sin(45^\circ \pm \alpha) = \sqrt{2}\,\cos(45^\circ \mp \alpha)$$

$$\tan\alpha \pm \tan\beta = \frac{\sin(\alpha \pm \beta)}{\cos\alpha\cos\beta}$$

$$\cot\alpha \pm \cot\beta = \frac{\sin(\beta \pm \alpha)}{\sin\beta\sin\alpha}$$

Produkte von trigonometrischen Termen

$$\sin\alpha\sin\beta = \frac{1}{2}[\cos(\alpha-\beta) - \cos(\alpha+\beta)]$$

$$\cos\alpha\cos\beta = \frac{1}{2}[\cos(\alpha-\beta) + \cos(\alpha+\beta)]$$

$$\sin\alpha\cos\beta = \frac{1}{2}[\sin(\alpha-\beta) + \sin(\alpha+\beta)]$$

$$\tan\alpha\tan\beta = \frac{\tan\alpha+\tan\beta}{\cot\alpha+\cot\beta} = -\frac{\tan\alpha-\tan\beta}{\cot\alpha-\cot\beta}$$

$$\cot\alpha\cot\beta = \frac{\cot\alpha+\cot\beta}{\tan\alpha+\tan\beta} = -\frac{\cot\alpha-\cot\beta}{\tan\alpha-\tan\beta}$$

$$\tan\alpha\cot\beta = \frac{\tan\alpha+\cot\beta}{\cot\alpha+\tan\beta} = -\frac{\tan\alpha-\cot\beta}{\cot\alpha-\tan\beta}$$

$$\sin\alpha\sin\beta\sin\gamma = \frac{1}{4}[\sin(\alpha+\beta-\gamma) + \sin(\beta+\gamma-\alpha) + \sin(\gamma+\alpha-\beta) - \sin(\alpha+\beta+\gamma)]$$

$$\cos\alpha\cos\beta\cos\gamma = \frac{1}{4}[\cos(\alpha+\beta-\gamma) + \cos(\beta+\gamma-\alpha) + \cos(\gamma+\alpha-\beta) + \cos(\alpha+\beta+\gamma)]$$

$$\sin\alpha\sin\beta\cos\gamma = \frac{1}{4}[-\cos(\alpha+\beta-\gamma) + \cos(\beta+\gamma-\alpha) + \cos(\gamma+\alpha-\beta) - \cos(\alpha+\beta+\gamma)]$$

$$\sin\alpha\cos\beta\cos\gamma = \frac{1}{4}\,[\sin(\alpha+\beta-\gamma) - \sin(\beta+\gamma-\alpha) + \sin(\gamma+\alpha-\beta) + \sin(\alpha+\beta+\gamma)]$$

Potenzen von trigonometrischen Termen

$$\sin^2\alpha = \frac{1}{2}(1 - \cos 2\alpha)$$

$$\cos^2\alpha = \frac{1}{2}(1 + \cos 2\alpha)$$

$$\tan^2\alpha = \frac{1 - \cos 2\alpha}{1 + \cos 2\alpha}$$

$$\sin^3\alpha = \frac{1}{4}(3\sin\alpha - \sin 3\alpha)$$

$$\cos^3\alpha = \frac{1}{4}(3\cos\alpha + \cos 3\alpha)$$

$$\sin^4\alpha = \frac{1}{8}(\cos 4\alpha - 4\cos 2\alpha + 3)$$

$$\cos^4\alpha = \frac{1}{8}(\cos 4\alpha + 4\cos 2\alpha + 3)$$

$$\sin^5\alpha = \frac{1}{16}(10\sin\alpha - 5\sin 3\alpha + \sin 5\alpha)$$

$$\cos^5\alpha = \frac{1}{16}(10\cos\alpha + 5\cos 3\alpha + \cos 5\alpha)$$

$$\sin^6\alpha = \frac{1}{32}(10 - 15\cos 2\alpha + 6\cos 4\alpha - \cos 6\alpha)$$

$$\cos^6\alpha = \frac{1}{32}(10 + 15\cos 2\alpha + 6\cos 4\alpha + \cos 6\alpha)$$

Zusammenhang der trigonometrischen Funktionen mit der Exponentialfunktion (Eulersche Formeln)

$$y = e^{jx} = \cos x + j\sin x \qquad x \in P$$
$$y = e^{-jx} = \cos x - j\sin x$$

Hieraus folgt:

$$\sin x = \frac{e^{jx} - e^{-jx}}{2j} \qquad \cos x = \frac{e^{jx} + e^{-jx}}{2}$$

$$\tan x = -\frac{j(e^{jx} - e^{-jx})}{e^{jx} + e^{-jx}} \qquad \cot x = \frac{j(e^{jx} + e^{-jx})}{e^{jx} - e^{-jx}} \quad x \neq 0$$

Winkelfunktionen imaginärer Argumente

$$y = \sin jx = j \sinh x \qquad y = \tan jx = j \tanh x$$

$$y = \cos jx = \cosh x \qquad y = \cot jx = -j \coth x \qquad x \in P$$

x Bogenmaß

Näherungsformeln für kleine Winkel

$$\sin \alpha \approx \alpha \approx \tan \alpha$$

$$\sin (\alpha \pm \beta) \approx \sin \alpha \pm \sin \beta$$

$$\tan (\alpha \pm \beta) \approx \tan \alpha \pm \tan \beta$$

$$\sin n\alpha \approx n \sin \alpha$$

$$\tan n\alpha \approx n \tan \alpha$$

5.5.4.3. Verschiedene trigonometrische Funktionen, Überlagerung, Multiplikation trigonometrischer Funktionen

Allgemeine Sinusfunktion (harmonische Funktion)

$$y = f(x) = a \sin (bx + \varphi) \quad \text{bzw.} \quad y = a \sin (\omega t + \varphi)$$

Amplitudenänderung: $y = a \sin x$ bzw. $y = a \sin \omega t$ $a \in P, a > 0$

a Amplitude:

$a > 1$ Streckung nach größeren Funktionswerten

$0 < a < 1$ Stauchung nach kleineren Funktionswerten

$a < 0$ Spiegelung an der Abszisse

Frequenzänderung: $y = \sin bx$ bzw. $y = \sin \omega t$ $b \in P, b > 0$

Periode $\frac{2\pi}{b}$

$b > 1$ Stauchung } in Richtung Abszisse

$0 < b < 1$ Dehnung } in Richtung Abszisse

Phasenänderung: $y = \sin (x + \varphi)$ bzw. $y = \sin (\omega t + \varphi)$

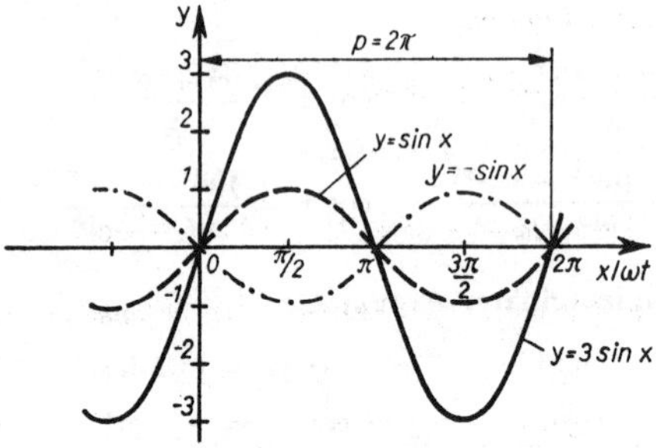

Bild 5.33. Amplitudenänderung $y = a \sin x$

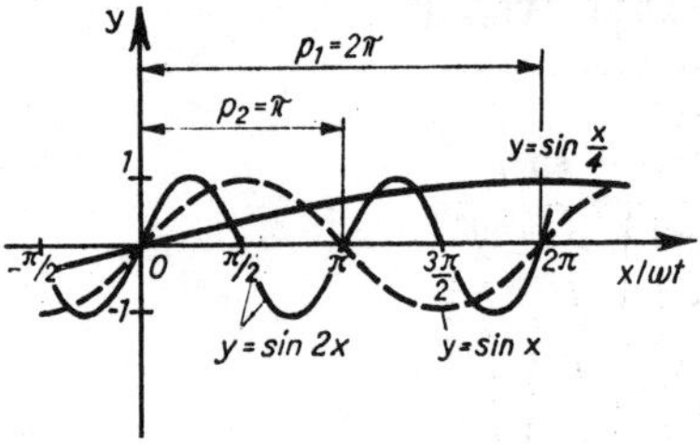

Bild 5.34. Frequenzänderung $y = \sin bx$

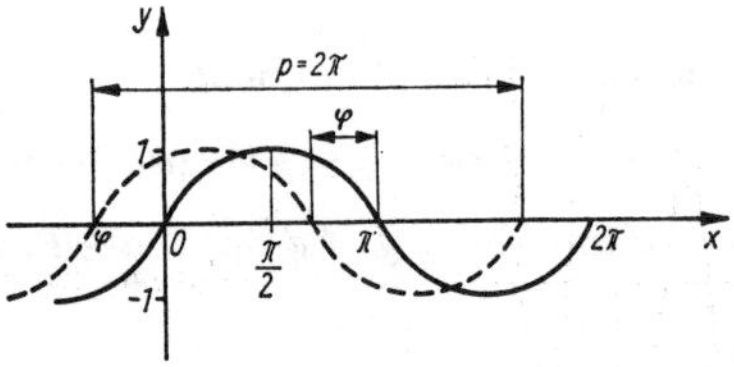

Bild 5.35. Phasenänderung $y = \sin (x + \varphi)$

Modulation

Kreisfrequenz Ω bzw. $\omega = 2\pi f = \dfrac{2\pi}{T}$

a, A	Amplitude	f	Frequenz in $s^{-1} = Hz$
t	Zeit	$(\omega t + \varphi)$	Phasenwinkel,
T	Periodendauer in s		Nullphasenwinkel

Amplitudenmodulation

Träger (unmoduliert) $F_\Omega(t) = A \cos \Omega t$

Information $f_\omega(t) = a \cos \omega t = \Delta A(t)$

Modulierte Trägerschwingung:

$$F_{\Omega,\omega}(t) = [A + \Delta A(t)] \cos \Omega t$$
$$= (A + a \cos \omega t) \cos \Omega t$$
$$= A \cos \Omega t + \frac{a}{2} \cos (\Omega + \omega) t + \frac{a}{2} \cos (\Omega - \omega) t$$
$$= F_\Omega(t) + f_{\Omega \pm \omega} \quad \text{Träger- und } \textit{Seitenschwingungen}$$

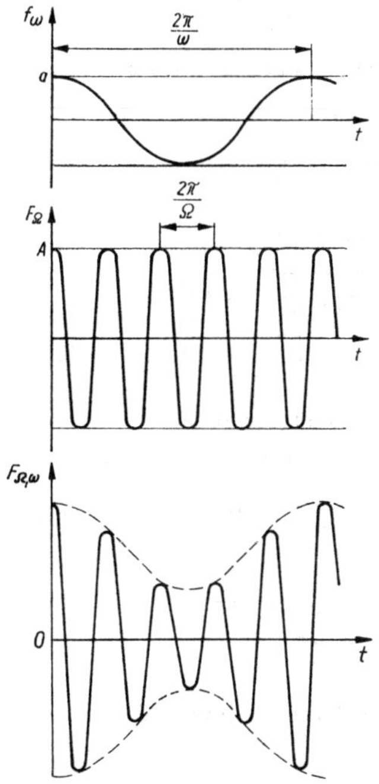

Bild 5.36.
Amplitudenmodulation

Phasenmodulation:

Träger $F_\Omega(t) = A \cos \alpha = A \cos \Omega t = \text{Re}\,[A\, e^{j\Omega t}]$

Information $f_\omega(t) = \underbrace{a \cos \omega t}_{\Delta\alpha(t)} = \frac{a}{2} (e^{j\omega t} + e^{-j\omega t})$

$\Delta\alpha(t)_{\max} = a$ Phasenhub

Modulierte Trägerschwingung

$$F_{\Omega,\omega}(t) = A \cos\left[\alpha + \Delta\alpha(t)\right] = A \cos\left(\Omega t + a \cos \omega t\right)$$

$$= \operatorname{Re}\left[A\, e^{j\left\{\Omega t + \frac{1}{2}a\left(e^{j\omega t} + e^{-j\omega t}\right)\right\}}\right]$$

Mit $e^x \approx 1 + x$ für $a \ll A$

$$F_{\Omega,\omega}(t) \approx \operatorname{Re}\left[A\, e^{j\Omega t}\left\{1 + j\,\frac{a}{2}\left(e^{j\omega t} + e^{-j\omega t}\right)\right\}\right]$$

$$\approx \operatorname{Re}\left[A\left\{e^{j\Omega t} + j\,\frac{a}{2}\, e^{j(\Omega+\omega)t} + j\,\frac{a}{2}\, e^{(\Omega-\omega)t}\right\}\right]$$

Für beliebiges a ergeben sich BESSEL-Funktionen $I_p(a)$

$$F_{\Omega,\omega}(t) = \operatorname{Re}\left[A \sum_{p=-\infty}^{\infty} j^p I_p(a)\, e^{j(\Omega+p\omega)t}\right]$$

$$= \operatorname{Re}\left[A\{I_0(a)\, e^{j\omega t} + jI_1(a)\, e^{j(\Omega\pm\omega)t}\right.$$

$$\left. + j^2 I_2(a)\, e^{j(\Omega\pm 2\omega)t} + j^3 \cdots\right]$$

Es entstehen ebenfalls Seitenschwingungen $A_{\Omega\pm\omega} \cos(\Omega \pm \omega)\, t$

$$A_{\Omega\pm\omega} = I_p(\Delta\alpha) \quad p \in N$$

Frequenzmodulation (Spezialfall der Phasenmodulation):

Träger $F_\Omega(t) = A \cos \alpha = A \cos \Omega t = \operatorname{Re}\left[A\, e^{j\Omega t}\right]$

Information $f_\omega(t) = a \cos \omega t = \dfrac{a}{2}\left(e^{j\omega t} + e^{-j\omega t}\right)$

mit

Frequenz $\dfrac{d\alpha}{dt} = \Omega + \Delta\Omega(t) = \Omega + a \cos \omega t$

Phasenwinkel $\alpha = \int d\alpha = \Omega t + \dfrac{a}{\omega} \sin \omega t$

$$F_{\Omega,\omega}(t) = \operatorname{Re}\left[A \sum_{p=-\infty}^{\infty} -j^{p+1} I_p\left(\frac{a}{\omega}\right) e^{j(\Omega-p\omega)t}\right]$$

Gedämpfte Sinusschwingung

$$y = f(x) = a\, e^{-bx} \sin(x + \varphi) \quad a > 0, \;\; b > 0, \;\; \omega > 0$$

$$= a\, e^{-b\omega t} \sin(\omega t + \varphi)$$

Nullstellen: $\left[\dfrac{k\pi - \varphi}{\omega}; 0\right] \quad k \in G$

Extrema: $x_E = \dfrac{k\pi - \varphi + \arctan \omega/b}{\omega}$

logarithmisches *Dämpfungsdekrement* $\delta = \ln \left| \dfrac{y_k}{y_{k+1}} \right| = \dfrac{b\pi}{\omega}$

Asymptote: x-Achse

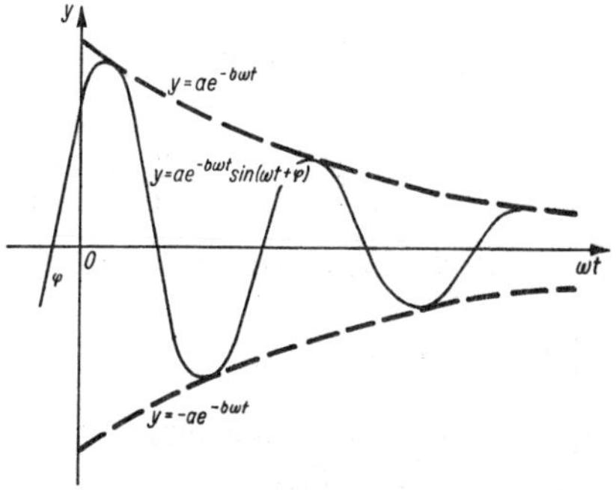

Bild 5.37. Gedämpfte Schwingung

Quadrate der harmonischen Schwingungen

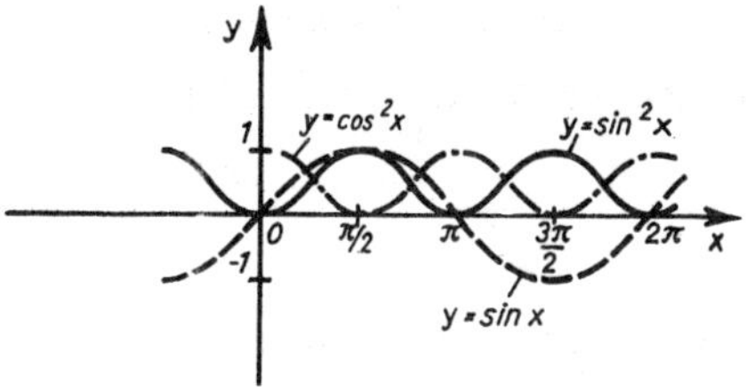

Bild 5.38. $y = \sin^2 x$, $y = \cos^2 x$

Addition von 2 Funktionen (Bild 5.39)

Produkte von 2 Funktionen (Bilder 5.40 bis 5.42)

Überlagerung harmonischer Schwingungen

Zwei Sinusfunktionen gleicher Frequenz

$$\left.\begin{aligned} y_1 &= a_1 \sin (\omega t + \varphi_1) \\ y_2 &= a_2 \sin (\omega t + \varphi_2) \end{aligned}\right\} \; y = y_1 + y_2 = a \sin (\omega t + \varphi)$$

mit

$$a^2 = a_1^2 + a_2^2 + 2a_1a_2 \cos(\varphi_2 - \varphi_1)$$

$$\varphi = \arctan \frac{a_1 \sin \varphi_1 + a_2 \sin \varphi_2}{a_1 \cos \varphi_1 + a_2 \cos \varphi_2}$$

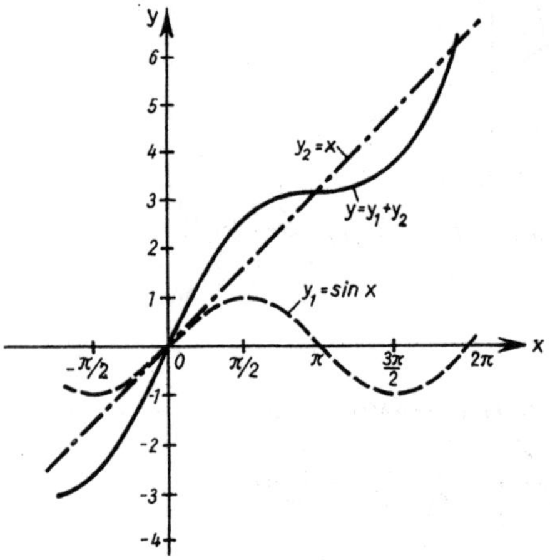

Bild 5.39. $y = \sin x + x$

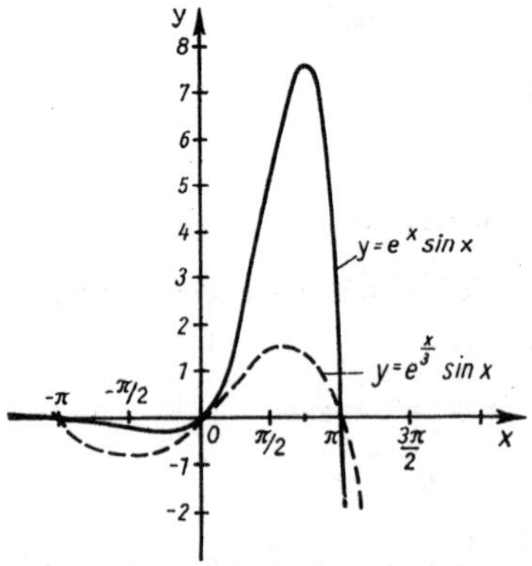

Bild 5.40. $y = e^x \sin x$; $y = e^{\frac{x}{3}} \sin x$

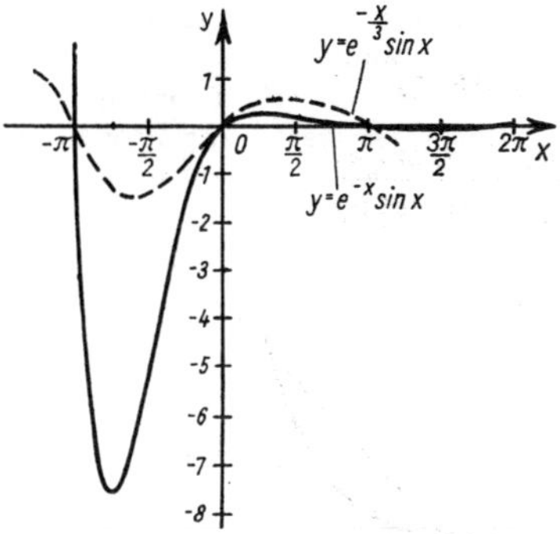

Bild 5.41. $y = e^{-x} \sin x; \ y = e^{-\frac{x}{3}} \sin x$

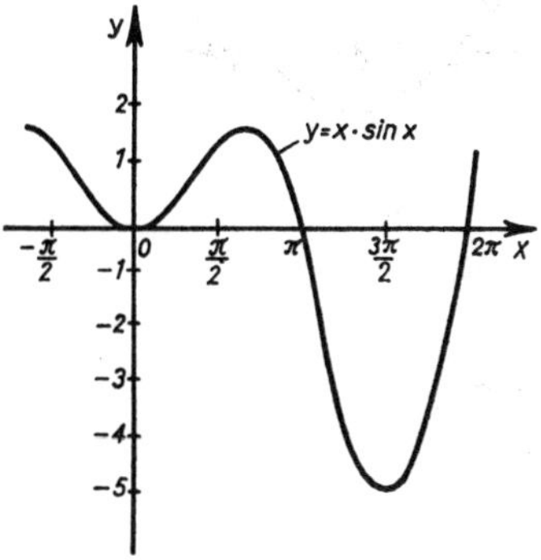

Bild 5.42. $y = x \sin x$

Hilfsmittel: Addition im *Zeigerdiagramm*

$y = f(x) = a \sin (\omega t + \varphi)$ wird durch umlaufende Zeiger symbolisiert:

a Länge des Zeigers
ω Kreisfrequenz
$\omega t = \frac{t}{T}$ Winkel
T Periodendauer
φ Phasenlage, Nullphasenwinkel

Die Voraussetzung ω = konst. gestattet die Verwendung *ruhender Zeiger* mit den Charakteristiken a und φ.
Den physikalisch realen Momentanwert erhält man durch Projektion des Zeigers auf eine Ebene senkrecht zur Projektionsachse. Obwohl diese ruhenden Zeiger sich wie Vektoren behandeln lassen, unterscheiden sie sich aufgrund ihrer Definition.

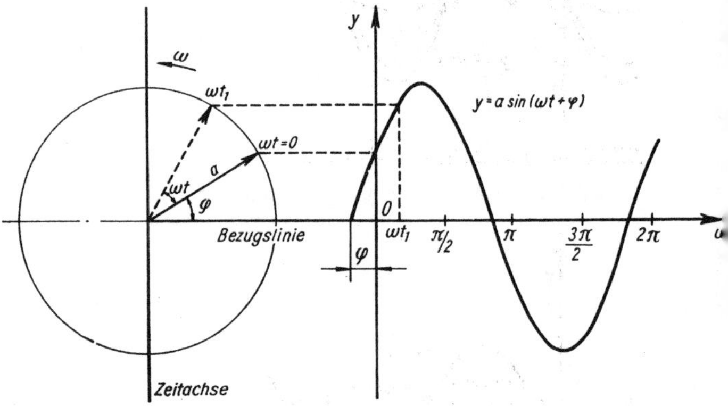

Bild 5.43. Sinusfunktion — Zeigerdiagramm

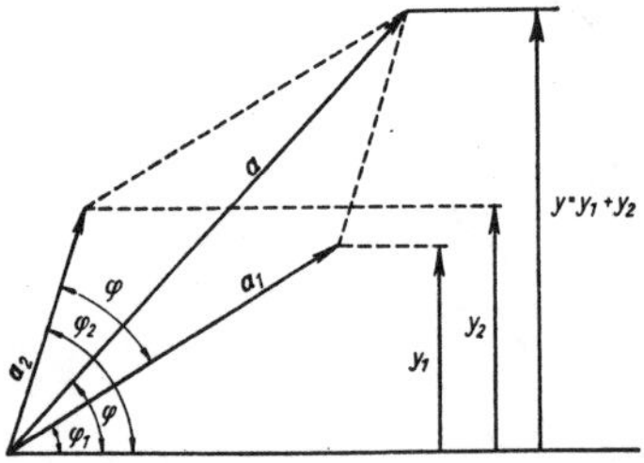

Bild 5.44. Addition von Zeigern

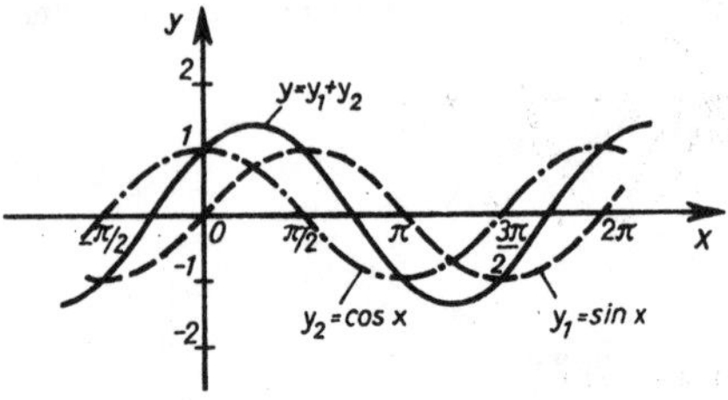

Bild 5.45. $y = \sin x + \cos x$

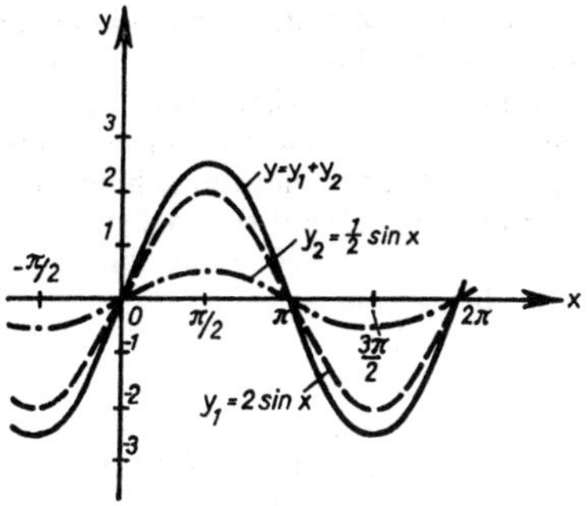

Bild 5.46. $y = 2 \sin x + \dfrac{1}{2} \sin x$

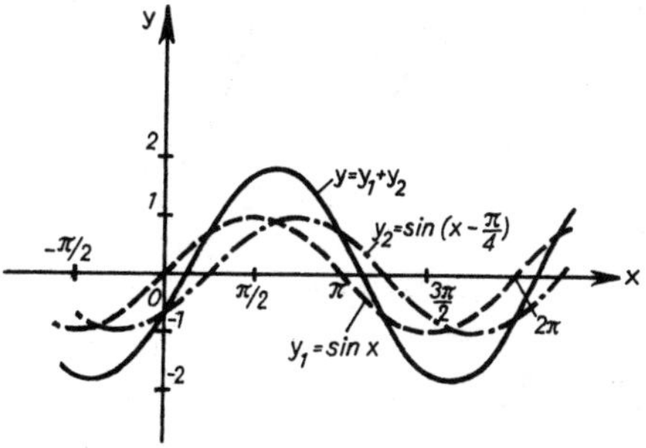

Bild 5.47. $y = \sin x + \sin\left(x - \dfrac{\pi}{4}\right)$

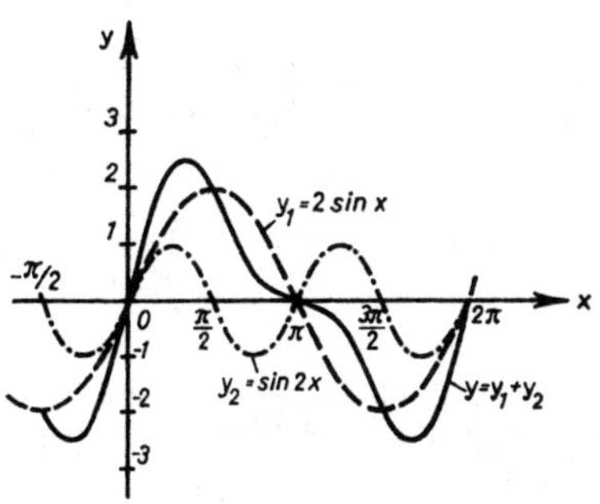

Bild 5.48. $y = 2 \sin x + \sin 2x$

Im Zeigerdiagramm lassen sich zwei Zeiger, d. h. zwei symbolisierte harmonische Funktionen, wie Vektoren addieren (vgl. Bild 5.44). Der Summenzeiger spiegelt die physikalische bzw. geometrische Realität der Addition der Momentanwerte $y = y_1 + y_2$ wider, entsprechend der skalaren Addition der Komponenten bei Vektoren. Seine Größe und Lage gegenüber der Projektionsachse (Phasenlage) lassen sich dem Zeigerdiagramm entnehmen. Seine Winkelgeschwindigkeit ist gleich der der beiden Einzelzeiger.

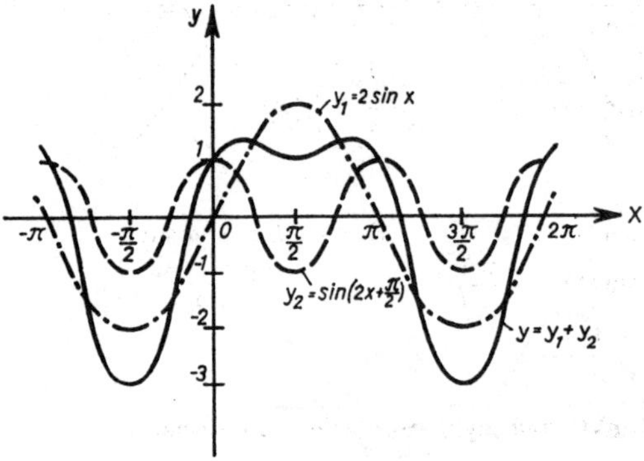

Bild 5.49. $y = 2 \sin x + \sin\left(2x + \frac{\pi}{2}\right)$

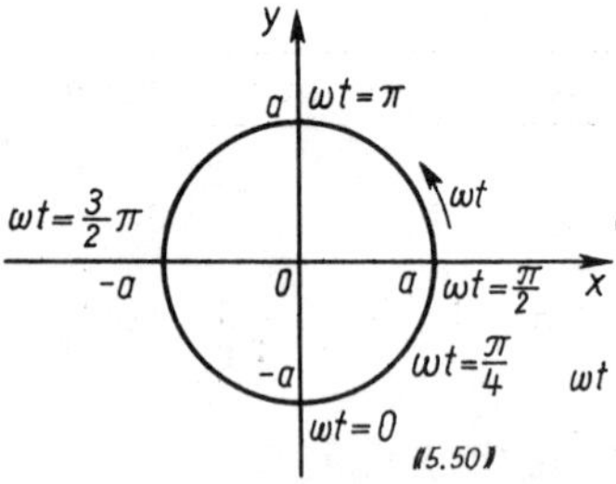

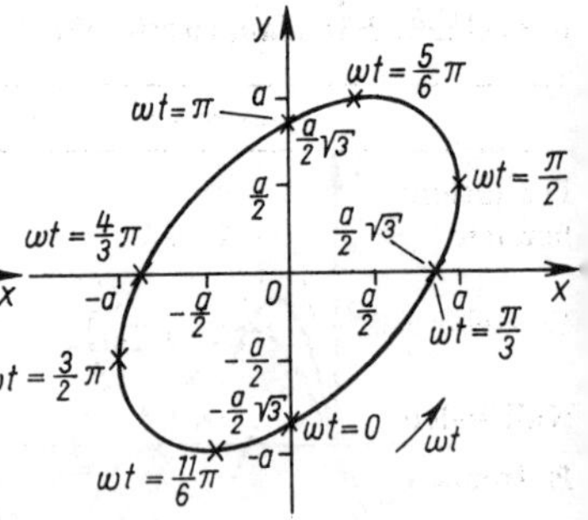

Bild 5.50. $x = a \sin \omega t$

$$y = a \sin\left(\omega t - \frac{\pi}{2}\right)$$

$$\omega_1 : \omega_2 = 1 : 1$$

Bild 5.51. $x = a \sin \omega t$

$$y = a \sin\left(\omega t - \frac{\pi}{3}\right)$$

$$\omega_1 : \omega_2 = 1 : 1$$

Überlagerung von harmonischen Schwingungen bei senkrecht aufeinander stehenden Schwingungsrichtungen (LISSAJOUS-Figuren)

$$x = a_1 \sin(\omega_1 t - \varphi_1) \qquad y = a_2 \sin(\omega_2 t - \varphi_2)$$

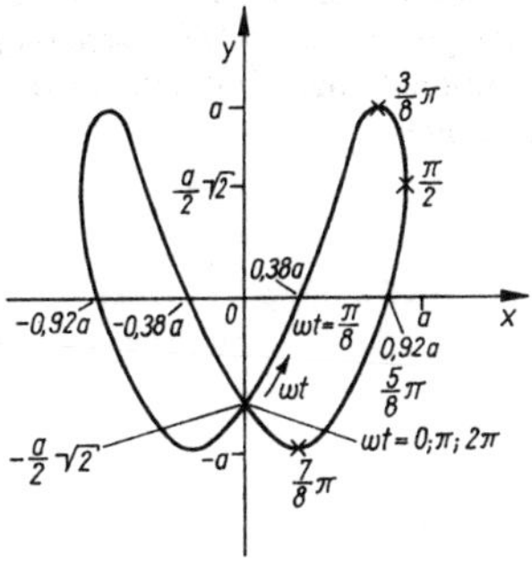

Bild 5.52. $x = a \sin \omega t$

$$y = a \sin\left(2\omega t - \frac{\pi}{4}\right)$$

$$\omega_1 : \omega_2 = 1:2$$

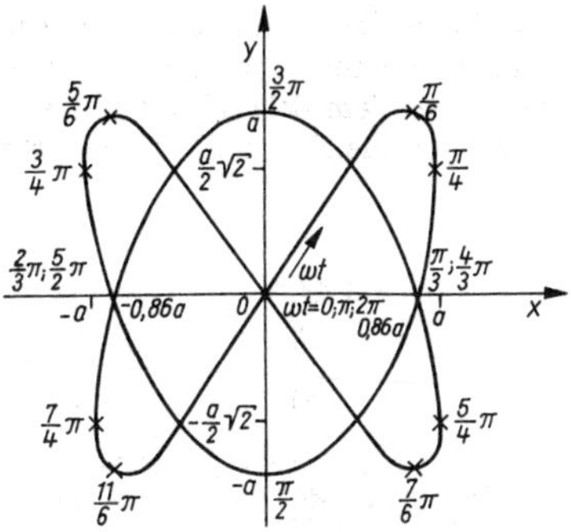

Bild 5.53. $x = a \sin 2\omega t$

$$y = a \sin 3\omega t$$

$$\omega_1 : \omega_2 = 2:3$$

5.5.5. Arcusfunktionen, zyklometrische Funktionen

Sie sind zu den trigonometrischen Funktionen invers. Wegen der Periodizität sind die Arcusfunktionen nur in bestimmten Intervallen streng monoton und eindeutig umkehrbar (*Hauptwertebereich*). Hauptwerte wurden früher auch mit Großbuchstaben bezeichnet. Für **Hauptwerte** gilt:

	$\arcsin x$	$\arccos x$	$\arctan x$	$\operatorname{arccot} x$
Definitionsbereich	$\langle -1, +1 \rangle$	$\langle -1, +1 \rangle$	P	P
Wertebereich	$\left\langle -\frac{\pi}{2}, +\frac{\pi}{2} \right\rangle$	$\langle 0, \pi \rangle$	$\left(-\frac{\pi}{2}, +\frac{\pi}{2} \right)$	$(0, \pi)$
Nullstellen	0	1	0	—
Extrema	—	—	—	—
Wendepunkte x_W	0	0	0	0
Asymptoten	—	—	$y = \frac{\pi}{2}$	$y = 0$
			$y = -\frac{\pi}{2}$	$y = \pi$

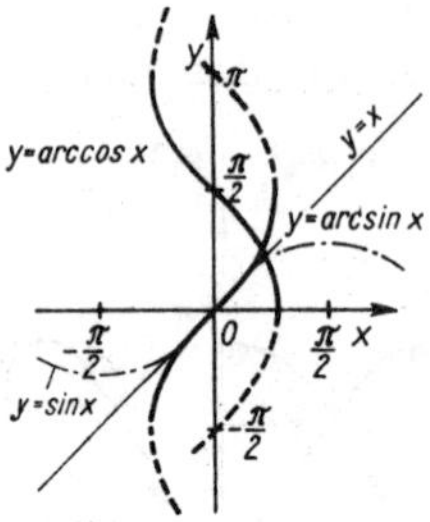

Bild 5.54. $y = \arcsin x$
$y = \arccos x$

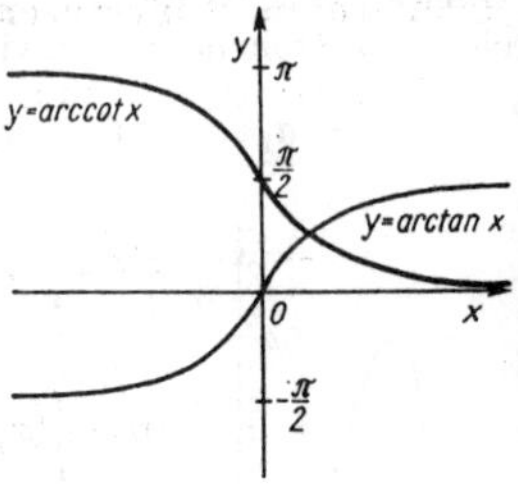

Bild 5.55. $y = \arctan x$
$y = \operatorname{arccot} x$

Darstellung einer Arcusfunktion durch eine andere bei gleichem Winkel

$$\arcsin x = \frac{\pi}{2} - \arccos x = \arctan \frac{x}{\sqrt{1 - x^2}}$$

$$\arccos x = \frac{\pi}{2} - \arcsin x = \operatorname{arccot} \frac{x}{\sqrt{1 - x^2}}$$

$$\arctan x = \frac{\pi}{2} - \operatorname{arccot} x = \arcsin \frac{x}{\sqrt{1 + x^2}}$$

$$\operatorname{arccot} x = \frac{\pi}{2} - \arctan x = \arccos \frac{x}{\sqrt{1 + x^2}}$$

$$\operatorname{arccot} x = \arctan \frac{1}{x} \quad \text{für} \quad x > 0$$

$$= \arctan \frac{1}{x} + \pi \quad \text{für} \quad x < 0$$

Arcusfunktionen negativer Argumente

$$y = \arcsin(-x) = -\arcsin x$$

$$y = \arccos(-x) = \pi - \arccos x$$

$$y = \arctan(-x) = -\arctan x$$

$$y = \operatorname{arccot}(-x) = \pi - \operatorname{arccot} x$$

Summen und Differenzen

$$\arcsin x_1 + \arcsin x_2 = \arcsin\left(x_1\sqrt{1-x_2^2} + x_2\sqrt{1-x_1^2}\right)$$
$$\text{für } x_1^2 + x_2^2 \leqq 1 \text{ oder } x_1x_2 \leqq 0$$

$$= \pi - \arcsin\left(x_1\sqrt{1-x_2^2} + x_2\sqrt{1-x_1^2}\right)$$
$$\text{für } x_1 > 0,\quad x_2 > 0,\quad x_1^2 + x_2^2 > 1$$

$$= -\pi - \arcsin\left(x_1\sqrt{1-x_2^2} + x_2\sqrt{1-x_1^2}\right)$$
$$\text{für } x_1 < 0,\quad x_2 < 0,\quad x_1^2 + x_2^2 > 1$$

$$\arcsin x_1 - \arcsin x_2 = \arcsin\left(x_1\sqrt{1-x_2^2} - x_2\sqrt{1-x_1^2}\right)$$
$$\text{für } x_1^2 + x_2^2 \leqq 1 \text{ oder } x_1x_2 \geqq 0$$

$$= \pi - \arcsin\left(x_1\sqrt{1-x_2^2} - x_2\sqrt{1-x_1^2}\right)$$
$$\text{für } x_1 > 0,\quad x_2 < 0,\quad x_1^2 + x_2^2 > 1$$

$$= -\pi - \arcsin\left(x_1\sqrt{1-x_2^2} - x_2\sqrt{1-x_1^2}\right)$$
$$\text{für } x_1 < 0,\quad x_2 > 0,\quad x_1^2 + x_2^2 > 1$$

$$\arccos x_1 + \arccos x_2 = \arccos\left(x_1x_2 - \sqrt{1-x_1^2}\sqrt{1-x_2^2}\right)$$
$$\text{für } x_1 + x_2 \geqq 0$$

$$\arccos x_1 - \arccos x_2 = -\arccos\left(x_1x_2 + \sqrt{1-x_1^2}\sqrt{1-x_2^2}\right)$$
$$\text{für } x_1 \geqq x_2$$

$$= \arccos\left(x_1x_2 + \sqrt{1-x_1^2}\sqrt{1-x_2^2}\right) \qquad \text{für } x_1 < x_2$$

$$\arctan x_1 + \arctan x_2 = \arctan\frac{x_1+x_2}{1-x_1x_2} \quad \text{für } x_1x_2 < 1$$

$$= \pi + \arctan\frac{x_1+x_2}{1-x_1x_2} \qquad \text{für } x_1 > 0,\quad x_1x_2 > 1$$

$$= -\pi + \arctan\frac{x_1+x_2}{1-x_1x_2} \qquad \text{für } x_1 < 0,\quad x_1x_2 > 1$$

$$\arctan x_1 - \arctan x_2 = \arctan\frac{x_1-x_2}{1+x_1x_2} \quad \text{für } x_1x_2 > -1$$

$$= \pi + \arctan\frac{x_1-x_2}{1+x_1x_2} \qquad \text{für } x_1 > 0,\quad x_1x_2 < -1$$

$$= -\pi + \arctan\frac{x_1-x_2}{1+x_1x_2} \qquad \text{für } x_1 < 0,\quad x_1x_2 < -1$$

$$\operatorname{arccot} x_1 + \operatorname{arccot} x_2 = \operatorname{arccot} \frac{x_1 x_2 - 1}{x_1 + x_2} \quad \text{für } x_1 \neq -x_2$$

$$\operatorname{arccot} x_1 - \operatorname{arccot} x_2 = \operatorname{arccot} \frac{x_1 x_2 + 1}{x_2 - x_1} \quad \text{für } x_1 \neq x_2$$

Zusammenhang zwischen den Arcusfunktionen und der logarithmischen Funktion

$$y = \arcsin x = -\mathrm{j} \ln \left(\mathrm{j}x + \sqrt{1 - x^2}\right)$$

$$y = \arccos x = -\mathrm{j} \ln \left(x + \sqrt{x^2 - 1}\right)$$

$$y = \arctan x = \frac{1}{2\mathrm{j}} \ln \frac{1 + \mathrm{j}x}{1 - \mathrm{j}x}$$

$$y = \operatorname{arccot} x = -\frac{1}{2\mathrm{j}} \ln \frac{\mathrm{j}x + 1}{\mathrm{j}x - 1} = \frac{1}{2\mathrm{j}} \ln \frac{\mathrm{j}x - 1}{\mathrm{j}x + 1}$$

5.5.6. Hyperbelfunktionen

Definition

$$y = \sinh x = \operatorname{sh} x = \frac{\mathrm{e}^x - \mathrm{e}^{-x}}{2} \quad \text{(Sinus hyperbolicus)}$$

$$y = \cosh x = \operatorname{ch} x = \frac{\mathrm{e}^x + \mathrm{e}^{-x}}{2} \quad (\textit{Kettenlinie})$$

$$y = \tanh x = \operatorname{th} x = \frac{\mathrm{e}^x - \mathrm{e}^{-x}}{\mathrm{e}^x + \mathrm{e}^{-x}} = \frac{\mathrm{e}^{2x} - 1}{\mathrm{e}^{2x} + 1}$$

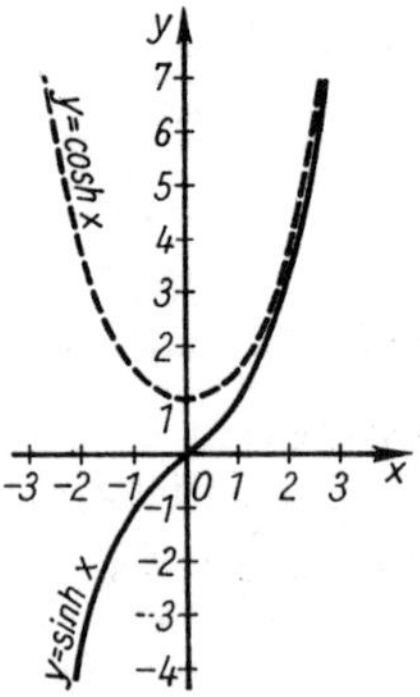

Bild 5.56. $y = \sinh x$
$y = \cosh x$

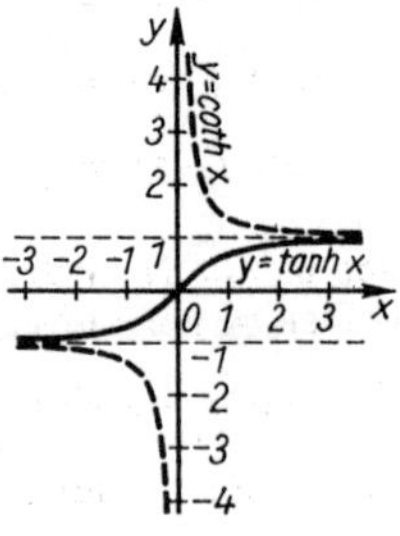

Bild 5.57. $y = \tanh x$
$y = \coth x$

$$y = \coth x = \operatorname{cth} x = \frac{e^x + e^{-x}}{e^x - e^{-x}} = \frac{e^{2x} + 1}{e^{2x} - 1}$$

$$y = \operatorname{sch} x = \frac{2}{e^x + e^{-x}} \qquad \text{(Secans hyperbolicus)}$$

$$y = \operatorname{csch} x = \frac{2}{e^x - e^{-x}} \qquad \text{(Cosecans hyperbolicus)}$$

	sinh x	cosh x	tanh x	coth x
Definitionsbereich	P	P	P	P
Wertebereich	P	$\langle 1, \infty)$	$(-1, +1)$	$(-\infty, -1) \wedge (1, \infty)$
Nullstellen x_0	0	—	0	—
Extrema x_E	—	$x_{\min} = 0$	—	—
Wendepunkte x_W	0	—	0	—
Asymptoten	—	—	$y = 1$ $y = -1$	$x = 0$ $y = 1$ $y = -1$

Periode der Hyperbelfunktionen

$$y = \sinh(x + j2k\pi) = \sinh x; \; y = \tanh(x + jk\pi) = \tanh x$$

$$y = \cosh(x + j2k\pi) = \cosh x; \; y = \coth(x + jk\pi) = \coth x$$

Negative Argumente

$$\sinh(-x) = -\sinh x$$

$$\cosh(-x) = \cosh x$$

$$\tanh(-x) = -\tanh x$$

$$\coth(-x) = -\coth x$$

Zusammenhang zwischen den Funktionswerten desselben Arguments

$$\sinh x + \cosh x = e^x \qquad \sinh x - \cosh x = -e^{-x}$$

$$\cosh^2 x - \sinh^2 x = 1$$

$$\tanh x = \frac{\sinh x}{\cosh x} \qquad \coth x = \frac{\cosh x}{\sinh x} \qquad \frac{1 + \tanh x}{1 - \tanh x} = e^{2x}$$

$$\coth x = \frac{1}{\tanh x}$$

$$1 - \tanh^2 x = \frac{1}{\cosh^2 x} \qquad \coth^2 x - 1 = \frac{1}{\sinh^2 x}$$

$$\text{sch}\, x = \frac{\tanh x}{\sinh x} \qquad \cosh x = \frac{\coth x}{\cosh x}$$

$$\text{sch}^2 x + \tanh^2 x = 1$$

$$\coth^2 x - \text{csch}^2 x = 1$$

Ersatz eines Terms durch einen anderen bei gleichem Argument

	sinh	cosh	tanh	coth
$\sinh x =$	—	$\text{sgn}\, x \cdot \sqrt{\cosh^2 x - 1}$	$\dfrac{\tanh x}{\sqrt{1 - \tanh^2 x}}$	$\dfrac{\text{sgn}\, x}{\sqrt{\coth^2 x - 1}}$
$\cosh x =$	$\sqrt{\sinh^2 x + 1}$	—	$\dfrac{1}{\sqrt{1 - \tanh^2 x}}$	$\dfrac{\lvert\coth x\rvert}{\sqrt{\coth^2 x - 1}}$
$\tanh x =$	$\dfrac{\sinh x}{\sqrt{\sinh^2 x + 1}}$	$\text{sgn}\, x \cdot \dfrac{\sqrt{\cosh^2 x - 1}}{\cosh x}$	—	$\dfrac{1}{\coth x}$
$\coth x =$	$\dfrac{\sqrt{\sinh^2 x + 1}}{\sinh x}$	$\text{sgn}\, x \cdot \dfrac{\cosh x}{\sqrt{\cosh^2 x - 1}}$	$\dfrac{1}{\tanh x}$	—

ADDITIONSTHEOREME

Terme der Summe und Differenz zweier Argumente

$$\sinh (x \pm y) = \sinh x \cosh y \pm \cosh x \sinh y$$

$$\cosh (x \pm y) = \cosh x . \cosh y \pm \sinh x \sinh y$$

$$\tanh (x \pm y) = \frac{\tanh x \pm \tanh y}{1 \pm \tanh x \tanh y}$$

$$\coth (x \pm y) = \frac{1 \pm \coth x \coth y}{\coth x \pm \coth y}$$

Terme des doppelten und halben Arguments

$$\sinh 2x = 2 \sinh x \cosh x$$

$$\cosh 2x = \sinh^2 x + \cosh^2 x$$

$$\tanh 2x = \frac{2 \tanh x}{1 + \tanh^2 x}$$

$$\coth 2x = \frac{1 + \coth^2 x}{2 \coth x}$$

$$\sinh \frac{x}{2} = \sqrt{\frac{\cosh x - 1}{2}} \cdot \operatorname{sgn} x = \frac{\sinh x}{\sqrt{2(\cosh x + 1)}}$$

$$\cosh \frac{x}{2} = \sqrt{\frac{\cosh x + 1}{2}} = \frac{\sinh x}{\sqrt{2(\cosh x - 1)}}$$

$$\tanh \frac{x}{2} = \frac{\sinh x}{\cosh x + 1} = \frac{\cosh x - 1}{\sinh x} = \sqrt{\frac{\cosh x - 1}{\cosh x + 1}} \cdot \operatorname{sgn} x$$

$$\coth \frac{x}{2} = \frac{\sinh x}{\cosh x - 1} = \frac{\cosh x + 1}{\sinh x} = \sqrt{\frac{\cosh x + 1}{\cosh x - 1}} \cdot \operatorname{sgn} x$$

Terme von weiteren Vielfachen des Arguments

$$\sinh 3x = \sinh x(4 \cosh^2 x - 1)$$

$$\sinh 4x = \sinh x \cosh x(8 \cosh^2 x - 4)$$

$$\sinh 5x = \sinh x(1 - 12 \cosh^2 x + 16 \cosh^4 x)$$

$$\cosh 3x = \cosh x(4 \cosh^2 x - 3)$$

$$\cosh 4x = 1 - 8 \cosh^2 x + 8 \cosh^4 x$$

$$\cosh 5x = \cosh x(5 - 20 \cosh^2 x + 16 \cosh^4 x)$$

$$\sinh nx = \binom{n}{1} \cosh^{n-1} x \sinh x + \binom{n}{3} \cosh^{n-3} x \sinh^3 x + \binom{n}{5} \cosh^{n-5} x \sinh^5 x + \cdots$$

$$\cosh nx = \cosh^n x + \binom{n}{2} \cosh^{n-2} x \sinh^2 x + \binom{n}{4} \cosh^{n-4} x \sinh^4 x + \cdots$$

Terme von Potenzen

$$\sinh^2 x = \frac{1}{2} (\cosh 2x - 1)$$

$$\cosh^2 x = \frac{1}{2} (\cosh 2x + 1)$$

$$\sinh^3 x = \frac{1}{4} (-3 \sinh x + \sinh 3x)$$

$$\cosh^3 x = \frac{1}{4} (3 \cosh x + \cosh 3x)$$

$$\sinh^4 x = \frac{1}{8} (3 - 4 \cosh 2x + \cosh 4x)$$

$$\cosh^4 x = \frac{1}{8} (3 + 4 \cosh 2x + \cosh 4x)$$

$$\sinh^5 x = \frac{1}{16} (10 \sinh x - 5 \sinh 3x + \sinh 5x)$$

$$\cosh^5 x = \frac{1}{16} (10 \cosh x + 5 \cosh 3x + \cosh 5x)$$

$$\sinh^6 x = \frac{1}{32} (-10 + 15 \cosh 2x - 6 \cosh 4x + \cosh 6x)$$

$$\cosh^6 x = \frac{1}{32} (10 + 15 \cosh 2x + 6 \cosh 4x + \cosh 6x)$$

Terme von Summen und Differenzen

$$\sinh x \pm \sinh y = 2 \sinh \frac{x \pm y}{2} \cosh \frac{x \mp y}{2}$$

$$\cosh x + \cosh y = 2 \cosh \frac{x + y}{2} \cosh \frac{x - y}{2}$$

$$\cosh x - \cosh y = 2 \sinh \frac{x + y}{2} \sinh \frac{x - y}{2}$$

$$\tanh x \pm \tanh y = \frac{\sinh (x \pm y)}{\cosh x \cosh y}$$

$$\coth x \pm \coth y = \frac{\sinh (x \pm y)}{\sinh x \sinh y}$$

Binome

$$(\sinh x + \cosh x)^n = \sinh nx + \cosh nx$$

$$(\cosh x - \sinh x)^n = \cosh nx - \sinh nx$$

Terme von Produkten

$$\sinh x \sinh y = \frac{1}{2} [\cosh (x + y) - \cosh (x - y)]$$

$$\cosh x \cosh y = \frac{1}{2} [\cosh (x + y) + \cosh (x - y)]$$

$$\sinh x \cosh y = \frac{1}{2} [\sinh (x + y) + \sinh (x - y)]$$

$$\tanh x \tanh y = \frac{\tanh x + \tanh y}{\coth x + \coth y}$$

Hyperbelfunktionen imaginärer Argumente

Basis: EULERsche Formel $e^{jx} = \cos x + j \sin x$

$$\cosh jx = \cos x \qquad \cosh x = \cos jx$$

$$\sinh jx = j \sin x \qquad \sinh x = -j \sin jx$$

$$\tanh jx = j \tan x \qquad \tanh x = -j \tan jx$$

$$\coth jx = -j \cot x \qquad \coth x = j \cot jx$$

Weitere Zusammenhänge siehe S. 177

$$\sin (x \pm jy) = \sin x \cosh y \pm j \cos x \sinh y$$

$$\cos (x \pm jy) = \cos x \cosh y \mp j \sin x \sinh y$$

$$\tan (x \pm jy) = \frac{\sin 2x \pm j \sinh 2y}{\cos 2x + \cosh 2y} = \frac{\sin 2x \pm j \sinh 2y}{2(\cos^2 x + \sinh^2 y)}$$

$$\cot (x \pm jy) = \frac{\sin 2x \mp j \sinh 2y}{2(\sin^2 x + \sinh^2 y)} = -\frac{\sin 2x \mp j \sinh 2y}{\cos 2x - \cosh 2y}$$

$$\sinh (x \pm jy) = \sinh x \cos y \pm j \cosh x \sin y$$

$$\cosh (x \pm jy) = \cosh x \cos y \pm j \sinh x \sin y$$

$$\tanh (x \pm jy) = \frac{\sinh 2x \pm j \sin 2y}{\cosh 2x + \cos 2y}$$

$$\coth (x \pm jy) = \frac{\sinh 2x \mp j \sin 2y}{\cosh 2x - \cos 2y}$$

5.5.7. Areafunktionen

Sie sind zu den Hyperbelfunktionen invers.

Definition

$y = \operatorname{arsinh} x = \operatorname{arsh} x \leftrightarrow x = \sinh y$ (area sinus hyperbolicus)

$y = \operatorname{arcosh} x = \operatorname{arch} x \leftrightarrow x = \cosh y$

$y = \operatorname{artanh} x = \operatorname{arth} x \leftrightarrow x = \tanh y$

$y = \operatorname{arcoth} x = \operatorname{arcth} x \leftrightarrow x = \coth y$

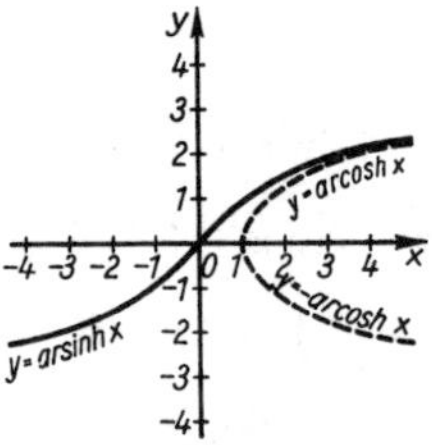

Bild 5.58. $y = \operatorname{arsinh} x$
$y = \operatorname{arcosh} x$

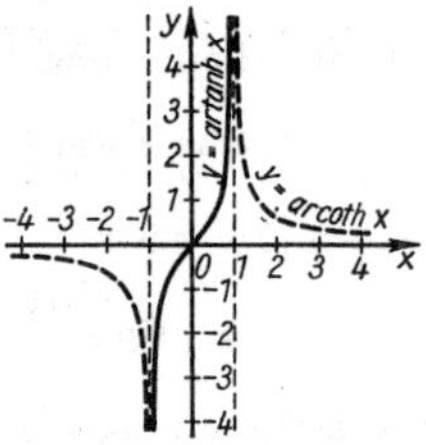

Bild 5.59. $y = \operatorname{artanh} x$
$y = \operatorname{arcoth} x$

	arsinh x	arcosh x	artanh x	arcoth x
Definitions-bereich	P	$\langle 1, +\infty\rangle$	$(-1, +1)$	$(-\infty, -1)$ $(+1, +\infty)$
Wertebereich	P	$\langle 0, +\infty\rangle$	P	$P \setminus \{0\}$
Nullstellen x_0	0	1	0	—
Wendepunkte x_W	0	—	0	—
Asymptoten	—	—	$x = 1$ $x = -1$	$y = 0$ $x = 1$ $x = -1$

Darstellung einer Areafunktion durch eine andere bei gleichem Argument

$$y = \operatorname{arsinh} x = \pm\operatorname{arcosh}\sqrt{x^2+1} \quad \begin{matrix} + \text{ für } x > 0 \\ - \text{ für } x < 0 \end{matrix}$$

$$= \operatorname{artanh}\frac{x}{\sqrt{x^2+1}} = \operatorname{arcoth}\frac{\sqrt{x^2+1}}{x}$$

$$y = \operatorname{arcosh} x = \pm \operatorname{arsinh} \sqrt{x^2 - 1}$$

$$= \pm \operatorname{artanh} \frac{\sqrt{x^2 - 1}}{x} = \pm \operatorname{arcoth} \frac{x}{\sqrt{x^2 - 1}}$$

$$y = \operatorname{artanh} x = \operatorname{arsinh} \frac{x}{\sqrt{1 - x^2}}$$

$$= \pm \operatorname{arcosh} \frac{1}{\sqrt{1 - x^2}} \qquad \begin{matrix} + \text{ für } x > 0 \\ - \text{ für } x < 0 \end{matrix}$$

$$= \operatorname{arcoth} \frac{1}{x}$$

$$y = \operatorname{arcoth} x = \operatorname{arsinh} \frac{1}{\sqrt{x^2 - 1}}$$

$$= \pm \operatorname{arcosh} \frac{x}{\sqrt{x^2 - 1}} \qquad \begin{matrix} + \text{ für } x > 0 \\ - \text{ für } x < 0 \end{matrix}$$

$$= \operatorname{artanh} \frac{1}{x}$$

Terme von Summen und Differenzen

$$\operatorname{arsinh} x \pm \operatorname{arsinh} y = \operatorname{arsinh} \left(x \sqrt{1 + y^2} \pm y \sqrt{1 + x^2}\right)$$

$$\operatorname{arcosh} x \pm \operatorname{arcosh} y = \operatorname{arcosh} \left[xy \pm \sqrt{(x^2 - 1)(y^2 - 1)}\right]$$

$$\operatorname{artanh} x \pm \operatorname{artanh} y = \operatorname{artanh} \frac{x \pm y}{1 \pm xy}$$

$$\operatorname{arcoth} x \pm \operatorname{arcoth} y = \operatorname{arcoth} \frac{1 \pm xy}{x \pm y}$$

Areafunktionen imaginärer Argumente

$$y = \operatorname{arsinh} \mathrm{j}x = \mathrm{j} \arcsin x$$

$$y = \operatorname{arcosh} \mathrm{j}x = \pm \operatorname{arsinh} x + \mathrm{j} \left(\frac{\pi}{2} + 2k\pi\right) \quad k \in G$$

$$y = \operatorname{artanh} \mathrm{j}x = \mathrm{j} \arctan x$$

$$y = \operatorname{arcoth} \mathrm{j}x = -\mathrm{j} \operatorname{arccot} x$$

$$y = \operatorname{arcosh} \mathrm{j}x = \mathrm{j} \arccos x$$

Zusammenhang zwischen Areafunktionen und logarithmischer Funktion

$$y = \operatorname{arsinh} x = \ln \left(x + \sqrt{x^2 + 1}\right) \qquad x \in P$$

$$y = \operatorname{arcosh} x = \ln \left(x + \sqrt{x^2 - 1}\right) \quad \text{für} \quad x \in \langle 1, \infty), \; y < 0$$

$$= \ln\left(x + \sqrt{x^2 - 1}\right) \quad \text{für} \quad x \in \langle 1, \infty), y > 0$$

$$= \pm\ln\left(x + \sqrt{x^2 - 1}\right) \quad \text{für} \quad x \in \langle 1, \infty)$$

$$y = \operatorname{artanh} x = \frac{1}{2} \ln \frac{1 + x}{1 - x} \quad \text{für} \quad |x| < 1$$

$$y = \operatorname{arcoth} x = \frac{1}{2} \ln \frac{x + 1}{x - 1} \quad \text{für} \quad |x| > 1$$

5.6. Algebraische Kurven n-ter Ordnung

Definition

In einem kartesischen Koordinatensystem $\{0; \boldsymbol{i}, \boldsymbol{j}\}$ stellt eine Funktionsgleichung $f(x, y) = 0$ vom höchsten Grad n eine algebraische Kurve k der Ordnung n dar.
In Polarkoordinaten $\{0; r, \varphi\}: r = f(\varphi)$ sind z. T. mehrere Gleichungen nötig.
In Parameterform, Koordinatensystem $\{0; \boldsymbol{i}, \boldsymbol{j}\}$: $x = x(t)$ und $y = y(t)$ mit gleichem Definitionsbereich $\rightarrow k = \{P[x(t), y(t)] \mid t \in D\}$
1. und 2. Ordnung siehe »Analytische Geometrie«.

Kurven 3. Ordnung

Semikubische Parabel (NEILsche Parabel)

$$y^2 = ax^3$$

$$\left.\begin{aligned} x &= t^2 \\ y &= at^3 \end{aligned}\right\} t \in P$$

$$\text{Krümmung:} \quad k = \frac{6a}{\sqrt{x}\,(4 + 9a^2x)^{3/2}}$$

$$\text{Bogen } \widehat{OP}: \quad b = \frac{(4 + 9a^2x)^{3/2} - 8}{27a^2}$$

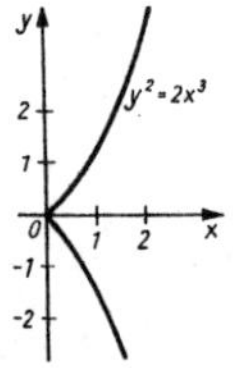

Bild 5.60. Semikubische Parabel

Kartesisches Blatt

$$x^3 + y^3 - 3axy = 0 \qquad a > 0$$

$$\left.\begin{aligned} x &= \frac{3at}{1 + t^3} \\ y &= \frac{3at^2}{1 + t^3} \end{aligned}\right\} t = \tan\varphi \quad t \in P, \quad t \neq -1$$

$$r = \frac{3a \sin \varphi \cos \varphi}{\sin^3 \varphi + \cos^3 \varphi}$$

Asymptote der Kurve: $y = -x - a$

$$\text{Scheitel } S\left(\frac{3}{2}a; \frac{3}{2}a\right)$$

Fläche der Schleife = Fläche zwischen der Kurve und ihrer Asymptote:

$$A = \frac{3}{2}a^2$$

Krümmungsradius: $r_0 = \dfrac{3a}{2}$

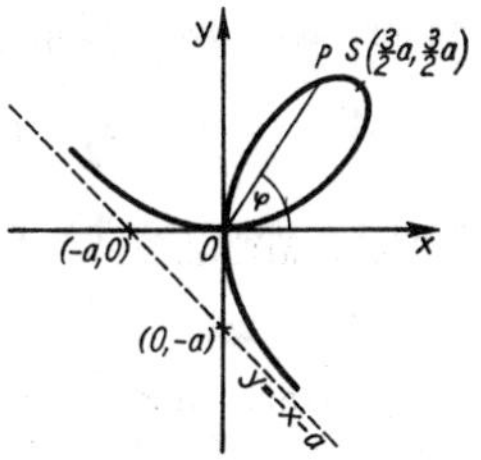

Bild 5.61. Kartesisches Blatt

Zissoide

$$y^2(a - x) = x^3 \qquad a > 0$$

$$\left.\begin{aligned} x &= \frac{at^2}{1 + t^2} \\ y &= \frac{at^3}{1 + t^2} \end{aligned}\right\} t = \tan \varphi \qquad t \in P$$

$$r = \frac{a \sin^2 \varphi}{\cos \varphi} = a \sin \varphi \tan \varphi$$

Asymptote: $x = a$
Fläche zwischen der Kurve und der Asymptote:

$$A = \frac{3}{4}\pi a^2$$

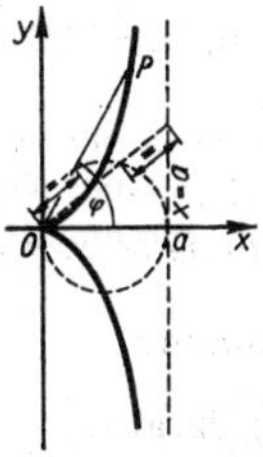

Bild 5.62. Zissoide

Strophoide

$$(a - x)\, y^2 = (a + x)\, x^2$$

$$\left.\begin{aligned} x &= \frac{a(t^2 - 1)}{t^2 + 1} \\ y &= \frac{at(t^2 - 1)}{t^2 + 1} \end{aligned}\right\} t = \tan \varphi \qquad t \in P$$

$$r = \frac{-a \cos 2\varphi}{\cos \varphi}$$

Asymptote: $x = a$

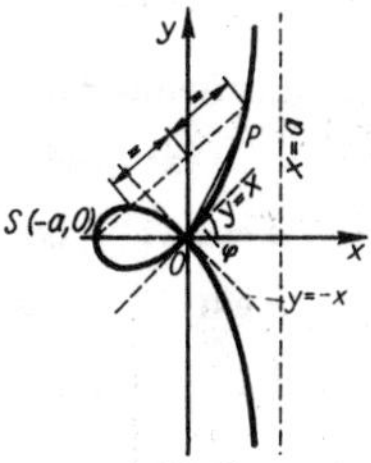

Bild 5.63. Strophoide

Flächeninhalt der Schleife:

$$A_1 = 2a^2 - \frac{\pi a^2}{2}$$

Fläche zwischen der Kurve und der Asymptote:

$$A_2 = 2a^2 + \frac{\pi a^2}{2}$$

Kurven 4. Ordnung

Konchoide (des Nikomedes)

$$(x - a)^2 (x^2 + y^2) = b^2x^2 \quad a > 0, b > 0$$

$$\left.\begin{array}{l} x = a + b \cos t \\ y = a \tan t + b \sin t) \end{array}\right\} t \in \left(-\frac{\pi}{2}, \frac{\pi}{2}\right) \wedge \left(\frac{\pi}{2}, \frac{3\pi}{2}\right)$$

$$r = \frac{a}{\cos \varphi} \pm b$$

Scheitel $S_1(a + b; 0)$ und $S_2(a - b; 0)$
Asymptote: $x = a$

Ursprung für $b < a$ ein isolierter Punkt (vgl. Bild)
für $b > a$ ein Doppelpunkt
für $b = a$ ein Rückkehrpunkt

Fläche zwischen dem äußeren Zweig und der Asymptote: $A = \infty$

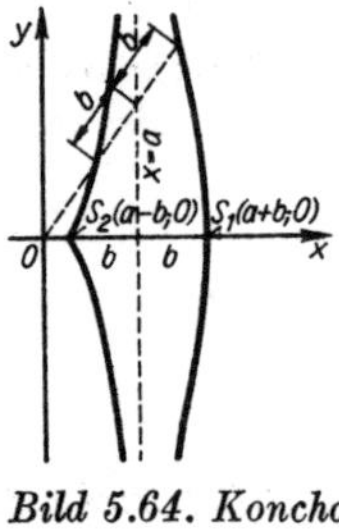

Bild 5.64. Konchoide

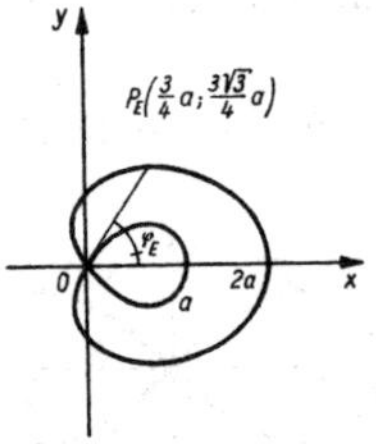

Bild 5.65. Kardioide

Kardioide (als Sonderfall der Epizykloide)

$$(x^2 + y^2)(x^2 + y^2 - 2ax) - a^2y^2 = 0 \quad a > 0$$

$$\left.\begin{array}{l} x = a \cos t(1 + \cos t) \\ y = a \sin t(1 + \cos t) \end{array}\right\} 0 \leqq t < 2\pi$$

$$r = a(1 + \cos \varphi); \quad \varphi_E = \arccos 0{,}5, \quad r_E = \frac{3a}{2}; \; A = \frac{3\pi a^2}{2}$$

Kurvenlänge $= 8a$

Cassinische Kurven

Eine Cassinische Kurve ist die Menge aller Punkte, deren Entfernungen von zwei festen Punkten konstantes Produkt a^2 haben.

$$(x^2 + y^2)^2 - 2e^2(x^2 - y^2) = a^4 - e^4$$

$$e > 0, \quad a > 0$$

$$r^2 = e^2 \cos 2\varphi \pm \sqrt{e^4 \cos^2 2\varphi + a^4 - e^4}$$

$$(\overline{F_1F_2} = 2e)$$

Lemniskate ($a^2 = e^2$)

$$(x^2 + y^2)^2 = 2a^2(x^2 - y^2)$$

$$r = a\sqrt{2 \cos 2\varphi}$$

$$\varphi \in \left\langle -\frac{\pi}{4}; \frac{\pi}{4} \right\rangle \wedge \left\langle \frac{3\pi}{4}; \frac{5\pi}{4} \right\rangle$$

Der Ursprung ist ein Doppelpunkt und zugleich Wendepunkt.

Krümmungsradius: $\varrho = \dfrac{2a^2}{3r}$

Fläche einer Schleife: $A = a^2$

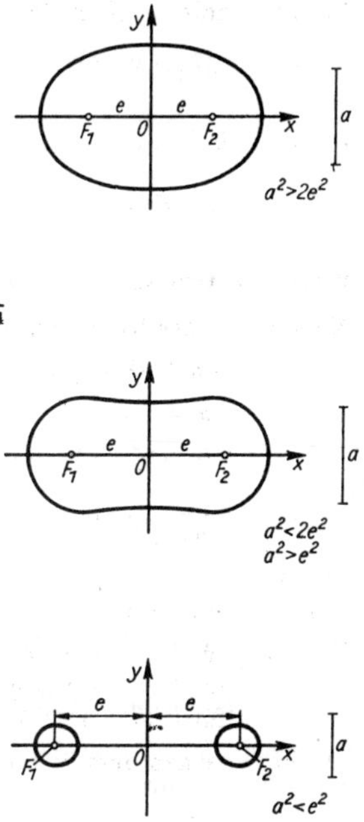

Bild 5.66. Cassinische Kurven

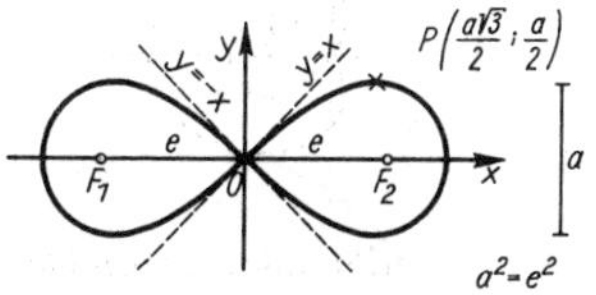

Bild 5.67. Lemniskate

5.7. Zykloiden (Rollkurven)

Gewöhnliche (gespitzte) Zykloide

Ein Punkt eines Kreises, der auf einer Geraden, ohne zu gleiten, abrollt, beschreibt eine gewöhnliche (gespitzte) Zykloide.

$$x = a \arccos \frac{a - y}{a} - \sqrt{y(2a - y)} \qquad a > 0$$

$$\left.\begin{aligned} x &= a(t - \sin t) \\ y &= a(1 - \cos t) \end{aligned}\right\} t \in P \qquad \begin{aligned} &a \text{ Radius des Kreises} \quad a > 0 \\ &t \text{ Wälzwinkel} \end{aligned}$$

Bogen $\widehat{OP}$: $l_1 = 8a \sin^2 \frac{t}{4}$

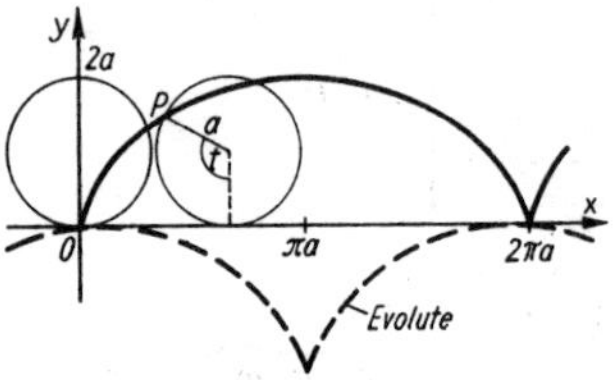

Bild 5.68. Zykloide

Länge eines vollen Bogens: $l = 8a$
Fläche unter einem vollen Zykloidenbogen: $A = 3\pi a^2$
Periode $= 2\pi a$
Die Evolute einer Zykloide ist eine kongruente Zykloide.
Krümmungsradius: $\varrho = 4a \sin \frac{t}{2}$

Verkürzte und verlängerte Zykloide (Trochoide)

Der erzeugende Punkt liegt innerhalb bzw. außerhalb des abrollenden Kreises im Abstand c vom Mittelpunkt.

$$\left.\begin{aligned} c &< a \quad \text{verkürzte} \\ c &> a \quad \text{verlängerte} \end{aligned}\right. \text{ Zykloide}$$

$$\left.\begin{aligned} x &= at - c \sin t \\ y &= a - c \cos t \end{aligned}\right\}, t \in P$$

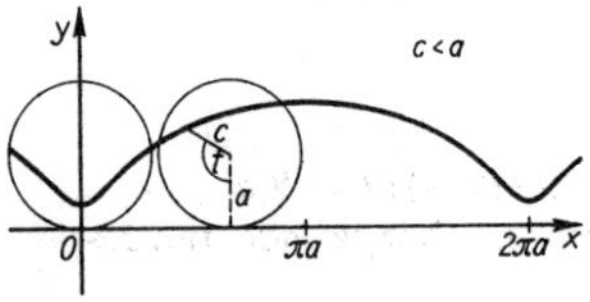

Bild 5.69. Verkürzte Zykloide

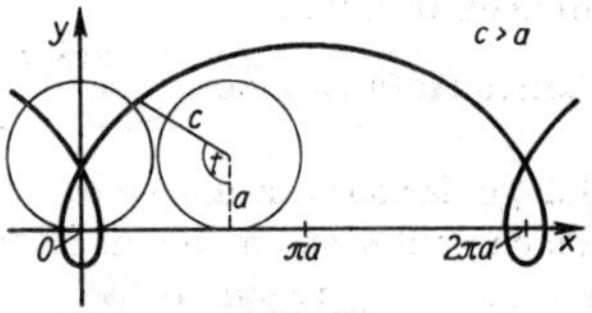

Bild 5.70. Verlängerte Zykloide

Epizykloiden

Gewöhnliche Epizykloide

Ein Punkt des Umfanges eines Kreises, der ohne zu gleiten auf der Außenseite eines festen Kreises rollt, beschreibt eine Epizykloide:

a Radius des festen Kreises
b Radius des rollenden Kreises
t Wälzwinkel
φ Drehwinkel

$$\left.\begin{aligned} x &= (a + b)\cos\frac{b}{a}t - b\cos\frac{a + b}{a}t \\ y &= (a + b)\sin\frac{b}{a}t - b\sin\frac{a + b}{a}t \end{aligned}\right\} t \in P$$

$$\begin{aligned} x &= (a + b)\cos\varphi - b\cos\frac{a + b}{b}\varphi \\ y &= (a + b)\sin\varphi - b\sin\frac{a + b}{b}\varphi \end{aligned} \qquad -\infty < \varphi < +\infty$$

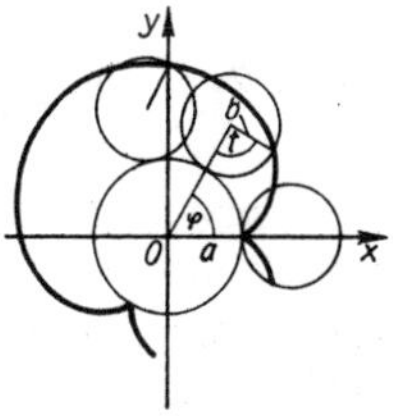

Bild 5.71. Epizykloide

Ist das Verhältnis $\frac{a}{b} = m$ ganzzahlig, so besteht die Kurve aus m zusammenhängenden Bogen, anderenfalls überschneiden die Bogen einander.
Ist m rational, schließt sich die Kurve nach einer Anzahl Umdrehungen in sich.

Länge eines Bogens: $l_1 = \frac{8(a + b)}{m}$

Länge der ganzen Kurve (bei ganzzahligem m): $l = 8(a + b)$
Fläche unter einem vollen Bogen (zwischen Epizykloide und festem Kreis): $A = \frac{\pi b^2(3a + 2b)}{a}$

Verkürzte und verlängerte Epizykloide (Epitrochoiden)

Der erzeugende Punkt liegt innerhalb bzw. außerhalb des rollenden Kreises im Abstand c vom Mittelpunkt des rollenden Kreises.

$c < b$: verkürzte (gestreckte) Epizykloide
$c > b$: verlängerte (verschlungene) Epizykloide

$$\left.\begin{aligned} x &= (a+b)\cos\frac{b}{a}t - c\cos\frac{a+b}{a}t \\ y &= (a+b)\sin\frac{b}{a}t - c\sin\frac{a+b}{a}t \end{aligned}\right\} t \in P$$

$$\left.\begin{aligned} x &= (a+b)\cos\varphi - c\cos\frac{a+b}{b}\varphi \\ y &= (a+b)\sin\varphi - c\sin\frac{a+b}{b}\varphi \end{aligned}\right\} -\infty < \varphi < +\infty$$

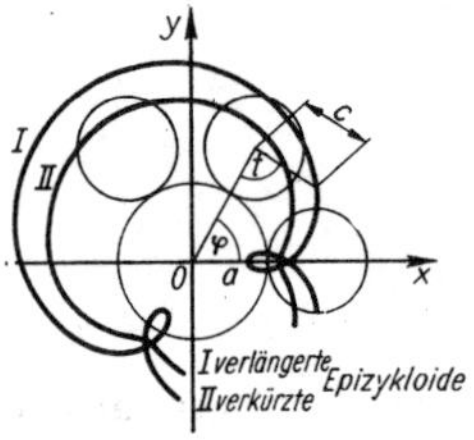

Bild 5.72.
Verlängerte/verkürzte Epizykloide

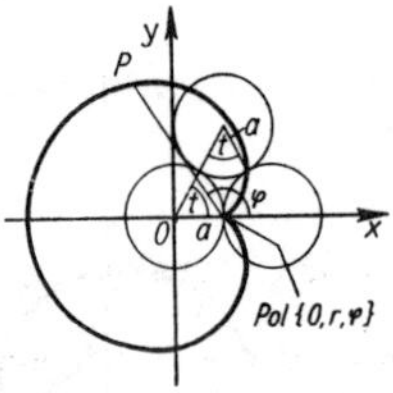

Bild 5.73.
Kardioide

Sonderfall

Die gewöhnliche Epizykloide wird für $m = 1$, also für $a = b$ zur *Kardioide* (Herzkurve).

$$(x^2 + y^2 - a^2)^2 = 4a^2[(x - a)^2 + y^2]$$

$$\left.\begin{aligned} x &= a(2\cos t - \cos 2t) \\ y &= a(2\sin t - \sin 2t) \end{aligned}\right\} t \in P$$

$$r = 2a(1 - \cos\varphi) \qquad -\infty < \varphi < +\infty$$

Hypozykloiden

Ein Punkt des Umfanges eines Kreises, der ohne zu gleiten auf der Innenseite eines festen Kreises rollt, beschreibt eine Hypozykloide.

a Radius des festen Kreises
b Radius des rollenden Kreises
t Wälzwinkel; φ Drehwinkel

$$\left.\begin{aligned} x &= (a-b)\cos\frac{b}{a}t + b\cos\frac{a-b}{a}t \\ y &= (a-b)\sin\frac{b}{a}t - b\sin\frac{a-b}{a}t \end{aligned}\right\} t \in P$$

$$\left.\begin{aligned} x &= (a-b)\cos\varphi + b\cos\frac{a-b}{b}\varphi \\ y &= (a-b)\sin\varphi - b\sin\frac{a-b}{b}\varphi \end{aligned}\right\} -\infty < \varphi < +\infty$$

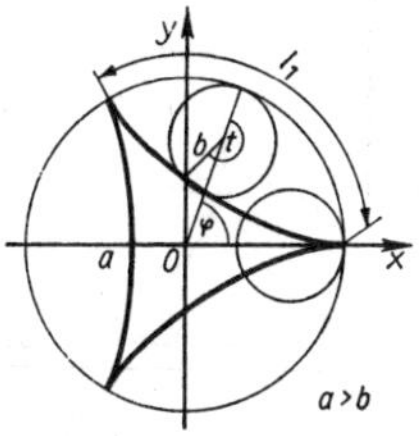

Bild 5.74. Hypozykloide

Ist das Verhältnis $\frac{a}{b} = m$ ganzzahlig (im Bild z. B. für $m = 3$), so besteht die Kurve aus m zusammenhängenden Bogen; anderenfalls überschneiden die Bogen einander.
Ist m rational, schließt sich die Kurve nach einer Anzahl von Umdrehungen in sich.

Länge eines Bogens: $l_1 = \frac{8(a-b)}{m}$

Länge der ganzen Kurve (bei ganzzahligem m): $l = 8(a-b)$

Fläche unter einem vollen Bogen (zwischen Hypozykloide und festem Kreis): $A = \frac{\pi b^2(3a-2b)}{a}$

Krümmungsradius: $\varrho = \frac{4b(a-b)\sin\frac{a}{2b}}{a-2b}$

Verkürzte und verlängerte Hypozykloide (*Hypotrochoiden*)

Der erzeugende Punkt liegt innerhalb bzw. außerhalb des rollenden Kreises im Abstand c vom Mittelpunkt des rollenden Kreises.

$c < b$: verkürzte (gestreckte) Hypozykloide
$ > b$: verlängerte (verschlungene) Hypozykloide

$$\left.\begin{aligned} x &= (a-b)\cos\frac{b}{a}t + c\cos\frac{a-b}{a}t \\ y &= (a-b)\sin\frac{b}{a}t - c\sin\frac{a-b}{a}t \end{aligned}\right\} t \in P$$

$$\left.\begin{aligned} x &= (a-b)\cos\varphi + c\cos\frac{a-b}{b}\varphi \\ y &= (a-b)\sin\varphi - c\sin\frac{a-b}{b}\varphi \end{aligned}\right\} \begin{aligned} &\varphi = \frac{b}{a}t \\ &-\infty < \varphi < +\infty \end{aligned}$$

Sonderfälle

Die gewöhnliche Hypozykloide wird für $m = 4$, also für $b = \frac{1}{4}a$ zur *Astroide* (*Sternlinie*).

$$x^{\frac{2}{3}} + y^{\frac{2}{3}} = a^{\frac{2}{3}}$$

$$(x^2 + y^2 - a^2)^3 + 27a^2x^2y^2 = 0$$

$$\left.\begin{aligned} x &= a\cos^3\frac{1}{4}t \\ y &= a\sin^3\frac{1}{4}t \end{aligned}\right\} t \in P$$

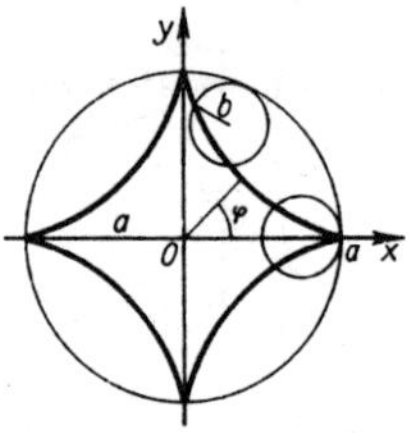

Bild 5.75. Astroide

$$\left.\begin{aligned} x &= a\cos^3\varphi \\ y &= a\sin^3\varphi \end{aligned}\right\} \varphi = \frac{t}{4} \qquad 0 \leqq \varphi < 2\pi$$

Die gewöhnliche Hypozykloide wird für $m = 2$, also für $b = \frac{1}{2}a$ zu einer Geraden, und zwar artet sie in den Durchmesser des festen Kreises aus (Möglichkeit zur Umwandlung einer Drehbewegung in eine Hin- und Herbewegung).
(Technische Anwendung: Verzahnungstechnik)
Die verkürzte und die verlängerte Hypozykloide werden für $m = 2$, also für $b = \frac{1}{2}a$, zu Ellipsen mit der Gleichung

$$x = \left(\frac{a}{2} + c\right)\cos\frac{t}{2} \qquad y = \left(\frac{a}{2} - c\right)\sin\frac{t}{2}$$

(Möglichkeit zur Umwandlung einer Drehbewegung in eine elliptische Bewegung)

5.8. Spirallinien

Logarithmische Spirale

$$r = a \cdot e^{k\varphi} \quad k > 0 \quad a > 0$$

Die logarithmische Kurve schneidet alle vom Ursprung ausgehenden Strahlen unter dem gleichen Winkel α.

$$\cot\alpha = k \qquad k = 0 \rightarrow \text{Kreis}$$

Der Pol ist ein asymptotischer Punkt.

Länge des Bogens $\widehat{P_1P_2}$: $l = \frac{1}{k}\sqrt{1+k^2}\,(r_2 - r_1) = \frac{r_2 - r_1}{\cos\alpha}$

Grenzwert: P_1 nähert sich dem Ursprung.

$$\widehat{OP_2} = \frac{1}{k}\sqrt{1+k^2}\cdot r_2$$

Fläche des Sektors für diesen Grenzfall: $A = \frac{r^2}{4k}$

Krümmungsradius: $\varrho = r\sqrt{1+k^2}$

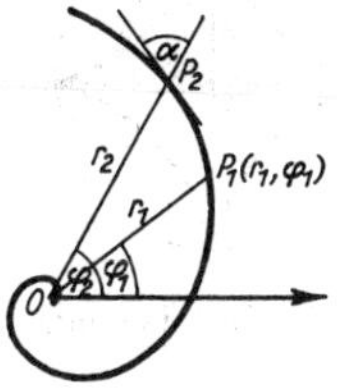

Bild 5.76.
Logarithmische Spirale

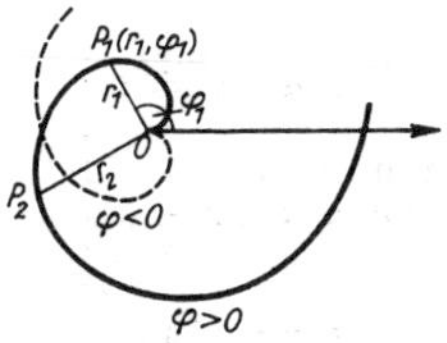

Bild 5.77.
Archimedische Spirale

Archimedische Spirale

Ein Punkt, der sich auf einem Leitstrahl vom Ursprung aus mit konstanter Geschwindigkeit v bewegt, während der Leitstrahl selbst sich mit konstanter Winkelgeschwindigkeit ω um den Pol dreht, beschreibt eine Archimedische Spirale.

$$r = a\varphi \qquad a = \frac{v}{\omega} > 0$$

$$-\infty < \varphi < +\infty$$

Länge des Bogens $\widehat{OP}$:

$$l = \frac{a}{2}\left(\varphi\sqrt{\varphi^2+1} + \operatorname{arsinh}\varphi\right)$$

$$= \frac{a}{2}\left(\varphi\sqrt{\varphi^2+1} + \ln\left(\varphi + \sqrt{\varphi^2+1}\right)\right) \approx \frac{a\varphi^2}{2} \quad (\text{für großes } \varphi)$$

Fläche des Sektors P_1OP_2:

$$A = \frac{a^2}{6}(\varphi_2^3 - \varphi_1^3)$$

Krümmungsradius:

$$\varrho = \frac{(a^2 + r^2)^{\frac{3}{2}}}{2a^2 + r^2} = \frac{a(\varphi^2 + 1)^{\frac{3}{2}}}{\varphi^2 + 2}$$

Hyperbolische Spirale

$$\left.\begin{aligned} x &= \frac{a}{t} \cos t \\ y &= \frac{a}{t} \sin t \end{aligned}\right\} t \in P \setminus \{0\}$$

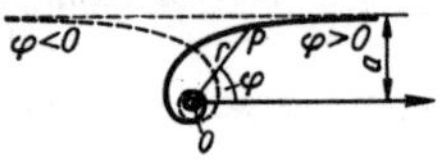

Bild 5.78.
Hyperbolische Spirale

$$r = \frac{a}{\varphi} \quad \text{und} \quad r = \frac{a}{|\varphi - \pi|}$$

Asymptote: $y = a$
Der Pol ist asymptotischer Punkt.
Fläche des Sektors P_1OP_2:

$$A = \frac{a^2}{2}\left(\frac{1}{\varphi_1} - \frac{1}{\varphi_2}\right)$$

Krümmungsradius:

$$\varrho = \frac{a}{\varphi}\left(\frac{\sqrt{1 + \varphi^2}}{\varphi}\right)^3 = r\left(\frac{r^2}{a^2} + 1\right)^{\frac{3}{2}}$$

5.9. Kettenlinie

Jeder vollkommen biegsame, schwere, an zwei Punkten aufgehängte Faden nimmt in der Gleichgewichtslage die Form der Kettenlinie an.

$$y = \frac{a}{2}\left(e^{\frac{x}{a}} + e^{-\frac{x}{a}}\right) = a \cosh \frac{x}{a} \qquad a > 0$$

Scheitel $S(0; a)$
In der Nähe des tiefsten Punktes (S) schmiegt sich die Parabel $y = \frac{x^2}{2a} + a$ der Kettenlinie sehr eng an (Berührung 3. Ordnung).
Fläche zwischen der Kettenlinie, der x-Achse und den Geraden $x = 0$ und $x = x$:

$$A = a^2 \sinh \frac{x}{2} = a^2 \frac{e^{\frac{x}{2}} - e^{-\frac{x}{2}}}{2}$$

Länge des Bogens $\widehat{SP}$:

$$l = a \sinh \frac{x}{a} = a \frac{e^{\frac{x}{a}} - e^{-\frac{x}{a}}}{2}$$

Krümmungsradius:

$$\varrho = \frac{y^2}{a} = a \cosh^2 \frac{x}{a}$$

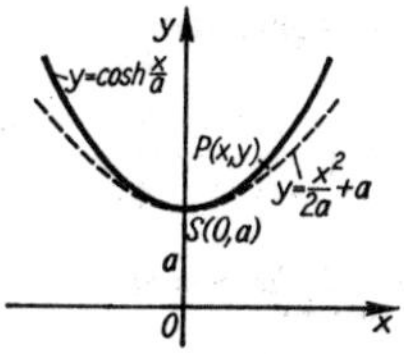

Bild 5.79. Kettenlinie

5.10. Traktrix (Schleppkurve)

Ein materieller Punkt am Ende eines nicht dehnbaren Fadens von der Länge a beschreibt eine Traktrix, wenn der Anfangspunkt des Fadens längs der Geraden $y = 0$ geführt wird; Anfangslage des Punktes $S(0; a)$.

$$x = a \operatorname{arcosh} \frac{a}{y} \mp \sqrt{a^2 - y^2}$$

$$= a \ln \left| \frac{a \pm \sqrt{a^2 - y^2}}{y} \right|$$

$$\mp \sqrt{a^2 - y^2} \qquad \frac{a}{y} \in [1, \infty)$$

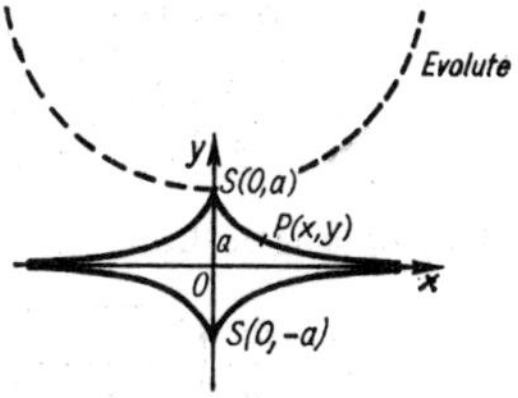

Bild 5.80. Traktrix

Asymptote: $y = 0$
Evolute: Kettenlinie

6. Geometrie

6.1. Winkel

Positiv orientierter Winkel als geordnetes Paar $[p; q]$ der Strahlen OA und OB, wobei p im mathematisch positiven Drehsinn bis zur Deckung mit q um Null gedreht wird: $\measuredangle\,(p, q)$

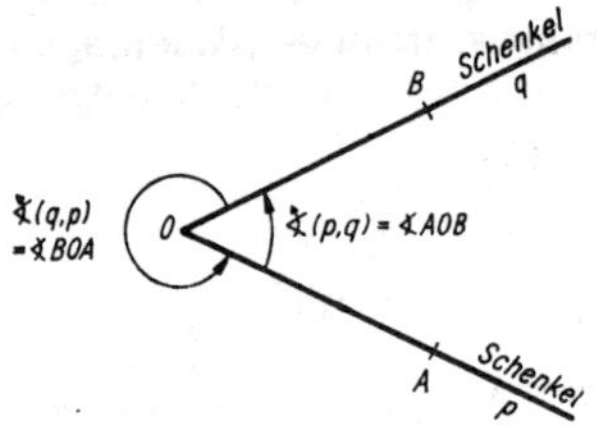

Bild 6.1. Winkel

Nullwinkel: $p = q$

gestreckter Winkel: $p^- = q$

Ggs.: Negativ orientierter Winkel bei Drehung im Uhrzeigersinn $\measuredangle\,(q, p)$, erhält negative Maßzahlen.

Winkelmaße

(Alt-) *Gradmaß* $\varphi°$: Vollwinkel $\varphi_0 = 360°$, gestreckter Winkel $\measuredangle\,(p, p^-) = 180°$

$$\text{Grad } 1° = \frac{1}{360} \text{ Vollwinkel}$$

sexagesimal geteilt	$1° = 60'$ (Minuten) $1' = 60''$ (Sekunden)	Taschenrechner geben die Winkel dezimal an!

Gon (Neugrad): Vollwinkel $\varphi_0 = 400$ gon

dezimal geteilt	1 gon = 100 cgon = 1000 mgon	(früher Neuminuten) (früher Neusekunden)

Bogenmaß arc φ, auch $\hat{\varphi}$

$$\operatorname{arc}\varphi = \varphi\,\text{rad} = \varphi^\circ\,\frac{\pi}{180^\circ}$$

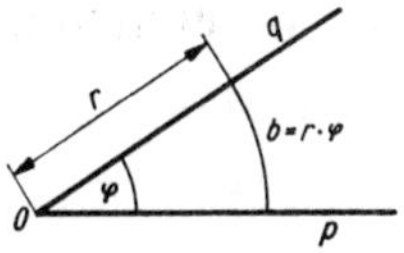

Bild 6.2. Bogenmaß

Einheit des Bogenmaßes

$\frac{b}{r} = 1$ heißt 1 *Radiant* (rad)

$$1\,\text{rad} = \frac{180^\circ}{\pi} = 57{,}29578^\circ \approx 57^\circ\,17'\,45''$$

$$= 63{,}66198\,\text{gon} = 3437{,}747' = 206264{,}8''$$

Vollwinkel $\varphi_0 = 2\pi$ rad

Umrechnung: $\varphi^\circ = \frac{180}{\pi}\varphi$ rad (eineindeutige Beziehung Bogen-/Gradmaß)

Umrechnungsfaktor $\varrho = \frac{180}{\pi}$

Der Rechenstab weist die Werte ϱ°, ϱ', ϱ'' auf.

$360^\circ = 2\pi$ rad

$270^\circ = \frac{3}{2}\pi$ rad

$180^\circ = \pi$ rad

$90^\circ = \frac{\pi}{2}$ rad

$60^\circ = \frac{\pi}{3}$ rad

$45^\circ = \frac{\pi}{4}$ rad

$30^\circ = \frac{\pi}{6}$ rad

$1^\circ = 0{,}01745$ rad

$1' = 0{,}00029$ rad

Größeneinteilung von Winkeln

Zwei Winkel, die sich zu $\begin{matrix}90^\circ\\180^\circ\end{matrix}$ ergänzen, heißen *Komplementwinkel.* / *Supplementwinkel.*

spitze Winkel $\alpha < 90^\circ$
rechter Winkel $\alpha = 90^\circ$
stumpfe Winkel $90^\circ < \alpha < 180^\circ$
gestreckter Winkel 180°

Kongruente Winkel haben gleiche Größe.
Nebenwinkel sind Supplementwinkel, *Scheitelwinkel* sind einander gleich.
Äquivalente Winkel: $\alpha = \hat{\alpha} + k \cdot 2\pi = \alpha^\circ + k \cdot 360^\circ \quad k \in G$
Drehwinkel mit k als Umdrehungszahl
Hauptwert $0 \leqq \varphi \leqq 2\pi$

Winkel an geschnittenen Parallelen

Stufenwinkel sind einander gleich.

$\alpha = \alpha_1 \quad \beta = \beta_1$ usw.

Wechselwinkel sind einander gleich.

$\alpha = \gamma_1 \quad \beta = \delta_1$ usw.

Entgegengesetzte Winkel betragen zusammen 180°.

$\alpha + \delta_1 = 180°$

$\gamma + \beta_1 = 180°$ usw.

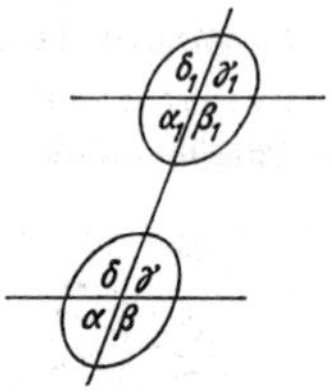

Bild 6.3. Winkel an geschnittenen Parallelen

6.2. Ähnlichkeit

Strahlensatz

Werden die Strahlen eines Strahlenbüschels von Parallelen geschnitten, so verhalten sich die Abschnitte auf

- einem Strahl wie die gleichliegenden auf jedem anderen
- den Parallelen wie die entsprechenden Scheitelstrecken auf irgendeinem Strahl
- der einen Parallelen zueinander wie die gleichliegenden auf den anderen Parallelen,

z. B.

$$\overline{SA_1}:\overline{SA_2}:\overline{SA_3} = \overline{SB_1}:\overline{SB_2}:\overline{SB_3} = \overline{SC_1}:\overline{SC_2}:\overline{SC_3}$$

$$\overline{SA_1}:\overline{A_1A_2}:\overline{A_2A_3} = \overline{SB_1}:\overline{B_1B_2}:\overline{B_2B_3} = \overline{SC_1}:\overline{C_1C_2}:\overline{C_2C_3}$$

$$\overline{A_1B_1}:\overline{A_2B_2}:\overline{A_3B_3} = \overline{SA_1}:\overline{SA_2}:\overline{SA_3}$$

$$\overline{A_1B_1}:\overline{B_1C_1} = \overline{A_2B_2}:\overline{B_2C_2} = \overline{A_3B_3}:\overline{B_3C_3}$$

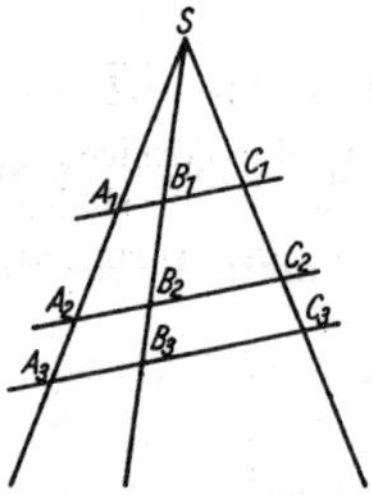

Bild 6.4. Strahlensatz

Vierte Proportionale

a, b, c gegebene Strecken

$a:b = c:x$

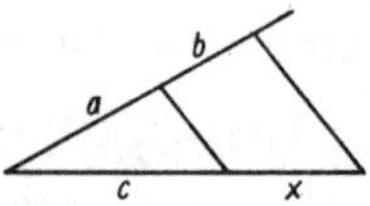

Bild 6.5. Vierte Proportionale

Teilung einer Strecke in gegebenem Verhältnis

Teilt man eine Strecke $\overline{AB}$ innen und außen im gleichen Verhältnis $m:n$, so nennt man die Punkte A, B, T_i, T_a die zu $\overline{AB}$ und $m:n$ gehörenden vier harmonischen Punkte (*Harmonische Teilung*)

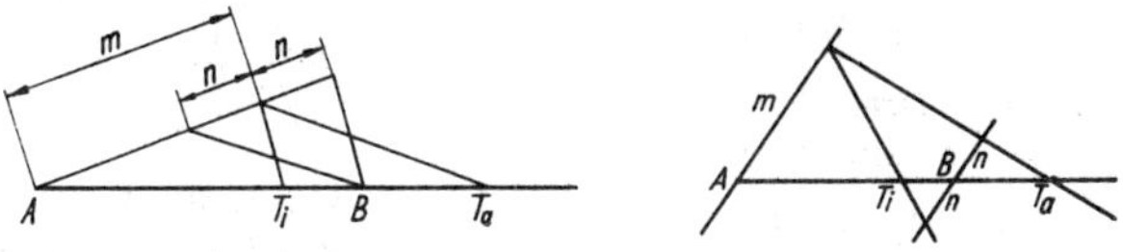

Bild 6.6. Streckenteilung, Strahlensatz 1. Teil/2. Teil

In jedem Dreieck teilen die Halbierungslinien eines Innenwinkels und seines Außenwinkels die Gegenseite harmonisch, und zwar im Verhältnis der beiden anderen Seiten.

$$\overline{AD}:\overline{BD} = \overline{AE}:\overline{BE} = b:a$$

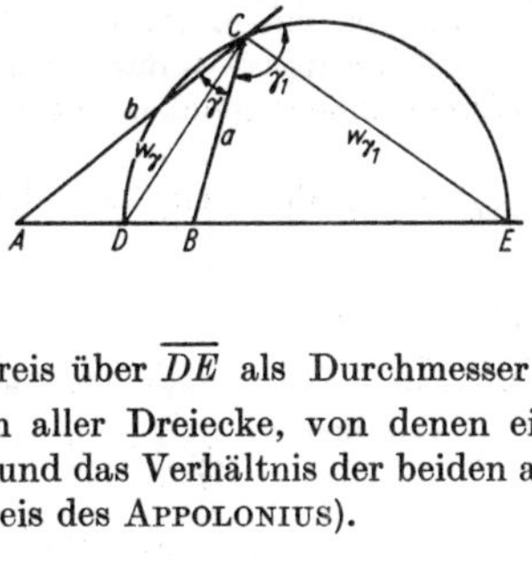

Bild 6.7.
Kreis der Appolonius

Der Kreis über $\overline{DE}$ als Durchmesser ist die Punktmenge für die Spitzen aller Dreiecke, von denen eine Seite (im Bild $\overline{AB}$) festgelegt und das Verhältnis der beiden anderen Seiten vorgeschrieben ist (Kreis des Appolonius).

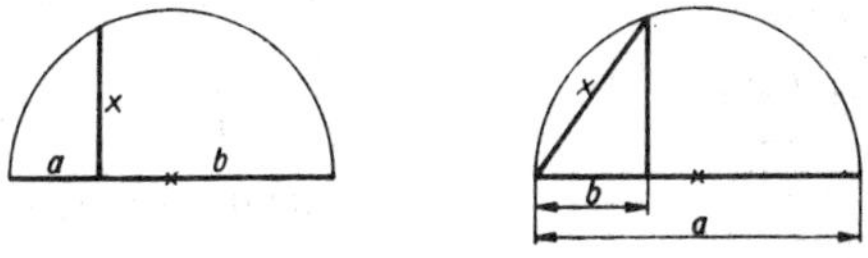

Bild 6.8. Geometrisches Mittel (Kathetensatz/Höhensatz)

Mittlere Proportionale (geometrisches Mittel)

$$x^2 = a \cdot b \rightarrow a:x = x:b$$

Siehe auch »Tangentensekantensatz«, S. 214

Sehnensatz: Zieht man durch einen Punkt innerhalb eines Kreises Sehnen, so ist das Produkt ihrer Abschnitte konstant.

$$a_1 a_2 = b_1 b_2$$

Sekantensatz: Zieht man von einem Punkt außerhalb eines Kreises Sekanten, so ist das Produkt aus jeder Sekante und ihrem äußeren Abschnitt konstant.

$$a a_1 = b b_1$$

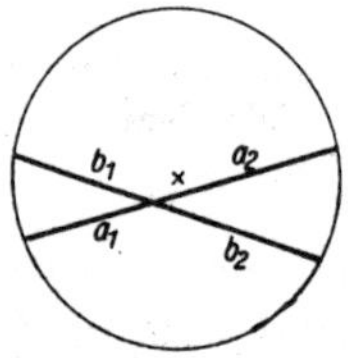

Bild 6.9. Sehnensatz

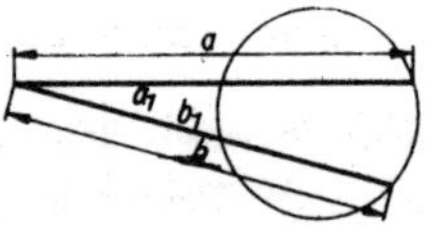

Bild 6.10. Sekantensatz

Tangentensekantensatz: Zieht man von einem Punkt außerhalb eines Kreises eine Sekante und eine Tangente, so ist das Produkt aus der Sekante und ihrem äußeren Abschnitt gleich dem Quadrat der Tangentenlänge.

$$ab = x^2 \quad \text{oder} \quad a:x = x:b$$

Stetige Teilung (Goldener Schnitt)

Eine Strecke heißt stetig geteilt, wenn der größere Abschnitt die mittlere Proportionale zu der ganzen Strecke und dem kleineren Abschnitt ist.

$$a:x = x:(a - x)$$

$$x = \frac{\sqrt{5} - 1}{2}\, a \approx 0{,}618a$$

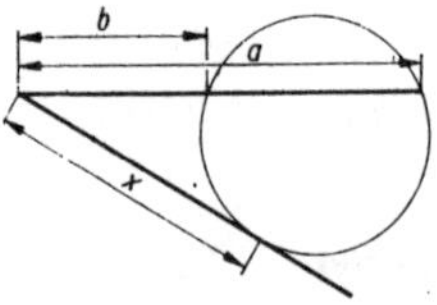

Bild 6.11. Tangentensekantensatz

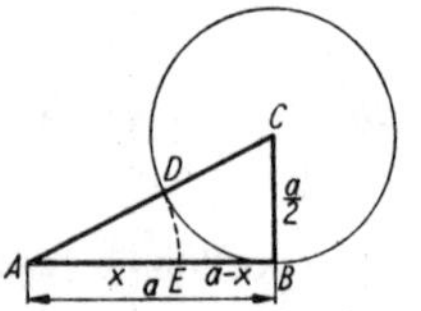

Bild 6.12. Stetige Teilung

Konstruktion der stetigen Teilung

Man errichtet auf der Strecke $\overline{AB} = a$ in B die Senkrechte $\overline{BC} = \frac{1}{2}a$, verbindet A mit C, beschreibt um C den Kreis mit Radius $\frac{1}{2}a$, der $\overline{AC}$ in D schneidet, und trägt $\overline{AD}$ auf $\overline{AB}$ von A aus ab. E teilt $\overline{AB}$ stetig (s. Zehneck).

6.3. Bewegungen und Kongruenz

Bewegungen sind eineindeutige Abbildungen der Ebene (des Raumes) auf sich, entstanden durch endlich viele Verschiebungen, Drehungen und Spiegelungen an einer Geraden.

Geometrische Abbildung

Werden den Elementen (Punkten) einer Menge M_1 (*Originale*) Elemente aus einer Punktmenge M_2 (*Bilder*) zugeordnet, wird M_1 in M_2 abgebildet.

Eindeutige Abbildung: Jedem Originalpunkt wird nur ein Bildpunkt zugeordnet.

Eineindeutige Abbildung (umkehrbar eindeutig):
Jedem Originalpunkt wird wieder nur ein Bildpunkt zugeordnet, und zu jedem Bildpunkt gehört nur 1 Originalpunkt.

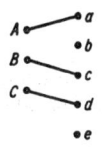

Bild 6.13. Eindeutige geometrische Abbildung

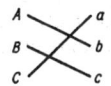

Bild 6.14. Eineindeutige geometrische Abbildung

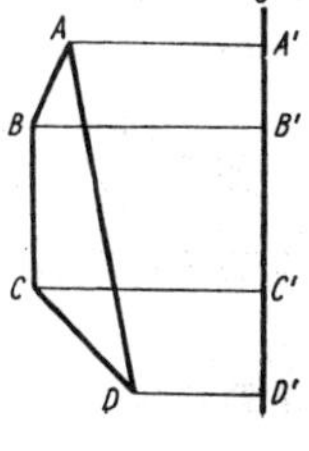

Bild 6.15. Parallelprojektion

Beispiel:

Parallelprojektion
Original: Viereck $ABCD$, Bild $A'B'C'D'$

Abbildung $F \mapsto F'$: die Figuren F und F' heißen einander entsprechend

Verschiebung (siehe auch »Vektoren«)

Verschiebung ist die eineindeutige Abbildung der Ebene (des Raumes) auf sich, bei der alle durch Original- und Bildpunkte bestimmten gerichteten Stecken parallelgleich sind.
Verschiebung = Menge geordneter Punktpaare
[Originalpunkt; Bildpunkt] = $[P; Q]$ oder
$[A; A']$, $[B; B']$

Jedes Punktpaar heißt *Repräsentant* der Verschiebung.
Verschiebungsvektor: $\overrightarrow{PQ}$ = Verschiebung, die P in Q abbildet.

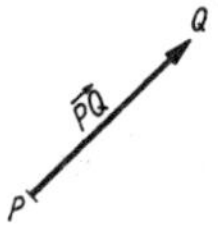

Bild 6.16. Verschiebungsvektor

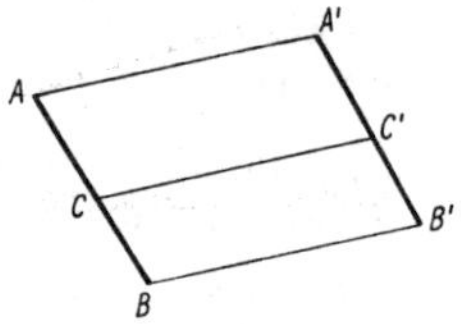

Bild 6.17. Verschiebung

Eigenschaften:

- $\overrightarrow{AA'}$ gleichorientiert mit $\overrightarrow{BB'}$ (Ggs.: entgegengerichtete V.)
- $\left.\begin{array}{l}\overline{AA'} \parallel \overline{BB'} \\ \overline{AB} \parallel \overline{A'B'}\end{array}\right\} \overline{AA'} = \overline{BB'}$

Definition der Parallelgleichheit: $\overline{AB} = \overline{A'B'}$

- C' liegt zwischen A', B', wenn C zwischen A und B liegt.
- Verschiebungen nacheinander wirken wie eine Verschiebung, z. B. $\overrightarrow{PQ} + \overrightarrow{QR} = \overrightarrow{PR}$.
- Umkehrabbildung $\overrightarrow{QP}$ führt auf den Urzustand zurück.
- Identität: $\overrightarrow{PQ} = 0$ bzw. $\overrightarrow{PP}$, Nullverschiebung

Drehung

Drehzentrum M, α orientierter Drehwinkel

Eigenschaften:

- $M = M'$
- $\overline{MA} = \overline{MA'}$

- $\vec{\alpha} = \sphericalangle \overrightarrow{AMA'}$ (gleichorientiert)
- C zwischen A und $B \rightarrow C'$ zwischen A' und B'
- Parallele Geraden haben parallele Bilder.
- $\overline{AB} = \overline{A'B'}$
- Ein Kreis um M wird auf sich selbst abgebildet.
- Umkehrabbildung: $\overleftarrow{\alpha} = -\alpha$ führt auf Urzustand zurück.
- Mehrere Drehungen wirken wie eine Drehung mit der Drehwinkelsumme als Drehwinkel.
- Identität: $\alpha = k \cdot 2\pi \quad k \in G$

Drehung um einen Punkt mit $\alpha = \pi$ heißt *Punktspiegelung.*

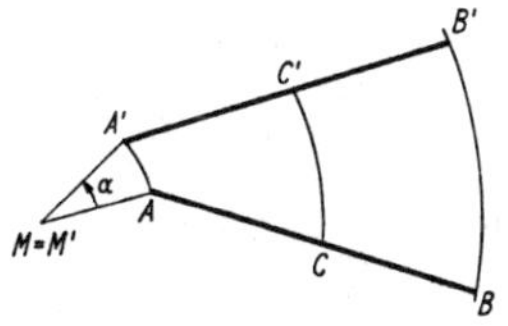

Bild 6.18. Drehung

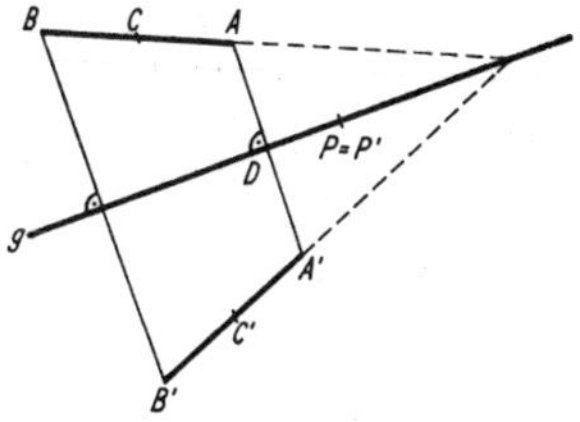

Bild 6.19. Spiegelung

Spiegelung

Spiegelung um eine Gerade g

Eigenschaften:

- $P = P'$ auf g
- A und A' liegen auf verschiedenen Seiten von g.

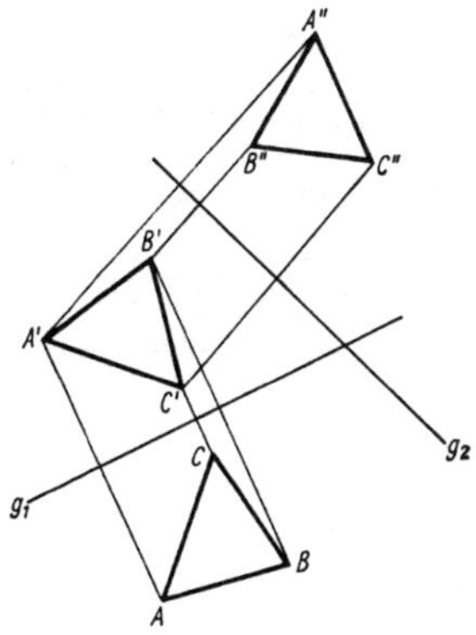

Bild 6.20. Zwei Spiegelungen

— $\overline{AA'} \perp g$
— $\overline{AD} = \overline{A'D}$
— AB und $A'B'$ schneiden einander auf g außer $AB \parallel A'B'$.
— C zwischen A und $B \to C'$ zwischen A' und B'
— Parallele Geraden werden zu parallelen Geraden abgebildet.
— $\overline{AB} = \overline{A'B'}$
— Winkel werden durch Spiegelung nicht verändert.
— Eine Gerade $\perp g$ wird auf sich selbst abgebildet.
— Umkehrspiegelung führt auf den Urzustand zurück.

Zwei Spiegelungen an g_1 und g_2 mit $g_1 \parallel g_2$ sind eine Verschiebung, mit $g_1 \perp g_2$ eine Drehung um π.

Kongruenz

Definition

Die Punktmengen M_1, M_2 sind einander kongruent (*Deckungsgleichheit*, geschrieben $M_1 \cong M_2$) genau dann, wenn es eine Bewegung gibt, die M_1 auf M_2 abbildet (gilt auch bei räumlichen Punktmengen).

Kongruenzsätze für Dreiecke

Dreiecke sind kongruent, wenn sie übereinstimmen

— in einer Seite und zwei Winkeln (wsw)
— in zwei Seiten und dem eingeschlossenen Winkel (sws)
— in zwei Seiten und dem der größeren Seite gegenüberliegenden Winkel (ssw)
— in den drei Seiten (sss).

Zentrische Streckung

Definition

Eine zentrische Streckung $(Z; k)$ der Ebene ist eine Abbildung folgender Gesetzmäßigkeit:

Streckungszentrum S (*Ähnlichkeitspunkt*) und *Streckungsfaktor* $k \in P$, (*Ähnlichkeitsfaktor*) werden festgelegt. $k > 0$

Außer S wird jedem Punkt P_i sein Bildpunkt P'_i auf dem Strahl SP mit $\overline{SP'_i} = k \cdot \overline{SP_i}$ zugeordnet. P, P' einander entsprechende Punkte; $S = S'$

Eigenschaften:

— Originalgerade $\parallel$ Bildgerade
— Originalstrecke $\parallel$ Bildstrecke
— Bildstrecke = k-mal Originalstrecke

- Verhältnis zweier Originalstrecken bleibt bei den Bildern erhalten
- Originalwinkel = Bildwinkel
- n-Ecke werden als Bild wieder n-Ecke mit k-facher Seitenlänge.
- Das Bild eines Kreises ist wieder ein Kreis ($r' = kr$).

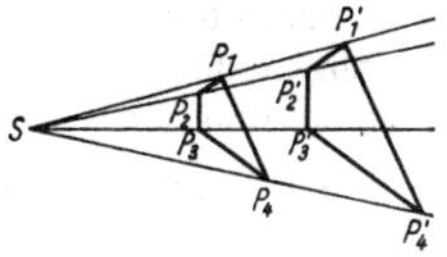

Bild 6.21. Zentrische Streckung

Ähnlichkeitsabbildung

Definition

Zusammensetzung einer zentrischen Streckung mit einer Bewegung heißt Ähnlichkeitsabbildung.
Punktmengen M_1, M_2 sind ähnlich, wenn es eine Ähnlichkeitsabbildung gibt, bei der sie einander entsprechen ($M_1 \sim M_2$).

n-Ecke ($n \geqq 3$) sind ähnlich, wenn sie im Verhältnis entsprechender Seiten oder in den entsprechenden Winkeln übereinstimmen.
Die Umfänge ähnlicher Vielecke verhalten sich wie ein Paar entsprechender Strecken (Seiten, Höhen, Diagonalen usw.)

$$u_1 : u_2 = a_1 : a_2 = b_1 : b_2 = \ldots = k \quad k \text{ Ähnlichkeitsfaktor}$$

Die Flächeninhalte ähnlicher Vielecke verhalten sich wie die Quadrate entsprechender Strecken (Seiten, Höhen, Diagonalen usw.)

$$A_1 : A_2 = a_1^2 : a_2^2 = b_1^2 : b_2^2 = \ldots = k^2$$

Dreiecke sind ähnlich, wenn sie übereinstimmen

- in zwei Winkeln
- im Verhältnis zweier Seiten und dem eingeschlossenen Winkel
- im Verhältnis zweier Seiten und dem Gegenwinkel der größeren Seite
- im Verhältnis der drei Seiten.

Ähnliche Dreiecke werden durch entsprechende Höhen oder Winkelhalbierenden oder Seitenhalbierenden in ähnliche Dreiecke zerlegt.
In ähnlichen Dreiecken verhalten sich entsprechende Höhen, Winkelhalbierenden und Seitenhalbierenden wie ein Paar entsprechender Seiten.

Allgemein gilt für ähnliche ebene Figuren:

Umfänge $u' = k \cdot u$

Flächen $A' = k^2 \cdot A$

Für ähnliche Körper gilt: $A_0' = k^2 A_0$
$V' = k^3 V$

Kongruenz ist ein Sonderfall der Ähnlichkeit ($k = 1$).

Symmetrie

Eine ebene Figur heißt **axialsymmetrisch**, wenn es eine Gerade g (*Symmetrieachse*) gibt, an der gespiegelt die Figur auf sich selbst abgebildet wird. Siehe Bild 5.16.
Sie heißt **punktsymmetrisch** (*zentralsymmetrisch*), wenn sie durch Drehung um einen Punkt, das *Symmetriezentrum*, auf sich selbst abgebildet wird (*radiale Symmetrie*). Siehe Bild 5.19.

6.4. Dreieck

6.4.1. Schiefwinkliges Dreieck

Bezeichnungen

α, β, γ Innenwinkel

$\alpha_1, \beta_1, \gamma_1$ Außenwinkel

a, b, c Seiten

A Flächeninhalt

$$s = \frac{a + b + c}{2}$$

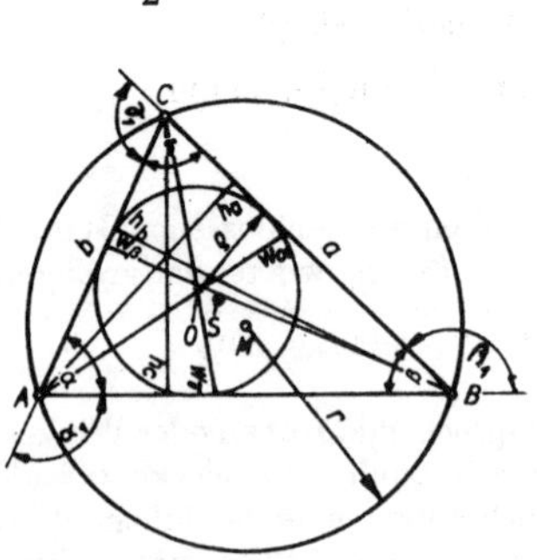

Bild 6.22. Dreieck

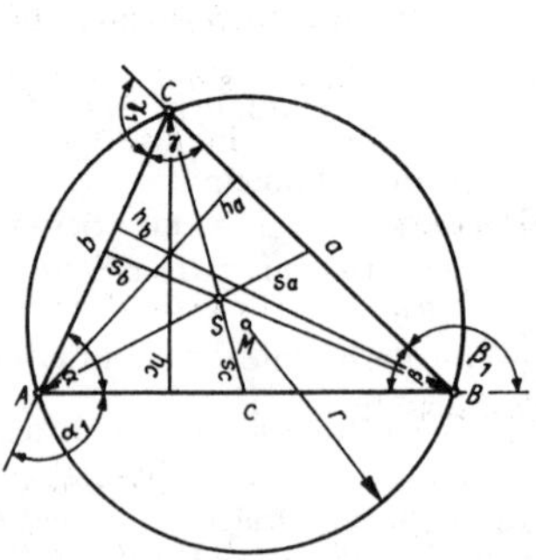

Bild 6.23. Dreieck

h_a, h_b, h_c	Höhen
s_a, s_b, s_c	Seitenhalbierende
$w_\alpha, w_\beta, w_\gamma$	Winkelhalbierende der Innenwinkel
$w_{\alpha_1}, w_{\beta_1}, w_{\gamma_1}$	Winkelhalbierende der Außenwinkel
r_a	Radius des Umkreises
r_i	Radius des Inkreises
$\varrho_a, \varrho_b, \varrho_c$	Radien der Ankreise (die im Index stehende Seite wird berührt)

Winkelbeziehungen

$$\alpha + \beta + \gamma = 180^\circ \qquad \alpha_1 + \beta_1 + \gamma_1 = 360^\circ$$

$$\alpha_1 = \beta + \gamma \qquad \beta_1 = \alpha + \gamma \qquad \gamma_1 = \alpha + \beta$$

$$\sin\alpha + \sin\beta + \sin\gamma = 4\cos\frac{\alpha}{2}\cos\frac{\beta}{2}\cos\frac{\gamma}{2}$$

$$\cos\alpha + \cos\beta + \cos\gamma = 1 + 4\sin\frac{\alpha}{2}\sin\frac{\beta}{2}\sin\frac{\gamma}{2}$$

$$\sin 2\alpha + \sin 2\beta + \sin 2\gamma = 4\sin\alpha\sin\beta\sin\gamma$$

$$\cos 2\alpha + \cos 2\beta + \cos 2\gamma = -(4\cos\alpha\cos\beta\cos\gamma + 1)$$

$$\tan\alpha + \tan\beta + \tan\gamma = \tan\alpha\tan\beta\tan\gamma$$

$$\sin^2\alpha + \sin^2\beta + \sin^2\gamma = 2(1 + \cos\alpha\cos\beta\cos\gamma)$$

$$\cos^2\alpha + \cos^2\beta + \cos^2\gamma = 1 - 2\cos\alpha\cos\beta\cos\gamma$$

$$\cot\alpha\cot\beta + \cot\alpha\cot\gamma + \cot\beta\cot\gamma = 1$$

$$\cot\frac{\alpha}{2} + \cot\frac{\beta}{2} + \cot\frac{\gamma}{2} = \cot\frac{\alpha}{2}\cot\frac{\beta}{2}\cot\frac{\gamma}{2}$$

$$(\sin\alpha + \sin\beta + \sin\gamma)(\sin\alpha + \sin\beta - \sin\gamma)$$
$$\times (\sin\alpha - \sin\beta + \sin\gamma)(-\sin\alpha + \sin\beta + \sin\gamma)$$
$$= 4\sin^2\alpha\sin^2\beta\sin^2\gamma$$

Sinussatz

$$a:b:c = \sin\alpha:\sin\beta:\sin\gamma \qquad \frac{a}{\sin\alpha} = \frac{b}{\sin\beta} = \frac{c}{\sin\gamma}$$

Cosinussatz

$$a^2 = b^2 + c^2 - 2bc\cos\alpha$$

$$b^2 = c^2 + a^2 - 2ca\cos\beta$$

$$c^2 = a^2 + b^2 - 2ab\cos\gamma$$

Mollweidesche Formeln

$$\frac{a+b}{c} = \frac{\cos\frac{\alpha-\beta}{2}}{\sin\frac{\gamma}{2}} \qquad \frac{a-b}{c} = \frac{\sin\frac{\alpha-\beta}{2}}{\cos\frac{\gamma}{2}}$$

Vier weitere Formeln durch *zyklische Vertauschung*

$$\frac{b+c}{a} = \frac{\cos\frac{\beta-\gamma}{2}}{\sin\frac{\alpha}{2}} \quad \text{usw.}$$

Tangenssatz

$$\frac{a+b}{a-b} = \frac{\tan\frac{\alpha+\beta}{2}}{\tan\frac{\alpha-\beta}{2}} = \frac{\cot\frac{\gamma}{2}}{\tan\frac{\alpha-\beta}{2}}$$

$$\frac{b+c}{b-c} = \frac{\tan\frac{\beta+\gamma}{2}}{\tan\frac{\beta-\gamma}{2}} = \frac{\cot\frac{\alpha}{2}}{\tan\frac{\beta-\gamma}{2}}$$

$$\frac{a+c}{a-c} = \frac{\tan\frac{\alpha+\gamma}{2}}{\tan\frac{\alpha-\gamma}{2}} = \frac{\cot\frac{\beta}{2}}{\tan\frac{\alpha-\gamma}{2}}$$

Halbwinkelsätze

$$\sin\frac{\alpha}{2} = \sqrt{\frac{(s-b)(s-c)}{bc}} \qquad \sin\frac{\beta}{2} = \sqrt{\frac{(s-a)(s-c)}{ac}}$$

$$\sin\frac{\gamma}{2} = \sqrt{\frac{(s-a)(s-b)}{ab}} \qquad s = \frac{a+b+c}{2}$$

$$\cos\frac{\alpha}{2} = \sqrt{\frac{s(s-a)}{bc}} \qquad \cos\frac{\beta}{2} = \sqrt{\frac{s(s-b)}{ac}}$$

$$\cos\frac{\gamma}{2} = \sqrt{\frac{s(s-c)}{ab}}$$

$$\tan\frac{\alpha}{2} = \sqrt{\frac{(s-b)(s-c)}{s(s-a)}} \qquad \tan\frac{\beta}{2} = \sqrt{\frac{(s-a)(s-c)}{s(s-b)}}$$

$$\tan\frac{\gamma}{2} = \sqrt{\frac{(s-a)(s-b)}{s(s-c)}}$$

Seitensätze

$$a + b > c \qquad |a - b| < c$$

$$b + c > a \qquad |b - c| < a \qquad a \gtreqless b \leftrightarrow \alpha \gtreqless \beta$$

$$a + c > b \qquad |a - c| < b$$

Seitenhalbierende

Schnittpunkt der Seitenhalbierenden = *Schwerpunkt S*.
Teilungsverhältnis der Seitenhalbierenden = 2:1

$$s_a = \frac{1}{2}\sqrt{2(b^2 + c^2) - a^2} = \frac{1}{2}\sqrt{b^2 + c^2 + 2bc\cos\alpha}$$

$$s_b = \frac{1}{2}\sqrt{2(a^2 + c^2) - b^2} = \frac{1}{2}\sqrt{a^2 + c^2 + 2ac\cos\beta}$$

$$s_c = \frac{1}{2}\sqrt{2(a^2 + b^2) - c^2} = \frac{1}{2}\sqrt{a^2 + b^2 + 2ab\cos\gamma}$$

Winkelhalbierende

Jede der Winkelhalbierenden w_α, w_β, w_γ teilt die Gegenseite *innen* im Verhältnis der anliegenden Seiten.
Jede der Winkelhalbierenden w_{α_1}, w_{β_1}, w_{γ_1} teilt die Gegenseite *außen* im Verhältnis der anliegenden Seiten.

$$\overline{AD}:\overline{BD} = b:a \quad \text{(vgl. Bild 6.7)}$$

$$\overline{AE}:\overline{BE} = b:a$$

$$w_\alpha = \frac{1}{b+c}\sqrt{bc[(b+c)^2 - a^2]} = \frac{2bc\cos\frac{\alpha}{2}}{b+c}$$

Weitere Formeln für w_β und w_γ durch zyklische Vertauschung

Höhen

$$h_a : h_b : h_c = \frac{1}{a} : \frac{1}{b} : \frac{1}{c}$$

$$h_a = b \sin\gamma \qquad h_b = a \sin\gamma \qquad h_c = a \sin\beta$$
$$= c \sin\beta \qquad = c \sin\alpha \qquad = b \sin\alpha$$

Umkreis

Umkreismittelpunkt = Schnittpunkt der Mittelsenkrechten (Senkrechten auf den Seiten in ihren Mitten)

$$r_u = \frac{a}{2 \sin\alpha} = \frac{b}{2 \sin\beta} = \frac{c}{2 \sin\gamma} = \frac{bc}{2h_a} = \frac{ac}{2h_b} = \frac{ab}{2h_c}$$

Inkreis

Inkreismittelpunkt = Schnittpunkt der Winkelhalbierenden

$$r_i = \frac{A}{s} = \sqrt{\frac{(s-a)(s-b)(s-c)}{s}}$$

$$r_i = (s-a) \tan\frac{\alpha}{2} = (s-b) \tan\frac{\beta}{2} = (s-c) \tan\frac{\gamma}{2}$$

$$r_i = s \tan\frac{\alpha}{2} \tan\frac{\beta}{2} \tan\frac{\gamma}{2}$$

$$r_i = 4r_u \sin\frac{\alpha}{2} \sin\frac{\beta}{2} \sin\frac{\gamma}{2}$$

Ankreise

Ankreismittelpunkte = Schnittpunkte von w_α, w_{β_1}, w_{γ_1} bzw. von w_β, w_{α_1}, w_{γ_1}, bzw. von w_γ, w_{α_1}, w_{β_1}

Abstand des Umkreismittelpunktes vom Inkreismittelpunkt $= \sqrt{r_u^2 - 2r_u r_i}$

$$\varrho_a = \frac{A}{s-a} \qquad \varrho_b = \frac{A}{s-b} \qquad \varrho_c = \frac{A}{s-c}$$

$$\frac{1}{\varrho_a} = \frac{1}{h_b} + \frac{1}{h_c} - \frac{1}{h_a}$$

$$\frac{1}{\varrho_b} = \frac{1}{h_a} + \frac{1}{h_c} - \frac{1}{h_b}$$

$$\frac{1}{\varrho_c} = \frac{1}{h_a} + \frac{1}{h_b} - \frac{1}{h_c} \qquad \varrho_a + \varrho_b + \varrho_c = 4r_u + r_i$$

$$\varrho_a = s \tan\frac{\alpha}{2} = \frac{\alpha \cos\frac{\beta}{2} \cos\frac{\gamma}{2}}{\cos\frac{\alpha}{2}}$$

$$\varrho_b = s \tan \frac{\beta}{2} = \frac{b \cos \frac{\alpha}{2} \cos \frac{\gamma}{2}}{\cos \frac{\beta}{2}}$$

$$\varrho_c = s \tan \frac{\gamma}{2} = \frac{c \cos \frac{\alpha}{2} \cos \frac{\beta}{2}}{\cos \frac{\gamma}{2}}$$

Flächeninhalt

$$A = \frac{abc}{4r} = \sqrt{r_i \varrho_a \varrho_b \varrho_c}$$

$$A = \frac{ah_a}{2} = \frac{bh_b}{2} = \frac{ch_c}{2}$$

$$A = \sqrt{s(s-a)(s-b)(s-c)} \quad \textit{(Heronische Formel)}$$

$$A = r_i s = \varrho_a(s-a) = \varrho_b(s-b) = \varrho_c(s-c)$$

$$A = \frac{1}{2} ab \sin\gamma = \frac{1}{2} bc \sin\alpha = \frac{1}{2} ac \sin\beta$$

$$A = \frac{a^2 \sin\beta \sin\gamma}{2 \sin\alpha} = \frac{b^2 \sin\alpha \sin\gamma}{2 \sin\beta} = \frac{c^2 \sin\alpha \sin\beta}{2 \sin\gamma}$$

$$A = 2r_u^2 \sin\alpha \sin\beta \sin\gamma$$

$$A = s^2 \tan\frac{\alpha}{2} \tan\frac{\beta}{2} \tan\frac{\gamma}{2}$$

$$A = r_i^2 \cot\frac{\alpha}{2} \cot\frac{\beta}{2} \cot\frac{\gamma}{2}$$

Verallgemeinerter Satz des Pythagoras

$a^2 = b^2 + c^2 \pm 2bp$	$\alpha \gtrless 90°$	p Projektion von c auf b
$b^2 = c^2 + a^2 \pm 2cq$ für	$\beta \gtrless 90°$	q Projektion von a auf c
$c^2 = a^2 + b^2 \pm 2ar$	$\gamma \gtrless 90°$	r Projektion von b auf a

Die 5 Grundaufgaben des schiefwinkligen Dreiecks

Grundaufgabe 1: 1 Seite, 2 Winkel

1.1. wsw, z. B. α, c, β 1.2. sww, z. B. c, β, γ

Dritter Winkel aus Winkelsumme, Seiten aus Sinussatz, eindeutige Lösungsmenge

Grundaufgabe 2: 2 Seiten, 1 Winkel

2.1. ssw, z. B. b, c, β doppeldeutig
Zweiter Winkel aus Sinussatz und Größenentscheid $b \gtreqless c \leftrightarrow \beta \gtreqless \gamma$
Dritter Winkel aus Winkelsumme, dritte Seite aus Sinussatz.

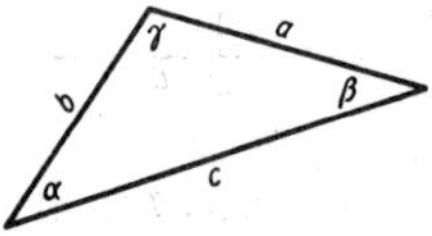

Bild 6.24. Schiefwinkliges Dreieck

Fallentscheidungen:

				Lösungsmenge L
$b > c$		$0 < \beta < 180°$	$\gamma < 90°$	eindeutig
$b = c$	$b > c \sin \beta$		$\gamma = \beta$	eindeutig, gleichschenkliges △
$b < c$		$\beta < 90°$	$\gamma \neq 90°$	2 Lösungen
	$b = c \sin \beta$		$\gamma = 90°$	eindeutig, rechtwinkliges △
	$b < c \sin \beta$		—	$L = 0$

Keine Lösung für $b \leqq c$ und $\beta \geqq 90°$

2.2. sws, z. B. b, α, c
Dritte Seite aus Cosinussatz, zweiter und dritter Winkel aus Sinussatz, Größenentscheid aus Winkelsumme, eindeutige Lösungsmenge
oder Winkel aus Tangenssatz, dritte Seite aus Sinus- bzw. Cosinussatz

Grundaufgabe 3: 3 Seiten sss, a, b, c, $c > a$, $c > b$

γ aus Cosinussatz, α und β aus Sinussatz, beides spitze Winkel, eindeutige Lösungsmenge
oder Halbwinkelsatz oder Tangenssatz

6.4.2. Rechtwinkliges Dreieck ($\gamma = 90°$)

Bezeichnungen

a und b Katheten
c Hypotenuse

h Höhe
p Projektion von a auf c
q Projektion von b auf c

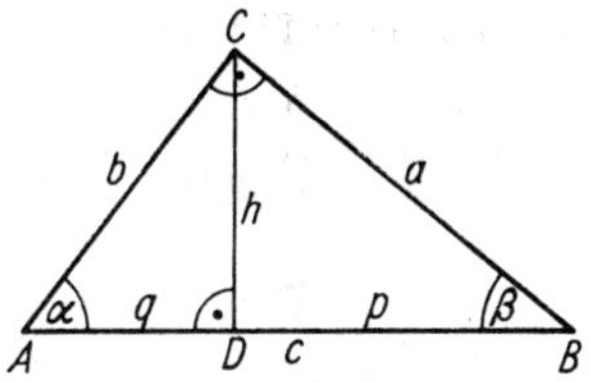

Bild 6.25. Rechtwinkliges Dreieck

Definition der trigonometrischen Funktionen im **rechtwinkligen Dreieck**

$$\sin \alpha = \frac{a}{c} = \frac{\text{Gegenkathete}}{\text{Hypotenuse}}$$

$$\cos \alpha = \frac{b}{c} = \frac{\text{Ankathete}}{\text{Hypotenuse}}$$

$$\tan \alpha = \frac{a}{b} = \frac{\text{Gegenkathete}}{\text{Ankathete}}$$

$$\cot \alpha = \frac{b}{a} = \frac{\text{Ankathete}}{\text{Gegenkathete}}$$

Satz des Pythagoras

$$a^2 + b^2 = c^2 \qquad a, b, c \in P$$

Pythagoreische Zahlen, pythagoreisches Zahlentripel

Pythagoreische Zahlen befriedigen die diophantische Gleichung $x^2 + y^2 = z^2$ mit $x, y, z \in G$.
Sie werden erhalten: $x = 2pq$, $y = p^2 - q^2$, $z = p^2 + q^2$ mit $p, q \in G$, $p \neq q$

p	q	x	y	z
2	1	4	3	5
3	1	6	8	10
4	1	8	15	17
5	1	10	24	26
3	2	12	5	13
4	2	16	12	20
5	2	20	21	29
4	3	24	7	25
5	3	30	16	34
5	4	40	9	41

usw.
Weitere Tripel durch $\lambda x, \lambda y, \lambda z \quad \lambda \in G$
Sind die Maßzahlen der Seiten eines Dreiecks pythagoreische Zahlen, so ist das Dreieck rechtwinklig.

Kathetensatz (Euklid)

$$a^2 = cp \quad b^2 = cq$$

Höhensatz (Euklid) **Höhe**

$$h^2 = pq \qquad h = \frac{ab}{c}$$

Flächeninhalt

$$A = \frac{ch}{2} = \frac{ab}{2}$$

Abstand des *Schwerpunktes* S von der Hypotenuse $= \frac{1}{3}h$

Abstand des *Schwerpunktes* S von der Kathete $a = \frac{1}{3}b$

Abstand des *Schwerpunktes* S von der Kathete $b = \frac{1}{3}a$

6.4.3. Gleichseitiges Dreieck

$$h = \frac{a\sqrt{3}}{2}$$

$$a = r_i\sqrt{3}$$

$$A = \frac{a^2\sqrt{3}}{4}$$

$$r_i = \frac{r_u}{2}$$

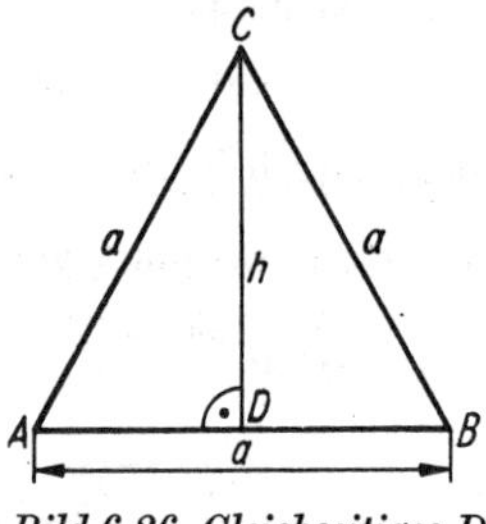

Bild 6.26. Gleichseitiges Dreieck

Abstand des *Schwerpunktes* S von einer Seite $= \frac{a}{6}\sqrt{3}$

6.5. Vierecke

Bezeichnungen

$\alpha, \beta, \gamma, \delta$	Innenwinkel
$\alpha_1, \beta_1, \gamma_1, \delta_1$	Außenwinkel
a, b, c, d	Seiten
e, f	Diagonalen
r_i	Radius des Inkreises
h_a	Höhe zur Seite a
h_b	Höhe zur Seite b

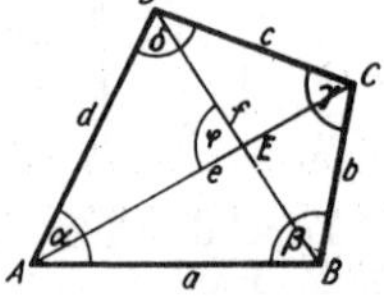

Bild 6.27. Viereck

Winkelsummen

$$\alpha + \beta + \gamma + \delta = 360°$$

$$\alpha_1 + \beta_1 + \gamma_1 + \delta_1 = 360°$$

Fläche

$$A = \frac{ef}{2} \sin \varphi$$

$$A = \sqrt{(s-a)(s-b)(s-c)(s-d) - abcd \cos^2 \varepsilon}$$

mit $s = \dfrac{a+b+c+d}{2}$ $\quad \varepsilon = \dfrac{\alpha+\gamma}{2} = \dfrac{\beta+\delta}{2}$

Parallelogramm

$a \parallel c \quad b \parallel d \quad a = c \quad b = d$

$\alpha = \gamma \qquad \beta = \delta$

$\alpha + \beta = \beta + \gamma = \gamma + \delta$

$= \delta + \alpha = 180°$

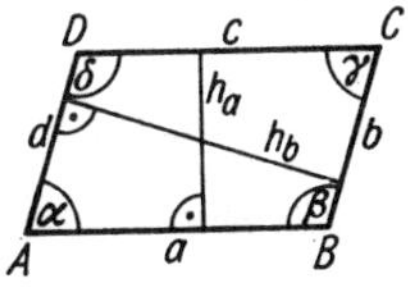

Bild 6.28. Parallelogramm

Die Diagonalen halbieren einander.

Schwerpunkt S = Schnittpunkt der Diagonalen.

$A = ah_a = bh_b = gh \qquad g$ Grundlinie

$= ab \sin \alpha \qquad h$ zugehörige Höhe

Diagonalen: $e = \sqrt{(a + h_a \cot \alpha)^2 + h_a^2}$

$f = \sqrt{(a - h_a \cot \alpha)^2 + h_a^2}$

Rechteck

$e = f = \sqrt{a^2 + b^2}$

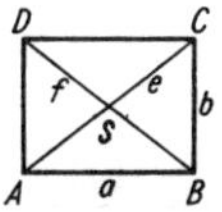

Bild 6.29. Rechteck

Die Diagonalen halbieren einander.

$A = ab$

Schwerpunkt S = Schnittpunkt der Diagonalen

Quadrat

Die Diagonalen e und f halbieren einander und stehen senkrecht aufeinander.

$e = f = a\sqrt{2}$

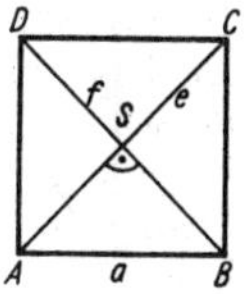

Bild 6.30. Quadrat

$$A = a^2 = \frac{1}{2} e^2$$

Schwerpunkt S = Schnittpunkt der Diagonalen

Trapez

$a \parallel c$

$$A = \frac{a + c}{2} h = mh$$

m Mittelparallele

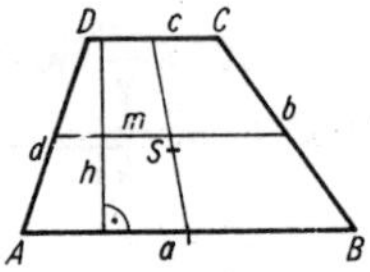

Bild 6.31. Trapez

Der *Schwerpunkt* S liegt auf der Verbindungslinie der Mitten der parallelen Grundseiten im Abstand $\frac{h}{3} \cdot \frac{a + 2c}{a + c}$ von der Grundlinie a.

Rhombus (Raute)

$$a = b = c = d$$

Die Diagonalen e und f stehen senkrecht aufeinander, halbieren einander und die Rhombuswinkel.

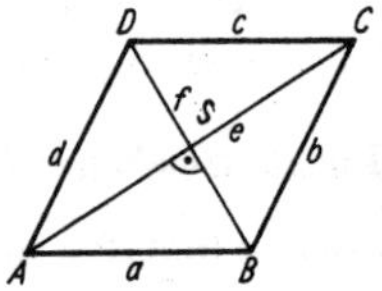

Bild 6.32. Rhombus

$$A = \frac{ef}{2}$$

Schwerpunkt S = Schnittpunkt der Diagonalen

Sehnenviereck

$\alpha + \gamma = 180° \quad \beta + \delta = 180°$

$ac + bd = ef$ (Satz von Ptolemäus)

$$e = \sqrt{\frac{(ac + bd)(bc + ad)}{ab + cd}} \qquad f = \sqrt{\frac{(ac + bd)(ab + cd)}{bc + ad}}$$

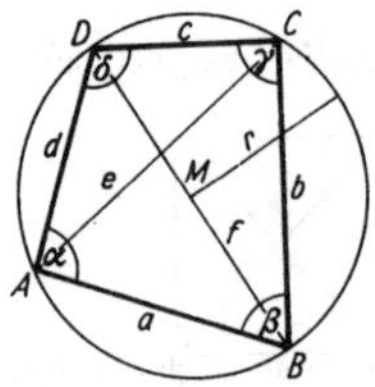

Bild 6.33. Sehnenviereck

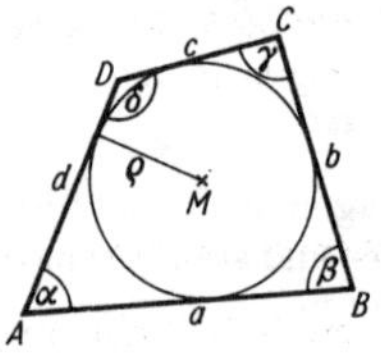

Bild 6.34. Tangentenviereck

$$r_u = \frac{1}{4}\sqrt{\frac{(ab + cd)(ac + bd)(bc + ad)}{(s - a)(s - b)(s - c)(s - d)}}$$

s siehe S. 229

Tangentenviereck

$$a + c = b + d$$

$$A = r_i \cdot s$$

Drachenviereck

$$A = \frac{ef}{2}$$

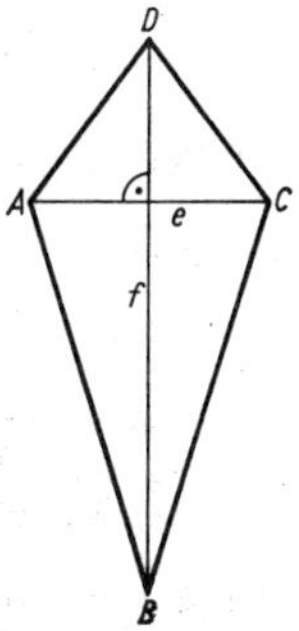

Bild 6.35. Drachenviereck

6.6. Vielecke (n-Ecke)

Winkelsumme des n-Ecks

Summe der Innenwinkel $= (2n - 4) \cdot 90°$

Summe der Außenwinkel $= 360°$

Anzahl der Diagonalen des n-Ecks

$$\frac{n(n-3)}{2}$$

Flächeninhalt des Vielecks

$$A = \sum_{i=1}^{k} A_i$$

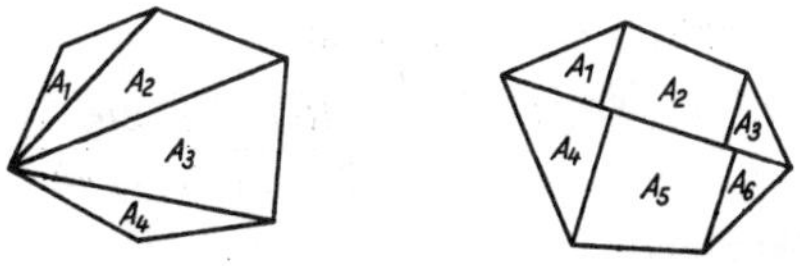

Bild 6.36. Flächeninhaltsberechnung, Dreiecksmethode/ Trapezmethode

Regelmäßige Vielecke

Die Seiten und Winkel regelmäßiger Vielecke sind gleich. Sie haben n Symmetrieachsen und gleiche Zentriwinkel $\sphericalangle AMB = \varphi$

Bezeichnungen

a Seite des regelmäßigen n-Ecks
a_{2n} Seite des regelmäßigen $2n$-Ecks
r_u Radius des Umkreises
r_i Radius des Inkreises
α Innenwinkel
α_1 Außenwinkel
φ Zentriwinkel des Bestimmungsdreiecks ABM

Schwerpunkt S = Mittelpunkt des Umkreises

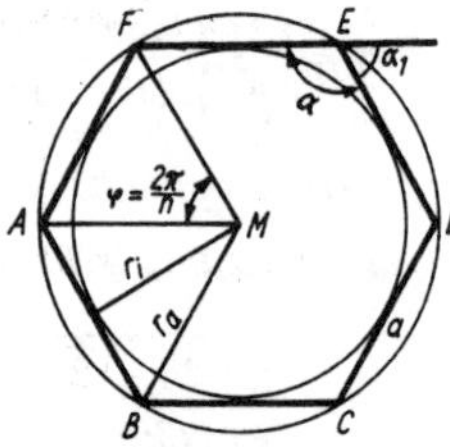

Bild 6.37. Regelmäßiges n-Eck

$$\alpha = \frac{2n-4}{n} \cdot 90^\circ \qquad \alpha_1 = \frac{360^\circ}{n} \qquad \varphi = \frac{360^\circ}{n}$$

$$a = 2r_u \sin\frac{\varphi}{2} = 2r_u \sin\frac{180^\circ}{n}$$

$$r_i = \frac{1}{2}\sqrt{4r_u^2 - a^2} \qquad r_i = r_u \cos\frac{180^\circ}{n}$$

$$a_{2n} = \sqrt{2r_u^2 - r_u\sqrt{4r_u^2 - a^2}}$$

$$A = \frac{nar_i}{2} = \frac{nr_u^2}{2}\sin\varphi = \frac{na^2}{4\tan\frac{180^\circ}{n}}$$

Einige bestimmte regelmäßige Vielecke

Regelmäßiges Viereck *(Quadrat)*

$$a = r_u\sqrt{2} \qquad r_i = \frac{r_u}{2}\sqrt{2} = \frac{a}{2} \qquad A = a^2 = 2r_u^2$$

Regelmäßiges Fünfeck

$$a = \frac{r_u}{2}\sqrt{10 - 2\sqrt{5}} \qquad r_i = \frac{a}{10}\sqrt{25 + 10\sqrt{5}} = \frac{r_u}{4}\left(\sqrt{5} + 1\right)$$

$$A = \frac{5}{8}r_u^2\sqrt{10 + 2\sqrt{5}} = \frac{a^2}{4}\sqrt{25 + 10\sqrt{5}}$$

$$r_u = \frac{a}{10}\sqrt{50 + 10\sqrt{5}}$$

Regelmäßiges Sechseck

$$a = r_u \qquad r_i = \frac{r_u}{2}\sqrt{3} \qquad A = \frac{3}{2}a^2\sqrt{3}$$

Regelmäßiges Achteck

$$a = r_u\sqrt{2-\sqrt{2}} \qquad r_i = \frac{r_u}{2}\sqrt{2+\sqrt{2}} = \frac{a}{2}\left(\sqrt{2}+1\right)$$

$$A = 2r_u^2\sqrt{2} = 2a^2\left(\sqrt{2}+1\right) \qquad r_u = \frac{a}{2}\sqrt{4+2\sqrt{2}}$$

Näherungswert für die Seite des regelmäßigen Neunecks ($r = 1$)

$$s_9 \approx \frac{2\sqrt{5}+1}{8}$$

Regelmäßiges Zehneck

$$a = \frac{r_u}{2}\left(\sqrt{5}-1\right) \qquad r_i = \frac{a}{2}\sqrt{5+2\sqrt{5}} = \frac{r_u}{4}\sqrt{10+2\sqrt{5}}$$

$$A = \frac{5a^2}{2}\sqrt{5+2\sqrt{5}} = \frac{5r_u^2}{4}\sqrt{10-2\sqrt{5}} \qquad r_u = \frac{a}{2}\left(\sqrt{5}+1\right)$$

Konstruktion der einfachen regelmäßigen Vielecke

Gegeben: Umkreisradius r_u

Regelmäßiges Viereck und Achteck, 2^n-Eck (Bild 6.38)

In den Kreis mit dem gegebenen Radius r_u zeichnet man zwei zueinander senkrechte Durchmesser und verbindet deren Endpunkte miteinander.
Errichtet man die Mittelsenkrechten und bringt diese zum Schnitt mit dem Umfang des Kreises, so erhält man die Ecken des regelmäßigen Achtecks. Nach dem gleichen Verfahren ergibt sich das regelmäßige **2^n-Eck** ($n \in N$).

Regelmäßiges Sechseck, Zwölfeck, $3 \cdot 2^n$-Eck (Bild 6.39)

In den Kreis mit dem gegebenen Radius r trägt man den Radius sechsmal hintereinander als Sehne ein.
Errichtet man die Mittelsenkrechten und bringt diese zum Schnitt mit dem Kreisumfang, so erhält man die Ecken des regelmäßigen Zwölfecks.
Nach dem gleichen Verfahren ergeben sich die $3 \cdot 2^n$-Ecke ($n \in N$).

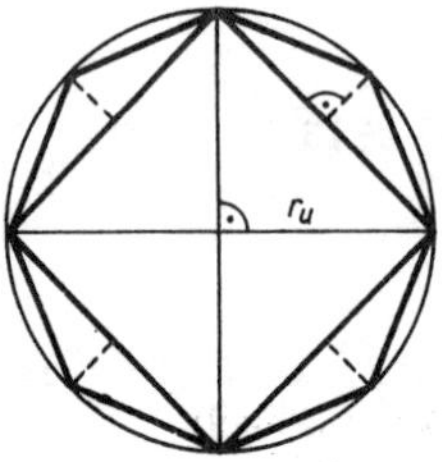

Bild 6.38.
Achteckskonstruktion

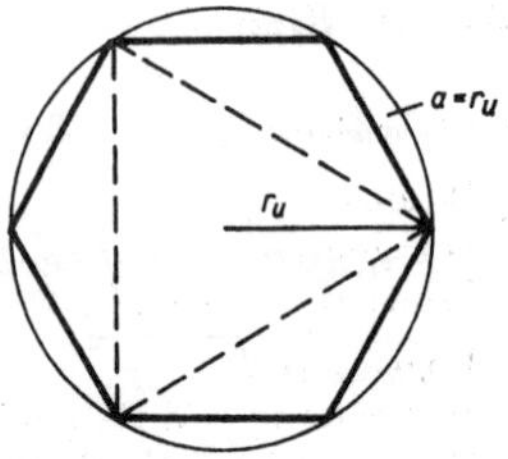

Bild 6.39.
Sechseckskonstruktion

Regelmäßiges Zehneck und Fünfeck, $5 \cdot 2^n$-Eck

Man teilt den gegebenen Radius r stetig und trägt den größeren Abschnitt in den Kreis mit Radius r hintereinander zehnmal als Sehne ein.
Mit Hilfe der Mittelsenkrechten erhält man das $5 \cdot 2^n$-Eck.

Näherungskonstruktion beliebiger regelmäßiger n-Ecke

Gegeben: Umkreisradius r_u

In den Kreis mit dem gegebenen Radius r_u zeichnet man zwei zueinander senkrechte Durchmesser $\overline{AB}$ und $\overline{CD}$ ein. Den einen Durchmesser (im Bild $\overline{AB}$) teilt man dann in n (im Bild $n = 11$) gleiche Teile und schlägt um den einen Endpunkt (im Bild A) den Kreis mit Radius $2r_u$, der die Verlängerung des anderen Durchmessers in E und F schneidet. Von E und F aus zieht man Strahlen durch die Teilpunkte, wobei immer ein Teilpunkt ausgelassen wird, und erhält in deren Schnittpunkten mit dem Ausgangskreis die Eckpunkte des n-Ecks.

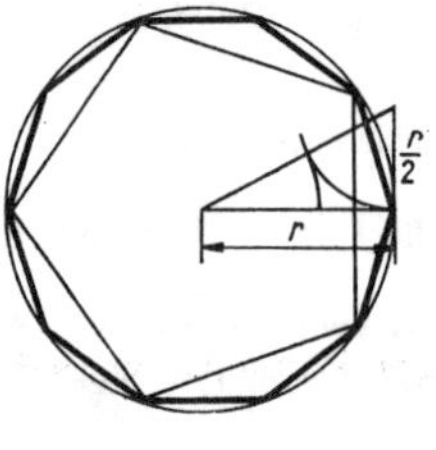

Bild 6.40.
Zehneckskonstruktion

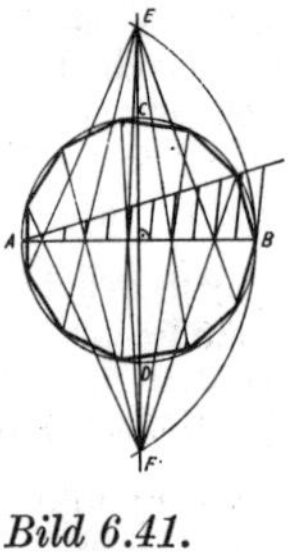

Bild 6.41.
Konstruktion beliebiger n-Ecke

6.7. Kreis

Bezeichnungen

r Radius
d Durchmesser
s Sehne zum Bogen b
b Bogen $\widehat{AB}$
α zu b gehöriger Mittelpunktswinkel (Zentriwinkel)
β Umfangswinkel (Peripheriewinkel) $\alpha = 2\beta$

Satz des Thales

Jeder Peripheriewinkel über einem Durchmesser eines Kreises beträgt 90°.
Der Sehnentangentenwinkel $\sphericalangle (t, s)$ ist halb so groß wie der Zentriwinkel über demselben Bogen.
Siehe auch Sehnensatz, Sekantensatz, Tangentensekantensatz, Sehnenviereck, Tangentenviereck.

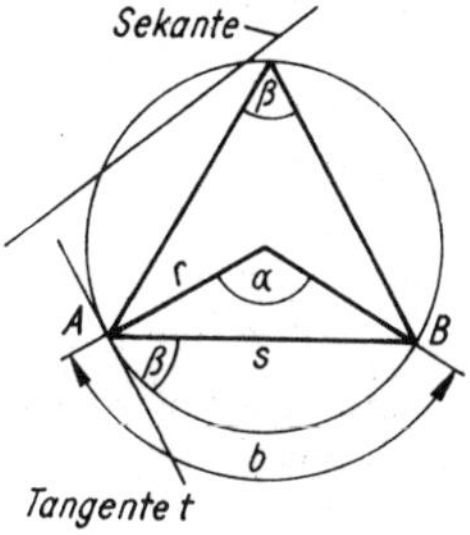

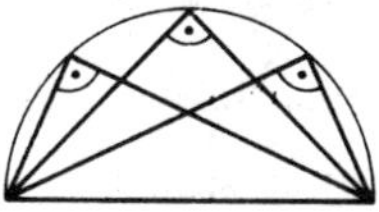

Bild 6.43. *Thaleskreis*

Bild 6.42. *Kreis*

Kreisumfang (Kreislinie)

$$u = 2\pi r = \pi d$$

Kreisbogen

$$b = \frac{\pi}{180^\circ} \cdot \alpha^\circ \cdot r = \hat{\alpha}^{[\mathrm{rad}]} \cdot r$$

$$\frac{b}{2\pi r} = \frac{b}{u} = \frac{\alpha^\circ}{360^\circ}$$

Schwerpunkt S des Bogens b liegt auf der Winkelhalbierenden im Abstand $\frac{rs}{b}$ vom Mittelpunkt.

Kreisfläche

$$A = \pi r^2 = \frac{\pi d^2}{4}$$

Schwerpunkt S = Mittelpunkt des Kreises

Kreisausschnitt (Kreissektor)

$$A = \pi r^2 \frac{\alpha^\circ}{360^\circ} = b\,\frac{r}{2} = \frac{r^2}{2}\,\hat{\alpha}^{[\mathrm{rad}]}$$

Schwerpunkt S liegt auf der Symmetrieachse im Abstand $\frac{2}{3} \cdot \frac{rs}{b}$ vom Mittelpunkt M.

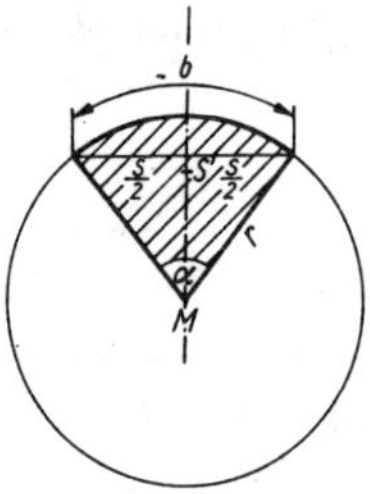

Bild 6.44. Kreisausschnitt

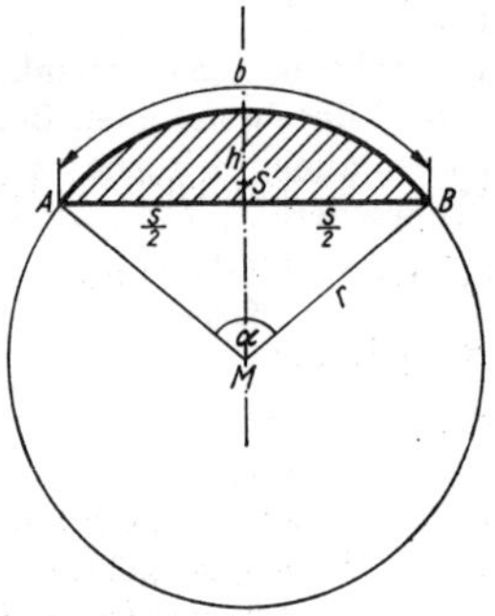

Bild 6.45. Kreisabschnitt

Kreisabschnitt (Kreissegment)

$$s = 2\sqrt{2hr - h^2} = 2r \sin\frac{\alpha}{2}$$

$$h = r - \frac{1}{2}\sqrt{4r^2 - s^2} \quad \text{für} \quad h < r$$

$$A = \frac{1}{2}\,[br - s(r - h)]$$

$$A \approx \frac{2}{3}\,hs$$

$$A = \frac{r^2}{2}\left(\frac{\pi\alpha^\circ}{180^\circ} - \sin\alpha\right)$$

Schwerpunkt S liegt auf der Symmetrieachse im Abstand $\frac{s^3}{12A}$ vom Mittelpunkt M.

Kreisring

$$A = \pi(r_1^2 - r_2^2) = 2\pi r_m \delta \qquad \delta = r_1 - r_2 > 0$$

Schwerpunkt S = Mittelpunkt M

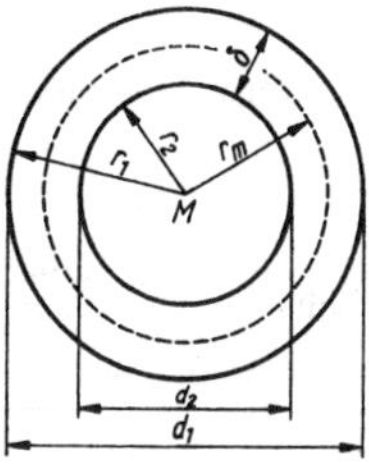

Bild 6.46. Kreisring

6.8. Geometrische Körper (Stereometrie)

6.8.1. Allgemeines

Bezeichnungen

a, b, c	Kanten
s	Mantellinie
r	Kreis-, Kugelradius
d	Kreis-, Kugeldurchmesser
r_i	Radius der Inkugel
r_u	Radius der Umkugel
A_O	Oberfläche
A_S	Seitenfläche
A_G	Grundfläche
A_D	Deckfläche
A_M	Mantelfläche
V	Volumen
h	Körperhöhe
h_s	Höhe der Seitenfläche

Definition

Geometrische Körper sind eine Menge von Punkten, die allseitig von einer Fläche oder mehreren zusammenhängenden Flächenstücken begrenzt ist.

Satz des Cavalieri

Körper, die zwischen den Flächen $x = a$ und $x = b$ liegen, haben gleiches Volumen, wenn die Inhalte ihrer Querschnitte für jedes $x \in \langle a, b \rangle$ übereinstimmen.

Simpsonsche Regel

Besitzt ein Körper parallele Grund- und Deckfläche und hat jeder parallele Querschnitt in der Höhe x einen Flächeninhalt, der Funktionswert einer ganzrationalen Funktion höchstens dritten Grades von x ist, so gilt:

$$V = \frac{h}{6} (A_G + A_D + 4A_m) \qquad A_m \text{ mittlerer Querschnitt}$$

Eulerscher Polyedersatz

Polyeder (Vielflache) sind Körper, die nur von ebenen Vielecken begrenzt sind.
Unter der Voraussetzung, daß das Polyeder keine einspringende Ecke hat, gilt

$$e + f - k = 2$$

e Anzahl der Ecken
f Anzahl der Flächen
k Anzahl der Kanten

Guldinsche Regeln

Das Volumen eines Rotationskörpers mit einer Drehachse, die die erzeugende Fläche nicht schneidet, ist gleich dem Produkt aus dem Inhalt der erzeugenden Fläche A und dem Umfang des von ihrem Schwerpunkt beschriebenen Kreises:

$$V = 2\pi R \cdot A = 2\pi M_x$$

R Abstand des Schwerpunktes von der Drehachse
M_x statisches Moment

Die Mantelfläche eines Rotationskörpers mit einer Drehachse, die die erzeugende Linie nicht schneidet, ist gleich dem Produkt aus der Länge des erzeugenden Linienzuges l und dem Umfang des von seinem Schwerpunkt beschriebenen Kreises:

$$A_M = 2\pi R \cdot l$$

Raumwinkel

Ein räumlicher Winkel (oder Raumwinkel) kann gemessen werden durch das Verhältnis der aus einer Kugel (um seinen Scheitel) aus-

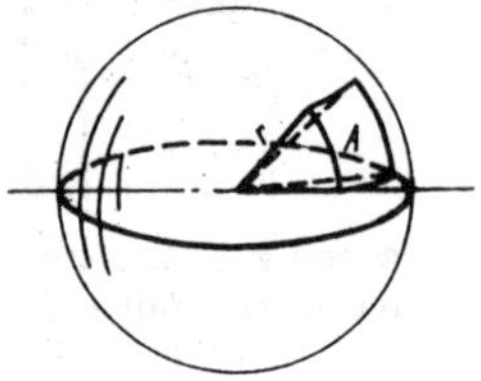

Bild 6.47. Raumwinkel

geschnittenen Fläche A zum Quadrat des Kugelradius. Als Einheit gilt derjenige räumliche Winkel, für den das Verhältnis von Kugelfläche zum Quadrat des Kugelradius den Zahlenwert 1 besitzt. Diese Einheit wird *Steradiant* (Zeichen: sr) genannt.

6.8.2. Ebenflächig begrenzte Körper

Prisma (gerade und schief), Deckfläche || Grundfläche

$$V = A_G h \qquad A_D \cong A_G$$
$$A_O = A_M + 2A_G$$

Schwerpunkt S = Halbierungspunkt der Verbindungsstrecke zwischen den Schwerpunkten der Grund- und Deckfläche.

Gerades Prisma: Seitenfläche ⊥ Grundfläche

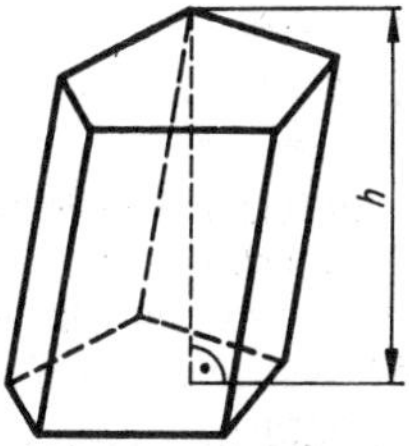

Bild 6.48. Prisma

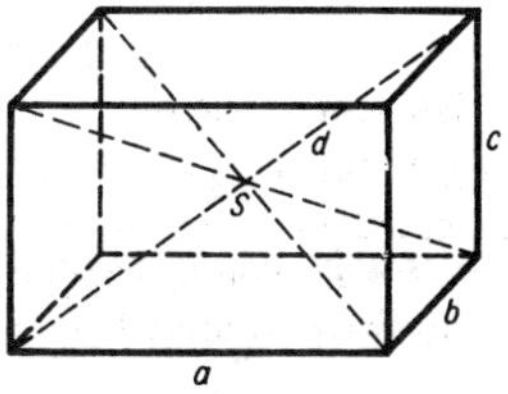

Bild 6.49. Quader

Rechtkant (Quader)

$$V = abc$$
$$A_O = 2(ab + ac + bc)$$
$$d = \sqrt{a^2 + b^2 + c^2}$$

Schwerpunkt S = Schnittpunkt der Körperdiagonalen d

Würfel

$$V = a^3 \qquad r_u = \frac{a}{2}\sqrt{3}$$
$$A_O = 6a^2$$
$$d = a\sqrt{3} \qquad r_i = \frac{a}{2}$$

Schwerpunkt S = Schnittpunkt der Körperdiagonalen d

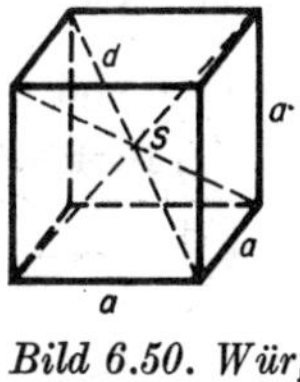

Bild 6.50. Würfel

Schief abgeschnittenes dreiseitiges Prisma

gerade: $V = A_{\mathrm{G}} \dfrac{a + b + c}{3} \quad (a \parallel b \parallel c)$

schräg: $V = A_{\mathrm{Q}} \dfrac{a + b + c}{3} \quad (a \parallel b \parallel c)$

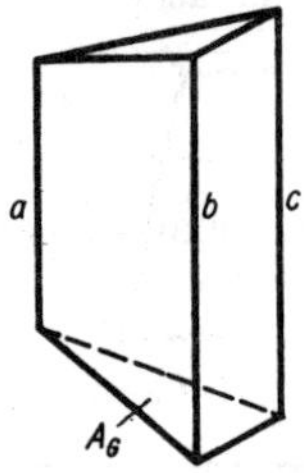

Bild 6.51. Gerades Prisma

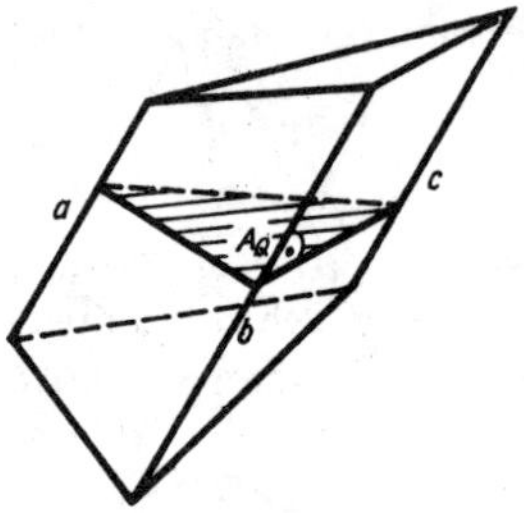

Bild 6.52. Schräges Prisma
A_Q Querschnitt senkrecht zu den Kanten

Schief abgeschnittenes n-seitiges Prisma

$V = A_{\mathrm{Q}} \cdot s_s$ s_s Verbindungslinie der Schwerpunkte der Grund- und Deckfläche
A_{Q} Flächeninhalt eines Querschnitts senkrecht s_s

Pyramide (gerade und schief)

Grundfläche n-Eck, Seitenflächen n Dreiecke
Die Pyramide heißt gerade, wenn die Grundfläche einen Mittelpunkt M hat und die Spitze senkrecht über M liegt.

$$V = \frac{1}{3} A_{\mathrm{G}} h \qquad A_{\mathrm{O}} = A_{\mathrm{G}} + A_{\mathrm{M}}$$

Schwerpunkt S liegt auf der Verbindungslinie der Spitze mit dem Flächenschwerpunkt der Grundfläche im Abstand $\frac{h}{4}$ von der Grundfläche. Siehe auch Tetraeder!

Pyramidenstumpf

Grund- und Deckfläche ähnliche parallele n-Ecke, Seiten n Trapeze

$$V = \frac{h}{3}\left(A_{\mathrm{G}} + \sqrt{A_{\mathrm{G}} A_{\mathrm{D}}} + A_{\mathrm{D}}\right)$$

$$A_{\mathrm{O}} = A_{\mathrm{G}} + A_{\mathrm{D}} + A_{\mathrm{M}}$$

Schwerpunkt S liegt auf der Verbindungslinie der Schwerpunkte von Grund- und Deckfläche. Abstand von der

$$\text{Grundfläche} = \frac{h}{4} \cdot \frac{A_G + 2\sqrt{A_G A_D} + 3A_D}{A_G + \sqrt{A_G A_D} + A_D}$$

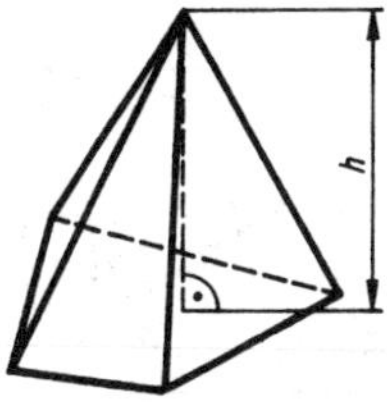

Bild 6.53. Pyramide

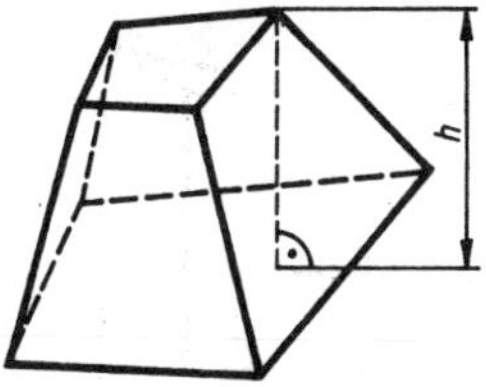

Bild 6.54. Pyramidenstumpf

Näherungsformel (für A_G wenig abweichend von A_D)

$$V \approx \frac{A_G + A_D}{2} h$$

Die fünf regelmäßigen Polyeder

Tetraeder (von vier gleichseitigen Dreiecken begrenzt)

$$V = \frac{a^3\sqrt{2}}{12} = \frac{1}{6} \cdot \begin{vmatrix} x_1 & y_1 & z_1 \\ x_2 & y_2 & z_2 \\ x_3 & y_3 & z_3 \end{vmatrix}$$

$$A_O = a^2\sqrt{3}$$

$$r_u = \frac{a}{4}\sqrt{6} \qquad r_i = \frac{a}{12}\sqrt{6}$$

Schwerpunkt S liegt auf der Höhe im Abstand $\frac{h}{4}$ von der Grundfläche.

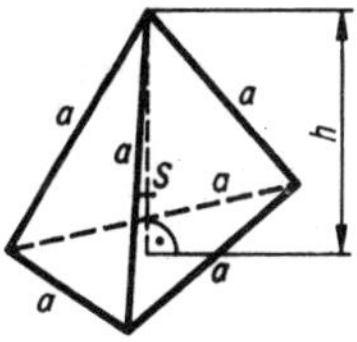

Bild 6.55. Tetraeder

Bild 6.56. Oktaeder

Oktaeder (von 8 gleichseitigen Dreiecken begrenzt)

$$V = \frac{a^3\sqrt{2}}{3} \qquad A_0 = 2a^2\sqrt{3} \qquad r_u = \frac{a}{2}\sqrt{2} \qquad r_i = \frac{a}{6}\sqrt{6}$$

Schwerpunkt S = Schnittpunkt der Diagonalen des gemeinsamen Grundquadrates

Ikosaeder (von 20 gleichseitigen Dreiecken begrenzt)

$$V = \frac{5a^3(3+\sqrt{5})}{12}$$

$$A_0 = 5a^2\sqrt{3}$$

$$r_u = \frac{a}{4}\sqrt{2(5+\sqrt{5})} \qquad r_i = \frac{a\sqrt{3}(3+\sqrt{5})}{12}$$

Hexaeder (Würfel) (von 6 Quadraten begrenzt) s. oben

Dodekaeder (von 12 regelmäßigen Fünfecken begrenzt)

$$V = \frac{a^3(15+7\sqrt{5})}{4} \qquad A_0 = 3a^2\sqrt{5(5+2\sqrt{5})}$$

$$r_u = \frac{a\sqrt{3}(1+\sqrt{5})}{4} \qquad r_i = \frac{a\sqrt{10(25+11\sqrt{5})}}{20}$$

Bild 6.57. *Ikosaeder*

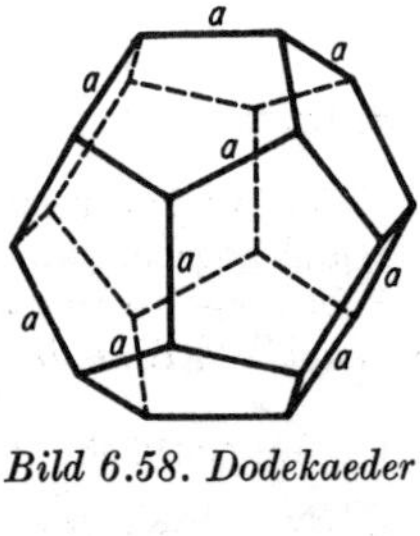

Bild 6.58. *Dodekaeder*

Obelisk

Grund- und Deckfläche nicht ähnliche parallele Rechtecke, Seitenflächen Trapeze

$$V = \frac{h}{6}[(2a + a_1)\,b + (2a_1 + a)\,b_1]$$

$$= \frac{h}{6}[ab + (a + a_1)(b + b_1) + a_1b_1]$$

Abstand des *Schwerpunktes* S von der Grundfläche ab ist

$$\frac{h}{2} \cdot \frac{ab + ab_1 + a_1b + 3a_1b_1}{2ab + ab_1 + a_1b + 2a_1b_1}$$

Keil

Grundfläche rechteckig. Seitenflächen gleichschenklige Dreiecke und gleichschenklige Trapeze

$$V = \frac{bh}{6}(2a + a_1)$$

Abstand des *Schwerpunktes* S von der Grundfläche ab ist

$$\frac{h}{2} \cdot \frac{a + a_1}{2a + a_1}$$

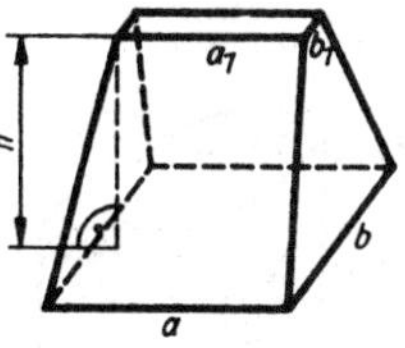

Bild 6.59. Obelisk

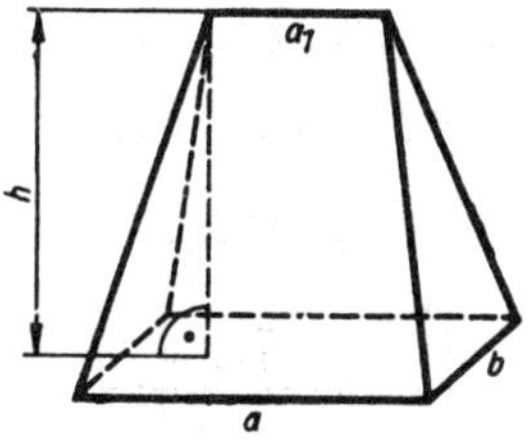

Bild 6.60. Keil

Prismatoid

Unter Prismatoiden versteht man Körper mit nur geradlinigen Kanten und ebenen, zum Teil aber auch krummen Grenzflächen, deren Ecken oder Grundflächen auf zwei parallelen Ebenen liegen. (Berechnung mit Hilfe der SIMPSONschen Regel, s. S. 238)

6.8.3. Krummflächig begrenzte Körper

Allgemeiner Zylinder

$V = A_G h \quad A_M = us$

$A_O = 2A_G + A_M$

u Umfang des Querschnitts normal zur Achse

Gerader Kreiszylinder

$V = \pi r^2 h$

$A_M = 2\pi rh$

$A_O = 2\pi r(r + h)$

Schwerpunkt S liegt auf der Achse im Abstand $\frac{h}{2}$ von der Grundfläche.

Schief abgeschnittener gerader Kreiszylinder

$$V = \frac{\pi r^2}{2}(s_1 + s_2)$$

$$A_M = \pi r(s_1 + s_2)$$

$$A_O = \pi r\left[s_1 + s_2 + r + \sqrt{r^2 + \left(\frac{s_1 - s_2}{2}\right)^2}\right]$$

Schwerpunkt S liegt auf der Achse im Abstand

$$\frac{s_1 + s_2}{4} + \frac{1}{4}\cdot\frac{r^2 \tan^2 \alpha}{s_1 + s_2}$$

von der Grundfläche.
α Neigungswinkel der Deckfläche gegen die Grundfläche

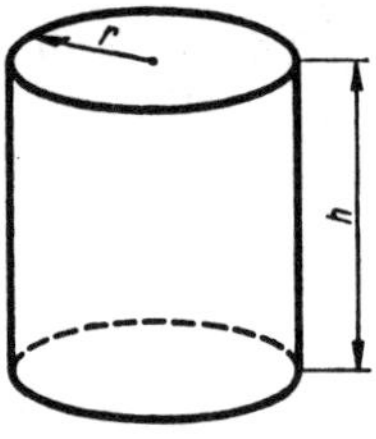

Bild 6.61. Kreiszylinder, gerade

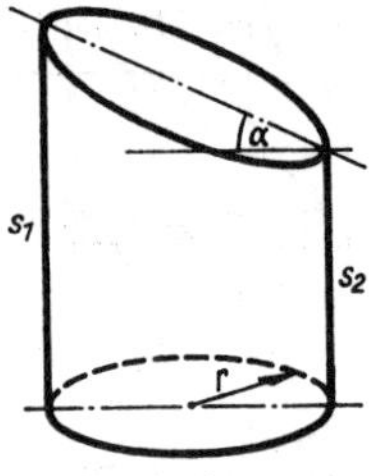

Bild 6.62. Kreiszylinder, schief abgeschnitten

Zylinderabschnitt (Zylinderhuf)

$$V = \frac{h}{3b}\left[a(3r^2 - a^2) + 3r^2(b - r)\,\frac{\varphi}{2}\right]$$

$$A_M = \frac{2rh}{b}\left[(b - r)\,\frac{\varphi}{2} + a\right]$$

Für $a = b = r$ ergibt sich

$$V = \frac{2}{3}r^2h = \frac{d^2}{6}h \qquad A_M = 2rh = dh$$

$$A_O = A_M + \frac{\pi}{2}r^2 + \frac{\pi}{2}r\sqrt{r^2 + h^2}$$

Gerader Hohlzylinder (Rohr)

$$V = \pi h(r_1^2 - r_2^2) = \pi a h(2r_1 - \delta)$$

$$A_M = 2\pi h(r_1 + r_2)$$

$$A_O = 2\pi(r_1 + r_2)(h + r_1 - r_2)$$

Schwerpunkt S liegt auf der Achse im Abstand $\frac{h}{2}$ von der Grundfläche.

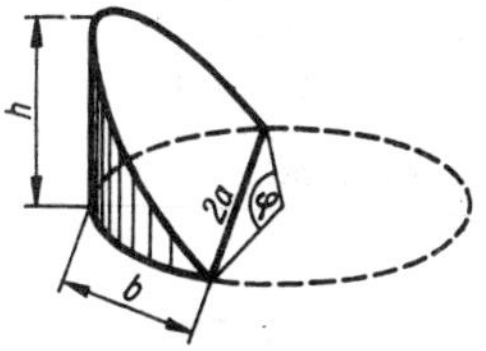

Bild 6.63. Zylinderabschnitt
φ Mittelpunktswinkel des Grundrisses im Bogenmaß, 2a Hufkante, h längste Mantellinie, b Lot vom Fußpunkt von h auf die Hufkante

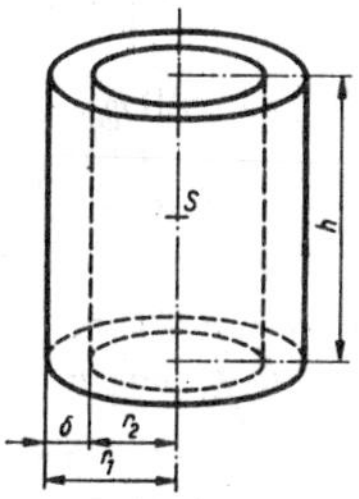

Bild 6.64. Hohlzylinder

Allgemeiner Kegel

$$V = \frac{1}{3} A_G h \qquad A_O = A_G + A_M$$

Gerader Kreiskegel (Bild 6.65)

Kreis und gekrümmte, in eine Ebene abwickelbare Fläche, die in eine Spitze ausläuft

$$V = \frac{1}{3}\pi r^2 h \qquad A_M = \pi r s \qquad A_O = \pi r(r + s)$$

Schwerpunkt S liegt auf der Achse im Abstand $\frac{h}{4}$ von der Grundfläche.

Gerader Kreiskegelstumpf

Grund- und Deckfläche Kreise, Mantelfläche in Ebene abwickelbar

$$V = \frac{1}{3}\pi h(r_1^2 + r_1 r_2 + r_2^2) \qquad A_M = \pi s(r_1 + r_2)$$

$$s = \sqrt{h^2 + (r_1 - r_2)^2} \qquad A_O = \pi[r_1^2 + r_2^2 + s(r_1 + r_2)]$$

Schwerpunkt S liegt auf der Achse im Abstand von der Grundfläche

$$\frac{h}{4} \cdot \frac{r_1^2 + 2r_1r_2 + 3r_2^2}{r_1^2 + r_1r_2 + r_2^2}$$

Näherungsformeln für das Kegelstumpfvolumen

$$V \approx \frac{\pi}{2} h(r_1^2 + r_2^2) \approx \frac{\pi}{4} h(r_1 + r_2)^2$$

r_1 wenig von r_2 abweichend

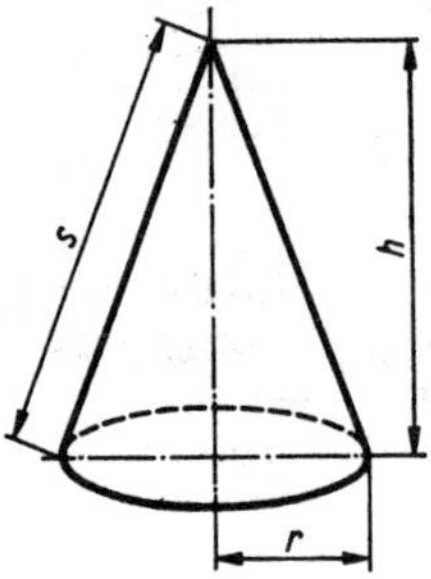

Bild 6.65.
Gerader Kreiskegel

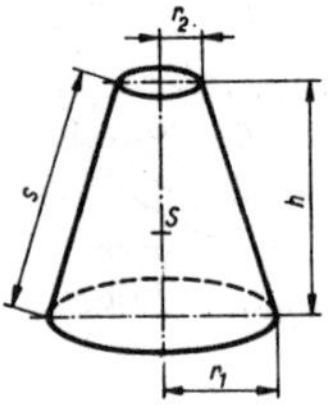

Bild 6.66.
Gerader Kreiskegelstumpf

Kugel

$$V = \frac{4}{3}\pi r^3 = \frac{\pi}{6} d^3 = \frac{1}{6}\sqrt{\frac{A_O^3}{\pi}}$$

$$A_O = 4\pi r^2 = \pi d^2 = \sqrt[3]{36\pi V^2}$$

$$r = \frac{1}{2}\sqrt{\frac{A_O}{\pi}} = \sqrt[3]{\frac{3V}{4\pi}}$$

$$d = \sqrt{\frac{A_O}{\pi}} = 2\sqrt[3]{\frac{3V}{4\pi}}$$

Schwerpunkt S = Mittelpunkt der Kugel

Kugelabschnitt (Kugelsegment)

$$V = \frac{1}{6}\pi h(3\varrho^2 + h^2) = \frac{1}{3}\pi h^2(3r - h) = \frac{1}{6}\pi h^2(3d - 2h)$$

$$A_M = 2\pi rh = \pi(\varrho^2 + h^2)$$

$$A_O = \pi(2rh + \varrho^2) = \pi(h^2 + 2\varrho^2) = \pi h(4r - h)$$

$$\varrho = \sqrt{h(2r - h)}$$

Schwerpunkt S liegt auf der Symmetrieachse des Abschnitts im Abstand vom Kugelmittelpunkt $\frac{3}{4} \cdot \frac{(2r - h)^2}{3r - h}$

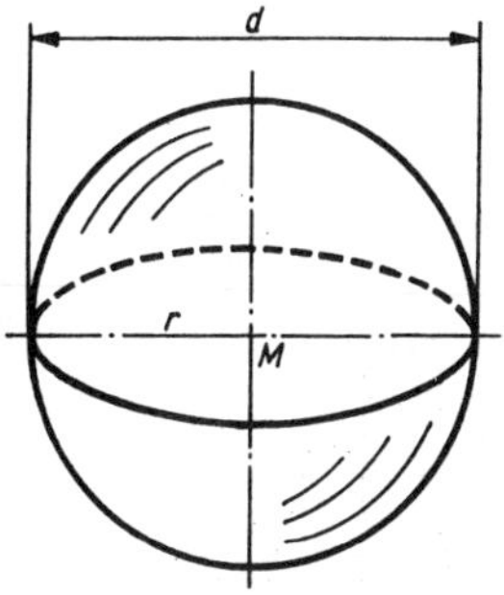

Bild 6.67. Kugel

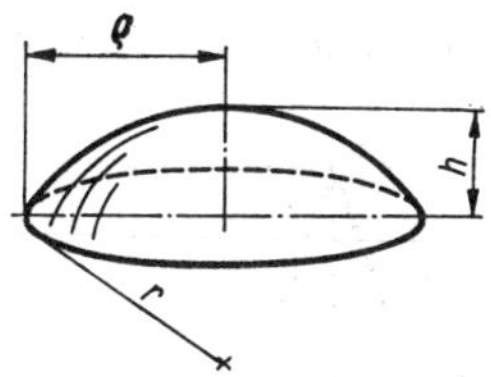

Bild 6.68. Kugelabschnitt
ϱ Radius der Grundfläche des Abschnitts
h Höhe des Abschnitts

Kugelausschnitt (Kugelsektor)

$$V = \frac{2\pi r^2 h}{3}$$

$$A_O = \pi r(2h + \varrho)$$

Schwerpunkt S liegt auf der Symmetrieachse des Ausschnitts im Abstand vom Kugelmittelpunkt $\frac{3}{8}(2r - h)$

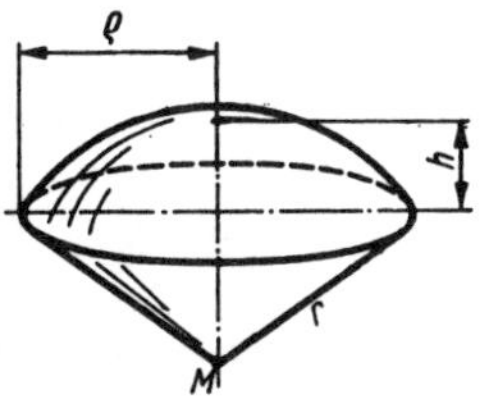

Bild 6.69. Kugelausschnitt
h Höhe des zugehörigen Abschnitts
ϱ Radius des Grundkreises des zugehörigen Abschnitts

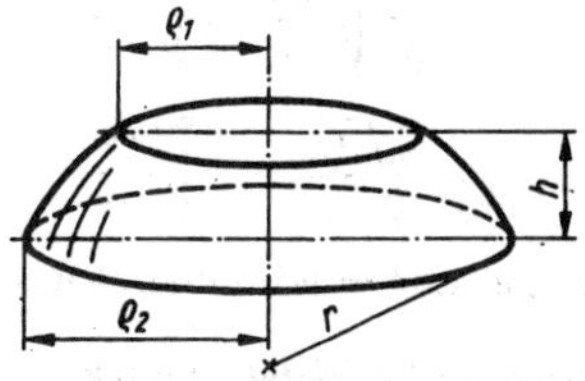

Bild 6.70. Kugelschicht
ϱ_1, ϱ_2 Radien der begrenzenden Kreise
h Höhe der Schicht

Kugelschicht

$$V = \frac{1}{6}\pi h(3\varrho_1^2 + 3\varrho_2^2 + h^2)$$

$$A_M = 2\pi rh = \pi dh \quad (\textit{Kugelzone})$$

$$A_O = \pi(2rh + \varrho_1^2 + \varrho_2^2) = \pi(dh + \varrho_1^2 + \varrho_2^2)$$

Kugelkappe

Die Kugelkappe ist der krumme Teil der Oberfläche des Kugelabschnitts

$$A = 2\pi rh$$

A Fläche
h Höhe des zugehörigen Abschnitts

Kugelzweieck

$$A = \frac{\pi r^2 \alpha}{90°}$$

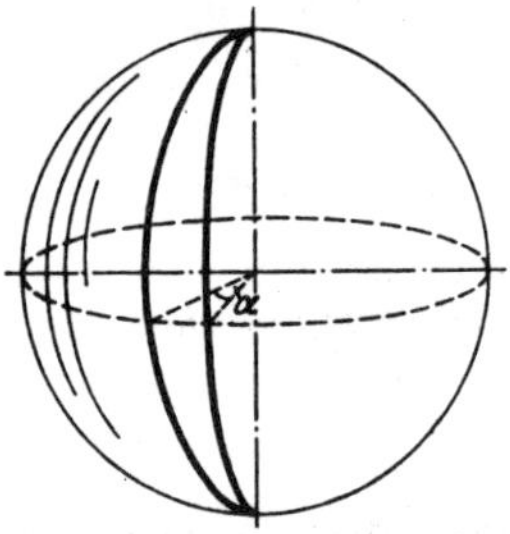

Bild 6.71. Kugelzweieck
α Winkel zwischen den begrenzenden Kugelkreisen

Kugeldreieck

$$A = \frac{\pi r^2 \varepsilon}{180°}$$

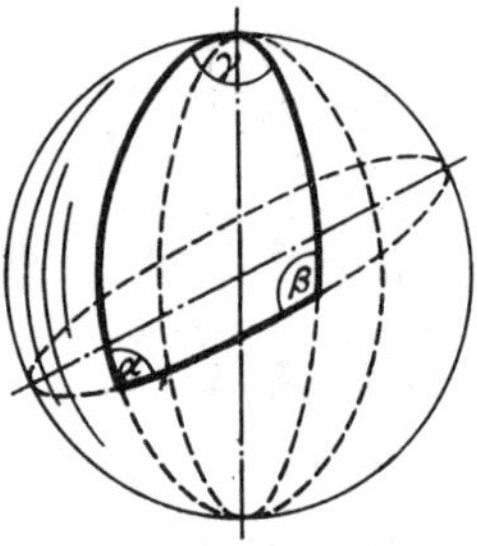

Bild 6.72. Kugeldreieck
ε sphärischer Exzeß
$\varepsilon = \alpha + \beta + \gamma - 180°$

Rotationsparaboloid

$$V = \frac{1}{2}\pi r^2 h$$

Schwerpunkt S liegt auf der Achse im Abstand $\frac{2}{3}h$ vom Scheitel.

Abgestumpftes Rotationsparaboloid

Grund- und Deckfläche parallele Kreise

$$V = \frac{1}{2}\pi(r_1^2 + r_2^2)\,h$$

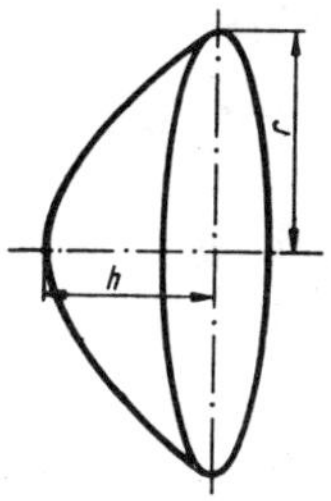

Bild 6.73.
Rotationsparaboloid

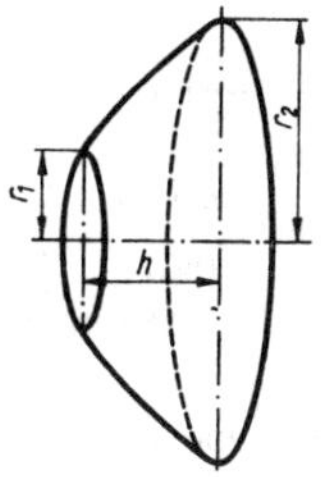

Bild 6.74. Abgestumpftes Rotationsparaboloid

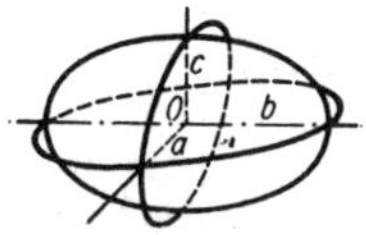

Bild 6.75.
Rotationsellipsoid
(a, b, c Halbachsen)

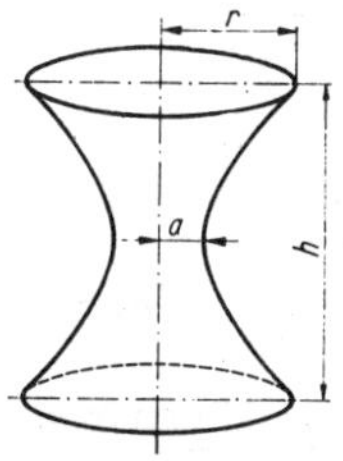

Bild 6.76.
Rotationshyperboloid, einschalig

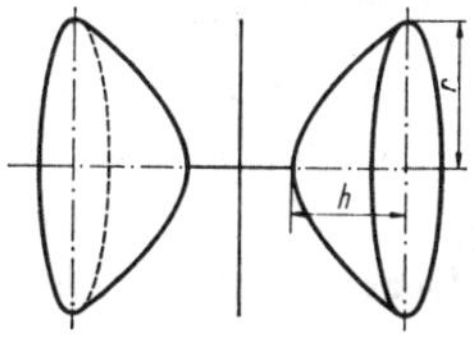

Bild 6.77.
Rotationshyperboloid, zweischalig

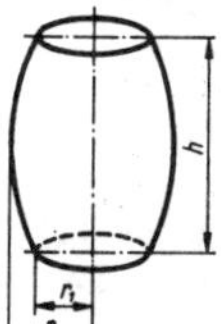

Bild 6.78. Tonne

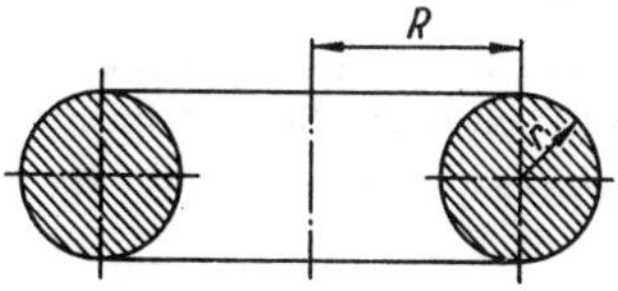

Bild 6.79. Torus

Ellipsoid

$$V = \frac{4}{3}\pi abc$$

Bilder umseitig

Rotationsellipsoide

$$V = \frac{4}{3}\pi ab^2 \quad (2a \text{ Drehachse})$$

$$V = \frac{4}{3}\pi a^2 b \quad (2b \text{ Drehachse})$$

Rotationshyperboloid

Grund- und Deckfläche parallele Kreise

einschalig $\quad V = \frac{\pi h}{3}(2a^2 + r^2) \quad$ a Halbachse

zweischalig $\quad V = \frac{\pi h}{3}\left(3\varrho^2 - \frac{b^2h^2}{a^2}\right)$

Tonne (Faß)

Grund- und Deckfläche parallele Kreise
Sphärische und elliptische Krümmung

$$V = \frac{1}{3}\pi h(2r_2^2 + r_1^2) = \frac{1}{12}\pi h(2D^2 + d^2)$$

Parabolische Krümmung

$$V = \frac{1}{15}\pi h(8r_2 + 4r_2 r_1 + 3r_1^2)$$

Für andere Krümmungen ergeben obige Formeln Näherungswerte.

Ring mit kreisförmigem Querschnitt (Torus)

$A_0 = 4\pi^2 rR \qquad V = 2\pi^2 r^2 R$

6.9. Sphärische Trigonometrie, Geometrie der Kugeloberfläche

6.9.1. Allgemeines

Einheitskugel: Kugel mit $r = 1$

Großkreise sind die Schnittlinien, in denen Ebenen durch den Kugelmittelpunkt die Kugeloberfläche schneiden.

Nebenkreise sind die Schnittlinien, in denen nicht durch den Kugelmittelpunkt gehende Ebenen die Kugeloberfläche schneiden.

Sphärische Zweiecke (Kugelzweiecke) werden von zwei Großkreisen begrenzt.

Sphärische Dreiecke (Kugeldreiecke) werden von drei Großkreisen begrenzt.

Da 3 Großkreise auf der Kugel 4 sphärische Dreiecke mit den gleichen Eckpunkten A, B, C bilden, wird festgelegt, daß das Kugeldreieck mit Seiten und Winkeln kleiner 180°, die nicht auf dem gleichen Großkreis liegen und von denen keine Gegenpunkte A', B', C' sind, betrachtet wird (kleiner als Halbkreis, *Eulersche Dreiecke*).

Bezeichnungen

Seiten a, b, c	im Winkelmaß des Zentriwinkels
Winkel α, β, γ	als Winkel zwischen den Tangenten in den Ecken an die Großkreise

Die Seite c ist z. B. durch den Winkel $\sphericalangle AMB$ zwischen den Vektoren $\overrightarrow{MA}$ und $\overrightarrow{MB}$ gekennzeichnet.
Durch die vom EULERschen Dreieck ABC definierten Großkreise wird mit den Gegenpunkten A', B', C' die Kugel in 8 EULERsche Dreiecke zerlegt. Je zwei sind zentralsymmetrisch.

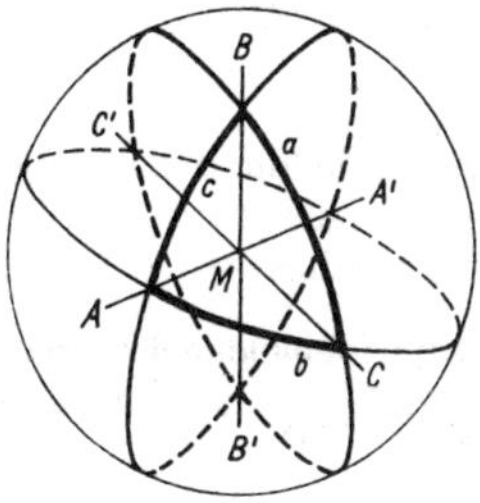

Bild 6.80. Kugeldreieck

Bedingungen für die Seiten und Winkel Eulerscher Dreiecke

$$0 < a + b + c < 2\pi \qquad s = \frac{a+b+c}{2}$$

$$\pi < \alpha + \beta + \gamma < 3\pi$$

$$a \gtreqless b \quad \text{für} \quad \alpha \gtreqless \beta \qquad \sigma = \frac{\alpha+\beta+\gamma}{2}$$

$$a + b \gtreqless \pi \quad \text{für} \quad \alpha + \beta \gtreqless \pi$$

Entsprechend für die anderen Seiten und Winkel

Dreiecksungleichungen:

$$a + b > c$$

$$|a - b| < c$$

$$\alpha + \beta < \pi + \gamma$$

Weitere Formeln durch zyklische Vertauschung

Sphärischer Exzeß $\alpha + \beta + \gamma - \pi = \varepsilon$

Sphärischer Defekt $2\pi - a - b - c = d$

Fläche $A = |\triangle ABC| = R^2 \cdot \varepsilon$

Beispiel:

Fläche des EULERschen Dreiecks Nordpol und 2 um $\pi = 180°$ auseinanderliegende Punkte auf dem Äquator.

$$A = (\alpha + \beta + \gamma - \pi) R^2 = \left(\frac{\pi}{2} + \frac{\pi}{2} + \pi - \pi\right) R^2 = \underline{\underline{\pi \cdot R^2}}$$

($\triangleq$ 1/4 Kugeloberfläche)

Sphärisches Zweieck (*Kugelzweieck*)

Fläche $A = 2R^2\alpha$ α Schnittwinkel der Großkreise

Der von dem sphärischen Zweieck und den Großkreisebenen abgegrenzte Teil heißt *Kugelkeil* (Beispiel Apfelsine).

6.9.2. Rechtwinkliges sphärisches Dreieck ($\gamma = 90°$)

Npersche Regel

Wenn man den rechten Winkel bei der Zählung ausschließt und statt der Katheten a, b ihre Komplemente setzt bzw. die Ko-Funktion wählt, so ist der Cosinus eines Stückes:

— gleich dem Produkt der Sinus der beiden benachbarten Stücke
— gleich dem Produkt der Kotangens der beiden anliegenden Stücke.

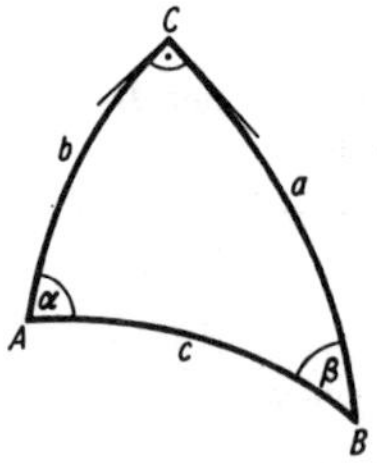

Bild 6.81.
Rechtwinkliges sphärisches Dreieck

$$\cos\left(\frac{\pi}{2} - a\right) = \sin a = \sin\alpha \sin c$$

$$\cos\left(\frac{\pi}{2} - b\right) = \sin b = \sin\beta \sin c$$

$$\cos c = \cos a \cos b$$
$$\cos \alpha = \cos a \sin \beta$$
$$\cos \beta = \sin \alpha \cos b$$
$$\cos \left(\frac{\pi}{2} - a\right) = \sin a = \tan b \cos \beta$$
$$\cos \left(\frac{\pi}{2} - b\right) = \sin b = \tan a \cot \alpha$$
$$\cos c = \cot \alpha \cot \beta$$
$$\cos \alpha = \cot c \tan b$$
$$\cos \beta = \cot c \tan a$$

6.9.3. Schiefwinkliges sphärisches Dreieck

Sinussatz

$$\sin a : \sin b : \sin c = \sin \alpha : \sin \beta : \sin \gamma$$

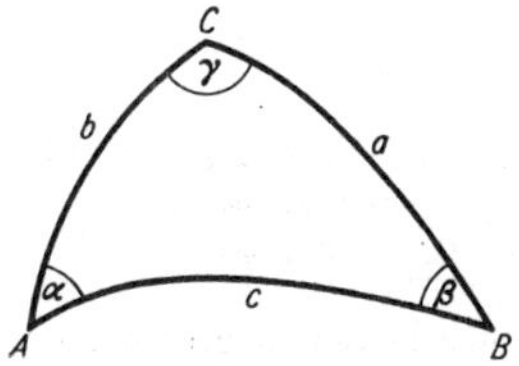

Bild 6.82.
Schiefwinkliges sphärisches Dreieck

Seitencosinussatz

$$\cos a = \cos b \cos c + \sin b \sin c \cos \alpha$$
$$\cos b = \cos c \cos a + \sin c \sin a \cos \beta$$
$$\cos c = \cos a \cos b + \sin a \sin b \cos \gamma$$

Winkelcosinussatz

$$\cos \alpha = -\cos \beta \cos \gamma + \sin \beta \sin \gamma \cos a$$
$$\cos \beta = -\cos \gamma \cos \alpha + \sin \gamma \sin \alpha \cos b$$
$$\cos \gamma = -\cos \alpha \cos \beta + \sin \alpha \sin \beta \cos c$$

Halbseitensatz des Kugeldreiecks

$$\sin \frac{a}{2} = \sqrt{-\frac{\cos \sigma \cos (\sigma - \alpha)}{\sin \beta \sin \gamma}}$$

$$\cos\frac{a}{2} = \sqrt{\frac{\cos(\sigma-\beta)\cos(\sigma-\gamma)}{\sin\beta\sin\gamma}}$$

$$\tan\frac{a}{2} = \sqrt{-\frac{\cos\sigma\cos(\sigma-\alpha)}{\cos(\sigma-\beta)\cos(\sigma-\gamma)}}$$

$$\cot\frac{a}{2} = \sqrt{-\frac{\cos(\sigma-\beta)\cos(\sigma-\gamma)}{\cos\sigma\cos(\sigma-\alpha)}}$$

Durch zyklische Vertauschung entstehen Formeln für $\frac{b}{2}$ und $\frac{c}{2}$.

Halbwinkelsatz des Kugeldreiecks

$$\sin\frac{\alpha}{2} = \sqrt{\frac{\sin(s-b)\sin(s-c)}{\sin b\sin c}}$$

$$\cos\frac{\alpha}{2} = \sqrt{\frac{\sin s\sin(s-a)}{\sin b\sin c}}$$

$$\tan\frac{\alpha}{2} = \sqrt{\frac{\sin(s-b)\sin(s-c)}{\sin s\sin(s-a)}}$$

$$\cot\frac{\alpha}{2} = \sqrt{\frac{\sin s\sin(s-a)}{\sin(s-b)\sin(s-c)}}$$

Durch zyklische Vertauschung ergeben sich die entsprechenden Formeln für $\frac{\beta}{2}$ und $\frac{\gamma}{2}$.

Gaußsche Formeln

$$\frac{\sin\frac{\alpha+\beta}{2}}{\cos\frac{\gamma}{2}} = \frac{\cos\frac{a-b}{2}}{\cos\frac{c}{2}} \qquad \frac{\cos\frac{\alpha+\beta}{2}}{\sin\frac{\gamma}{2}} = \frac{\cos\frac{a+b}{2}}{\cos\frac{c}{2}}$$

$$\frac{\sin\frac{\alpha-\beta}{2}}{\cos\frac{\gamma}{2}} = \frac{\sin\frac{a-b}{2}}{\sin\frac{c}{2}} \qquad \frac{\cos\frac{\alpha-\beta}{2}}{\sin\frac{\gamma}{2}} = \frac{\sin\frac{a+b}{2}}{\sin\frac{c}{2}}$$

Durch zyklische Vertauschung entstehen weitere acht Formeln.

Nepersche Analogien

$$\frac{\tan\frac{a+b}{2}}{\tan\frac{c}{2}} = \frac{\cos\frac{\alpha-\beta}{2}}{\cos\frac{\alpha+\beta}{2}} \qquad \frac{\tan\frac{\alpha+\beta}{2}}{\cot\frac{\gamma}{2}} = \frac{\cos\frac{a-b}{2}}{\cos\frac{a+b}{2}}$$

$$\frac{\tan\frac{a-b}{2}}{\tan\frac{c}{2}} = \frac{\sin\frac{\alpha-\beta}{2}}{\sin\frac{\alpha+\beta}{2}} \qquad \frac{\tan\frac{\alpha-\beta}{2}}{\cot\frac{\gamma}{2}} = \frac{\sin\frac{a-b}{2}}{\sin\frac{a+b}{2}}$$

Durch zyklische Vertauschung entstehen weitere Formeln.

Umkreisradius r_u und Inkreisradius r_i des Kugeldreiecks

$$\cot r_u = \sqrt{-\frac{\cos(\sigma-\alpha)\cos(\sigma-\beta)\cos(\sigma-\gamma)}{\cos\sigma}}$$

$$\tan r_i = \sqrt{\frac{\sin(s-a)\sin(s-b)\sin(s-c)}{\sin s}}$$

$$\left.\begin{aligned} \cot r_u &= \cot\frac{a}{2}\cos(\sigma-\alpha) \\ \tan r_i &= \tan\frac{\alpha}{2}\sin(s-a) \end{aligned}\right\}$$

Durch zyklische Vertauschung entstehen weitere Formeln.

L'Huiliersche Formel

$$\tan\frac{\varepsilon}{4} = \sqrt{\tan\frac{s}{2}\tan\frac{s-a}{2}\tan\frac{s-b}{2}\tan\frac{s-c}{2}}$$

$$\tan\left(\frac{\alpha}{2}-\frac{\varepsilon}{2}\right) = \sqrt{\frac{\tan\frac{s-b}{2}\tan\frac{s-c}{2}}{\tan\frac{s}{2}\tan\frac{s-a}{2}}}$$

Sphärischer Defekt

$$\tan\frac{d}{4} = \sqrt{-\tan(45^\circ-\sigma)\tan\left(45^\circ-\frac{\sigma-\alpha}{2}\right)\tan\left(45^\circ-\frac{\sigma-\beta}{2}\right)\tan\left(45^\circ-\frac{\sigma-\gamma}{2}\right)}$$

6.9.4. Grundaufgaben zur Berechnung sphärischer Dreiecke

Grundaufgabe 1: 3 Seiten a, b, c
Ein Winkel nach dem Seitencosinussatz, weiter mit Sinussatz oder alle Winkel mit Seitencosinussatz
oder Halbwinkelsatz

Grundaufgabe 2: 2 Seiten und der eingeschlossene Winkel, z. B. b, c, α
Dritte Seite nach Seitencosinussatz, weiter Sinussatz oder NEPERsche Analogie $\tan\frac{\beta+\gamma}{2} = \cdots$ und $\tan\frac{\beta-\gamma}{2} = \cdots$

danach $\tan\frac{a}{2} = \cdots$

Grundaufgabe 3: 2 Seiten und ein gegenüberliegender Winkel,

z. B. b, c, β

Zweiter Winkel mit Sinussatz, dritte Seite mit NEPERschen Analogien $\tan\frac{a}{2} = \cdots$ und $\cot\frac{\alpha}{2} = \cdots$
oder dritter Winkel mit Sinussatz

Grundaufgabe 4: Eine Seite und die beiden anliegenden Winkel

z. B. a, β, γ

Dritter Winkel mit Winkelcosinussatz, Seiten mit Sinussatz oder NEPERsche Analogie $\tan\frac{b+c}{2} = \cdots$ und $\tan\frac{b-c}{2} = \cdots$,

danach Sinussatz für 3. Winkel

Grundaufgabe 5: Eine Seite, ein anliegender und der gegenüberliegende Winkel, z. B. b, β, γ
Sinussatz für 2. Seite, NEPERsche Analogie für 3. Seite,
Sinussatz für 3. Winkel

Grundaufgabe 6: Drei Winkel α, β, γ
Winkelcosinussatz für eine Seite, Sinussatz für weitere Seiten oder Halbseitensatz für eine Seite, weiter Sinussatz.

6.9.5. Mathematische Geographie

Längenmaße

Die Erde wird als Kugel aufgefaßt.
Mittlerer *Erdradius* $r \approx 6370$ km
Erdumfang ≈ 40000 km

Länge eines *Bogengrades* ≈ 111,3 km (gültig für Hauptkreise)
Länge einer *Bogenminute* ≈ 1852 m = 1 *Seemeile* (sm) (gültig für Hauptkreise)
1 *geographische Meile* = 4 sm ≈ 7500 m
1 *Strich* der Kompaßrose = $11\frac{1}{4}°$

Koordinatensystem der Erde

Abszissenachse ist der *Äquator*. Ordinatenachse ist der *Nullmeridian* (Meridian von Greenwich).

Geographische Länge λ wird gemessen entweder
auf dem Äquator als Bogenstück zwischen dem Nullmeridian und dem Meridian des Ortes

oder

als Winkel zwischen der Meridianebene des Ortes und der Ebene des Nullmeridians (gemessen von 0° bis 180°, östlich positiv, westlich negativ).

Geographische Breite φ ist der sphärische Abstand des Ortes vom Äquator (gemessen von 0° bis 90° nördlich positiv, südlich negativ).

Kürzeste Entfernung zweier Orte

Der Hauptkreisbogen zwischen den Punkten $P_1(\varphi_1; \lambda_1)$ und $P_2(\varphi_2; \lambda_2)$ (*Orthodrome*) bestimmt die kürzeste Entfernung (orthodrome Entfernung) e.

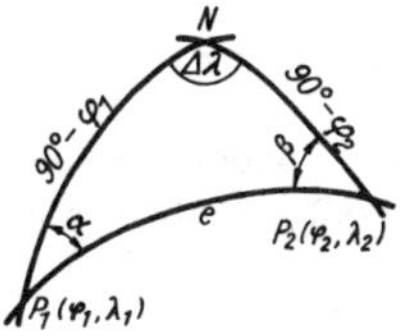

Bild 6.83. Kürzeste Entfernung e

$$\cos e = \sin\varphi_1 \sin\varphi_2 + \cos\varphi_1 \cos\varphi_2 \cos\Delta\lambda \quad \text{mit } \Delta\lambda = \lambda_2 - \lambda_1$$

α, β heißen *Kurswinkel*, Berechnung mit Sinussatz

$$\sin\alpha = \frac{\sin\Delta\lambda \sin(90° - \varphi_2)}{\sin e} = \frac{\sin\Delta\lambda \cos\varphi_2}{\sin e}$$

$$\sin\beta = \frac{\sin\Delta\lambda \cos\varphi_1}{\sin e}$$

Entfernungen zweier Orte gleicher geographischer Breite ($\varphi_1 = \varphi_2 = \varphi$)

Orthodrome Entfernung e

$$\sin \frac{e}{2} = \cos \varphi \sin \frac{\Delta\lambda}{2} \quad \text{(NEPERsche Regel)}$$

Loxodrome Entfernung (Bogen auf dem Breitenkreis) l

$$l = \Delta\lambda \cos \varphi \qquad \text{(in Grad)}$$

oder

$$l = \frac{\pi r \, \Delta\lambda \cos \varphi}{180^\circ} \qquad \text{(in km)}$$

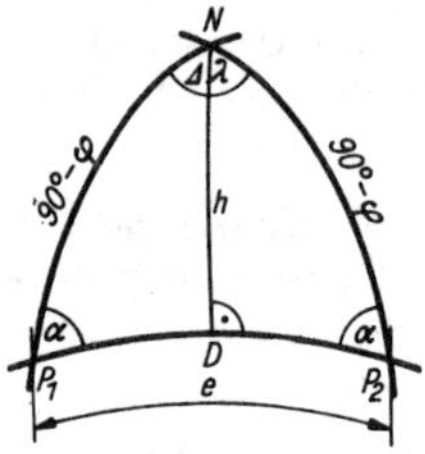

Bild 6.84.
Orthodrome Entfernung e

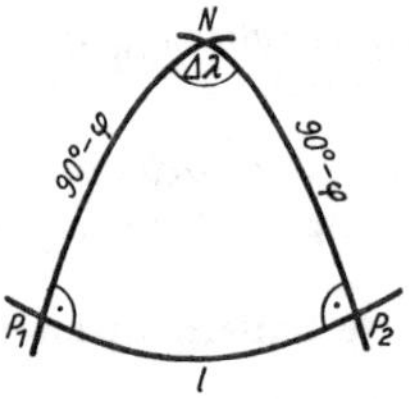

Bild 6.85.
Loxodrome Entfernung l

Anmerkung: Die *Loxodrome* ist eine Linie auf der Kugeloberfläche, die alle Meridiane unter gleichem Winkel schneidet. Ist der Winkel verschieden von 90°, dann nähert sich die Loxodrome spiralförmig dem Pol. Jeder Breitenkreis ist eine Loxodrome, die die Meridiane rechtwinklig schneidet.

7. Vektorrechnung, Analytische Geometrie

7.1. Vektorraum V_n

Definition

Eine Menge V heißt Vektorraum und ihre Elemente **Vektoren**, wenn für die Elemente folgende *Axiome* (*Grundgesetze*) definiert sind:

$$\boldsymbol{a}, \boldsymbol{b}, \boldsymbol{c}, \boldsymbol{x} \in V \quad \lambda, \mu \in P$$

Addition

$\boldsymbol{a} + \boldsymbol{b} = \boldsymbol{b} + \boldsymbol{a}$ Kommutativgesetz

$(\boldsymbol{a} + \boldsymbol{b}) + \boldsymbol{c} = \boldsymbol{a} + (\boldsymbol{b} + \boldsymbol{c})$ Assoziativgesetz

$\boldsymbol{a} + \boldsymbol{x} = \boldsymbol{b}$ (zu $\boldsymbol{a}$, $\boldsymbol{b}$ gibt es stets genau ein $\boldsymbol{x}$)

skalare Multiplikation

$1\boldsymbol{a} = \boldsymbol{a}$ $\rightarrow \lambda\boldsymbol{a}$ ist das λ-fache von $\boldsymbol{a}$

$(\lambda + \mu)\,\boldsymbol{a} = \lambda\boldsymbol{a} + \mu\boldsymbol{a}$ Distributivgesetz

$\lambda(\boldsymbol{a} + \boldsymbol{b}) = \lambda\boldsymbol{a} + \lambda\boldsymbol{b}$ dsgl.

$\lambda(\mu\boldsymbol{a}) = (\lambda\mu)\,\boldsymbol{a}$ Assoziativgesetz

Freie Vektoren können im Raum beliebig parallel verschoben werden, *ortsgebundene Vektoren* (z. B. Feldvektoren) sind einer Stelle im Raum zugeordnet.

Vektoren dienen der Darstellung von

- vektoriellen Größen der Physik (Feldstärke, Kraft, Geschwindigkeit) als ortsgebundene Vektoren
- Zahlenpaaren, Zahlen-n-Tupeln (siehe Matrizen)
- geometrischen Verschiebungen als freie Vektoren

Größen, die im Gegensatz zu Vektoren nur durch einen Zahlenwert bestimmt sind, heißen **Skalare**.

Schreibweise: a, b, x, AB für den Repräsentanten $[A; B]$

Kennzeichen eines Vektors:

Länge, Betrag
Richtung einschl. Richtungssinn
Anfangspunkt bei ortsgebundenen Vektoren

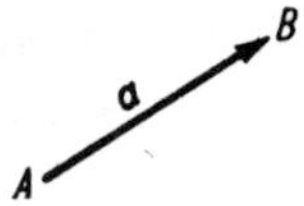

Bild 7.1. Vektor

Darstellung: Pfeil, dessen Richtung mit der des Vektors übereinstimmt, dessen Länge seinem Betrag proportional ist.

Länge eines Vektors, *Betrag*, *Norm* $|\boldsymbol{a}| = \sqrt{\boldsymbol{a} \cdot \boldsymbol{a}} = a$ (*Verschiebungsweite*)

Nullvektor $|\boldsymbol{o}| = 0 \quad \boldsymbol{a} + \boldsymbol{o} = \boldsymbol{a}$ (identische Abbildung)

Entgegengesetzte Vektoren haben gleichen Betrag, aber entgegengesetzte Richtung

$$\left.\begin{array}{l} \overrightarrow{AB} = \boldsymbol{a} \\ \overrightarrow{BA} = -\boldsymbol{a} \end{array}\right\} |\boldsymbol{a}| = |-\boldsymbol{a}| \qquad \boldsymbol{a} + (-\boldsymbol{a}) = \boldsymbol{o}$$

Gleiche Vektoren haben gleiche Größe und gleiche Richtung, d. h., ihre Komponenten stimmen überein.

Linearkombination von Vektoren

$\boldsymbol{b}$ heißt Linearkombination von $\boldsymbol{a}_1, \boldsymbol{a}_2, \ldots, \boldsymbol{a}_n$, wenn gilt:

$$\boldsymbol{b} = \lambda_1 \boldsymbol{a}_1 + \lambda_2 \boldsymbol{a}_2 + \cdots + \lambda_n \boldsymbol{a}_n \qquad \lambda_i \in P$$ Koeffizienten der Linearkombination

Vektoren sind *linear unabhängig* für $\boldsymbol{b} \neq \boldsymbol{o}$:

$$\lambda_1 \boldsymbol{a}_1 + \lambda_2 \boldsymbol{a}_2 + \cdots + \lambda_n \boldsymbol{a}_n = \boldsymbol{o}$$ triviale Lösungsmenge $L = \{\forall\, \lambda_i = 0\}$

Komplanare Vektoren liegen in einer Ebene:

$$\boldsymbol{o} = \lambda_1 \boldsymbol{a}_1 + \lambda_2 \boldsymbol{a}_2 \qquad \lambda_1, \lambda_2 \in P$$

bzw.

$$\boldsymbol{b} = \begin{vmatrix} a_{1x} & a_{2x} & b_x \\ a_{1y} & a_{2y} & b_y \\ a_{1z} & a_{2z} & b_z \end{vmatrix} = 0$$

Lineare Unabhängigkeit für ($\boldsymbol{b} = \boldsymbol{o}$), Vektoren nicht in einer Ebene.

Ortsvektor $\boldsymbol{r} = \overrightarrow{OP}$

Die Projektionen eines Vektors $\boldsymbol{a}$ auf die Achsen des kartesischen Koordinatensystems $\{0; \boldsymbol{i}, \boldsymbol{j}, \boldsymbol{k}\}$ ergeben die *vektoriellen Komponenten* von $\boldsymbol{a}$:

$\boldsymbol{a} = \boldsymbol{a}_x + \boldsymbol{a}_y + \boldsymbol{a}_z$ mit den Koordinaten a_x, a_y, a_z des Endpunktes (Spitze)

Schreibweisen:

$$\boldsymbol{a} = a_x\boldsymbol{i} + a_y\boldsymbol{j} + a_z\boldsymbol{k} = \boldsymbol{a}_x + \boldsymbol{a}_y + \boldsymbol{a}_z$$

$$\overrightarrow{OP} = x\boldsymbol{i} + y\boldsymbol{j} + z\boldsymbol{k} = (x, y, z) = \boldsymbol{x}$$

$\boldsymbol{a} = (a_x, a_y, a_z)$ skalare Komponenten

$$\overrightarrow{OP} = |\boldsymbol{r}| \, [\boldsymbol{i} \cos \sphericalangle (\boldsymbol{i}, \boldsymbol{r}) + \boldsymbol{j} \cos \sphericalangle (\boldsymbol{j}, \boldsymbol{r}) + \boldsymbol{k} \cos \sphericalangle (\boldsymbol{k}, \boldsymbol{r})]$$

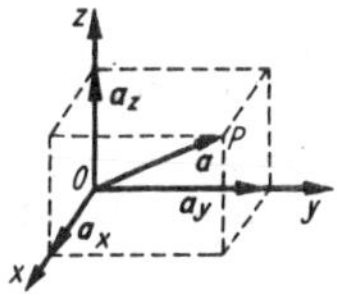

Bild 7.2. Ortsvektor, Komponenten

Betrag eines Ortsvektors:

$$|\overrightarrow{OP}| = \sqrt{a_x^2 + a_y^2 + a_z^2} = \sqrt{\boldsymbol{a} \cdot \boldsymbol{a}}$$

$\sqrt{\boldsymbol{x}^2} = \sqrt{x^2 + y^2 + z^2}$ *Räumlicher Lehrsatz des Pythagoras*

Einheitsvektor: $\boldsymbol{a}^0 = \dfrac{\boldsymbol{a}}{a}$ Betrag $|\boldsymbol{a}^0| = 1$

Einheitsvektoren in Koordinatenrichtung (orthonormierte Vektoren)

$$\boldsymbol{i} = (1, 0, 0) \quad \boldsymbol{j} = (0, 1, 0) \quad \boldsymbol{k} = (0, 0, 1)$$

Beispiel:

$$\boldsymbol{r} = 5\boldsymbol{i} + 2\boldsymbol{j} - 6\boldsymbol{k} \quad |\boldsymbol{r}| = \sqrt{5^2 + 2^2 + (-6)^2} = \underline{\underline{8{,}062}}$$

Richtungscosinus

in der Ebene $\{0; \boldsymbol{i}, \boldsymbol{j}\}$: $x = |\boldsymbol{r}| \cos \alpha \quad y = |\boldsymbol{r}| \sin \alpha \quad \alpha = \sphericalangle (\boldsymbol{i}, \overrightarrow{OP})$

im Raum $\{0; \boldsymbol{i}, \boldsymbol{j}, \boldsymbol{k}\}$: $\alpha = \sphericalangle (\boldsymbol{i}, \boldsymbol{i}x + \boldsymbol{j}y)$

$\beta = \sphericalangle (\boldsymbol{k}, \boldsymbol{r})$

$$x = |\boldsymbol{r}| \sin \beta \cos \alpha = \cos \sphericalangle (\boldsymbol{i}, \boldsymbol{r})$$

$$y = |\boldsymbol{r}| \sin \beta \sin \alpha = \cos \sphericalangle (\boldsymbol{j}, \boldsymbol{r})$$

$$z = |\boldsymbol{r}| \cos \beta = \cos \sphericalangle (\boldsymbol{k}, \boldsymbol{r})$$

$\sphericalangle (\boldsymbol{i}, \boldsymbol{r})$ Winkel, den der Vektor $\boldsymbol{r}$ mit der positiven x-Achse bildet, nicht α!

Richtwinkel sind $\sphericalangle (\boldsymbol{i}, \boldsymbol{r})$, $\sphericalangle (\boldsymbol{j}, \boldsymbol{r})$, $\sphericalangle (\boldsymbol{k}, \boldsymbol{r})$

$$\cos^2 \sphericalangle (\boldsymbol{i}, \boldsymbol{r}) + \cos^2 \sphericalangle (\boldsymbol{j}, \boldsymbol{r}) + \cos^2 \sphericalangle (\boldsymbol{k}, \boldsymbol{r}) = 1$$

Projektion von $\boldsymbol{r}$ auf die Koordinatenachsen:

$$x \cos \sphericalangle (\boldsymbol{i}, \boldsymbol{r}) + y \cos \sphericalangle (\boldsymbol{j}, \boldsymbol{r}) + z \cos \sphericalangle (\boldsymbol{k}, \boldsymbol{r}) = |\boldsymbol{r}|$$

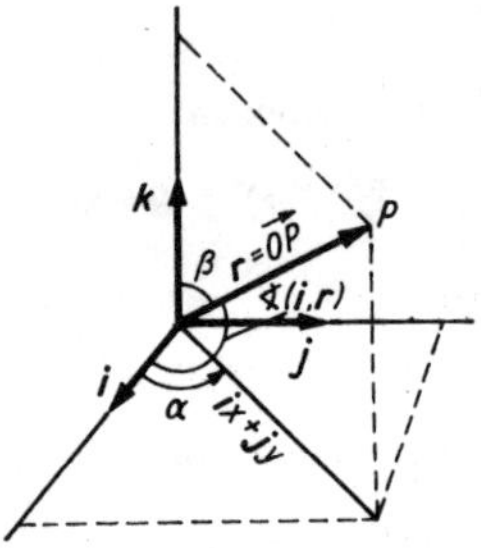

Bild 7.3. Richtungscosinus

Beispiel:

Bestimme die Richtungscosinus für $\boldsymbol{a} = 5\boldsymbol{i} + 2\boldsymbol{j} - 6\boldsymbol{k}$ (siehe oben)

$$\cos (\boldsymbol{i}, \boldsymbol{r}) = \frac{5}{8{,}062} = 0{,}6202 \qquad \sphericalangle (\boldsymbol{i}, \boldsymbol{r}) = 51^\circ\ 40'$$

$$\cos (\boldsymbol{j}, \boldsymbol{r}) = \frac{2}{8{,}062} = 0{,}2481 \qquad \sphericalangle (\boldsymbol{j}, \boldsymbol{r}) = 75^\circ\ 38'$$

$$\cos (\boldsymbol{k}, \boldsymbol{r}) = \frac{-6}{8{,}062} = -0{,}7442 \qquad \sphericalangle (\boldsymbol{k}, \boldsymbol{r}) = 138^\circ\ 6'$$

7.2. Koordinaten

7.2.1. Koordinatensysteme

Die linear unabhängigen Vektoren $\boldsymbol{a}_1$, $\boldsymbol{a}_2$ und $\boldsymbol{a}_3$ heißen Basis des Vektorraumes $\{\boldsymbol{a}_1, \boldsymbol{a}_2, \boldsymbol{a}_3\}$.
Zerlegung eines Ortsvektors $\overrightarrow{OP} = \lambda_1\boldsymbol{a}_1 + \lambda_2\boldsymbol{a}_2 + \lambda_3\boldsymbol{a}_3$ in die Komponenten $\lambda_1\boldsymbol{a}_1$, $\lambda_2\boldsymbol{a}_2$, $\lambda_3\boldsymbol{a}_3$ bez. der Basis $\{\boldsymbol{a}_1, \boldsymbol{a}_2, \boldsymbol{a}_3\}$ mit den Koordinaten des Punktes $P(\lambda_1, \lambda_2, \lambda_3)$ bzw. $\boldsymbol{a}(\lambda_1, \lambda_2, \lambda_3)$ bedeutet eine eineindeutige Zuordnung der Raumpunkte zu Zahlentripeln $(\lambda_1, \lambda_2, \lambda_3)$.

Ein **Parallelkoordinatensystem** (*affines Koordinatensystem*) besteht aus dem Ursprung O und der Basis $\{\boldsymbol{a}_1, \boldsymbol{a}_2, \boldsymbol{a}_3\}$

Schreibweise: $\{O; \boldsymbol{a}_1, \boldsymbol{a}_2, \boldsymbol{a}_3\}$

Schiefwinkliges Koordinatensystem

$$\sphericalangle\,(\boldsymbol{a}_1, \boldsymbol{a}_2) \in (0, \pi)$$

$$\sphericalangle\,(\boldsymbol{a}_1, \boldsymbol{a}_3) \in (0, \pi)$$

$$\sphericalangle\,(\boldsymbol{a}_2, \boldsymbol{a}_3) \in (0, \pi)$$

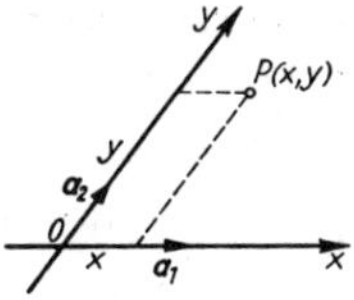

Bild 7.4. Schiefwinklige Koordinaten

Orthogonales (rechtwinkliges) Koordinatensystem

Die Achsen stehen paarweise aufeinander senkrecht.

Kartesisches Koordinatensystem im Raum

Rechtwinkliges, orthonormiertes Koordinatensystem mit den Basisvektoren $\boldsymbol{i}, \boldsymbol{j}, \boldsymbol{k}$: $\{O; \boldsymbol{i}, \boldsymbol{j}, \boldsymbol{k}\}$
und den Koordinaten x, y, z

Kurvengleichung: Graph der Funktion $k = \{P(x, y, z) \mid F(x, y, z) = 0\}$

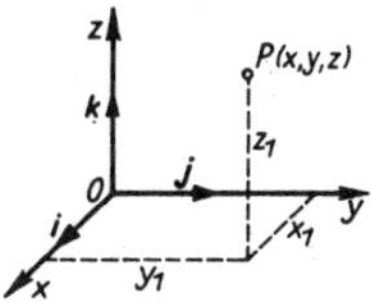

Bild 7.5. Kartesische Koordinaten

Orientierung des Raumes

Ein *Rechtssystem* ist dadurch charakterisiert, daß eine Drehung der positiven x-Achse nach der positiven y-Achse mit gleichzeitiger Verschiebung in Richtung der positiven z-Achse eine Rechtsschraubung ergibt.

Rechtehandregel: $D = x$ gespreizt.

$Z = y$

$M = z$

Koordinatenebenen:
$x =$ konst., $y =$ konst., $z =$ konst.

Quadrantenbezeichnung in der Ebene ($z = 0$)

x-Achse *Abszisse*

y-Achse *Ordinate*

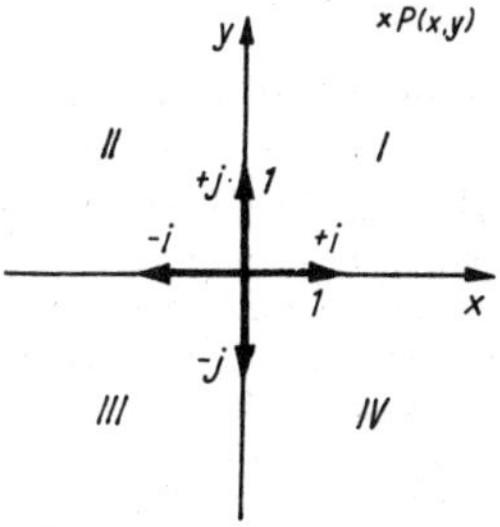

Bild 7.6. Quadrantenbeziehungen

Übergang von einem rechtwinkligen zu einem schiefwinkligen Koordinatensystem

x, y Koordinaten im rechtwinkligen System

x, y' Koordinaten im schiefwinkligen System

φ_1 Winkel zwischen x-Achse und x'-Achse

φ_2 Winkel zwischen x-Achse und y'-Achse

$$x = x' \cos \varphi_1 + y' \cos \varphi_2 \qquad x' = \frac{-x \sin \varphi_2 + y \cos \varphi_2}{\sin (\varphi_1 - \varphi_2)}$$

$$y = x' \sin \varphi_1 + y' \sin \varphi_2 \qquad y' = \frac{x \sin \varphi_1 - y \cos \varphi_1}{\sin (\varphi_1 - \varphi_2)}$$

Orientierung der Ebene

Positiver Drehsinn, wenn positive x-Achse in kleinerem Winkel in die positive y-Achse gedreht werden kann (Gegenuhrzeiger!)

Kugelkoordinaten, räumliche Polarkoordinaten $\{O; r, \lambda, \varphi\}$, sphärische Koordinaten

Festlegung des Poles, der Nordrichtung (z) und der Nullrichtung (x), positiver »östlicher« Drehsinn um z.

Koordinaten: $P(r, \lambda, \varphi)$

Achtung:

Zuweilen ist auch üblich $P(r, \varphi', \vartheta)$ mit

$$\vartheta = 90° - \varphi$$
$$\varphi' = \lambda$$

Längenkoordinaten

$$-\pi < \lambda \leqq \pi$$

Breitenkoordinaten

$$-\frac{\pi}{2} \leqq \varphi \leqq \frac{\pi}{2}$$

Kugelfläche $r =$ konst.

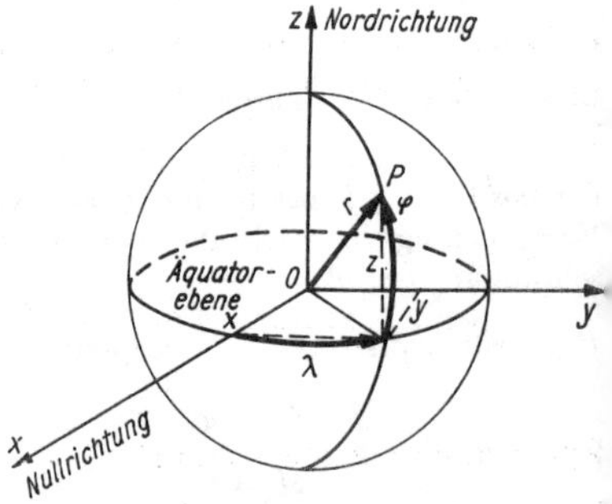

Bild 7.7. Kugelkoordinaten

Die Flächen $\lambda =$ konst. sind Halbebenen durch die z-Achse.
Die Flächen $\varphi =$ konst. sind Kegel mit der Spitze in O und der z-Achse als Achse.

Meridiane für $r =$ konst., $\lambda =$ konst.

Breitenkreise für $r =$ konst., $\varphi =$ konst.

Beziehungen zwischen Kugel- und kartesischen Koordinaten

$$r = \sqrt{x^2 + y^2 + z^2}$$

$$\tan\lambda = \frac{y}{x} \qquad -\pi < \lambda \leqq \pi;\ \lambda \neq \pm\frac{\pi}{2}$$

$$x = 0 \rightarrow \quad \lambda = \frac{\pi}{2} \text{ für } y = r$$

$$\lambda = -\frac{\pi}{2} \text{ für } y = -r$$

$$\tan\varphi = \frac{z}{\sqrt{x^2 + y^2}} \qquad -\frac{\pi}{2} \leqq \varphi \leqq \frac{\pi}{2}$$

$$\sin\varphi = \frac{z}{r}$$

$$x = r\cos\varphi\cos\lambda$$

$$y = r\cos\varphi\sin\lambda$$

$$z = r\sin\varphi$$

Polarkoordinatensystem der Ebene $\{O;\, r,\, \varphi\}$

r *Radiusvektor, Abstand, Modul, Leitstrahl* $r \geqq 0$

φ *Phase, Polarwinkel, Argument, Richtungswinkel* $0 \leqq \varphi < 2\pi$ (positiv im mathematischen Drehsinn)

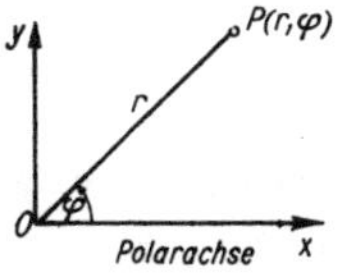

Bild 7.8. Polarkoordinaten

Zylinderkoordinatensystem $\{O;\, r,\, \varphi,\, z\}$

$[r; \varphi]$ sind die Polarkoordinaten der Projektion des Punktes P auf die Ebene E, z sein Abstand von E.

Zylinderfläche: r = konst.
parallele Flächen zu E: z = konst. → Polarkoordinaten $z = 0$

Beziehungen zwischen Zylinderkoordinaten und rechtwinkligen Koordinaten

$$r = \sqrt{x^2 + y^2}$$

$$\sin \varphi = \frac{y}{r}, \quad \cos \varphi = \frac{x}{r} \quad \varphi \in \langle 0, 2\pi \rangle$$

$$\tan \varphi = \frac{y}{x}, \quad \varphi \in \langle 0, 2\pi \rangle \setminus \left\{ (2k+1)\,\frac{\pi}{2} \,\middle|\, k \in G \right\}$$

$$x = r \cos \varphi; \; y = r \sin \varphi; \; z = z$$

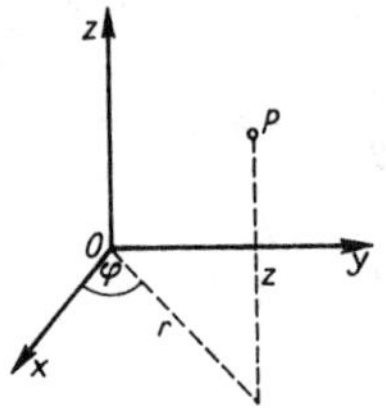

Bild 7.9. Zylinderkoordinaten

7.2.2. Koordinatentransformation

$\{O; \boldsymbol{i}, \boldsymbol{j}, \boldsymbol{k}\} \to \{O'; \boldsymbol{i}', \boldsymbol{j}', \boldsymbol{k}'\}$ beides Rechtssysteme

In der Ebene

$$\overrightarrow{OO'} = a_0\boldsymbol{i} + b_0\boldsymbol{j}$$

$$\boldsymbol{i}' = \lambda_{11}\boldsymbol{i} + \lambda_{12}\boldsymbol{j} \quad \boldsymbol{j}' = \lambda_{21}\boldsymbol{i} + \lambda_{22}\boldsymbol{j} \quad \textit{Transformationsgleichung}$$

Parallelverschiebung und Drehung des kartesischen Koordinatensystems $\{O; \boldsymbol{i}, \boldsymbol{j}\}$

Drehung ergibt: $\boldsymbol{i}' = \boldsymbol{i} \cos \varphi + \boldsymbol{j} \sin \varphi$

$$\boldsymbol{j}' = -\boldsymbol{i} \sin \varphi + \boldsymbol{j} \cos \varphi$$

Koordinaten im Ausgangssystem x, y, im neuen System x', y'

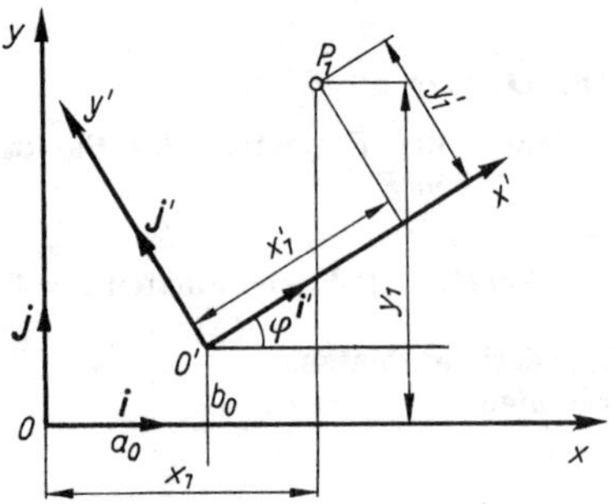

Bild 7.10. Verschiebung — Drehung

Parallelverschiebung — Drehung

$$x = x' \cos\varphi - y' \sin\varphi + a_0$$

$$y = x' \sin\varphi + y' \cos\varphi + b_0$$

$$x' = x \cos\varphi + y \sin\varphi - a_0 \cos\varphi - b_0 \sin\varphi$$

$$y' = -x \sin\varphi + y \cos\varphi - a_0 \sin\varphi - b_0 \cos\varphi$$

Nur Parallelverschiebung; $\varphi = 0$

$$x = x' + a_0 \qquad x' = x - a_0$$

$$y = y' + b_0 \qquad y' = y - b_0$$

Drehung — Parallelverschiebung

$$x = x' \cos\varphi - y' \sin\varphi + a_0 \cos\varphi - b_0 \sin\varphi$$

$$y = x' \sin\varphi + y' \cos\varphi + a_0 \sin\varphi + b_0 \cos\varphi$$

$$x' = x \cos\varphi + y \sin\varphi - a_0$$

$$y' = -x \sin\varphi + y \cos\varphi - b_0$$

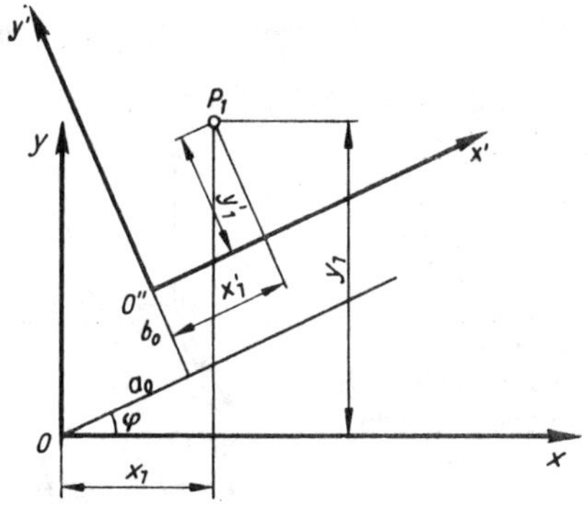

Bild 7.11. Drehung — Verschiebung

Spiegelung des kartesischen Koordinatensystem $\{O; \boldsymbol{i}, \boldsymbol{j}\}$

Gespiegelt an der Ursprungsgeraden mit $m = \tan \dfrac{\varphi}{2}$

$\{O; \boldsymbol{i}', \boldsymbol{j}'\}$ wird zum Linkssystem

$$x = x' \cos\varphi + y' \sin\varphi$$
$$y = x' \sin\varphi - y' \cos\varphi$$
$$x' = x \cos\varphi + y \sin\varphi$$
$$y' = x \sin\varphi - y \cos\varphi$$

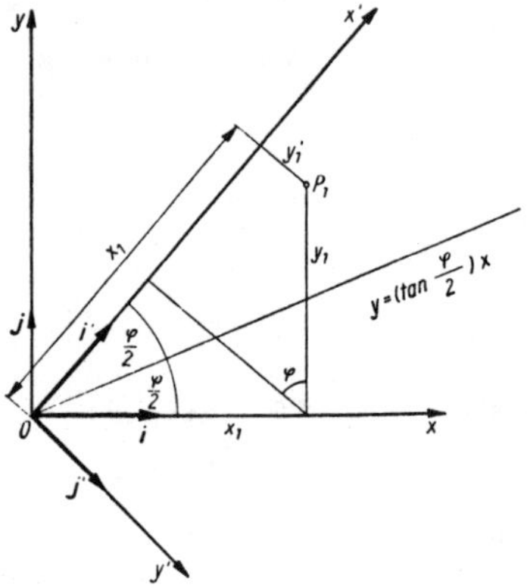

Bild 7.12. Spiegelung

Im Raum

Verschiebung des kartesischen Koordinatensystems $\{O; \boldsymbol{i}, \boldsymbol{j}, \boldsymbol{k}\}$

$$x = x' + a_0 \qquad x' = x - a$$
$$y = y' + b_0 \qquad y' = y - b$$
$$z = z' + c_0 \qquad z' = z - c$$

x, y, z ursprüngliche Koordinaten
x', y', z' neue Koordinaten
a_0, b_0, c_0 Koordinaten des neuen Ursprungs im alten System

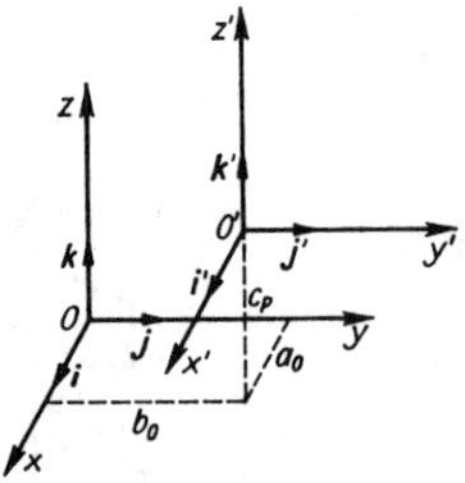

Bild 7.13. Verschiebung im Raum

Drehung

$$x = x' \cos\alpha_1 + y' \cos\alpha_2 + z' \cos\alpha_3$$
$$y = x' \cos\beta_1 + y' \cos\beta_2 + z' \cos\beta_3$$
$$z = x' \cos\gamma_1 + y' \cos\gamma_2 + z' \cos\gamma_3$$
$$x' = x \cos\alpha_1 + y \cos\beta_1 + z \cos\gamma_1$$
$$y' = x \cos\alpha_2 + y \cos\beta_2 + z \cos\gamma_2$$
$$z' = x \cos\alpha_3 + y \cos\beta_3 + z \cos\gamma_3$$

$\alpha_1, \beta_1, \gamma_1$ Winkel, die die x'-Achse mit den ursprünglichen Achsen bildet.

$\alpha_2, \beta_2, \gamma_2$ Winkel, die die y'-Achse mit den ursprünglichen Achsen bildet.

$\alpha_3, \beta_3, \gamma_3$ Winkel, die die z'-Achse mit den ursprünglichen Achsen bildet.

Beziehungen zwischen den Richtungscosinus der neuen Achsen:

$$\cos^2 \alpha_1 + \cos^2 \beta_1 + \cos^2 \gamma_1 = 1$$

$$\cos^2 \alpha_1 + \cos^2 \alpha_2 + \cos^2 \alpha_3 = 1$$

$$\cos \alpha_1 \cos \alpha_2 + \cos \beta_1 \cos \beta_2 + \cos \gamma_1 \cos \gamma_2 = 0$$

$$\cos \alpha_1 \cos \beta_1 + \cos \alpha_2 \cos \beta_2 + \cos \alpha_3 \cos \beta_3 = 0$$

Weitere Formeln entstehen durch zyklische Vertauschung.

$$D = \begin{vmatrix} \cos \alpha_1 & \cos \beta_1 & \cos \gamma_1 \\ \cos \alpha_2 & \cos \beta_2 & \cos \gamma_2 \\ \cos \alpha_3 & \cos \beta_3 & \cos \gamma_3 \end{vmatrix} = 1$$

7.3. Vektoralgebra

7.3.1. Addition und Subtraktion von Vektoren

Summe $\boldsymbol{s} = \boldsymbol{a} + \boldsymbol{b} \qquad \overrightarrow{AC} = \overrightarrow{AB} + \overrightarrow{BC}$

Differenz $\boldsymbol{a} + \boldsymbol{d} = \boldsymbol{b}$

$$\boldsymbol{d} = \boldsymbol{b} + (-\boldsymbol{a}) \qquad \overrightarrow{BC} = \overrightarrow{AC} - \overrightarrow{AB} = \overrightarrow{AC} + \overrightarrow{BA}$$

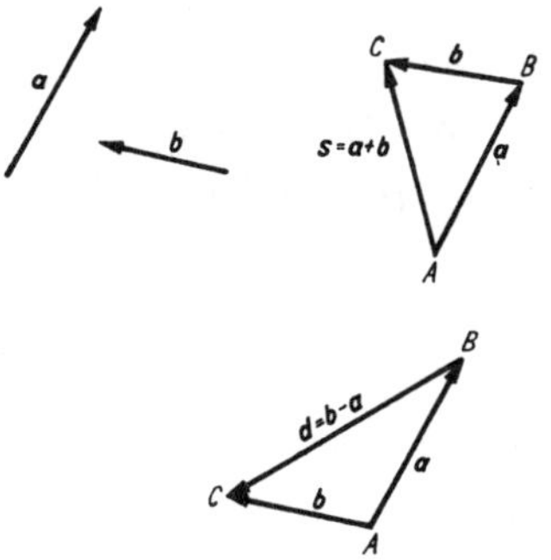

Bild 7.14. Vektoraddition

$$\boldsymbol{a} + \boldsymbol{b} = \boldsymbol{b} + \boldsymbol{a}$$

$$\boldsymbol{a} + (\boldsymbol{b} + \boldsymbol{c}) = (\boldsymbol{a} + \boldsymbol{b}) + \boldsymbol{c}$$

$$\boldsymbol{a} + \boldsymbol{o} = \boldsymbol{o} + \boldsymbol{a} = \boldsymbol{a}$$

$$\boldsymbol{a} = -(-\boldsymbol{a})$$

$$\boldsymbol{b} - \boldsymbol{a} = \boldsymbol{b} + (-\boldsymbol{a})$$

$$-(\boldsymbol{a} - \boldsymbol{b}) = -\boldsymbol{a} + \boldsymbol{b} \qquad -(\boldsymbol{a} + \boldsymbol{b}) = -\boldsymbol{a} - \boldsymbol{b}$$

Dreiecksungleichung:

$$|\boldsymbol{a} + \boldsymbol{b}| \leqq |\boldsymbol{a}| + |\boldsymbol{b}|$$

$$|\boldsymbol{a} - \boldsymbol{b}| \geqq |\boldsymbol{a}| - |\boldsymbol{b}|$$

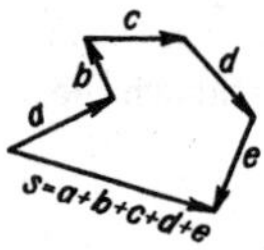

Bild 7.15.
Mehrfachaddition von Vektoren

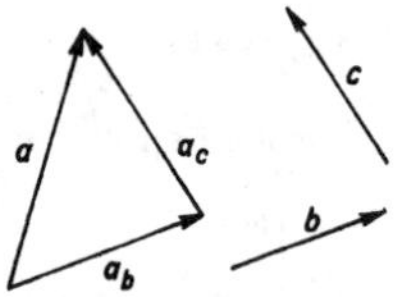

Bild 7.16.
Komponentenzerlegung

Bildung der Summe bzw. Differenz von Ortsvektoren in Komponentendarstellung:

$$\begin{aligned} \boldsymbol{a} \pm \boldsymbol{b} &= \boldsymbol{a}_x + \boldsymbol{a}_y + \boldsymbol{a}_z \pm (\boldsymbol{b}_x + \boldsymbol{b}_y + \boldsymbol{b}_z) \\ &= (a_x \pm b_x)\,\boldsymbol{i} + (a_y \pm b_y)\,\boldsymbol{j} + (a_z \pm b_z)\,\boldsymbol{k} \\ &= (x_1 \pm x_2)\,\boldsymbol{i} + (y_1 \pm y_2)\,\boldsymbol{j} + (z_1 \pm z_2)\,\boldsymbol{k} \end{aligned}$$

Umkehrung der Addition von Vektoren führt zur Komponentenzerlegung von Vektoren in gegebene Richtungen.

Beispiel:

$$\boldsymbol{a} = -5\boldsymbol{i} + 12\boldsymbol{j} + 7\boldsymbol{k} \qquad \boldsymbol{b} = 3\boldsymbol{i} - 6\boldsymbol{j} - 7\boldsymbol{k}$$

$$\boldsymbol{s} = \boldsymbol{a} + \boldsymbol{b} = (-5 + 3)\,\boldsymbol{i} + (12 - 6)\,\boldsymbol{j} + (7 - 7)\,\boldsymbol{k}$$

$$\underline{\underline{= -2\boldsymbol{i} + 6\boldsymbol{j}}}$$

oder in Zeilenschreibweise

$$\boldsymbol{a} = (-5, 12, 7) \qquad \boldsymbol{b} = (3, -6, -7)$$

$$\boldsymbol{s} = \boldsymbol{a} + \boldsymbol{b} = \underline{\underline{(-2, 6, 0)}}$$

7.3.2. Multiplikation von Vektoren

Multiplikation eines Vektors mit einem Skalar

$\lvert\lambda \cdot \boldsymbol{a}\rvert = \lvert\lambda\rvert \cdot \lvert\boldsymbol{a}\rvert$		$\lambda, \mu \in P$
$\lambda(\mu \boldsymbol{a}) = (\lambda \cdot \mu)\, \boldsymbol{a}$		Assoziativgesetz
$\lambda(\boldsymbol{a} + \boldsymbol{b}) = \lambda \boldsymbol{a} + \lambda \boldsymbol{b}$		Distributivgesetz
$(\lambda + \mu)\, \boldsymbol{a} = \lambda \boldsymbol{a} + \mu \boldsymbol{a}$		dsgl.
$0 \cdot \boldsymbol{a} = \boldsymbol{o}$	$\lambda \cdot \boldsymbol{o} = \boldsymbol{o}$	
$1\boldsymbol{a} = \boldsymbol{a}$	$-1\boldsymbol{a} = -\boldsymbol{a}$	

Parallelität von Vektoren: $\boldsymbol{a} = \lambda \boldsymbol{b} \leftrightarrow \boldsymbol{b} = \lambda \boldsymbol{a}$ lineare Abhängigkeit

$\lambda > 0$	$\boldsymbol{a} \uparrow\uparrow \boldsymbol{b}$	(*kollineare* Vektoren)
$\lambda = 0$	$\boldsymbol{o}$	
$\lambda < 0$	$\boldsymbol{a} \uparrow\downarrow \boldsymbol{b}$	(*kollineare* Vektoren)

Skalares Produkt (inneres Produkt) zweier Vektoren

Schreibweise: $\boldsymbol{ab}$ oder $\boldsymbol{a} \cdot \boldsymbol{b}$ (lies »$\boldsymbol{ab}$« oder »$\boldsymbol{a}$ Punkt $\boldsymbol{b}$«)

Definition

$$\boldsymbol{ab} = \lvert\boldsymbol{a}\rvert \cdot \lvert\boldsymbol{b}\rvert \cos \sphericalangle (\boldsymbol{a}, \boldsymbol{b}) = \boldsymbol{a}\boldsymbol{b}_{\boldsymbol{a}} = \boldsymbol{a}_{\boldsymbol{b}}\boldsymbol{b} \qquad \boldsymbol{ab} \in P$$

mit Projektion von $\boldsymbol{b}$ auf $\boldsymbol{a}$: $\boldsymbol{b}_a = \boldsymbol{b} \cos (\boldsymbol{b}_a, \boldsymbol{b})$

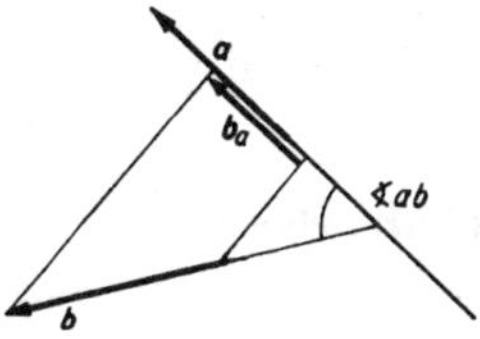

Bild 7.17. Projektion

Für $\boldsymbol{a} \neq \boldsymbol{o}$, $\boldsymbol{b} \neq \boldsymbol{o}$ gilt

$$\boldsymbol{ab} > 0,\ \sphericalangle (\boldsymbol{b}_a, \boldsymbol{b}) = \sphericalangle (\boldsymbol{a}, \boldsymbol{b}) \qquad 0 \leqq \sphericalangle (\boldsymbol{a}, \boldsymbol{b}) < \frac{\pi}{2} \qquad \boldsymbol{a} \uparrow\uparrow \boldsymbol{b}_a$$

$$\boldsymbol{ab} < 0,\ \sphericalangle (\boldsymbol{b}_a, \boldsymbol{b}) = \sphericalangle (-\boldsymbol{a}, \boldsymbol{b}) \qquad \frac{\pi}{2} < \sphericalangle (\boldsymbol{a}, \boldsymbol{b}) \leqq \pi \qquad \boldsymbol{a} \uparrow\downarrow \boldsymbol{b}_a$$

$\boldsymbol{ab} = 0$ genau dann, wenn $\boldsymbol{a}$ orthogonal $\boldsymbol{b}$, d. h.,
$|\boldsymbol{a}| = \boldsymbol{o}$ oder $\boldsymbol{b} = \boldsymbol{o}$ (Vektor $\boldsymbol{o}$ ist zu jedem Vektor orthogonal)

oder $|\boldsymbol{a}| \neq \boldsymbol{o}, \boldsymbol{b} \neq \boldsymbol{o}, \sphericalangle (\boldsymbol{a}, \boldsymbol{b}) = \dfrac{\pi}{2}$

$\boldsymbol{ab} = \boldsymbol{ba}$ Kommutativgesetz

$(\boldsymbol{a} + \boldsymbol{b})\,\boldsymbol{c} = \boldsymbol{ac} + \boldsymbol{bc}$ Distributivgesetz

$(\lambda \boldsymbol{a})\,\boldsymbol{b} = \boldsymbol{a}(\lambda \boldsymbol{b}) = \lambda(\boldsymbol{ab}) \quad \lambda \in P$

aber **kein** Assoziativgesetz gültig: $(\boldsymbol{ab})\,\boldsymbol{c} \neq \boldsymbol{a}(\boldsymbol{bc})$

Schwarzsche Ungleichung

$$|\boldsymbol{ab}| \leqq |\boldsymbol{a}|\,|\boldsymbol{b}|$$

$$\boldsymbol{ab} = |\boldsymbol{a}|\,|\boldsymbol{b}| \quad \text{für } \boldsymbol{a} \uparrow\uparrow \boldsymbol{b}$$

$$\boldsymbol{ab} = -|\boldsymbol{a}|\,|\boldsymbol{b}| \quad \text{für } \boldsymbol{a} \uparrow\downarrow \boldsymbol{b}$$

$$\boldsymbol{ab} = 0 \quad \text{für } \boldsymbol{a} \perp \boldsymbol{b}$$

Für die *Einheitsvektoren* folgt

$$\boldsymbol{i}^2 = 1 \quad \boldsymbol{j}^2 = 1 \quad \boldsymbol{k}^2 = 1$$

$$\boldsymbol{ij} = 0 \quad \boldsymbol{jk} = 0 \quad \boldsymbol{ki} = 0$$

Koordinatendarstellung $\boldsymbol{a} \cdot \boldsymbol{b} = a_x b_x + a_y b_y + a_z b_z$
Betrag $|\boldsymbol{a}| = \sqrt{a_x^2 + a_y^2 + a_z^2} = \sqrt{\boldsymbol{a} \cdot \boldsymbol{a}}$

Cosinussatz:

$$(\boldsymbol{a} \pm \boldsymbol{b})^2 = \boldsymbol{a}^2 \pm 2\boldsymbol{ab} + \boldsymbol{b}^2$$

$$|\boldsymbol{a} \pm \boldsymbol{b}| = \sqrt{\boldsymbol{a}^2 \pm 2\boldsymbol{ab} + \boldsymbol{b}^2}$$

$$(\boldsymbol{a} + \boldsymbol{b})^2 - (\boldsymbol{a} - \boldsymbol{b})^2 = 4\boldsymbol{ab}$$

Vektorprodukt (äußeres Produkt, Kreuzprodukt)

Schreibweise:

$\boldsymbol{a} \times \boldsymbol{b}$ (lies »$\boldsymbol{a}$ Kreuz $\boldsymbol{b}$«)

Definition

$$\boldsymbol{a} \times \boldsymbol{b} = \boldsymbol{c}$$

$$|\boldsymbol{c}| = |\boldsymbol{a}| \cdot |\boldsymbol{b}| \sin (\boldsymbol{a}, \boldsymbol{b})$$

$\boldsymbol{a}, \boldsymbol{b}, \boldsymbol{c}$ bilden ein orthogonales Rechtssystem.

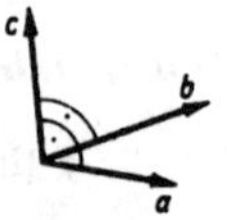

Bild 7.18. Kreuzprodukt

Geometrische Deutung: Der Vektor $\boldsymbol{c}$ steht auf den Vektoren $\boldsymbol{a}$ und $\boldsymbol{b}$ senkrecht. Der Betrag $|\boldsymbol{c}|$ ist gleich dem Zahlenwert der Fläche des aus $\boldsymbol{a}$ und $\boldsymbol{b}$ gebildeten Parallelogramms.

$$\boldsymbol{a} \times \boldsymbol{b} = -\boldsymbol{b} \times \boldsymbol{a} \quad \text{(Das kommutative Gesetz gilt nicht!)}$$

$$n(\boldsymbol{a} \times \boldsymbol{b}) = (n\boldsymbol{a}) \times \boldsymbol{b} = \boldsymbol{a} \times (n\boldsymbol{b})$$

Assoziativgesetz

$$(\boldsymbol{a} + \boldsymbol{b}) \times \boldsymbol{c} = \boldsymbol{a} \times \boldsymbol{c} + \boldsymbol{b} \times \boldsymbol{c}$$

Distributivgesetz

$$\boldsymbol{a} \times (\boldsymbol{b} + \boldsymbol{c}) = \boldsymbol{a} \times \boldsymbol{b} + \boldsymbol{a} \times \boldsymbol{c}$$

dsgl.

$$\boldsymbol{a} \uparrow\uparrow \boldsymbol{b} \quad \text{und} \quad \boldsymbol{a} \uparrow\downarrow \boldsymbol{b} \to \boldsymbol{a} \times \boldsymbol{b} = \boldsymbol{o}$$

$$\boldsymbol{a} \perp \boldsymbol{b} \qquad \to |\boldsymbol{a} \times \boldsymbol{b}| = |\boldsymbol{a}| \cdot |\boldsymbol{b}|$$

Für die Einheitsvektoren folgt:

$$\boldsymbol{i} \times \boldsymbol{i} = \boldsymbol{o} \qquad \boldsymbol{j} \times \boldsymbol{j} = \boldsymbol{o} \qquad \boldsymbol{k} \times \boldsymbol{k} = \boldsymbol{o}$$

$$\boldsymbol{i} \times \boldsymbol{j} = \boldsymbol{k} \qquad \boldsymbol{j} \times \boldsymbol{k} = \boldsymbol{i} \qquad \boldsymbol{k} \times \boldsymbol{i} = \boldsymbol{j}$$

$$\boldsymbol{j} \times \boldsymbol{i} = -\boldsymbol{k} \qquad \boldsymbol{k} \times \boldsymbol{j} = -\boldsymbol{i} \qquad \boldsymbol{i} \times \boldsymbol{k} = -\boldsymbol{j}$$

Komponentendarstellung des Vektorproduktes

$$\boldsymbol{a} \times \boldsymbol{b} = (a_y b_z - b_y a_z)\,\boldsymbol{i} + (a_z b_x - b_z a_x)\,\boldsymbol{j} + (a_x b_y - b_x a_y)\,\boldsymbol{k}$$

$$\boldsymbol{a} \times \boldsymbol{b} = \begin{vmatrix} \boldsymbol{i} & \boldsymbol{j} & \boldsymbol{k} \\ a_x & a_y & a_z \\ b_x & b_y & b_z \end{vmatrix} \leftrightarrow \begin{pmatrix} a_x \\ a_y \\ a_z \end{pmatrix} \times \begin{pmatrix} b_x \\ b_y \\ b_z \end{pmatrix} = \begin{pmatrix} \begin{vmatrix} a_y b_y \\ a_z b_z \end{vmatrix} \\ \begin{vmatrix} a_z b_z \\ a_x b_x \end{vmatrix} \\ \begin{vmatrix} a_x b_x \\ a_y b_y \end{vmatrix} \end{pmatrix}$$

Beispiel:

$$\boldsymbol{a} = 16\boldsymbol{i} + 4\boldsymbol{j} - 7\boldsymbol{k} \quad \boldsymbol{b} = 3\boldsymbol{i} - 9\boldsymbol{j} - 4\boldsymbol{k}$$

$$\boldsymbol{a} \times \boldsymbol{b} = \begin{vmatrix} \boldsymbol{i} & \boldsymbol{j} & \boldsymbol{k} \\ 16 & 4 & -7 \\ 3 & -9 & -4 \end{vmatrix} = -79\boldsymbol{i} + 43\boldsymbol{j} - 156\boldsymbol{k}$$

Mehrfache Produkte von Vektoren

Weder für das skalare noch für das vektorielle Produkt gibt es Gesetze für die Verbindung von drei und mehr Vektoren. Es können in einer Rechenoperation stets nur zwei Vektoren skalar oder vektoriell verbunden werden.
Da $\boldsymbol{a} \cdot \boldsymbol{b}$ einen Skalar ergibt, sind weitere Regeln nur für $\boldsymbol{a} \times \boldsymbol{b}$ als ersten Rechenschritt nötig.

Spatprodukt:

$$(\boldsymbol{a} \times \boldsymbol{b})\,\boldsymbol{c} = \begin{vmatrix} a_x & a_y & a_z \\ b_x & b_y & b_z \\ c_x & c_y & c_z \end{vmatrix} = \boldsymbol{a}(\boldsymbol{b} \times \boldsymbol{c}) = [\boldsymbol{abc}] > 0$$

für $\boldsymbol{a}, \boldsymbol{b}, \boldsymbol{c}$ Rechtssystem

Geometrische Deutung: Das Spatprodukt ist dem Betrag nach gleich dem Volumen des von den drei Vektoren $\boldsymbol{a}, \boldsymbol{b}, \boldsymbol{c}$ gebildeten Prismas (Spates).

$$(\boldsymbol{a} \times \boldsymbol{b})\,\boldsymbol{c} = (\boldsymbol{b} \times \boldsymbol{c})\,\boldsymbol{a} = (\boldsymbol{c} \times \boldsymbol{a})\,\boldsymbol{b}$$
$$= -(\boldsymbol{b} \times \boldsymbol{a})\,\boldsymbol{c} = -(\boldsymbol{c} \times \boldsymbol{b})\,\boldsymbol{a} = -(\boldsymbol{a} \times \boldsymbol{c})\,\boldsymbol{b}$$

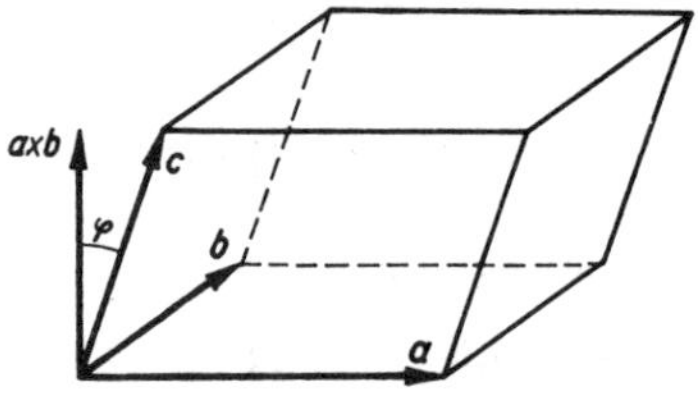

Bild 7.19. Spatprodukt $V = (\boldsymbol{a} \times \boldsymbol{b})\,\boldsymbol{c} = (\boldsymbol{a} \times \boldsymbol{b})\,|\boldsymbol{c}| \cos \varphi$

Beispiel:

Bestimme das Volumen des von folgenden Vektoren aufgespannten Prismas.

$\boldsymbol{a} = 3\boldsymbol{i} + 6\boldsymbol{j} - 2\boldsymbol{k}$

$\boldsymbol{b} = 5\boldsymbol{i} - \boldsymbol{j} + 7\boldsymbol{k}$

$\boldsymbol{c} = 6\boldsymbol{i} - 3\boldsymbol{j} + 8\boldsymbol{k}$

$$[\boldsymbol{abc}] = \begin{vmatrix} 3 & 6 & -2 \\ 5 & -1 & 7 \\ 6 & -3 & 8 \end{vmatrix} = \underline{\underline{69 \text{ Volumeneinheiten}}}$$

$[\boldsymbol{abc}] = 0$, wenn die drei Vektoren in einer Ebene liegen (komplanare Vektoren) bzw. wenn ein Vektor ein Nullvektor ist.

Vektorprodukt dreier Vektoren

$$\boldsymbol{a} \times (\boldsymbol{b} \times \boldsymbol{c}) \neq (\boldsymbol{a} \times \boldsymbol{b}) \times \boldsymbol{c}$$

$$(\boldsymbol{a} \times \boldsymbol{b}) \times \boldsymbol{c} = (\boldsymbol{ac})\,\boldsymbol{b} - (\boldsymbol{bc})\,\boldsymbol{a} \quad \textit{Entwicklungssatz}$$

Das Vektorprodukt dreier Vektoren $(\boldsymbol{a} \times \boldsymbol{b}) \times \boldsymbol{c}$ stellt einen Vektor dar, der in der Ebene der beiden Vektoren $\boldsymbol{a}$ und $\boldsymbol{b}$ liegt.

Produkte mit vier Faktoren:

$$(\boldsymbol{a} \times \boldsymbol{b})\,(\boldsymbol{c} \times \boldsymbol{d}) = \begin{vmatrix} \boldsymbol{ac} & \boldsymbol{bc} \\ \boldsymbol{ad} & \boldsymbol{bd} \end{vmatrix}$$

$$(\boldsymbol{a} \times \boldsymbol{b})^2 = \begin{vmatrix} \boldsymbol{aa} & \boldsymbol{ab} \\ \boldsymbol{ab} & \boldsymbol{bb} \end{vmatrix}$$

$$(\boldsymbol{a} \times \boldsymbol{b}) \times (\boldsymbol{c} \times \boldsymbol{d}) = \boldsymbol{c}[\boldsymbol{abd}] - \boldsymbol{d}[\boldsymbol{abc}] = \boldsymbol{b}[\boldsymbol{acd}] - \boldsymbol{a}[\boldsymbol{bcd}]$$

$$[(\boldsymbol{a} \times \boldsymbol{b}) \times \boldsymbol{c}] \times \boldsymbol{d} = (\boldsymbol{ac})\,(\boldsymbol{b} \times \boldsymbol{d}) - (\boldsymbol{bc})\,(\boldsymbol{a} \times \boldsymbol{d})$$

$$= [\boldsymbol{abd}]\,\boldsymbol{c} - (\boldsymbol{cd})\,(\boldsymbol{a} \times \boldsymbol{b})$$

7.4. Punkte, Strecken, Geraden, Ebenen, Dreieck, Tetraeder

7.4.1. Punkte, Strecken

Punkt P_0 im Raum

$$x = |\overrightarrow{OP_0}| \sin\beta \cos\alpha$$

$$y = |\overrightarrow{OP_0}| \sin\beta \sin\alpha$$

$$z = |\overrightarrow{OP_0}| \cos\beta$$

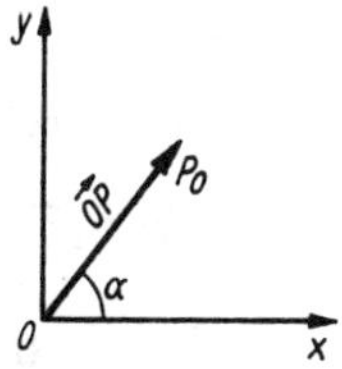

Bild 7.20. Punkt in der Ebene

Punkt P_0 in der Ebene ($\beta = 90°$)

$$x = |\overrightarrow{OP_0}| \cos\alpha$$

$$y = |\overrightarrow{OP_0}| \sin\alpha$$

Entfernung e zweier Punkte $P_1\,(x_1, y_1, z_1)$ und $P_2(x_2, y_2, z_2)$

$$e = |\overrightarrow{P_1P_2}| = \sqrt{(x_2 - x_1)^2 + (y_2 - y_1)^2 + (z_2 - z_1)^2}$$

$$|\overrightarrow{P_1P_2}| = |\overrightarrow{OP_2} - \overrightarrow{OP_1}| = |\boldsymbol{r}_2 - \boldsymbol{r}_1|$$

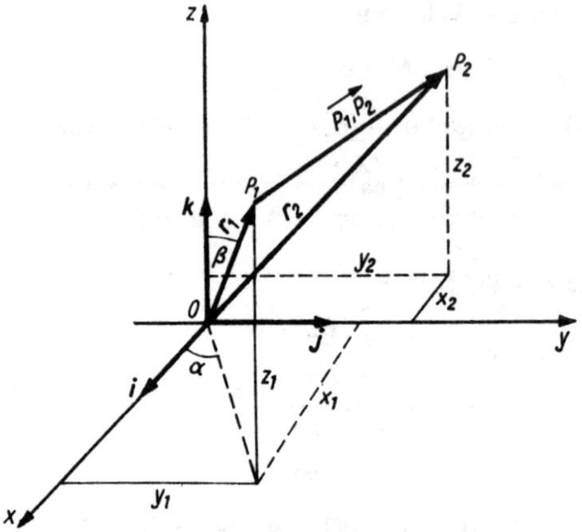

Bild 7.21. Entfernung zweier Punkte

Entfernung e zweier Punkte $P_1(r_1, \varphi_1)$ und $P_2(r_2, \varphi_2)$

$$e = \sqrt{r_1^2 + r_2^2 - 2r_1r_2 \cos(\varphi_2 - \varphi_1)}.$$

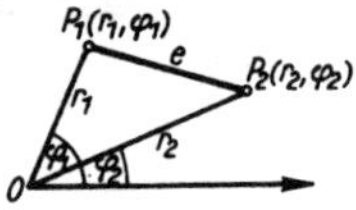

Bild 7.22.
Punkt in der Ebene, Polarkoordinaten

Teilung einer Strecke $\overline{P_1P_2}$ im Verhältnis λ

$$\lambda = \overline{P_1T} : \overline{TP_2} \qquad \lambda \begin{cases} > 0 & \text{innerer Teilpunkt} \\ < 0 & \text{äußerer Teilpunkt} \end{cases}$$

$$x_t = \frac{x_1 + \lambda x_2}{1 + \lambda} \qquad y_t = \frac{y_1 + \lambda y_2}{1 + \lambda} \qquad z_t = \frac{z_1 + \lambda z_2}{1 + \lambda}$$

$$\boldsymbol{r}_t = \frac{\boldsymbol{r}_1 + \lambda \boldsymbol{r}_2}{1 + \lambda}$$

Mittelpunkt einer Strecke: $\lambda = 1$

Projektion der Strecke $|\boldsymbol{a}|$ auf die Koordinatenachsen

$$|\boldsymbol{a}_x| = |\boldsymbol{a}| \cos \sphericalangle (\boldsymbol{i}, \boldsymbol{a})$$

$$|\boldsymbol{a}_y| = |\boldsymbol{a}| \cos \sphericalangle (\boldsymbol{j}, \boldsymbol{a})$$

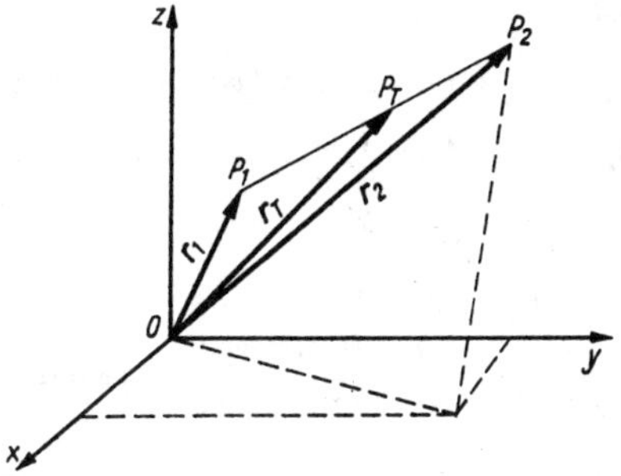

Bild 7.23. Teilung einer Strecke

$$|\boldsymbol{a}_z| = |\boldsymbol{a}| \cos \sphericalangle (\boldsymbol{k}, \boldsymbol{a})$$

$$\boldsymbol{a}_x^2 + \boldsymbol{a}_y^2 + \boldsymbol{a}_z^2 = \boldsymbol{a}^2$$ (siehe auch Richtungscosinus)

Winkel φ zwischen zwei Ortsvektoren $\boldsymbol{r}_1$ und $\boldsymbol{r}_2$

$$\cos \varphi = \cos \alpha_1 \cos \alpha_2 + \cos \beta_1 \cos \beta_2 + \cos \gamma_1 \cos \gamma_2$$
$$= \frac{x_1 x_2 + y_1 y_2 + z_1 z_2}{|\boldsymbol{r}_1|\,|\boldsymbol{r}_2|}$$

$\alpha_1, \beta_1, \gamma_1$; $\alpha_2, \beta_2, \gamma_2$ *Richtwinkel* der Ortsvektoren $\boldsymbol{r}_1$ und $\boldsymbol{r}_2$

$$\boldsymbol{r}_1 \perp \boldsymbol{r}_2 \rightarrow \cos \varphi = 0$$

7.4.2. Die Gerade

Parametergleichung der Geraden

$\overrightarrow{P_0P} = t\boldsymbol{a}$ Parameter $t \in P$ $\boldsymbol{a}$ *Richtungsvektor* von g, $\boldsymbol{a} \neq \boldsymbol{o}$

Punkt-Richtungsgleichung der Geraden

$$\boldsymbol{r} = \boldsymbol{r}_0 + t\boldsymbol{a} \quad \boldsymbol{a} = (x, y, z)$$

Beispiel:

$P_0(3, -4, 6)$ $\quad \boldsymbol{a} = 2\boldsymbol{i} + 4\boldsymbol{j} + 5\boldsymbol{k}$

$\boldsymbol{r} = 3\boldsymbol{i} - 4\boldsymbol{j} + 6\boldsymbol{k} + t(2\boldsymbol{i} + 4\boldsymbol{j} + 5\boldsymbol{k})$

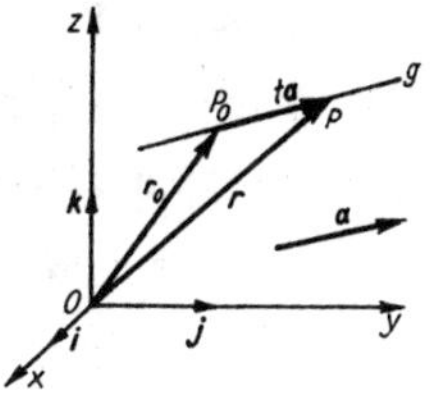

Bild 7.24. Parameterform

Koordinatenschreibweise:

$$x = x_0 + t\,|\boldsymbol{a}_x| = x_0 + t\cos\alpha \quad \textit{Richtwinkel}\ \alpha = \sphericalangle(\boldsymbol{i}, \boldsymbol{a})$$

$$y = y_0 + t\,|\boldsymbol{a}_y| = y_0 + t\cos\beta \quad \beta = \sphericalangle(\boldsymbol{j}, \boldsymbol{a})$$

$$z = z_0 + t\,|\boldsymbol{a}_z| = z_0 + t\cos\gamma \quad \gamma = \sphericalangle(\boldsymbol{k}, \boldsymbol{a})$$

$$y - y_0 = m(x - x_0) \qquad z = 0$$

Richtungsfaktor $m = \tan\alpha$

$m > 0$ steigende, $m < 0$ fallende } Gerade

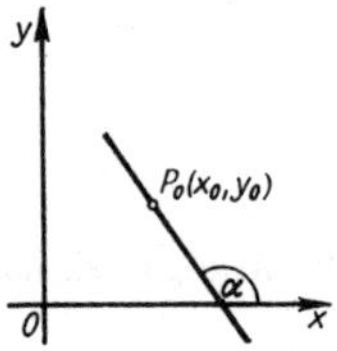

Bild 7.25. Punkt-Richtungs-Gleichung

Zweipunktgleichung der Geraden

Parameterform: $\boldsymbol{r} = \boldsymbol{r}_1 + t(\boldsymbol{r}_2 - \boldsymbol{r}_1) \quad t \in P$

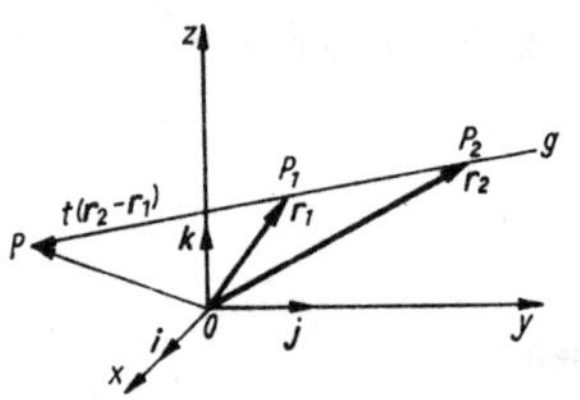

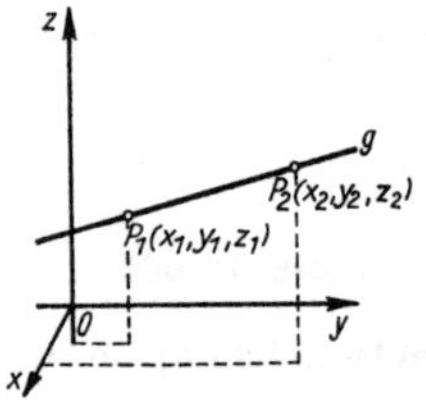

Bild 7.26. Zweipunktgleichung

Beispiel:

$P_1(-1, 5, 7)$

$P_2(3, -4, 2)$

$$\boldsymbol{r} = (-1)\,\boldsymbol{i} + 5\boldsymbol{j} + 7\boldsymbol{k}$$
$$+ t[3\boldsymbol{i} - 4\boldsymbol{j} + 2\boldsymbol{k} - (-1)\,\boldsymbol{i} - 5\boldsymbol{j} - 7\boldsymbol{k}]$$
$$= -\boldsymbol{i} + 5\boldsymbol{j} + 7\boldsymbol{k} + t(4\boldsymbol{i} - 9\boldsymbol{j} - 5\boldsymbol{k})$$

$$x = x_1 + t(x_2 - x_1) \quad y = y_1 + t(y_2 - y_1) \quad z = z_1 + t(z_2 - z_1)$$

Parameterfreie Form:

$$\frac{y - y_1}{x - x_1} = \frac{y_2 - y_1}{x_2 - x_1} \qquad \begin{matrix} z = 0 \\ x_2 - x_1 \neq 0 \end{matrix}$$

Determinantenform:

$$\begin{vmatrix} x & y & 1 \\ x_1 & y_1 & 1 \\ x_2 & y_2 & 1 \end{vmatrix} = 0$$

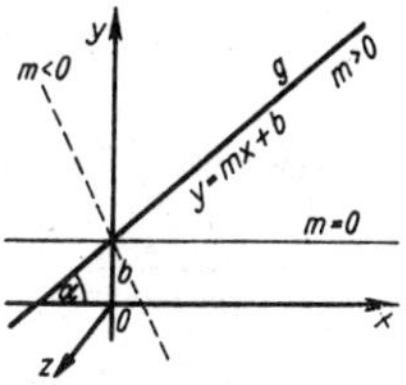

Bild 7.27. Normalform der Geradengleichung

allgemein:

$$\frac{x - x_1}{x_2 - x_1} = \frac{y - y_1}{y_2 - y_1} = \frac{z - z_1}{z_2 - z_1}$$

Gerade durch Ursprung:

$$\frac{x}{x_1} = \frac{y}{y_1} = \frac{z}{z_1}$$

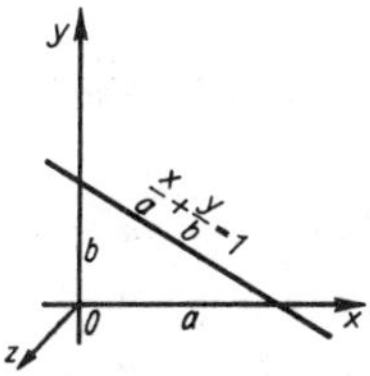

Bild 7.28. Achsenabschnittsgleichung

Normalform der Geradengleichung

$$y = mx + b \quad m, b \in P$$
$$z = 0$$

Achsenabschnittsgleichung der Geraden

$$\frac{x}{a} + \frac{y}{b} = 1 \qquad z = 0$$

Hessesche Normalform

$$x \cos \beta + y \sin \beta - p = 0 \qquad z = 0$$

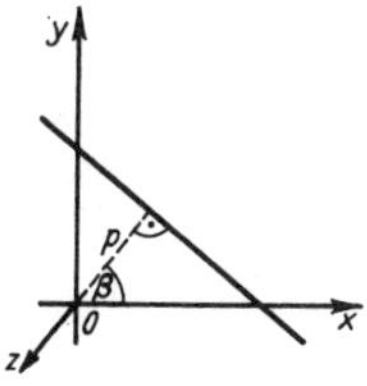

Bild 7.29. Hessesche Normalform
p Abstand des Ursprungs von der Geraden
β Winkel, den p mit der positiven Richtung der x-Achse bildet

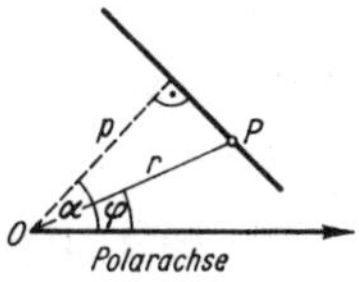

Bild 7.30. Geradengleichung in Polarkoordinaten

Allgemeine Gleichung der Geraden in der Ebene ($z = 0$)

$$F(x, y) = ax + by + d = 0 \quad a, b, d \in P \quad a, b \text{ nicht gleichzeitig Null}$$

Geradengleichung in Polarkoordinaten (s. Bild 7.30)

$$r = \frac{p}{\cos(\alpha - \varphi)} \qquad p, \alpha \text{ Konstanten}, \quad g \text{ nicht durch Pol}$$

Überführung der allgemeinen Gleichung in eine andere Gleichungsform

in die Normalform

$$y = -\frac{a}{b}x - \frac{d}{b} \qquad b \neq 0$$

$$m = -\frac{a}{b}$$

in die Abschnittsform

$$\frac{x}{-\frac{d}{a}} + \frac{y}{-\frac{d}{b}} = 1 \qquad a, b, d \neq 0$$

in die Hessesche Normalform

$$\frac{ax + by + d}{\pm\sqrt{a^2 + b^2}} = 0 \qquad \frac{d}{\pm\sqrt{a^2 + b^2}} < 0 \qquad \text{(Vorzeichenwahl)}$$

Sonderfälle

Gerade durch den Ursprung

$$y = mx \qquad ax + by = 0$$

Parallele zur x-Achse

$$y = b \qquad by + d = 0$$

Parallele zur y-Achse

$$x = a \qquad ax + d = 0$$

Gleichung der x-Achse $\quad$ y-Achse

$$y = 0 \qquad x = 0$$

Allgemeine Gleichung der Geraden im Raum

$$\begin{Bmatrix} a_1x + b_1y + c_1z + d_1 = 0 \\ a_2x + b_2y + c_2z + d_2 = 0 \end{Bmatrix} \quad \text{abgekürzt} \quad \begin{Bmatrix} E_1 = 0 \\ E_2 = 0 \end{Bmatrix}$$

Die Gerade ist der Schnitt der beiden Ebenen E_1 und E_2.

Geradengleichung in zwei projizierenden Ebenen

$$\begin{cases} y = mx + b & \text{(Ebene senkrecht zur } x; y\text{-Ebene)} \\ z = nx + c & \text{(Ebene senkrecht zur } x; z\text{-Ebene)} \end{cases}$$

Umrechnung der allgemeinen Form in die letztere:

$$a_1 = -m \quad b_1 = 1 \quad c_1 = 0 \quad d_1 = -b$$

$$a_2 = -n \quad b_2 = 0 \quad c_2 = 1 \quad d_2 = -c$$

Sonderfälle

Gerade parallel zur $x; y$-Ebene $\begin{cases} y = mx + b \\ z = c \end{cases}$

Gerade parallel zur $x; z$-Ebene $\begin{cases} z = nx + c \\ y = b \end{cases}$

Gerade parallel zur $y; z$-Ebene $\begin{cases} z = py + q \\ x = a \end{cases}$

Gerade parallel zur x-Achse $\begin{cases} y = b \\ z = c \end{cases}$

Gerade parallel zur y-Achse $\begin{cases} x = a \\ z = c \end{cases}$

Gerade parallel zur z-Achse $\begin{cases} x = a \\ y = b \end{cases}$

Gerade durch den Ursprung $\begin{cases} y = mx \\ z = nx \end{cases}$

$$\boldsymbol{x}\boldsymbol{n}_1 + d_1 = 0 \qquad \boldsymbol{x} = (x, y, z)$$

$$\boldsymbol{x}\boldsymbol{n}_2 + d_2 = 0 \qquad \boldsymbol{n}_i = (a_i, b_i, c_i) \qquad i = 1, 2$$

Gleichungen der Achsen

x-Achse $y = 0 \quad z = 0$

y-Achse $x = 0 \quad z = 0$

z-Achse $x = 0 \quad y = 0$

Richtwinkel α, β, γ zwischen der Geraden $E_1 = 0 \wedge E_2 = 0$ und den Achsen

$$\cos \alpha = \cos \sphericalangle (\boldsymbol{i}, \boldsymbol{r}) = \frac{1}{n} (b_1 c_1 - b_2 c_2) = \frac{1}{n} \begin{vmatrix} b_1 & c_1 \\ b_2 & c_2 \end{vmatrix}$$

$$\cos\beta = \cos \sphericalangle (\boldsymbol{j}, \boldsymbol{r}) = \frac{1}{n}\begin{vmatrix} c_1 & a_1 \\ c_2 & a_2 \end{vmatrix}$$

$$\cos\gamma = \cos \sphericalangle (\boldsymbol{k}, \boldsymbol{r}) = \frac{1}{n}\begin{vmatrix} a_1 & b_1 \\ a_2 & b_2 \end{vmatrix}$$

mit

$$n^2 = \begin{vmatrix} b_1 & c_1 \\ b_2 & c_2 \end{vmatrix}^2 + \begin{vmatrix} c_1 & a_1 \\ c_2 & a_2 \end{vmatrix}^2 + \begin{vmatrix} a_1 & b_1 \\ a_2 & b_2 \end{vmatrix}^2$$

Richtwinkel α, β, γ zwischen der Geraden und den Achsen $\begin{cases} y = mx + b \\ z = nx + c \end{cases}$

$$\cos\alpha = \frac{1}{\sqrt{1 + m^2 + n^2}} \qquad \cos\beta = \frac{m}{\sqrt{1 + m^2 + n^2}}$$

$$\cos\gamma = \frac{n}{\sqrt{1 + m^2 + n^2}}$$

$$\cos^2\alpha + \cos^2\beta + \cos^2\gamma = 1$$

Gleichung der Geraden durch $P_0(x_0, y_0, z_0)$ mit Richtwinkeln α, β, γ

$$\frac{x - x_0}{\cos\alpha} = \frac{y - y_0}{\cos\beta} = \frac{z - z_0}{\cos\gamma}$$

Abstand eines Punktes P_1 von einer Geraden

g: $\boldsymbol{r} = \boldsymbol{r}_0 + t\boldsymbol{a}$

$$d = \left|\frac{\boldsymbol{a}}{|\boldsymbol{a}|} \times (\boldsymbol{r}_1 - \boldsymbol{r}_0)\right|$$

$$d = |(\boldsymbol{r}_0 - \boldsymbol{r}_1) + \lambda\boldsymbol{a}|$$

$$\lambda = \frac{(\boldsymbol{r}_1 - \boldsymbol{r}_0)\,\boldsymbol{a}}{\boldsymbol{a}^2}$$

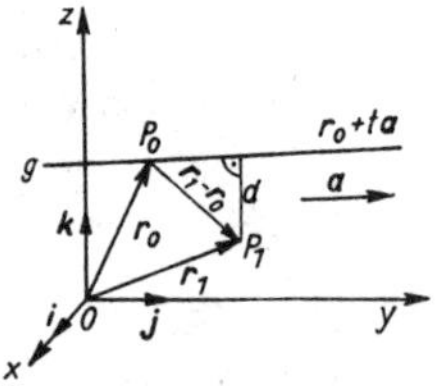

Bild 7.31.
Abstand von einer Geraden

$$g\colon\ ax + by + d' = 0 \quad d = \frac{ax_1 + by_1 + d'}{\pm\sqrt{a^2 + b^2}} \ \text{mit}\ \frac{d}{\pm\sqrt{a^2 + b^2}} < 0$$

$$g\colon\ x\cos\beta + y\sin\beta - p \quad d = x_1\cos\beta + y_1\sin\beta - p$$

d ergibt sich positiv, wenn der Punkt P_1 und der Ursprung auf verschiedenen Seiten der Geraden liegen, sonst negativ. d ist in dem letzten Fall absolut zu nehmen.

7.4.3. Zwei Geraden

Schnittpunkt zweier Geraden

g_1: $y = m_1 x + b_1$ Lösungsmenge des Gleichungssystems: $[x_s; y_s]$

g_2: $y = m_2 x + b_2$ Bedingung:

$z = 0$ $m_1 \neq m_2$

g_1: $a_1 x + b_1 y + d_1 = 0$ $x_s = \dfrac{b_1 d_2 - b_2 d_1}{a_1 b_2 - a_2 b_1}$

g_2: $a_2 x + b_2 y + d_2 = 0$ $y_s = \dfrac{a_2 d_1 - a_1 d_2}{a_1 b_2 - a_2 b_1}$

$z = 0$

Bedingung: $a_1 b_2 - a_2 b_1 \neq 0$

g_1: $\boldsymbol{r} = \boldsymbol{r}_0 + t\boldsymbol{a}$
g_2: $\boldsymbol{r} = \overline{\boldsymbol{r}}_0 + \bar{t}\overline{\boldsymbol{a}}$ $\boldsymbol{r}_0 - \overline{\boldsymbol{r}}_0 = \bar{t}_s\overline{\boldsymbol{a}} - t_s\boldsymbol{a}$

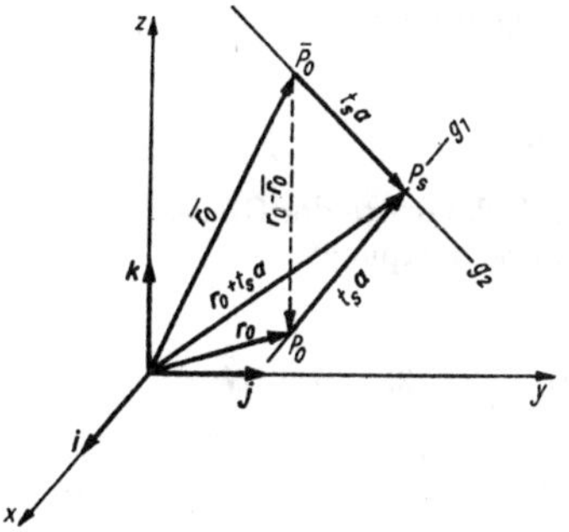

Bild 7.32. Schnittpunkt

Bedingung: $\lambda_1\boldsymbol{a} + \lambda_2\overline{\boldsymbol{a}} + \lambda_3(\boldsymbol{r}_0 - \overline{\boldsymbol{r}}_0) = 0 \quad \lambda_i \in P$

$$D = \begin{vmatrix} a_x & a_y & a_z \\ \bar{a}_x & \bar{a}_y & \bar{a}_z \\ x_0 - \bar{x}_0 & y_0 - \bar{y}_0 & z_0 - \bar{z}_0 \end{vmatrix} = 0$$

Der Schnittpunkt ergibt sich durch Gleichsetzen der Geradengleichungen und Koeffizientenvergleich.

Beispiel:

$$g_1\colon \boldsymbol{r} = 3\boldsymbol{i} - \boldsymbol{j} + 2\boldsymbol{k} + t(2\boldsymbol{i} + 4\boldsymbol{j} + 3\boldsymbol{k})$$

$$g_2\colon \boldsymbol{r} = -\boldsymbol{i} + 5\boldsymbol{j} + 10\boldsymbol{k} + \bar{t}(-4\boldsymbol{i} + 4\boldsymbol{j} + 6\boldsymbol{k})$$

$$D = \begin{vmatrix} 2 & 4 & 3 \\ -4 & 4 & 6 \\ 4 & -6 & -8 \end{vmatrix} = 0$$

Die Geraden schneiden einander.
Für die letzte Gleichung der Determinante werden die Ortsvektoren der Geradenpunkte für $t = 0$ bzw. $\bar{t} = 0$ zugrunde gelegt.

$$(2\boldsymbol{i} + 4\boldsymbol{j} + 3\boldsymbol{k})\, t + 3\boldsymbol{i} - \boldsymbol{j} + 2\boldsymbol{k}$$
$$= (-4\boldsymbol{i} + 4\boldsymbol{j} + 6\boldsymbol{k})\, \tau - \boldsymbol{i} + 5\boldsymbol{j} + 10\boldsymbol{k}$$

$$2t + 3 = -4\tau - 1$$

$$4t - 1 = 4\tau + 5$$

$$3t + 2 = 6\tau + 10$$

Aus zwei der obigen Gleichungen errechnen sich

$$t = \frac{1}{3} \qquad \tau = -\frac{7}{6}$$

Von diesen Werten muß auch die dritte der Gleichungen befriedigt werden, sonst gibt es keinen Schnittpunkt.
Ortsvektor des Schnittpunktes

$$\boldsymbol{r}_s = (2\boldsymbol{i} + 4\boldsymbol{j} + 3\boldsymbol{k}) \cdot \frac{1}{3} + 3\boldsymbol{i} - \boldsymbol{j} + 2\boldsymbol{k}$$
$$= \underline{\underline{\frac{11}{3}\boldsymbol{i} + \frac{1}{3}\boldsymbol{j} + 3\boldsymbol{k}}}$$

$$\begin{cases} y = m_1 x + b_1 \\ z = n_1 x + c_1 \end{cases} \wedge \begin{cases} y = m_2 x + b_2 \\ z = n_2 x + c_2 \end{cases}$$

$$x_s = \frac{b_2 - b_1}{m_1 - m_2} = \frac{c_2 - c_1}{n_1 - n_2} \qquad y_s = \frac{m_1 b_2 - m_2 b_1}{m_1 - m_2}$$

$$z_s = \frac{n_1 c_2 - n_2 c_1}{n_1 - n_2}$$

Bedingung für Schnittpunkt: $\dfrac{b_1 - b_2}{c_1 - c_2} = \dfrac{m_1 - m_2}{n_1 - n_2}$

g_1: $\begin{cases} E_1 = 0 \\ E_2 = 0 \end{cases}$

Lösungsmenge des Gleichungssystems: $\{x_s, y_s, z_s\}$

g_2: $\begin{cases} E_3 = 0 \\ E_4 = 0 \end{cases}$

Bedingung: $$D = \begin{vmatrix} a_1 & b_1 & c_1 & d_1 \\ a_2 & b_2 & c_2 & d_2 \\ a_3 & b_3 & c_3 & d_3 \\ a_4 & b_4 & c_4 & d_4 \end{vmatrix} = 0$$

$$g_1\colon \frac{x - x_1}{\cos \alpha_1} = \frac{y - y_1}{\cos \beta_1} = \frac{z - z_1}{\cos \gamma_1}$$

$$g_2\colon \frac{x - x_2}{\cos \alpha_2} = \frac{y - y_2}{\cos \beta_2} = \frac{z - z_2}{\cos \gamma_2}$$

Bedingung: $d = 0$ s. S. 286

Schnittwinkel zweier Geraden

$g_1\colon y = m_1 x + b_1 \qquad z = 0$

$g_2\colon y = m_2 x + b_2$

$$\sphericalangle (g_1, g_2) = \arctan \left| \frac{m_2 - m_1}{1 + m_1 m_2} \right| \qquad m_1 m_2 \neq -1$$

Parallele Geraden: $m_1 = m_2$

Senkrechte Geraden: $m_2 = \dfrac{-1}{m_1} \leftrightarrow m_1 m_2 = -1$

$g_1\colon a_1 x + b_1 y + d_1 = 0 \qquad z = 0$

$g_2\colon a_2 x + b_2 y + d_2 = 0$

$$\sphericalangle (g_1, g_2) = \arctan \left| \frac{a_1 b_2 - a_2 b_1}{a_1 a_2 + b_1 b_2} \right|$$

Parallele Geraden: $a_1 : a_2 = b_1 : b_2$

Senkrechte Geraden: $a_1 a_2 + b_1 b_2 = 0$

g_1: $\boldsymbol{a}$

g_1: $\boldsymbol{b}$

$$\sphericalangle (g_1, g_2) = \sphericalangle (\boldsymbol{a}, \boldsymbol{b}) = \arccos \frac{\boldsymbol{a}\boldsymbol{b}}{|\boldsymbol{a}|\,|\boldsymbol{b}|}$$

$$= \arccos \frac{a_x b_x + a_y b_y + a_z b_z}{\sqrt{a_x^2 + a_y^2 + a_z^2}\,\sqrt{b_x^2 + b_y^2 + b_z^2}}$$

Parallele Geraden: $\boldsymbol{a} \cdot \boldsymbol{b} = |\boldsymbol{a}| \cdot |\boldsymbol{b}|$

Senkrechte Geraden: $\boldsymbol{a} \cdot \boldsymbol{b} = 0 \quad a_x b_x + a_y b_y + a_z b_z = 0$

Beispiel:

$$\boldsymbol{a} = 16\boldsymbol{i} + 4\boldsymbol{j} - 7\boldsymbol{k} \qquad \boldsymbol{b} = 3\boldsymbol{i} - 9\boldsymbol{j} - 4\boldsymbol{k}$$

$$\boldsymbol{ab} = 16 \cdot 3 + 4 \cdot (-9) + (-7)(-4) = 40$$

$$|\boldsymbol{a}| = \sqrt{16^2 + 4^2 + 7^2} = \sqrt{321} \approx 17{,}9$$

$$|\boldsymbol{b}| = \sqrt{3^2 + 9^2 + 4^2} = \sqrt{106} \approx 10{,}3$$

$$\cos(\boldsymbol{a}, \boldsymbol{b}) = \frac{40}{17{,}9 \cdot 10{,}3} \approx 0{,}2168; \quad \sphericalangle(\boldsymbol{a}, \boldsymbol{b}) \approx \underline{\underline{77{,}48°}}$$

$$g_1: \begin{cases} y = m_1 x + b_1 \\ z = n_1 x + c_1 \end{cases}$$

$$g_2: \begin{cases} y = m_2 x + b_2 \\ z = n_2 x + c_2 \end{cases}$$

$$\sphericalangle(g_1, g_2) = \arccos \frac{1 + m_1 m_2 + n_1 n_2}{\sqrt{(1 + m_1^2 + n_1^2)(1 + m_2^2 + n_2^2)}}$$

Parallele Geraden: $m_1 = m_2 \qquad n_1 = n_2$

Senkrechte Geraden: $1 + m_1 m_2 + n_1 n_2 = 0$

$$g_1: \frac{x - x_1}{\cos \alpha_1} = \frac{y - y_1}{\cos \beta_1} = \frac{z - z_1}{\cos \gamma_1}$$

$$g_2: \frac{x - x_2}{\cos \alpha_2} = \frac{y - y_2}{\cos \beta_2} = \frac{z - z_2}{\cos \gamma_2}$$

$$\cos(g_1, g_2) = \cos \varphi = \cos \alpha_1 \cos \alpha_2 + \cos \beta_1 \cos \beta_2 + \cos \gamma_1 \cos \gamma_2$$

Parallele Geraden: $\cos \alpha_1 = \cos \alpha_2$, $\cos \beta_1 = \cos \beta_2$, $\cos \gamma_1 = \cos \gamma_2$

Senkrechte Geraden: $\cos \alpha_1 \cos \alpha_2 + \cos \beta_1 \cos \beta_2 + \cos \gamma_1 \cos \gamma_2 = 0$

Abstand zweier windschiefer Geraden

g_1: $\boldsymbol{r} = \boldsymbol{r}_1 + t_1 \boldsymbol{a}_1$ mit $\boldsymbol{r}_1 = x_1 \boldsymbol{i} + y_1 \boldsymbol{j} + z_1 \boldsymbol{k}$

g_2: $\boldsymbol{r} = \boldsymbol{r}_2 + t_2 \boldsymbol{a}_2$ $\boldsymbol{r}_2$ dgl.

$$d = \left| \frac{(\boldsymbol{a}_1 \times \boldsymbol{a}_2)(\boldsymbol{r}_2 - \boldsymbol{r}_1)}{\boldsymbol{a}_1 \times \boldsymbol{a}_2} \right| = \left| \frac{D}{\boldsymbol{a}_1 \times \boldsymbol{a}_2} \right|$$

mit

$$D = \begin{vmatrix} a_{x1} & a_{y1} & a_{z1} \\ a_{x2} & a_{y2} & a_{z2} \\ x_2 - x_1 & y_2 - y_1 & z_2 - z_1 \end{vmatrix} \neq 0$$

Bedingung für windschiefe, sich nicht schneidende Geraden.

$= 0$ schneidende Geraden

$$g_1\colon\ \frac{x-x_1}{\cos\alpha_1}=\frac{y-y_1}{\cos\beta_1}=\frac{z-z_1}{\cos\gamma_1}$$

$$g_2\colon\ \frac{x-x_2}{\cos\alpha_2}=\frac{y-y_2}{\cos\beta_2}=\frac{z-z_2}{\cos\gamma_2}$$

$$d=\left|\frac{\begin{vmatrix}x_1-x_2 & y_1-y_2 & z_1-z_2\\ \cos\alpha_1 & \cos\beta_1 & \cos\gamma_1\\ \cos\alpha_2 & \cos\beta_2 & \cos\gamma_2\end{vmatrix}}{\sqrt{\begin{vmatrix}\cos\beta_1 & \cos\gamma_1\\ \cos\beta_2 & \cos\gamma_2\end{vmatrix}^2+\begin{vmatrix}\cos\gamma_1 & \cos\alpha_1\\ \cos\gamma_2 & \cos\alpha_2\end{vmatrix}^2+\begin{vmatrix}\cos\alpha_1 & \cos\beta_1\\ \cos\alpha_2 & \cos\beta_2\end{vmatrix}^2}}\right|$$

Geradenbüschel

$g_1\colon\ a_1x+b_1y+d_1=0 \qquad z=0$

$g_2\colon\ a_2x+b_2y+d_2=0$

Gleichung des Geradenbüschels durch deren Schnittpunkt

$$g_1+\lambda g_2=0 \qquad \lambda\in P$$

Winkelhalbierende w_1 und w_2 zwischen zwei Geraden

$g_1\colon\ a_1x+b_1y+d_1=0 \qquad z=0$

$g_2\colon\ a_2x+b_2y+d_2=0$

Gleichung der Winkelhalbierenden:

$$\frac{a_1x+b_1y+d_1}{\pm\sqrt{a_1^2+b_1^2}}\pm\frac{a_2x+b_2y+d_2}{\pm\sqrt{a_2^2+b_2^2}}=0,$$

wobei $\dfrac{d_i}{\pm\sqrt{a_i^2+b_i^2}}<0 \qquad i=1,2$

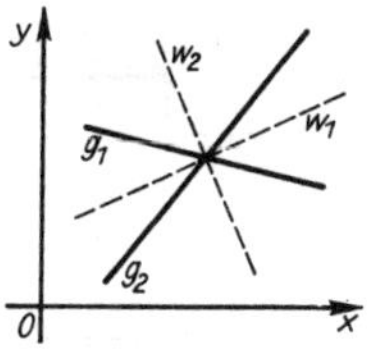

Bild 7.33. Winkelhalbierende

Folgen g_1, w_1, g_2, w_2 im positiven Drehsinn aufeinander, gilt für den zweiten Summanden für w_1 das positive Vorzeichen, für w_2 das negative.

$g_1\colon\ x\cos\beta_1+y\sin\beta_1-p_1=0$

$g_2\colon\ x\cos\beta_2+y\sin\beta_2-p_2=0$

Gleichungen der Winkelhalbierenden:

$$x(\cos\beta_1\pm\cos\beta_2)+y(\sin\beta_1\pm\sin\beta_2)-(p_1\pm p_2)=0$$

Bedingung für drei einander in einem Punkt schneidende Geraden

g_i: $a_i x + b_i y + d_i = 0 \qquad i = 1, 2, 3$

$$\begin{vmatrix} a_1 & b_1 & d_1 \\ a_2 & b_2 & d_2 \\ a_3 & b_3 & d_3 \end{vmatrix} = 0$$

7.4.4. Die Ebene

Ebenengleichungen

Parameterdarstellungen

$$\boldsymbol{r} = \boldsymbol{r}_1 + s(\boldsymbol{r}_2 - \boldsymbol{r}_1) + t(\boldsymbol{r}_2 - \boldsymbol{r}_3)$$

$$\boldsymbol{r} = \boldsymbol{r}_0 + s\boldsymbol{a} + t\boldsymbol{b}$$

Parameter $s, t \in P$
Ortsvektoren $\boldsymbol{r}, \boldsymbol{r}_i$
Richtungsvektoren $\boldsymbol{a}, \boldsymbol{b}$

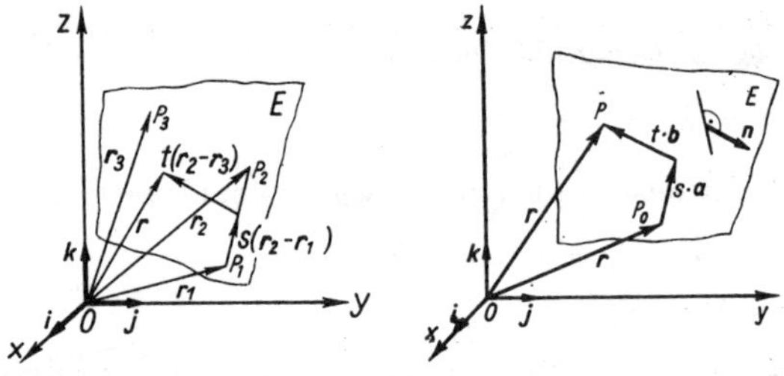

Bild 7.34. Parameterdarstellungen

Punkt-Richtungs-Gleichung der Ebene

(Gleichung der Ebene durch P_0, senkrecht auf $\boldsymbol{n}$)

Stellungsvektor $\boldsymbol{n}_0 = \dfrac{\boldsymbol{n}}{|\boldsymbol{n}|}$ Normalenvektor

$$\boldsymbol{n}(\boldsymbol{r} - \boldsymbol{r}_0) = 0$$

$$\boldsymbol{n}\boldsymbol{r} = \boldsymbol{n}\boldsymbol{r}_0$$

$$\boldsymbol{n}\boldsymbol{r} + d = 0$$

d Absolutglied der allg. Gl.
$\boldsymbol{r} = (x, y, z)$
$\boldsymbol{n} = (a, b, c)$

Gleichung der Ebene durch drei nicht auf einer Geraden liegende Punkte

$$[(\boldsymbol{r} - \boldsymbol{r}_1)\,(\boldsymbol{r} - \boldsymbol{r}_2)\,(\boldsymbol{r} - \boldsymbol{r}_3)] = 0$$

$$\begin{vmatrix} x & y & z & 1 \\ x_1 & y_1 & z_1 & 1 \\ x_2 & y_2 & z_2 & 1 \\ x_3 & y_3 & z_3 & 1 \end{vmatrix} = 0 \text{ oder } \begin{vmatrix} x - x_1 & y - y_1 & z - z_1 \\ x_2 - x_1 & y_2 - y_1 & z_2 - z_1 \\ x_3 - x_1 & y_3 - y_1 & z_3 - z_1 \end{vmatrix} = 0$$

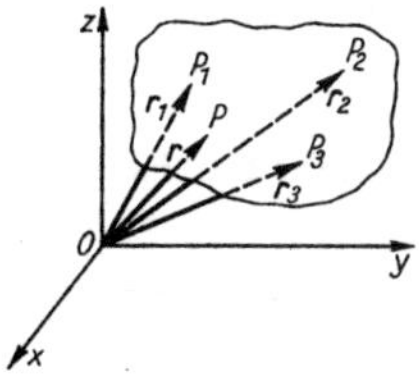

Bild 7.35. Ebene durch 3 Punkte

Allgemeine Gleichung der Ebene

$\mathfrak{E}$: $ax + by + cz + d = 0$ a, b, c nicht gleichzeitig Null

a, b, c sind die *Adjunkten* der Elemente der ersten Zeile obiger Determinante, z. B.

$$a = \begin{vmatrix} y_1 & z_1 & 1 \\ y_2 & z_2 & 1 \\ y_3 & z_3 & 1 \end{vmatrix}$$

Sonderfälle

$d = 0$	Die Ebene geht durch den Ursprung: $ax + by + cz = 0$
$a = 0$	Die Ebene ist der x-Achse parallel: $by + cz + d = 0$
$b = 0$	Die Ebene ist der y-Achse parallel: $ax + cz + d = 0$
$c = 0$	Die Ebene ist der z-Achse parallel: $ax + by + d = 0$
$a = b = 0$	Die Ebene ist der $x; y$-Ebene parallel: $cz + d = 0$
$a = c = 0$	Die Ebene ist der $x; z$-Ebene parallel: $by + d = 0$

$b = c = 0$	Die Ebene ist der $y; z$-Ebene parallel: $ax + d = 0$
$a = d = 0$	Die Ebene geht durch die x-Achse: $by + cz = 0$
$b = d = 0$	Die Ebene geht durch die y-Achse: $ax + cz = 0$
$c = d = 0$	Die Ebene geht durch die z-Achse: $ax + by = 0$

Spezielle Ebenen

$z = 0$ Gleichung der $x; y$-Ebene

$y = 0$ Gleichung der $x; z$-Ebene

$x = 0$ Gleichung der $y; z$-Ebene

Ebene durch Punkt $P_0(x_0, y_0, z_0)$

$$a(x - x_0) + b(y - y_0) + c(z - z_0) = 0$$

Abschnittsform der Ebenengleichung

$$\frac{x}{a'} + \frac{y}{b'} + \frac{z}{c'} = 1$$

Abschnitte auf den Koordinatenachsen

$$a' = -\frac{d}{a} \quad b' = -\frac{d}{b} \quad c' = -\frac{d}{c}$$

$$\begin{vmatrix} x & y & z & 1 \\ a & 0 & 0 & 1 \\ 0 & b & 0 & 1 \\ 0 & 0 & c & 1 \end{vmatrix} = 0$$

Hessesche Normalform der Ebenengleichung

$$x \cos \alpha + y \cos \beta + z \cos \gamma - p = 0$$

p Lot vom Ursprung auf die Ebene
$\cos \alpha$, $\cos \beta$, $\cos \gamma$ Richtungscosinus der Ebene

$$\boldsymbol{n}^0 \boldsymbol{r} - p = 0$$

$$p = -\frac{d}{|\boldsymbol{n}|}$$ Abstand des Ursprungs von der Ebene

Überführung der allgemeinen Form in die HESSEsche Normalform:

$$\frac{ax + by + cz + d}{\pm\sqrt{a^2 + b^2 + c^2}} = 0,$$ wobei der Wurzel das entgegengesetzte Vorzeichen von d zu geben ist.

Lot vom Ursprung auf die Ebene

$$p = \left|\frac{d}{\sqrt{a^2 + b^2 + c^2}}\right|$$

Richtungscosinus der Ebene

$$\cos\alpha = \frac{-a \operatorname{sgn} d}{\sqrt{a^2 + b^2 + c^2}}$$

$$\cos\beta = \frac{-b \operatorname{sgn} d}{\sqrt{a^2 + b^2 + c^2}}$$ α, β, γ sind die Winkel, die das Lot p mit den positiven Richtungen der Achsen bildet.

$$\cos\gamma = \frac{-c \operatorname{sgn} d}{\sqrt{a^2 + b^2 + c^2}}$$

Abstand d eines Punktes P_0 von einer Ebene

$$d = \boldsymbol{n}^0\boldsymbol{r}_0 - p$$ $\begin{cases} < 0 & P_0 \text{ und Ursprung auf derselben Seite der Ebene} \\ > 0 & \text{auf verschiedenen Seiten} \end{cases}$

$$d = \boldsymbol{n}^0(\boldsymbol{r}_1 - \boldsymbol{r}_0)$$ $\boldsymbol{r}_1$ Ortsvektor zu einem beliebigen Ebenenpunkt

$$d' = \frac{ax_0 + by_0 + cz_0 + d}{-\sqrt{a^2 + b^2 + c^2}} \operatorname{sgn} d$$

$$d = x_0 \cos\alpha + y_0 \cos\beta + z_0 \cos\gamma - p$$

Schnittpunkt einer Geraden mit einer Ebene

$$g: \frac{x - x_1}{\cos\alpha} = \frac{y - y_1}{\cos\beta} = \frac{z - z_1}{\cos\gamma}$$

$$E: E = 0$$

$$x_s = x_1 - t\cos\alpha$$

$$y_s = y_1 - t\cos\beta \qquad t = \frac{ax_1 + by_1 + cz_1 + d}{a\cos\alpha + b\cos\beta + c\cos\gamma}$$

$$z_s = z_1 - t\cos\gamma$$

$g \parallel E$: $a \cos\alpha + b \cos\beta + c \cos\gamma = 0$

$$g: \begin{cases} y = mx + b_1 \\ z = nx + c_1 \end{cases}$$

E: $E = 0$

$$x_s = -\frac{b_1 b + c_1 c + d}{a + mb + nc} \quad y_s, z_s \text{ aus den Ausgangsgleichungen}$$

$g \parallel E$: $a + mb + nc = 0$

$$g\colon \boldsymbol{r} = \boldsymbol{r}_1 + t_0 \boldsymbol{a} \qquad t_0 = -\frac{d - \boldsymbol{n}\boldsymbol{r}_1}{\boldsymbol{n}\boldsymbol{a}}$$

$$E\colon \boldsymbol{n}\boldsymbol{r} + d = 0 \qquad \boldsymbol{r}_0 = \boldsymbol{r}_1 + t_0 \boldsymbol{a}$$

Winkel φ zwischen einer Geraden und einer Ebene

$$\begin{matrix} g\colon \boldsymbol{r} = \boldsymbol{r}_0 + t\boldsymbol{a} \\ E\colon \boldsymbol{n}\boldsymbol{r} = \boldsymbol{n}\boldsymbol{r}_0 \end{matrix} \quad \to \varphi = \arcsin \left| \frac{\boldsymbol{n}\boldsymbol{a}}{|\boldsymbol{n}|\,|\boldsymbol{a}|} \right|$$

$$g\colon \frac{x - x_1}{\cos\alpha} = \frac{y - y_1}{\cos\beta} = \frac{z - z_1}{\cos\gamma}$$

E: $E = 0$

$$\sin\varphi = \left| \frac{a\cos\alpha + b\cos\beta + c\cos\gamma}{\sqrt{a^2 + b^2 + c^2}} \right| \qquad \varphi \leqq 90^\circ$$

$g \parallel E$: $a \cos\alpha + b \cos\beta + c \cos\gamma = 0$

$$g \perp E\colon \frac{a}{\cos\alpha} = \frac{b}{\cos\beta} = \frac{c}{\cos\gamma}$$

Gerade durch den Punkt P_1 senkrecht zur Ebene $E = 0$

$$\frac{x - x_1}{a} = \frac{y - y_1}{b} = \frac{z - z_1}{c}$$

Schnittgerade zweier Ebenen

E_1: $\boldsymbol{n}_1\boldsymbol{r} + d_1 = 0$

E_2: $\boldsymbol{n}_2\boldsymbol{r} + d_2 = 0$

$$\boldsymbol{r} = \boldsymbol{r}_0 + t(\boldsymbol{n}_1 \times \boldsymbol{n}_2) \qquad t \in P$$

Winkel φ zwischen zwei Ebenen

E_1: $E_1 = 0$

E_2: $E_2 = 0$

$$\cos \sphericalangle (E_1, E_2) = \cos\varphi = \left| \frac{a_1a_2 + b_1b_2 + c_1c_2}{\sqrt{(a_1^2 + b_1^2 + c_1^2)(a_2^2 + b_2^2 + c_2^2)}} \right|$$

$$= \frac{\boldsymbol{n}_1\boldsymbol{n}_2}{|\boldsymbol{n}_1|\,|\boldsymbol{n}_2|} \quad \varphi \leqq 90°$$

$E_1 \parallel E_2$: $a_1:b_1:c_1 = a_2:b_2:c_2$

$E_1 \perp E_2$: $a_1a_2 + b_1b_2 + c_1c_2 = 0$

Winkelhalbierende Ebenen zu zwei Ebenen

E_1: $E_1 = 0$

E_2: $E_2 = 0$

$$\frac{a_1x + b_1y + c_1z + d_1}{-\sqrt{a_1^2 + b_1^2 + c_1^2}} \operatorname{sgn} d_1 \pm \frac{a_2x + b_2y + c_2z + d_2}{\sqrt{a_2^2 + b_2^2 + c_2^2}} = 0$$

Schnittpunkt S von drei Ebenen

E_i: $E_i = 0 \qquad i = 1, 2, 3$

Lösung des Gleichungssystems mittels Austauschverfahrens bzw. CRAMERscher Regel.

Vier Ebenen durch einen Punkt

E_i: $E_i = 0 \qquad i = 1, 2, 3, 4$

$$\begin{vmatrix} a_1 & b_1 & c_1 & d_1 \\ a_2 & b_2 & c_2 & d_2 \\ a_3 & b_3 & c_3 & d_3 \\ a_4 & b_4 & c_4 & d_4 \end{vmatrix} = 0$$

Projektion der ebenen Fläche A auf die $x;y$-, $x;z$-Ebene

$$A_{xy} = A\cos\gamma \quad A_{yz} = A\cos\alpha \quad A_{xz} = A\cos\beta$$

Dabei sind α, β, γ die Winkel, die das Lot vom Ursprung aus auf die Ebene, in der die Fläche A liegt, mit den Koordinatenachsen bildet.

$$A^2 = A_{xy}^2 + A_{yz}^2 + A_{xz}^2$$

$$A = A_{xy}\cos\gamma + A_{yz}\cos\alpha + A_{xz}\cos\beta$$

7.4.5. Flächen, Körper

Fläche des Dreiecks $P_1P_2P_3$ im Raum

$$A = \sqrt{A_1^2 + A_2^2 + A_3^2}, \quad \text{wobei}$$

$$A_1 = \frac{1}{2}\begin{vmatrix} y_1 & z_1 & 1 \\ y_2 & z_2 & 1 \\ y_3 & z_3 & 1 \end{vmatrix} \qquad A_2 = \frac{1}{2}\begin{vmatrix} z_1 & x_1 & 1 \\ z_2 & x_2 & 1 \\ z_3 & x_3 & 1 \end{vmatrix}$$

$$A_3 = \frac{1}{2}\begin{vmatrix} x_1 & y_1 & 1 \\ x_2 & y_2 & 1 \\ x_3 & y_3 & 1 \end{vmatrix}$$

$A > 0$, wenn die Vektoren $\overrightarrow{OP_1}$, $\overrightarrow{OP_2}$ und $\overrightarrow{OP_3}$ ein Rechtssystem bilden. In der Ebene gilt $A_1 = 0$, $A_2 = 0$ für $z = 0$

$$A = A_3 = \frac{1}{2}\,[x_1(y_2 - y_3) + x_2(y_3 - y_1) + x_3(y_1 - y_2)]$$

Drei Punkte auf einer Geraden im Raum: $A = 0$

Vektordarstellung:

$$2A = \boldsymbol{r}_1 \times \boldsymbol{r}_2 + \boldsymbol{r}_2 \times \boldsymbol{r}_3 + \boldsymbol{r}_3 \times \boldsymbol{r}_1$$ $\boldsymbol{r}_1, \boldsymbol{r}_2, \boldsymbol{r}_3$ Ortsvektoren zu den Ecken

Flächeninhalt eines n-Ecks ($z = 0$)

$$A = \frac{1}{2}\sum_{k=1}^{n} x_k(y_{k+1} - y_{k-1}) \qquad (y_n = y_0)$$

Schwerpunkt $S(x_s, y_s, z_s)$ des Dreiecks $P_1P_2P_3$

$$x_s = \frac{x_1 + x_2 + x_3}{3} \qquad y_s = \frac{y_1 + y_2 + y_3}{3}$$

$$z_s = \frac{z_1 + z_2 + z_3}{3}$$

Für materielle Punkte in den Ecken des Dreiecks gilt:

$$x_s = \frac{m_1x_1 + m_2x_2 + m_3x_3}{m_1 + m_2 + m_3} \qquad y_s = \frac{m_1y_1 + m_2y_2 + m_3y_3}{m_1 + m_2 + m_3}$$

$$z_s = \frac{m_1z_1 + m_2z_2 + m_3z_3}{m_1 + m_2 + m_3}$$

und allgemein bei n Massenpunkten

$$x_s = \frac{\sum\limits_1^n m_kx_k}{\sum\limits_1^n m_k} \qquad y_s = \frac{\sum\limits_1^n m_ky_k}{\sum\limits_1^n m_k} \qquad z_s = \frac{\sum\limits_1^n m_kz_k}{\sum\limits_1^n m_k}$$

Volumen der dreiseitigen Pyramide (Tetraeder) $P_1P_2P_3P_4$

$$V = \frac{1}{6}\begin{vmatrix} x_1 & y_1 & z_1 & 1 \\ x_2 & y_2 & z_2 & 1 \\ x_3 & y_3 & z_3 & 1 \\ x_4 & y_4 & z_4 & 1 \end{vmatrix} = \frac{1}{6}\begin{vmatrix} x_1 - x_2 & y_1 - y_2 & z_1 - z_2 \\ x_1 - x_3 & y_1 - y_3 & z_1 - z_3 \\ x_1 - x_4 & y_1 - y_4 & z_1 - z_4 \end{vmatrix}$$

$V > 0$, wenn die Vektoren $\overrightarrow{P_1P_2}$, $\overrightarrow{P_1P_3}$ und $\overrightarrow{P_1P_4}$ ein Rechtssystem bilden, sonst ist der Betrag zu nehmen.

$$V = \frac{1}{6}(\boldsymbol{r}_1 - \boldsymbol{r}_4)(\boldsymbol{r}_2 - \boldsymbol{r}_4)(\boldsymbol{r}_3 - \boldsymbol{r}_4)$$

Ebenenbüschel

E_1: $a_1x + b_1y + c_1z + d_1 = 0$

E_2: $a_2x + b_2y + c_2z + d_2 = 0$

Ebenenbüschel durch die Schnittgerade der beiden Ebenen $E_1 = 0$ und $E_2 = 0$

$$E_1 + \lambda E_2 = 0 \quad \lambda \in P \setminus \{0\}$$

7.5. Kurven 2. Ordnung (Kegelschnitte)

$$ax^2 + 2bxy + cy^2 + 2dx + 2ey + f = 0$$

Matrizenschreibweise $\boldsymbol{xAx}^{\mathrm{T}} + 2\boldsymbol{ax}^{\mathrm{T}} + f = 0$

$$\text{mit } \boldsymbol{A} = \begin{vmatrix} a & b \\ b & c \end{vmatrix} \quad \boldsymbol{a} = (d, e) \quad \boldsymbol{x} = (x, y)$$

Beim Schnitt eines geraden Kreiskegels k mit der Mantelneigung α durch eine Ebene E mit dem Neigungswinkel β nicht durch die Spitze S entstehen die Kegelschnitte.

$0 \leqq \beta < \alpha$ Ellipse $\to \beta = 0$ Kreis

$\beta = \alpha$ Parabel

$\frac{\pi}{2} \geqq \beta > \alpha$ Hyperbel

Beim Schnitt durch die Spitze entstehen Punkt, Gerade, Geradenpaar.

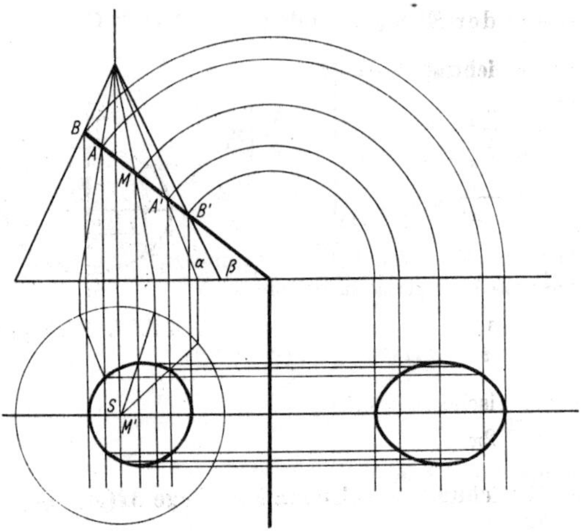

Bild 7.36. Kegelschnitt (Ellipse)

7.5.1. Die Ellipse

Definition

Die Ellipse ist die Menge aller der Punkte einer Ebene, deren Entfernungen von zwei festen Punkten (den *Brennpunkten* F_1, F_2) eine konstante Summe haben, die größer ist als $\overline{F_1F_2}$.

$$\overline{F_1P} + \overline{PF_2} = 2a = \text{konst.}$$

Bezeichnungen

M Mittelpunkt

A, B Hauptscheitel, C, D Nebenscheitel

$\overline{PF_1}$, $\overline{PF_2}$ Brennstrahlen

$\overline{AB} = 2a$ Hauptachse, a große Halbachse

$\overline{CD} = 2b$ Nebenachse, b kleine Halbachse

$\overline{F_1F_2} = 2e$ $a > e \geqq 0$

$e = \sqrt{a^2 - b^2}$ lineare Exzentrizität

$\varepsilon = \dfrac{e}{a}$ numerische Exzentrizität, für Ellipse $\varepsilon < 1$

$p = \dfrac{b^2}{a}$ Parameter, $2p$ zur Hauptachse senkrechte Sehne im Brennpunkt

Gleichungen der Ellipse

Mittelpunktsgleichung $M(0, 0)$

$$\frac{x^2}{a^2} + \frac{y^2}{b^2} = 1$$

$$y = \pm\frac{b}{a}\sqrt{a^2 - x^2} \qquad |x| \leqq a$$

Parameterform:

$$x = a\cos t$$
$$y = b\sin t$$

t exzentrische *Anomalie*

$0 \leqq t < 2\pi$

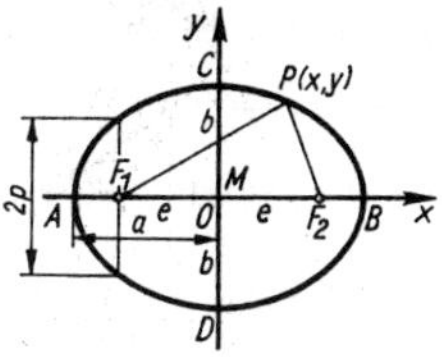

Bild 7.37. Mittelpunktslage

Allgemeine Gleichung bei achsparalleler Lage $M(x_m, y_m)$

$$\frac{(x - x_m)^2}{a^2} + \frac{(y - y_m)^2}{b^2} = 1$$

Parameterform: $x = a\cos t + x_m$

$y = b\sin t + y_m$

Scheitelgleichung $M(a, 0)$

$$y^2 = 2px - \frac{p}{a}x^2$$

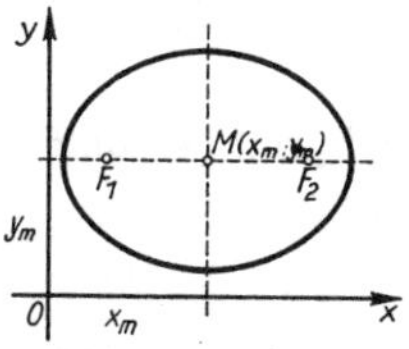

Bild 7.38.
Allgemeine achsparallele Lage

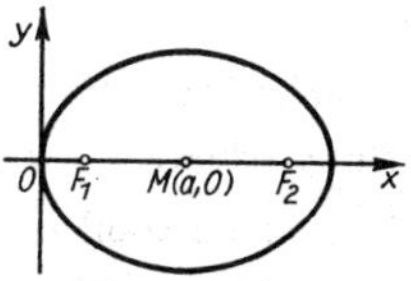

Bild 7.39.
Scheitelgleichung

Inverse Gleichungen (Ellipse mit y-Achse als großer Achse)

$M(0, 0)$: $\dfrac{y^2}{a^2} + \dfrac{x^2}{b^2} = 1$

$M(0, a)$: $x^2 = 2py - \dfrac{p}{a}y^2$

Allgemeine Gleichung 2. Grades

$$ax^2 + 2bxy + cy^2 + 2dx + 2ey + f = 0$$

Bedingung für Ellipse in achsparalleler Lage:

$$\operatorname{sgn} a = \operatorname{sgn} c \qquad b = 0 \qquad a \neq c$$

Ellipsengleichung: $ax^2 + cy^2 + 2dx + 2ey + f = 0$

große Halbachse $a = \sqrt{\dfrac{cd^2 + ae^2 - acf}{a^2c}}$

kleine Halbachse $b = \sqrt{\dfrac{cd^2 + ae^2 - acf}{ac^2}}$

Ellipsengleichung in Polarkoordinaten $\{O; r, \varphi\}$

Polargleichung $r = \dfrac{p}{1 - \varepsilon \cos \varphi}$ $F_1 = \text{Pol}$ $0 \leqq \varphi < 2\pi$

Bild 7.40 $0 < \varepsilon < 1$

Pol $= M$ $r^2 = \dfrac{b^2}{1 - \varepsilon^2 \cos^2 \varphi}$ Bild 7.41 $0 < \varepsilon < 1$

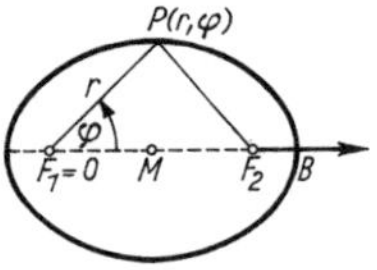

Bild 7.40. Polargleichung

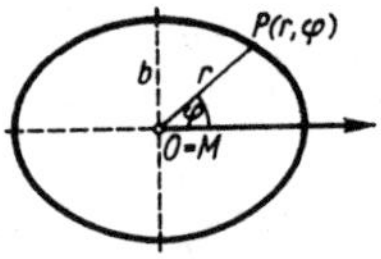

Bild 7.41. Pol = Mittelpunkt

Schnittpunkt der Geraden g: $y = mx + b_1$ mit der Ellipse

$$\frac{x^2}{a^2} + \frac{y^2}{b^2} = 1$$

$$x_{1;2} = -\frac{a^2mb_1}{b^2 + a^2m^2} \pm \frac{ab}{b^2 + a^2m^2}\sqrt{a^2m^2 + b^2 - b_1^2}$$

$$y_{1;2} = \frac{b^2b_1}{b^2 + a^2m^2} \pm \frac{abm}{b^2 + a^2m^2}\sqrt{a^2m^2 + b^2 - b_1^2}$$

Radikand $a^2m^2 + b^2 - b_1^2 = D$ (Diskriminante)

$D > 0$ Die Ellipse wird von der Geraden geschnitten.

$D = 0$ Die Ellipse wird von der Geraden berührt.

$D < 0$ Die Ellipse wird von der Geraden gemieden.

Länge der Brennstrahlen PF_1 und PF_2

$$\left.\begin{array}{l}\overline{PF_1} = a + \varepsilon x \\ \overline{PF_2} = a - \varepsilon x\end{array}\right\} \overline{PF_1} + \overline{PF_2} = 2a$$

Tangente und Normale für Ellipse $\dfrac{x^2}{a^2} + \dfrac{y^2}{b^2} = 1$ im Punkt $P_0(x_0, y_0)$

Tangente: $\dfrac{xx_0}{a^2} + \dfrac{yy_0}{b^2} = 1$

Richtungsfaktor $m_t = -\dfrac{b^2x_0}{a^2y_0}$

Normale: $y - y_0 = \dfrac{a^2y_0}{b^2x_0}(x - x_0)$

Richtungsfaktor $m_n = \dfrac{a^2y_0}{b^2x_0}$

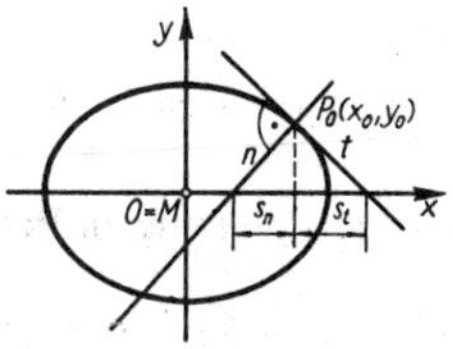

Bild 7.42.
Tangente, Normale

Tangentenlänge $t = \sqrt{y_0^2 + \left(\dfrac{a^2}{x_0} - x_0\right)^2}$

Normalenlänge $n = \dfrac{b\sqrt{a^4 - e^2x_0^2}}{a^2}$

Subtangente $s_t = \left|\dfrac{a^2}{x_0} - x_0\right|$

Subnormale $s_n = \left|\dfrac{b^2x_0}{a^2}\right|$

Tangente und Normale für Ellipse $\dfrac{(x-c)^2}{a^2} + \dfrac{(y-d)^2}{b^2} = 1$ im Punkt $P_0(x_0, y_0)$

Tangente:

$$\frac{(x-c)(x_0-c)}{a^2} + \frac{(y-d)(y_0-d)}{b^2} = 1$$

Richtungsfaktor $m_t = -\dfrac{b^2(x_0-c)}{a^2(y_0-d)}$

Normale:

$$y - y_0 = \frac{a^2(y_0-d)}{b^2(x_0-c)}(x - x_0)$$

Richtungsfaktor $m_n = \frac{a^2(y_0 - d)}{b^2(x_0 - c)}$

Polare des Punktes $P_0(x_0, y_0)$ in bezug auf Ellipse $\frac{x^2}{a^2} + \frac{y^2}{b^2} = 1$

$$\frac{xx_0}{a^2} + \frac{yy_0}{b^2} = 1 \qquad P_0 \text{ Pol}$$

Durchmesser der Ellipse

$$y = -\frac{b^2}{a^2 m} x$$

m Richtungsfaktor der zugeordneten parallelen Sehnen, die vom Durchmesser halbiert werden

Konjugierte Durchmesser sind Durchmesser, von denen jeder die dem anderen parallelen Sehnen halbiert. Die beiden Achsen sind konjugierte Durchmesser.

$y = m_1 x$ und $y = m_2 x$ sind konjugierte Durchmesser, wenn

$$m_1 m_2 = -\frac{b^2}{a^2}$$

Für zwei konjugierte Durchmesser $2a_1$ und $2b_1$ gilt:

$$a_1^2 + b_1^2 = a^2 + b^2$$

$$a_1 b_1 \sin(\varphi_1 - \varphi_2) = ab \quad \textit{Satz des Apollonius}$$

In Worten:

Der Inhalt des aus zwei konjugierten Halbmessern einer Ellipse und der Verbindungslinie ihrer Endpunkte gebildeten Dreiecks ist konstant.

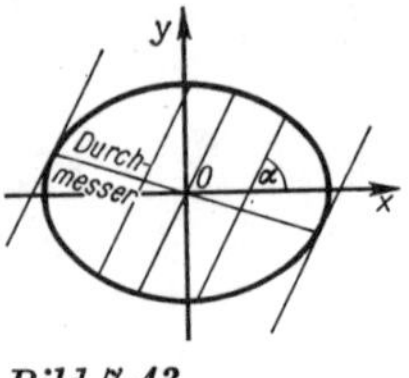

Bild 7.43. Durchmesser

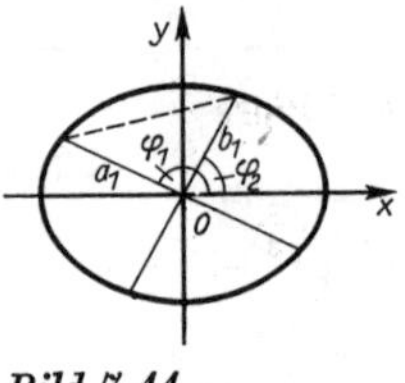

Bild 7.44. Konjugierte Durchmesser

Krümmungsradius ϱ und Krümmungsmittelpunkt $M_k(\xi, \eta)$ für Ellipse $\frac{x^2}{a^2} + \frac{y^2}{b^2} = 1$

Im Punkt $P_0(x_0, y_0)$

$$\varrho = \frac{1}{a^4b^4}\sqrt{(a^4y_0^2 + b^4x_0^2)^3} = \frac{\sqrt{(a^4 - e^2x_0^2)^3}}{a^4b} = \frac{n^3}{p^2}$$

n Normalenlänge (s. S. 299)

$$\xi = \frac{e^2x_0^3}{a^4} \quad \eta = -\frac{e^2y_0^3}{b^4} = -\frac{\varepsilon^3a^2y_0^3}{b^4}$$

Im Hauptscheitel $A(-a, 0)$

$$\varrho = \frac{b^2}{a} = p \quad \xi = -\frac{e^2}{a} \quad \eta = 0$$

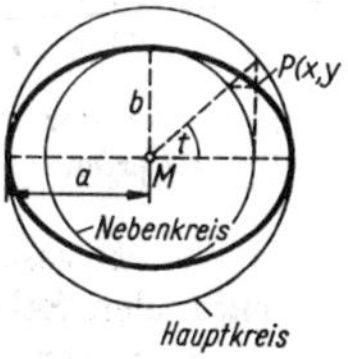

Im Hauptscheitel $B(a, 0)$

$$\varrho = \frac{b^2}{a} = p \quad \xi = \frac{e^2}{a} \quad \eta = 0$$

Bild 7.45. Haupt- und Nebenkreis

Im Nebenscheitel $D(0, -b)$

$$\varrho = \frac{a^2}{b} \quad \xi = 0 \quad \eta = \frac{e^2}{b}$$

Im Nebenscheitel $C(0, b)$

$$\varrho = \frac{a^2}{b} \quad \xi = 0 \quad \eta = -\frac{e^2}{b}$$

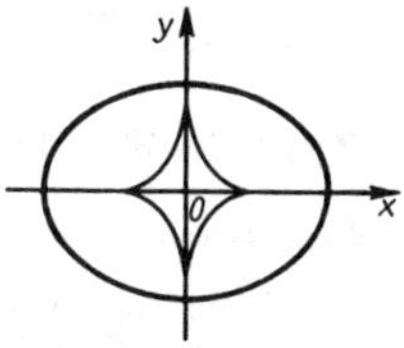

Bild 7.46. Evolute

Haupt- und Nebenkreis der Ellipse $\frac{x^2}{a^2} + \frac{y^2}{b^2} = 1$

$$x^2 + y^2 = a^2 \quad \text{und} \quad x^2 + y^2 = b^2$$

Evolute der Ellipse $\frac{x^2}{a^2} + \frac{y^2}{b^2} = 1$

$$\left(\frac{ax}{e^2}\right)^{\frac{2}{3}} + \left(\frac{by}{e^2}\right)^{\frac{2}{3}} = 1 \text{ (Astroide)}$$

$$|x| \leqq \frac{e^2}{a}$$

Flächeninhalt der Ellipse, des Ellipsensegments und des Ellipsensektors

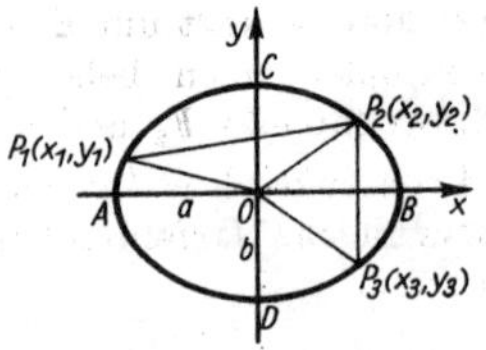

Bild 7.47. Segment, Sektor

Ellipse: $A = \pi ab$

Ellipsensegment P_1P_2C:

$$A = \frac{1}{2}(x_1y_2 - x_2y_1) + \frac{ab}{2}\left(\arcsin\frac{x^2}{a} - \arcsin\frac{x_1}{a}\right)$$

Ellipsensegment P_2P_3B: $A = ab \arccos\frac{x_2}{a} - x_2y_2$

Ellipsensektor P_2OP_3B: $A = ab \arccos\frac{x_2}{a}$

Ellipsensektor P_1OP_2C: $A = \frac{ab}{2}\left(\arcsin\frac{x_2}{a} - \arcsin\frac{x_1}{a}\right)$

Ellipsenumfang

$$u = 2\pi a\left[1 - \left(\frac{1}{2}\right)^2 \varepsilon^2 - \left(\frac{1\cdot 3}{2\cdot 4}\right)^2 \frac{\varepsilon^4}{3} - \left(\frac{1\cdot 3\cdot 5}{2\cdot 4\cdot 6}\right)^2 \frac{\varepsilon^6}{5} - \cdots\right]$$

Näherungsformeln:

$$u \approx \pi\left[\frac{3}{2}(a+b) - \sqrt{ab}\right] \qquad u \approx \frac{\pi}{2}\left[a + b + \sqrt{2(a^2+b^2)}\right]$$

ELLIPSENKONSTRUKTIONEN

Gegeben: *Brennpunkte F_1 und F_2 und große Achse 2a*

(1) Man schlägt um F_1 und F_2 Kreise mit den Radien $p < 2a$ und $(2a - p)$ und erhält als Schnittpunkte vier symmetrisch liegende Ellipsenpunkte. Durch Variieren von $p < 2a$ ergeben sich weitere Ellipsenpunkte.

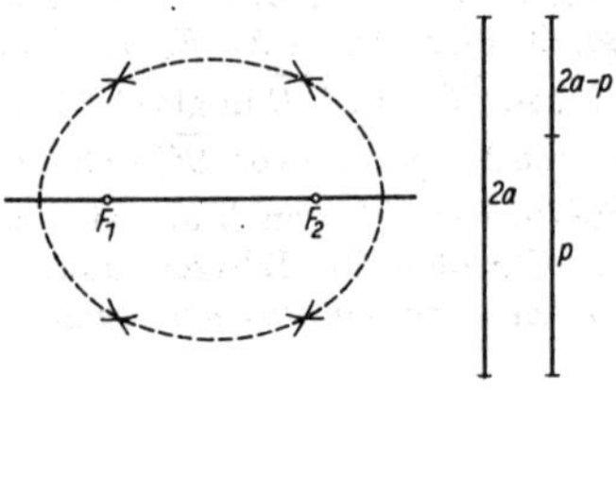

Bild 7.48. Ellipsenkonstruktion (1)

(2) Man schlägt um F_1 den Kreis mit dem Radius $2a$ (Leitkreis), verbindet einen beliebigen Punkt P des Leitkreises mit dem 2. Brennpunkt F_2 und errichtet auf dieser Verbindungsstrecke die Mittelsenkrechte. Ihr Schnittpunkt mit $\overline{PF_1}$ ist ein Ellipsenpunkt. Das gleiche Verfahren kann mit dem Leitkreis um F_2 durchgeführt werden.

(3) *Gärtner-* (*Faden-*) *Konstruktion*

Man befestigt in den Brennpunkten F_1 und F_2 einen Faden der Länge $2a$ und läßt bei gestrafftem Faden den Bleistift entlang des Fadens gleiten.

Gegeben: *Halbachsen a und b*

(4) Man schlägt um O den Haupt- und Nebenkreis. Dann errichtet man auf der waagerechten Achse eine beliebige Senkrechte g, die den Hauptkreis in A_1 und A_2 schneidet. Die Verbindungslinien $\overline{OA_1}$ und $\overline{OA_2}$ schneiden den Nebenkreis in B_1 und B_2. Die Parallelen durch B_1 und B_2 zur waagerechten Achse ergeben auf der Senkrechten g zwei Ellipsenpunkte E_1 und E_2.

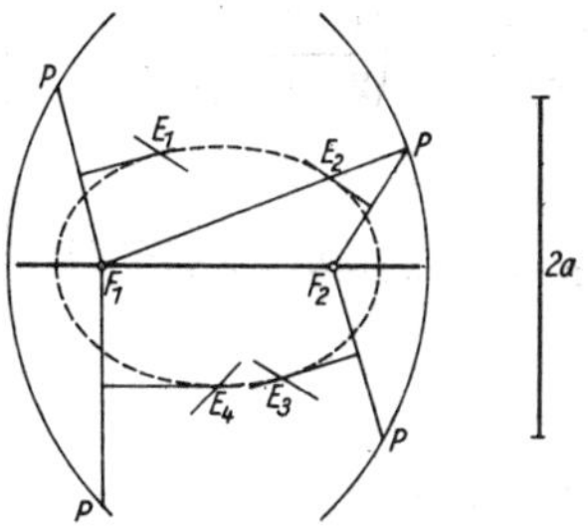

Bild 7.49.
Ellipsenkonstruktion (2)

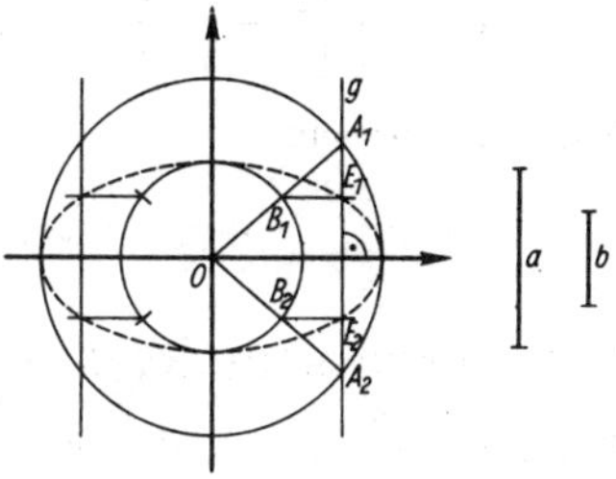

Bild 7.50.
Ellipsenkonstruktion (4)

(5) Man zieht durch die Scheitelpunkte A, B, C, D zu den Koordinatenachsen die Parallelen, die einander in E_1, E_2, E_3, E_4 schneiden. Dann teilt man die Strecken $\overline{OC}$ und $\overline{E_3C}$ in gleich viele untereinander gleiche Teile. Durch die Teilpunkte von $\overline{OC}$ zieht man von A aus und durch die Teilpunkte von $\overline{E_3C}$ von B aus Strahlen. Die Schnittpunkte entsprechender Strahlen sind Ellipsenpunkte. Durch Zeichnen der zur x- bzw. y-Achse symmetrischen Punkte ergibt sich die vollständige Ellipse.

(6) Man trägt auf einem Papierstreifen mit gerader Kante die beiden Halbachsen $\overline{PQ} = a$ und $\overline{PR} = b$ von P aus aufeinander ab ($\overline{QR} = a - b$). Verschiebt man nun den Papierstreifen so, daß sich der Punkt Q auf der y-Achse und der Punkt R auf der x-Achse bewegt, dann beschreibt der Punkt P eine Ellipse (Prinzip des Ellipsenzirkels).

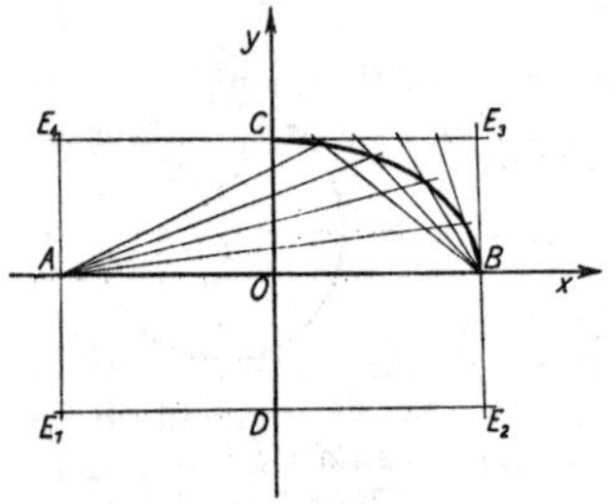

Bild 7.51.
Ellipsenkonstruktion (5)

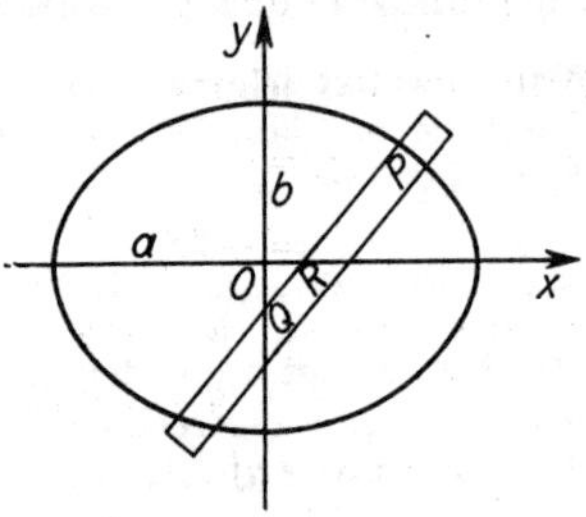

Bild 7.52.
Ellipsenkonstruktion (6)

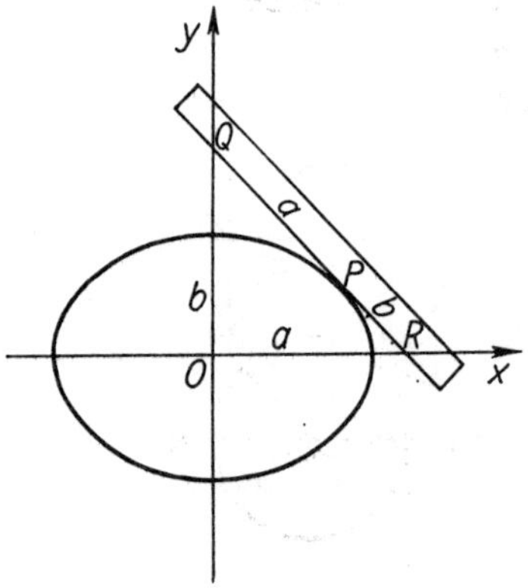

Bild 7.53. Ellipsenkonstruktion (7)

(7) Man trägt auf einem Papierstreifen mit gerader Kante die beiden Halbachsen $\overline{PQ} = a$ und $\overline{PR} = b$ nacheinander ab ($\overline{QR} = a + b$). Verschiebt man nun den Papierstreifen so, daß sich der Punkt Q auf der y-Achse und der Punkt R auf der x-Achse bewegt, dann beschreibt der Punkt P eine Ellipse.

7.5.2. Der Kreis

Definition

Ein Kreis ist die Menge aller der Punkte einer Ebene, die von einem festen Punkt (Mittelpunkt) gleichen Abstand (Radius des Kreises) haben.

Gleichungen des Kreises

Mittelpunktsgleichung

$$x^2 + y^2 = r^2 \qquad z = 0 \qquad r \text{ Radius}$$

$$y = \pm\sqrt{r^2 - x^2} \qquad x \in \langle -r, r\rangle$$

Parameterform: $x = r\cos t \qquad 0 \leqq t < 2\pi$

$y = r\sin t$

$$\boldsymbol{r} = x\boldsymbol{i} + y\boldsymbol{j}$$

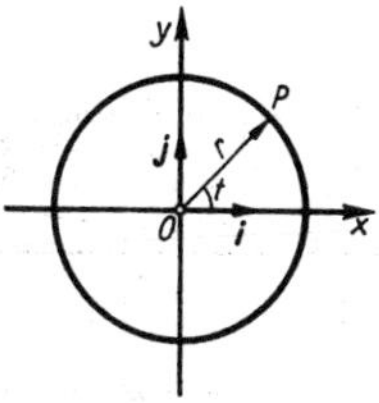

Bild 7.54. Mittelpunktslage

Allgemeine Kreisgleichung für $z = 0$

$$(x - x_\text{m})^2 + (y - y_\text{m})^2 = r^2$$

Parameterform: $x = r\cos t + x_\text{m} \qquad 0 \leqq t < 2\pi$

$y = r\sin t + y_\text{m}$

$$(\boldsymbol{r} - \boldsymbol{r}_\text{m})^2 = r^2 \qquad (r \text{ Radius!})$$

Scheitelgleichung ($x_\text{m} = r$)

$$y^2 = 2rx - x^2$$

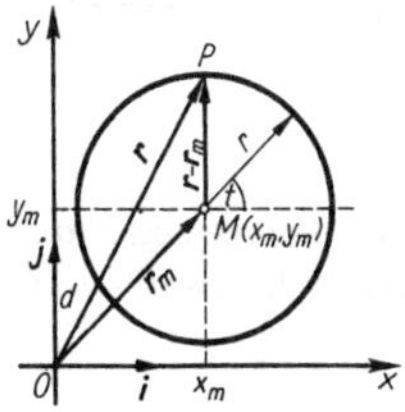

Bild 7.55. Allgemeine Lage

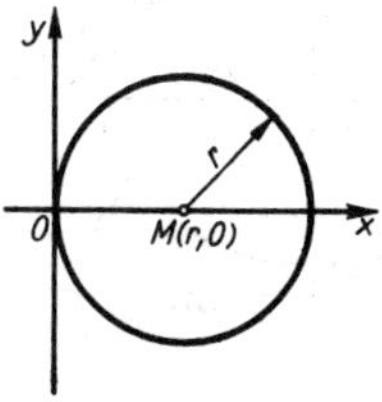

Bild 7.56. Scheitellage

Allgemeine Gleichung 2. Grades

$$ax^2 + 2bxy + cy^2 + 2dx + 2ey + f = 0$$

Bedingung für einen Kreis:

$$a = c \qquad b = 0 \qquad d^2 + e^2 - af > 0$$

Kreisgleichung $ax^2 + cy^2 + 2dx + 2ey + f = 0$

Mittelpunkt $M\left(-\frac{d}{a}, -\frac{e}{a}\right)$

Radius $r = \frac{1}{a}\sqrt{d^2 + e^2 - af}$

Kreisgleichung in Polarkoordinaten $\{0; r, \varphi\}$ (Kreisradius R!)

$M(r_0, \varphi_0)$: $r^2 - 2rr_0 \cos(\varphi - \varphi_0) + r_0^2 = R^2$

$M(0, 0)$: $r = R$

$M(R, 0)$: $r = 2R \cos \varphi$

$M(R, \varphi_0)$: $r = 2R \cos(\varphi - \varphi_0)$

$M(r_0, 0)$: $R^2 = r^2 - 2rr_0 \cos \varphi + r_0^2$

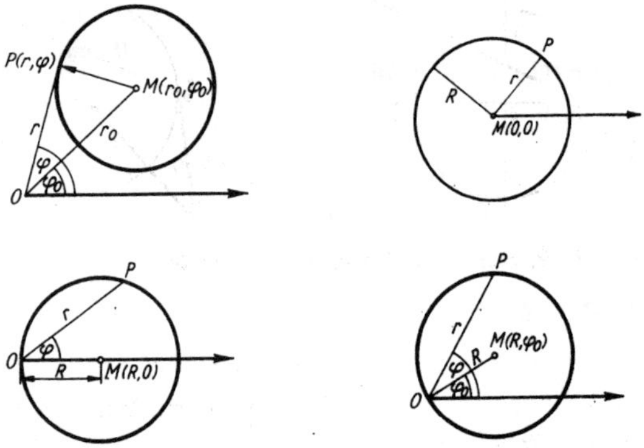

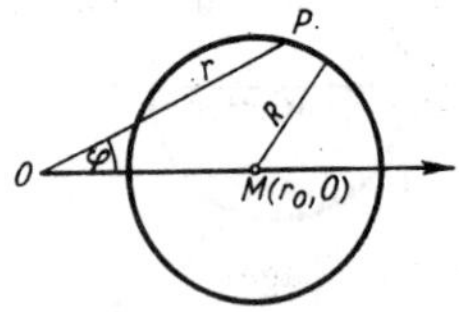

Bild 7.57. Polarkoordinaten, verschiedene Lagen des Kreises

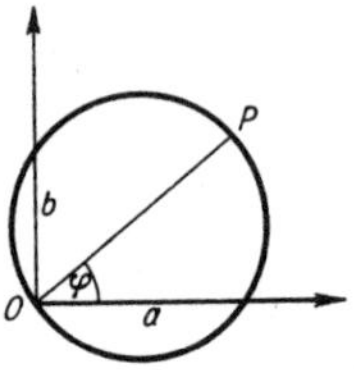

Bild 7.58. Abschnittsform

Abschnitte auf den rechtwinkligen Koordinatenachsen a und b

$$r = a \cos \varphi + b \sin \varphi$$

Schnittpunkt Kreis – Gerade

g: $y = mx + b$

k: $x^2 + y^2 = r^2$ (Mittelpunktslage)

$$x_{1;2} = -\frac{bm}{1 + m^2} \pm \frac{1}{1 + m^2} \sqrt{r^2(1 + m^2) - b^2}$$

$$y_{1;2} = \frac{b}{1 + m^2} \pm \frac{m}{1 + m^2} \sqrt{r^2(1 + m^2) - b^2}$$

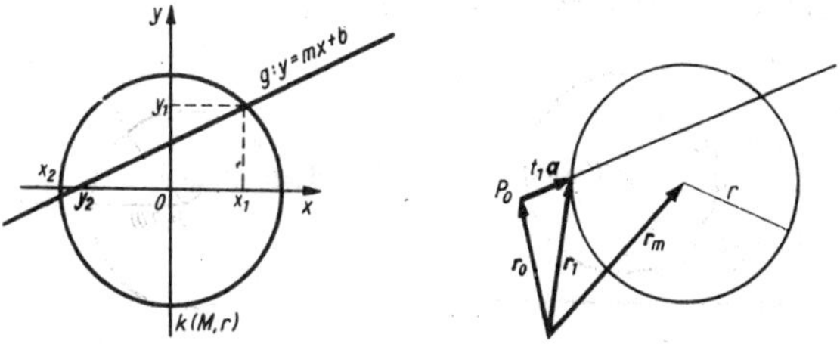

Bild 7.59. Schnittpunkte Kreis – Gerade

Radikand $r^2(1 + m^2) - b^2 = D$ (Diskriminante)

$D > 0$ Der Kreis wird von der Geraden in zwei Punkten geschnitten. (Sekante)

$D = 0$ Der Kreis wird von der Geraden in einem Punkt (Doppelpunkt) berührt. (Tangente)

$D < 0$ Der Kreis wird von der Geraden gemieden.

g: $\boldsymbol{r} = \boldsymbol{r}_0 + t\boldsymbol{a}$

k: $(\boldsymbol{r} - \boldsymbol{r}_{\mathrm{m}})^2 = r^2$ (r Radius! Beliebige Lage)

$$t = \pm \sqrt{r^2 - (\boldsymbol{r}_0 - \boldsymbol{r}_{\mathrm{m}})^2}$$

Diskriminante D wie oben

Tangente und Normale

k: $x^2 + y^2 = r^2$ (Mittelpunktslage)

P: $P_0(x_0, y_0)$

Tangente: $xx_0 + yy_0 = r^2$

Richtungsfaktor $m_t = -\dfrac{x_0}{y_0}$

Normale: $yx_0 - xy_0 = 0$

Richtungsfaktor $m_n = \dfrac{y_0}{x_0}$

Tangentenlänge $t = \left|\dfrac{ry_0}{x_0}\right|$

Normalenlänge $n = r$

Subtangente $s_t = \left|\dfrac{y_0^2}{x_0}\right|$

Subnormale $s_n = x_0$

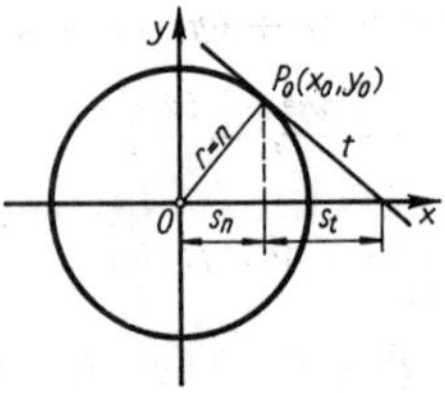

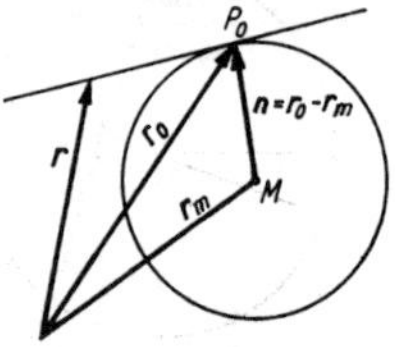

Bild 7.60. Tangente, Normale

k: $(x - x_m)^2 + (y - y_m)^2 = r^2$ (beliebige Lage)

P: $P_0(x_0, y_0)$

Tangente:

$$(x - x_m)(x_0 - x_m) + (y - y_m)(y_0 - y_m) = r^2$$

Richtungsfaktor $m_t = -\dfrac{x_0 - x_m}{y_0 - y_m}$

Normale:

$$(y - y_0)(x_0 - x_m) = (x - x_0)(y_0 - y_m)$$

Richtungsfaktor $m_n = \dfrac{y_0 - y_m}{x_0 - x_m}$

k: $(\boldsymbol{r} - \boldsymbol{r}_m)^2 = r^2$ (r Radius! Beliebige Lage)

P: $P_0(x_0, y_0)$

Tangente: $(\boldsymbol{r} - \boldsymbol{r}_m)(\boldsymbol{r}_0 - \boldsymbol{r}_m) = r^2$

Normale: $\boldsymbol{n} = \boldsymbol{r}_0 - \boldsymbol{r}_m$

Polare

Polare $\overline{P_1P_2}$ ist die Verbindung der Tangentenberührungspunkte.

k: $(x - x_m)^2 + (y - y_m)^2 = r^2$

$$(x - x_m)(x_0 - x_m) + (y - y_m)(y_0 - y_m) = r^2$$

Zur Geraden $ax + by + d = 0$ als Polare gehört der Pol

$$P_0\left(-\frac{ar^2}{d}, -\frac{br^2}{d}\right)$$

Harmonische Teilung: $|\overline{P_3S}| : |\overline{SP_4}| = |\overline{P_3P_0}| : |\overline{P_0P_4}|$

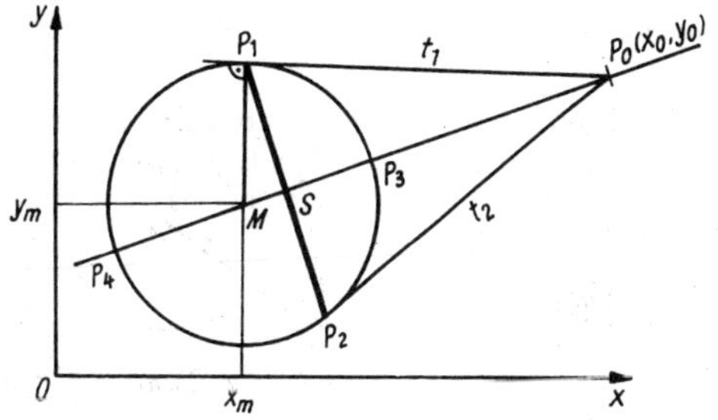

Bild 7.61. Polare

Potenz p an einem Kreis

k: $(x - x_m)^2 + (y - y_m)^2 = r^2$

$$p = (x_0 - x_m)^2 + (y_0 - y_m)^2 - r^2$$

$$p \begin{cases} > 0 & P_0 \text{ außerhalb} \\ = 0 & P_0 \text{ auf} \\ < 0 & P_0 \text{ innerhalb} \end{cases} \text{Kreis}$$

Chordale (Potenzlinie) von zwei Kreisen

k_1: $(x - c_1)^2 + (y - d_1)^2 - r_1^2 = 0$

k_2: $(x - c_2)^2 + (y - d_2)^2 - r_2^2 = 0$

$$k_1 - k_2 = 0$$

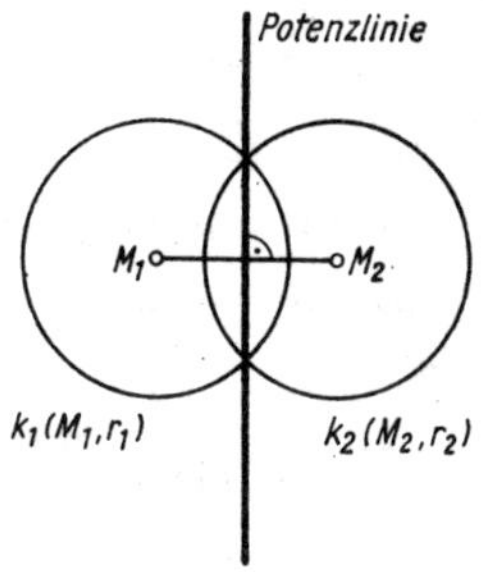

Bild 7.62. Chordale

Gleichung des Kreises durch 3 Punkte $P_1(x_1, y_1)$, $P_2(x_2, y_2)$, $P_3(x_3, y_3)$

$$\begin{vmatrix} x^2 + y^2 & x & y & 1 \\ x_1^2 + y_1^2 & x_1 & y_1 & 1 \\ x_2^2 + y_2^2 & x_2 & y_2 & 1 \\ x_3^2 + y_3^2 & x_3 & y_3 & 1 \end{vmatrix} = 0$$

Kreisbüschel

k_1: $(x - c_1)^2 + (y - d_1)^2 - r_1^2 = 0$

k_2: $(x - c_2)^2 + (y - d_2)^2 - r_2^2 = 0$

$k_1 + \lambda k_2 = 0$ Gleichung des Kreisbüschels für $\lambda \neq -1$

7.5.3. Die Parabel

Definition

Eine Parabel ist die Menge aller der Punkte einer Ebene, die von einem festen Punkt (*Brennpunkt*) F der Ebene und einer festen Geraden der gleichen Ebene (*Leitlinie*) l gleichen Abstand haben.

Bezeichnungen

S Scheitelpunkt

x-Achse Achse der Parabel

$p = \overline{DF}$ Halbparameter,
$2p$ Parameter $(p > 0)$

$\overline{SF} = \overline{SD} = p/2$ Brennweite

F Brennpunkt, *Fokus*

l Leitlinie, *Direktrix*

$\overline{PF}$ Brennstrahl,
$\overline{PL}$ Leitstrahl $(\overline{PF} = \overline{PL})$

Tangente in S = Scheiteltangente

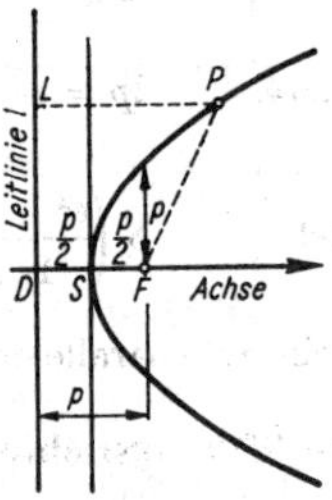

Bild 7.63. Parabel

Gleichungen der Parabel

Scheitelgleichung

Scheiteltangente = y-Achse, $F\left(\frac{p}{2}, 0\right)$

$$y^2 = 2px$$

$$y = \pm\sqrt{2px}$$

$$x > 0$$

Parameterform

$x = t^2$ $\quad 0 \leq t < \infty$

$y = \pm kt$ $\quad k = \text{konst.}$

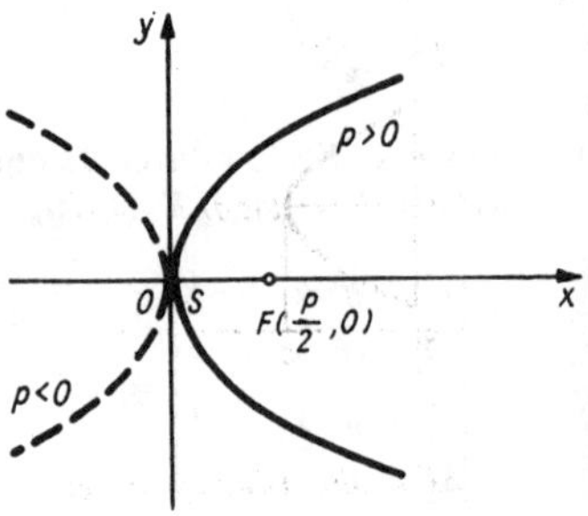

Bild 7.64. Scheitellage

Allgemeine Gleichung bei achsparalleler Lage

$$(y - d)^2 = 2p(x - c)$$

Scheitel $S(c, d)$

Parameterform $x = t^2 + c$

$$y = \pm kt + d$$

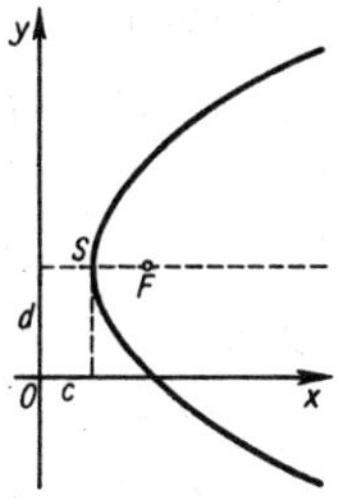

Bild 7.65. Allgemeine Lage

Allgemeine Gleichung 2. Grades

$$ax^2 + 2bxy + cy^2 + 2dx + 2ey + f = 0$$

Bedingung für Parabel:

$a = 0,\ b = 0$ (achsparallele Lage)

Parabelgleichung: $cy^2 + 2dx + 2ey + f = 0$

Parameter $2p = -\dfrac{2d}{c}$

Scheitel $S\left(\dfrac{e^2 - cf}{2cd},\ -\dfrac{e}{c}\right)$

Bei nicht achsparalleler Lage gilt: $ac - b^2 = 0$

Andere Öffnungsrichtungen der Parabel in achsparalleler Lage

nach links $(y - d)^2 = -2p(x - c)$

inverse Gleichungen

nach oben $(x - c)^2 = 2p(y - d)$

nach unten $(x - c)^2 = -2p(y - d)$

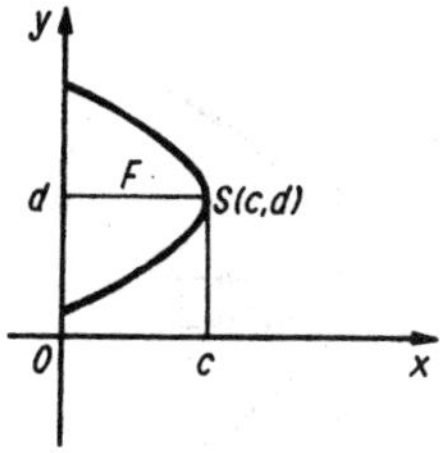

Bild 7.66. Links geöffnet

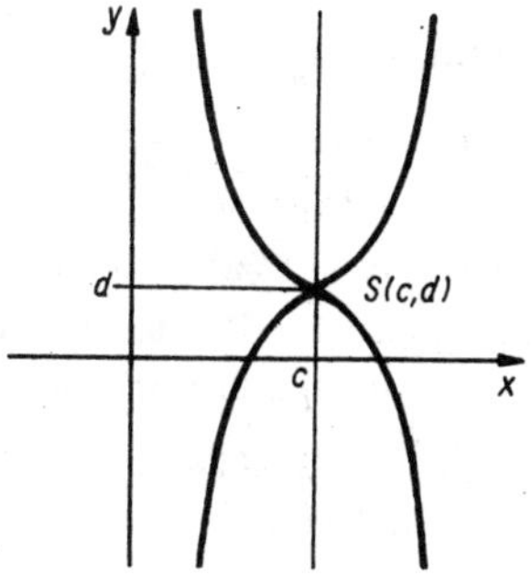

Bild 7.67. Inverse Gleichungsform

allgemein bei Parabelachse || y-Achse

$$cx^2 + 2dy + 2ex + f = 0$$

Parameter $\quad 2p = -\frac{2d}{c}$

Scheitel $\quad S\left(-\frac{e}{c}, \frac{e^2 - cf}{2cd}\right)$

Parabelgleichung in Polarkoordinaten $\{O; r, \varphi\}$

Polargleichung $\quad r = \frac{p}{1 - \varepsilon \cos \varphi} \quad \varepsilon = 1 \quad 0 < \varphi < 2\pi$

Pol = Scheitel $\quad r = 2p \cos \varphi (1 + \cot^2 \varphi)$

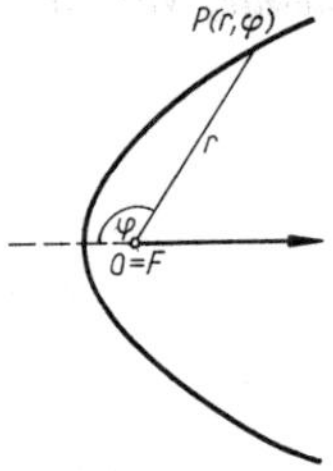

Bild 7.68. Polargleichung

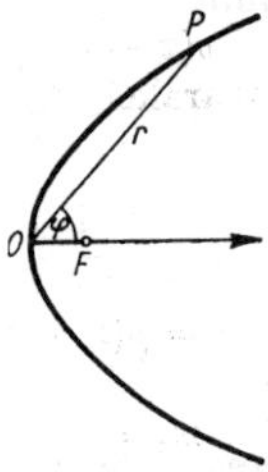

Bild 7.69. Pol = Scheitel

Schnittpunkt Parabel-Gerade

k: $y^2 = 2px$ (Scheitellage) $\quad p > 0$

g: $y = mx + b$

$$x_{1;2} = \frac{p - bm}{m^2} \pm \frac{1}{m^2}\sqrt{p(p - 2bm)}$$

$$y_{1;2} = \frac{p}{m} \pm \frac{1}{m}\sqrt{p(p - 2bm)}$$

Radikand $p(p - 2bm) = D$ (Diskriminante)

$D > 0$ Die Parabel wird von der Geraden geschnitten.

$D = 0$ Die Parabel wird von der Geraden berührt.

$D < 0$ Die Parabel wird von der Geraden gemieden.

Tangente und Normale

k: $y^2 = 2px$ (Scheitellage)

P: $P_1(x_1, y_1)$

Tangente: $yy_1 = p(x + x_1)$

Richtungsfaktor $m_t = \frac{p}{y_1}$

Normale: $p(y - y_1) + y_1(x - x_1) = 0$

Richtungsfaktor $m_n = -\frac{y_1}{p}$

Tangentenlänge $t = \sqrt{y_1^2 + 4x_1^2}$

Normalenlänge $n = \sqrt{y_1^2 + p^2}$

Subtangente $s_t = 2x_1$

Subnormale $s_n = p$

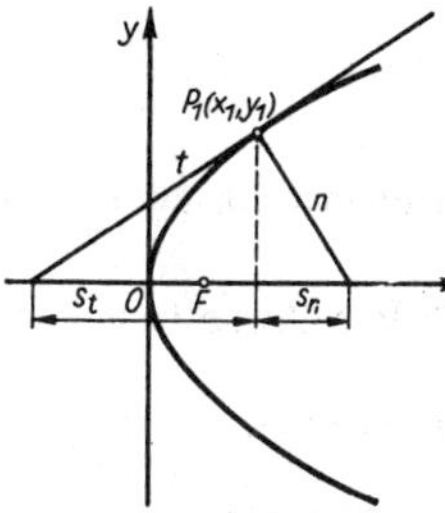

Bild 7.70.
Tangente, Normale

k: $(y - d)^2 = 2p(x - c)$
(beliebige achsparallele Lage)

P: $P_0(x_0, y_0)$

Tangente:

$(y - d)(y_1 - d) = p(x + x_1 - 2c)$

Richtungsfaktor $m_t = \frac{p}{y_1 - d}$

Normale:

$p(y - y_1) + (y_1 - d)(x - x_1) = 0$

Richtungsfaktor $m_n = -\frac{y_1 - d}{p}$

Polare

k: $y^2 = 2px$

P: $P_0(x_0, y_0)$ $\quad P_0 = \text{Pol}$

$yy_0 = p(x + x_0)$

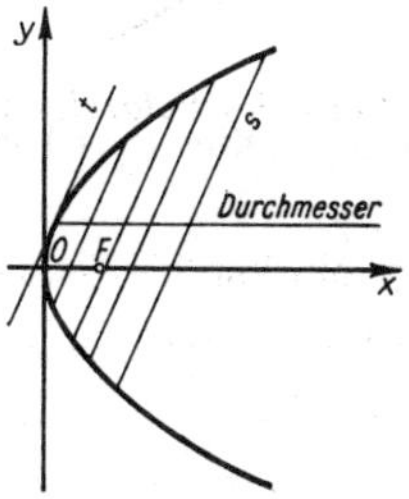

Bild 7.71. Polare

Durchmesser der Parabel $y^2 = 2px$

$$y = \frac{p}{m}$$

m Richtungsfaktor der zugeordneten parallelen Sehnen s, die vom Durchmesser halbiert werden.

$$t \parallel s$$

Parabelsegment

Sehne $\overline{P_1P_2}$ hat beliebige Richtung.

$$A = \left|\frac{(y_1 - y_2)^3}{12p}\right| = \left|\frac{(x_1 - x_2)\,(y_1 - y_2)^2}{6(y_1 + y_2)}\right|$$

Sehne senkrecht zur Parabelachse

$$A = \frac{4}{3}\,x_1y_1$$

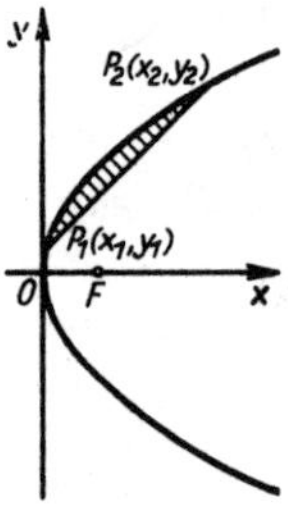

Bild 7.72. Parabelsegment

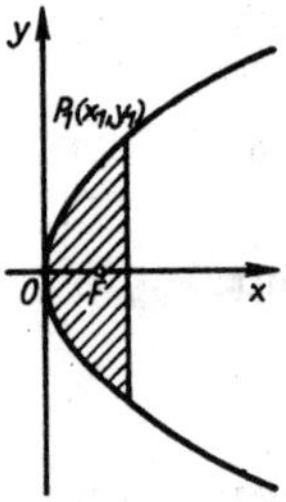

Bild 7.73. Parabelsegment, Sehne ⊥ Achse

Krümmungsradius ϱ und Krümmungsmittelpunkt $M_k(\xi, \eta)$

k: $y^2 = 2px$

P: $P_0(x_0, y_0)$

$$\varrho = \frac{\sqrt{(y_0^2 + p^2)^3}}{p^2} = \frac{n^3}{p^2}$$

n Normalenlänge (s. S. 313)

$$\xi = 3x_0 + p$$

$$\eta = -\frac{y_0^3}{p^2}$$

P: Scheitel $S(0, 0)$

$$\varrho = |p| \quad \xi = p \quad \eta = 0$$

Evolute der Parabel $y^2 = 2px$

$$y^2 = \frac{8(x - p)^3}{27p} \quad \text{für} \quad x \geqq p$$

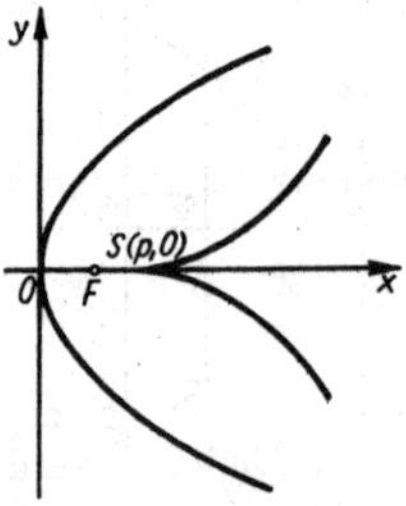

Bild 7.74. Evolute (Neilsche oder semikubische Parabel)

Länge des Parabelbogens $\widehat{OP_0}$ der Parabel $y^2 = 2px$

$$\widehat{OP_0} = \frac{p}{2}\left[\sqrt{\frac{2x_0}{p}\left(1 + \frac{2x_0}{p}\right)} + \ln\left(\sqrt{\frac{2x_0}{p}} + \sqrt{1 + \frac{2x_0}{p}}\right)\right]$$

$$= \frac{y_0}{2p}\sqrt{p^2 + y_0^2} + \frac{p}{2}\ln\frac{y_0 + \sqrt{p^2 + y_0^2}}{p}$$

$$= \frac{y_0}{2p}\sqrt{p^2 + y_0^2} + \frac{p}{2}\operatorname{arsinh}\frac{y_0}{p}$$

Näherungswert für kleines $\frac{x_1}{y_1}$:

$$\widehat{OP_0} \approx y_0\left[1 + \frac{2}{3}\left(\frac{x_0}{y_0}\right)^2 - \frac{2}{5}\left(\frac{x_0}{y_0}\right)^4\right]$$

Länge l des Brennstrahls zum Punkt $P_0(x_0, y_0)$

$$l = x_0 + \frac{p}{2}$$

PARABELKONSTRUKTIONEN

Gegeben: *Brennpunkt F und Leitlinie l*

(1) Man fällt von F auf l das Lot $\overline{FD}$ (Parabelachse) und errichtet in beliebigen Punkten $A_1, A_2, \ldots$ Senkrechten zur Achse. Dann schlägt man um F mit den Radien $\overline{DA_1}, \overline{DA_2}, \ldots$ Kreise, die die entsprechenden Senkrechten in Parabelpunkten schneiden.

Mittelpunkt von $\overline{FD}$ ist der Scheitel der Parabel.

(2) Man verbindet einen beliebigen Punkt A_1 der Leitlinie mit dem Brennpunkt F und errichtet auf $\overline{A_1F}$ die Mittelsenkrechte, die die Senkrechte in A_1 auf der Leitlinie in einem Parabelpunkt schneidet.

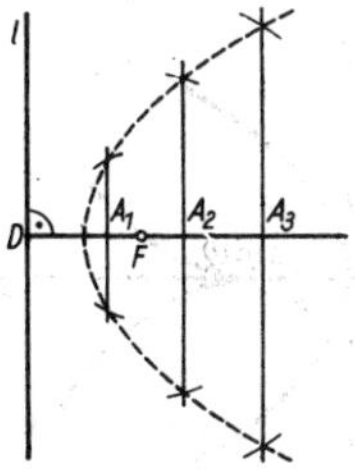

Bild 7.75. Parabelkonstruktion (1)

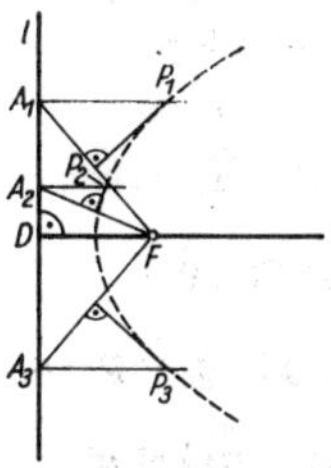

Bild 7.76. Parabelkonstruktion (2)

Gegeben: *Brennpunkt F und Scheiteltangente*

(3) Man verbindet verschiedene Punkte der Scheiteltangente mit F und errichtet auf diesen Verbindungslinien in den einzelnen Punkten die Senkrechten, die die Parabel umhüllen.

Gegeben: *Koordinatenachsen, Scheitel im Ursprung und ein Punkt P der Parabel*

(4) Man fällt von P das Lot $\overline{PQ}$ auf die y-Achse und teilt $\overline{PQ}$ und $\overline{SQ}$ in gleich viele untereinander gleiche Teile. Die Teilpunkte auf $\overline{PQ}$ verbindet man mit S und zieht durch die Teilpunkte auf $\overline{SQ}$ Parallelen zur x-Achse. Die Schnittpunkte der entsprechenden Parallelen mit den Verbindungslinien von S aus sind Parabelpunkte.
Die unterhalb der x-Achse liegenden Parabelpunkte sind als symmetrische leicht zu finden.

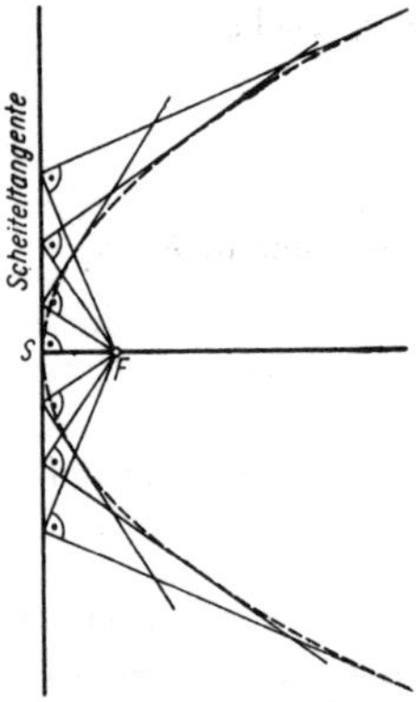

Bild 7.77. Parabelkonstruktion (3)

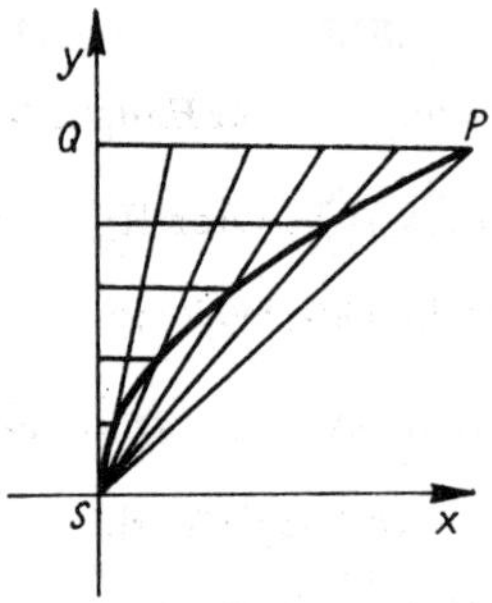

Bild 7.78. Parabelkonstruktion (4)

7.5.4. Die Hyperbel

Definition

Eine Hyperbel ist die Menge aller der Punkte einer Ebene, deren Entfernungen von zwei festen Punkten auf der Ebene (den *Brennpunkten*) F_1 und F_2 eine konstante Differenz ergeben.

$$\overline{F_1P} - \overline{PF_2} = \text{konst.} < \overline{F_1F_2}$$

Bezeichnungen

A, B Hauptscheitel,
C, D Nebenscheitel (imaginär)
M Mittelpunkt

$\overline{PF_1} - \overline{PF_2} = 2a$

$\overline{PF_1}, \overline{PF_2}$ Brennstrahlen

$\overline{AB} = 2a$ reelle Achse,
Hauptsymmetrieachse

$\overline{CD} = 2b$ imaginäre Achse

$\overline{F_1F_2} = 2e \quad e = \sqrt{a^2 + b^2}$
lineare Exzentrizität

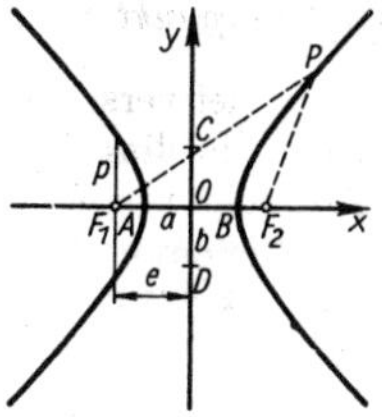

Bild 7.79.
Hyperbel, Mittelpunktslage

$\frac{e}{a} = \varepsilon$ numerische Exzentrizität, für Hyperbel $\varepsilon > 1$

$$2p = \frac{2b^2}{a}$$

Parameter = zur Hauptachse senkrechte Sehne in F_1, F_2

Gleichungen der Hyperbel

Mittelpunktsgleichung

$$\frac{x^2}{a^2} - \frac{y^2}{b^2} = 1 \quad y = \pm\frac{b}{a}\sqrt{x^2 - a^2}$$

$x \in (-\infty, -a\rangle \cup \langle a, \infty)$

gleichseitige Hyperbel

$a = b{:} \quad x^2 - y^2 = a^2$

Parameterform

$$x = \frac{a}{\cos t} \quad y = \pm b \tan t$$

$$x = \pm a \cosh t \quad y = b \sinh t$$

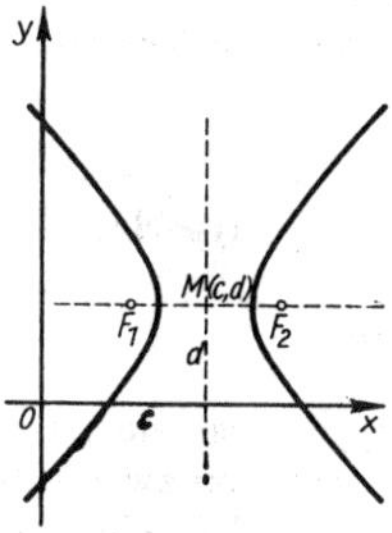

Bild 7.80. Allgemeine achsparallele Lage

Allgemeine Gleichung
bei achsparalleler Lage $M(c, d)$

$$\frac{(x - c)^2}{a^2} - \frac{(y - d)^2}{b^2} = 1$$

Scheitelgleichung $M(-a, 0)$

$$y^2 = 2px + \frac{p}{a} x^2$$

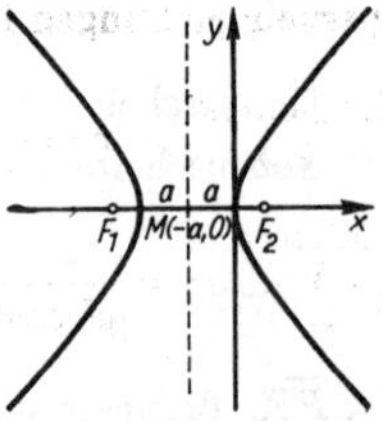

Bild 7.81. Scheitellage

Allgemeine Gleichung 2. Grades

$$ax^2 + 2bxy + cy^2 + 2dx + 2ey + f = 0$$

Bedingung für Hyperbel in achsparalleler Lage:

$$\operatorname{sgn} a \neq \operatorname{sgn} c \qquad b = 0$$

Hyperbelgleichung: $ax^2 - cy^2 + 2dx + 2ey + f = 0$. (c > 0)

reelle Halbachse $a = \sqrt{\frac{cd^2 - ae^2 - acf}{a^2c}}$

imaginäre Halbachse $b = \sqrt{\frac{cd^2 - ae^2 - acf}{ac^2}}$

Mittelpunkt $M\left(-\frac{d}{a}, \frac{e}{c}\right)$

Jede Gleichung der Form $y = \frac{ax + b}{cx + d}$ mit $ad - bc \neq 0$ und $c \neq 0$ stellt eine Hyperbel dar, deren Asymptoten den kartesischen Koordinatenachsen parallel sind.

Inverse Gleichungen

Mittelpunktslage $M(0, 0)$ $\quad \frac{y^2}{a^2} - \frac{x^2}{b^2} = 1$

Scheitelgleichung $M(0, -a)$ $\quad x^2 = 2py + \frac{p}{a} y^2$

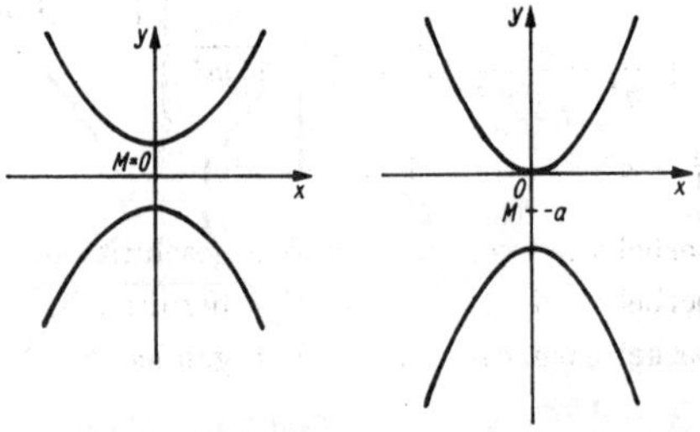

Bild 7.82. Inverse Gleichung, Mittelpunktslage/Scheitellage

Hyperbelgleichungen in Polarkoordinaten $\{O; r, \varphi\}$

Polargleichung
F_2 = Pol $\quad r = \dfrac{p}{1 - \varepsilon \cos \varphi} \quad \varepsilon > 1 \quad \varphi \in [0; 2\pi] \setminus [-\varphi_0; \varphi_0]$

M = Pol $\quad r^2 = \dfrac{b^2}{\varepsilon^2 \cos^2 \varphi - 1} \quad \varepsilon > 1$

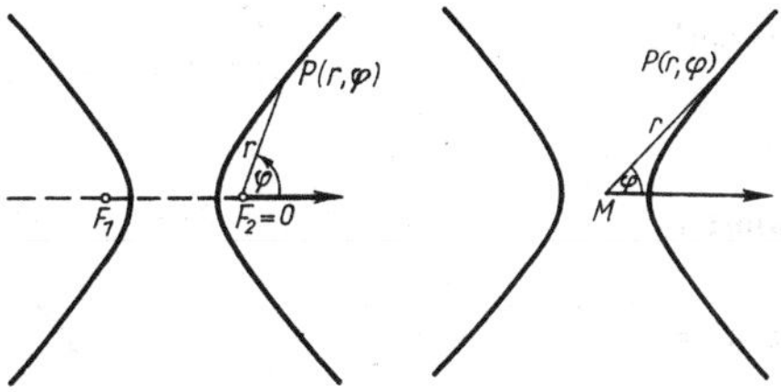

Bild 7.83. Polarkoordinatendarstellung

Brennstrahlen der Hyperbel $\dfrac{x^2}{a^2} - \dfrac{y^2}{b^2} = 1$

$$\left.\begin{array}{l} \overline{PF_1} = \varepsilon x + a \\ \overline{PF_2} = \varepsilon x - a \end{array}\right\} \overline{PF_1} - \overline{PF_2} = 2a$$

Schnittpunkt Hyperbel-Gerade

$k\colon \dfrac{x^2}{a^2} - \dfrac{y^2}{b^2} = 1$

$g\colon y = mx + b_1$

$$\left.\begin{array}{l} x_{1;2} = \dfrac{a^2 m b_1}{b^2 - a^2 m^2} \pm \dfrac{ab}{b^2 - a^2 m^2} \sqrt{b^2 + b_1^2 - a^2 m^2} \\ y_{1;2} = \dfrac{b^2 b_1}{b^2 - a^2 m^2} \pm \dfrac{abm}{b^2 - a^2 m^2} \sqrt{b^2 + b_1^2 - a^2 m^2} \end{array}\right\} b^2 - a^2 m^2 \neq 0$$

Radikand $b^2 + b_1^2 - a^2 m^2 = D$ (Diskriminante)

$D > 0$ Die Hyperbel wird von der Geraden geschnitten.
$D = 0$ Die Hyperbel wird von der Geraden berührt.
$D < 0$ Die Hyperbel wird von der Geraden gemieden.

Sonderfälle

1. $\quad b^2 - a^2 m^2 = 0 \quad m \neq 0 \quad b_1 \neq 0$

Die Gerade schneidet die Hyperbel nur in einem Punkt $(x_s; y_s)$ und ist einer der beiden Asymptoten parallel:

$$x_s = -\frac{b_1^2 + b^2}{2mb_1} \qquad y_s = \frac{b_1^2 - b^2}{2b_1}$$

2. $b^2 - a^2m^2 = 0 \quad m \neq 0 \quad b_1 = 0$

Die Gerade ist Asymptote.

Tangente und Normale

k: $\frac{x^2}{a^2} - \frac{y^2}{b^2} = 1$

P: $P_0(x_0, y_0)$

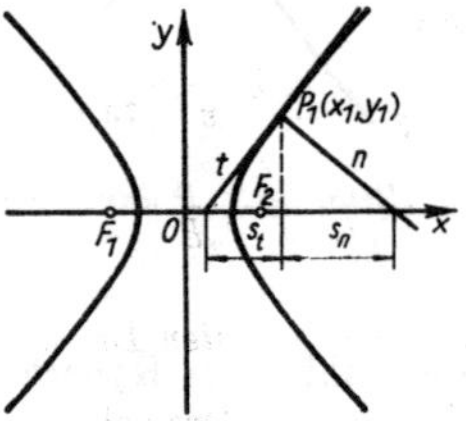

Bild 7.84. Tangente, Normale

Tangente: $\frac{xx_0}{a^2} - \frac{yy_0}{b^2} = 1$

Richtungsfaktor $m_t = \frac{b^2x_0}{a^2y_0}$

Normale: $y - y_0 = -\frac{a^2y_0}{b^2x_0}(x - x_0)$

Richtungsfaktor $m_n = -\frac{a^2y_0}{b^2x_0}$

Tangentenlänge $t = \sqrt{y_0^2 + \left(x_0 - \frac{a^2}{x_0}\right)^2}$

Normalenlänge $n = \frac{b}{a^2}\sqrt{e^2x_0^2 - a^4}$

Subtangente $s_t = \left|x_0 - \frac{a^2}{x_0}\right|$

Subnormale $s_n = \left|\frac{b^2x_0}{a^2}\right|$

k: $\frac{(x-c)^2}{a^2} - \frac{(y-d)^2}{b^2} = 1$

P: $P_0(x_0, y_0)$

Tangente:

$$\frac{(x-c)(x_0-c)}{a^2} - \frac{(y-d)(y_0-d)}{b^2} = 1$$

Richtungsfaktor $m_t = \frac{b^2(x_0 - c)}{a^2(y_0 - d)}$

Normale:

$$y - y_0 = -\frac{a^2(y_0 - d)}{b^2(x_0 - c)}(x - x_0)$$

Richtungsfaktor $m_n = -\frac{a^2(y_0 - d)}{b^2(x_0 - c)}$

Asymptoten

Die Tangenten in den unendlich fernen Punkten heißen Asymptoten.

$$y = \pm\frac{b}{a}x \qquad \tan\varphi_0 = \frac{b}{a}$$

$$\overline{T_1E} = \overline{T_2E}$$

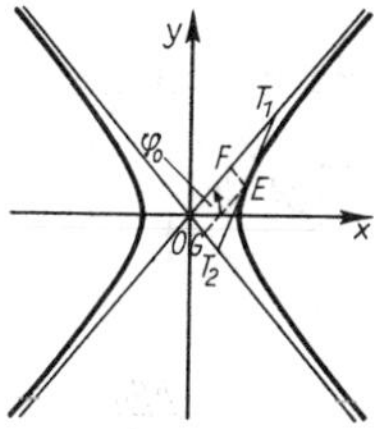

Bild 7.85. Asymptoten

Satz vom konstanten Dreieck

Die Fläche des Dreiecks T_1OT_2 ist konstant ($A = ab$).

Satz vom konstanten Parallelogramm

Sind $\overline{EF}$ und $\overline{EG}$ die Parallelen zu den Asymptoten, so ist der Flächeninhalt des entstandenen Parallelogramms $OGEF$ konstant $\left(A = \frac{ab}{2}\right)$.

Asymptotengleichung der Hyperbel im Koordinatensystem {O; Asymptote 1, Asymptote 2}

$$x'y' = \frac{e^2}{4} \quad a \neq b \quad \text{schiefwinklig}$$

Sonderfall: Asymptoten stehen senkrecht aufeinander $a = b$, gleichseitige Hyperbel: $x'y' = \frac{a^2}{2}$

Polare des Punktes $P_0(x_0, y_0)$ in bezug auf die Hyperbel $\frac{x^2}{a^2} - \frac{y^2}{b^2} = 1$

$$\frac{xx_0}{a^2} - \frac{yy_0}{b^2} = 1 \quad P_0 \text{ Pol}$$

Durchmesser der Hyperbel

$$y = \frac{b^2}{a^2 m} x \quad m = \tan \alpha$$

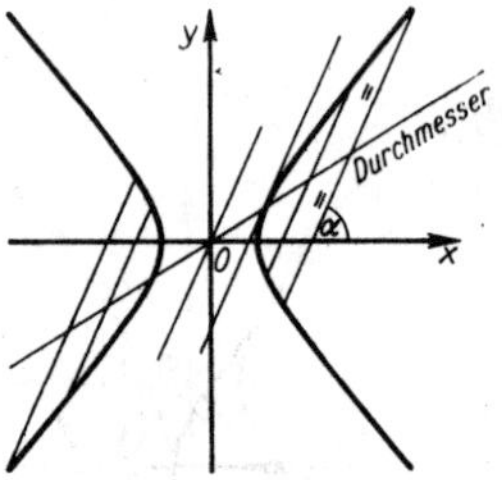

Bild 7.86. Durchmesser

Konjugierte Durchmesser sind Durchmesser, von denen jeder die dem anderen parallelen Sehnen halbiert.

$y = m_1 x$ und $y = m_2 x$ sind zwei konjugierte Durchmesser, wenn

$$m_1 m_2 = \frac{b^2}{a^2}$$

Für zwei konjugierte Durchmesser $2a_1$ und $2b_1$ gilt:

$$a_1^2 - b_1^2 = a^2 - b^2$$

Gleichung der Hyperbel, bezogen auf die beiden konjugierten Durchmesser $2a_1$ und $2b_1$:

$$\frac{x^2}{a_1^2} - \frac{y^2}{b_1^2} = 1$$

Krümmungsradius ϱ und Krümmungsmittelpunkt $M_k(\xi, \eta)$

$$k\colon \frac{x^2}{a^2} - \frac{y^2}{b^2} = 1$$

$P\colon P_0(x_0, y_0)$

$$\varrho = \frac{1}{a^4 b^4} \sqrt{(b^4 x^2 + a^4 y^2)^3} = \frac{\sqrt{(e^2 x^2 - a^4)^3}}{a^4 b} = \frac{n^3}{p^2}$$

n Normalenlänge (s. S. 320)

$$\xi = \frac{e^2 x^3}{a^4} \quad \eta = -\frac{e^2 y^3}{b^4} = -\frac{\varepsilon^2 a^2 y^3}{b^4}$$

P: Scheitel $A(-a, 0)$

$$\varrho = \frac{b^2}{a} = p \quad \xi = -\frac{e^2}{a} \quad \eta = 0$$

P: Scheitel $B(a, 0)$

$$\varrho = \frac{b^2}{a} = p \quad \xi = \frac{e^2}{a} \quad \eta = 0$$

Hauptkreis der Hyperbel

$$x^2 + y^2 = a^2$$

Evolute der Hyperbel $\frac{x^2}{a^2} - \frac{y^2}{b^2} = 1$

$$\left(\frac{ax}{e^2}\right)^{\frac{2}{3}} - \left(\frac{by}{e^2}\right)^{\frac{2}{3}} = 1$$

für $|x| \geqq \frac{e^2}{a}$

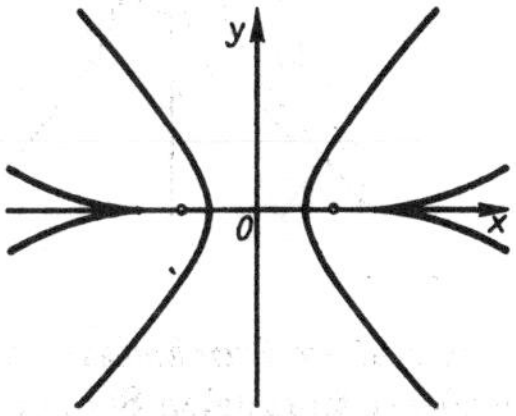

Bild 7.87. Evolute

Flächeninhalt des Hyperbelsegments P_1BP_2 und des Sektors OP_2BP_1

$$A = x_1y_1 - ab \ln\left(\frac{x_1}{a} + \frac{y_1}{b}\right)$$

$$= x_1y_1 - \operatorname{arcosh}\frac{x_1}{a}$$

(Segment)

$$A = ab \ln\left(\frac{x_1}{a} + \frac{y_1}{b}\right)$$

$$= \operatorname{arcosh}\frac{x_1}{a} \quad \text{(Sektor)}$$

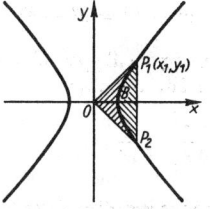

Bild 7.88. Segment, Sektor

HYPERBELKONSTRUKTIONEN

Gegeben: Brennpunkte F_1, F_2 und Hauptachse $2a$

(1) Man schlägt um F_1 und F_2 Kreise mit beliebigem Radius p und dem Radius $2a + p$ und erhält als Schnittpunkte vier symmetrisch liegende Hyperbelpunkte. Durch Variieren von p ergeben sich weitere Hyperbelpunkte.

Gegeben: *Halbachsen a und b*

(2) Man schlägt um $M = O$ Kreise mit den Radien a und b. An diese »Leitkreise« zieht man die lotrechten Tangenten s und t. Eine beliebige Gerade g durch O schneidet die Tangenten in A und B. Dann schlägt man um O den Kreisbogen mit dem Radius $\overline{OB}$ und errichtet in seinem Schnittpunkt mit der x-Achse die Senkrechte zur x-Achse. Der Schnittpunkt dieser Senkrechten mit der Parallelen durch A zur x-Achse ist ein Hyperbelpunkt. Durch Variieren der Geraden g ergeben sich weitere Hyperbelpunkte.

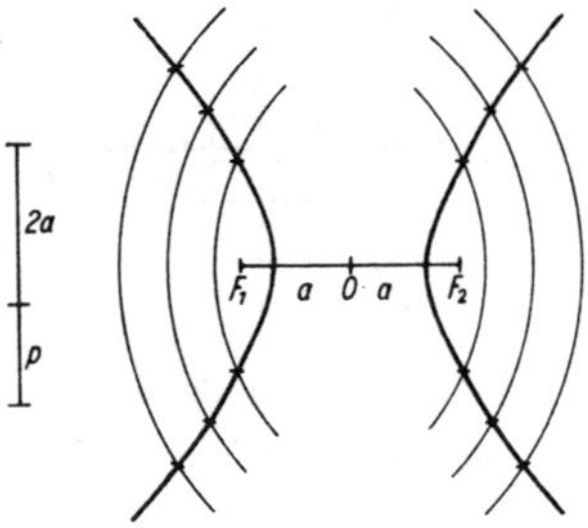

Bild 7.89.
Hyperbelkonstruktion (1)

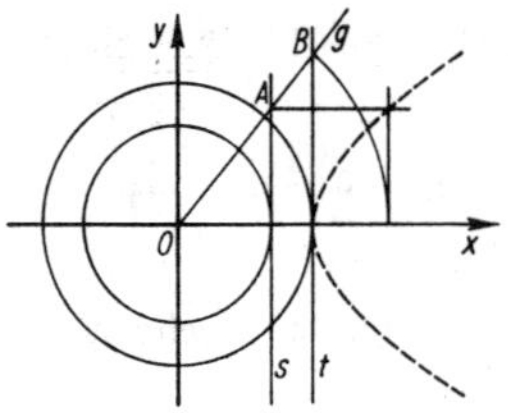

Bild 7.90.
Hyperbelkonstruktion (2)

Gegeben: *Koordinatenachsen als Asymptoten und ein Punkt P der gleichseitigen Hyperbel.*

(3) Man fällt von P die Lote $\overline{PQ}$ und $\overline{PR}$ auf die Koordinatenachsen, verlängert $\overline{PR}$ über P hinaus und verbindet beliebige Punkte auf der Verlängerung mit dem Ursprung O. Durch die Schnittpunkte dieser Verbindungslinien mit $\overline{PQ}$ zieht man Parallelen zur x-Achse. Dann zieht man durch die Teilpunkte auf der Verlängerung von $\overline{PR}$ Parallelen zur y-Achse. Ihre Schnittpunkte mit den entsprechenden Parallelen zur x-Achse sind Hyperbelpunkte.
Entsprechende Zeichnung im 3. Quadranten ergibt den 2. Zweig der Hyperbel.

Gegeben: *Asymptoten und ein Hyperbelpunkt* P_1

(4) Man zeichnet eine beliebige Gerade durch P_1, die die Asymptoten in Q_1 und Q_2 schneidet, und trägt auf ihr $\overline{Q_2P_2} = \overline{Q_1P_1}$ ab. Der Punkt P_2 ist dann ein weiterer Hyperbelpunkt.

Durch Variieren der Geraden ergeben sich weitere Punkte.

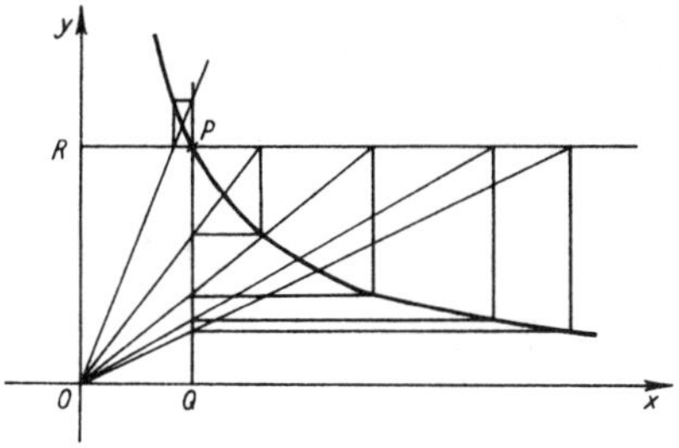

Bild 7.91.
Hyperbelkonstruktion (3)

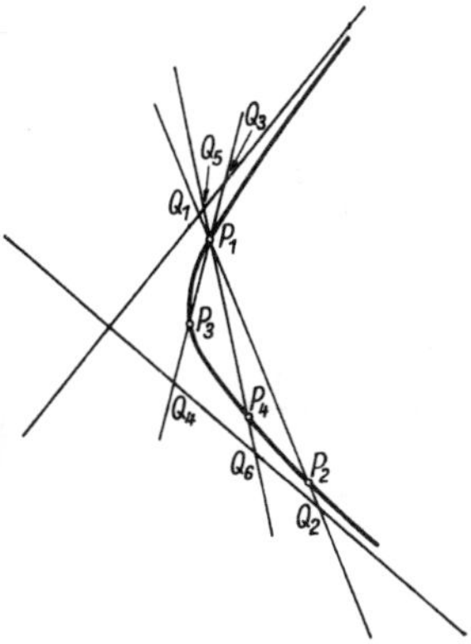

Bild 7.92.
Hyperbelkonstruktion (4)

7.5.5. Die allgemeine Gleichung 2. Grades in x und y

$$f(x, y):\ ax^2 + 2bxy + cy^2 + 2dx + 2ey + f = 0$$

Invarianten einer Kurve zweiten Grades (bleiben bei Koordinatentransformation erhalten):

$$\Delta = \begin{vmatrix} a & b & d \\ b & c & e \\ d & e & f \end{vmatrix} \qquad \delta = \begin{vmatrix} a & b \\ b & c \end{vmatrix} = ac - b^2$$

x, y Ausgangskoordinaten im System $\{O; \boldsymbol{i}, \boldsymbol{j}\}$
$x', y', (x'', y'')$ transformierte Koordinaten im System $\{O; \boldsymbol{i}', \boldsymbol{j}'\}$ bzw. $\{O; \boldsymbol{i}'', \boldsymbol{j}''\}$

Für $b \neq 0$ sind die Achsen des Kegelschnitts zum Koordinatensystem $\{O; \boldsymbol{i}, \boldsymbol{j}\}$ um den Winkel φ gedreht.

Drehung des Koordinatensystems $\{O; \boldsymbol{i}, \boldsymbol{j}\}$ um den Winkel φ zum Erreichen achsparalleler Lage des Kegelschnitts: $\{O; \boldsymbol{i}', \boldsymbol{j}'\}$

$$\tan 2\varphi = \frac{2b}{a - c} \qquad \varphi \leqq 90^\circ$$

$$\sin 2\varphi = \frac{2b}{D}$$

$$\text{mit } D = \sqrt{(a - c)^2 + 4b^2}\,\operatorname{sgn} b$$

$$\cos 2\varphi = \frac{a - c}{D}$$

Transformierte Gleichung

$$a'x'^2 + c'y'^2 + d'x' + e'y' + f = 0$$

wobei

$$a' = \frac{1}{2}(a + c + D) \qquad c' = \frac{1}{2}(a + c - D)$$

Invariante $S = a + c = a' + c'$

$$d' = d\sqrt{\frac{D + (a - c)}{2D}} + e\sqrt{\frac{D - (a - c)}{2D}}$$

$$e' = e\sqrt{\frac{D + (a - c)}{2D}} - d\sqrt{\frac{D - (a - c)}{2D}}$$

Fall 1: $\delta \neq 0$

Verschiebung des Koordinatensystems $\{O; \boldsymbol{i}', \boldsymbol{j}'\}$ um a_0, b_0 zur Beseitigung der linearen Glieder: $\{O; \boldsymbol{i}'', \boldsymbol{j}''\}$
Mittelpunkt des Kegelschnitts $M(a_0, b_0)$

$$x' = x'' + a_0$$

$$y' = y'' + b_0$$

Transformierte Gleichung

$$a'x''^2 + c'y''^2 + f'' = 0$$

mit $f'' = \dfrac{\Delta}{\delta} = da_0 + eb_0 + f$

$$a_0 = \frac{be - cd}{\delta} \qquad b_0 = \frac{bd - ae}{\delta}$$

bzw. Bestimmungsgln. für a_0, b_0: $\dfrac{\partial F(x, y)}{\partial x} = 0$; $\dfrac{\partial F(x, y)}{\partial y} = 0$

Fall 2: $\delta = 0$

$$x' = x'' + \frac{d'}{a'} \qquad y' = y'' + \frac{a'f - d'^2}{2a'e'}$$

Transformierte Gleichung

$$x''^2 = -\frac{2e'}{a'}\,y''$$

Geometrische Deutung:

<table>
<tr><td rowspan="2"></td><td colspan="2">$\delta \neq 0$
Kegelschnitte
mit Mittelpunkt</td><td colspan="3" rowspan="2">$\delta = 0$
Kegelschnitt
ohne Mittelpunkt</td></tr>
<tr><td>$\delta > 0$</td><td>$\delta < 0$</td></tr>
<tr><td rowspan="3">$\Delta \neq 0$
eigentliche
Kegelschnitte</td><td>$\Delta \cdot S < 0$
reelle Ellipse</td><td rowspan="3">Hyperbel</td><td colspan="3" rowspan="3">Parabel</td></tr>
<tr><td>$\Delta \cdot S > 0$
imaginäre
Ellipse</td></tr>
<tr><td>$a' = c'$
Kreis</td></tr>
<tr><td rowspan="4">$\Delta = 0$
uneigentliche
(entartete)
Kegelschnitte</td><td colspan="2">nicht paralleles
(sich schneidendes)
Geradenpaar</td><td colspan="3">Parallelenpaar</td></tr>
<tr><td rowspan="3">imaginär mit
reellem
Schnittpunkt
im Endlichen</td><td rowspan="3">reell</td><td colspan="3">$d^2 - a \cdot f$</td></tr>
<tr><td>> 0
2 verschiedene
reelle</td><td>$= 0$
2 zusammenfallende</td><td>< 0
2 imaginäre</td></tr>
<tr><td colspan="3">Parallelen</td></tr>
</table>

Beispiel 1:

$$5x^2 + 4xy + 2y^2 - 18x - 12y + 15 = 0$$

$$a = 5; \quad b = 2; \quad c = 2; \quad d = -9; \quad e = -6; \quad f = 15$$

$$\Delta = \begin{vmatrix} 5 & 2 & -9 \\ 2 & 2 & -6 \\ -9 & -6 & 15 \end{vmatrix} = -36 \neq 0 \qquad \delta = \begin{vmatrix} 5 & 2 \\ 2 & 2 \end{vmatrix} = 6 > 0$$

Die Gleichung definiert eine *Ellipse* (Fall 1).

Drehungswinkel: $\tan 2\varphi = \dfrac{2b}{a-c} = \dfrac{4}{3} \rightarrow \varphi = 26° \, 34'$

$$a' = \frac{1}{2}(5+2+5) = 6 \quad \text{mit} \quad D = \sqrt{(5-2)^2 + 4 \cdot 2^2} \operatorname{sgn} 2 = 5$$

$$c' = \frac{1}{2}(5+2-5) = 1$$

$$d' = -9\sqrt{\frac{5+3}{10}} + (-6)\sqrt{\frac{5-3}{10}} = \frac{-24}{\sqrt{5}}$$

$$e' = \frac{-21}{\sqrt{5}}$$

Transformierte Gleichung:

$$6x'^2 - y'^2 - \frac{24}{\sqrt{5}}x' - \frac{21}{\sqrt{5}}y' + 15 = 0$$

Verschiebung: $a_0 = \dfrac{be - cd}{\delta} = \dfrac{2(-6) - 2(-9)}{6} = 1$

$$b_0 = \frac{bd - ae}{\delta} = \frac{2(-9) - 5(-6)}{6} = 2$$

$$\begin{aligned} f'' &= da_0 + eb_0 + f \\ &= (-9)\,1 + (-6)\,2 + 15 \\ &= -6 \equiv \frac{\Delta}{\delta} = \frac{-36}{6} \end{aligned}$$

Transformierte Gleichung
nach Verschiebung und Drehung:

$$6x''^2 + y''^2 - 6 = 0$$

$$\frac{x''^2}{1} + \frac{y''^2}{6} = 1$$

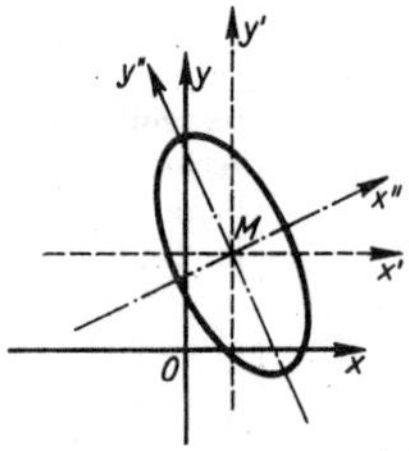

Bild 7.93. Zu Beispiel 1

d. i. Ellipse mit $a = 6$ und $b = 1$ und $M(0, 0)$.

Frage: Wie muß das Absolutglied f lauten, damit die Ellipse entartet?

Bedingung: $f'' = 0 \rightarrow f = 21$

Die Gleichung $5x^2 + 4xy + 2y^2 - 18x + 12y + 21 = 0$ stellt eine Ellipse dar, die in ihren Mittelpunkt entartet.

Beispiel 2:

$$9x^2 - 24xy + 16y^2 + 220x - 40y - 100 = 0$$

$$a = 9;\ b = -12;\ c = 16;\ d = 110;\ e = -20;\ f = -100$$

$$\Delta = \begin{vmatrix} 9 & -12 & 110 \\ -12 & 16 & -20 \\ 110 & -20 & -100 \end{vmatrix} \neq 0 \qquad \delta = \begin{vmatrix} 9 & -12 \\ -12 & 16 \end{vmatrix} = 0$$

Die Gleichung definiert eine *Parabel* (Fall 2).

Drehung des Koordinatensystems

$$\tan 2\varphi = \frac{2b}{a-c} = \frac{-24}{-7} \rightarrow \varphi = 36^\circ\ 52'$$

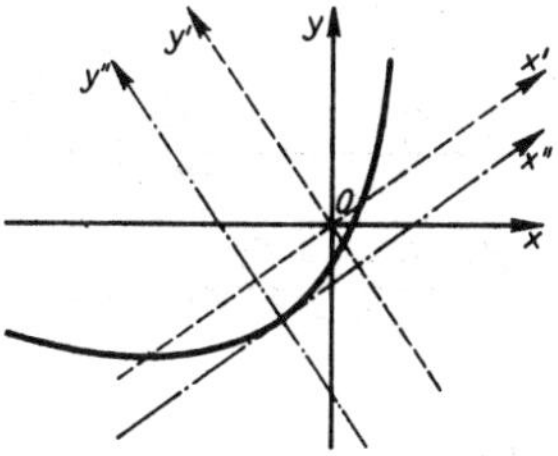

Bild 7.94. Zu Beispiel 2

$$a' = \frac{1}{2}(a + c + D) \qquad D = \sqrt{(a-c)^2 + 4b^2}\,\operatorname{sgn} b$$

$$= \frac{1}{2}(9 + 16 + 25) \qquad = -\sqrt{(9-16)^2 + 4 \cdot 144} = 25$$

$$= 25$$

$$c' = \frac{1}{2}(9 + 16 - 25) = 0$$

$$d' = 110\sqrt{\frac{25 + (-7)}{50}} + (-20)\sqrt{\frac{25 + 7}{50}}$$

$$= 110 \cdot \frac{3}{5} - 20 \cdot \frac{4}{5} = 50$$

$$e' = (-20) \cdot \frac{3}{5} - 110 \cdot \frac{4}{5} = -100$$

Transformierte Gleichung nach Drehung:

$$25x'^2 + 100x' - 200y' - 100 = 0$$
$$x'^2 + 4x' - 8y' - 4 = 0$$

Transformierte Gleichung nach Drehung und Parallelverschiebung:

$$x''^2 = -\frac{2 \cdot (-100)}{25}\, y''$$

$$\underline{\underline{x''^2 = 8y''}}$$

7.6. Flächen 2. Ordnung

7.6.1. Das Ellipsoid

$$\frac{x^2}{a^2} + \frac{y^2}{b^2} + \frac{z^2}{c^2} = 1$$

Mittelpunkt im Ursprung;
a, b, c Halbachsen der Hauptschnitte

2 gleiche Achsen → Rotationsellipsoid
3 gleiche Achsen → Kugel

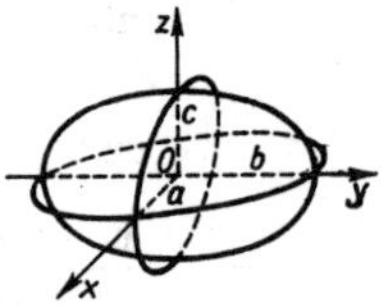

Bild 7.95. Ellipsoid

Polarebene zum Pol $P_0(x_0, y_0, z_0)$:

$$\frac{xx_0}{a^2} + \frac{yy_0}{b^2} + \frac{zz_0}{c^2} = 1$$

Liegt P_0 auf der Fläche des Ellipsoids, so stellt die Gleichung die Tangentialebene dar.

Durchmesserebene (Diametralebene):

$$\frac{x \cos \alpha}{a^2} + \frac{y \cos \beta}{b^2} + \frac{z \cos \gamma}{c^2} = 0$$

α, β, γ Richtwinkel des zugeordneten Durchmessers

Drei *konjugierte Durchmesser:*

$$\frac{\cos \alpha_1 \cos \alpha_2}{a^2} + \frac{\cos \beta_1 \cos \beta_2}{b^2} + \frac{\cos \gamma_1 \cos \gamma_2}{c^2} = 0$$

$$\frac{\cos \alpha_2 \cos \alpha_3}{a^2} + \frac{\cos \beta_2 \cos \beta_3}{b^2} + \frac{\cos \gamma_2 \cos \gamma_3}{c^2} = 0$$

$$\frac{\cos \alpha_3 \cos \alpha_1}{a^2} + \frac{\cos \beta_3 \cos \beta_1}{b^2} + \frac{\cos \gamma_3 \cos \gamma_1}{c^2} = 0$$

$\alpha_1, \beta_1, \gamma_1; \alpha_2, \beta_2, \gamma_2; \alpha_3, \beta_3, \gamma_3$ Richtwinkel der drei konjugierten Durchmesser
Jede Ebene schneidet das Ellipsoid in einer reellen oder imaginären Ellipse.

Volumen $V = \frac{4}{3} \pi abc$

Rotationsellipsoid (rotierende Kurve $\frac{x^2}{a^2} + \frac{y^2}{b^2} = 1$)

Rotation um die a-Achse:

$V = \frac{4}{3} \pi ab^2$ (längliches Ellipsoid) $\quad b = c$

Rotation um die b-Achse:

$V = \frac{4}{3} \pi a^2 b$ (Sphäroid) $\quad a = c$

7.6.2. Die Kugel

Mittelpunktsgleichungen $M(0, 0, 0)$

$$x^2 + y^2 + z^2 = r^2$$

$$\boldsymbol{r} \cdot \boldsymbol{r} = r^2$$

Allgemeine Gleichungen $M(a, b, c)$

$$(x - a)^2 + (y - b)^2 + (z - c)^2 = r^2$$

$$(\boldsymbol{r} - \boldsymbol{r}_{\mathrm{m}})(\boldsymbol{r} - \boldsymbol{r}_{\mathrm{m}}) = r^2$$

Quadratische Gleichung als Kugel

$$x^2 + y^2 + z^2 + 2Ax + 2By + 2Cz + D = 0$$

$$(x + A)^2 + (y + B)^2 + (z + C)^2 = A^2 + B^2 + C^2 - D = r^2$$

Mittelpunkt $M(-A, -B, -C)$ Radius s. oben

Tangentialebene im Punkt $P_0(x_0, y_0, z_0)$ an die Kugel

K: $(x - a)^2 + (y - b)^2 + (z - c)^2 = r^2$

$$(x - a)(x_0 - a) + (y - b)(y_0 - b)$$
$$+ (z - c)(z_0 - c) = r^2$$

Liegt P_0 nicht auf der Kugel, so stellt die Gleichung die *Polarebene* von P_0 in bezug auf die Kugel dar.
Potenz p des Punktes $P_0(x_0, y_0, z_0)$ in bezug auf die Kugel K:

$$p = (x_0 - a)^2 + (y_0 - b)^2 + (z_0 - c)^2 - r^2$$

Potenzebene

K_1: $(x - a_1)^2 + (y - b_1)^2 + (z - c_1)^2 = r_1^2$

K_2: $(x - a_2)^2 + (y - b_2)^2 + (z - c_2)^2 = r_2^2$

$$K_1 - K_2 = 0$$

Die Potenzebene steht senkrecht auf der Zentralen der beiden Kugeln.

Potenzlinie in bezug auf drei Kugeln

$$K_1 = 0; \quad K_2 = 0; \quad K_3 = 0$$

$$\left.\begin{aligned} K_1 - K_2 &= 0 \\ K_1 - K_3 &= 0 \end{aligned}\right\} \text{Potenzlinie}$$

7.6.3. Das Hyperboloid

Einschaliges Hyperboloid $\frac{x^2}{a^2} + \frac{y^2}{b^2} - \frac{z^2}{c^2} = 1$

a, b reelle Halbachsen c imaginäre Halbachse

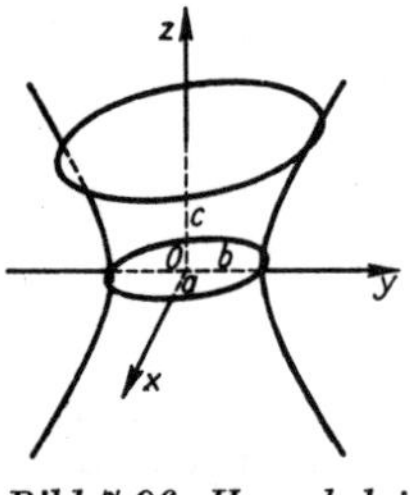

Bild 7.96. Hyperboloid, einschalig

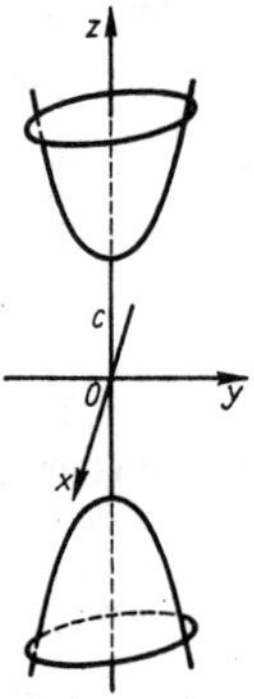

Bild 7.97. Hyperboloid, zweischalig

Zweischaliges Hyperboloid $\frac{x^2}{a^2} + \frac{y^2}{b^2} - \frac{z^2}{c^2} = -1$

c reelle Halbachse, a und b imaginäre Halbachsen

$\frac{x^2}{a^2} + \frac{y^2}{b^2} - \frac{z^2}{c^2} = 0$ *Asymptotenkegel* für beide Hyperboloide

$a = b$ Rotationshyperboloide (z-Achse Drehachse)

a, b, c Halbachsen der Hauptschnitte

Durchmesserebene (*Diametralebene*):

$$\frac{x\cos\alpha}{a^2}+\frac{y\cos\beta}{b_2}-\frac{z\cos\gamma}{c^2}=0 \text{ gültig für beide Hyperboloide}$$

α, β, γ Richtwinkel des zugeordneten Durchmessers

Polarebene zum Pol $P_0(x_0, y_0, z_0)$:

$$\frac{xx_0}{a^2}+\frac{yy_0}{b^2}-\frac{zz_0}{c^2}=\pm 1$$ Minuszeichen für zweischaliges, Pluszeichen für einschaliges *H*.

Liegt P_0 auf der Fläche, so stellt die Gleichung die *Tangentialebene* dar.
Die geradlinigen *Erzeugenden* des einschaligen Hyperboloids:

$$\text{1. Schar}\begin{cases}\dfrac{x}{a}+\dfrac{z}{c}=\varkappa\left(1+\dfrac{y}{b}\right)\\ \dfrac{x}{a}-\dfrac{z}{c}=\dfrac{1}{\varkappa}\left(1-\dfrac{y}{b}\right)\end{cases}\qquad \varkappa, \lambda \in P\setminus\{0\}$$

$$\text{2. Schar}\begin{cases}\dfrac{x}{a}+\dfrac{z}{c}=\lambda\left(1-\dfrac{y}{b}\right)\\ \dfrac{x}{a}-\dfrac{z}{c}=\dfrac{1}{\lambda}\left(1+\dfrac{y}{b}\right)\end{cases}$$

Jede Erzeugende der 1. Schar schneidet jede Erzeugende der 2. Schar. Eine Ebene schneidet das Hypeıboloid in einer Hyperbel-Parabel oder Ellipse, je nachdem die Ebene parallel zu zwei Man, tellinien, zu einer oder zu keiner Mantellinie des Asymptotenkegels liegt.

Rotationshyperboloide (rotierende Kurve $\frac{x^2}{a^2}-\frac{y^2}{b^2}=1$)

Rotation um die x-Achse in den Grenzen a bis x_0 und $-a$ bis $-x_0$:

$$V=\frac{2\pi b^2(x_0-a)^2\,(x_0+2a)}{3a^2}$$ (*zweischaliges* Rotationshyperboloid)

Rotation um die y-Achse in den Grenzen von y_0 bis $-y_0$

$$V=\frac{2\pi a^2 y_0(y_0^2+3b^2)}{3b^2}$$ (*einschaliges* Rotationshyperboloid)

7.6.4. Der Kegel

$$\frac{x^2}{a^2} + \frac{y^2}{b^2} - \frac{z^2}{c^2} = 0$$

a, b Halbachsen der Ellipse, die Leitkurve des Kegels K ist und deren Ebene senkrecht zur z-Achse steht
c Abstand der Ellipsenebene von der x; y-Ebene
Spitze im Ursprung
(K Asymptotenkegel der Hyperboloide)

Tangentialebene an Kegel K in $P_0(x_0, y_0, z_0)$

$$\frac{xx_0}{a^2} + \frac{yy_0}{b^2} - \frac{zz_0}{c^2} = 0$$

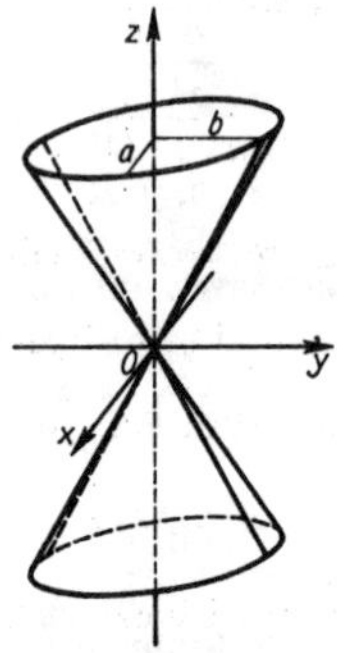

Bild 7.98. Kegel

Gerader Kreiskegel

Für $a = b$ wird die Leitkurve zum Kreis; die Kreiskegelfläche hat dann die Gleichung

$$\frac{x^2 + y^2}{a^2} - \frac{z^2}{c^2} = 0$$

und ihre *Tangentialebene*

$$\frac{xx_0 + yy_0}{a^2} - \frac{zz_0}{c^2} = 0$$

Gleichungen der *Erzeugenden* des Kegels:

$$\begin{cases} \dfrac{x}{a} + \dfrac{z}{c} = \dfrac{1}{\lambda} \dfrac{y}{b} \\[2ex] \dfrac{x}{a} - \dfrac{z}{c} = -\lambda \dfrac{y}{b} \end{cases}$$

Schar geht durch Spitze des Kegels
$\lambda \in P \setminus \{0\}$

7.6.5. Der Zylinder

$$\frac{x^2}{a^2} + \frac{y^2}{b^2} = 1$$

Elliptischer Zylinder *senkrecht* zur x; y-Ebene

x; z- und y; z-Ebene sind Symmetrieebenen.

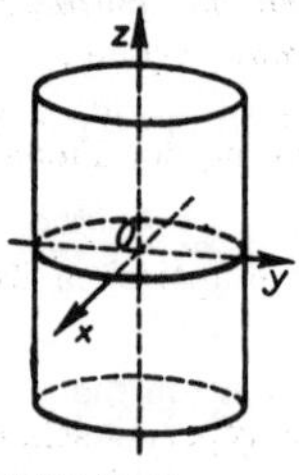

Bild 7.99. Elliptischer Zylinder

Die Gleichung ist gleichbedeutend mit der Schnittellipse in der $x; y$-Ebene.

$$\frac{x^2}{a^2} - \frac{y^2}{b^2} = 1$$

Hyperbolischer Zylinder senkrecht zur $x; y$-Ebene

$x; z$- und $y; z$-Ebene sind Symmetrieebenen.

Schnittkurve in der $x; y$-Ebene ist eine Hyperbel.

$y^2 = 2px$ *parabolischer* Zylinder senkrecht zur $x; y$-Ebene

Die $x; z$-Ebene ist Symmetrieebene.

Die $y; z$-Ebene ist Tangentialebene, die die Fläche in der z-Achse berührt.

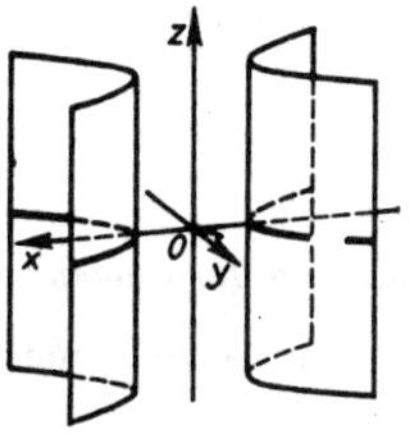

Bild 7.100.
Hyperbolischer Zylinder

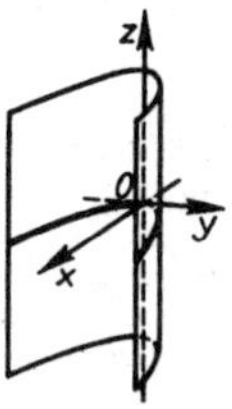

Bild 7.101.
Parabolischer Zylinder

Schnitte senkrecht zur $x; y$-Ebene ergeben ein reelles oder imaginäres Geradenpaar. Jede andere Ebene schneidet den elliptischen, hyperbolischen bzw. parabolischen Zylinder in einer Ellipse, Hyperbel bzw. Parabel.

Gleichung der *Tangentialebene* in $P_0(x_0, y_0, z_0)$

für elliptischen Zylinder $\frac{xx_0}{a^2} + \frac{yy_0}{b^2} = 1$

für hyperbolischen Zylinder $\frac{xx_0}{a_2} - \frac{yy_0}{b^2} = 1$

für parabolischen Zylinder $yy_0 = p(x + x_0)$

7.6.6. **Das Paraboloid** (ohne Symmetriepunkt)

$$z = \frac{x^2}{a^2} + \frac{y^2}{b^2} \qquad z = \frac{x^2}{a^2} - \frac{y^2}{b^2}$$

elliptisches Paraboloid — *hyperbolisches* Paraboloid

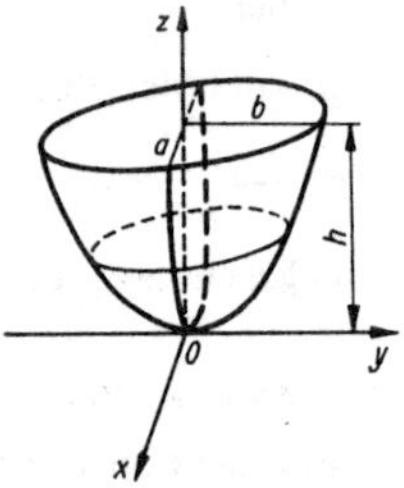

Bild 7.102.
Elliptisches Paraboloid

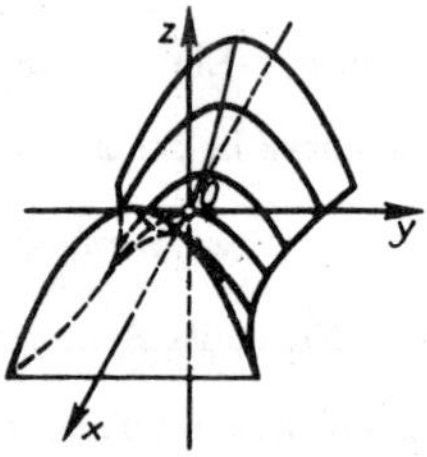

Bild 7.103.
Hyperbolisches Paraboloid

Achse des Paraboloids z-Achse
Scheitel im Ursprung
$a = b$ beim elliptischen Paraboloid ergibt ein *Rotationsparaboloid* (rotierende Kurve $z = \frac{x^2}{a^2}$, $h = z$) mit der z-Achse als Drehachse.

$$V = \frac{1}{2} ah^2$$

Die $x; y$-Ebene ist Tangentialebene an beide Paraboloide im Ursprung.
Jede zur z-Achse parallele Ebene schneidet das elliptische Paraboloid in einer Parabel, jede andere Ebene in einer reellen oder imaginären Ellipse.
Jede zur z-Achse parallele Ebene schneidet das hyperbolische Paraboloid in einer Parabel, jede andere Ebene in einer Hyperbel. Die $x; z$- und die $y; z$-Ebene sind Symmetrieebenen für beide Paraboloide.

Tangentialebene in $P_0(x_0, y_0, z_0)$:

$$\frac{xx_0}{a^2} \pm \frac{yy_0}{b^2} - (z + z_0) = 0$$

Liegt P_0 nicht auf der Fläche, so stellt die Gleichung die *Polarebene* dar.

Die geradlinigen *Erzeugenden* des hyperbolischen Paraboloids:

$$\text{1. Schar}\begin{cases}\dfrac{x}{a}+\dfrac{y}{b}=\varkappa & \text{parallel der Ebene}\\[2mm] \dfrac{x}{a}-\dfrac{y}{b}=\dfrac{1}{\varkappa}\,2z & \dfrac{x}{a}+\dfrac{y}{b}=0\end{cases}$$

$$\text{2. Schar}\begin{cases}\dfrac{x}{a}-\dfrac{y}{b}=\lambda & \text{parallel der Ebene}\\[2mm] & \dfrac{x}{a}-\dfrac{y}{b}=0\\[2mm] \dfrac{x}{a}+\dfrac{y}{b}=\dfrac{1}{\lambda}\,2z & \varkappa,\lambda\in P\setminus\{0\}\end{cases}$$

7.6.7. Die allgemeine Gleichung 2. Grades in x, y, z

$$f(x,y,z):\ Ax^2+By^2+Cz^2+2Dxy+2Exz+2Fyz+2Gx+2Hy+2Iz+K=0$$

Matrixschreibweise: $\boldsymbol{x}\cdot\delta\cdot\boldsymbol{x}^{\mathrm{T}}+2\boldsymbol{a}\boldsymbol{x}^{\mathrm{T}}+K=0$

$$\text{mit } \boldsymbol{x}=(x,y,z)\quad \delta=\begin{vmatrix}A&D&E\\D&B&F\\E&F&C\end{vmatrix}\quad \boldsymbol{a}=(G,H,I)$$

$$\Delta=\begin{vmatrix}A&D&E&G\\D&B&F&H\\E&F&C&I\\G&H&I&K\end{vmatrix}\qquad \begin{aligned}s&=A+B+C\\ t&=\begin{vmatrix}A&D\\D&B\end{vmatrix}+\begin{vmatrix}B&F\\F&C\end{vmatrix}+\begin{vmatrix}C&E\\E&A\end{vmatrix}\end{aligned}$$

Die Determinanten und s sind die *Invarianten* der Fläche 2. Ordnung.

Die allgemeine Funktionsgleichung 2. Grades stellt eine **Fläche 2. Ordnung** dar. Sie besitzt einen im Endlichen gelegenen Mittelpunkt, wenn $\delta \neq 0$ ist (sog. *Mittelpunktsfläche*). Sehnen durch den Mittelpunkt heißen *Durchmesser*. Der Ort der Mittelpunkte paralleler Sehnen ist eine *Durchmesserebene* (*Diametralebene*). Der zu den Sehnen gehörige Durchmesser ist konjugiert zu der Diametralebene.

Ein *Zerfallen der Fläche* 2. Ordnung in ein Ebenenpaar tritt ein, wenn

$$\begin{vmatrix}A&D&G\\D&B&H\\G&H&K\end{vmatrix}+\begin{vmatrix}A&E&G\\E&C&I\\G&I&K\end{vmatrix}+\begin{vmatrix}B&F&H\\F&C&I\\H&I&K\end{vmatrix}=0$$

Für reelle, nicht zerfallende Flächen 2. Ordnung gelten folgende Bedingungen:

Fall 1: $\delta \neq 0$ (Mittelpunktsflächen)

	$\delta s > 0, t > 0$	δs und t nicht beide > 0
$\Delta < 0$	Ellipsoid	zweischaliges Hyperboloid
$\Delta > 0$	imaginäres Ellipsoid	einschaliges Hyperboloid
$\Delta = 0$	imaginärer Kegel	Kegel

Fall 2: $\delta = 0$

	$\Delta < 0, t > 0$		$\Delta > 0, t < 0$
$\Delta \neq 0$	elliptisches Paraboloid		hyperbolisches Paraboloid
	$t > 0$	$t < 0$	$t = 0$
$\Delta = 0$	elliptischer Zylinder	hyperbolischer Zylinder	parabolischer Zylinder

7.7. Konforme Abbildung (winkeltreue Abbildung)

Konforme Abbildung ist die Abbildung eines Teils der komplexen z-Ebene auf die w-Ebene: $w = f(z) = u(x, y) + \mathrm{j}v(x, y)$ $z \in D$ (analytische Funktion), $f'(z) \neq 0$, z regulärer Punkt.
Die Winkel sind invariant (konforme Abbildung 2. Art mit Änderung des Richtungssinns der Winkel).
Durch eine konforme Abbildung werden Strecken um $\lambda = \frac{|f'(z)|}{1}$ gedehnt bzw. gestaucht und um $\arg[f'(z)] = \varphi$ gedreht abgebildet.

Lineare konforme Abbildung:

$$w = f(z) = \boldsymbol{a}z + \boldsymbol{b} = \boldsymbol{a}\,\mathrm{e}^{\mathrm{j}\varphi}z + \boldsymbol{b}$$

Drehung z: $\mathrm{e}^{\mathrm{j}\varphi}$ um $\measuredangle\ \varphi$

Dehnung: $\lambda = |\boldsymbol{a}|$

Parallelverschiebung: $\boldsymbol{w} = \boldsymbol{s} + \boldsymbol{b}$ um $\boldsymbol{b}$

Fixpunkte: $z_1 = \dfrac{b}{1 - a}$ $\quad z = \infty$ (in sich selbst abgebildet)

Beispiel:

$$w = (1 + j)\,z + (-1 - j)$$

Drehung: $e^{j\varphi} = e^{j\frac{\pi}{4}} \qquad 1 + j \leftrightarrow \frac{\pi}{4} = \varphi \quad$ (Argument)

Dehnung: $\lambda = |1 + j| = \sqrt{2}$

Parallelverschiebung $\boldsymbol{b} = -1 - j$

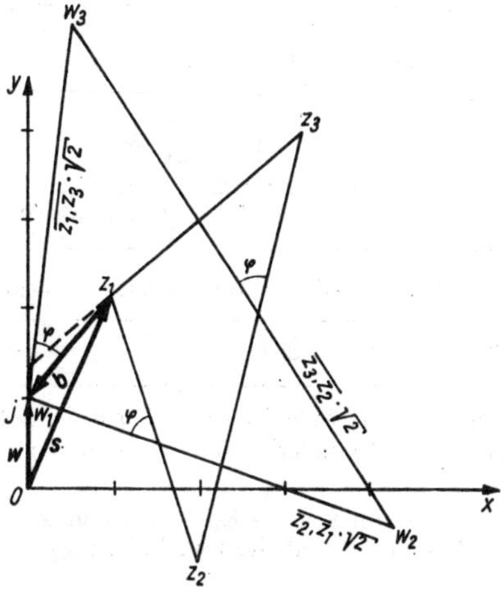

Bild 7.104. Zum Beispiel

Inversion

$$w = \frac{1}{z}$$

Inversion am Einheitskreis (Transformation durch *reziproke Radien*) und Spiegelung an der reellen Achse.

$$\boldsymbol{z} = |\boldsymbol{z}|\,e^{j\varphi} \qquad \boldsymbol{w} = \frac{1}{|\boldsymbol{z}|}\,e^{-j\varphi}$$

Kreisinneres $|z| \leqq 1$ wird das Äußere des Kreises $|w| \geqq 1$

Kreisperipherie $|z| = 1 \leftrightarrow |w| = 1$

Fixpunkte $z = \pm 1$

gestörte Abbildung in $z = 0$

Inversion eines Zeigers gemäß obiger Gleichung mittels graphischen Verfahrens am Einheitskreis:

1. Zeichnen des konjugiert komplexen Zeigers $\bar{z} = |z|\,e^{-j\varphi}$
2. Zeichnen der Tangenten vom Endpunkt des Zeigers $\bar{z}$ an den Kreis
3. Verbindungslinie der Tangentenberührungspunkte schneidet den Zeiger $\bar{z}$ in B, dem Endpunkt des inversen Zeigers $w = z'$.

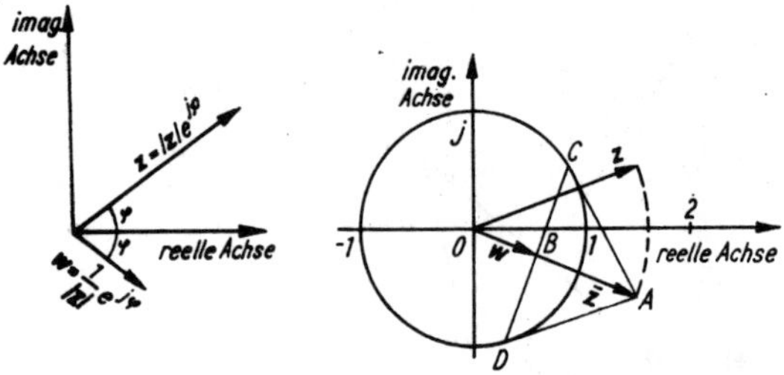

Bild 7.105. Inversion eines Zeigers

Unter Berücksichtigung des Maßstabes gilt:

$$r = 1 \mathrel{\hat{=}} a \text{ Einheiten von } z \leftrightarrow \frac{1}{a} \text{ Einheiten von } w\,.$$

z. B. Kreisdurchmesser $r = 1 \mathrel{\hat{=}} 5\,\Omega \leftrightarrow \dfrac{1}{5}\,\mathrm{S}$

bei Umrechnung Widerstand—Leitwert

Inversion von Kurven

1. Inversionssatz: Eine Gerade durch den Nullpunkt ergibt durch Inversion wieder eine Gerade durch den Nullpunkt.

g_1: $z = t \cdot z^0$

invertiert g_2: $w = \dfrac{1}{z}$

1. Zeichnen der konjugierten Richtung durch $z \to \bar{z}$
2. Auftragen der Parameterskale $t' = 1/t$:

$$w = \frac{1}{tz^0}$$

2. Inversionssatz: Eine Gerade nicht durch den Nullpunkt ergibt durch Inversion einen Kreis durch den Nullpunkt.

g: $\boldsymbol{z} = \boldsymbol{z}_0 + t \cdot \boldsymbol{a}$

invertiert K: $\boldsymbol{w} = \dfrac{1}{\boldsymbol{z}} = \dfrac{1}{\boldsymbol{z}_0 + t\boldsymbol{a}}$

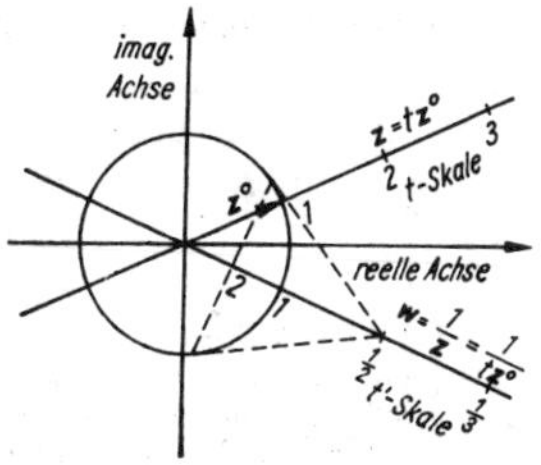

Bild 7.106. 1. Inversionssatz

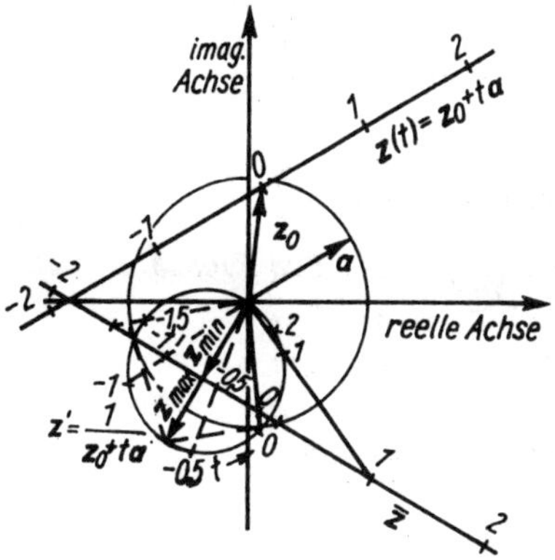

Bild 7.107. 2. Inversionssatz

1. Zeichnen der konjugierten Geraden $\bar{\boldsymbol{z}}$
2. Zeichnen der Normalen zu $\bar{\boldsymbol{z}} \to \bar{\boldsymbol{z}}_{\min}$
3. Spiegelung von $\bar{\boldsymbol{z}}_{\min}$ am Einheitskreis $\to \boldsymbol{z}'_{\max}$

Die Tangentenpunkte T_1 und T_2 sind Schnittpunkte von $\bar{\boldsymbol{z}}$ mit dem Einheitskreis und gleichzeitig auch Punkte des durch die Inversion erhaltenen Kreises.

3. Inversionssatz: Ein Kreis nicht durch den Nullpunkt ergibt durch Inversion wieder einen Kreis nicht durch den Nullpunkt.

$$K_1\colon \; \mathfrak{z} = \mathfrak{z}_0 + \frac{1}{\mathfrak{a} + t\mathfrak{b}} = \frac{\mathfrak{c} + t\mathfrak{d}}{\mathfrak{a} + t\mathfrak{b}}$$

invertiert $K_2\colon \; \mathfrak{w} = \mathfrak{z}' = \dfrac{\mathfrak{a} + t\mathfrak{b}}{\mathfrak{c} + t\mathfrak{d}}$

1. Zeichnen des konjugiert komplexen Kreises $\bar{\mathfrak{z}}$

2. Zweckmäßigerweise Maßstabswahl für inversen Kreis so, daß konjugierter und inverser Kreis zusammenfallen. Damit Parameterskale für inversen Kreis $\mathfrak{z}'$, als Schnittpunkte der Verbindungsgeraden Parameterpunkte konjugierter Kreis—Nullpunkt eintragen.

Bei Wahl eines anderen Maßstabs für den inversen Kreis ist zu beachten, daß die Tangenten vom Nullpunkt an den konjugiert komplexen Kreis stets auch Tangenten des inversen Kreises sind, wodurch der Mittelpunkt stets auf der Geraden durch M und O liegt.

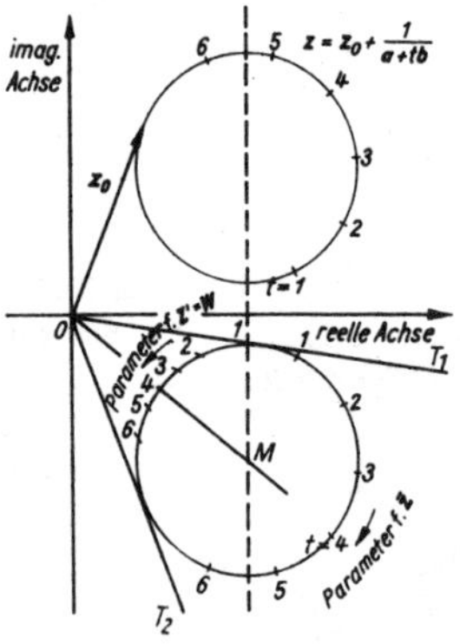

Bild 7.108. 3. Inversionssatz

Gebrochene rationale konforme Abbildung

$$\mathfrak{w} = \frac{\mathfrak{a}z + \mathfrak{b}}{\mathfrak{c}z + \mathfrak{d}} \qquad \mathfrak{a}\mathfrak{d} - \mathfrak{b}\mathfrak{c} \neq 0 \qquad \mathfrak{c} \neq 0$$

z wird eindeutig auf w abgebildet.

Für lineare Abbildung: $\mathfrak{t} = \mathfrak{c}\mathfrak{z} + \mathfrak{d}$

Für Inversion: $\dfrac{1}{\mathfrak{t}}$

Lineare Abbildung: $\boldsymbol{w} = \frac{\boldsymbol{a}}{\boldsymbol{c}} + \frac{\boldsymbol{bc} - \boldsymbol{ad}}{\boldsymbol{c}} \cdot \frac{1}{\boldsymbol{t}}$

Fixpunkte aus $\boldsymbol{w} = f(\boldsymbol{z})$

Quadratische konforme Abbildung

$$\boldsymbol{w} = \boldsymbol{z}^2$$

Die z-Ebene wird auf zweifach überdeckte w-Ebene abgebildet.

z-Ebene: Hyperscharen $u = x^2 - y^2$, $v = 2xy$

w-Ebene: orthogonale Netze

Gestörte Konformität in $\boldsymbol{z} = 0$

Fixpunkte: (0,0) und (1, 0)

8. Differentialrechnung

8.1. Differentiation von Funktionen mit zwei Variablen

8.1.1. Allgemeines

Differenzenquotient (Anstieg der Sekante)

$$\frac{\Delta y}{\Delta x} = \frac{y - y_0}{x - x_0} = \frac{\Delta f(x)}{\Delta x} = \frac{f(x) - f(x_0)}{x - x_0} = \frac{f(x_0 + h) - f(x_0)}{h}$$

$$= \frac{f(x + \Delta x) - f(x)}{\Delta x} = \tan \alpha_s = m_s$$

$\triangle P_0AP$ Sekantendreieck

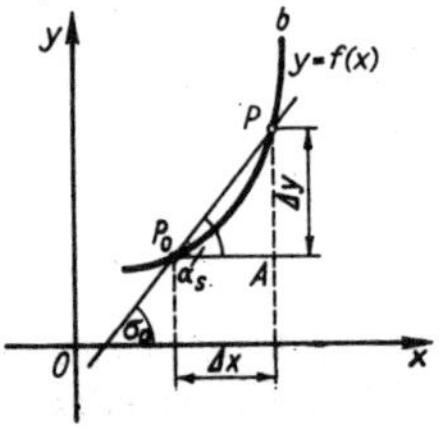

Bild 8.1. Differenzenquotient

Differentialquotient, 1. Ableitung einer Funktion an der Stelle $x = x_0$ (Anstieg der Tangente, Kurvenanstieg in P_0)

$$y'(x_0) = f'(x_0) = \left.\frac{\mathrm{d}f(x)}{\mathrm{d}x}\right|_{x=x_0} = \left.\frac{\mathrm{d}y}{\mathrm{d}x}\right|_{x=x_0} = \lim_{\Delta x \to 0} \frac{\Delta y}{\Delta x}$$

$$= \lim_{\Delta x \to 0} \frac{\Delta f(x)}{\Delta x} = \lim_{x \to x_0} \frac{f(x) - f(x_0)}{x - x_0} = \lim_{h \to 0} \frac{f(x_0 + h) - f(x_0)}{h}$$

$$= \lim_{\Delta x \to 0} \frac{f(x + \Delta x) - f(x)}{\Delta x} = \tan \alpha_t = m_t$$

$\triangle P_0BC$ Tangentendreieck

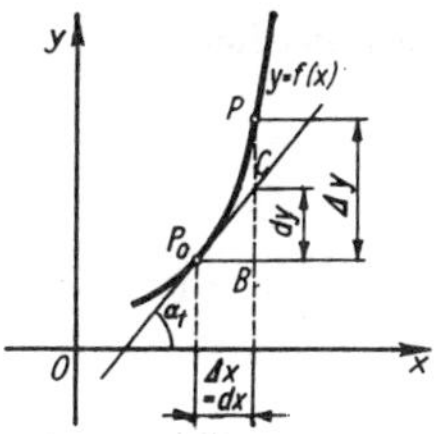

Bild 8.2. Differentialquotient

Definition der Differenzierbarkeit:

Eine Funktion f ist an einer Stelle $x_0 \in D$ differenzierbar, wenn sie in der Umgebung von x_0 definiert ist und der Grenzwert $\left.\frac{dy}{dx}\right|_{x=x_0}$ an dieser Stelle existiert.

Eine Funktion f ist im Intervall $I = (a, b)$ differenzierbar, wenn sie an jeder Stelle innerhalb I differenzierbar ist.

Die 1. Ableitung von f in (a, b) ist die Funktion f', die alle geordneten Paare $[x; f'(x)]$, $x \in (a, b)$ enthält.

Jede an der Stelle x_0 differenzierbare Funktion ist dort stetig (notwendige, aber nicht hinreichende Bedingung).

Linksseitige Ableitung $\lim\limits_{x \to x_0 - 0} \dfrac{f(x) - f(x_0)}{x - x_0}$

rechtsseitige Ableitung $\lim\limits_{x \to x_0 + 0} \dfrac{f(x) - f(x_0)}{x - x_0}$

Sind an der Stelle x_0 rechts- und linksseitige Ableitung verschieden, ist die Funktion an der Stelle $x = x_0$ nicht differenzierbar.

Ableitungsfunktion

Definition

Die 1. Ableitung von f ist die Funktion $f' = \{[x; f'(x)] \mid y' = f'(x)\}$ mit gleichem Definitionsbereich für f und f'.

Für alle x gilt: $f'(x)$ ist die 1. Ableitung von f an der Stelle x.

Differential (Änderung der Tangentenordinate)

$$dy = f'(x)\, dx$$

dy heißt das Differential der Funktion $y = f(x)$, das zum Differential dx gehört.

8.1.2. Ableitungen der elementaren Funktionen

$(c)' = 0 \qquad c$ Konstante

$(x)' = 1$

$(x^k)' = kx^{k-1} \qquad k \in P, \quad x \neq 0$ für $k < 0$

$(\mathrm{e}^x)' = \mathrm{e}^x$

$(a^x)' = a^x \ln a$

$$(\ln x)' = \frac{1}{x}$$

$$(\log_a x)' = \frac{1}{x \ln a} = \frac{1}{x} \log_a \mathrm{e} \qquad a \neq 1, \quad a, x > 0$$

$$(\lg x)' = \frac{1}{x} \lg \mathrm{e} \approx \frac{0{,}4343}{x}$$

$(\sin x)' = \cos x$

$(\cos x)' = -\sin x$

$$(\tan x)' = \frac{1}{\cos^2 x} = 1 + \tan^2 x \qquad x \neq (2k+1)\frac{\pi}{2}, \quad k \in G$$

$$(\cot x)' = -\frac{1}{\sin^2 x} = -(1 + \cot^2 x) \qquad x \neq k\pi \qquad k \in G$$

$$(\arcsin x)' = \frac{1}{\sqrt{1 - x^2}} \qquad |x| < 1$$

$$(\arccos x)' = -\frac{1}{\sqrt{1 - x^2}} \qquad |x| < 1$$

$$(\arctan x)' = \frac{1}{1 + x^2}$$

$$(\operatorname{arccot} x)' = -\frac{1}{1 + x^2}$$

$(\sinh x)' = \cosh x$

$(\cosh x)' = \sinh x$

$$(\tanh x)' = \frac{1}{\cosh^2 x} = 1 - \tanh^2 x$$

$$(\coth x)' = -\frac{1}{\sinh^2 x} = 1 - \coth^2 x$$

$$(\operatorname{arsinh} x)' = \frac{1}{\sqrt{1+x^2}}$$

$$(\operatorname{arcosh} x)' = \pm\frac{1}{\sqrt{x^2-1}} \qquad x > 1$$

$$(\operatorname{artanh} x)' = \frac{1}{1-x^2} \qquad |x| < 1$$

$$(\operatorname{arcoth} x)' = \frac{1}{1-x^2} \qquad |x| > 1$$

$$(\ln f(x))' = \frac{f'(x)}{f(x)}$$

8.1.3. Differentiationsregeln

$$(a \cdot f(x))' = a \cdot f'(x)$$

$$(u \pm v)' = u' \pm v' \qquad \text{mit } u = u(x), \quad v = v(x)$$

$$(u \cdot v)' = u'v + uv' \qquad (\textit{Produktregel})$$

$$(u \cdot v \cdot w)' = u'vw + uv'w + uvw'$$

$$\left(\frac{u}{v}\right)' = \frac{u'v - uv'}{v^2} \qquad (\textit{Quotientenregel}) \quad v \neq 0$$

speziell:

$$\left(\frac{1}{v}\right)' = -\frac{v'}{v^2}$$

Kettenregel, Ableitung mittelbarer Funktionen

$$y = f(u), \quad u = g(v), \quad v = h(x)$$

$$\frac{dy}{dx} = f'(u)\, g'(v)\, h'(x) = \frac{dy}{du} \cdot \frac{du}{dv} \cdot \frac{dv}{dx}$$

speziell:

$$y = f(u) \quad \textit{äußere Funktion}, \quad u = g(x) \quad \textit{innere Funktion}$$

$$\frac{dy}{dx} = \frac{dy}{du} \cdot \frac{du}{dx}$$

Umkehrfunktion: $y = f(x) \leftrightarrow x = \varphi(y)$

$$\varphi'(y) = \frac{1}{f'(x)} \leftrightarrow \frac{dx}{dy} = \frac{1}{\frac{dy}{dx}} \qquad f'(x) \neq 0$$

Beispiele:

(1) $y = x^5 + 3x^2 - x^7;\quad \underline{\underline{y' = 5x^4 + 6x - 7x^6}}$

(2) $y = (x^3 + a)(x^2 + 3b) \qquad x^3 + a = u;\quad u' = 3x^2$

$y' = 3x^2(x^2 + 3b) + (x^3 + a)\,2x \qquad x^2 + 3b = v;\quad v' = 2x$

$\underline{\underline{y' = 5x^4 + 9bx^2 + 2ax}}$

(3) $y = \dfrac{x^3 + 2x}{4x^2 - 7} \qquad \begin{array}{l} x^3 + 2x = u;\quad u' = 3x^2 + 2 \\ 4x^2 - 7 = v;\quad v' = 8x \end{array}$

$$y' = \frac{(3x^2 + 2)(4x^2 - 7) - (x^3 - 2x)\,8x}{(4x^2 - 7)^2}$$

$$\underline{\underline{y' = \frac{4x^4 - 29x^2 - 14}{(4x^2 - 7)^2}}}$$

(4) $y = (1 - \cos^4 x)^2 = u^2 = f(u),\quad$ wobei $\quad u = 1 - \cos^4 x$

$f'(u) = 2u = 2(1 - \cos^4 x)$

$u = 1 - \cos^4 x = 1 - v^4 = g(v),\quad$ wobei $\quad v = \cos x$

$g'(v) = -4v^3 = -4\cos^3 x$

$v = \cos x = h(x);\quad h'(x) = -\sin x$

$$\frac{dy}{dx} = f'(u)\,g'(v)\,h'(x) = 2(1 - \cos^4 x)(-4\cos^3 x)(-\sin x)$$

$$\underline{\underline{\frac{dy}{dx} = 8\sin x\cos^3 x(1 - \cos^4 x)}}$$

(5) $y = \arctan x \qquad$ Umkehrung: $\quad x = \tan y = g(y)$

$$g'(y) = \frac{1}{\cos^2 y} = 1 + \tan^2 y$$

$$y' = f'(x) = \frac{1}{g'(y)} = \frac{1}{1 + \tan^2 y} = \underline{\underline{\frac{1}{1 + x^2}}}$$

Differentiation unentwickelter (impliziter) Funktionen $f(x, y) = 0$

$$\frac{dy}{dx} = y' = -\frac{\dfrac{\partial f}{\partial x}}{\dfrac{\partial f}{\partial y}} = -\frac{f_x}{f_y}$$

$$\frac{d^2y}{dx^2} = y'' = -\frac{\dfrac{\partial^2 f}{\partial x^2}\left(\dfrac{\partial f}{\partial y}\right)^2 - 2\dfrac{\partial^2 f}{\partial x\,\partial y}\cdot\dfrac{\partial f}{\partial x}\cdot\dfrac{\partial f}{\partial y} + \dfrac{\partial^2 f}{\partial y^2}\left(\dfrac{\partial f}{\partial x}\right)^2}{\left(\dfrac{\partial f}{\partial y}\right)^3}$$

$$= -\frac{f_{xx}f_y^2 - 2f_{xy}f_xf_y + f_{yy}f_x^2}{f_y^3}$$

Beispiel:

$$f(x, y) = x^3 - x^2y + y^5 = 0$$

$$\frac{\partial f}{\partial x} = 3x^2 - 2xy = f_x \qquad \frac{\partial f}{\partial y} = 5y^4 - x^2 = f_y$$

$$\frac{\partial^2 f}{\partial x^2} = 6x - 2y = f_{xx} \qquad \frac{\partial^2 f}{\partial y^2} = 20y^3 = f_{yy}$$

$$\frac{\partial^2 f}{\partial x\,\partial y} = -2x = f_{xy} = f_{yx}$$

$$\frac{dy}{dx} = -\frac{3x^2 - 2xy}{5y^4 - x^2}$$

$$\frac{d^2y}{dx^2}$$

$$= -\frac{(6x - 2y)(5y^4 - x^2)^2 - 2(-2x)(3x^2 - 2xy)(5y^4 - x^2) + 20y^3(3x^2 - 2xy)^2}{(5y^4 - x^2)^3}$$

Differentiation von Funktionen in Parameterform
$x = \varphi(t);\ y = \psi(t)$

$$\frac{dy}{dx} = \frac{\dfrac{dy}{dt}}{\dfrac{dx}{dt}} = \frac{\dot\psi(t)}{\dot\varphi(t)} \qquad \dot\varphi(t) \neq 0$$

$$\frac{d^2y}{dx^2} = \frac{\dfrac{d^2y}{dt^2}\cdot\dfrac{dx}{dt} - \dfrac{d^2x}{dt^2}\cdot\dfrac{dy}{dt}}{\left(\dfrac{dx}{dt}\right)^3} = \frac{\ddot\psi(t)\,\dot\varphi(t) - \ddot\varphi(t)\,\dot\psi(t)}{[\dot\varphi(t)]^3}$$

oder

$$\frac{d^2y}{dx^2} = \frac{d\left(\frac{dy}{dx}\right)}{dt} \cdot \frac{dt}{dx}$$

Beispiel:

$$x = \ln t$$

$$y = \frac{1}{1-t}$$

$$\frac{dx}{dt} = \frac{1}{t} \qquad \frac{d^2x}{dt^2} = -\frac{1}{t^2} \qquad \frac{dt}{dx} = t$$

$$\frac{dy}{dt} = \frac{1}{(1-t)^2} \qquad \frac{d^2y}{dt^2} = \frac{2}{(1-t)^3}$$

$$\frac{dy}{dx} = \frac{1}{(1-t)^2} : \frac{1}{t} = \frac{t}{(1-t)^2}$$

$$\frac{d^2y}{dx^2} = \frac{\frac{2}{(1-t)^3} \cdot \frac{1}{t} + \frac{1}{t^2} \cdot \frac{1}{(1-t)^2}}{\left(\frac{1}{t}\right)^3} = \frac{2t^2 + t - t^2}{(1-t)^3} = \underline{\underline{\frac{t^2+t}{(1-t)^3}}}$$

oder

$$\frac{d^2y}{dx^2} = \frac{d}{dt}\left[\frac{t}{(1-t)^2}\right] t = \frac{1+t}{(1-t)^3}\, t = \underline{\underline{\frac{t^2+t}{(1-t)^3}}}$$

Differentiation von Funktionen in Polarkoordinaten $r = f(\varphi)$

$$\frac{\Delta r}{\Delta \varphi} = \frac{r}{\tan \sigma} = r \cot \sigma$$

$$\frac{dr}{d\varphi} = \lim_{\Delta\varphi \to 0} \frac{\Delta r}{\Delta \varphi} = \frac{r}{\tan \tau} = r \cot \tau$$

Zusammenhang

$$\left.\begin{aligned} x &= r \cos \varphi \\ y &= r \sin \varphi \end{aligned}\right\} y' = \frac{\frac{dy}{d\varphi}}{\frac{dx}{d\varphi}} = \frac{\frac{dr}{d\varphi} \sin \varphi + r \cos \varphi}{\frac{dr}{d\varphi} \cos \varphi - r \sin \varphi}$$

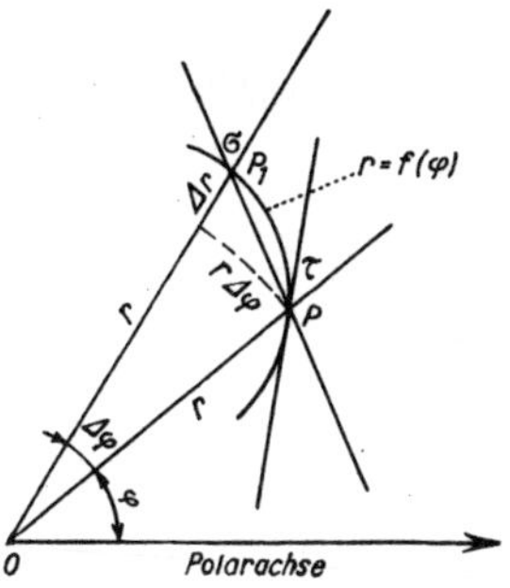

Bild 8.3. Differentiation von f(r; φ)

Höhere Ableitungen und Differentiale

Jede Ableitungsfunktion kann abermals differenziert werden, soweit sie differenzierbar ist.

Zweite Ableitung:

$$\frac{d^2y}{dx^2} = y'' = f''(x) = \frac{d^2f(x)}{dx^2} = \frac{df'(x)}{dx}$$

Dritte Ableitung:

$$\frac{d^3y}{dx^3} = y''' = f'''(x) = \frac{d^3f(x)}{dx^3} = \frac{df''(x)}{dx}$$

n-te Ableitung:

$$\frac{d^ny}{dx^n} = y^{(n)} = f^{(n)}(x) = \frac{d^nf(x)}{dx^n} = \frac{df^{(n-1)}(x)}{dx}$$

Entsprechend

2. Differential: $d^2y = d(dy) = f''(x)\,dx^2$

3. Differential: $d^3y = d(d^2y) = f'''(x)\,dx^3$

$\vdots$ $\vdots$

n-tes Differential: $d^ny = d(d^{n-1}y) = f^{(n)}(x)\,dx^n$

Einige Ableitungen höherer Ordnung

$$(x^m)^{(n)} = m(m-1)(m-2)\cdots(m-n+1)\,x^{m-n}$$

$$= \begin{cases} n!\binom{m}{n} x^{m-n} & \text{für } m \geqq n \\ 0 & \text{für } m < n \end{cases} \qquad \begin{matrix} m > 1 \\ m \in N \end{matrix}$$

$$(x^n)^{(n)} = n! \quad \text{für} \quad n \in N$$

$$[a_n x^n + a_{n-1}x^{n-1} + a_{n-2}x^{n-2} + \cdots + a_1 x + a_0]^{(n)} = a_n n!$$

$$(\ln x)^{(n)} = (-1)^{n+1} \frac{(n-1)!}{x^n}$$

$$(\log_a x)^n = (-1)^{n+1} \cdot \frac{(n-1)!}{x^n \ln a} \quad \begin{array}{l} a \neq 1 \\ a, x > 0 \end{array}$$

$$(\mathrm{e}^x)^{(n)} = \mathrm{e}^x$$

$$(\mathrm{e}^{mx})^{(n)} = m^n \, \mathrm{e}^{mx}$$

$$(a^x)^{(n)} = a^x (\ln a)^n \qquad a > 0$$

$$(\sin x)^{(n)} = \sin\left(x + \frac{n\pi}{2}\right)$$

$$(\cos x)^{(n)} = \cos\left(x + \frac{n\pi}{2}\right)$$

$$(\sin mx)^{(n)} = m^n \sin\left(mx + \frac{n\pi}{2}\right)$$

$$(\cos mx)^{(n)} = m^n \cos\left(mx + \frac{n\pi}{2}\right)$$

$$(\sinh x)^{(n)} = \begin{cases} \sinh x & \text{für gerades } n \\ \cosh x & \text{für ungerades } n \end{cases}$$

$$(\cosh x)^{(n)} = \begin{cases} \cosh x & \text{für gerades } n \\ \sinh x & \text{für ungerades } n \end{cases}$$

$$(uv)^{(n)} = u^{(n)}v + \binom{n}{1} u^{(n-1)}v' + \binom{n}{2} u^{(n-2)}v'' + \cdots + \binom{n}{n-1} u'v^{(n-1)} + uv^{(n)} \quad \text{(Leibnizsche Formel)}$$

8.1.4. Differentiation einer Vektorfunktion

$\boldsymbol{r} = \boldsymbol{r}(t)$ heißt Vektorfunktion der skalaren Veränderlichen t, wenn jedem Wert von t ein Vektor zugeordnet wird.

$$\boldsymbol{r} = \boldsymbol{r}_x + \boldsymbol{r}_y + \boldsymbol{r}_z = x(t)\,\boldsymbol{i} + y(t)\,\boldsymbol{j} + z(t)\,\boldsymbol{k}$$

1. Ableitung der Vektorfunktion (Tangentenrichtung)

$$\frac{\mathrm{d}\boldsymbol{r}}{\mathrm{d}t} = \dot{\boldsymbol{r}} = \lim_{\Delta t \to 0} \frac{\boldsymbol{r}(t + \Delta t) - \boldsymbol{r}(t)}{\Delta t} = \dot{x}(t)\,\boldsymbol{i} + \dot{y}(t)\,\boldsymbol{j} + \dot{z}(t)\,\boldsymbol{k}$$

Differential der Vektorfunktion:

$$\mathrm{d}\boldsymbol{r} = \dot{\boldsymbol{r}}\,\mathrm{d}t$$

Differentiationsregeln für Vektorfunktionen

$$\frac{\mathrm{d}(\boldsymbol{r}_1 + \boldsymbol{r}_2 + \boldsymbol{r}_3)}{\mathrm{d}t} = \frac{\mathrm{d}\boldsymbol{r}_1}{\mathrm{d}t} + \frac{\mathrm{d}\boldsymbol{r}_2}{\mathrm{d}t} + \frac{\mathrm{d}\boldsymbol{r}_3}{\mathrm{d}t}$$

$$\frac{\mathrm{d}(g \cdot \boldsymbol{r})}{\mathrm{d}t} = \frac{\mathrm{d}g}{\mathrm{d}t}\boldsymbol{r} + g\frac{\mathrm{d}\boldsymbol{r}}{\mathrm{d}t} \qquad g = g(t) \text{ skalare Funktion}$$

$$\frac{\mathrm{d}(\boldsymbol{r}_1 \cdot \boldsymbol{r}_2)}{\mathrm{d}t} = \frac{\mathrm{d}\boldsymbol{r}_1}{\mathrm{d}t}\boldsymbol{r}_2 + \boldsymbol{r}_1\frac{\mathrm{d}\boldsymbol{r}_2}{\mathrm{d}t} = \frac{\mathrm{d}\boldsymbol{r}_1}{\mathrm{d}t}\boldsymbol{r}_2 + \frac{\mathrm{d}\boldsymbol{r}_2}{\mathrm{d}t}\boldsymbol{r}_1$$

$$\frac{\mathrm{d}(\boldsymbol{r}_1 \times \boldsymbol{r}_2)}{\mathrm{d}t} = \frac{\mathrm{d}\boldsymbol{r}_1}{\mathrm{d}t} \times \boldsymbol{r}_2 + \boldsymbol{r}_1 \times \frac{\mathrm{d}\boldsymbol{r}_2}{\mathrm{d}t} = \frac{\mathrm{d}\boldsymbol{r}_1}{\mathrm{d}t} \times \boldsymbol{r}_2 - \frac{\mathrm{d}\boldsymbol{r}_2}{\mathrm{d}t} \times \boldsymbol{r}_1$$

$$\frac{\mathrm{d}}{\mathrm{d}t}\boldsymbol{r}[\varphi(t)] = \frac{\mathrm{d}\boldsymbol{r}}{\mathrm{d}\varphi} \cdot \frac{\mathrm{d}\varphi}{\mathrm{d}t}$$

8.1.5. Graphische Differentiation

Man legt in möglichst zahlreichen Punkten A_1, A_2, ... des Graphen der Stammkurve $y = f(x)$ die Tangenten an und zieht durch einen beliebigen Punkt [im Bild $(-1; 0)$], den sog. Pol, die Parallelen zu ihnen, die die y-Achse in den entsprechenden Punkten B_1, B_2, B_3, ... schneiden. Durch die Punkte B_1, B_2, B_3, ... legt man Parallelen zur x-Achse, die die Lote von A_1, A_2, A_3, ... auf die x-Achse in C_1, C_2, C_3, ... schneiden. Die Punkte C_1, C_2, C_3 liegen auf dem Graphen der Ableitungsfunktion (1. abgeleitete Kurve).

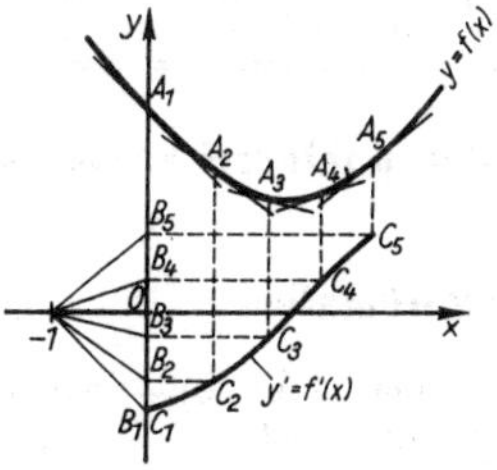

Bild 8.4.
Graphische Differentiation

8.1.6. Numerische Differentiation

Kennt man eine endliche Folge von Wertepaaren $[x_i; f(x_i)]$, aber nicht die Funktion f: $y = f(x)$ selbst, werden die Ableitungen f_i' näherungsweise bestimmt.

Beachte: Differentiation ist numerisch instabil, bei sehr kleinen Nennern erfolgt Auslöschung durch Differenzenbildung.

Definition

$$\mathrm{D}f_i = \left.\frac{\mathrm{d}f}{\mathrm{d}x}\right|_{x=x_i} \to \mathrm{D}^2 f_i = f''(x_i)$$

Grundlage in Operatorendarstellung:

$$e^{h\mathrm{D}} = \mathrm{E} \to \ln \mathrm{E} = h\mathrm{D} = \ln (I + \Delta) \quad h \text{ Schrittweite}$$

Für $y_i = y(ih)$, $y'_i \approx y'(ih)$ sind Werte in einschlägiger Literatur tabelliert.

8.1.7. Logarithmische Differentiation

$$y = f(x) = u(x)^{v(x)}$$

$$\ln y = v(x) \ln u(x)$$

$$\frac{1}{y} y' = v'(x) \ln u(x) + v(x) \frac{u'(x)}{u(x)}$$

$$y' = u(x)^{v(x)} \left[v'(x) \ln u(x) + v(x) \frac{u'(x)}{u(x)} \right]$$

Beispiel:

$$y = (\arctan x)^x$$

$$\ln y = x \ln (\arctan x)$$

$$\frac{1}{y} y' = \ln (\arctan x) + \frac{x}{\arctan x} \cdot \frac{1}{1 + x^2}$$

$$y' = (\arctan x)^x \left[\ln (\arctan x) + \frac{x}{(1 + x^2) \arctan x} \right]$$

8.2. Differentiation von Funktionen mit drei Variablen $z = f(x, y)$

Partielle Ableitung (sprich »df partiell nach dx«)

$$\frac{\partial f(x, y)}{\partial x} = \frac{\partial z}{\partial x} = z_x = f_x = \lim_{\Delta x \to 0} \frac{f(x + \Delta x, y) - f(x, y)}{\Delta x}$$

$$\frac{\partial f(x, y)}{\partial y} = \frac{\partial z}{\partial y} = z_y = f_y = \lim_{\Delta y \to 0} \frac{f(x, y + \Delta y) - f(x, y)}{\Delta y}$$

$$\frac{\partial^2 z}{\partial x^2} = \frac{\partial \left(\frac{\partial z}{\partial x} \right)}{\partial x} = f_{xx} = z_{xx}$$

$$\frac{\partial^2 z}{\partial y^2} = \frac{\partial\left(\dfrac{\partial z}{\partial y}\right)}{\partial y} = f_{yy} = z_{yy}$$

Rechenweg: Bei der partiellen Ableitung z. B. nach x wird y vorübergehend als Konstante betrachtet.

Geometrische Deutung: Die partielle Ableitung $f_x(x_0, y_0)$ einer in P_0 differenzierbaren Funktion ist gleich dem Tangens des Anstiegs

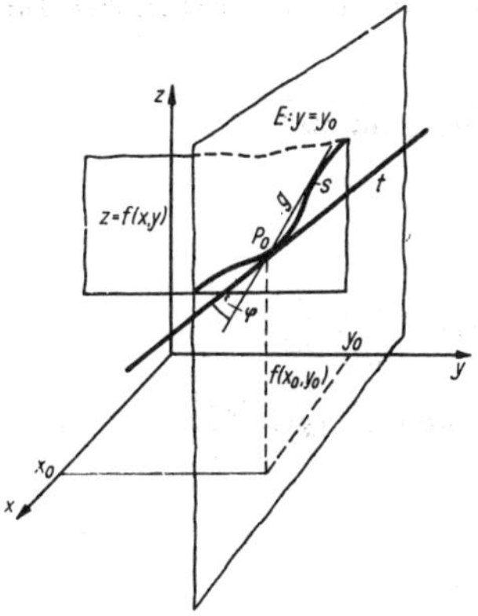

Bild 8.5. Partielle Ableitung

φ der Tangente t an die Schnittkurve s der Ebene E: $y = y_0$ mit dem Bild von f.

$\sphericalangle\, \varphi = \sphericalangle\,$ (t, Schnittgerade g von E mit $x;y$-Ebene)
$f_y(x_0, y_0)$ entsprechend an die Ebene $x = x_0$

$$\frac{\partial^2 z}{\partial x\, \partial y} = \frac{\partial\left(\dfrac{\partial z}{\partial x}\right)}{\partial y} = f_{xy} = z_{xy}$$

$$\frac{\partial^2 z}{\partial y\, \partial x} = \frac{\partial\left(\dfrac{\partial z}{\partial y}\right)}{\partial x} = f_{yx} = z_{yx}$$

Unter der Bedingung, daß diese letzten beiden Ableitungen an der Stelle (x, y) stetig sind, gilt der **Satz von Schwarz**

$$\frac{\partial^2 z}{\partial x\, \partial y} = \frac{\partial^2 z}{\partial y\, \partial x}$$

Totale Ableitungen:

$$\frac{\mathrm{d}z}{\mathrm{d}x} = \frac{\partial z}{\partial x} + \frac{\partial z}{\partial y}\frac{\mathrm{d}y}{\mathrm{d}x}$$

$$\frac{\mathrm{d}^2z}{\mathrm{d}x^2} = \frac{\partial^2 z}{\partial x^2} + 2\,\frac{\partial^2 z}{\partial x\,\partial y}\frac{\mathrm{d}y}{\mathrm{d}x} + \frac{\partial^2 z}{\partial y^2}\left(\frac{\mathrm{d}y}{\mathrm{d}x}\right)^2$$

Totales (vollständiges) Differential von z

$$\mathrm{d}z = \frac{\partial z}{\partial x}\,\mathrm{d}x + \frac{\partial z}{\partial y}\,\mathrm{d}y$$

$$\mathrm{d}^2z = \frac{\partial^2 z}{\partial x^2}\,\mathrm{d}x^2 + 2\,\frac{\partial^2 z}{\partial x\,\partial y}\,\mathrm{d}x\,\mathrm{d}y + \frac{\partial^2 z}{\partial y^2}\,\mathrm{d}y^2$$

Bei n unabhängigen Variablen:

$$\mathrm{d}y = \frac{\partial y}{\partial x_1}\,\mathrm{d}x_1 + \frac{\partial y}{\partial x_2}\,\mathrm{d}x_2 + \cdots + \frac{\partial y}{\partial x_n}\,\mathrm{d}x_n$$

Geometrische Deutung: Funktionszuwachs auf der Tangentialebene

Beispiel:

$$z = y^2\,\mathrm{e}^x$$

$$\frac{\partial z}{\partial x} = y^2\,\mathrm{e}^x; \qquad \frac{\partial z}{\partial y} = 2y\,\mathrm{e}^x$$

$$\frac{\partial^2 z}{\partial x^2} = y^2\,\mathrm{e}^x; \qquad \frac{\partial^2 z}{\partial y^2} = 2\mathrm{e}^x; \qquad \frac{\partial^2 z}{\partial x\,\partial y} = 2y\,\mathrm{e}^x$$

$$\mathrm{d}z = y^2\,\mathrm{e}^x\,\mathrm{d}x + 2y\,\mathrm{e}^x\,\mathrm{d}y = y\,\mathrm{e}^x(y\,\mathrm{d}x + 2\mathrm{d}y)$$

$$\begin{aligned}\mathrm{d}^2z &= y^2\,\mathrm{e}^x\,\mathrm{d}x^2 + 2\cdot 2y\,\mathrm{e}^x\,\mathrm{d}x\,\mathrm{d}y + 2\mathrm{e}^x\,\mathrm{d}y^2\\ &= \mathrm{e}^x(y^2\,\mathrm{d}x^2 + 4y\,\mathrm{d}x\,\mathrm{d}y + 2\mathrm{d}y^2)\end{aligned}$$

8.3. Mittelwertsätze

Mittelwertsatz der Differentialrechnung

Ist f im Intervall $\langle a, b\rangle$ stetig und in (a, b) differenzierbar, dann gibt es mindestens eine Zahl ξ mit $a < \xi < b$, so daß gilt:

$$\frac{f(b) - f(a)}{b - a} = f'(\xi) \qquad \xi \in (a, b)$$

Andere Fassung

$$\frac{f(x+h)-f(x)}{h} = f'(x+\vartheta h) \qquad \vartheta \in (0,1)$$

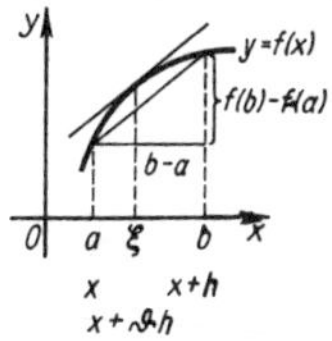

Bild 8.6. Mittelwertsatz der Differentialrechnung

Geometrisch sagt der Mittelwertsatz aus, daß unter den angegebenen Voraussetzungen in dem Intervall eine Stelle existiert, wo die Tangente an die Kurve der Sehne zwischen den Endpunkten des Intervalls parallel ist.

Satz von Rolle

Ist f im Interfall $\langle a, b\rangle$ stetig und in (a, b) differenzierbar und ist außerdem $f(a) = f(b)$, dann gibt es mindestens eine Stelle ξ mit $a < \xi < b$, so daß gilt

$$f'(\xi) = 0$$

Geometrisch sagt der Satz von Rolle aus, daß es im Intervall mindestens einen Punkt mit zur x-Achse paralleler Tangente gibt.

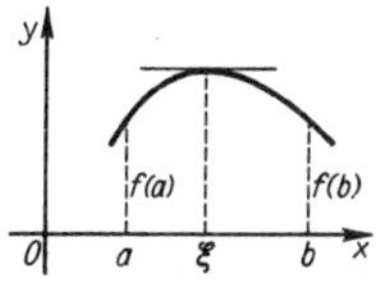

Bild 8.7. Satz von Rolle

Verallgemeinerter Mittelwertsatz der Differentialrechnung

Sind zwei Funktionen f und g im Intervall $\langle a, b\rangle$ stetig und in (a, b) differenzierbar, so gibt es mindestens eine Zahl ξ mit $a < \xi < b$, so daß gilt

$$\frac{f(b)-f(a)}{g(b)-g(a)} = \frac{f'(\xi)}{g'(\xi)} \qquad g'(\xi) \neq 0$$

8.4. Differentialgeometrie

Die Differentialgeometrie untersucht Kurven und Flächen mit Hilfe der Differentialrechnung. Jeder stetigen Funktion entspricht eine stetige Kurve. Jeder differenzierbaren Funktion entspricht eine *glatte* Kurve, d. h. ohne Unstetigkeiten, Ecken und Spitzen.

8.4.1. Ebene Kurven

Bogenelement einer Kurve, Differential der Bogenlänge

$k\colon\ y = f(x) \qquad \mathrm{d}s = \sqrt{1 + y'^2}\,\mathrm{d}x$

$k\colon\ x = \varphi(t),\ y = \psi(t) \qquad \mathrm{d}s = \sqrt{\dot\varphi(t)^2 + \dot\psi(t)^2}\,\mathrm{d}t$

$k\colon\ r = f(\varphi) \qquad \mathrm{d}s = \sqrt{r^2 + \left(\frac{\mathrm{d}r}{\mathrm{d}\varphi}\right)^2}\,\mathrm{d}\varphi$

$k\colon\ \boldsymbol{r}(t) \qquad \mathrm{d}s = \left(\frac{\mathrm{d}\boldsymbol{r}}{\mathrm{d}t}\right)^2 \mathrm{d}t$

Bogenlänge und Kurve weisen dabei positive Richtung (entspricht wachsenden x-, t-, φ-Werten) auf.

Tangente und Normale

Positive Richtung der Tangente entspricht der positiven Richtung der Kurve. Positive Richtung der Normalen ergibt sich durch Drehung der positiven Tangente um 90° im positiven Drehsinn (entgegen dem Drehsinn des Uhrzeigers).

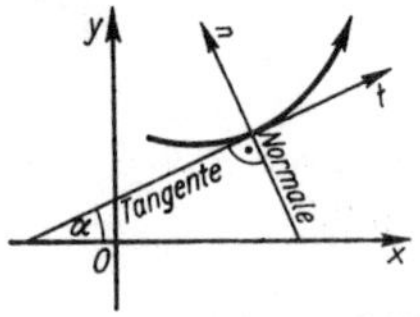

Bild 8.8. Tangente, Normale

Für den Winkel α, den die positive Tangente mit der positiven Richtung der x-Achse bildet, gilt

$$\sin\alpha = \frac{\mathrm{d}y}{\mathrm{d}s} \qquad \cos\alpha = \frac{\mathrm{d}x}{\mathrm{d}s} \qquad \tan\alpha = \frac{\mathrm{d}y}{\mathrm{d}x}$$

Winkel β, den die positive Tangente mit der positiven Richtung des Leitstrahles bildet, errechnet sich aus

$$\sin \beta = r \frac{\mathrm{d}\varphi}{\mathrm{d}s} \qquad \cos \beta = \frac{\mathrm{d}r}{\mathrm{d}s}$$

$$\tan \beta = \frac{r}{\left(\frac{\mathrm{d}r}{\mathrm{d}\varphi}\right)}$$

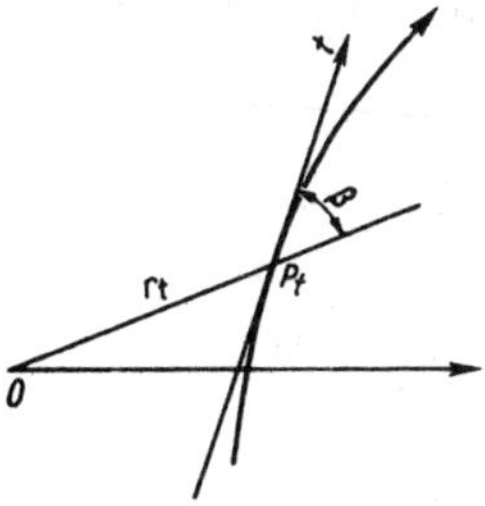

Bild 8.9.
Tangente, r,φ-Koordinaten

Gleichung der *Tangente* im Punkt $P_0(x_0, y_0)$

$k{:}\ y = f(x) \qquad y - y_0 = y'(x_0)\,(x - x_0)$

$k{:}\ f(x, y) = 0$

$$(x - x_0)\,\frac{\partial f(x_0, y_0)}{\partial x} + (y - y_0)\,\frac{\partial f(x_0, y_0)}{\partial y} = 0$$

$k{:}\ x = \varphi(t), \quad y = \psi(t)$

$$(x - x_0)\,\dot{\psi} - (y - y_0)\,\dot{\varphi} = 0$$

$k{:}\ \boldsymbol{r} \qquad \boldsymbol{t} = \frac{\mathrm{d}\boldsymbol{r}}{\mathrm{d}s}$

Gleichung der *Normalen* im Punkt $P_0(x_0, y_0)$

$k{:}\ y = f(x) \quad y - y_0 = -\frac{1}{y'(x_0)}\,(x - x_0)$

$k{:}\ f(x, y) = 0$

$$(x - x_0)\,\frac{\partial f(x_0, y_0)}{\partial y} - (y - y_0)\,\frac{\partial f(x_0, y_0)}{\partial x} = 0$$

$k{:}\ x = \varphi(t),\ y = \psi(t) \quad (x - x_0)\,\dot{\varphi} + (y - y_0)\,\dot{\psi} = 0$

$k\colon\; y = f(x)$ *Tangentenlänge* $t = \left|\dfrac{y}{y'}\sqrt{1+y'^2}\right|$

Normalenlänge $n = \left|y\sqrt{1+y'^2}\right|$

Subtangente $s_t = \left|\dfrac{y}{y'}\right|$

Subnormale $s_n = |yy'|$

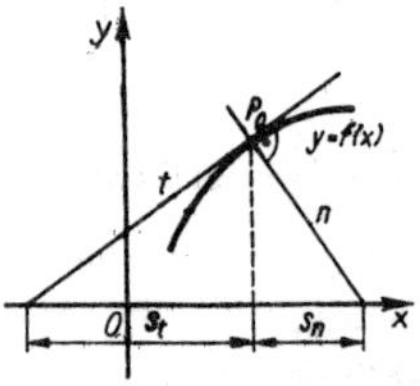

Bild 8.10.
Tangente, Normale $y = f(x)$

$k\colon\; r = f(\varphi)$ *Tangentenlänge* (*Polartangentenlänge*) $t = \left|\dfrac{r}{\dfrac{\mathrm{d}r}{\mathrm{d}\varphi}}\sqrt{r^2+\left(\dfrac{\mathrm{d}r}{\mathrm{d}\varphi}\right)^2}\right|$

Normalenlänge (*Polarnormalenlänge*) $n = \left|\sqrt{r^2+\left(\dfrac{\mathrm{d}r}{\mathrm{d}\varphi}\right)^2}\right|$

Subtangente (*Polarsubtangente*) $s_t = \left|\dfrac{r^2}{\dfrac{\mathrm{d}r}{\mathrm{d}\varphi}}\right|$

Subnormale (*Polarsubnormale*) $s_n = \left|\dfrac{\mathrm{d}r}{\mathrm{d}\varphi}\right|$

Berührung zweier Kurven

Die beiden Kurven $y = f(x)$ und $y = g(x)$ haben im Punkt $P_0(x_0, y_0)$ eine Berührung n-ter Ordnung, wenn

$$f(x_0) = g(x_0),\quad f'(x_0) = g'(x_0),\quad f''(x_0) = g''(x_0),\ \ldots$$

$$f^{(n)}(x_0) = g^{(n)}(x_0),\quad \text{aber}\quad f^{(n+1)}(x_0) \neq g^{(n+1)}(x_0)\quad \text{ist.}$$

Bei geradem n durchdringen die Kurven einander im gemeinsamen Berührungspunkt, bei ungeradem n berühren sie einander, ohne sich zu schneiden.

Krümmungskreis, Krümmungsradius, Krümmung, Krümmungsmittelpunkt

Unter dem *Krümmungskreis* einer Kurve im Punkt P_0 versteht man den Kreis, der mit der Kurve in P_0 eine Berührung von mindestens 2. Ordnung aufweist. Sein Radius ist der *Krümmungsradius* ϱ.
Sein Mittelpunkt (*Krümmungsmittelpunkt*) $M_{\mathrm{k}}(\xi, \eta)$ liegt auf der Normalen in dem Kurvenpunkt.
Der reziproke Wert von ϱ heißt *Krümmung* k: $\varrho = \dfrac{1}{|k|}$

Definition

$$\varrho = \frac{1}{|k|} = \lim_{\Delta\tau \to 0} \frac{\Delta s}{\Delta \tau} = \frac{\mathrm{d}s}{\mathrm{d}\tau} \qquad \tau \textit{ Kontingenzwinkel}$$

$$k = \lim_{\Delta s \to 0} \frac{\alpha_2 - \alpha_1}{\Delta s} = \frac{\mathrm{d}\tau}{\mathrm{d}s}$$

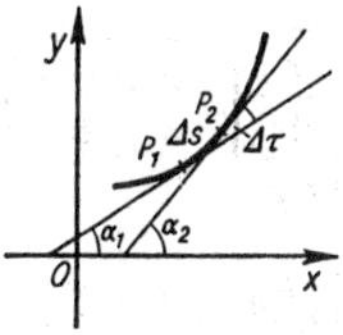

Bild 8.11. Krümmung

Punkte einer Kurve, in denen die Krümmung ein Maximum oder Minimum hat, heißen *Scheitelpunkte* (Hauptscheitel bzw. Nebenscheitel).

Konvexes und konkaves Verhalten einer Kurve

Die Kurve ist an der Stelle P von oben konvex (Rechtskrümmung), wenn $k < 0$; konkav (Linkskrümmung), wenn $k > 0$.

k: $y = f(x)$

$$\varrho = \left| \frac{(1 + y'^2)^{\frac{3}{2}}}{y''} \right| \qquad k = \frac{y''}{(1 + y'^2)^{\frac{3}{2}}}$$

$$\xi = x - \frac{y'(1 + y'^2)}{y''} \qquad \eta = y + \frac{1 + y'^2}{y''}$$

k: $f(x, y) = 0$,

$$\varrho = m\sqrt{f_x^2 + f_y^2} \qquad k = \frac{1}{m\sqrt{f_x^2 + f_y^2}}$$

$$\xi = x - mf_x \qquad \eta = y - mf_y$$

mit

$$m = \frac{f_x^2 + f_y^2}{f_{xx}f_y^2 - 2f_{xy}f_xf_y + f_{yy}f_x^2}$$

k: $x = \varphi(t)$, $y = \psi(t)$

$$\varrho = \left| \frac{(\dot\varphi^2 + \dot\psi^2)^{\frac{3}{2}}}{\begin{vmatrix} \dot\varphi & \dot\psi \\ \ddot\varphi & \ddot\psi \end{vmatrix}} \right| \qquad k = \frac{\begin{vmatrix} \dot\varphi & \dot\psi \\ \ddot\varphi & \ddot\psi \end{vmatrix}}{(\dot\varphi^2 + \dot\psi^2)^{\frac{3}{2}}}$$

$$\xi = x - \frac{\dot\psi(\dot\varphi^2 + \dot\psi^2)}{\begin{vmatrix} \dot\varphi & \dot\psi \\ \ddot\varphi & \ddot\psi \end{vmatrix}} \qquad \eta = y + \frac{\dot\varphi(\dot\varphi^2 + \dot\psi^2)}{\begin{vmatrix} \dot\varphi & \dot\psi \\ \ddot\varphi & \ddot\psi \end{vmatrix}}$$

k: $r = f(\varphi)$

$$\varrho = \left| \frac{\left[r^2 + \left(\frac{\mathrm{d}r}{\mathrm{d}\varphi}\right)^2\right]^{\frac{3}{2}}}{r^2 + 2\left(\frac{\mathrm{d}r}{\mathrm{d}\varphi}\right)^2 - r\frac{\mathrm{d}^2r}{\mathrm{d}\varphi^2}} \right| \qquad k = \frac{r^2 + 2\left(\frac{\mathrm{d}r}{\mathrm{d}\varphi}\right)^2 - r\frac{\mathrm{d}^2r}{\mathrm{d}\varphi^2}}{\left[r^2 + \left(\frac{\mathrm{d}r}{\mathrm{d}\varphi}\right)^2\right]^{\frac{3}{2}}}$$

$$\xi = r\cos\varphi - \frac{\left[r^2 + \left(\frac{\mathrm{d}r}{\mathrm{d}\varphi}\right)^2\right]\left[r\cos\varphi + \frac{\mathrm{d}r}{\mathrm{d}\varphi}\sin\varphi\right]}{r^2 + 2\left(\frac{\mathrm{d}r}{\mathrm{d}\varphi}\right)^2 - r\frac{\mathrm{d}^2r}{\mathrm{d}\varphi^2}}$$

$$\eta = r\sin\varphi - \frac{\left[r^2 + \left(\frac{\mathrm{d}r}{\mathrm{d}\varphi}\right)^2\right]\left[r\sin\varphi - \frac{\mathrm{d}r}{\mathrm{d}\varphi}\cos\varphi\right]}{r^2 + 2\left(\frac{\mathrm{d}r}{\mathrm{d}\varphi}\right)^2 - r\frac{\mathrm{d}^2r}{\mathrm{d}\varphi^2}}$$

k: $\boldsymbol{x}(s)$ $\quad s$ Parameter Bogenlänge

$$k = |\dot{\boldsymbol{t}}(s)| = |\ddot{\boldsymbol{x}}(s)|$$

Wendepunkte s. S. 155

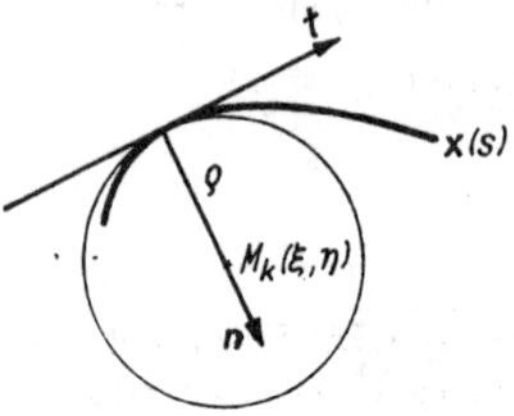

Bild 8.12. Krümmung $\boldsymbol{x}(s)$

Singuläre Punkte

Bedingungsgleichungen:

$$f(x, y) = 0; \quad f_x = 0; \quad f_y = 0$$

Doppelpunkt, wenn außerdem $f_{xy}^2 > f_{xx}f_{yy}$,
Rückkehrpunkt, wenn außerdem $f_{xy}^2 = f_{xx}f_{yy}$,
isolierter Punkt, wenn außerdem $f_{xy}^2 < f_{xx}f_{yy}$ ist.

Doppelpunkte haben zwei reelle verschiedene Tangenten.
Rückkehrpunkte (*Spitzen*) haben eine gemeinsame Tangente.
Isolierte Punkte (*Einsiedlerpunkte*) haben keine reellen Tangenten.

Beispiele:

1. Die Kurve $f(x, y) = x^3 + y^3 - 3axy = 0$ ist auf singuläre Punkte zu untersuchen.

$$f_x = 3x^2 - 3ay$$
$$f_y = 3y^2 - 3ax$$
$$f_{xy} = -3a; \quad f_{xx} = 6x; \quad f_{yy} = 6y$$
$$f_x = 0 \quad \text{und} \quad f_y = 0 \rightarrow L = \underline{\underline{\{0, 0\}}} \rightarrow P(0, 0)$$
$$\rightarrow f_{xy}^2 = 9a^2 \quad \text{und} \quad f_{xx} = 0 \quad \text{und} \quad f_{yy} = 0$$
$$\rightarrow f_{xy}^2 > f_{xx}f_{yy} \quad \text{Doppelpunkt}$$

Siehe Kartesisches Blatt S. 198.

2. Die Kurve $f(x, y) = x^3 - y^2(a - x) = 0$ ist auf singuläre Punkte zu untersuchen.

$$f_x = 3x^2 + y^2$$
$$f_y = 2xy - 2ay$$
$$f_{xy} = 2y; \quad f_{xx} = 6x; \quad f_{yy} = 2x - 2a$$
$$f_x = 0 \quad \text{und} \quad f_y = 0 \rightarrow E = \underline{\underline{\{0, 0\}}} \rightarrow P(0, 0)$$
$$\rightarrow f_{xy}^2 = 0 \quad \text{und} \quad f_{xx} = 0 \quad \text{und} \quad f_{yy} = -2a$$
$$\rightarrow f_{xy}^2 = f_{xx}f_{yy} \quad \text{Rückkehrpunkt}$$

Siehe Zissoide S. 199.

Asymptoten

Eine Gerade heißt Asymptote einer sich ins Unendliche erstreckenden Kurve, wenn der Abstand eines Kurvenpunktes P von der

Geraden gegen Null konvergiert, sobald P längs der Kurve ins Unendliche wandert.

Achsparallele Asymptoten von k: $y = f(x)$

$$y = \lim_{x\to\infty} f(x) \quad \text{bzw.} \quad x = \lim_{y\to\infty} x$$

Asymptoten beliebiger Richtung von k: $y = f(x)$

$$y = mx + b \quad \text{mit} \quad m = \lim_{x\to\infty} \frac{f(x)}{x}, \quad b = \lim_{x\to\infty} [f(x) - mx]$$

Asymptoten bei k: $x = x(t)$, $y = y(t)$

$$\lim_{t\to t_i} x(t) \begin{cases} = \infty \\ = b \\ = \infty \end{cases} \quad \text{und} \lim_{t\to t_i} y(t) \begin{cases} = a, & a \neq \infty : y = a \\ = \infty, & b \neq \infty : x = b \\ = \infty, & m = \lim\limits_{t\to t_i} \dfrac{y(t)}{x(t)}, \\ & b = \lim\limits_{t\to t_i} [y(t) - mx(t)] \end{cases}$$

$$\to \text{Asymptote} \qquad y = mx + b$$

Asymptoten bei Polarkoordinaten $\{O; r, \varphi\}$:

Wenn $\lim\limits_{\varphi\to\alpha} r = \infty$ ist, wird durch α die Richtung der Asymptote bestimmt. Für den Abstand der Asymptote vom Pol wird $p = \lim\limits_{\varphi\to\alpha} [r \sin(\alpha - \varphi)]$.

Evolute

Die *Evolute* einer Kurve ist die Menge aller Krümmungsmittelpunkte.

Die Gleichung der Evolute ergibt sich durch Elimination von x und y aus der Gleichung der Kurve und den Gleichungen für die Koordinaten ξ; η des Krümmungsmittelpunktes, wobei ξ; η dann die laufenden Koordinaten darstellen.

Die Tangenten der Evolute sind gleichzeitig Normalen der gegebenen Kurve.

Der Unterschied zweier Krümmungsradien ist gleich der Länge des Evolutenbogens zwischen den zugehörigen Krümmungsmittelpunkten. (Evolutengleichungen für Ellipse, Parabel, Hyperbel s. S. 301, 314, 323.)

Evolvente

Bei Abwicklung der Evolutentangente von der Evolute beschreibt jeder Punkt der Tangente eine zur ursprünglichen Kurve parallele Kurve. Diese Schar paralleler Kurven, zu denen auch die ursprüng-

liche Kurve gehört, nennt man *Evolventen* der gegebenen Kurve. Jeder Krümmungsradius ist Normale zur Evolvente und Tangente an die Evolute.
Die Krümmungsradien der Evolute und Evolvente verhalten sich wie die zugehörigen Bogenelemente.

Kreisevolvente

Bei Abwicklung der Tangente von einem gegebenen Kreis beschreibt jeder Punkt der Tangente eine Kreisevolvente.

$$x = a(\cos t + t \sin t)$$

$$y = a(\sin t - t \cos t)$$

a Radius des gegebenen Kreises
t Wälzwinkel

In Polarkoordinaten $\{O; r, \varphi\}$

$$\varphi = \sqrt{\frac{r^2}{a^2} - 1} - \arctan\sqrt{\frac{r^2}{a^2} - 1}$$

(Beginn der Abwicklung in A)

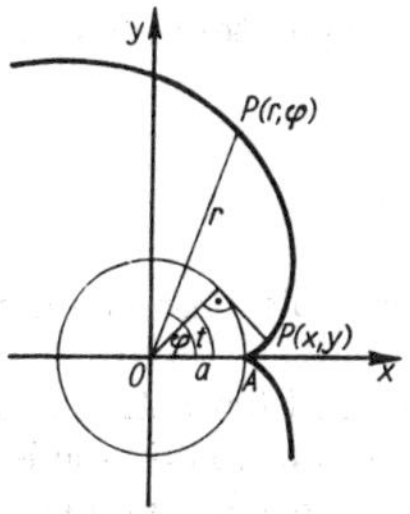

Bild 8.13. Kreisevolvente

Einhüllende Kurven (Enveloppe)

Eine einparametrische Kurvenschar der Gleichung $f(x, y, p) = 0$, worin p einen veränderlichen, von x und y unabhängigen Parameter darstellt, kann von einer Kurve eingehüllt werden. Die Gleichung dieser Einhüllenden ergibt sich durch Elimination von p aus

$$f(x, y, p) = 0; \quad \frac{\partial f(x, y, p)}{\partial p} = 0$$

Die Tangente in einem Punkt der Hüllkurve ist gleichzeitig Tangente an eine Kurve der Kurvenschar.

8.4.2. Raumkurven

In kartesischen Koordinaten $\{O; \boldsymbol{i}, \boldsymbol{j}, \boldsymbol{k}\}$

Darstellung:

— *als Schnitt* zweier Flächen

$$f(x, y, z) = 0 \quad \text{und} \quad g(x, y, z) = 0$$

— *durch Projektion* der Kurve auf zwei Ebenen

$$y = y(x) \quad \text{und} \quad z = z(x) \qquad (x;y\text{- und } x;z\text{-Ebene})$$

— *in Parameterform,* $t \in P$ bzw. $s \in P$

$$x = x(t) \qquad y = y(t) \qquad z = z(t)$$

$$x = x(s) \qquad y = y(s) \qquad z = z(s)$$

Parameter s = *Bogenlänge* vom Ausgangspunkt zum laufenden Punkt

$$s = \int_{t_0}^{t} \sqrt{\dot{x}^2 + \dot{y}^2 + \dot{z}^2}\, \mathrm{d}t$$

— *in Vektorform,* $t \in P$ bzw. $s \in P$ wie oben

$$\boldsymbol{r} = \boldsymbol{r}(t) = x(t)\,\boldsymbol{i} + y(t)\,\boldsymbol{j} + z(t)\,\boldsymbol{k}$$

$$\boldsymbol{r} = \boldsymbol{r}(s) = x(s)\,\boldsymbol{i} + y(s)\,\boldsymbol{j} + z(s)\,\boldsymbol{k}$$

Bogenelement einer Raumkurve

In kartesischen Koordinaten

$$\mathrm{d}s = \sqrt{\mathrm{d}x^2 + \mathrm{d}y^2 + \mathrm{d}z^2}$$

$$\mathrm{d}s = \sqrt{\dot{\varphi}^2 + \dot{\psi}^2 + \dot{\chi}^2}\,\mathrm{d}t$$

$$\mathrm{d}s = |\mathrm{d}\boldsymbol{r}| = |\dot{\boldsymbol{r}}(t)\,\mathrm{d}t| = \left|\frac{\mathrm{d}\boldsymbol{r}(s)}{\mathrm{d}s}\,\mathrm{d}s\right|$$

In Zylinderkoordinaten

$$\mathrm{d}s = \sqrt{\mathrm{d}\varrho^2 + \varrho^2\,\mathrm{d}\varphi^2 + \mathrm{d}z^2}$$

In Kugelkoordinaten

$$\mathrm{d}s = \sqrt{\mathrm{d}r^2 + r^2\,\mathrm{d}\vartheta^2 + r^2 \sin^2\vartheta\,\mathrm{d}\varphi^2}$$

Definitionen

Die *Tangente* in einem Punkt P_0 ist die Grenzlage einer Sekante $\overline{P_0P_1}$ für $P_1 \to P_0$.
Die *positive Richtung* der Tangente entspricht der positiven Richtung der Kurve (im Sinne wachsender Werte der Veränderlichen bzw. des Parameters t).
Die *Schmiegungsebene* im Punkt P_0 ist die Grenzlage einer Ebene durch die Tangente in P_0 und einen Kurvenpunkt P_1 für $P_1 \to P_0$.
Die *Normalebene* ist die Ebene, die auf der Tangente in deren Berührungspunkt senkrecht steht. Jede durch den Berührungspunkt gehende, in der Normalebene liegende Gerade heißt *Normale*. Die Normale, die gleichzeitig der Schmiegungsebene angehört, heißt *Hauptnormale*.
Die Normale, die auf der Schmiegungsebene senkrecht steht, heißt *Binormale*.
Die Ebene, die durch Tangente und Binormale gebildet wird, heißt *rektifizierende Ebene*.

$\boldsymbol{t}$ *Tangentenvektor* (Einheitsvektor in Richtung der Tangente)
$\boldsymbol{n}$ *Hauptnormalenvektor* (Einheitsvektor in Richtung der Hauptnormalen)
$\boldsymbol{b}$ *Binormalenvektor* (Einheitsvektor in Richtung der Binormalen)
N Normalebene, S Schmiegungsebene, R rektifizierende Ebene

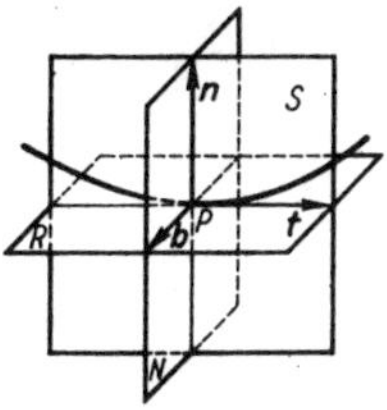

Bild 8.14.
Tangente, Normale bei Raumkurven

Richtwinkel der Tangente, der Hauptnormalen, der Binormalen

Richtwinkel der Tangente

$$\cos \alpha = \frac{\mathrm{d}x}{\mathrm{d}s}; \quad \cos \beta = \frac{\mathrm{d}y}{\mathrm{d}s}; \quad \cos \gamma = \frac{\mathrm{d}z}{\mathrm{d}s}$$

Richtwinkel der Hauptnormalen

$$\cos l = \varrho \frac{\mathrm{d}^2x}{\mathrm{d}s^2}; \quad \cos m = \varrho \frac{\mathrm{d}^2y}{\mathrm{d}s^2}; \quad \cos n = \varrho \frac{\mathrm{d}^2z}{\mathrm{d}s^2}$$

Richtwinkel der Binormalen

$$\cos \lambda = \varrho \left(\frac{dy}{ds} \cdot \frac{d^2z}{ds^2} - \frac{dz}{ds} \cdot \frac{d^2y}{ds^2}\right)$$

$$\cos \mu = \varrho \left(\frac{dz}{ds} \cdot \frac{d^2x}{ds^2} - \frac{dx}{ds} \cdot \frac{d^2z}{ds^2}\right) \qquad \varrho \text{ Krümmungsradius}$$

$$\cos \nu = \varrho \left(\frac{dx}{ds} \cdot \frac{d^2y}{ds^2} - \frac{dy}{ds} \cdot \frac{d^2x}{ds^2}\right)$$

Zu beachten: In den folgenden Formeln auf den S. 368 bis 371 sind alle auftretenden Ableitungen im Punkt P_0 zu berechnen.

Tangente an die Raumkurve in $P_0(x_0, y_0, z_0)$

k: $f(x, y, z) = 0$ und $g(x, y, z) = 0$

$$\frac{x - x_0}{\begin{vmatrix} f_y & f_z \\ g_y & g_z \end{vmatrix}} = \frac{y - y_0}{\begin{vmatrix} f_z & f_x \\ g_z & g_x \end{vmatrix}} = \frac{z - z_0}{\begin{vmatrix} f_x & f_y \\ g_x & g_y \end{vmatrix}}$$

k: $x = x(t), \quad y = y(t), \quad z = z(t)$

$$\frac{x - x_0}{\dot{x}} = \frac{y - y_0}{\dot{y}} = \frac{z - z_0}{\dot{z}}$$

k: $\boldsymbol{r} = \boldsymbol{r}(t)$

$$\boldsymbol{r} = \boldsymbol{r}_0 + \lambda \frac{d\boldsymbol{r}}{dt} \qquad \lambda \in P$$

Normalebene in $P_0(x_0, y_0, z_0)$

k: $f(x, y, z) = 0$ und $g(x, y, z) = 0$

$$\begin{vmatrix} x - x_0 & y - y_0 & z - z_0 \\ f_x & f_y & f_z \\ g_x & g_y & g_z \end{vmatrix} = 0$$

k: $x = x(t), \quad y = y(t), \quad z = z(t)$

$$\dot{x}(x - x_0) + \dot{y}(y - y_0) + \dot{z}(z - z_0) = 0$$

k: $\boldsymbol{r} = \boldsymbol{r}(t)$

$$(\boldsymbol{r} - \boldsymbol{r}_0) \frac{d\boldsymbol{r}}{dt} = 0$$

Schmiegungsebene in $P_0(x_0, y_0, z_0)$

k: $x = x(t) \quad y = y(t) \quad z = z(t)$

$$\begin{vmatrix} x - x_0 & y - y_0 & z - z_0 \\ \dot{x} & \dot{y} & \dot{z} \\ \ddot{x} & \ddot{y} & \ddot{z} \end{vmatrix} = 0$$

k: $\boldsymbol{r} = \boldsymbol{r}(t)$

$$(\boldsymbol{r} - \boldsymbol{r}_0) \frac{\mathrm{d}\boldsymbol{r}}{\mathrm{d}t} \cdot \frac{\mathrm{d}^2\boldsymbol{r}}{\mathrm{d}t^2} = 0$$

Binormale in $P_0(x_0, y_0, z_0)$

k: $x = x(t) \quad y = y(t) \quad z = z(t)$

$$\frac{x - x_0}{\begin{vmatrix} \dot{y} & \dot{z} \\ \ddot{y} & \ddot{z} \end{vmatrix}} = \frac{y - y_0}{\begin{vmatrix} \dot{z} & \dot{x} \\ \ddot{z} & \ddot{x} \end{vmatrix}} = \frac{z - z_0}{\begin{vmatrix} \dot{x} & \dot{y} \\ \ddot{x} & \ddot{y} \end{vmatrix}}$$

k: $\boldsymbol{r} = \boldsymbol{r}(t)$

$$\boldsymbol{r} = \boldsymbol{r}_0 + \lambda \left(\frac{\mathrm{d}\boldsymbol{r}}{\mathrm{d}t} \times \frac{\mathrm{d}^2\boldsymbol{r}}{\mathrm{d}t^2} \right)$$

Hauptnormale in $P_0(x_0, y_0, z_0)$

k: $x = x(t) \quad y = y(t) \quad z = z(t)$

$$\frac{x - x_0}{\begin{vmatrix} \dot{y} & \dot{z} \\ \cos\mu & \cos\nu \end{vmatrix}} = \frac{y - y_0}{\begin{vmatrix} \dot{z} & \dot{x} \\ \cos\nu & \cos\lambda \end{vmatrix}} = \frac{z - z_0}{\begin{vmatrix} \dot{x} & \dot{y} \\ \cos\lambda & \cos\mu \end{vmatrix}}$$

λ, μ, ν Richtwinkel der Binormalen

k: $\boldsymbol{r} = \boldsymbol{r}(t)$

$$\boldsymbol{r} = \boldsymbol{r}_0 + \lambda \frac{\mathrm{d}\boldsymbol{r}}{\mathrm{d}t} \times \left(\frac{\mathrm{d}\boldsymbol{r}}{\mathrm{d}t} \times \frac{\mathrm{d}^2\boldsymbol{r}}{\mathrm{d}t^2} \right) \qquad \lambda \in P$$

Tangentialebene in $P_0(x_0, y_0, z_0)$

Fläche: $f(x, y, z) = 0$

$$f_x(x - x_0) + f_y(y - y_0) + f_z(z - z_0) = 0$$

Fläche: $z = f(x, y)$

$$z - z_0 = \frac{\partial z}{\partial x}(x - x_0) + \frac{\partial z}{\partial y}(y - y_0)$$

Fläche: $x = x(u, v) \qquad y = y(u, v) \qquad z = z(u, v)$

$$\begin{vmatrix} x - x_0 & y - y_0 & z - z_0 \\ \dfrac{\partial x}{\partial u} & \dfrac{\partial y}{\partial u} & \dfrac{\partial z}{\partial u} \\ \dfrac{\partial x}{\partial v} & \dfrac{\partial y}{\partial v} & \dfrac{\partial z}{\partial v} \end{vmatrix} = 0$$

Fläche: $\boldsymbol{r} = \boldsymbol{r}(u, v)$

$(\boldsymbol{r} - \boldsymbol{r}_0)\,\boldsymbol{n} = 0 \qquad \boldsymbol{n}$ Normalenvektor

Flächennormalen in $P_0(x_0, y_0, z_0)$

Fläche: $f(x, y, z) = 0$

$$\frac{x - x_0}{f_x} = \frac{y - y_0}{f_y} = \frac{z - z_0}{f_z}$$

Fläche: $z = f(x, y)$

$$\frac{x - x_0}{\dfrac{\partial z}{\partial x}} = \frac{y - y_0}{\dfrac{\partial z}{\partial y}} = z_0 - z$$

Fläche: $x = x(u, v) \qquad y = y(u, v) \qquad z = z(u, v)$

$$\frac{x - x_0}{\begin{vmatrix} \dfrac{\partial y}{\partial u} & \dfrac{\partial z}{\partial u} \\ \dfrac{\partial y}{\partial v} & \dfrac{\partial z}{\partial v} \end{vmatrix}} = \frac{y - y_0}{\begin{vmatrix} \dfrac{\partial z}{\partial u} & \dfrac{\partial x}{\partial u} \\ \dfrac{\partial z}{\partial v} & \dfrac{\partial x}{\partial v} \end{vmatrix}} = \frac{z - z_0}{\begin{vmatrix} \dfrac{\partial x}{\partial u} & \dfrac{\partial y}{\partial u} \\ \dfrac{\partial x}{\partial v} & \dfrac{\partial y}{\partial v} \end{vmatrix}}$$

Fläche: $\boldsymbol{r} = \boldsymbol{r}(u, v)$

$$\boldsymbol{r} = \boldsymbol{r}_0 + \lambda \boldsymbol{n}$$

Rektifizierende Ebene mit $P_0(x_0, y_0, z_0)$ als Berührungspunkte der Tangente

k: $x = x(t) \quad y = y(t) \quad z = z(t)$

$$\begin{vmatrix} x - x_0 & y - y_0 & z - z_0 \\ \dot{x} & \dot{y} & \dot{z} \\ \cos\lambda & \cos\mu & \cos\nu \end{vmatrix} = 0$$

λ, μ, ν Richtwinkel der Binormalen

k: $\boldsymbol{r} = \boldsymbol{r}(t)$

$$(\boldsymbol{r} - \boldsymbol{r}_0)\,\frac{\mathrm{d}\boldsymbol{r}}{\mathrm{d}t}\left(\frac{\mathrm{d}\boldsymbol{r}}{\mathrm{d}t} \times \frac{\mathrm{d}^2\boldsymbol{r}}{\mathrm{d}t^2}\right) = 0$$

Krümmungskreis, Krümmungsradius, Krümmung, Krümmungsmittelpunkt

Der *Krümmungskreis* einer Raumkurve im Punkt P_0 ist die Grenzlage eines Kreises durch die Kurvenpunkte P_1, P_0, P_2 für $P_1 \to P_0$ und $P_2 \to P_0$. Sein Mittelpunkt (*Krümmungsmittelpunkt*) liegt auf der Hauptnormalen. Sein Radius ist der *Krümmungsradius* ϱ.

Der reziproke Wert von ϱ heißt *Krümmung*: $k = \dfrac{1}{\varrho} > 0$

Definition

$$\frac{1}{\varrho} = k = \lim_{\Delta s \to 0} \frac{\Delta\tau}{\Delta s} = \frac{\mathrm{d}\tau}{\mathrm{d}s} \quad \text{bzw.} \quad \varrho = \lim_{\Delta\tau \to 0} \frac{\Delta s}{\Delta\tau} = \frac{\mathrm{d}s}{\mathrm{d}\tau}$$

wobei $\Delta\tau$ den Winkel darstellt, um den sich die Tangente dreht, wenn die Berührungspunkte um Δs auseinanderliegen. τ heißt *Kontingenzwinkel.*

k: $x = x(s) \qquad y = y(s) \qquad z = z(s)$

$$k = \sqrt{\left(\frac{\mathrm{d}x}{\mathrm{d}s}\right)^2 + \left(\frac{\mathrm{d}y}{\mathrm{d}s}\right)^2 + \left(\frac{\mathrm{d}z}{\mathrm{d}s}\right)^2}$$

k: $\boldsymbol{r} = \boldsymbol{r}(t) = x(t)\,\boldsymbol{i} + y(t)\,\boldsymbol{j} + z(t)\,\boldsymbol{k}$

$$k^2 = \frac{\left(\frac{\mathrm{d}\boldsymbol{r}}{\mathrm{d}t}\right)^2\left(\frac{\mathrm{d}^2\boldsymbol{r}}{\mathrm{d}t^2}\right)^2 - \left(\frac{\mathrm{d}\boldsymbol{r}}{\mathrm{d}t}\cdot\frac{\mathrm{d}^2\boldsymbol{r}}{\mathrm{d}t^2}\right)^2}{\left[\left(\frac{\mathrm{d}\boldsymbol{r}}{\mathrm{d}t}\right)^2\right]^3}$$

$$= \frac{(\dot{x}^2 + \dot{y}^2 + \dot{z}^2)\,(\ddot{x}^2 + \ddot{y}^2 + \ddot{z}^2) - (\dot{x}\ddot{x} + \dot{y}\ddot{y} + \dot{z}\ddot{z})^2}{(\dot{x}^2 + \dot{y}^2 + \dot{z}^2)^3}$$

k: $\boldsymbol{r} = \boldsymbol{r}(s) = x(s)\,\boldsymbol{i} + y(s)\,\boldsymbol{j} + z(s)\,\boldsymbol{k}$

$$k = \left|\frac{\mathrm{d}^2\boldsymbol{r}}{\mathrm{d}s^2}\right| = \sqrt{\left(\frac{\mathrm{d}^2x}{\mathrm{d}s^2}\right)^2 + \left(\frac{\mathrm{d}^2y}{\mathrm{d}s^2}\right)^2 + \left(\frac{\mathrm{d}^2z}{\mathrm{d}s^2}\right)^2}$$

Koordinaten des Krümmungsmittelpunktes

$$\xi = x + \varrho^2\,\frac{\mathrm{d}^2x}{\mathrm{d}s^2} \qquad \eta = y + \varrho^2\,\frac{\mathrm{d}^2y}{\mathrm{d}s^2} \qquad \zeta = z + \varrho^2\,\frac{\mathrm{d}^2z}{\mathrm{d}s^2}$$

Windung (Torsion T)

Bezeichnet man das Bogenstück zwischen zwei benachbarten Kurvenpunkten P_1 und P_2 mit Δs und den Winkel, den die Binormalen in P_1 und P_2 miteinander bilden, mit $\Delta\varepsilon$, so gilt

$$\lim_{\Delta s \to 0} \frac{\Delta\varepsilon}{\Delta s} = \frac{\mathrm{d}\varepsilon}{\mathrm{d}s} = \frac{1}{\tau} = T$$

τ *Torsionsradius*; ε *Torsionswinkel*

Die Torsion ist *positiv* oder *negativ*, je nachdem die Kurve *rechts-* oder *linksgewunden* ist (Windungssinn entgegen dem Drehsinn des Uhrzeigers oder im Uhrzeigersinn).

$T = 0 \to$ ebene Kurve

$T \neq 0 \to$ windschiefe (doppelt gekrümmte) Kurve

$$k\colon\ \boldsymbol{r} = \boldsymbol{r}(s) = x(s)\,\boldsymbol{i} + y(s)\,\boldsymbol{j} + z(s)\,\boldsymbol{k}$$

$$T = \varrho^2 \left(\frac{\mathrm{d}\boldsymbol{r}}{\mathrm{d}s} \cdot \frac{\mathrm{d}^2\boldsymbol{r}}{\mathrm{d}s^2} \cdot \frac{\mathrm{d}^3\boldsymbol{r}}{\mathrm{d}s^3}\right) = \frac{\begin{vmatrix} x' & y' & z' \\ x'' & y'' & z'' \\ x''' & y''' & z''' \end{vmatrix}}{x''^2 + y''^2 + z''^2}$$

mit $x' = \dfrac{\mathrm{d}x}{\mathrm{d}s}$ $\quad x'' = \dfrac{\mathrm{d}^2x}{\mathrm{d}s^2}$ $\quad x''' = \dfrac{\mathrm{d}^3x}{\mathrm{d}s^3}$ $\quad \varrho$ Krümmungsradius

$$k\colon\ \boldsymbol{r} = \boldsymbol{r}(t) = x(t)\,\boldsymbol{i} + y(t)\,\boldsymbol{j} + z(t)\,\boldsymbol{k}$$

$$T = \varrho^2 \frac{\dfrac{\mathrm{d}\boldsymbol{r}}{\mathrm{d}t} \cdot \dfrac{\mathrm{d}^2\boldsymbol{r}}{\mathrm{d}t^2} \cdot \dfrac{\mathrm{d}^3\boldsymbol{r}}{\mathrm{d}t^3}}{\left[\left(\dfrac{\mathrm{d}\boldsymbol{r}}{\mathrm{d}t}\right)^2\right]^3} = \varrho^2 \frac{\begin{vmatrix} \dot{x} & \dot{y} & \dot{z} \\ \ddot{x} & \ddot{y} & \ddot{z} \\ \dddot{x} & \dddot{y} & \dddot{z} \end{vmatrix}}{(\dot{x}^2 + \dot{y}^2 + \dot{z}^2)^3}$$

Beispiel:

Gewöhnliche *Schraubenlinie*

$$\left\{(x, y, z) \mid x = r\cos t,\ y = r\sin t,\ z = \frac{h}{2\pi}t;\ h, t \in P\right\}$$

h Steigung

Berechnung der Krümmung und Windung

$$k^2 = \frac{(\dot{x}^2 + \dot{y}^2 + \dot{z}^2)(\ddot{x}^2 + \ddot{y}^2 + \ddot{z}^2) - (\dot{x}\ddot{x} + \dot{y}\ddot{y} + \dot{z}\ddot{z})^2}{(\dot{x}^2 + \dot{y}^2 + \dot{z}^2)^3}$$

$$= \frac{\left(r^2 \sin^2 t + r^2 \cos^2 t + \frac{h^2}{4\pi^2}\right)(r^2 \cos^2 t + r^2 \sin^2 t)}{\left(r^2 \sin^2 t + r^2 \cos^2 t + \frac{h^2}{4\pi^2}\right)^3}$$

$$- \frac{(r^2 \sin t \cos t - r^2 \sin t \cos t)^2}{\left(r^2 \sin^2 t + r^2 \cos^2 t + \frac{h^2}{4\pi^2}\right)^3} = \frac{r^2}{\left(r^2 + \frac{h^2}{4\pi^2}\right)^2}$$

$$k = \frac{r}{r^2 + \frac{h^2}{4\pi^2}}$$

$$T = \varrho^2 \frac{\begin{vmatrix} \dot{x} & \dot{y} & \dot{z} \\ \ddot{x} & \ddot{y} & \ddot{z} \\ \dddot{x} & \dddot{y} & \dddot{z} \end{vmatrix}}{(x^2 + y^2 + z^2)^3}$$

$$= \frac{\left(r^2 + \frac{h^2}{4\pi^2}\right)^2}{r^2 \left(r^2 + \frac{h^2}{4\pi^2}\right)^3} \cdot \begin{vmatrix} -r \sin t & r \cos t & \frac{h}{2\pi} \\ -r \cos t & -r \sin t & 0 \\ r \sin t & -r \cos t & 0 \end{vmatrix}$$

$$= \frac{1}{r^2 \left(r^2 + \frac{h^2}{4\pi^2}\right)} \cdot \frac{hr^2}{2\pi} = \underline{\underline{\frac{\frac{h}{2\pi}}{r^2 + \frac{h^2}{4\pi^2}}}}$$

8.4.3. Krumme Flächen

Darstellung:

$f(x, y, z) = 0$ (implizite Form)

$z = f(x, y)$ (explizite Form)

$x = x(u, v),\ y = y(u, v),\ z = z(u, v)$ (Parameterform)

$u, v \in P$

$\boldsymbol{r} = \boldsymbol{r}(u, v) = x(u, v)\,\boldsymbol{i} + y(u, v)\,\boldsymbol{j} + z(u, v)\,\boldsymbol{k}$ (Vektorform)

Die Parameterwerte u, v werden als *krummlinige Koordinaten* des Flächenpunktes $P(x, y, z)$ bezeichnet.
Für konstantes u und veränderliches v bzw. für konstantes v und veränderliches u ergeben sich die sog. v- bzw. u-Linien.

Singuläre Flächenpunkte

Ist der Punkt $P_0(x_0, y_0, z_0)$ ein singulärer Punkt der Fläche $f(x, y, z) = 0$, so erfüllt er mit seinen Koordinaten die Gleichungen

$$f_x = 0 \quad f_y = 0 \quad f_z = 0$$

Während Tangenten durch einen gewöhnlichen Flächenpunkt in der Tangentialebene liegen, bilden die Tangenten durch einen singulären Punkt einen *Kegel zweiter Ordnung*.

9. Vektoranalysis

9.1. Felder

Skalares Feld: Jedem Punkt P eines Teilbereichs G des Raumes ($P \in G$) ist eine skalare Größe zugeordnet (*Ortsfunktion*).

Schreibweise: $U(P)$, $U(x, y, z)$, $U(\boldsymbol{r})$ $\boldsymbol{r}$ Ortsvektor $\overrightarrow{OP}$

Niveauflächen $U(x, y, z) = \text{konst.}$ z. B. elektrisches Potential, Temperaturverteilung

ebene *Niveaulinie* $U(x, y) = \text{konst.}$

Vektorfeld: Jedem Punkt P eines Teilbereichs G des Raumes ($P \in G$) wird ein Vektor $\boldsymbol{V}$ zugeordnet.

Schreibweise: $\boldsymbol{V}(P)$, $\boldsymbol{V}(x, y, z)$, $\boldsymbol{V}(\boldsymbol{r})$ $\boldsymbol{r}$ Ortsvektor $\overrightarrow{OP}$

$V(x, y, z) = v_x(x, y, z)\,\boldsymbol{i} + v_y(x, y, z)\,\boldsymbol{j} + v_z(x, y, z)\,\boldsymbol{k}$

kurz:

$$\boldsymbol{V} = v_x\boldsymbol{i} + v_y\boldsymbol{j} + v_z\boldsymbol{k} \qquad \textbf{stationäres Feld}$$

v_x, v_y, v_z skalare Felder

Mit Zeitabhängigkeit, **veränderliches Feld**

$$\boldsymbol{V}(P, t) = v_x(x, y, z, t)\,\boldsymbol{i} + v_y(x, y, z, t)\,\boldsymbol{j} + v_z(x, y, z, t)\,\boldsymbol{k}$$

Ebene Felder: $U = U(x, y)$ $\boldsymbol{V} = \boldsymbol{V}(x, y)$, $v_z = 0$

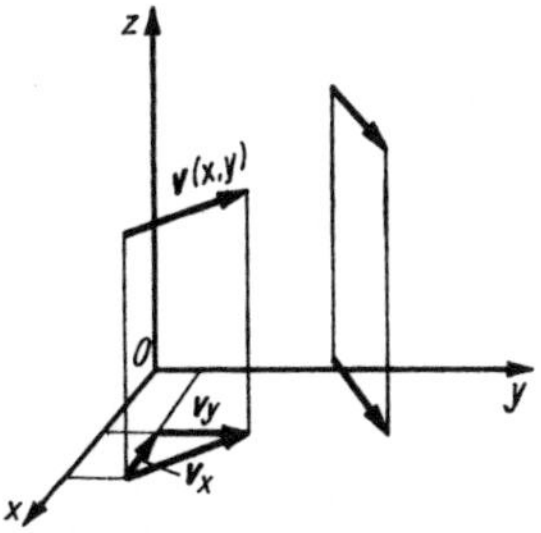

Bild 9.1. Ebenes Feld

Zentralsymmetrische Felder: (Kugelkoordinaten)

$$U = U\left(\sqrt{x^2 + y^2 + z^2}\right)$$

$$\boldsymbol{V} = V(\boldsymbol{r})\,\frac{\boldsymbol{r}}{r} = V\left(\sqrt{x^2 + y^2 + z^2}\right)\frac{\boldsymbol{r}}{r}$$

z. B. Kraftfelder, Beleuchtungsstärke $U = \dfrac{a}{r} = \dfrac{a}{\sqrt{x^2 + y^2 + z^2}}$

Axialsymmetrische Felder (Zylinderkoordinaten):

$$U = U\left(\sqrt{x^2 + y^2}\right)$$

$$\boldsymbol{V} = V\left(\sqrt{x^2 + y^2}\right)\boldsymbol{r} \quad \text{mit} \quad \boldsymbol{r} = x\boldsymbol{i} + y\boldsymbol{j}$$

Feldlinie ist die Kurve C mit allen Punkten P, für die $\boldsymbol{V}(P)$ = Tangentenvektor. Jeder Punkt eines Vektorfeldes liegt auf einer Feldlinie außer $\boldsymbol{V}(P) = 0$. Feldlinien schneiden einander nicht.

Siehe auch Kurvenintegral.

9.2. Gradient eines skalaren Feldes

Definition

Der Gradient einer skalaren Ortsfunktion U ist der Vektor in Richtung größter Funktionszunahme, der senkrecht auf den Niveauflächen steht.
Dem skalaren Feld $U(\boldsymbol{r})$ wird ein Vektorfeld $\boldsymbol{V}(\boldsymbol{r}) = \operatorname{grad} U(\boldsymbol{r})$ zugeordnet.

$$\boldsymbol{G} = \operatorname{grad} U = \boldsymbol{n}\,\frac{\mathrm{d}U}{\mathrm{d}s} = \frac{\partial U}{\partial n}\,\boldsymbol{r}_0 \quad \text{mit} \quad \boldsymbol{n} = n_x\boldsymbol{i} + n_y\boldsymbol{j} + n_z\boldsymbol{k}$$

Betrag $|\boldsymbol{G}| = |\operatorname{grad} U| = \dfrac{\mathrm{d}U}{\mathrm{d}s}$

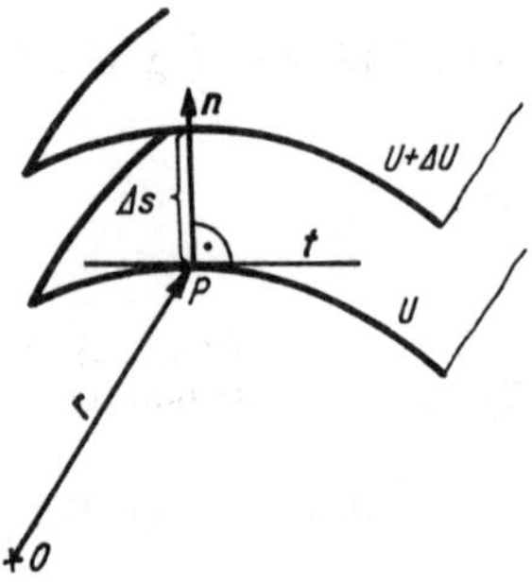

Bild 9.2.
Gradient, Vektorform

In kartesischen Koordinaten $\{O; \boldsymbol{i}, \boldsymbol{j}, \boldsymbol{k}\}$

$$\operatorname{grad} U = \boldsymbol{i}\,\frac{\partial U}{\partial x} + \boldsymbol{j}\,\frac{\partial U}{\partial y} + \boldsymbol{k}\,\frac{\partial U}{\partial z} = \nabla U$$

Nablaoperator (*Hamiltonscher* Differential-Operator)

$$\nabla = \boldsymbol{i}\,\frac{\partial}{\partial x} + \boldsymbol{j}\,\frac{\partial}{\partial y} + \boldsymbol{k}\,\frac{\partial}{\partial z}$$

In Zylinderkoordinaten $\{O; r, \varphi, z\}$

$$G_s = \frac{\partial U}{\partial s} = \operatorname{grad}_s U$$

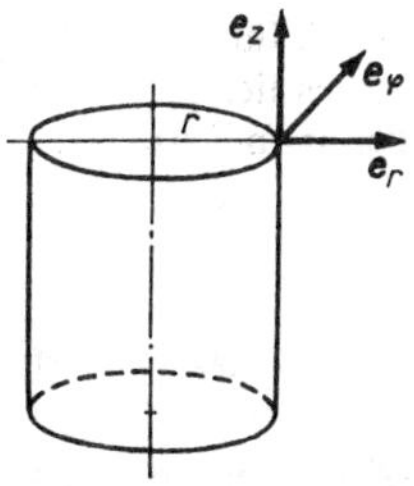

Bild 9.3.
Gradient, Zylinderkoordinaten

$$\operatorname{grad} U = \frac{\partial U}{\partial r}\,\boldsymbol{e}_r + \frac{1}{r}\,\frac{\partial U}{\partial \varphi}\,\boldsymbol{e}_\varphi + \frac{\partial U}{\partial z}\,\boldsymbol{e}_z$$

mit $\boldsymbol{e}_r, \boldsymbol{e}_\varphi, \boldsymbol{e}_z$ Einheitsvektoren

In Kugelkoordinaten $\{O; r, \lambda, \varphi\}$

$$\operatorname{grad} U = \frac{1}{r}\,\frac{\partial U}{\partial \varphi}\,\boldsymbol{e}_\varphi + \frac{1}{r \sin \varphi} \cdot \frac{\partial U}{\partial \lambda}\,\boldsymbol{e}_\lambda + \frac{\partial U}{\partial r}\,\boldsymbol{e}_r$$

Ein Vektorfeld ist wirbelfrei, wenn $\oint \boldsymbol{G}\,\mathrm{d}\boldsymbol{s} = \oint \operatorname{grad} \varphi\,\mathrm{d}\boldsymbol{s} = 0$
$\rightarrow \operatorname{rot} \boldsymbol{V} = \boldsymbol{o}$

z. B. wirbelfrei ist $\boldsymbol{V} = \boldsymbol{V}[\text{Skalar } \psi(x, y, z)]$

Regeln mit Gradienten

$\operatorname{grad} c = \boldsymbol{o}$ $\quad c$ Konstante $c \in P$ $\quad U = U(x, y, z)$ skalare Ortsfunktion

$\operatorname{grad}(U_1 + U_2) = \operatorname{grad} U_1 + \operatorname{grad} U_2$

$\operatorname{grad}(cU) = c \operatorname{grad} U$

$$\text{grad}\,(U_1U_2) = U_1\,\text{grad}\,U_2 + U_2\,\text{grad}\,U_1$$

$$\text{grad}\,U^n = nU^{n-1}\,\text{grad}\,U$$

$$\text{grad}\,(\boldsymbol{a}\cdot\boldsymbol{r}) = \boldsymbol{a} \quad \boldsymbol{a} = \text{konst.}$$

$$\text{grad}\,f(U) = \frac{\partial f(U)}{\partial U}\,\text{grad}\,U$$

Potential im Vektorfeld

Ein Vektorfeld heißt konservativ, wenn $\int\limits_A^B \boldsymbol{V}\,\mathrm{d}r$ unabhängig vom Weg $A \to B$ ist.
$U(P)$ ist Potential von $\boldsymbol{V}(P)$, wenn $\boldsymbol{V} = -\text{grad}\,U$ mit $\boldsymbol{V}$ Potentialvektor

$$\boldsymbol{V}\,\mathrm{d}\boldsymbol{r} = -(\text{grad}\,U)\,\mathrm{d}\boldsymbol{r}$$

$$\int\limits_{\widehat{AB}} \boldsymbol{K}\,\mathrm{d}\boldsymbol{r} = \int\limits_{\widehat{AB}} (v_x\,\mathrm{d}x + v_y\,\mathrm{d}y + v_z\,\mathrm{d}z) = -\int\limits_{\widehat{AB}} \mathrm{d}U$$

$$= U(A) - U(B)$$

Integrabilitätsbedingung für ein Potential U eines Vektorfeldes $\boldsymbol{V}$

$$\frac{\partial v_x}{\partial y} = \frac{\partial v_y}{\partial x} \qquad \frac{\partial v_z}{\partial x} = \frac{\partial v_x}{\partial z} \qquad \frac{\partial v_y}{\partial z} = \frac{\partial v_z}{\partial y} \to \text{rot}\,\boldsymbol{V} = \boldsymbol{o}$$

$$\text{grad}\,\boldsymbol{r} = \nabla\boldsymbol{r} = \boldsymbol{i}\,\frac{\partial r}{\partial x} + \boldsymbol{j}\,\frac{\partial r}{\partial y} + \boldsymbol{k}\,\frac{\partial r}{\partial z} = \frac{1}{r}(\boldsymbol{i}x + \boldsymbol{j}y + \boldsymbol{k}z) = \frac{\boldsymbol{r}}{r}$$

mit $\quad r^2 = x^2 + y^2 + z^2 \qquad 2r\,\partial r = 2x\,\partial x \qquad \dfrac{\partial r}{\partial x} = \dfrac{x}{r}$

Beispiel:

Feld der Beleuchtungsstärke, punktförmige Lichtquelle

$$U(\boldsymbol{r}) = \frac{c}{|\boldsymbol{r}|} = \frac{c}{\sqrt{x^2 + y^2 + z^2}} \qquad \boldsymbol{r} = \boldsymbol{i}x + \boldsymbol{j}y + \boldsymbol{k}z$$

$$\text{grad}\,U = \nabla\,\frac{c}{|\boldsymbol{r}|} = \boldsymbol{i}\,\frac{\partial}{\partial x}\left(\frac{c}{r}\right) + \boldsymbol{j}\,\frac{\partial}{\partial y}\left(\frac{c}{r}\right) + \boldsymbol{k}\,\frac{\partial}{\partial z}\left(\frac{c}{r}\right)$$

$$= -\boldsymbol{i}\,\frac{c}{r^2}\,\frac{\partial r}{\partial x} - \boldsymbol{j}\,\frac{c}{r^2}\,\frac{\partial r}{\partial y} - \boldsymbol{k}\,\frac{c}{r^2}\,\frac{\partial r}{\partial z}$$

$$= -\frac{c}{r^3}\,(\boldsymbol{i}x + \boldsymbol{j}y + \boldsymbol{k}z) = \underline{\underline{-\frac{c}{r^3}\,\boldsymbol{r}}}$$

9.3. Divergenz eines Vektorfeldes

Die Divergenz eines Vektorfeldes $\boldsymbol{V}(P)$ ist ein skalares Feld, das die Dichte der Quellen in jedem Punkt angibt.

$$\operatorname{div} \boldsymbol{V}(P) = \lim_{\Delta V \to 0} \frac{1}{\Delta V} \oiint_S \boldsymbol{V}\, \mathrm{d}\boldsymbol{S} \quad \mathrm{d}\boldsymbol{S} \text{ Oberflächenelement}$$

$\operatorname{div} \boldsymbol{V} = 0$ quellenfreies Feld

$\operatorname{div} \boldsymbol{V} > 0$ Quellen

$\operatorname{div} \boldsymbol{V} < 0$ Senken

Ergiebigkeit $\iiint_K \operatorname{div} \boldsymbol{V}\, \mathrm{d}x\, \mathrm{d}y\, \mathrm{d}z$

In kartesischen Koordinaten $\{O; \boldsymbol{i}, \boldsymbol{j}, \boldsymbol{k}\}$

$$\operatorname{div} \boldsymbol{V} = \frac{\partial v_x}{\partial x} + \frac{\partial v_y}{\partial y} + \frac{\partial v_z}{\partial z} = \nabla \boldsymbol{V}$$

In Zylinderkoordinaten $\{O; r, \varphi, z\}$

$$\operatorname{div} \boldsymbol{V} = \frac{1}{r} \frac{\partial (r u_r)}{\partial r} + \frac{1}{r} \frac{\partial u_\varphi}{\partial \varphi} + \frac{\partial u_z}{\partial z}$$

In Kugelkoordinaten $\{O; r, \lambda, \varphi\}$

$$\operatorname{div} \boldsymbol{V} = \frac{1}{r^2} \frac{\partial (r^2 v_r)}{\partial r} + \frac{1}{r \sin \varphi} \left[\frac{\partial v_\lambda}{\partial \lambda} + \frac{\partial (v_\varphi \sin \varphi)}{\partial \varphi} \right]$$

Regeln mit Divergenzen

$\operatorname{div} c = 0 \qquad \operatorname{div} c \cdot \boldsymbol{V} = c \operatorname{div} \boldsymbol{V}$

$\operatorname{div} (\boldsymbol{V}_1 + \boldsymbol{V}_2) = \operatorname{div} \boldsymbol{V}_1 + \operatorname{div} \boldsymbol{V}_2$

$\operatorname{div} (U\boldsymbol{V}) = U \operatorname{div} \boldsymbol{V} + \boldsymbol{V} \operatorname{grad} U \quad U = U(x, y, z)$

$\operatorname{div} (\boldsymbol{V}_1 \times \boldsymbol{V}_2) = \boldsymbol{V}_2 \operatorname{rot} \boldsymbol{V}_1 - \boldsymbol{V}_1 \operatorname{rot} \boldsymbol{V}_2$

Gaußscher Integralsatz

$$\iiint_V \operatorname{div} \boldsymbol{V}\, \mathrm{d}V = \oiint_S \boldsymbol{V}\, \mathrm{d}\boldsymbol{S} \quad \begin{array}{ll} V & \text{Gebiet} \\ S & \text{Hüllfläche} \end{array}$$

Deutung:

Quellenstärke des Raumes = Austrittsmenge

$$\operatorname{div} \operatorname{grad} U = \nabla^2 U = \Delta U$$

mit LAPLACE-Operator

$$\Delta = \frac{\partial^2}{\partial x^2} + \frac{\partial^2}{\partial y^2} + \frac{\partial^2}{\partial z^2}$$

$$\Delta \boldsymbol{V} = \text{grad div } \boldsymbol{V} - \text{rot rot } \boldsymbol{V}$$

Beispiel:

$$\text{div}\,\boldsymbol{r} = \nabla \boldsymbol{r} = \left(\boldsymbol{i}\frac{\partial}{\partial x} + \boldsymbol{j}\frac{\partial}{\partial y} + \boldsymbol{k}\frac{\partial}{\partial z}\right)(\boldsymbol{i}x + \boldsymbol{j}y + \boldsymbol{k}z)$$

$$= \frac{\partial x}{\partial x} + \frac{\partial y}{\partial y} + \frac{\partial z}{\partial z} = \underline{\underline{3}}$$

$$\text{div grad } r = \Delta r = \text{div}\,\frac{\boldsymbol{r}}{r} = \underline{\underline{\frac{2}{r}}} \qquad \Delta = (\nabla\nabla)$$

9.4. Rotation eines Vektorfeldes

$$\text{rot}\,\boldsymbol{V} = \nabla \times \boldsymbol{V} = -\lim_{\Delta V \to 0} \frac{1}{\Delta V} \oint\!\!\!\oint_S \boldsymbol{V} \times d\boldsymbol{S}$$

Zirkulation eines Vektorfeldes längs einer geschlossenen Kurve C:

$$\boldsymbol{\Gamma} = \oint_C \boldsymbol{V}\,d\boldsymbol{r}$$

Konservatives Vektorfeld $\boldsymbol{\Gamma} = \boldsymbol{0}$ (keine geschlossenen Feldlinien) mit C = Feldlinie → $\boldsymbol{\Gamma} \neq \boldsymbol{0}$

$$\boldsymbol{n}\,\text{rot}\,\boldsymbol{V} = \lim_{\Delta S \to 0} \frac{1}{\Delta S} \oint_C \boldsymbol{V}\,d\boldsymbol{r}$$

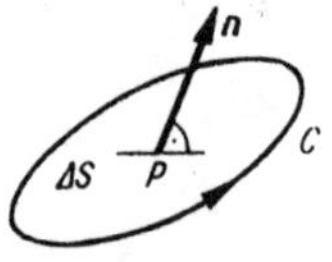

Bild 9.4. Rotation

Bild 9.5. Geschwindigkeitsfeld

$\boldsymbol{n} \operatorname{rot} \boldsymbol{V}$ ist die Projektion von $\operatorname{rot} \boldsymbol{V}$ auf die Richtung $\boldsymbol{n}$, z. B. Geschwindigkeitsfeld $\boldsymbol{V}(\boldsymbol{r}) = \omega(\boldsymbol{n} \times \boldsymbol{r})$

$$\to \operatorname{rot} \boldsymbol{V}(\boldsymbol{r}) = \underline{\underline{2\omega \boldsymbol{n}}}$$

Wirbelfreies Feld: $\operatorname{rot} \boldsymbol{V} = \boldsymbol{o} \to \operatorname{rot} \operatorname{grad} U = \boldsymbol{o}$

In kartesischen Koordinaten $\{O; \boldsymbol{i}, \boldsymbol{j}, \boldsymbol{k}\}$

$$\operatorname{rot} \boldsymbol{V} = \left(\frac{\partial v_z}{\partial y} - \frac{\partial v_y}{\partial z}\right) \boldsymbol{i} + \left(\frac{\partial v_x}{\partial z} - \frac{\partial v_z}{\partial x}\right) \boldsymbol{j} + \left(\frac{\partial v_y}{\partial x} - \frac{\partial v_x}{\partial y}\right) \boldsymbol{k}$$

$$= \begin{vmatrix} \boldsymbol{i} & \boldsymbol{j} & \boldsymbol{k} \\ \dfrac{\partial}{\partial x} & \dfrac{\partial}{\partial y} & \dfrac{\partial}{\partial z} \\ v_x & v_y & v_z \end{vmatrix}$$

In Zylinderkoordinaten $\{O; r, \varphi, z\}$

$$\operatorname{rot} \boldsymbol{V} = \left(\frac{1}{r} \frac{\partial v_z}{\partial \varphi} - \frac{\partial v_\varphi}{\partial z}\right) \boldsymbol{e}_r + \left(\frac{\partial v_r}{\partial z} - \frac{\partial v_z}{\partial r}\right) \boldsymbol{e}_\varphi + \left(\frac{1}{r} \frac{\partial r v_\varphi}{\partial r} - \frac{1}{r} \frac{\partial v_r}{\partial \varphi}\right) \boldsymbol{e}_z$$

In Kugelkoordinaten $\{O; r, \lambda, \varphi\}$

$$\operatorname{rot} \boldsymbol{V} = \left(\frac{1}{r \sin \varphi} \frac{\partial v_r}{\partial \lambda} - \frac{1}{r} \frac{\partial (r v_\lambda)}{\partial r}\right) \boldsymbol{e}_\varphi + \left(\frac{1}{r} \frac{\partial r v_\varphi}{\partial r} - \frac{1}{r} \frac{\partial v_r}{\partial \varphi}\right) \boldsymbol{e}_\lambda + \frac{1}{r \sin \varphi} \left(\frac{\partial (v_\lambda \sin \varphi)}{\partial \varphi} - \frac{\partial v_\varphi}{\partial \lambda}\right) \boldsymbol{e}_r$$

Regeln mit Rotationen

$$\operatorname{rot} (c\boldsymbol{V}) = c \operatorname{rot} \boldsymbol{V}$$

$$\operatorname{rot} (\boldsymbol{V}_1 + \boldsymbol{V}_2) = \operatorname{rot} \boldsymbol{V}_1 + \operatorname{rot} \boldsymbol{V}_2$$

$$\operatorname{rot} (U\boldsymbol{V}_1) = U \operatorname{rot} \boldsymbol{V} + \operatorname{grad} \boldsymbol{U} \times \boldsymbol{V} \quad U = U(x, y, z)$$

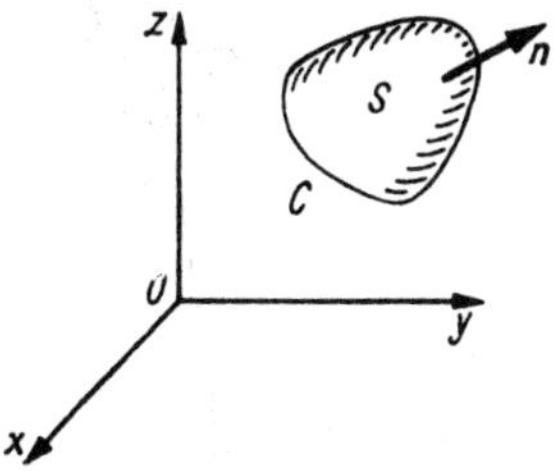

Bild 9.6.
Stokesscher Integralsatz

Stokesscher Integralsatz

$$\iint_S \operatorname{rot} \boldsymbol{V} \, d\boldsymbol{S} = \oint_{(C)} \boldsymbol{V} \, d\boldsymbol{s}$$

S Fläche mit Rand C
$d\boldsymbol{S}$ Vektor des Flächenelements
$d\boldsymbol{s}$ Vektor des Linienelements

div rot $\boldsymbol{V} = 0$ quellenfreies Rotorfeld

rot grad $U = \boldsymbol{o}$ wirbelfreies Gradientenfeld, z. B. $\boldsymbol{E} =$ grad U (Feldstärke)

$$\operatorname{rot} \operatorname{rot} \boldsymbol{V} = \operatorname{grad} \operatorname{div} \boldsymbol{V} - \Delta \boldsymbol{V} \qquad \Delta = (\nabla\nabla)$$

Quellenfreier Raum: LAPLACE-Gleichung div grad $U = 0$

Quellenbehafteter Raum: *Poissonsche Gleichung* div grad $U = \varrho$
mit $\varrho = \varrho(x, y, z)$ *Quellendichte*

Zusammenfassung

	Feld	Resultat	Symbol
grad	Skalar U	Vektor grad U	∇U
div	Vektor $\boldsymbol{V}$	Skalar div $\boldsymbol{V}$	$\nabla \boldsymbol{V}$
rot	Vektor $\boldsymbol{V}$	Vektor rot $\boldsymbol{V}$	$\nabla \times \boldsymbol{V}$

10. Integralrechnung

10.1. Allgemeines

Integration ist die Umkehrung der Differentiation:

Gegeben $f(x)$, gesucht $F(x)$, wobei $F'(x) = f(x)$

Unbestimmtes Integral $\int f(x)\,\mathrm{d}x = F(x) + C$

Deutung: Menge aller *Stammfunktionen, allgemeine Lösung,*

mit $F(x)$ Stammfunktion, *Integralfunktion* von $f(x)$
$f(x)$ Integrand
x Integrationsvariable
C Integrationskonstante

Ist $F(x)$ Stammfunktion von $f(x)$, ist es auch $F(x) + C$.

Bestimmtes Integral

Definition

Ist f eine in $\langle a, b\rangle$ stetige Funktion mit im Intervall nichtnegativen Funktionswerten, so ist A das Flächenstück zwischen dem Graph der Funktion, der x-Achse und den Geraden $x = a$ und $x = b$, und man schreibt für das *bestimmte Integral* im Intervall $\langle a, b\rangle$:

$$A = \int_a^b f(x)\,\mathrm{d}x = F(x)\Big|_a^b = F(b) - F(a)$$

mit a untere, b obere Integrationsgrenze, $a < b$.

Beispiel:

$$\int_1^3 (2x + 3x^2)\,\mathrm{d}x = (x^2 + x^3)\Big|_1^3$$

$$= (9 + 27) - (1 + 1) = \underline{\underline{34}}$$

Bestimmtes Integral als Grenzwert

Eine Funktion f heißt genau in $\langle a, b\rangle$ integrierbar, wenn der Grenzwert $\lim\limits_{n\to\infty} I_n$ der Summe $I_n = \sum\limits_{i=1}^{n} f(\xi_i)\,\Delta x_i$, mit ξ_i beliebige Stelle im Teilintervall (Zerlegung), existiert und für jede Folge beliebig fein werdender Zerlegungen von $\langle a, b\rangle$ den gleichen Wert hat.
Der Grenzwert I heißt bestimmtes Integral der Funktion f im Intervall $\langle a, b\rangle$:

$$\lim_{\substack{n\to\infty\\ \Delta x_i\to 0}} \sum_{i=1}^{n} f(\xi_i)\,\Delta x_i = \int_a^b f(x)\,\mathrm{d}x$$

mit $\mathrm{d}F(x_i) = f(x_i)\,\mathrm{d}x_i = F'(x_i)\,\mathrm{d}x_i$

$$\lim_{\substack{n\to\infty\\ \mathrm{d}x_i=0}} \sum_{i=1}^{n} \mathrm{d}F(x_i) = \int_a^b \mathrm{d}F(x)$$

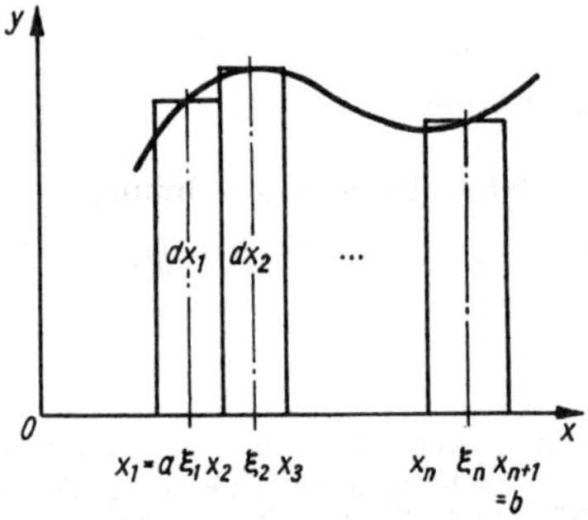

Bild 10.1. Bestimmtes Integral als Grenzwert

Eine Funktion ist in $\langle a, b\rangle$ integrierbar, wenn

- sie beschränkt in $\langle a, b\rangle$ mit nur endlich vielen Unstetigkeitsstellen,
- stetig in $\langle a, b\rangle$ und
- monoton ist.

Erster Mittelwertsatz der Integralrechnung

Ist f eine in $\langle a, b\rangle$ stetige Funktion, so existiert im Intervall mindestens ein Wert ξ, für den gilt

$$\int_a^b f(x)\,\mathrm{d}x = (b - a)\,f(\xi)$$

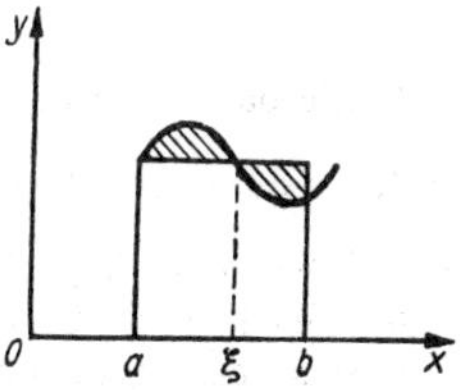

Bild 10.2. Erster Mittelwertsatz

$f(\xi)$ heißt *Integralmittelwert, arithmetisches Mittel* von f in $\langle a, b\rangle$:

$$y_{\mathrm{AM}} = f(\xi) = \frac{1}{b-a}\int\limits_a^b f(x)\,\mathrm{d}x$$

Quadratisches Mittel

$$y_{\mathrm{QM}} = \sqrt{\frac{1}{b-a}\int\limits_a^b [f(x)]^2\,\mathrm{d}x}$$

Erweiterter erster Mittelwertsatz der Integralrechnung

Sind f und g im Intervall $\langle a, b\rangle$ stetig und behält $g(x)$ im Intervall das Vorzeichen bei, so gilt

$$\int\limits_a^b f(x)\,g(x)\,\mathrm{d}x = f(\xi)\int\limits_a^b g(x)\,\mathrm{d}x \quad a < \xi < b$$

Zweiter Mittelwertsatz der Integralrechnung

Sind f monoton und beschränkt und g integrierbar in $\langle a, b\rangle$, so gilt

$$\int\limits_a^b f(x)\,g(x)\,\mathrm{d}x = f(a)\int\limits_a^\xi g(x)\,\mathrm{d}x + f(b)\int\limits_\xi^b g(x)\,\mathrm{d}x \quad a < \xi < b$$

Uneigentliche Integrale

Erklärung

Integrale mit unendlichen Grenzen und Integrale, die im Integrationsintervall unendlich werden, werden als *uneigentliche Integrale* bezeichnet.

$$\int\limits_a^{+\infty} f(x)\,\mathrm{d}x = \lim_{b\to+\infty}\int\limits_a^b f(x)\,\mathrm{d}x$$

$$\int_{-\infty}^{b} f(x)\,dx = \lim_{a\to-\infty} \int_{a}^{b} f(x)\,dx$$

$$\int_{-\infty}^{+\infty} f(x)\,dx = \lim_{\substack{a\to-\infty\\ b\to+\infty}} \int_{a}^{b} f(x)\,dx$$

Bei Integralen unstetiger Funktionen bestimmt man folgenden Grenzwert:

$$\int_{a}^{b} f(x)\,dx = \lim_{\varepsilon\to 0} \int_{a}^{b-\varepsilon} f(x)\,dx \qquad \text{für } \lim_{x\to b} f(x) = \infty$$

Existieren diese Grenzwerte, so werden sie als Wert des uneigentlichen Integrals gesetzt.

Beispiele:

$$(1)\ \int_0^1 \frac{dx}{x^n} = \lim_{\varepsilon\to 0} \int_{\varepsilon}^{1} \frac{dx}{x^n} = \lim_{\varepsilon\to 0} \left\{\frac{x^{1-n}}{1-n}\right\}_{\varepsilon}^{1} = \frac{1}{1-n}\,(1 - \lim_{\varepsilon\to 0} \varepsilon^{1-n})$$

$$= 0 \quad \text{für } n < 1$$

$$\int_0^1 \frac{dx}{x^n} = \underline{\underline{\frac{1}{1-n}}} \qquad n < 1$$

$$(2)\ \int_1^{\infty} \frac{dx}{x^n} = \lim_{b\to\infty} \int_1^{b} \frac{dx}{x^n} = \lim_{b\to\infty} \left\{\frac{x^{1-n}}{1-n}\right\}_1^{b} = \lim_{b\to\infty} \frac{\frac{1}{b^{n-1}} - 1}{1-n}$$

Dieser Grenzwert existiert für $n - 1 > 0 \to n > 1$.

$$\int_1^{\infty} \frac{dx}{x^n} = \underline{\underline{\frac{1}{n-1}}} \qquad n > 1$$

(3) $\int_0^1 \frac{dx}{x}$ existiert nicht, da $\ln 0$ nicht existiert.

10.2. Grundintegrale

$I = (-\infty, +\infty)$, $k \in G$

$$\int x^k\,dx = \frac{x^{k+1}}{k+1} + C \qquad \begin{array}{l} k \neq -1 \\ \text{für } k < 0 \text{ gilt } x \neq 0 \end{array}$$

$$\int x^{\alpha}\,\mathrm{d}x = \frac{x^{\alpha+1}}{\alpha+1} + C \quad \alpha \in P,\quad \alpha \neq -1,\quad x > 0$$

$$\int \frac{\mathrm{d}x}{x} = \ln|x| + C \quad x \neq 0$$

$$\int \mathrm{e}^{x}\,\mathrm{d}x = \mathrm{e}^{x} + C$$

$$\int a^{x}\,\mathrm{d}x = \frac{a^{x}}{\ln a} + C = a^{x}\log_{a}\mathrm{e} + C \quad a > 0,\quad a \neq 1$$

$$\int \sin x\,\mathrm{d}x = -\cos x + C$$

$$\int \cos x\,\mathrm{d}x = \sin x + C$$

$$\int \tan x\,\mathrm{d}x = -\ln|\cos x| + C \qquad x \neq (2k+1)\,\frac{\pi}{2}$$

$$\int \cot x\,\mathrm{d}x = \ln|\sin x| + C \qquad x \neq 2k\pi$$

$$\int \frac{\mathrm{d}x}{\cos^{2}x} = \tan x + C \qquad x \neq \frac{(2k+1)\,\pi}{2}$$

$$\int \frac{\mathrm{d}x}{\sin^{2}x} = -\cot x + C \qquad x \neq k\pi$$

$$\int \sinh x\,\mathrm{d}x = \cosh x + C$$

$$\int \cosh x\,\mathrm{d}x = \sinh x + C$$

$$\int \tanh x\,\mathrm{d}x = \ln\cosh x + C$$

$$\int \coth x\,\mathrm{d}x = \ln|\sinh x| + C \qquad x \neq 0$$

$$\int \frac{\mathrm{d}x}{\cosh^{2}x} = \tanh x + C$$

$$\int \frac{\mathrm{d}x}{\sinh^{2}x} = -\coth x + C \qquad x \neq 0$$

$$\int \frac{\mathrm{d}x}{a^{2}+x^{2}} = \frac{1}{a}\arctan\frac{x}{a} + C \qquad a \neq 0$$

$$\int \frac{\mathrm{d}x}{a^{2}-x^{2}} = \begin{cases} \dfrac{1}{a}\,\mathrm{artanh}\,\dfrac{x}{a} + C & |x| < a \\[2ex] \dfrac{1}{2a}\ln\dfrac{a+x}{a-x} + C & |x| < a \end{cases}$$

$$\int \frac{dx}{x^2 - a^2} = \begin{cases} -\frac{1}{a} \operatorname{arcoth} \frac{x}{a} + C & |x| > a, \quad a \neq 0 \\ \frac{1}{2a} \ln \frac{x - a}{x + a} + C \end{cases}$$

$$\int \frac{dx}{\sqrt{a^2 - x^2}} = \arcsin \frac{x}{a} + C \qquad |x| < a$$

$$\int \frac{dx}{\sqrt{a^2 + x^2}} = \begin{cases} \operatorname{arsinh} \frac{x}{a} + C \\ \ln \left(x + \sqrt{a^2 + x^2}\right) + C \end{cases}$$

$$\int \frac{dx}{\sqrt{x^2 - a^2}} = \begin{cases} \operatorname{arcosh} \frac{x}{a} + C & |x| > a, \quad a \neq 0 \\ \ln \left(x + \sqrt{x^2 - a^2}\right) + C \end{cases}$$

10.3. Integrationsregeln

$$\int [f(x) + g(x)]\, dx = \int f(x)\, dx + \int g(x)\, dx$$

$$\int af(x)\, dx = a \int f(x)\, dx \qquad a \in P$$

$$\int [f(x)]^n f'(x)\, dx = \frac{1}{n+1} [f(x)]^{n+1} + C \qquad n \neq -1$$

$$\int f(x) f'(x)\, dx = \frac{1}{2} f^2(x) + C$$

$$\int \frac{f'(x)}{f(x)}\, dx = \ln |f(x)| + C \qquad f(x) \neq 0$$

$$\int_a^b f(x)\, dx = -\int_b^a f(x)\, dx$$

$$\int_a^a f(x)\, dx = 0$$

$$\int_a^b f(x)\, dx = \int_a^c f(x)\, dx + \int_c^b f(x)\, dx \qquad c \text{ beliebige Zahl in } \langle a, b \rangle$$

$$\int_a^x f(t)\, dt = F(x)|_a^x = F(x) - F(a) \qquad \textit{unbestimmtes Integral}$$

Integration durch Substitution (R rationale Funktion)

$$\int f(x)\, dx = \int f[\varphi(t)]\, \dot{\varphi}(t)\, dt \quad \text{mit} \quad x = \varphi(t), \quad dx = \dot{\varphi}(t)\, dt$$

$$ax + b = t \qquad dx = \frac{1}{a}\,dt$$

$$\frac{x}{a} = t \qquad dx = a\,dt$$

$$\frac{a}{x} = t \qquad dx = -\frac{a}{t^2}\,dt$$

$$a^x = t \qquad dx = \frac{dt}{t \ln a}$$

$$\sqrt{x} = t \qquad dx = 2t\,dt$$

$$e^x = t \qquad dx = \frac{1}{t}\,dt$$

$$\ln x = t \qquad dx = e^t\,dt$$

$$a + bx = t \qquad dx = \frac{1}{b}\,dt$$

$$a^2 + x^2 = t \qquad dx = \frac{dt}{2\sqrt{t - a^2}}$$

$$\sqrt{a + bx} = t \qquad dx = \frac{2t\,dt}{b}$$

$$a + bx^2 = t \qquad dx = \frac{dt}{2\sqrt{bt - ab}}$$

$$\sqrt{a^2 + x^2} = t \qquad dx = \frac{t\,dt}{\sqrt{t^2 - a^2}}$$

$$\sqrt{a^2 - x^2} = t \qquad dx = -\frac{t\,dt}{\sqrt{a^2 - t^2}}$$

$$\sqrt[n]{a + bx} = t \qquad dx = \frac{nt^{n-1}\,dt}{b}$$

$$\sqrt{x^2 - a^2} = t \qquad dx = \frac{t\,dt}{\sqrt{t^2 + a^2}}$$

(1) $\int R\left(x, \sqrt{a^2 - x^2}\right) dx$

Substitution: $x = a \sin t \qquad dx = a \cos t\,dt$

ergibt $\int R(a \sin t, a \cos t)\, a \cos t\,dt$

oder

Substitution: $x = a \tanh t \qquad \mathrm{d}x = \dfrac{a\,\mathrm{d}t}{\cosh^2 t}$

ergibt $\displaystyle\int f\left(a \tanh t, \frac{a}{\cosh t}\right) \frac{a\,\mathrm{d}t}{\cosh^2 t}$

(2) $\int R\left(x, \sqrt{a^2 + x^2}\right) \mathrm{d}x$

Substitution: $x = a \tan t \qquad \mathrm{d}x = \dfrac{a\,\mathrm{d}t}{\cos^2 t}$

ergibt $\displaystyle\int R\left(a \tan t, \frac{a}{\cos^2 t}\right) \frac{a\,\mathrm{d}t}{\cos^2 t}$

oder

Substitution: $x = a \sinh t \qquad \mathrm{d}x = a \cosh t\,\mathrm{d}t$

ergibt $\int R(a \sinh t, \mathrm{a} \cosh t)\, a \cosh t\,\mathrm{d}t$

(3) $\int R\left(x, \sqrt{x^2 - a^2}\right) \mathrm{d}x$

Substitution: $x = \dfrac{a}{\cos t} \qquad \mathrm{d}x = \dfrac{a \sin t\,\mathrm{d}t}{\cos^2 t}$

ergibt $\displaystyle\int R\left(\frac{a}{\cos t}, a \tan t\right) \frac{a \sin t\,\mathrm{d}t}{\cos^2 t}$

oder

Substitution: $x = a \cosh t \quad \mathrm{d}x = a \sinh t\,\mathrm{d}t$

ergibt $\int R(a \cosh t, a \sinh t)\, a \sinh t\,\mathrm{d}t$

(4) $\int R\left(x, \sqrt[k]{ax + b}\right) \mathrm{d}x$

Substitution: $ax + b = t \quad \mathrm{d}x = \dfrac{kt^{k-1}\,\mathrm{d}t}{a}$

ergibt $\displaystyle\int R\left(\frac{t^n - b}{a}, t\right) \frac{n}{a}\, t^{n-1}\,\mathrm{d}t$

(5) $\displaystyle\int R\left[x, \left(\frac{ax + b}{cx + d}\right)^p, \left(\frac{ax + b}{cx + d}\right)^q, \ldots\right] \mathrm{d}x$

Substitution: $\dfrac{ax + b}{cx + d} = t^n \quad x = \dfrac{dt^n - b}{a - ct^n} \quad n$ kgV von $p, q, \ldots$

$$\mathrm{d}x = n(ad - bc) \frac{t^{n-1}}{(a - ct^n)^2}\,\mathrm{d}t$$

ergibt $\int R(t)\,\mathrm{d}t \qquad ad - bc \neq 0$

(6) *Binomische Integrale*

$\int x^m(a + bx^p)^q \, dx \qquad m, p, q \in P$

q ganzzahlig $\qquad t = \sqrt[n]{x}$ $\quad n$ kgV der Nenner von m, p

$\dfrac{m+1}{p}$ ganzzahlig $\qquad t = \sqrt[n]{a + bx^p}$ $\quad n$ Nenner von q

$\dfrac{m+1}{p} + q$ ganzzahlig $\qquad t = \sqrt{\dfrac{a + bx^p}{x^p}}$

(7) $\int R\left(x, \sqrt{ax^2 + bx + c}\right) dx$

Substitutionen von EULER ergeben $\int R(t) \, dt$.

Fall 1

$a > 0$, Substitution: $\sqrt{ax^2 + bx + c} = x\sqrt{a} + t$

$$x = \frac{t^2 - c}{b - 2t\sqrt{a}} \qquad dx = 2\,\frac{-t^2\sqrt{a} + bt - c\sqrt{a}}{(b - 2t\sqrt{a})^2}\,dt$$

Fall 2

$c > 0,\ x \neq 0$, Substitution: $\sqrt{ax^2 + bx + c} = xt + \sqrt{c}$

$$x = \frac{2t\sqrt{c} - b}{a - t^2} \qquad dx = \frac{2a\sqrt{c} - 2bt + 2t^2\sqrt{c}}{(a - t^2)^2}\,dt$$

Fall 3

Der Radikand hat die reellen Wurzeln x_1 und x_2.

Substitution: $\sqrt{ax^2 + bx + c} = t(x - x_1)$

$$x = \frac{t^2 x_1 - a x_2}{t^2 - a} \qquad dx = \frac{2at(x_2 - x_1)}{(t^2 - a)^2}\,dt$$

(8) $\int R(e^{mx}, e^{nx}, \ldots) \, dx \qquad m, n, \ldots \in P$

Substitution $e^x = t \qquad dx = \dfrac{dt}{t}$

ergibt $\displaystyle\int R(t^m, t^n, \ldots)\,\frac{dt}{t}$

(9) $\int R(\sin x, \cos x, \tan x, \cot x) \, dx$

Substitution: $\tan\dfrac{x}{2} = t \qquad dx = \dfrac{2}{1 + t^2}\,dt$

ergibt $\displaystyle\int R\left(\frac{2t}{1 + t^2}, \frac{1 - t^2}{1 + t^2}, \frac{2t}{1 - t^2}, \frac{1 - t^2}{2t}\right) \frac{2\,dt}{1 + t^2}$

(10) $\int R(\sinh x, \cosh x, \tanh x, \coth x)\,\mathrm{d}x$

Substitution: $\tanh \frac{x}{2} = t \qquad \mathrm{d}x = \frac{2\,\mathrm{d}t}{1 - t^2}$

ergibt $\int R\left(\frac{2t}{1 - t^2}, \frac{1 + t^2}{1 - t^2}, \frac{2t}{1 + t^2}, \frac{1 + t^2}{2t}\right) \frac{2\,\mathrm{d}t}{1 - t^2}$

oder Ersatz durch Exponentialfunktionen

(11) $\int f[\varphi(x)]\,\varphi'(x)\,\mathrm{d}x$

Substitution: $\varphi(x) = u$

ergibt $\int f(u)\,\mathrm{d}u$

Partielle Integration

$$\int uv'\,\mathrm{d}x = uv - \int vu'\,\mathrm{d}x, \quad \text{wobei} \quad u = u(x); \quad v = v(x)$$

Andere Schreibweise: $\int u\,\mathrm{d}v = uv - \int v\,\mathrm{d}u$

Beispiel:

$$\int x^3 \ln x\,\mathrm{d}x \qquad \begin{array}{l|l} u = \ln x & \mathrm{d}v = x^3\,\mathrm{d}x \\ \mathrm{d}u = \frac{1}{x}\,\mathrm{d}x & v = \frac{x^4}{4} \end{array}$$

$$\begin{aligned} \int x^3 \ln x\,\mathrm{d}x &= \frac{x^4}{4} \ln x - \frac{1}{4} \int \frac{x^4}{x}\,\mathrm{d}x \\ &= \frac{x^4}{4} \ln x - \frac{1}{4} \int x^3\,\mathrm{d}x \\ &= \frac{x^4}{4} \ln x - \frac{1}{4} \cdot \frac{x^4}{4} + C \\ &= \underline{\underline{\frac{x^4}{4}\left(\ln x - \frac{1}{4}\right) + C}} \end{aligned}$$

Integration nach Partialbruchzerlegung

Partialbruchzerlegung eines echten Bruches $\frac{f(x)}{g(x)}$

Fall 1

Die Gleichung $g(x) = 0$ hat *nur einfache reelle Wurzeln* $x_1, x_2, \ldots$

$$\frac{f(x)}{g(x)} = \frac{A}{x - x_1} + \frac{B}{x - x_2} + \frac{C}{x - x_3} + \cdots$$

wobei

$$A = \frac{f(x_1)}{g'(x_1)}, \quad B = \frac{f(x_2)}{g'(x_2)}, \quad C = \frac{f(x_3)}{g'(x_3)} \quad \text{usw.}$$

$$\int \frac{f(x)}{g(x)}\,\mathrm{d}x = A\int \frac{\mathrm{d}x}{x - x_1} + B\int \frac{\mathrm{d}x}{x - x_2} + C\int \frac{\mathrm{d}x}{x - x_3} + \cdots$$

Die Zähler A, B, C, ... der Partialbrüche können auch, und zwar oftmals schneller, durch den Ansatz *unbestimmter Koeffizienten* und deren Bestimmung mittels *Koeffizientenvergleichs* gefunden werden.

Beispiel:

$$\int \frac{15x^2 - 70x - 95}{x^3 - 6x^2 - 13x + 42}\,\mathrm{d}x$$

$$x^3 - 6x^2 - 13x + 42 = 0 \to x_1 = 2,\; x_2 = -3,\; x_3 = 7$$

$$\frac{15x^2 - 70x - 95}{x^3 - 6x^2 - 13x + 42} = \frac{A}{x - 2} + \frac{B}{x + 3} + \frac{C}{x - 7}$$

$$= \frac{A(x + 3)(x - 7) + B(x - 2)(x - 7) + C(x - 2)(x + 3)}{(x - 2)(x + 3)(x - 7)}$$

$$= \frac{(A + B + C)\,x^2 - (4A + 9B - C)\,x - (21A - 14B + 6C)}{(x - 2)(x + 3)(x - 7)}$$

Gleichsetzen der Koeffizienten gleicher Potenzen von x

$$\left.\begin{aligned} A + B + C &= 15 \\ 4A + 9B - C &= 70 \\ 21A - 14B + 6C &= 95 \end{aligned}\right\} \to A = 7;\, B = 5;\, C = 3$$

bzw.

$$A = \frac{f(x_1)}{g'(x_1)} = \frac{-175}{-25} = 7 \quad \text{usw.}$$

$$\int \frac{15x^2 - 70x - 95}{x^3 - 6x^2 - 13x + 42}\,\mathrm{d}x$$

$$= 7\int \frac{\mathrm{d}x}{x - 2} + 5\int \frac{\mathrm{d}x}{x + 3} + 3\int \frac{\mathrm{d}x}{x - 7}$$

$$= \underline{\underline{7 \ln |x - 2| + 5 \ln |x + 3| + 3 \ln |x - 7| + C}}$$

Fall 2

Die Wurzeln der Gleichung $g(x) = 0$ sind *reell*, treten aber *mehrfach* auf (x_1 α-mal, x_2 β-mal usw.)

$$\frac{f(x)}{g(x)} = \frac{A_1}{(x-x_1)^\alpha} + \frac{A_2}{(x-x_1)^{\alpha-1}} + \cdots + \frac{A_\alpha}{x-x_1} + \frac{B_1}{(x-x_2)^\beta} + \frac{B_2}{(x-x_2)^{\beta-1}} + \cdots + \frac{B_\beta}{x-x_2} + \cdots$$

Die Koeffizienten A_i, B_i, ... berechnen sich nach der Methode des *Koeffizientenvergleichs.*

Beispiel:

$$\int \frac{3x^3 + 10x^2 - x}{(x^2-1)^2}\,\mathrm{d}x$$

$$(x^2-1)^2 = 0 \rightarrow x_1 = x_2 = 1 \quad \text{und} \quad x_3 = x_4 = -1$$

$$\frac{3x^3 + 10x^2 - x}{(x^2-1)^2} = \frac{A_1}{(x-1)^2} + \frac{A_2}{x-1} + \frac{B_1}{(x+1)^2} + \frac{B_2}{(x+1)}$$

$$= \frac{A_1(x+1)^2 + A_2(x+1)^2(x-1) + B_1(x-1)^2 + B_2(x-1)^2(x+1)}{(x-1)^2(x+1)^2}$$

$$= \frac{(A_2+B_2)x^3 + (A_1+A_2+B_1-B_2)x^2 + (2A_1-A_2-2B_1-B_2)x}{(x-1)^2(x+1)^2} + \frac{(A_1-A_2+B_1+B_2)}{(x-1)^2(x+1)^2}$$

Methode des Koeffizientenvergleichs führt zu dem Gleichungssystem

$$\left.\begin{aligned} A_2 + B_2 &= 3 \\ A_1 + A_2 + B_1 - B_2 &= 10 \\ 2A_1 - A_2 - 2B_1 - B_2 &= -1 \\ A_1 - A_2 + B_1 + B_2 &= 0 \end{aligned}\right\} \begin{aligned} &\rightarrow A_1 = 3;\ A_2 = 4 \\ &B_1 = 2;\ B_2 = -1 \end{aligned}$$

$$\int \frac{3x^3 + 10x^2 - x}{(x^2-1)^2}\,\mathrm{d}x$$

$$= 3\int \frac{\mathrm{d}x}{(x-1)^2} + 4\int \frac{\mathrm{d}x}{x-1} + 2\int \frac{\mathrm{d}x}{(x+1)^2} - \int \frac{\mathrm{d}x}{x+1}$$

$$= -\frac{3}{x-1} + 4\ln|x-1| - \frac{2}{x+1} - \ln|x+1| + C$$

Fall 3

Die Gleichung $g(x) = 0$ hat neben reellen Wurzeln auch *einfache komplexe Wurzeln*, die konjugiert auftreten.
Die oben besprochenen Methoden der Partialbruchzerlegung sind auch hier anwendbar, wobei allerdings komplexe Zähler mit auftreten.
Vermieden werden kann das Rechnen mit komplexen Größen, indem man die Partialbrüche, die durch die komplexen Wurzeln zustande kommen, auf einen Hauptnenner bringt. Sind z. B. x_1 und x_2 zwei konjugiert komplexe Wurzeln, so lautet der Ansatz:

$$\frac{f(x)}{g(x)} = \frac{Px + Q}{(x - x_1)(x - x_2)},$$

worin die Koeffizienten wieder nach der Methode des Koeffizientenvergleichs ermittelt werden.
Integration des Ausdruckes

$$\frac{Px + Q}{(x - x_1)(x - x_2)} = \frac{Px + Q}{x^2 + px + q}:$$

$$\int \frac{Px + Q}{x^2 + px + q}\,\mathrm{d}x = \frac{P}{2} \ln |x^2 + px + q|$$

$$+ \frac{Q - \frac{Pp}{2}}{\sqrt{q - \frac{p^2}{4}}} \arctan \frac{x + \frac{p}{2}}{\sqrt{q - \frac{p^2}{4}}} \quad \text{für} \quad q - \frac{p^2}{4} > 0$$

Beispiel:

$$\int \frac{7x^2 - 10x + 37}{x^3 - 3x^2 + 9x + 13}\,\mathrm{d}x$$

$$x^3 - 3x^2 + 9x + 13 = 0$$

$$\to x_1 = -1; \quad x_2 = 2 + \mathrm{j}3; \quad x_3 = 2 - \mathrm{j}3$$

$$\frac{7x^2 - 10x + 37}{x^3 - 3x^2 + 9x + 13} = \frac{A}{x + 1} + \frac{Px + Q}{x^2 - 4x + 13}$$

$$= \frac{A(x^2 - 4x + 13) + (Px + Q)(x + 1)}{x^3 - 3x^2 + 9x + 13}$$

$$= \frac{(A + P)\,x^2 - (4A - Q - P)\,x + (13A + Q)}{x^3 - 3x^2 + 9x + 13}$$

Methode des Koeffizientenvergleichs führt zu dem Gleichungssystem

$$\left.\begin{aligned} A + P \quad &= 7 \\ 4A - Q - P &= 10 \\ 13A + Q \quad &= 37 \end{aligned}\right\} \rightarrow A = 3; \quad P = 4; \quad Q = -2$$

$$\int \frac{7x^2 - 10x + 37}{x^3 - 3x^2 + 9x + 13}\, dx$$

$$= 3 \int \frac{dx}{x + 1} + \int \frac{4x - 2}{x^2 - 4x + 13}\, dx$$

$$= 3 \ln |x + 1| + 2 \ln |x^2 - 4x + 13| + 2 \arctan \frac{x - 2}{3} + C$$

Fall 4

Die Gleichung $g(x) = 0$ hat neben *reellen Wurzeln* auch *mehrfache komplexe Wurzeln*. Dann erfolgt am besten wieder Zusammenfassung der Brüche, die durch die konjugiert komplexen Wurzeln entstehen. Die Zerlegung lautet z. B.

$$\frac{f(x)}{g(x)} = \frac{A_1}{(x - x_1)^3} + \frac{A_2}{(x - x_2)^2} + \frac{A_3}{x - x_1} + \frac{P_1 x + Q_1}{(x^2 + px + q)^2} + \frac{P_2 x + Q_2}{(x^2 + px + q)}$$

x_1 tritt in dem hier gewählten Beispiel als dreifache *reelle* Wurzel auf, und die konjugiert komplexen Wurzeln treten als zweifache Wurzeln auf.

Integration durch Reihenentwicklung

Läßt sich der Integrand in eine konvergente Potenzreihe $f(x) = a_0 + a_1 x + a_2 x^2 + \cdots$ entwickeln und liegen die Integrationsgrenzen innerhalb des Konvergenzbereiches, so gilt

$$\int_a^b f(x)\, dx = a_0 \int_a^b dx + a_1 \int_a^b x\, dx + a_2 \int_a^b x^2\, dx + \cdots$$

wobei

$$|a| < r \quad |b| < r \qquad r \text{ Konvergenzradius}$$

Anwendungen

Integralsinus $\mathrm{Si}(x) = \int_0^x \frac{\sin t}{t}\, dt = x - \frac{x^3}{3 \cdot 3!} + \frac{x^5}{5 \cdot 5!} - \frac{x^7}{7 \cdot 7!} + - \cdots \qquad |x| < \infty$

Integralcosinus $\mathrm{Ci}(x) = \int\limits_x^\infty \frac{\cos t}{t}\,\mathrm{d}t$

$$= C + \ln|x| - \frac{x^2}{2\cdot 2!} + \frac{x^4}{4\cdot 4!} - \frac{x^6}{6\cdot 6!} + - \cdots \quad |x| < \infty$$

C **(Eulersche Konstante)** $= 0{,}5772\ldots$

Exponentialintegral $\mathrm{Ei}(x) = \int\limits_{-\infty}^x \frac{\mathrm{e}^t}{t}\,\mathrm{d}t$

$$= C + \ln|x| + \frac{x}{1\cdot 1!} + \frac{x^2}{2\cdot 2!} + \frac{x^3}{3\cdot 3!} + \cdots \quad x < 0 \quad C \text{ s. o.}$$

Integrallogarithmus $\mathrm{Li}(x) = \int\limits_0^x \frac{\mathrm{d}t}{\ln t}$

$$= C + \ln|\ln x| + \frac{\ln x}{1\cdot 1!} + \frac{(\ln x)^2}{2\cdot 2!} + \frac{(\ln x)^3}{3\cdot 3!} + \cdots$$

$$0 < x < \infty \quad C \text{ s. o.}$$

Gaußsches Fehlerintegral $F(x) = \frac{1}{\sqrt{2\pi}} \int\limits_{-\infty}^x \mathrm{e}^{-\frac{t^2}{2}}\,\mathrm{d}t$

$$= \frac{1}{2} + \frac{1}{\sqrt{2\pi}} \left(\frac{x}{1} - \frac{x^3}{2\cdot 3\cdot 1!} + \frac{x^5}{2^2\cdot 5\cdot 2!} - \frac{x^7}{2^3\cdot 7\cdot 3!} + - \cdots \right) \quad |x| < \infty$$

10.4. Einige besondere Integrale

Die Integrationskonstante C ist zu addieren. Teilweise ist für $n \in N$ auch $n \in G$ möglich, diese Formeln sind jedoch doppelt angegeben. Es gilt jeweils $a \neq 0$.

10.4.1. Integrale rationaler Funktionen

1. $\int (ax + b)^n\,\mathrm{d}x = \frac{(ax + b)^{n+1}}{a(n + 1)} \qquad n \neq -1$

2. $\int \frac{\mathrm{d}x}{ax + b} = \frac{1}{a} \ln|ax + b|$

3. $\int x(ax+b)^n \, dx = \frac{(ax+b)^{n+2}}{a^2(n+2)} - \frac{b(ax+b)^{n+1}}{a^2(n+1)}$

$= \frac{a(n+1)x - b}{a^2(n+1)(n+2)}(ax+b)^{n+1} \qquad n \neq -1, -2$

4. $\int \frac{x \, dx}{ax+b} = \frac{x}{a} - \frac{b}{a^2} \ln |ax+b|$

5. $\int \frac{x \, dx}{(ax+b)^2} = \frac{b}{a^2(ax+b)} + \frac{1}{a^2} \ln |ax+b|$

6. $\int \frac{x \, dx}{(ax+b)^n} = \frac{a(1-n)x - b}{a^2(n-1)(n-2)(ax+b)^{n-1}} \qquad n \neq 1, 2$

7. $\int x^2(ax+b)^n \, dx = \frac{1}{a^3}\left[\frac{(ax+b)^{n+3}}{n+3} - \frac{2b(ax+b)^{n+2}}{n+2}\right.$

$\left. + \frac{b^2(ax+b)^{n+1}}{n+1}\right] \qquad n \neq -1, -2, -3$

8. $\int \frac{x^2 \, dx}{ax+b} = \frac{1}{a^3}\left[\frac{(ax+b)^2}{2} - 2b(ax+b) + b^2 \ln |ax+b|\right]$

9. $\int \frac{x^2 \, dx}{(ax+b)^2} = \frac{1}{a^3}\left[ax+b - 2b \ln |ax+b| - \frac{b^2}{ax+b}\right]$

10. $\int \frac{x^2 \, dx}{(ax+b)^3} = \frac{1}{a^3}\left[\ln |ax+b| + \frac{2b}{ax+b} - \frac{b^2}{2(ax+b)^2}\right]$

11. $\int \frac{x^2 \, dx}{(ax+b)^n} = \frac{1}{a^3}\left[-\frac{1}{(n-3)(ax+b)^{n-3}}\right.$

$\left. + \frac{2b}{(n-2)(ax+b)^{n-2}} - \frac{b^2}{(n-1)(ax+b)^{n-1}}\right]$

$n \neq 1, 2, 3$

12. $\int \frac{dx}{(x^2+a)^n}$

$= \frac{x}{(n-1)\,2a(x^2+a)^{n-1}} + \frac{2n-3}{(n-1)\,2a}\int \frac{dx}{(x^2+a)^{n-1}} \qquad n \neq 1$

13. $\int \frac{dx}{x(ax+b)} = -\frac{1}{b} \ln \left|\frac{ax+b}{x}\right| \qquad b \neq 0$

14. $$\int \frac{dx}{x(ax+b)^2} = -\frac{1}{b^2}\left(\ln\left|\frac{ax+b}{x}\right| - \frac{b}{ax+b}\right) \qquad b \neq 0$$

15. $$\int \frac{dx}{x^2(ax+b)} = -\frac{1}{bx} + \frac{a}{b^2}\ln\left|\frac{ax+b}{x}\right| \qquad b \neq 0$$

16. $$\int \frac{dx}{x^2(ax+b)^2} = -a\left[\frac{1}{b^2(ax+b)} + \frac{1}{ab^2x} - \frac{2}{b^3}\ln\left|\frac{ax+b}{x}\right|\right] \qquad b \neq 0$$

17. $$\int \frac{dx}{x^2+a^2} = \frac{1}{a}\arctan\frac{x}{a}$$

18. $$\int \frac{dx}{x^2-a^2} = \begin{cases} \frac{1}{2a}\ln\frac{a-x}{a+x} & \text{für } |x| < a \\ -\frac{1}{a}\operatorname{artanh}\frac{x}{a} & \text{für } |x| < a \\ -\frac{1}{a}\operatorname{arcoth}\frac{x}{a} & \text{für } |x| > a \end{cases}$$

19. $$\int \frac{dx}{ax^2+bx+c} = \begin{cases} -\frac{2}{2ax+b} \\ \text{für } 4ac-b^2=0 \\ \frac{2}{\sqrt{4ac-b^2}}\arctan\frac{2ax+b}{\sqrt{4ac-b^2}} \\ \text{für } 4ac-b^2>0 \\ -\frac{2}{\sqrt{b^2-4ac}}\operatorname{artanh}\frac{2ax+b}{\sqrt{b^2-4ac}} \\ \text{für } 4ac-b^2<0 \\ \frac{1}{\sqrt{b^2-4ac}}\ln\left|\frac{2ax+b-\sqrt{b^2-4ac}}{2ax+b+\sqrt{b^2-4ac}}\right| \\ \text{für } 4ac-b^2<0 \end{cases}$$

20. $$\int \frac{x\,dx}{ax^2+bx+c}$$
$$= \frac{1}{2a}\ln|ax^2+bx+c| - \frac{b}{2a}\int\frac{dx}{ax^2+bx+c}$$

21. $$\int \frac{mx+n}{ax^2+bx+c}\,dx = \begin{cases} \dfrac{m}{2a}\ln|ax^2+bx+c| \\ \quad + \dfrac{2an-bm}{a\sqrt{4ac-b^2}}\arctan\dfrac{2ax+b}{\sqrt{4ac-b^2}} \\ \text{für}\quad 4ac-b^2>0 \\ \dfrac{m}{2a}\ln|ax^2+bx+c| \\ \quad - \dfrac{2an-bm}{a\sqrt{b^2-4ac}}\operatorname{artanh}\dfrac{2ax+b}{\sqrt{b^2-4ac}} \\ \text{für}\quad 4ac-b^2<0 \end{cases}$$

22. $$\int \frac{dx}{(ax^2+bx+c)^n} = \frac{2ax+b}{(n-1)(4ac-b^2)(ax^2+bx+c)^{n-1}}$$
$$+ \frac{(2n-3)\,2a}{(n-1)(4ac-b^2)}\int\frac{dx}{(ax^2+bx+c)^{n-1}} \qquad n>1,\quad 4ac-b^2 \neq 0$$

23. $$\int \frac{x\,dx}{(ax^2+bx+c)^n} = -\frac{bx+2c}{(n-1)(4ac-b^2)(ax^2+bx+c)^{n-1}}$$
$$- \frac{b(2n-3)}{(n-1)(4ac-b^2)}\int\frac{dx}{(ax^2+bx+c)^{n-1}} \qquad n>1,\quad 4ac-b^2 \neq 0$$

24. $$\int \frac{dx}{x(ax^2+bx+c)}$$
$$= \frac{1}{2c}\ln\left|\frac{x^2}{ax^2+bx+c}\right| - \frac{b}{2c}\int\frac{dx}{ax^2+bx+c} \qquad c \neq 0$$

10.4.2. Integrale irrationaler Funktionen (Radikand > 0)

1. $$\int \sqrt{a^2-x^2}\,dx = \frac{x}{2}\sqrt{a^2-x^2} + \frac{a^2}{2}\arcsin\frac{x}{a}$$

2. $$\int x\sqrt{a^2-x^2}\,dx = -\frac{1}{3}\sqrt{(a^2-x^2)^3}$$

3. $$\int x^2\sqrt{a^2-x^2}\,dx$$
$$= -\frac{x}{4}\sqrt{(a^2-x^2)^3} + \frac{a^2}{8}\left(x\sqrt{a^2-x^2} + a^2\arcsin\frac{x}{a}\right)$$

4. $$\int \frac{\sqrt{a^2 - x^2}\,\mathrm{d}x}{x} = \sqrt{a^2 - x^2} - a \ln \left| \frac{a + \sqrt{a^2 - x^2}}{x} \right|$$

5. $$\int \frac{\sqrt{a^2 - x^2}\,\mathrm{d}x}{x^2} = -\frac{\sqrt{a^2 - x^2}}{x} - \arcsin \frac{x}{a}$$

6. $$\int \frac{\mathrm{d}x}{\sqrt{a^2 - x^2}} = \arcsin \frac{x}{a}$$

7. $$\int \frac{x\,\mathrm{d}x}{\sqrt{a^2 - x^2}} = -\sqrt{a^2 - x^2}$$

8. $$\int \frac{x^2\,\mathrm{d}x}{\sqrt{a^2 - x^2}} = -\frac{x}{2}\sqrt{a^2 - x^2} + \frac{a^2}{2} \arcsin \frac{x}{a}$$

9. $$\int \frac{\mathrm{d}x}{x\sqrt{a^2 - x^2}} = -\frac{1}{a} \ln \left| \frac{a + \sqrt{a^2 - x^2}}{x} \right|$$

10. $$\int \frac{\mathrm{d}x}{x^2\sqrt{a^2 - x^2}} = -\frac{\sqrt{a^2 - x^2}}{a^2 x}$$

11. $$\int \sqrt{x^2 + a^2}\,\mathrm{d}x = \frac{x}{2}\sqrt{x^2 + a^2} + \frac{a^2}{2} \operatorname{arsinh} \frac{x}{a} + C_1$$
$$= \frac{x}{2}\sqrt{x^2 + a^2} + \frac{a^2}{2} \ln\left(x + \sqrt{x^2 + a^2}\right) + C_2$$

12. $$\int x\sqrt{x^2 + a^2}\,\mathrm{d}x = \frac{1}{3}\sqrt{(x^2 + a^2)^3}$$

13. $$\int x^2\sqrt{x^2 + a^2}\,\mathrm{d}x$$
$$= \frac{x}{4}\sqrt{(x^2 + a^2)^3} - \frac{a^2}{8}\left(x\sqrt{x^2 + a^2} + a^2 \operatorname{arsinh} \frac{x}{a}\right) + C_1$$
$$= \frac{x}{4}\sqrt{(x^2 + a^2)^3} - \frac{a^2}{8}\left(x\sqrt{x^2 + a^2} + a^2 \ln\left|x + \sqrt{x^2 + a^2}\right|\right) + C_2$$

14. $$\int \frac{\sqrt{x^2 + a^2}\,\mathrm{d}x}{x} = \sqrt{x^2 + a^2} - a \ln \left| \frac{a + \sqrt{x^2 + a^2}}{x} \right|$$

15. $$\int \frac{\sqrt{x^2 + a^2}\,\mathrm{d}x}{x^2} = -\frac{\sqrt{x^2 + a^2}}{x} + \operatorname{arsinh} \frac{x}{a} + C_1$$
$$= -\frac{\sqrt{x^2 + a^2}}{x} + \ln\left(x + \sqrt{x^2 + a^2}\right) + C_2$$

16. $\displaystyle\int \frac{dx}{\sqrt{x^2 + a^2}} = \operatorname{arsinh}\frac{x}{a} + C_1 = \ln\left(x + \sqrt{x^2 + a^2}\right) + C_2$

17. $\displaystyle\int \frac{x\,dx}{\sqrt{x^2 + a^2}} = \sqrt{x^2 + a^2}$

18. $\displaystyle\int \frac{x^2\,dx}{\sqrt{x^2 + a^2}} = \frac{x}{2}\sqrt{x^2 + a^2} - \frac{a^2}{2}\operatorname{arsinh}\frac{x}{a} + C_1$

$$= \frac{x}{2}\sqrt{x^2 + a^2} - \frac{a^2}{2}\ln\left(x + \sqrt{x^2 + a^2}\right) + C_2$$

19. $\displaystyle\int \frac{dx}{x\sqrt{x^2 + a^2}} = -\frac{1}{a}\ln\left|\frac{a + \sqrt{x^2 + a^2}}{x}\right|$

20. $\displaystyle\int \frac{dx}{x^2\sqrt{x^2 + a^2}} = -\frac{\sqrt{x^2 + a^2}}{a^2 x}$

21. $\displaystyle\int \sqrt{x^2 - a^2}\,dx = \frac{x}{2}\sqrt{x^2 - a^2} - \frac{a^2}{2}\operatorname{arcosh}\left|\frac{x}{a}\right| + C_1$

$$= \frac{x}{2}\sqrt{x^2 - a^2} - \frac{a^2}{2}\ln\left|x + \sqrt{x^2 - a^2}\right| + C_2$$

22. $\displaystyle\int x\sqrt{x^2 - a^2}\,dx = \frac{1}{3}\sqrt{(x^2 - a^2)^3}$

23. $\displaystyle\int x^2\sqrt{x^2 - a^2}\,dx$

$$= \frac{x}{4}\sqrt{(x^2 - a^2)^3} + \frac{a^2}{8}\left(x\sqrt{x^2 - a^2} - a^2\operatorname{arcosh}\frac{x}{a}\right) + C_1$$

$$= \frac{x}{4}\sqrt{(x^2 - a^2)^3} + \frac{a^2}{8}\left(x\sqrt{x^2 - a^2} - a^2\ln\left|x + \sqrt{x^2 - a^2}\right|\right) + C_2$$

24. $\displaystyle\int \frac{\sqrt{x^2 - a^2}\,dx}{x} = \sqrt{x^2 - a^2} - a\arccos\frac{a}{x}$

25. $\displaystyle\int \frac{\sqrt{x^2 - a^2}\,dx}{x^2} = -\frac{\sqrt{x^2 - a^2}}{x} + \operatorname{arcosh}\frac{x}{a} + C_1$

$$= -\frac{\sqrt{x^2 - a^2}}{x} + \ln\left|x \pm \sqrt{x^2 - a^2}\right| + C_2$$

26. $\displaystyle\int \frac{dx}{\sqrt{x^2 - a^2}} = \operatorname{arcosh}\frac{x}{a} + C_1 = \ln\left|x \pm \sqrt{x^2 - a^2}\right| + C_2$

27. $\displaystyle\int \frac{x\,dx}{\sqrt{x^2 - a^2}} = \sqrt{x^2 - a^2}$

28. $$\int \frac{x^2\,dx}{\sqrt{x^2-a^2}} = \frac{x}{2}\sqrt{x^2-a^2} + \frac{a^2}{2}\operatorname{arcosh}\left|\frac{x}{a}\right| + C_1$$
$$= \frac{x}{2}\sqrt{x^2-a^2} + \frac{a^2}{2}\ln\left|x \pm \sqrt{x^2-a^2}\right| + C_2$$

29. $$\int \frac{dx}{x\sqrt{x^2-a^2}} = \frac{1}{a}\operatorname{arccos}\frac{a}{x}$$

30. $$\int \frac{dx}{x^2\sqrt{x^2-a^2}} = \frac{\sqrt{x^2-a^2}}{a^2x}$$

31. $$\int \sqrt{ax^2+bx+c}\,dx$$
$$= \frac{(2ax+b)\sqrt{ax^2+bx+c}}{4a} + \frac{4ac-b^2}{8a}\int \frac{dx}{\sqrt{ax^2+bx+c}}$$

32. $$\int x\sqrt{ax^2+bx+c}\,dx$$
$$= \frac{\left(\sqrt{ax^2+bx+c}\right)^3}{3a} - \frac{b(2ax+b)\sqrt{ax^2+bx+c}}{8a^2}$$
$$- \frac{b(4ac-b^2)}{16a^2}\int \frac{dx}{\sqrt{ax^2+bx+c}}$$

33. $$\int x^2\sqrt{ax^2+bx+c}\,dx$$
$$= \frac{6ax-5b}{24a^2}\left(\sqrt{ax^2+bx+c}\right)^3 + \frac{5b^2-4ac}{16a^2}\int \sqrt{ax^2+bx+c}\,dx$$

34. $$\int \frac{dx}{\sqrt{ax^2+bx+c}} = \begin{cases} \frac{1}{\sqrt{a}}\ln\left|2\sqrt{a(ax^2+bx+c)}+2ax+b\right| + C_1 \\ \frac{1}{\sqrt{a}}\operatorname{arsinh}\frac{2ax+b}{\sqrt{4ac-b^2}} + C_2 \\ \text{für}\quad 4ac-b^2>0 \\ \frac{1}{\sqrt{a}}\ln|2ax+b| + C_3 \\ \text{für}\quad 4ac-b^2=0 \\ -\frac{1}{\sqrt{-a}}\arcsin\frac{2ax+b}{\sqrt{b^2-4ac}} + C_4 \\ \text{für}\quad 4ac-b^2<0 \end{cases}$$

35. $$\int \frac{x\,dx}{\sqrt{ax^2+bx+c}} = \frac{\sqrt{ax^2+bx+c}}{a} - \frac{b}{2a}\int \frac{dx}{\sqrt{ax^2+bx+c}}$$

36. $$\int \frac{x^2\,dx}{\sqrt{ax^2+bx+c}}$$
$$= \frac{2ax-3b}{4a^2}\sqrt{ax^2+bx+c} + \frac{3b^2-4ac}{8a^2}\int \frac{dx}{\sqrt{ax^2+bx+c}}$$

10.4.3. Integrale trigonometrischer Funktionen $(c \neq 0)$

1. $$\int \sin cx\,dx = -\frac{1}{c}\cos cx$$

2. $$\int \sin^n cx\,dx = -\frac{\sin^{n-1} cx \cos cx}{nc} + \frac{n-1}{n}\int \sin^{n-2} cx\,dx \qquad n > 0$$

3. $$\int x \sin cx\,dx = \frac{\sin cx}{c^2} - \frac{x \cos cx}{c}$$

4. $$\int x^n \sin cx\,dx = -\frac{x^n}{c}\cos cx + \frac{n}{c}\int x^{n-1}\cos cx\,dx \qquad n > 0$$

5. $$\int \frac{\sin cx}{x}\,dx = cx - \frac{(cx)^3}{3\cdot 3!} + \frac{(cx)^5}{5\cdot 5!} - + \cdots$$

6. $$\int \frac{\sin cx}{x^n}\,dx = -\frac{1}{n-1}\frac{\sin cx}{x^{n-1}} + \frac{c}{n-1}\int \frac{\cos cx}{x^{n-1}}\,dx$$

7. $$\int \frac{dx}{\sin cx} = \frac{1}{c}\ln\left|\tan\frac{cx}{2}\right| = \frac{1}{c}\ln|\operatorname{cosec} cx - \cot cx|$$

8. $$\int \frac{dx}{\sin^n cx} = -\frac{1}{c(n-1)}\frac{\cos cx}{\sin^{n-1} cx} + \frac{n-2}{n-1}\int \frac{dx}{\sin^{n-2} cx} \qquad (n > 1)$$

9. $$\int \frac{dx}{1 \pm \sin cx} = \frac{1}{c}\tan\left(\frac{cx}{2} \mp \frac{\pi}{4}\right)$$

10. $$\int \frac{x\,dx}{1+\sin cx} = \frac{x}{c}\tan\left(\frac{cx}{2} - \frac{\pi}{4}\right) + \frac{2}{c^2}\ln\left|\cos\left(\frac{cx}{2} - \frac{\pi}{4}\right)\right|$$

11. $$\int \frac{x\,dx}{1-\sin cx} = \frac{x}{c}\cot\left(\frac{\pi}{4} - \frac{cx}{2}\right) + \frac{2}{c^2}\ln\left|\sin\left(\frac{\pi}{4} - \frac{cx}{2}\right)\right|$$

12. $$\int \frac{\sin cx\,dx}{1 \pm \sin cx} = \pm x + \frac{1}{c}\tan\left(\frac{\pi}{4} \mp \frac{cx}{2}\right)$$

13. $$\int \cos cx\,dx = \frac{1}{c}\sin cx$$

14. $$\int \cos^n cx \,\mathrm{d}x = \frac{\cos^{n-1} cx \sin cx}{nc} + \frac{n-1}{n} \int \cos^{n-2} cx \,\mathrm{d}x \quad n > 0$$

15. $$\int x \cos cx \,\mathrm{d}x = \frac{\cos cx}{c^2} + \frac{x \sin cx}{c}$$

16. $$\int x^n \cos cx \,\mathrm{d}x = \frac{x^n \sin cx}{c} - \frac{n}{c} \int x^{n-1} \sin cx \,\mathrm{d}x$$

17. $$\int \frac{\cos cx}{x} \,\mathrm{d}x = \ln |cx| - \frac{(cx)^2}{2 \cdot 2!} + \frac{(cx)^4}{4 \cdot 4!} - + \cdots$$

18. $$\int \frac{\cos cx}{x^n} \,\mathrm{d}x = -\frac{\cos cx}{(n-1)\,x^{n-1}} - \frac{c}{n-1} \int \frac{\sin cx \,\mathrm{d}x}{x^{n-1}} \qquad n \neq 1$$

19. $$\int \frac{\mathrm{d}x}{\cos cx} = \frac{1}{c} \ln \left| \tan \left(\frac{cx}{2} + \frac{\pi}{4} \right) \right| = \frac{1}{c} \ln |\sec cx + \tan cx|$$

20. $$\int \frac{\mathrm{d}x}{\cos^n cx} = \frac{1}{c(n-1)} \frac{\sin cx}{\cos^{n-1} cx} + \frac{n-2}{n-1} \int \frac{\mathrm{d}x}{\cos^{n-2} cx} \qquad n > 1$$

21. $$\int \frac{\mathrm{d}x}{1 + \cos cx} = \frac{1}{c} \tan \frac{cx}{2}$$

22. $$\int \frac{\mathrm{d}x}{1 - \cos cx} = -\frac{1}{c} \cot \frac{cx}{2}$$

23. $$\int \frac{x \,\mathrm{d}x}{1 + \cos cx} = \frac{x}{c} \tan \frac{cx}{2} + \frac{2}{c^2} \ln \left| \cos \frac{cx}{2} \right|$$

24. $$\int \frac{x \,\mathrm{d}x}{1 - \cos cx} = -\frac{x}{c} \cot \frac{cx}{2} + \frac{2}{c^2} \ln \left| \sin \frac{cx}{2} \right|$$

25. $$\int \frac{\cos cx \,\mathrm{d}x}{1 + \cos cx} = x - \frac{1}{c} \tan \frac{cx}{2}$$

26. $$\int \frac{\cos cx \,\mathrm{d}x}{1 - \cos cx} = -x - \frac{1}{c} \cot \frac{cx}{2}$$

27. $$\int \frac{\mathrm{d}x}{\cos cx \pm \sin cx} = \frac{1}{c\sqrt{2}} \ln \left| \tan \left(\frac{cx}{2} \pm \frac{\pi}{8} \right) \right|$$

28. $$\int \frac{\mathrm{d}x}{(\cos cx \pm \sin cx)^2} = \frac{1}{2c} \tan \left(cx \mp \frac{\pi}{4} \right)$$

29. $$\int \frac{\cos cx\,dx}{\cos cx \pm \sin cx} = \frac{x}{2} \pm \frac{1}{2c} \ln |\sin cx + \cos cx|$$

30. $$\int \frac{\sin cx\,dx}{\cos cx \pm \sin cx} = \pm \frac{x}{2} - \frac{1}{2c} \ln |\sin cx \pm \cos cx|$$

31. $$\int \frac{\cos cx\,dx}{\sin cx\,(1 \pm \cos cx)} = -\frac{1}{2c(1 \pm \cos cx)} \pm \frac{1}{2c} \ln \left|\tan \frac{cx}{2}\right|$$

32. $$\int \frac{\sin cx\,dx}{\cos cx\,(1 \pm \sin cx)}$$

$$= \frac{1}{2c(1 \pm \sin cx)} \pm \frac{1}{2c} \ln \left|\tan \left(\frac{cx}{2} + \frac{\pi}{4}\right)\right|$$

33. $$\int \sin cx \cos cx\,dx = \frac{1}{2c} \sin^2 cx$$

Unterschiedliche Winkel

34. $$\int \sin c_1x \sin c_2x\,dx = \frac{\sin (c_1 - c_2)\,x}{2(c_1 - c_2)} - \frac{\sin (c_1 + c_2)\,x}{2(c_1 + c_2)} \qquad |c_1| \neq |c_2|$$

35. $$\int \cos c_1x \cos c_2x\,dx = \frac{\sin (c_1 - c_2)\,x}{2(c_1 - c_2)} + \frac{\sin (c_1 + c_2)\,x}{2(c_1 + c_2)} \qquad |c_1| \neq |c_2|$$

36. $$\int \sin c_1x \cos c_2x\,dx = -\frac{\cos (c_1 + c_2)\,x}{2(c_1 + c_2)} - \frac{\cos (c_1 - c_2)\,x}{2(c_1 - c_2)} \qquad |c_1| \neq |c_2|$$

37. $$\int \sin cx \sin (cx + \varphi)\,dx = -\frac{1}{4c} \sin (2cx + \varphi) + \frac{x}{2} \cos \varphi$$

38. $$\int \sin cx \cos (cx + \varphi)\,dx = -\frac{1}{4c} \cos (2cx + \varphi) - \frac{x}{2} \sin \varphi$$

39. $$\int \cos cx \cos (cx + \varphi)\,dx = \frac{1}{4c} \sin (2cx + \varphi) + \frac{x}{2} \cos \varphi$$

40. $$\int \sin^n cx \cos cx\,dx = \frac{1}{c(n+1)} \sin^{n+1} cx \qquad n \neq -1$$

41. $$\int \sin cx \cos^n cx\,dx = -\frac{1}{c(n+1)} \cos^{n+1} cx \qquad n \neq -1$$

42. $\int \sin^n cx \cos^m cx \, dx$

$$= -\frac{\sin^{n-1} cx \cos^{m+1} cx}{c(n+m)} + \frac{n-1}{n+m} \int \sin^{n-2} cx \cos^m cx \, dx$$

$$= \frac{\sin^{n+1} cx \cos^{m-1} cx}{c(n+m)} + \frac{m-1}{n+m} \int \sin^n cx \cos^{m-2} cx \, dx$$

$m, n > 0$

43. $$\int \frac{dx}{\sin cx \cos cx} = \frac{1}{c} \ln |\tan cx|$$

44. $$\int \frac{dx}{\sin cx \cos^n cx} = \frac{1}{c(n-1) \cos^{n-1} cx} + \int \frac{dx}{\sin cx \cos^{n-2} cx}$$

$n \neq 1$

45. $$\int \frac{dx}{\sin^n cx \cos cx} = -\frac{1}{c(n-1) \sin^{n-1} cx} + \int \frac{dx}{\sin^{n-2} cx \cos cx}$$

$n \neq 1$

46. $$\int \frac{dx}{\sin^n cx + \cos^m cx}$$

$$= -\frac{1}{c(n-1)} \frac{1}{\sin^{n-1} cx \cos^{m-1} cx} + \frac{n+m-2}{n-1} \int \frac{dx}{\sin^{n-2} cx \cos^m cx}$$

für $m > 0, \quad n < 1$

$$= \frac{1}{c(m-1)} \frac{1}{\sin^{n-1} cx \cos^{m-1} cx} + \frac{n+m-2}{m-1} \int \frac{dx}{\sin^n cx \cos^{m-1} cx}$$

für $m > 1, \quad n > 0$

47. $$\int \frac{\sin cx \, dx}{\cos^n cx} = \frac{1}{c(n-1) \cos^{n-1} cx} \qquad n \neq 1$$

48. $$\int \frac{\sin^2 cx \, dx}{\cos cx} = -\frac{1}{c} \sin cx + \frac{1}{c} \ln \left| \tan \left(\frac{\pi}{4} + \frac{cx}{2} \right) \right|$$

49. $$\int \frac{\sin^2 cx \, dx}{\cos^n cx} = \frac{\sin cx}{c(n-1) \cos^{n-1} cx} - \frac{1}{n-1} \int \frac{dx}{\cos^{n-2} cx}$$

$n \neq 1$

50. $$\int \frac{\sin^n cx \, dx}{\cos cx} = -\frac{\sin^{n-1} cx}{c(n-1)} + \int \frac{\sin^{n-2} cx \, dx}{\cos cx} \qquad n \neq 1$$

51. $$\int \frac{\sin^n cx \, dx}{\cos^m cx} = \frac{\sin^{n+1} cx}{c(m-1) \cos^{m-1} cx} - \frac{n-m+2}{m-1} \int \frac{\sin^n cx \, dx}{\cos^{m-2} cx}$$

$m \neq 1$

$$= -\frac{\sin^{n-1} cx}{c(n-m)\cos^{m-1} cx} + \frac{n-1}{n-m}\int \frac{\sin^{n-2} cx\,dx}{\cos^m cx} \qquad m \neq n$$

$$= \frac{\sin^{n-1} cx}{c(m-1)\cos^{m-1} cx} - \frac{n-1}{m-1}\int \frac{\sin^{n-1} cx\,dx}{\cos^{m-2} cx} \qquad m \neq 1$$

52. $$\int \frac{\cos cx\,dx}{\sin^n cx} = -\frac{1}{c(n-1)\sin^{n-1} cx} \qquad n \neq 1$$

53. $$\int \frac{\cos^2 cx\,dx}{\sin cx} = \frac{1}{c}\left(\cos cx + \ln\left|\tan \frac{cx}{2}\right|\right)$$

54. $$\int \frac{\cos^2 cx\,dx}{\sin^n cx} = -\frac{1}{n-1}\left(\frac{\cos cx}{c\sin^{n-1} cx} + \int \frac{dx}{\sin^{n-2} cx}\right) \qquad n \neq 1$$

55. $$\int \frac{\cos^n cx\,dx}{\sin cx} = \frac{\cos^{n-1} cx}{c(n-1)} + \int \frac{\cos^{n-2} cx\,dx}{\sin cx} \qquad n \neq 1$$

56. $$\int \frac{\cos^n cx\,dx}{\sin^m cx} = -\frac{\cos^{n+1} cx}{c(m-1)\sin^{m-1} cx} - \frac{n-m+2}{m-1}\int \frac{\cos^n cx\,dx}{\sin^{m-2} cx} \qquad \text{für } m \neq 1$$

$$= \frac{\cos^{n-1} cx}{c(n-m)\sin^{m-1} cx} + \frac{n-1}{n-m}\int \frac{\cos^{n-2} cx\,dx}{\sin^m cx} \qquad \text{für } m \neq n$$

$$= -\frac{\cos^{n-1} cx}{c(m-1)\sin^{m-1} cx} - \frac{n-1}{m-1}\int \frac{\cos^{n-2} cx\,dx}{\sin^{m-2} cx} \qquad \text{für } m \neq 1$$

57. $$\int \tan cx\,dx = -\frac{1}{c}\ln|\cos cx|$$

58. $$\int \tan^n cx\,dx = \frac{1}{c(n-1)}\tan^{n-1} cx - \int \tan^{n-2} cx\,dx \qquad n \neq 1$$

59. $$\int \frac{\tan^n cx\,dx}{\cos^2 cx} = \frac{1}{c(n+1)}\tan^{n+1} cx \qquad n \neq -1$$

60. $$\int \frac{dx}{\tan cx \pm 1} = \pm\frac{x}{2} + \frac{1}{2c}\ln|\sin cx \pm \cos cx|$$

61. $$\int \frac{\tan cx\,dx}{\tan cx \pm 1} = \int \frac{dx}{1 \pm \cot cx} = \frac{x}{2} \mp \frac{1}{2c}\ln|\sin cx \pm \cos cx|$$

62. $\int \cot cx \, \mathrm{d}x = \frac{1}{c} \ln |\sin cx|$

63. $\int \cot^n cx \, \mathrm{d}x = -\frac{1}{c(n-1)} \cot^{n-1} cx - \int \cot^{n-2} cx \, \mathrm{d}x \quad n \neq 1$

64. $\int \frac{\cot^n cx \, \mathrm{d}x}{\sin^2 cx} = -\frac{1}{c(n+1)} \cot^{n+1} cx \qquad n \neq -1$

10.4.4. Integrale der Hyperbelfunktionen

1. $\int \sinh cx \, \mathrm{d}x = \frac{1}{c} \cosh cx$

2. $\int \cosh cx \, \mathrm{d}x = \frac{1}{c} \sinh cx$

3. $\int \sinh^n cx \, \mathrm{d}x$

$$= \frac{1}{cn} \sinh^{n-1} cx \cosh cx - \frac{n-1}{n} \int \sinh^{n-2} cx \, \mathrm{d}x \qquad \text{für } n > 0$$

$$= \frac{1}{c(n+1)} \sinh^{n+1} cx \cosh cx - \frac{n+2}{n+1} \int \sinh^{n+2} cx \, \mathrm{d}x$$

für $n < 0; n \neq -1$

4. $\int \cosh^n cx \, \mathrm{d}x$

$$= \frac{1}{cn} \sinh cx \cosh^{n-1} cx + \frac{n-1}{n} \int \cosh^{n-2} cx \, \mathrm{d}x \qquad \text{für } n > 0$$

$$= -\frac{1}{c(n+1)} \sinh cx \cosh^{n+1} cx + \frac{n+2}{n+1} \int \cosh^{n+2} cx \, \mathrm{d}x$$

für $n < 0; n \neq -1$

5. $\int \frac{\mathrm{d}x}{\sinh cx} = \frac{1}{c} \ln \left| \tanh \frac{cx}{2} \right|$

6. $\int \frac{\mathrm{d}x}{\cosh cx} = \frac{2}{c} \arctan \mathrm{e}^{cx}$

7. $\int \frac{\mathrm{d}x}{\cosh^2 cx} = \frac{1}{c} \tanh cx$

8. $\int \frac{\mathrm{d}x}{\sinh^2 cx} = -\frac{1}{c} \coth cx$

9. $\int \frac{\cosh^n cx}{\sinh^m cx}\,dx$

$$= \frac{1}{c(n-m)} \frac{\cosh^{n-1} cx}{\sinh^{m-1} cx} + \frac{n-1}{n-m} \int \frac{\cosh^{n-2} cx}{\sinh^m cx}\,dx \qquad m \neq n$$

$$= -\frac{1}{c(m-1)} \frac{\cosh^{n+1} cx}{\sinh^{m-1} cx} + \frac{n-m+2}{m-1} \int \frac{\cosh^n cx}{\sinh^{m-2} cx}\,dx \qquad m \neq 1$$

$$= -\frac{1}{c(m-1)} \frac{\cosh^{n-1} cx}{\sinh^{m-1} cx} + \frac{n-1}{m-1} \int \frac{\cosh^{n-2} cx}{\sinh^{m-2} cx}\,dx \qquad m \neq 1$$

10. $\int \frac{\sinh^m cx}{\cosh^n cx}\,dx$

$$= \frac{1}{c(m-n)} \frac{\sinh^{m-1} cx}{\cosh^{n-1} cx} - \frac{m-1}{m-n} \int \frac{\sinh^{m-2} cx}{\cosh^n cx}\,dx \qquad m \neq n$$

$$= \frac{1}{c(n-1)} \frac{\sinh^{m+1} cx}{\cosh^{n-1} cx} - \frac{m-n+2}{n-1} \int \frac{\sinh^m cx}{\cosh^{n-2} cx}\,dx \qquad n \neq 1$$

$$= -\frac{1}{c(n-1)} \frac{\sinh^{m-1} cx}{\cosh^{n-1} cx} + \frac{m-1}{n-1} \int \frac{\sinh^{m-2} cx}{\cosh^{n-2} cx}\,dx \qquad n \neq 1$$

11. $\int x \sinh cx\,dx = \frac{1}{c}\, x \cosh cx - \frac{1}{c^2} \sinh cx$

12. $\int x \cosh cx\,dx = \frac{1}{c}\, x \sinh cx - \frac{1}{c^2} \cosh cx$

13. $\int \tanh cx\,dx = \frac{1}{c} \ln |\cosh cx|$

14. $\int \coth cx\,dx = \frac{1}{c} \ln |\sinh cx|$

15. $$\int \tanh^n cx\,dx = -\frac{1}{c(n-1)} \tanh^{n-1} cx + \int \tanh^{n-2} cx\,dx \qquad n \neq 1$$

16. $$\int \coth^n cx\,dx = -\frac{1}{c(n-1)} \coth^{n-1} cx + \int \coth^{n-2} cx\,dx \qquad n \neq 1$$

17. $\int \sinh bx \sinh cx\,dx$

$$= \frac{1}{b^2 - c^2} (b \sinh cx \cosh bx - c \cosh cx \sinh bx) \qquad b^2 \neq c^2$$

18. $\int \cosh bx \cosh cx \, \mathrm{d}x$

$$= \frac{1}{b^2 - c^2} (b \sinh bx \cosh cx - c \sinh cx \cosh bx) \qquad b^2 \neq c^2$$

19. $\int \cosh bx \sinh cx \, \mathrm{d}x$

$$= \frac{1}{b^2 - c^2} (b \sinh bx \sinh cx - c \cosh bx \cosh cx) \qquad b^2 \neq c^2$$

20. $\int \sinh (ax + b) \sin (cx + d) \, \mathrm{d}x$

$$= \frac{a}{a^2 + c^2} \cosh (ax + b) \sin (cx + d)$$

$$- \frac{c}{a^2 + c^2} \sinh (ax + b) \cos (cx + d)$$

21. $\int \sinh (ax + b) \cos (cx + d) \, \mathrm{d}x$

$$= \frac{a}{a^2 + c^2} \cosh (ax + b) \cos (cx + d)$$

$$+ \frac{c}{a^2 + c^2} \sinh (ax + b) \sin (cx + d)$$

22. $\int \cosh (ax + b) \cos (cx + d) \, \mathrm{d}x$

$$= \frac{a}{a^2 + c^2} \sinh (ax + b) \cos (cx + d)$$

$$+ \frac{c}{a^2 + c^2} \cosh (ax + b) \sin (cx + d)$$

10.4.5. Integrale der Exponentialfunktionen ($c \neq 0$)

1. $\int a^x \, \mathrm{d}x = \frac{a^x}{\ln a} \qquad a \neq 1 \qquad a > 0$

2. $\int \mathrm{e}^{cx} \, \mathrm{d}x = \frac{1}{c} \mathrm{e}^{cx}$

3. $\int x \, \mathrm{e}^{cx} \, \mathrm{d}x = \frac{\mathrm{e}^{cx}}{c^2} (cx - 1)$

4. $\int x^n \mathrm{e}^{cx} \, \mathrm{d}x = \frac{1}{c} x^n \mathrm{e}^{cx} - \frac{n}{c} \int x^{n-1} \mathrm{e}^{cx} \, \mathrm{d}x$

5. $\int \frac{\mathrm{e}^{cx} \, \mathrm{d}x}{x} = \ln |x| + \frac{cx}{1 \cdot 1!} + \frac{(cx)^2}{2 \cdot 2!} + \cdots$

6. $$\int \frac{e^{cx}\,dx}{x^n} = \frac{1}{n-1}\left(-\frac{e^{cx}}{x^{n-1}} + c\int \frac{e^{cx}\,dx}{x^{n-1}}\right) \qquad n \neq 1$$

7. $$\int e^{cx} \ln x\,dx = \frac{1}{c}\left(e^{cx} \ln |x| - \int \frac{e^{cx}\,dx}{x}\right)$$

8. $$\int e^{cx} \sin bx\,dx = \frac{e^{cx}}{c^2+b^2}(c \sin bx - b \cos bx)$$

9. $$\int e^{cx} \cos bx\,dx = \frac{e^{cx}}{c^2+b^2}(c \cos bx + b \sin bx)$$

10. $$\int e^{cx} \sin^n x\,dx = \frac{e^{cx}\sin^{n-1} x}{c^2+n^2}(c \sin x - n \cos x) + \frac{n(n-1)}{c^2+n^2}\int e^{cx} \sin^{n-2} x\,dx$$

11. $$\int e^{cx} \cos^n x\,dx = \frac{e^{cx}\cos^{n-1} x}{c^2+n^2}(c \cos x + n \sin x) + \frac{n(n-1)}{c^2+n^2}\int e^{cx} \cos^{n-2} x\,dx$$

10.4.6. Integrale der logarithmischen Funktionen

1. $$\int \ln x\,dx = x \ln x - x$$

2. $$\int (\ln x)^n\,dx = x(\ln x)^n - n\int (\ln x)^{n-1}\,dx \qquad n \neq -1$$

3. $$\int \frac{dx}{\ln x} = \ln|\ln x| + \ln x + \frac{(\ln x)^2}{2 \cdot 2!} + \frac{(\ln x)^3}{3 \cdot 3!} + \cdots$$

4. $$\int \frac{dx}{(\ln x)^n} = -\frac{x}{(n-1)(\ln x)^{n-1}} + \frac{1}{n-1}\int \frac{dx}{(\ln x)^{n-1}} \qquad n \neq 1$$

5. $$\int x^n \ln x\,dx = x^{n+1}\left(\frac{\ln x}{n+1} - \frac{1}{(n+1)^2}\right) \qquad n \neq -1$$

6. $$\int x^m(\ln x)^n\,dx = \frac{x^{m+1}(\ln x)^n}{m+1} - \frac{n}{m+1}\int x^m(\ln x)^{n-1}\,dx \qquad m, n \neq -1$$

7. $$\int \frac{(\ln x)^n\,dx}{x} = \frac{(\ln x)^{n+1}}{n+1} \qquad n \neq -1$$

8. $$\int \frac{dx}{x^n \ln x} = \ln|\ln x| - (n-1)\ln x + \frac{(n-1)^2(\ln x)^2}{2 \cdot 2!} - \frac{(n-1)^3(\ln x)^3}{3 \cdot 3!} + - \cdots$$

9. $\int \frac{dx}{x(\ln x)^n} = -\frac{1}{(n-1)(\ln x)^{n-1}} \qquad n \neq 1$

10. $\int \sin(\ln x)\,dx = \frac{x}{2}[\sin(\ln x) - \cos(\ln x)]$

11. $\int \cos(\ln x)\,dx = \frac{x}{2}[\sin(\ln x) + \cos(\ln x)]$

12. $\int e^{cx} \ln x\,dx = \frac{1}{c}\left(e^{cx} \ln x - \int \frac{e^{cx}\,dx}{x}\right)$

10.4.7. Integrale der Arcusfunktionen ($c \neq 0$)

1. $\int \arcsin \frac{x}{c}\,dx = x \arcsin \frac{x}{c} + \sqrt{c^2 - x^2}$

2. $\int x \arcsin \frac{x}{c}\,dx = \left(\frac{x^2}{2} - \frac{c^2}{4}\right) \arcsin \frac{x}{c} + \frac{x}{4}\sqrt{c^2 - x^2}$

3. $\int x^2 \arcsin \frac{x}{c}\,dx = \frac{x^3}{3} \arcsin \frac{x}{c} + \frac{x^2 + 2c^2}{9}\sqrt{c^2 - x^2}$

4. $\int \arccos \frac{x}{c}\,dx = x \arccos \frac{x}{c} - \sqrt{c^2 - x^2}$

5. $\int x \arccos \frac{x}{c}\,dx = \left(\frac{x^2}{2} - \frac{c^2}{4}\right) \arccos \frac{x}{c} - \frac{x}{4}\sqrt{c^2 - x^2}$

6. $\int x^2 \arccos \frac{x}{c}\,dx = \frac{x^3}{3} \arccos \frac{x}{c} - \frac{x^2 + 2c^2}{9}\sqrt{c^2 - x^2}$

7. $\int \arctan \frac{x}{c}\,dx = x \arctan \frac{x}{c} - \frac{a}{2} \ln(c^2 + x^2)$

8. $\int x \arctan \frac{x}{c}\,dx = \frac{c^2 + x^2}{2} \arctan \frac{x}{c} - \frac{cx}{2}$

9. $\int x^2 \arctan \frac{x}{c}\,dx = \frac{x^3}{3} \arctan \frac{x}{c} - \frac{cx^2}{6} + \frac{c^3}{6} \ln(c^2 + x^2)$

10. $\int x^n \arctan \frac{x}{c}\,dx = \frac{x^{n+1}}{n+1} \arctan \frac{x}{c} - \frac{c}{n+1} \int \frac{x^{n+1}\,dx}{c^2 + x^2} \qquad n \neq -1$

11. $\int \operatorname{arccot} \frac{x}{c}\,dx = x \operatorname{arccot} \frac{x}{c} + \frac{c}{2} \ln(c^2 + x^2)$

12. $$\int x \operatorname{arccot} \frac{x}{c}\, dx = \frac{c^2 + x^2}{2} \operatorname{arccot} \frac{x}{c} + \frac{cx}{2}$$

13. $$\int x^2 \operatorname{arccot} \frac{x}{c}\, dx = \frac{x^3}{3} \operatorname{arccot} \frac{x}{c} + \frac{cx^2}{6} - \frac{c^3}{6} \ln (c^2 + x^2)$$

14. $$\int x^n \operatorname{arccot} \frac{x}{c}\, dx = \frac{x^{n+1}}{n+1} \operatorname{arccot} \frac{x}{c} + \frac{c}{n+1} \int \frac{x^{n+1}\, dx}{c^2 + x^2}$$
$n \neq -1$

10.4.8. Integrale der Areafunktionen ($c \neq 0$)

1. $$\int \operatorname{arsinh} \frac{x}{c}\, dx = x \operatorname{arsinh} \frac{x}{c} - \sqrt{x^2 + c^2}$$

2. $$\int \operatorname{arcosh} \frac{x}{c}\, dx = x \operatorname{arcosh} \frac{x}{c} - \sqrt{x^2 - c^2}$$

3. $$\int \operatorname{artanh} \frac{x}{c}\, dx = x \operatorname{artanh} \frac{x}{c} + \frac{c}{2} \ln |c^2 - x^2| \qquad |x| < |c|$$

4. $$\int \operatorname{arcoth} \frac{x}{c}\, dx = x \operatorname{arcoth} \frac{x}{c} + \frac{c}{2} \ln |x^2 - c^2| \qquad |x| > |c|$$

10.5. Einige bestimmte und uneigentliche Integrale ($m, n \in N$)

1. $$\int_0^1 \frac{dx}{\sqrt{1 - x^2}} = \frac{\pi}{2}$$

2. $$\int_0^\infty \frac{dx}{(1 + x)\sqrt{x}} = \pi$$

3. $$\int_a^b \frac{dx}{\sqrt{(x - a)(b - x)}} = \pi$$

4. $$\int_0^a \frac{dx}{\sqrt{a^2 - x^2}} = \frac{\pi}{2}$$

5. $$\int_0^\infty \frac{dx}{a^2 + x^2} = \frac{\pi}{2a}$$

6. $$\int_a^b \frac{dx}{x^2 - a^2} = -\infty$$

7. $$\int_0^1 \frac{x\, dx}{\sqrt{1 - x^2}} = 1$$

8. $$\int_0^a \frac{x^2\, dx}{\sqrt{ax - x^2}} = \frac{3\pi a^2}{8}$$

9. $\int\limits_0^\infty \frac{dx}{(1-x)\sqrt{x}} = 0$

10. $\int\limits_0^{2b} \sqrt{2bx - x^2}\, dx = -\frac{\pi b^2}{2}$

11. $\int\limits_{-1}^{+1} a^x\, dx = \frac{a^2-1}{a \ln a} \quad a > 0$

12. $\int\limits_0^\infty e^{-x} x^n\, dx = n! \quad n \neq 0$

13. $\int\limits_0^\infty e^{-x^2}\, dx = \frac{1}{2}\sqrt{\pi}$

14. $\int\limits_0^\infty \frac{x\, dx}{e^x + 1} = \frac{\pi^2}{12}$

15. $\int\limits_0^\infty \frac{x\, dx}{e^x - 1} = \frac{\pi^2}{6}$

16. $\int\limits_0^1 \frac{\ln x}{x+1}\, dx = -\frac{\pi^2}{12}$

17. $\int\limits_0^1 \frac{\ln x}{x-1}\, dx = \frac{\pi^2}{6}$

18. $\int\limits_0^1 \frac{\ln(x+1)}{x^2+1}\, dx = \frac{\pi}{8} \ln 2$

19. $\int\limits_0^1 \frac{\ln x}{x^2-1}\, dx = \frac{\pi^2}{8}$

20. $\int\limits_0^{\frac{2\pi}{c}} \sin cx\, dx = 0$

21. $\int\limits_0^{\frac{2\pi}{c}} \cos cx\, dx = 0$

22. $\int\limits_0^{\frac{\pi}{2c}} \sin cx\, dx = \frac{1}{c}$

23. $\int\limits_0^{\frac{\pi}{2c}} \cos cx\, dx = \frac{1}{c}$

24. $\int\limits_0^{\pi} \sin cx\, dx = \frac{1 - \cos c\pi}{c}$

25. $\int\limits_0^{\pi} \cos cx\, dx = \frac{\sin c\pi}{c}$

26. $\int\limits_0^{2\pi} \sin cx\, dx = 0$

27. $\int\limits_0^{2\pi} \cos cx\, dx = \begin{cases} 0 & \text{für } c \neq 0 \\ 2\pi & \text{für } c = 0 \end{cases}$

28. $\int\limits_0^{\pi} \sin cx\, dx = \begin{cases} 0 & \text{für } c \text{ gerade} \\ \frac{2}{c} & \text{für } c \text{ ungerade} \end{cases}$

29. $\int_0^{\pi} \cos cx \, dx = \begin{cases} 0 & \text{für} \quad c \neq 0 \\ \pi & \text{für} \quad c = 0 \end{cases}$

30. $\int_0^{2\pi} \sin mx \sin nx \, dx$

31. $\int_0^{2\pi} \cos mx \cos nx \, dx$

$\left.\begin{array}{l} 30. \\ 31. \end{array}\right\} = \begin{cases} 0 & \text{für} \quad m \neq n \\ \pi & \text{für} \quad m = n \neq 0 \end{cases}$

32. $\int_0^{2\pi} \sin mx \cos nx \, dx = 0$

33. $\int_0^{\pi} \sin mx \sin nx \, dx$

34. $\int_0^{\pi} \cos mx \cos nx \, dx$

$\left.\begin{array}{l} 33. \\ 34. \end{array}\right\} = \begin{cases} 0 & \text{für} \quad m \neq n \\ \frac{\pi}{2} & \text{für} \quad m = n \neq 0 \end{cases}$

35. $\int_0^{\pi} \sin mx \cos nx \, dx = \begin{cases} 0 & \text{für} \quad m + n \text{ gerade} \\ \frac{2m}{m^2 - n^2} & \text{für} \quad m + n \text{ ungerade} \end{cases}$

36. $\int_0^{\infty} \frac{\sin cx \, dx}{x} = \begin{cases} \frac{\pi}{2} & \text{für} \quad c > 0 \\ -\frac{\pi}{2} & \text{für} \quad c < 0 \end{cases}$

37. $\int_0^{\infty} \frac{\cos cx \, dx}{x} = \infty$

38. $\int_0^{\frac{\pi}{2}} \sin^{2n} x \, dx = \int_0^{\frac{\pi}{2}} \cos^{2n} x \, dx = \frac{1 \cdot 3 \cdot 5 \cdots (2n-1)}{2 \cdot 4 \cdot 6 \cdots 2n} \cdot \frac{\pi}{2} \qquad n \neq 0$

39. $\int_0^{\frac{\pi}{2}} \sin^{2n+1} x \, dx = \int_0^{\frac{\pi}{2}} \cos^{2n+1} x \, dx = \frac{2 \cdot 4 \cdot 6 \cdots 2n}{1 \cdot 3 \cdot 5 \cdots (2n+1)} \qquad n \neq 0$

40. $\int_0^{\frac{\pi}{2}} \frac{dx}{1 + \cos x} = 1$

41. $$\int_0^\infty \frac{\tan ax \, dx}{x} = \begin{cases} \frac{\pi}{2} & \text{für} \quad a > 0 \\ -\frac{\pi}{2} & \text{für} \quad a < 0 \end{cases}$$

42. $$\int_0^{\frac{\pi}{4}} \tan x \, dx = \frac{1}{2} \ln 2$$

43. $$\int_0^\infty \frac{\sin x \, dx}{\sqrt{x}} = \int_0^\infty \frac{\cos x \, dx}{\sqrt{x}} = \sqrt{\frac{\pi}{2}}$$

10.6. Graphische Integration

Näherungsverfahren zur Ermittlung eines partikulären Integrals

$$\int f(x) \, dx = F(x) + C \quad \text{mit} \quad F'(x) = f(x)$$

bzw.

$$\int_a^b f(x) \, dx = F(b) - F(a)$$

Man ersetzt die Kurve $y = f(x)$ im Bereich $\langle a, b \rangle$ durch eine Treppenkurve mit zur Abszisse parallelen Stufen, und zwar so, daß jeweils die beiden zwischen zwei Stufen schraffierten Zipfel gleichen Flächeninhalt aufweisen. Die Ordinaten der Stufen trägt man auf der

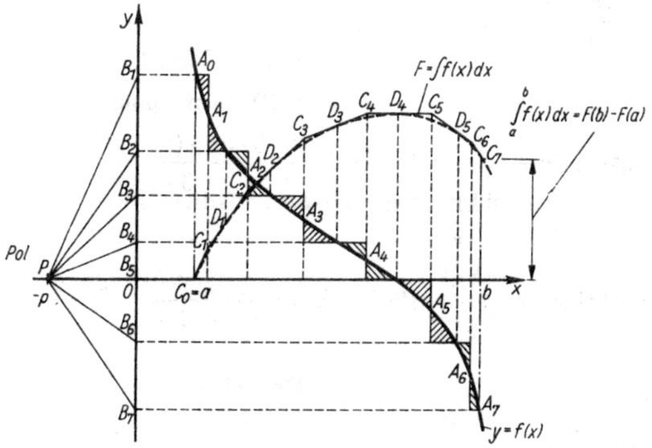

Bild 10.3. Graphische Integration

y-Achse ab, $\overline{OB_1}$, $\overline{OB_2}$ usw., verbindet die Punkte B_1, B_2 usw. mit dem Pol $P(-p; 0)$. Zu diesen Verbindungslinien zieht man die Parallelen, beginnend im Punkt C_0, so daß $\overline{C_0C_1} \parallel \overline{PB_1}$, $\overline{C_1C_2} \parallel \overline{PB_2}$, $\overline{C_2C_3} \parallel \overline{PB_3}$ usw. wird. Der dadurch erhaltene Polygonzug stellt einen Tangentenzug an die gesuchte Integralkurve F dar, der die Kurve in den Punkten C_0, D_1, D_2, D_3 usw. berührt.

Maßstab: $l_F = \dfrac{l_x \cdot l_y}{p}$

l_x, l_y Einheitslängen für $f(x)$
l_F Einheitslänge für $\int f(x)$
p Polabstand

10.7. Numerische Integration (numerische Quadratur)

Näherungsberechnung eines bestimmten Integrals $\int\limits_a^b f(x)\,\mathrm{d}x$ durch einen Algorithmus bei Kenntnis einzelner Funktionswerte des Integranden an gewissen Stützstellen und dessen Eigenschaften. In vielen Fällen ist die numerische Quadratur durch Anwendung von Rechnern, auch Taschenrechnern, der exakten Integration der reinen Mathematik überlegen.

Allgemeiner Ansatz: $n + 1$ Stützstellen $(x_0, x_1, x_2, \ldots, x_n) = \langle a, b\rangle$

$$\int\limits_b^a f(x)\,\mathrm{d}x = (b - a) \cdot M(y_0, y_1, \ldots, y_n) + R_n[f]$$

$$\overset{\text{Def}}{=} I_n[f] + R_n[f]$$

$M(y)$ Mittelwert
$R_n(f)$ Rest, Fehler
$I_n(f)$ Interpolationspolynom

Newton-Cotes-Formeln für äquidistante Stützstellen

$$\int\limits_a^b f(x)\,\mathrm{d}x = \frac{nh}{P_n} \sum_{i=0}^{n} f(a + ih)\, p_{in} + R_n[f]$$

mit $P_n = \sum\limits_{i=0}^{n} p_{in}$

p_{in} Gewichte
$h = \dfrac{b-a}{n}$
$a = x_0$, $b = x_n$

n	P_n	p_{0n}	p_{1n}	p_{2n}	p_{3n}	p_{4n}	p_{5n}	p_{6n}	p_{7n}	$R_n[f]$
1	2	1	1							$\frac{-h^3}{12} f''(\xi)$
2	6	1	4	1						$\frac{-h^5}{90} f^{(4)}(\xi)$
3	8	1	3	3	1					$\frac{-3h^5}{80} f^{(4)}(\xi)$
4	90	7	32	12	32	7				$\frac{-8h^7}{945} f^{(6)}(\xi)$
5	288	19	75	50	50	75	19			$\frac{-275h^7}{12096} f^{(6)}(\xi)$
6	840	41	216	27	272	27	216	41		$\frac{-9h^9}{1400} f^{(8)}(\xi)$
7	17280	751	3577	1323	2989	2989	1323	3577	751	$\frac{-8183h^9}{518400} f^{(8)}(\xi)$

$x_0 < \xi < x_n$

Sehnen-Trapezformel

(abgeleitet aus o. a. Tabelle für $n = 1$, d. h. jeweils ein Trapez)

$$\int_a^b f(x)\,\mathrm{d}x \approx \frac{b-a}{2n}\,(y_a + 2y_1 + 2y_2 + \cdots + 2y_{n-1} + y_b)$$

n Anzahl gleicher Stufen

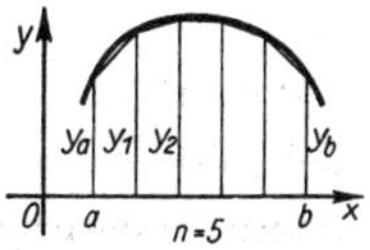

Bild 10.4. Sehnen-Trapezformel

Keplersche Faßregel (dgl. für $n = 2$)

$$\int_a^b f(x)\,\mathrm{d}x \approx \frac{b-a}{6}\,(y_a + 4y_1 + y_b)$$

Beispiel:

$$\int_{-\frac{\pi}{2}}^{+\frac{\pi}{2}} \cos x\,\mathrm{d}x = [\sin x]_{-\frac{\pi}{2}}^{+\frac{\pi}{2}} = \underline{\underline{2}}$$

Mit der KEPLERschen Faßregel ergibt sich

$$\int_{-\frac{\pi}{2}}^{+\frac{\pi}{2}} \cos x \,\mathrm{d}x \approx \frac{\pi}{6}\,(0 + 4 \cdot 1 + 0) = \frac{2\pi}{3} \approx \underline{\underline{2{,}094}}$$

Simpsonsche Regel

(mehrfach angewendete Teilintervalle der KEPLERschen Faßregel)

$$\int_a^b f(x)\,\mathrm{d}x \approx \frac{b-a}{3n}\,(y_a + 4y_1 + 2y_2 + 4y_3 + 2y_4 + \cdots + 2y_{n-2} + 4y_{n-1} + y_b)$$

n Anzahl gleicher Stufen, n gerade

Newtonsche 3/8-Regel ($n = 3$ obiger Tabelle)

$$\int_a^b f(x)\,\mathrm{d}x \approx \frac{3(b-a)}{8}\,(y_a + 3y_1 + 3y_2 + y_b)$$

Rechteckformel

$$\int_a^b f(x)\,\mathrm{d}x \approx \frac{b-a}{n}\,(y_a + y_1 + y_2 + \cdots + y_{n-1})$$

n Anzahl gleicher Stufen

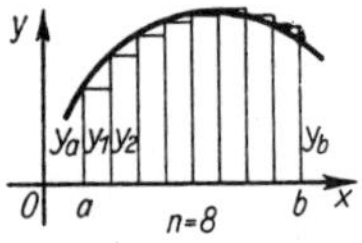

Bild 10.5. Rechteckformel

Tangentenformel

$$\int_a^b f(x)\,\mathrm{d}x \approx \frac{2(b-a)}{n}\,(y_1 + y_3 + y_5 + \cdots + y_{n-1}) \qquad n \text{ gerade}$$

10.8. Kurvenintegrale

Kurvenintegral erster Art

Es ist ein verallgemeinertes bestimmtes Integral mit einem Integrationsweg längs einer stückweise stetigen, glatten Kurve k (statt der x-Achse), auf der eine beschränkte Funktion $u = f(x, y)$ definiert ist.

Man erhält das Kurvenintegral wieder über Zerlegung und Grenzwertbildung.

Allgemein:

$$I = \int\limits_{(k)} f(x, y)\,\mathrm{d}s = \int\limits_{\widehat{AB}} f(x, y)\,\mathrm{d}s = \int\limits_{\widehat{BA}} f(x, y)\,\mathrm{d}s$$

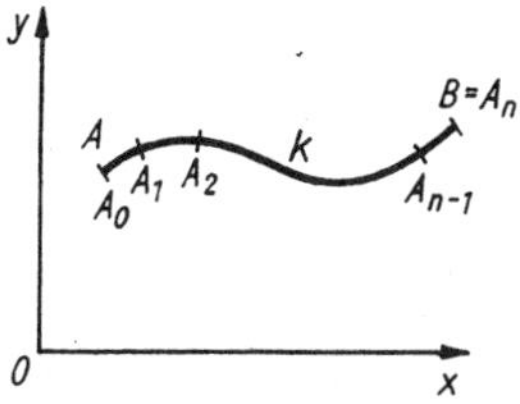

Bild 10.6. Kurvenintegral 1. Art

Parameterdarstellungen von k: $x = x(s)$, $y = y(s)$ $\quad 0 \leqq s \leqq l$
ergibt bestimmte Integrale $\quad l$ Länge von k

$$\int\limits_{(k)} f(x, y)\,\mathrm{d}s = \int\limits_{0}^{l} f[x(s), y(s)]\,\mathrm{d}s$$

k: $x = \varphi(t)$, $y = \psi(t)$ $\qquad t_1 \leqq t \leqq t_2$

$$\int\limits_{(k)} f(x, y)\,\mathrm{d}s = \int\limits_{t_1}^{t_2} f[\varphi(t), \psi(t)]\,\underbrace{\sqrt{\dot{\varphi}^2(t) + \dot{\psi}^2(t)}}_{\mathrm{d}s/\mathrm{d}t}\,\mathrm{d}t$$

Analog für Raumkurven mit $z = z(s)$ bzw. $z = \chi(t)$

k: $y = g(x)$ $\qquad a \leqq x \leqq b$

$$\int\limits_{(k)} f(x, y)\,\mathrm{d}s = \int\limits_{a}^{b} f(x), g(x)\,\sqrt{1 + g'^2(x)}\,\mathrm{d}x$$

Beispiel:

k sei der Viertelkreis mit Radius r um den Nullpunkt:

$$x = r\cos t = \varphi(t) \qquad 0 \leqq t \leqq \frac{\pi}{2}$$
$$y = r\sin t = \psi(t)$$

$$\frac{\mathrm{d}s}{\mathrm{d}t} = \sqrt{\dot{\varphi}^2(t) + \dot{\psi}^2(t)} = \sqrt{r^2\sin^2 t + r^2\cos^2 t} = r$$

$$\int\limits_{(k)} f(x, y)\,\mathrm{d}s = \int\limits_{(k)} y\,\mathrm{d}s = \int\limits_{0}^{\pi/2} r^2 \sin t\,\mathrm{d}t$$

$$= r^2(-\cos t)\Big|_0^{\pi/2} = \underline{\underline{r^2}}$$

Kurvenintegral zweiter Art

Im Gegensatz zum Kurvenintegral erster Art wird mit der Projektion der Kurvenstücke auf die x- bzw. y-Achse gearbeitet. Allgemein:

$$I = \int\limits_{(k)} f(x, y)\, dx = \int\limits_{\widehat{AB}} f(x, y)\, dx$$

oder

$$I = \int\limits_{(k)} f(x, y)\, dy = \int\limits_{\widehat{AB}} f(x, y)\, dy$$

Analog für Raumkurven!

Definiert man zwei (im Raum drei) Funktionen $P(x, y)$ und $Q(x, y)$, gilt als *allgemeines Kurvenintegral zweiter Art*

$$\int\limits_{(k)} [P(x, y)\, dx + Q(x, y)\, dy] = \int\limits_{(k)} P(x, y)\, dx + \int\limits_{(k)} Q(x, y)\, dy$$

Änderung des Durchlaufsinns:

$$\int\limits_{\widehat{AB}} f(x, y)\, dx = -\int\limits_{\widehat{BA}} f(x, y)\, dy$$

Parameterdarstellungen von k ergeben bestimmte Integrale

k: $x = \varphi(t), \quad y = \psi(t) \quad t_1 \leqq t \leqq t_2$

$$\int\limits_{(k)} f(x, y)\, dx = \int\limits_{t_1}^{t_2} f[\varphi(t), \psi(t)]\, \dot{\varphi}(t)\, dt \qquad f(x, y) \text{ stetig auf } k$$

$$= \int\limits_{t_1}^{t_2} f[\varphi(t), \psi(t)]\, \dot{\psi}(t)\, dt$$

Beispiel:

Berechne das Kurvenintegral $\int\limits_{\widehat{AB}} [(xy + y^2)\, dx + x\, dy]$ längs der Parabel $y = 2x^2$ zwischen den Grenzen $A(0, 0)$ und $B(2, 8)$.

Man wählt bei expliziter Darstellung der Kurvengleichung eine der Variablen selbst als Parameter: $y = 2x^2$, $dy = 4x\, dx$.

$$I = \int\limits_0^2 (x \cdot 2x^2 + 4x^4 + x \cdot 4x)\, dx \approx \underline{\underline{44{,}27}}$$

Zusammenhang zwischen Kurvenintegral erster und zweiter Art

Mit Tangentenrichtung $\alpha = \sphericalangle\,(\boldsymbol{i}, \boldsymbol{t})$, $\beta = \sphericalangle\,(\boldsymbol{j}, \boldsymbol{t})$ wird

$$\int_{(k)} [P(x, y)\,\mathrm{d}x + Q(x, y)\,\mathrm{d}y]$$

$$= \int_{(k)} P[(x, y) \cos \alpha + Q(x, y) \cos \beta]\,\mathrm{d}s$$

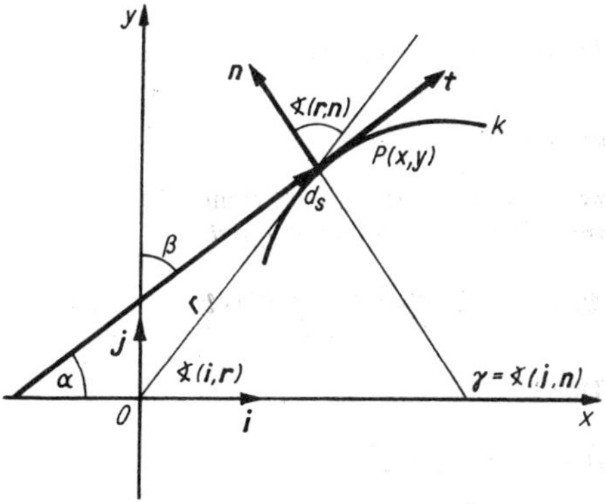

Bild 10.7. Kurvenintegral 1. und 2. Art

Mit Normalenrichtung $\gamma = \sphericalangle\,(\boldsymbol{i}, \boldsymbol{n}) = \alpha + \frac{\pi}{2}$

$$\int_{(k)} [P(x,y)\,\mathrm{d}x + Q(x,y)\,\mathrm{d}y]$$

$$= \int_{(k)} [P(x,y) \sin \gamma - Q(x,y) \cos \gamma]\,\mathrm{d}s$$

Mit $\frac{x}{r} = \cos \sphericalangle\,(\boldsymbol{i}, \boldsymbol{r})$, $\frac{y}{r} = \sin \sphericalangle\,(\boldsymbol{i}, \boldsymbol{r})$ und $\sphericalangle\,(\boldsymbol{i}, \boldsymbol{n}) - \sphericalangle\,(\boldsymbol{i}, \boldsymbol{r})$ $= \sphericalangle\,(\boldsymbol{r}, \boldsymbol{n})$ erhält man das GAUSSsche Integral als Integral über dem Winkel, unter dem k vom Ursprung aus erscheint.

Wegabhängigkeit des Kurvenintegrals

In einem einfach zusammenhängenden Gebiet gilt:

Integrabilitätsbedingung (Schwarzsche Bedingung)

$$\frac{\partial P}{\partial y} = \frac{\partial Q}{\partial x} \quad \frac{\partial U(x, y)}{\partial x} = P, \quad \frac{\partial U(x, y)}{\partial y} = Q \to P\,\mathrm{d}x + Q\,\mathrm{d}y$$

ist das vollständige Differential von $U(x, y)$

$$\int_{(k)} [P(\mathrm{d}x + Q\,\mathrm{d}y] = U(x_B, y_A) - U(x_A, y_B),$$

d. h. wegunabhängig.

Daraus folgt: Der Wert des Kurvenintegrals eines vollständigen Differentials über einen geschlossenen Integrationsweg ist Null.

Anwendungen

Flächeninhalt eines ebenen, von einer geschlossenen Kurve begrenzten Gebietes

$$A = \frac{1}{2} \int_{(k)} (x\,\mathrm{d}y - y\,\mathrm{d}x)$$

Kurvenintegral eines Feldvektors

V: $\boldsymbol{V} = v_x(x, y, z)\,\boldsymbol{i} + v_y(x, y, z)\,\boldsymbol{j} + v_z(x, y, z)\,\boldsymbol{k}$

k: $\boldsymbol{r} = \boldsymbol{r}(t) \qquad \boldsymbol{r}_A \leqq \boldsymbol{r} \leqq \boldsymbol{r}_B$

$$I = \int_{(r)} \boldsymbol{V}\,\mathrm{d}\boldsymbol{r} \quad \textit{Arbeitsintegral}$$

Beispiel:

Gegeben ist das Kraftfeld $\boldsymbol{F} = -y\boldsymbol{i} + x\boldsymbol{j} + \frac{1}{z+1}\boldsymbol{k}$. Welche Arbeit $W = \int \boldsymbol{F}\,\mathrm{d}\boldsymbol{r}$ ist zu verrichten, um einen Massenpunkt in dem Kraftfeld längs der Schraubenlinie $\boldsymbol{r} = (a \cos t)\,\boldsymbol{i} + (a \sin t)\,\boldsymbol{j} + ct\boldsymbol{k}$ von $P_1(a, 0, 0)$ nach $P_2(a, 0, 2\pi c)$ zu bringen $(c \in N)$?
Aus der Gleichung der *Schraubenlinie* folgt

$$x = a \cos t \quad y = a \sin t \quad z = ct$$

$$\mathrm{d}x = -a \sin t\,\mathrm{d}t \quad \mathrm{d}y = a \cos t\,\mathrm{d}t \quad \mathrm{d}z = c\,\mathrm{d}t$$

Damit wird $\mathrm{d}\boldsymbol{r} = [(-a \sin t)\,\boldsymbol{i} + (a \cos t)\,\boldsymbol{j} + c\boldsymbol{k}]\,\mathrm{d}t$
Grenzen:

$$\frac{y}{x} = \frac{\sin t}{\cos t} = \tan t \qquad t = \arctan \frac{y}{x}$$

Für P_1 gilt $t_1 = \arctan \frac{0}{a} = \arctan 0 = 0; \pi; 2\pi; \ldots;$

mit $z_1 = ct_1 = 0$ ist nur $t_1 = 0$ möglich.

Für P_2 gilt $t_2 = \arctan \frac{0}{a} = 0; \pi; 2\pi; \ldots;$

mit $z_2 = ct_2 = 2\pi c$ ergibt sich $t_2 = 2\pi$.

Hier muß $\arctan x$ als mehrdeutige Funktion aufgefaßt werden, da c Windungen der Schraubenlinie vorliegen.
Damit lautet das Linienintegral:

$$W = \int_0^{2\pi} \left[(-a \sin t)\, \boldsymbol{i} + (a \cos t)\, \boldsymbol{j} + \frac{1}{ct + 1}\, \boldsymbol{k}\right] [(-a \sin t)\, \boldsymbol{i}$$

$$+ (a \cos t)\, \boldsymbol{j} + c\boldsymbol{k}]\, \mathrm{d}t = \int_0^{2\pi} \left(a^2 \sin^2 t + a^2 \cos^2 t + \frac{c}{ct + 1}\right) \mathrm{d}t$$

$$= \underline{\underline{2\pi a^2 + \ln (\pi 2c + 1)}}$$

10.9. Flächenintegral

Verallgemeinerung des bestimmten Integrals auf zwei unabhängige Variable. Ableitung wieder über Zerlegung und Grenzwertbildung.
Allgemein:

$$I = \iint_{(A)} f(x, y)\, \mathrm{d}A = \iint_{(A)} f(x, y)\, \mathrm{d}x\, \mathrm{d}y$$

$$z = f(x, y) \text{ in } A \text{ stetig}$$

Geometrisch stellt das Flächenintegral die Maßzahl des Rauminhalts für den zylindrischen Körper dar, der von der Fläche A bei $f(x, y) = 0$, der x,y-Ebene, den auf dem Rand von A errichteten Loten parallel zur z-Achse und der Fläche $z = f(x, y)$ begrenzt wird.
Das Volumen wird für $z > 0$ positiv. Schneidet die Fläche z die x,y-Fläche im Bereich A, so ist die Volumenbestimmung in Teilschritten vorzunehmen, die Teilgebiete sind absolut zu addieren.
Für $f(x, y) = 1$ geht die Berechnung des Flächenintegrals in eine Flächenberechnung über:

$$A = \int_{x_1}^{x_2} \int_{y_1(x)}^{y_2(x)} \mathrm{d}y\, \mathrm{d}x$$

Regel: Additive Integranden und Bereiche sind trennbar.

Das Flächenintegral wird als Doppelintegral durch zwei serielle Integrationen berechnet, beginnend beim zweiten Integral mit dem inneren Differential und variablen Grenzen, danach das erste Integral mit konstanten Grenzen.

$$\int\limits_{(A)} f(x, y)\, \mathrm{d}x\, \mathrm{d}y = \int\limits_a^b \left\{ \int\limits_{y_1(x)}^{y_2(x)} f(x, y)\, \mathrm{d}y \right\} \mathrm{d}x$$

$$= \int\limits_a^b \int\limits_{y_1(x)}^{y_2(x)} f(x, y)\, \mathrm{d}y\, \mathrm{d}x$$

$$\int\limits_{(A)} f(x, y)\, \mathrm{d}x\, \mathrm{d}y = \int\limits_c^d \int\limits_{x_1(y)}^{x_2(y)} f(x, y)\, \mathrm{d}x\, \mathrm{d}y$$

In Polarkoordinaten gilt:

$$\int\limits_{(A)} f(r, \varphi)\, \mathrm{d}r\, \mathrm{d}\varphi = \int\limits_{\varphi_1}^{\varphi_2} \int\limits_{r_1(\varphi)}^{r_2(\varphi)} f(r, \varphi)\, r\, \mathrm{d}r\, \mathrm{d}\varphi$$

Beispiel:

Berechne das Volumen der Kugel $x^2 + y^2 + z^2 = r^2$. Wegen der Symmetrie genügt der erste Quadrant mit $x \geqq 0$, $y \geqq 0$.

$$\frac{V}{8} = \int\limits_{(A)} f(x, y)\, \mathrm{d}x\, \mathrm{d}y \quad \text{mit} \quad f(x, y) = z = \sqrt{r^2 - x^2 - y^2}$$

Grenzen: $0 \leqq x \leqq \sqrt{r^2 - y^2}$, aus Gleichung der Kugel für $z = 0$

$0 \leqq y \leqq r$

$$\frac{V}{8} = \int\limits_0^r \int\limits_0^{\sqrt{r^2-y^2}} \sqrt{r^2 - x^2 - y^2}\, \mathrm{d}x\, \mathrm{d}y \quad x \geqq 0,\ y \geqq 0$$

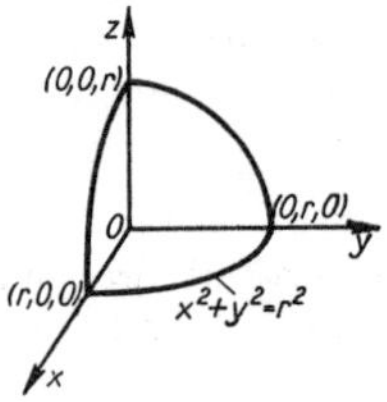

Bild 10.8. Beispiel Kugelvolumen

Substitution $x = \sqrt{r^2 - y^2} \sin \varphi$, $\mathrm{d}x = \sqrt{r^2 - y^2} \cos \varphi \, \mathrm{d}\varphi$ ergibt neue Grenzen: $0 = \varphi = \dfrac{\pi}{2}$ für das innere Integral

$$\frac{V}{8} = \int_0^r \int_0^{\pi/2} \sqrt{r^2 - (r^2 - y^2) \sin^2 \varphi - y^2} \sqrt{r^2 - y^2} \cos \varphi \, \mathrm{d}\varphi \, \mathrm{d}y$$

$$= \int_0^r \int_0^{\pi/2} \sqrt{(r^2 - y^2)(1 - \sin^2 \varphi)} \sqrt{r^2 - y^2} \cos \varphi \, \mathrm{d}\varphi \, \mathrm{d}y$$

$$= \int_0^r \int_0^{\pi/2} (r^2 - y^2) \cos^2 \varphi \, \mathrm{d}\varphi \, \mathrm{d}y$$

$$= \int_0^r \left[(r^2 - y^2) \left(\frac{\varphi}{2} + \frac{1}{4} \sin 2\varphi \right) \right]_0^{\pi/2} \mathrm{d}y$$

$$= \int_0^r (r^2 - y^2) \frac{\pi}{4} \, \mathrm{d}y = \frac{\pi}{4} \left[r^2 y - \frac{y^3}{3} \right]_0^r = \frac{\pi r^3}{6}$$

$$\underline{\underline{V = \frac{4}{3} \pi r^3}}$$

Variablentransformation in Flächenintegralen

Eineindeutige Abbildung des Bereichs Γ durch die stetige Funktion $x = \varphi(\xi, \eta)$, $y = \psi(\xi, \eta)$ auf A ($= x{,}y$-Ebene) mit der Funktionaldeterminante

$$\frac{\partial(\varphi, \psi)}{\partial(\xi, \eta)} = \begin{vmatrix} \varphi_\xi & \psi_\xi \\ \varphi_\eta & \psi_\eta \end{vmatrix} \neq 0$$

läßt die Transformation zu

$$\iint_{(A)} f(x, y) \, \mathrm{d}x \, \mathrm{d}y = \iint_{(\Gamma)} f[\varphi(\xi, \eta), \psi(\xi, \eta)] \frac{\partial(\varphi, \psi)}{\partial(\xi, \eta)} \, \mathrm{d}\xi \, \mathrm{d}\eta$$

10.10. Raumintegrale

Verallgemeinerung des bestimmten Integrals auf drei unabhängige Variablen. Ableitung wieder über Zerlegung und Grenzwertbildung.

Allgemein:

$$I = \iiint\limits_{(K)} f(x, y, z)\,\mathrm{d}x\,\mathrm{d}y\,\mathrm{d}z \qquad f(x, y, z) \text{ stetig auf } K$$

Berechnung des Raumintegrals

$$\iiint\limits_{(K)} f(x, y, z)\,\mathrm{d}K = \int\limits_{a}^{b} \int\limits_{y_1(x)}^{y_2(x)} \int\limits_{z_1(x,y)}^{z_2(x,y)} f(x, y, z)\,\mathrm{d}z\,\mathrm{d}y\,\mathrm{d}x$$

$$= \int\limits_{a}^{b} \int\limits_{y_1(x)}^{y_2(x)} \int\limits_{z_1(x,y)}^{z_2(x,y)} f(x, y, z)\,\mathrm{d}z\,\mathrm{d}y\,\mathrm{d}x$$

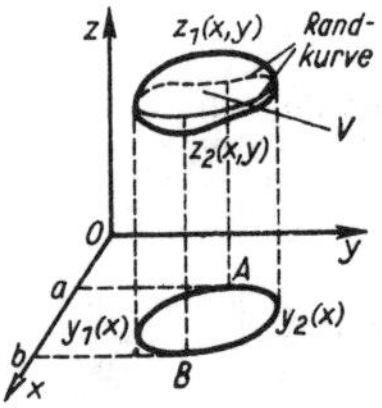

Bild 10.9. Raumintegral

Hierbei bedeuten die Grenzen $z_1(x, y)$ und $z_2(x, y)$ die untere bzw. obere Begrenzungsfläche des Körpers K, die durch die Randkurve des Körpers (Verbindungslinie der Berührungspunkte sämtlicher zur z-Achse paralleler Tangentialebenen an den Körper) getrennt werden.

In Zylinderkoordinaten $\{O; r, \varphi, z\}$ gilt:

$$\int\limits_{(K)} f(r, \varphi, z)\,\mathrm{d}K = \int\limits_{\varphi_1}^{\varphi_2} \int\limits_{r_1(\varphi)}^{r_2(\varphi)} \int\limits_{z_1(r,\varphi)}^{z_2(r,\varphi)} f(r, \varphi, z)\, r\,\mathrm{d}z\,\mathrm{d}r\,\mathrm{d}\varphi$$

In Kugelkoordinaten $\{O; r, \lambda, \varphi\}$ gilt

$$\int\limits_{(K)} f(r, \lambda, \varphi)\,\mathrm{d}K = \int\limits_{\lambda_1}^{\lambda_2} \int\limits_{\varphi_1(\lambda)}^{\varphi_2(\lambda)} \int\limits_{r_1(\lambda,\varphi)}^{r_2(\lambda,\varphi)} f(r, \lambda, \varphi)\, r^2 \cos\varphi\,\mathrm{d}r\,\mathrm{d}\varphi\,\mathrm{d}\lambda$$

Beispiel:

Berechne das Volumen des durch folgende Flächen begrenzten Körpers: $z = 2x^2y$, $(x - 2)^2 + y^2 = 4$, $z = 0$, $y \geqq 0$.

Grenzen:

z läuft von 0 bis $2x^2y$

y läuft von 0 bis $\sqrt{4x - x^2}$, denn $(x - 2)^2 + y^2 = 4$

$$x^2 - 4x + 4 + y^2 = 4$$

$$y = \sqrt{4x - x^2}$$

x läuft von 0 bis 4, was aus der Kreisgleichung folgt.

$$V = \int_0^4 \int_0^{\sqrt{4x-x^2}} \int_0^{2x^2y} dz\, dy\, dx = \int_0^4 \int_0^{\sqrt{4x-x^2}} 2x^2y\, dy\, dx$$

$$= \int_0^4 [x^2y^2]_0^{\sqrt{4x-x^2}}\, dx = \int_0^4 (4x^3 - x^4)\, dx$$

$$= \left(x^4 - \frac{x^5}{5}\right)\Bigg|_0^4 = \underline{\underline{51{,}2 \text{ Volumeneinheiten}}}$$

10.11. Anwendungen der Integralrechnung

Geometrische Anwendungen

Flächeninhalte (Quadratur)

1. Fläche zwischen der Kurve k: $y = f(x)$, der x-Achse und den Geraden $x = a$ und $x = b$, $a < b$, keine Nullstelle im Intervall $\langle a, b\rangle$

$$A = \int_a^b f(x)\, dx$$

Beachte: Bei Nullstellen im Intervall $\langle a, b\rangle$ sind die ober- und unterhalb der Abszisse liegenden Flächenteile einzeln zu berechnen. Unterhalb der x-Achse liegende Teile sind negativ, und ihr Absolutwert ist zu addieren.

Beispiel:

Wie groß ist die Fläche, die von der Kurve

$$y = \frac{1}{10}(x^3 - 2x^2 - 15x)$$

der x-Achse und den Parallelen $x = -4$ und $x = 4$ begrenzt wird?
Nullstellen: $x_1 = -3$; $x_2 = 0$; $x_3 = 5$

$$A = \left|\int_{-4}^{-3} f(x)\,dx\right| + \left|\int_{-3}^{0} f(x)\,dx\right| + \left|\int_{0}^{4} f(x)\,dx\right|$$

$$= \left|\frac{1}{10}\int_{-4}^{-3}(x^3 - 2x^2 - 15x)\,dx\right| + \frac{1}{10}\int_{-3}^{0}(x^3 - 2x^2 - 15x)\,dx$$

$$+ \left|\frac{1}{10}\int_{0}^{4}(x^3 - 2x^2 - 15x)\,dx\right|$$

$$= \left|\frac{1}{10}\left[\frac{x^4}{4} - \frac{2x^3}{3} - \frac{15x^2}{2}\right]_{-4}^{-3}\right| + \frac{1}{10}\left[\frac{x^4}{4} - \frac{2x^3}{3} - \frac{15x^2}{2}\right]_{-3}^{0}$$

$$+ \left|\frac{1}{10}\left[\frac{x^4}{4} - \frac{2x^3}{3} - \frac{15x^2}{2}\right]_{0}^{4}\right|$$

$$= \left|\frac{1}{10}\left(-\frac{117}{4} + \frac{40}{3}\right)\right| + \frac{1}{10}\cdot\frac{117}{4} + \left|\frac{1}{10}\left(-\frac{296}{3}\right)\right|$$

$$= \underline{\underline{14{,}38 \text{ FE}}}$$

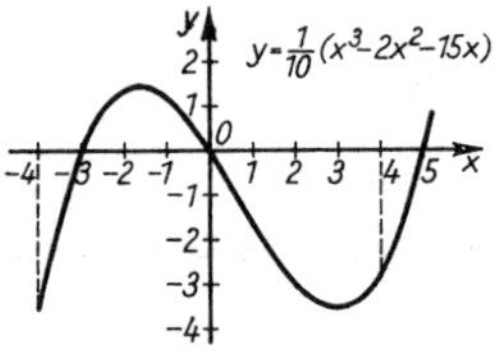

Bild 10.10.
Beispiel Flächenberechnung

2. Fläche zwischen der Kurve k: $x = \varphi(t)$, $y = \psi(t)$ und den Ordinaten $\psi(t_1)$ und $\psi(t_2)$

$$A = \int_{t_1}^{t_2} \psi(t)\,\dot{\varphi}(t)\,dt$$

bzw. der y-Achse und den Abszissen $\varphi(t_1)$ und $\varphi(t_2)$

$$A = \int_{t_1}^{t_2} \varphi(t)\,\dot{\psi}(t)\,dt$$

3. Fläche zwischen den Kurven k_1: $y = g_1(x)$ und k_2: $y = g_2(x)$ und den Parallelen $x = x_1$ und $x = x_2$

$$A = \int_{x_1}^{x_2} [g_1(x) - g_2(x)]\,dx = \int_{x_1}^{x_2}\int_{g_1(x)}^{g_2(x)} dy\,dx$$

Schneiden die Kurven im Intervall $\langle x_1, x_2 \rangle$ einander, sind die Teilflächen zu berechnen und deren Beträge zu addieren.

4. Fläche zwischen der Kurve k: $r = f(\varphi)$ und den Ortsvektoren

$$\boldsymbol{r}_1 = f(\varphi_1) \quad \text{und} \quad \boldsymbol{r}_2 = f(\varphi_2)$$

$$A = \frac{1}{2} \int\limits_{\varphi_1}^{\varphi_2} r^2 \, \mathrm{d}\varphi$$ **Leibnizsche Sektorenformel**

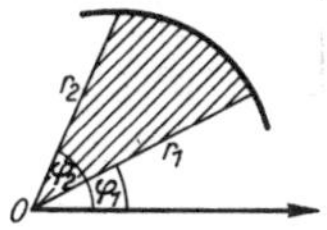

Bild 10.11.
Leibnizsche Sektorenformel

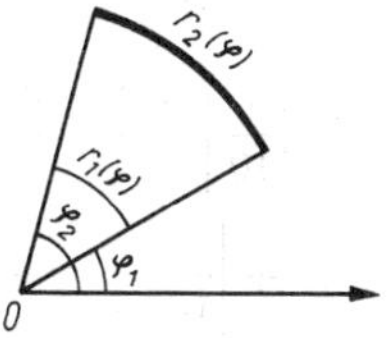

Bild 10.12.
Fläche zwischen 2 Kurven

5. Fläche zwischen den Kurven k_1: $r = r_1(\varphi)$ und k_2: $r = r_2(\varphi)$ in den Grenzen φ_1, φ_2

$$A = \int\limits_{\varphi_1}^{\varphi_2} \int\limits_{r_1(\varphi_1)}^{r_2(\varphi_2)} r \, \mathrm{d}r \, \mathrm{d}\varphi$$

6. Fläche zwischen der Kurve k: $x = \varphi(t)$ und $y = \psi(t)$ und den Ortsvektoren $\overrightarrow{OP}_1$ und $\overrightarrow{OP}_2$

$$A = \frac{1}{2} \int\limits_{t_1}^{t_2} (\varphi\dot{\psi} - \dot{\varphi}\psi) \, \mathrm{d}t$$ **Leibnizsche Sektorenformel**

7. Inhalt des Teils der Fläche $z = f(x, y)$, deren Projektion in der x,y-Ebene A ist
In kartesischen Koordinaten

$$A_O = \int\limits_{x_1}^{x_2} \int\limits_{g_1(x)}^{g_2(x)} \sqrt{f_x^2 + f_y^2 + 1} \, \mathrm{d}y \, \mathrm{d}x$$

In Polarkoordinaten

$$A_O = \int\limits_{\varphi_1}^{\varphi_2} \int\limits_{g_1(\varphi)}^{g_2(\varphi)} \sqrt{f_\varphi^2 + r^2 f_r^2 + r^2} \, \mathrm{d}r \, \mathrm{d}\varphi$$

Bogenlänge (Rektifikation)

Länge s eines Kurvenstückes zwischen den Punkten P_1 und P_2

$k\colon\ y = f(x)$ $$s = \int_{x_1}^{x_2} \sqrt{1 + y'^2}\,\mathrm{d}x$$

$$s = \int_{y_1}^{y_2} \sqrt{1 + \left(\frac{\mathrm{d}x}{\mathrm{d}y}\right)^2}\,\mathrm{d}y$$

$k\colon\ x = \varphi(t),\ y = \psi(t)$ $$s = \int_{t_1}^{t_2} \sqrt{\dot{\varphi}^2 + \dot{\psi}^2}\,\mathrm{d}t$$

$k\colon\ r = f(\varphi)$ $$s = \int_{\varphi_1}^{\varphi_2} \sqrt{r^2 + \left(\frac{\mathrm{d}r}{\mathrm{d}\varphi}\right)^2}\,\mathrm{d}\varphi$$

$$= \int_{r_1}^{r_2} \sqrt{1 + r^2\left(\frac{\mathrm{d}\varphi}{\mathrm{d}r}\right)^2}\,\mathrm{d}r$$

Mantelflächen von Rotationskörpern (Komplanation)

$$A_{M_x} = 2\pi \int_{x_1}^{x_2} y\sqrt{1 + y'^2}\,\mathrm{d}x$$ bei Rotation der Kurve $y = f(x)$ um die x-Achse

$$A_{M_y} = 2\pi \int_{y_1}^{y_2} x\sqrt{1 + \left(\frac{\mathrm{d}x}{\mathrm{d}y}\right)^2}\,\mathrm{d}y$$ bzw. um die y-Achse

$$A_{M_x} = 2\pi \int_{t_1}^{t_2} \psi\sqrt{\dot{\varphi}^2 + \dot{\psi}^2}\,\mathrm{d}t$$ bei Rotation der Kurve $x = \varphi(t)$, $y = \psi(t)$ um die x-Achse

bzw.

$$A_{M_y} = 2\pi \int_{t_1}^{t_2} \varphi\sqrt{\dot{\varphi}^2 + \dot{\psi}^2}\,\mathrm{d}t$$ um die y-Achse

$$A_{M_x} = 2\pi \int_{\varphi_1}^{\varphi_2} r\sin\varphi\sqrt{r^2 + \left(\frac{\mathrm{d}r}{\mathrm{d}\varphi}\right)^2}\,\mathrm{d}\varphi$$ bei Rotation der Kurve $r = r(\varphi)$ um die x-Achse

bzw.

$$A_{M_y} = 2\pi \int_{\varphi_1}^{\varphi_2} r\cos\varphi\sqrt{r^2 + \left(\frac{\mathrm{d}r}{\mathrm{d}\varphi}\right)^2}\,\mathrm{d}\varphi$$ um die y-Achse

Volumen von Rotationskörpern (Kubatur)

$$V_x = \pi \int_{x_1}^{x_2} y^2 \, dx$$ bei Rotation von $y = f(x)$ um die x-Achse

$$V_y = \pi \int_{y_1}^{y_2} [g(y)]^2 \, dy$$ bzw. um die y-Achse

$$= \pi \int_{x_1}^{x_2} x^2 y' \, dx$$ $y = f(x) \leftrightarrow x = g(y)$

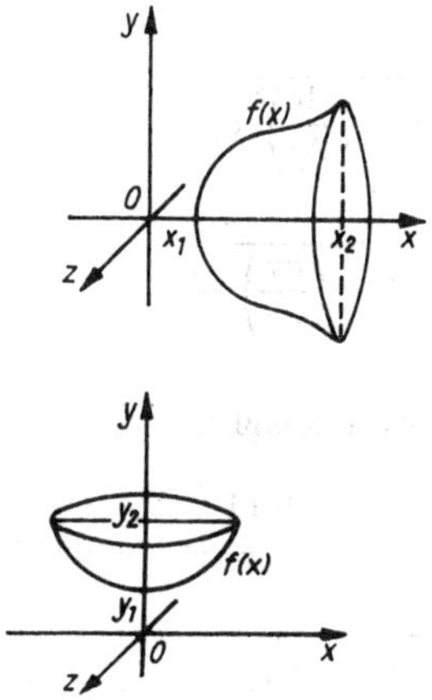

Bild 10.13. Rotationskörper

$$V_x = \pi \int_{t_1}^{t_2} \psi^2 \dot{\varphi} \, dt$$ bei Rotation der Kurve $x = \varphi(t)$, $y = \psi(t)$ um die x-Achse

$$V_y = \pi \int_{t_1}^{t_2} \varphi^2 \dot{\psi} \, dt$$ bzw. um die y-Achse

$$V_x = \pi \int_{\varphi_1}^{\varphi_2} r^2 \sin^2 \varphi \left(\frac{dr}{d\varphi} \cos \varphi - r \sin \varphi \right) d\varphi$$

bei Rotation der Kurve $r = f(\varphi)$ um die x-Achse

bzw.

$$V_y = \pi \int_{\varphi_1}^{\varphi_2} r^2 \cos^2 \varphi \left(\frac{dr}{d\varphi} \sin \varphi + r \cos \varphi \right) d\varphi$$ um die y-Achse

Volumen eines Körpers

$$V = \int_{x_1}^{x_2} A(x)\, \mathrm{d}x = \int_{(V)} \mathrm{d}V$$

In kartesischen Koordinaten $\{O; \boldsymbol{i}, \boldsymbol{j}, \boldsymbol{k}\}$

$$V = \int_{x_1}^{x_2} \int_{y_1(x)}^{y_2(x)} \int_{z_1(x,y)}^{z_2(x,y)} \mathrm{d}z\, \mathrm{d}y\, \mathrm{d}x$$

In Zylinderkoordinaten $\{O; r, \varphi, z\}$

$$V = \int_{\varphi_1}^{\varphi_2} \int_{r_1(\varphi)}^{r_2(\varphi)} \int_{z_1(r,\varphi)}^{z_2(r,\varphi)} r\, \mathrm{d}z\, \mathrm{d}r\, \mathrm{d}\varphi$$

In Kugelkoordinaten $\{O; r, \lambda, \varphi\}$

$$V = \int_{\lambda_1}^{\lambda_2} \int_{\varphi_1(\lambda)}^{\varphi_2(\lambda)} \int_{r_1(\varphi,\lambda)}^{r_2(\varphi,\lambda)} r^2 \cos\varphi\, \mathrm{d}r\, \mathrm{d}\varphi\, \mathrm{d}\lambda$$

Volumen eines Zylinders

$$V = \iint_{(A)} z\, \mathrm{d}A = \int_{x_1}^{x_2} \int_{g_1(x)}^{g_2(x)} z\, \mathrm{d}y\, \mathrm{d}x$$

In Zylinderkoordinaten

$$V = \int_{\varphi_1}^{\varphi_2} \int_{r_1(\varphi)}^{r_2(\varphi)} zr\, \mathrm{d}r\, \mathrm{d}\varphi$$

Technisch-physikalische Anwendungen der Integralrechnung

Bewegungen

	Weg	Geschwindigkeit	Beschleunigung
$s = s(t)$	—	$v(t) = \frac{\mathrm{d}s}{\mathrm{d}t} = \dot{s}$	$a(t) = \frac{\mathrm{d}v}{\mathrm{d}t} = \frac{\mathrm{d}^2 s}{\mathrm{d}t^2} = \ddot{s}$
$v = v(t)$	$s = s_0 + \int_{t_0}^{t} v(t)\, \mathrm{d}t$	—	$a(t) = \frac{\mathrm{d}v}{\mathrm{d}t} = \dot{v}$
$a = a(t)$	$s = s_0 + v_0(t - t_0) + \int_{t_0}^{t} \left\{ \int_{t_0}^{t} a(t)\, \mathrm{d}t \right\} \mathrm{d}t$	$v = v_0 + \int_{t_0}^{t} a(t)\, \mathrm{d}t$	—

Rotatorische Bewegung: $s \to \varphi$, $v \to \omega$, $a \to \varepsilon$

Zeitlich veränderliche Ströme und Spannungen

Kondensator

$$u_C = \frac{1}{C} \int i_C \, dt \quad \text{(in V)} \qquad C = \frac{Q_C}{u_C}$$

Q Elektrizitätsmenge in As

$$i_C = \frac{dQ_C}{dt} = C \frac{du_C}{dt} \quad \text{(in A)}$$

C Kapazität in F

$$F = \frac{As}{V}$$

Spule

$$u_L = L \frac{di_L}{dt} \quad \text{(in V)}$$

L Induktivität in H

$$i_L = \frac{1}{L} \int u_L \, dt \quad \text{(in A)}$$

Arbeit

mechanische

$$W = \int_{s_1}^{s_2} F \, ds$$

elektrische

$$W = \int_0^T ui \, dt = \hat{u} \cdot \hat{\imath} \int_0^T \sin \omega t \sin (\omega t + \varphi) \, dt$$

$$= U_{\text{eff}} \cdot I_{\text{eff}} \cdot T \cdot \cos \varphi \quad \text{mit} \quad \omega T = 2\pi$$

Statische Momente (Dichte $\varrho = 1$)

1. Statisches Moment eines homogenen ebenen Kurvenstückes

k: $y = f(x)$

$$M_x = \int_{x_1}^{x_2} y \sqrt{1 + y'^2} \, dx$$

$$M_y = \int_{x_1}^{x_2} x \sqrt{1 + y'^2} \, dx$$

k: $x = \varphi(t)$, $y = \psi(t)$

$$M_x = \int_{t_1}^{t_2} \psi \sqrt{\dot{\varphi}^2 + \dot{\psi}^2} \, dt$$

$$M_y = \int_{t_1}^{t_2} \varphi \sqrt{\dot{\varphi}^2 + \dot{\psi}^2} \, dt$$

$$k\colon\ r = f(\varphi) \qquad M_x = \int_{\varphi_1}^{\varphi_2} r\sqrt{r^2 + \left(\frac{\mathrm{d}r}{\mathrm{d}\varphi}\right)^2}\,\sin\varphi\,\mathrm{d}\varphi$$

$$M_y = \int_{\varphi_1}^{\varphi_2} r\sqrt{r^2 + \left(\frac{\mathrm{d}r}{\mathrm{d}\varphi}\right)^2}\,\cos\varphi\,\mathrm{d}\varphi$$

2. Statisches Moment eines homogenen ebenen Flächenstückes, das von der Kurve $k\colon y = f(x)$, der x-Achse und den Geraden $x = x_1$ und $x = x_2$ begrenzt wird

$$M_x = \frac{1}{2}\int_{x_1}^{x_2} y^2\,\mathrm{d}x$$

$$M_y = \int_{x_1}^{x_2} xy\,\mathrm{d}x$$

3. Statisches Moment eines homogenen ebenen Flächenstückes, das oben von der Kurve $k_1\colon y = f(x)$, unten von der Kurve $k_2\colon y = g(x)$ und den Geraden $x = x_1$ und $x = x_2$ begrenzt wird

$$M_x = \frac{1}{2}\int_{x_1}^{x_2} [f(x)^2 - g(x)^2]\,\mathrm{d}x$$

$$M_y = \int_{x_1}^{x_2} x[f(x) - g(x)]\,\mathrm{d}x$$

bzw.

$$M_x = \int_{x_1}^{x_2}\int_{g_1(x)}^{g_2(x)} y\,\mathrm{d}y\,\mathrm{d}x \qquad M_y = \int_{x_1}^{x_2}\int_{g_1(x)}^{g_2(x)} x\,\mathrm{d}y\,\mathrm{d}x$$

4. Statisches Moment eines homogenen ebenen Flächenstücks, das begrenzt wird von $k_1\colon r = r_1(\varphi)$ und $k_2\colon r = r_2(\varphi)$ in den Grenzen φ_1, φ_2

$$M_x = \int_{\varphi_1}^{\varphi_2}\int_{g_1(\varphi)}^{g_2(\varphi)} r^2 \sin\varphi\,\mathrm{d}r\,\mathrm{d}\varphi$$

$$M_y = \int_{\varphi_1}^{\varphi_2}\int_{g_1(\varphi)}^{g_2(\varphi)} r^2 \cos\varphi\,\mathrm{d}r\,\mathrm{d}\varphi$$

5. Statisches Moment eines homogenen Drehkörpers

$$M_{yz} = \pi \int_{x_1}^{x_2} xy^2 \, dx$$ (bezogen auf die zur Drehachse x im Ursprung senkrechte y,z-Ebene)

Schwerpunkte

1. Schwerpunkt eines homogenen ebenen Kurvenstückes der Kurve k: $y = f(x)$ zwischen den Punkten P_1 und P_2

$$x_S = \frac{\int_{x_1}^{x_2} x\sqrt{1+y'^2}\,dx}{\int_{x_1}^{x_2}\sqrt{1+y'^2}\,dx} = \frac{M_y}{s}$$

$$y_S = \frac{\int_{x_1}^{x_2} y\sqrt{1+y'^2}\,dx}{\int_{x_1}^{x_2}\sqrt{1+y'^2}\,dx} = \frac{M_x}{s}$$

2. Schwerpunkt eines homogenen ebenen Flächenstückes, das von der Kurve k: $y = f(x)$, der x-Achse und den Geraden $x = x_1$ und $x = x_2$ begrenzt wird

$$x_S = \frac{\int_{x_1}^{x_2} xy\,dx}{\int_{x_1}^{x_2} y\,dx} = \frac{M_y}{A} \qquad y_S = \frac{\int_{x_1}^{x_2} y^2\,dx}{2\int_{x_1}^{x_2} y\,dx} = \frac{M_x}{A}$$

3. Schwerpunkt einer homogenen ebenen Fläche, die oben von der Kurve k_1: $y = f(x)$ und unten von der Kurve k_2: $y = g(x)$ begrenzt wird

$$x_S = \frac{\int_{x_1}^{x_2} x[f(x) - g(x)]\,dx}{\int_{x_1}^{x_2} [f(x) - g(x)]\,dx} = \frac{M_y}{A}$$

$$y_S = \frac{\int_{x_1}^{x_2} [f(x)^2 - g(x)^2]\,dx}{2\int_{x_1}^{x_2} [f(x) - g(x)]\,dx} = \frac{M_x}{A}$$

4. Schwerpunkt eines homogenen Rotationskörpers, der durch Drehung der Kurve k: $y = f(x)$ um die x-Achse entstanden ist

$$x_S = \frac{\int\limits_{x_1}^{x_2} xy^2\,dx}{\int\limits_{x_1}^{x_2} y^2\,dx} = \frac{M_{yz}}{V} \qquad y_S = 0 \quad z_S = 0$$

5. Schwerpunkt eines Körpers $y = g(x)$ $z = h(x, y)$

$$x_S = \frac{M_{yz}}{V} = \frac{\int\limits_V x\,dV}{V} = \frac{1}{V}\int\limits_{x_1}^{x_2}\int\limits_{g_1(x)}^{g_2(x)}\int\limits_{h_1(xy)}^{h_2(xy)} x\,dz\,dy\,dx$$

$$y_S = \frac{M_{xz}}{V} = \frac{\int\limits_V y\,dV}{V} = \frac{1}{V}\int\limits_{x_1}^{x_2}\int\limits_{g_1(x)}^{g_2(x)}\int\limits_{h_1(xy)}^{h_2(xy)} y\,dz\,dy\,dx$$

$$z_S = \frac{M_{xy}}{V} = \frac{\int\limits_V z\,dV}{V} = \frac{1}{V}\int\limits_{x_1}^{x_2}\int\limits_{g_1(x)}^{g_2(x)}\int\limits_{h_1(xy)}^{h_2(xy)} z\,dz\,dy\,dx$$

Für Kurven in Parameterdarstellung, Polarkoordinaten ist der Schwerpunkt aus Moment und Bogen bzw. Fläche zu bilden.

Flächenträgheitsmomente (Festigkeitslehre)

1. *Äquatoriales Trägheitsmoment* eines ebenen Kurvenbogens s

$$I_x = \int\limits_{x_1}^{x_2} y^2\sqrt{1 + y'^2}\,dx \qquad I_y = \int\limits_{x_1}^{x_2} x^2\sqrt{1 + y'^2}\,dx$$

$$I_x = \int\limits_{t_1}^{t_2} \psi^2\sqrt{\dot{\varphi}^2 + \dot{\psi}^2}\,dt \qquad I_y = \int\limits_{t_1}^{t_2} \varphi^2\sqrt{\dot{\varphi}^2 + \dot{\psi}^2}\,dt$$

$$I_x = \int\limits_{\varphi_1}^{\varphi_2} r^2\sin^2\varphi\sqrt{r^2 + \left(\frac{dr}{d\varphi}\right)^2}\,d\varphi$$

$$I_y = \int\limits_{\varphi_1}^{\varphi_2} r^2\cos^2\varphi\sqrt{r^2 + \left(\frac{dr}{d\varphi}\right)^2}\,d\varphi$$

2. *Äquatoriale Trägheitsmomente* der Fläche A, allgemein

$$I_x = \int\limits_A y^2\,dA; \qquad I_y = \int\limits_A x^2\,dA \qquad dA \text{ Flächenelement}$$

Satz von STEINER: $I = I_S + a^2 A$

I_S Trägheitsmoment in bezug auf Schwerpunkt
a Abstand Bezugsachse—Schwerpunkt

3. *Äquatoriales Trägheitsmoment* einer homogenen ebenen Fläche zwischen der Kurve k: $y = f(x)$, der x-Achse und den Geraden $x = x_1$ und $x = x_2$

$$I_x = \frac{1}{3} \int_{x_1}^{x_2} y^3 \, \mathrm{d}x \qquad I_y = \int_{x_1}^{x_2} x^2 y \, \mathrm{d}x$$

4. *Äquatoriales Trägheitsmoment* einer homogenen ebenen Fläche, die begrenzt wird von k_1: $r = r_1(\varphi)$ und k_2: $r_2 = r_2(\varphi)$ in den Grenzen φ_1, φ_2.

$$I_x = \int_{\varphi_1}^{\varphi_2} \int_{r_1(\varphi)}^{r_2(\varphi)} r^3 \sin^2 \varphi \, \mathrm{d}r \, \mathrm{d}\varphi \qquad I_y = \int_{\varphi_1}^{\varphi_2} \int_{r_1(\varphi)}^{r_2(\varphi)} r^3 \cos^2 \varphi \, \mathrm{d}r \, \mathrm{d}\varphi$$

5. *Polares Trägheitsmoment*

$$I_\mathrm{p} = \int_{(A)} r^2 \, \mathrm{d}A = I_x + I_y = \int_{x_1}^{x_2} \int_{g_1(x)}^{g_2(x)} (x^2 + y^2) \, \mathrm{d}y \, \mathrm{d}x$$

$$I_\mathrm{p} = \int_{\varphi_1}^{\varphi_2} \int_{r_1(\varphi)}^{r_2(\varphi)} r^3 \, \mathrm{d}r \, \mathrm{d}\varphi \qquad \text{(Polarkoordinaten)}$$

6. *Zentrifugales Trägheitsmoment*

$$I_{xy} = \int_A xy \, \mathrm{d}A \qquad \mathrm{d}A \text{ Flächenelement}$$

Massenträgheitsmomente (Dynamik)

$$J = \int_m r^2 \, \mathrm{d}m$$

$\mathrm{d}m$ Massenelement $= \varrho \, \mathrm{d}V$
r Abstand vom Drehpunkt

Massenträgheitsmoment eines homogenen Körpers, der durch Drehung der ebenen Fläche zwischen der Kurve $y = f(x)$, der x-Achse und den Geraden $x = x_1$ und $x = x_2$ um die x-Achse entsteht

bzw. $x = g(y)$; $y = y_1$; $y = y_2$, Drehung um die y-Achse

$$J_x = \frac{\pi\varrho}{2} \int_{x_1}^{x_2} y^4 \, \mathrm{d}x; \qquad J_y = \frac{\pi\varrho}{2} \int_{y_1}^{y_2} x^4 \, \mathrm{d}y \qquad \varrho \text{ Dichte}$$

11. Differentialgleichungen

11.1. Allgemeines

Definition

Gleichungen, die neben einer oder mehreren unabhängigen Variablen auch Funktionen dieser Variablen und deren Ableitungen enthalten, heißen Differentialgleichungen (Dgl.)

Gewöhnliche Dgl. sind Bestimmungsgleichungen für eine Funktion einer unabhängigen Variablen, die mindestens eine Ableitung der gesuchten Funktion nach dieser Variablen enthalten.

$$F[x, y(x), y'(x), \ldots, y^{(n)}(x)] = 0$$

Partielle Dgl. sind Bestimmungsgleichungen für Funktionen von mehreren unabhängigen Variablen, die mindestens eine Ableitung der gesuchten Funktionen nach einer der unabhängigen Variablen enthalten.

Zum Beispiel für $z(x, y)$: $F(x, y, z, z_x, z_y, z_{xx}, z_{yy}, z_{xy}, \ldots) = 0$

Integration einer Dgl.

Auffinden von Funktionen für eine oder mehrere unabhängige Variablen, die beim Einsetzen in die Dgl. diese bez. der Variablen identisch erfüllen.

Die **allgemeine Lösung** einer gewöhnlichen Dgl. n-ter Ordnung ist die Menge aller Lösungsfunktionen (Lösung, *Integral*), die n willkürliche Parameter (Konstanten) enthält.

$$y = y(x, C_1, C_2, \ldots, C_n)$$

Eine **partikuläre Lösung** einer Dgl. erhält man, wenn durch zusätzliche Anfangs- (CAUCHYsches Problem) oder Randbedingungen (Erfüllung von Bedingungen an Randpunkten $x = a$ und $x = b$) den Parametern spezielle Werte erteilt werden.

Eine Lösung einer Dgl. heißt *singulär*, wenn sie nicht durch Wahl eines speziellen Parameters aus der allgemeinen Lösung hervorgeht.

Ordnung, Grad einer Differentialgleichung

Die Ordnung einer Dgl. wird durch die höchste auftretende Ableitung der gesuchten Funktion bestimmt ($y^{(n)}(x) = n$-te Ordnung).

Der Grad einer Dgl. wird durch die höchste auftretende Potenz der gesuchten Funktion bzw. deren Ableitungen bestimmt. Eine lineare gewöhnliche Dgl. ist in y und allen Ableitungen linear.

Geometrische Deutung der Differentialgleichung

Die graphische Darstellung der allgemeinen Lösung einer Dgl. n-ter Ordnung stellt eine *Kurvenschar* mit n Parametern dar. Umgekehrt hat jede Kurvenschar ihre Dgl.
Eine partikuläre Lösung entspricht einer bestimmten Kurve aus der Schar (*Lösungskurve, Integralkurve*).
Dgln. 1. Ordnung bestimmen für jeden Punkt (x, y) des Definitionsbereichs der Funktion die Richtung $y' = \tan\alpha$ der durch diesen Punkt verlaufenden Kurve.

Implizite Form: $F(x, y, y') = 0$

Explizite Form: $y' = g(x, y)$

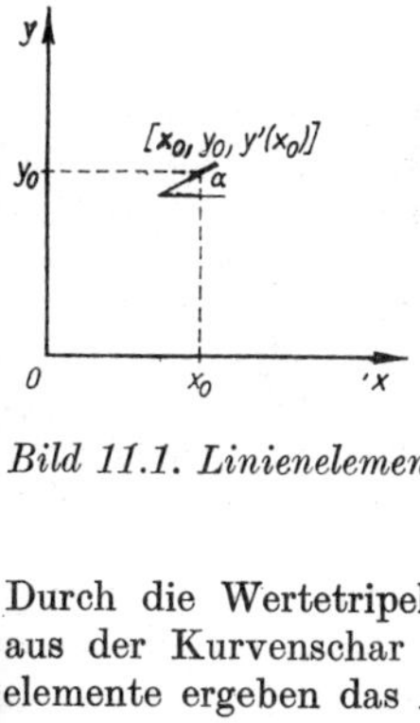

Bild 11.1. Linienelement

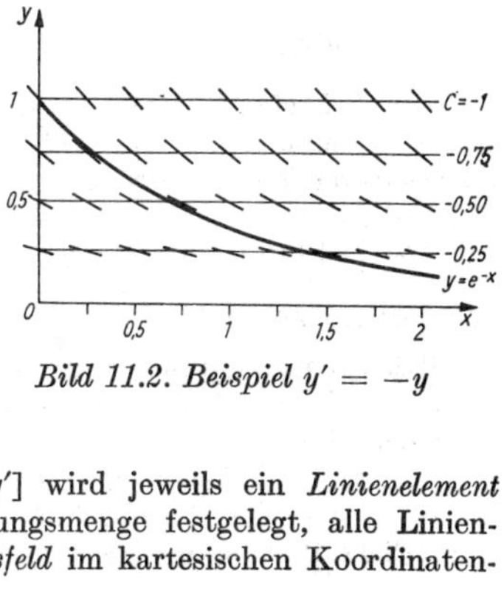

Bild 11.2. Beispiel $y' = -y$

Durch die Wertetripel $[x; y; y']$ wird jeweils ein *Linienelement* aus der Kurvenschar der Lösungsmenge festgelegt, alle Linienelemente ergeben das *Richtungsfeld* im kartesischen Koordinatensystem.
Die Verbindungslinien aller Punkte mit gleicher Richtung der Linienelemente heißen *Isoklinen* ($y' =$ konst.), aus deren Kenntnis man mit guter Näherung Lösungskurven der Dgl. ableiten kann (graphische Integration).

Beispiel:

$y' = g(x, y) = -y$ Isoklinengleichung $y' = C$

$y = -C$

fallende Exponentialfkt. $y = f(x) = e^{-x}$

Dgl. 2. Ordnung bestimmen für jeden Punkt des Definitionsbereichs Richtung und Krümmung der Bogenelemente. Das Isoklinenverfahren ist anzuwenden, indem $y' = f(t) = z$ gesetzt wird, wodurch die Dgl. 2. Ordnung in x in eine 1. Ordnung in z umgewandelt wird.

Trajektorien sind Kurven, die jede Kurve einer Kurvenschar genau einmal schneiden, und zwar unter

konstantem Winkel: *isogonale* Trajektorie
rechtem Winkel: *orthogonale* Trajektorie

Anwendung: Bestimmung der Potentialflächen bzw. -linien aus gegebenem Feldlinienverlauf.

Gegebene Kurvenschar einer Dgl. 1. Ordnung	$F(x, y, c) = 0$	$y = f(x, c)$
Dgl. der Schar durch Elimination von c aus	$F(x, y, c)$ und $\frac{\partial F}{\partial x} + \frac{\partial F}{\partial y} y' = 0$	$y = f(x, c)$ und $y' = g(x, y)$
Richtung der Kurven	$y' = \frac{-F_x}{F_y}$	$y' = g(x, y)$
Orthogonale Trajektorien	$\frac{\partial F}{\partial y} - \frac{\partial F}{\partial x} y' = 0$	$y' = -\frac{1}{g(x, y)}$
Isogonale Trajektorien Schnittw. φ	$y' = \frac{-F_x/F_y + \tan\varphi}{1 + F_y/F_x \tan\varphi}$	$y' = \frac{g(x, y) + \tan\varphi}{1 - g(x, y)\tan\varphi}$

Beispiel:

Kurvenschar F: $4x^2 + 5y + c = 0$

Dgl. der Kurvenschar $8x + 5y' = 0$

Orthogonale Trajektorien $5 - 8xy' = 0$

Isogonale Trajektorien ($\varphi = 30°$) $y' = \frac{-4x/5 + \tan 30°}{1 + 5/4x \tan 30°}$

$$48x^2 - 20x\sqrt{3} - \left(60x + 25\sqrt{3}\right) y' = 0$$

Aufstellen von Differentialgleichungen

Man differenziert die Gleichung der Kurvenschar so oft, bis alle Parameter eliminiert werden können.

Beispiel:

Bestimme die Dgl. aller nach rechts geöffneten Parabeln!

Ansatz der Gleichung für die Kurvenschar, Parameter c, d, p:

$$(y - d)^2 = 2p(x - c)$$

$$2(y - d)\, y' = 2p$$

$$(y - d)\, y'' + y'^2 = 0 \tag{1}$$

$$y'y'' + (y - d)\, y''' + 2y'y'' = 0 \tag{2}$$

Aus (1) und (2) $\underline{\underline{y'''y'^2 - 3y'y''^2 = 0}}$

Man stellt die Dgl. auf Basis physikalischer Gesetze auf.

Beispiel:

Verlustbehafteter Kondensator (Zweipol)

$i = i_c + i_r$ Stromverzweigung

$$i(t) = \frac{u(t)}{R} + \frac{\mathrm{d}Q}{\mathrm{d}t} \quad \text{mit } \mathrm{d}Q = i_c\,\mathrm{d}t \text{ Kondensatorladung}, \quad Q = CU \text{ Definition der Kapazität}$$

$$\underline{\underline{i(t) = \frac{u(t)}{R} + C\,\frac{\mathrm{d}u(t)}{\mathrm{d}t}}} \quad \text{Dgl. 1. Ordnung}$$

11.2. Gewöhnliche Differentialgleichungen 1. Ordnung $F(x, y, y') = 0$

11.2.1. Differentialgleichungen mit trennbaren Variablen

$$y' = \frac{\varphi(x)}{\psi(y)} \qquad \psi(y)\,\mathrm{d}y = \varphi(x)\,\mathrm{d}x$$

$$\int \psi(y)\,\mathrm{d}y = \int \varphi(x)\,\mathrm{d}x + C$$

Beispiele:

1. $x\,\mathrm{e}^{x+y} = yy'$ explizite Form $\dfrac{\mathrm{d}y}{\mathrm{d}x} = \dfrac{x}{y}\,\mathrm{e}^{x+y} = x\,\mathrm{e}^x \cdot \dfrac{1}{y}\,\mathrm{e}^y$

$$\int x\,\mathrm{e}^x\,\mathrm{d}x = \int y\,\mathrm{e}^{-y}\,\mathrm{d}y \quad \text{(Trennung der Variablen)}$$

$$x\,\mathrm{e}^x - \int \mathrm{e}^x\,\mathrm{d}x = -y\,\mathrm{e}^{-y} + \int \mathrm{e}^{-y}\,\mathrm{d}y \quad \text{(partielle Integration)}$$

$$\underline{\underline{\mathrm{e}^x(x - 1) = -\mathrm{e}^{-y}(1 + y) + C}}$$

2. $y'(2x - 7) + y(2x^2 - 3x - 14) = 0$

$$\frac{\mathrm{d}y}{\mathrm{d}x} = -y\,\frac{2x^2 - 3x - 14}{2x - 7}$$

$$\int \frac{\mathrm{d}y}{y} = \int -\frac{2x^2 - 3x - 14}{2x - 7}\,\mathrm{d}x = -\int (x + 2)\,\mathrm{d}x$$

(Trennung der Variablen)

$$\ln y = -\frac{x^2}{2} - 2x + C$$

$$y = \mathrm{e}^{-\frac{x^2}{2} - 2x + C} = \mathrm{e}^C \cdot \mathrm{e}^{\frac{-x^2}{2} - 2x} = \underline{\underline{C_1\,\mathrm{e}^{-\frac{x^2}{2} - 2x}}}$$

3. $RC\,\frac{\mathrm{d}u}{\mathrm{d}t} + u = E$ (RC-Glied)

$$\frac{\mathrm{d}u}{\mathrm{d}t} = \frac{E - u}{RC}$$

$$\int \frac{\mathrm{d}u}{E - u} = \int \frac{\mathrm{d}t}{RC}$$ (Trennung der Variablen)

$$\ln |E - u| = -\frac{t}{RC} + \ln |K|$$

$$E - u = K \cdot \mathrm{e}^{-\frac{t}{RC}}$$

$$\underline{\underline{u = E - K \cdot \mathrm{e}^{-\frac{t}{RC}}}}$$

11.2.2. Gleichgradige Differentialgleichung 1. Ordnung

$$y' = \frac{\varphi(x, y)}{\psi(x, y)}$$

wobei $\varphi(x, y)$ und $\psi(x, y)$ Terme mit Summanden von gleichem Grad hinsichtlich der Variablen sind.

Substitution $\frac{y}{x} = z$ führt zur Trennung der Variablen.

Beispiel:

$$(3x - 2y)\,\mathrm{d}x - x\,\mathrm{d}y = 0$$

Substitution $\frac{y}{x} = z; \quad y = zx; \quad y' = xz' + z$

$$\mathrm{d}y = x\,\mathrm{d}z + z\,\mathrm{d}x$$

eingesetzt:

$$(3x - 2zx)\,\mathrm{d}x - x(x\,\mathrm{d}z + z\,\mathrm{d}x) = 0$$

$$\int \frac{3}{x}\,\mathrm{d}x = \int \frac{\mathrm{d}z}{1 - z}$$ (Trennung der Variablen)

$$3 \ln |x| = -\ln |1 - z| + C$$

$$\ln |x^3| = -\ln \left|1 - \frac{y}{x}\right| + C$$

$$\ln \left|x^3 \frac{x - y}{x}\right| = C$$

$$\underline{\underline{x^3 - x^2 y = e^C = C_1}}$$

$y' = \varphi(ax + by + c)$

Substitution $ax + by + c = z$ führt zur Trennung der Variablen.

11.2.3. Lineare Differentialgleichung 1. Ordnung

Normalform: $y' + yP(x) = Q(x)$

Homogene lineare Differentialgleichung $Q(x) = 0$

$$y' + yP(x) = 0$$

Lösung durch Trennung der Variablen

$$y = C\,e^{-\int P(x)\,dx}$$

Ist eine partikuläre Lösung y_p bekannt, erhält man die allgemeine Lösung durch Multiplikation mit einer Konstanten.

Inhomogene lineare Differentialgleichung

$$y' + yP(x) = Q(x) \qquad Q(x) \text{ Störfunktion}$$

(1) Integration durch Substitution

Substitution $P(x) = \dfrac{u'(x)}{u(x)} \to u(x) = e^{\int P(x)\,dx}$ *integrierender Faktor*

Eingesetzt:

$$y' + \frac{u'}{u}\,y = Q(x)$$

$$y'u + u'y = Q(x)\,u$$

Lösungsformel

$$y = \frac{1}{u(x)}\left(\int u(x)\,Q(x)\,dx + C\right) \quad \text{mit} \quad u(x) = e^{\int P(x)\,dx}$$

Beispiel:

$$(4 + x)\,y' + y = 6 + 2x$$

$$y' + y\,\frac{1}{4 + x} = \frac{6 + 2x}{4 + x}$$

Substitution $\frac{1}{4 + x} = \frac{u'}{u} \to \ln |u| = \ln |4 + x|$

$$u = 4 + x$$

$$y' + \frac{u'}{u}\,y = \frac{6 + 2x}{4 + x}$$

$$y'u + u'y = 6 + 2x \quad \text{integriert}$$

$$uy = 6x + x^2 + C$$

$$y = \frac{6x + x^2 + C}{4 + x}$$

(2) *Integration durch Variation der Konstanten*

Gelöst wird zunächst die homogene Differentialgleichung (allgemeine Lösung).
Zur Bestimmung einer partikulären Lösung ersetzt man die Konstante C durch den Term $z(x)$.

$$y = z(x)\,\mathrm{e}^{-\int P(x)\mathrm{d}x}$$

$$y' = z'\,\mathrm{e}^{-\int P(x)\mathrm{d}x} + z\,\mathrm{e}^{-\int P(x)\mathrm{d}x}\,(-P(x))$$

Aus der Ausgangsgleichung und der Gleichung für y' ergibt sich z und schließlich y:

$$y = \mathrm{e}^{-\int P(x)\mathrm{d}x}\left[\int Q(x)\cdot \mathrm{e}^{\int P(x)\mathrm{d}x}\,\mathrm{d}x + C\right]$$

Beispiel:

$$(4 + x)\,y' + y = 6 + 2x$$

Homogene Dgl. $(4 + x)\,y' + y = 0$

$$\frac{\mathrm{d}y}{y} = -\frac{\mathrm{d}x}{4 + x} \quad \text{integriert}$$

$$\ln |y| = -\ln |4 + x| + \ln C$$

$$y = \frac{C}{4 + x} = C \cdot \mathrm{e}^{\int \frac{1}{4+x}\mathrm{d}x}$$

Variation der Konstanten ergibt

$$y = z(x)\,\frac{1}{4+x}; \quad y' = z'\,\frac{1}{4+x} - z\,\frac{1}{(4+x)^2} \quad \text{eingesetzt}$$

$$(4+x)\left[z'\,\frac{1}{4+x} - z\,\frac{1}{(4+x)^2}\right] + z\,\frac{1}{4+x} = 6 + 2x$$

$$z' = 6 + 2x$$

$$z = 6x + 2\,\frac{x^2}{2} + C_1 = 6x + x^2 + C_1$$

$$y = \frac{6x + x^2 + C_1}{4+x}$$

(3) *Integration bei bekannter partikulärer Lösung y_p der inhomogenen Dgl.*

Man ermittelt die allgemeine Lösung der homogenen Dgl. y_h. Allgemeine Lösung der inhomogenen Dgl. ist dann

$$y = y_p + y_h$$

Dieser Satz gilt für lineare Dgl. n-ter Ordnung allgemein. Sind 2 partikuläre Lösungen y_{p1} und y_{p2} bekannt, lautet die allgemeine Lösung der inhomogenen Dgl.

$$y = y_{p1} + C(y_{p2} - y_{p1})$$

11.2.4. Totale (exakte) Differentialgleichung 1. Ordnung

$$P(x, y)\,\mathrm{d}x + Q(x, y)\,\mathrm{d}y = 0$$

mit der Bedingung, daß die linke Seite ein *vollständiges Differential* darstellt:

$$\frac{\partial P(x, y)}{\partial y} = \frac{\partial Q(x, y)}{\partial x} \quad (\textit{Integrabilitätsbedingung})$$

Unmittelbare Integration führt zur Lösung

$$\int P(x, y)\,\mathrm{d}x + \int \left[Q(x, y) - \int \frac{\partial P(x, y)}{\partial y}\,\mathrm{d}x\right] \mathrm{d}y = C \qquad \text{(I)}$$

oder

$$\int Q(x, y)\,\mathrm{d}y + \int \left[P(x, y) - \int \frac{\partial Q(x, y)}{\partial x}\,\mathrm{d}y\right] \mathrm{d}x = C \qquad \text{(II)}$$

Beispiel:

$$(3x^2 + 8ax + 2by^2 + 3y)\,\mathrm{d}x + (4bxy + 3x + 5)\,\mathrm{d}y = 0$$

$$\frac{\partial P}{\partial y} = \frac{\partial(3x^2 + 8ax + 2by^2 + 3y)}{\partial y} = 4by + 3$$

$$\frac{\partial Q}{\partial x} = \frac{\partial(4bxy + 3x + 5)}{\partial x} = 4by + 3$$

Die linke Seite der Gleichung stellt also ein vollständiges Differential dar.
Anwendung der Lösungsformel (I)

$$\int (3x^2 + 8ax + 2by^2 + 3y)\,\mathrm{d}x + \int \left[4bxy + 3x + 5 - \int (4by + 3)\,\mathrm{d}x\right] \mathrm{d}y = C$$

$$x^3 + 4ax^2 + 2bxy^2 + 3xy + \int [4bxy + 3x + 5 - (4bxy + 3x + C_1)]\,\mathrm{d}y = C$$

$$\underline{\underline{x^3 + 4ax^2 + 2bxy^2 + 3xy + (5 + C_1)\,y = C_3}}$$

11.2.5. **Integrierender Faktor** (Eulerscher Multiplikator)

Ein Term $u(x, y)$ heißt *integrierender Faktor* der Dgl. $P(x, y)\,\mathrm{d}x + Q(x, y)\,\mathrm{d}y = 0$, wenn die linke Seite der Gleichung durch Multiplikation mit $u(x, y)$ zu einem vollständigen Differential wird:

$$\frac{\partial[u(x, y)\ P(x, y)]}{\partial y} = \frac{\partial[u(x, y)\,Q(x, y)]}{\partial x}$$

Die Form der Dgl. läßt oft vereinfachende Annahmen zu:

Besondere integrierende Faktoren $\qquad P = P(x, y)$, $Q = Q(x, y)$

Der integrierende Faktor enthält nur x:

$$u = \mathrm{e}^{-\int \frac{1}{Q}\left(\frac{\partial Q}{\partial x} - \frac{\partial P}{\partial y}\right)\mathrm{d}x}$$

Der integrierende Faktor enthält nur y:

$$u = \mathrm{e}^{\int \frac{1}{P}\left(\frac{\partial Q}{\partial x} - \frac{\partial P}{\partial y}\right)\mathrm{d}y}$$

Der integrierende Faktor enthält nur xy:

$$u = \mathrm{e}^{\int \frac{1}{xP - yQ}\left(\frac{\partial Q}{\partial x} - \frac{\partial P}{\partial y}\right)\mathrm{d}z}, \quad z = xy$$

Der integrierende Faktor enthält nur $\frac{y}{x}$:

$$u = e^{\int \frac{x^2}{xP+yQ}\left(\frac{\partial Q}{\partial x} - \frac{\partial P}{\partial y}\right) dz}, \quad z = \frac{y}{x}$$

Der integrierende Faktor enthält nur $x^2 + y^2$:

$$u = e^{\int \frac{1}{2(yP-xQ)}\left(\frac{\partial Q}{\partial x} - \frac{\partial P}{\partial y}\right) dz}, \quad z = x^2 + y^2$$

Beispiel:

$$(3x - 2y)\,dx - x\,dy = 0$$

Kontrolle der Integrabilitätsbedingung

$$\frac{\partial(3x - 2y)}{\partial y} = -2; \quad \frac{\partial(-x)}{\partial x} = -1$$

Integrabilitätsbedingung ist nicht erfüllt.
Annahme: Der integrierende Faktor enthalte nur x.

$$u = e^{-\int \frac{1}{-x}(-1+2)dx} = e^{\int \frac{dx}{x}} = e^{\ln x} = x$$

Multiplikation der Ausgangsgleichung mit $u = x$ ergibt

$$(3x^2 - 2xy)\,dx - x^2\,dy = 0 \quad \text{(totale Dgl.)}$$

Lösung: $\underline{\underline{x^3 - x^2y = C}}$

11.2.6. Bernoullische Differentialgleichung

$$\boldsymbol{y' + \varphi(x)\,y = \psi(x)\,y^n} \qquad n \neq 1$$

Substitution:

$$y = z^{\frac{1}{1-n}}; \quad y' = \frac{1}{1-n}\,z^{\frac{n}{1-n}} \cdot z'$$

$$z' + (1 - n)\,\varphi(x)\,z = (1 - n)\,\psi(x)$$

Beispiel:

$$y' + \frac{y}{x} - x^2y^3 = 0$$

Substitution:

$$y = z^{\frac{1}{1-3}} = z^{-\frac{1}{2}}; \quad y' = -\frac{1}{2} z^{-\frac{3}{2}} z'$$

$$-\frac{1}{2} z^{-\frac{3}{2}} z' + \frac{1}{x} z^{-\frac{1}{2}} = x^2 z^{-\frac{3}{2}}$$

$$z'x - 2z = -2x^3$$

Diese Differentialgleichung ergibt durch Variation der Konstanten als Lösung $z = x^2(C - 2x)$.

$$\underline{\underline{x^2y^2(C - 2x) - 1 = 0}}$$

11.2.7. Clairautsche Differentialgleichung

$$\boldsymbol{y = xy' + \varphi(y')}$$

Differentiation nach x ergibt

$$0 = y''[x + \varphi'(y')]$$

Diese Gleichung wird befriedigt entweder durch $y'' = 0$ mit der Lösung $y = C_1x + C_2$ (allgemeines Integral) oder durch $x + \varphi'(y') = 0$. Eliminiert man y' aus der letzten sowie aus der ursprünglichen Gleichung, so erhält man $y = g(x)$ (singuläre Lösung).
Das allgemeine Integral stellt eine *Schar von Geraden* dar, während die singuläre Lösung die *Einhüllende dieser Geradenschar* ist.

Beispiel:

$$y = xy' - 2y'^2 + y'$$

$$0 = xy'' - 4y'y'' + y'' = y''(x - 4y' + 1)$$

$$y'' = 0 \rightarrow y = C_1x + C_2 \quad \text{(allgemeines Integral)}$$

$$x - 4y' + 1 = 0; \quad y' = \frac{x+1}{4}$$

Lösung:

$$y = x\,\frac{x+1}{4} - 2\,\frac{(x+1)^2}{16} + \frac{x+1}{4} = \underline{\underline{\frac{x^2 + 2x + 1}{8}}}$$

11.2.8. Riccatische Differentialgleichung

$$\boldsymbol{y' = \varphi(x)\, y^2 + \psi(x)\, y + \omega(x)}$$

Eine Lösung ist nur möglich, wenn ein *partikuläres Integral* y_p gefunden werden kann.

Substitution: $y - y_p = \frac{1}{z}$

Beispiel:

$$x^2y' + xy - x^2y^2 + 1 = 0 \qquad (1)$$

$$y' = y^2 - \frac{1}{x}y - \frac{1}{x^2} \qquad (2)$$

Auf Grund der Gleichungsform kann man zur Bestimmung eines partikulären Integrals mit dem Ansatz $y = \frac{A}{x}$ probieren:

$$y = \frac{A}{x}; \quad y' = -\frac{A}{x^2}$$

$$-A + A - A^2 + 1 = 0$$

$$A^2 = 1; \quad A_1 = 1, \quad A_2 = -1 \to y_p = \frac{1}{x}$$

Substitution: $y - \frac{1}{x} = \frac{1}{z}; \quad y' = -\frac{1}{z^2}z' - \frac{1}{x^2}$

$$-\frac{1}{z^2}z' - \frac{1}{x^2} = \left(\frac{1}{z} + \frac{1}{x}\right)^2 - \frac{1}{x}\left(\frac{1}{z} + \frac{1}{x}\right) - \frac{1}{x^2}$$

$$z' + \frac{z}{x} + 1 = 0$$

Nach der Methode der Variation der Konstanten wird

$$z = -\frac{x}{2} + \frac{C}{x} \to \underline{\underline{y = \frac{1}{x} + \frac{2x}{C_1 - x^2}}}$$

11.3. Gewöhnliche Differentialgleichungen 2. Ordnung

Allgemeine Form $y'' = \varphi(x, y, y')$ explizit

$F(x, y, y', y'')$ implizit

11.3.1. Auf Differentialgleichungen 1. Ordnung zurückführbare Differentialgleichung 2. Ordnung

$$\boldsymbol{y'' = \varphi(x)}$$

Lösung: zweifache Integration

Beispiel:

$$y'' = 4x^2 + 5x$$

$$y' = \int (4x^2 + 5x)\,\mathrm{d}x = \frac{4x^3}{3} + \frac{5x^2}{2} + C_1$$

$$y = \int \left(\frac{4x^3}{3} + \frac{5x^2}{2} + C_1\right)\mathrm{d}x = \underline{\underline{\frac{x^4}{3} + \frac{5x^3}{6} + C_1 x + C_2}}$$

$$\boldsymbol{y'' = \varphi(y)}$$

Substitution: $y' = p$

$$y'' = p' = \frac{\mathrm{d}p}{\mathrm{d}y}\,y' = \frac{\mathrm{d}p}{\mathrm{d}y}\,p \qquad \frac{\mathrm{d}p}{\mathrm{d}y}\,p = \varphi(y)$$

Lösung: Trennung der Variablen

Beispiel:

$$y'' = \frac{y}{a^2} \qquad \frac{\mathrm{d}p}{\mathrm{d}y}\,p = \frac{y}{a^2} \qquad p = y'$$

$$\int p\,\mathrm{d}p = \int \frac{y}{a^2}\,\mathrm{d}y$$

$$\frac{p^2}{2} = \frac{y^2}{2a^2} + C_1 \qquad p = \sqrt{\frac{y^2 + 2C_1 a^2}{a^2}} = y'$$

$$\frac{a\,\mathrm{d}y}{\sqrt{C_2 + y^2}} = \mathrm{d}x \qquad a\int \frac{\mathrm{d}y}{\sqrt{C_2 + y^2}} = x$$

$$x = a \operatorname{arsinh} \frac{y}{\sqrt{C_2}} + C_3 \qquad \underline{\underline{y = \sqrt{C_2}\sinh\frac{x - C_3}{a}}}$$

$$\boldsymbol{y'' = \varphi(y')}$$

Substitution: $y' = p$

Beispiel:

$$y'' = 2y'^2 \qquad y' = p \qquad y'' = p'$$

$$p' = 2p^2$$

$$\int \frac{\mathrm{d}p}{p^2} = \int 2\mathrm{d}x$$

$$-\frac{1}{p} = 2x + C_1 \qquad p = -\frac{1}{2x + C_1} = y'$$

$$\int \mathrm{d}y = -\int \frac{\mathrm{d}x}{2x + C_1}$$

$$y = -\frac{1}{2} \ln |2x + C_1| + C_2 = \underline{\underline{\ln \left| \frac{C_3}{\sqrt{2x + C_1}} \right|}} \qquad C_2 = \ln C_3$$

$$\boldsymbol{y'' = \varphi(x, y')}$$

Substitution: $y' = p$

Beispiel:

$$y'' = -\frac{y}{x} + \frac{1}{x}$$

$$p' = -\frac{p}{x} + \frac{1}{x}$$

$$\int \frac{\mathrm{d}p}{1 - p} = \int \frac{\mathrm{d}x}{x}$$

$$-\ln |p - 1| = \ln |x| + \ln |C_1| = \ln |C_1 x|$$

$$\frac{1}{p - 1} = C_1 x \qquad p = \frac{1}{C_1 x} + 1 = y'$$

$$\int \mathrm{d}y = \int \frac{\mathrm{d}x}{C_1 x} + \int \mathrm{d}x$$

$$y = \frac{1}{C_1} \ln |x| + x + C_2 = \underline{\underline{x + C_3 \ln |x| + C_2}}$$

$$\boldsymbol{y'' = \varphi(y, y')}$$

Substitution: $y' = p$

Beispiel:

$$y'' = y'^2 \frac{1}{y} \qquad y' = p \qquad y'' = \frac{\mathrm{d}p}{\mathrm{d}y} p$$

$$p \frac{\mathrm{d}p}{\mathrm{d}y} = p^2 \frac{1}{y}$$

$$\frac{\mathrm{d}p}{p} = \frac{\mathrm{d}y}{y}$$

$$\ln |p| = \ln |y| + \ln |C_1| = \ln |C_1 y|$$

$$p = \frac{\mathrm{d}y}{\mathrm{d}x} = C_1 y$$

$$\frac{\mathrm{d}y}{y} = C_1\,\mathrm{d}x$$

$$\ln|y| = C_1 x + C_3 \to \underline{\underline{y = \mathrm{e}^{C_1 x + C_2} = C_3\,\mathrm{e}^{C_1 x}}}$$

11.3.2. Homogene lineare Differentialgleichung 2. Ordnung mit konstanten Koeffizienten

$$\boldsymbol{ay'' + by' + cy = 0}$$

Ansatz $y = \mathrm{e}^{rx} \to y' = r\,\mathrm{e}^{rx}$ und $y'' = r^2\,\mathrm{e}^{rx}$

$$ar^2\,\mathrm{e}^{rx} + br\,\mathrm{e}^{rx} + c\,\mathrm{e}^{rx} = 0$$

Charakteristische Gleichung (wegen $\mathrm{e}^{rx} \neq 0$)

$$ar^2 + br + c = 0$$

$$r_{1;2} = -\frac{b}{2a} \pm \sqrt{\frac{b^2}{4a^2} - \frac{c}{a}}$$

Allgemeine Lösung der Dgl.:

Fall 1: $r_1 \neq r_2$; $r_1, r_2 \in P$

Lösung der Differentialgleichung

$$y = C_1\,\mathrm{e}^{r_1 x} + C_2\,\mathrm{e}^{r_2 x}$$

Fall 2: $r_1 = r_2 = r$; $r \in P$

Lösung der Differentialgleichung

$$y = \mathrm{e}^{rx}(C_1 x + C_2)$$

Fall 3: $r_{1;2} = \alpha \pm \mathrm{j}\beta$

Lösung der Differentialgleichung

$$y = \mathrm{e}^{\alpha x}(C_1 \cos\beta x + C_2 \sin\beta x) = R\,\mathrm{e}^{\alpha x} \sin(\beta x + \varphi)$$

Beispiele:

Fall 1:

$$2y'' - 8y' + 6y = 0$$

$$2r^2 - 8r + 6 = 0$$

$$r^2 - 4r + 3 = 0 \quad \text{mit} \quad r_1 = 3;\; r_2 = 1$$

$$\underline{\underline{y = C_1\,\mathrm{e}^{3x} + C_2\,\mathrm{e}^{x}}}$$

Fall 2:

$$3y'' + 18y' + 27y = 0$$

$$3r^2 + 18r + 27 = 0; \quad r_{1;2} = -3$$

$$\underline{\underline{y = \mathrm{e}^{-3x}(C_1x + C_2)}}$$

Fall 3:

$$y'' + 2y' + 5y = 0$$

$$r^2 + 2r + 5 = 0; \quad r_{1;2} = -1 \pm \mathrm{j}2$$

$$\underline{\underline{y = \mathrm{e}^{-x}(C_1 \cos 2x + C_2 \sin 2x)}}$$

11.3.3. Homogene lineare Differentialgleichung 2. Ordnung mit veränderlichen Koeffizienten

$$\boldsymbol{y''\varphi(x) + y'\psi(x) + y\omega(x) = 0}$$

Zu ihrer Lösung muß ein *partikuläres Integral* y_p gefunden werden.

Lösungsansatz:

$$y = y_p z$$

Es entsteht mit einer weiteren Substitution $z' = u$ eine Differentialgleichung 1. Ordnung (*Erniedrigung der Ordnung*).

Beispiel:

$$x^2 (\ln |x| - 1)\, y'' - xy' + y = 0$$

$$y_p = x$$

$$y = y_p z = xz$$

$$y' = xz' + z$$

$$y'' = xz'' + 2z'$$

$$x^3 (\ln |x| - 1)\, z'' + x^2(2 \ln |x| - 3)\, z' = 0; \; z' = u; \; z'' = u'$$

$$xu' (\ln |x| - 1) = u(3 - 2 \ln |x|)$$

$$\frac{\mathrm{d}u}{u} = \frac{3 - 2 \ln |x|}{x (\ln |x| - 1)}\, \mathrm{d}x \qquad \text{(Dgl. 1. Ordnung)}$$

Substitution: $\ln |x| = v; \quad \dfrac{\mathrm{d}x}{x} = \mathrm{d}v$

$$\int \frac{\mathrm{d}u}{u} = 3 \int \frac{\mathrm{d}v}{v - 1} - 2 \int \frac{v\, \mathrm{d}v}{v - 1}$$

$$\ln |u| = 3 \ln |v - 1| - 2 \int \left(1 + \frac{1}{v - 1}\right) dv$$

$$\ln |u| = 3 \ln |v - 1| - 2v - 2 \ln |v - 1| + \ln |C_1|$$

$$u = C_1 \frac{\ln |x| - 1}{x^2}$$

$$\int dz = \int C_1 \frac{\ln |x| - 1}{x^2} dx$$

$$z = C_2 - \frac{C_1}{x} \ln |x|$$

$$\underline{\underline{y = C_2 x - C_1 \ln |x|}}$$

11.3.4. Inhomogene lineare Differentialgleichung 2. Ordnung mit konstanten Koeffizienten

$$ay'' + by' + cy = s(x) \qquad s(x) \neq 0 \qquad \text{(s. Bild 11.3)}$$

Allgemeine Lösung: $y_{ai} = y_{ah} + y_{pi}$

mit

y_{ah} allgemeine Lösung der homogenen Dgl.
y_{pi} partikuläre Lösung der inhomogenen Dgl. durch Variation der Konstanten, d. h.,

$y_{ah}(x) = C_1 y_1(x) + C_2(x)\, y_2(x)$ *Ansatz* $y_{pi} = C_1(x)\, y_1(x) + C_2(x)\, y_2(x)$

Hat die *Störfunktion* $s(x)$ eine spezielle Form, vereinfacht sich die Lösung durch dieser Form angepaßte Ansätze:

$s(x) = \varphi_k(x)\, e^{nx}$ *Ansatz* $y_{pi} = R_k(x)\, e^{nx}$

$y_{pi} = x^q R_k(x)\, e^{nx}$ n ist q-fache Wurzel der charakteristischen Gln.

$s(x) = \varphi_k e^{nx} \sin mx$ oder $\cos mx$ $\quad y_{pi} = e^{nx}[R_k(x) \sin mx + S_k(x) \cos mx]$

bzw. $= x^q \cdot e^{nx}[\ldots]$ wie oben

dgl. für $\sinh mx$
$\cosh mx$

$s(x) = s_0 + s_1 x + s_2 x^2 + \cdots + s_k x^k$

$y_{pi} = R_k(x)$

bzw. $= x^q R_k(x)$ wie oben

mit $R_k(x) = a_0 + a_1x + a_2x^2 + \cdots + a_kx^k$ dgl. $S_k(x)$

Beispiele:

1. $$y'' - 2y' - 8y = 3\sin x + 4$$

Lösung der homogenen Dgl.

$$y'' - 2y' - 8y = 0$$

$$r^2 - 2r - 8 = 0 \to r_1 = 4, \quad r_2 = -2$$

$$y_{\text{ah}} = C_1\,\mathrm{e}^{4x} + C_2\,\mathrm{e}^{-2x}$$

Ansatz zur Bestimmung eines partikulären Integrals:

$$y_{\text{pi}} = A\sin x + B\cos x + C$$

$$y' = A\cos x - B\sin x$$

$$y'' = -A\sin x - B\cos x$$

Eingesetzt in die Ausgangsgleichung

$$-A\sin x - B\cos x - 2A\cos x + 2B\sin x$$
$$- 8A\sin x - 8B\cos x - 8C = 3\sin x + 4$$

Durch Koeffizientenvergleich ergibt sich

$$A = -\frac{27}{85}; \quad B = \frac{6}{85}; \quad C = -\frac{1}{2}$$

$$y_{\text{ai}} = y_{\text{ah}} + y_{\text{pi}} = C_1\,\mathrm{e}^{4x} + \frac{C_2}{\mathrm{e}^{2x}} - \frac{27}{85}\sin x + \frac{6}{85}\cos x - \frac{1}{2}$$

2. $$y'' + y' - 2y = \cosh x$$

$$r^2 + r - 2 = 0 \to r_1 = 1, \quad r_2 = -2$$

$$y_{\text{ah}} = C_1\,\mathrm{e}^{x} + C_2\,\mathrm{e}^{-2x}$$

Aus $\cosh x = \frac{1}{2}(\mathrm{e}^{x} + \mathrm{e}^{-x})$ folgt:

Mit $C_1 = \frac{1}{2}$ und $C_2 = 0$ wird die Lösung der homogenen Gleichung zu einem Glied der Störfunktion, also *Resonanzfall.* Weitere Behandlung durch Variation der Konstanten:

$$y = z_1\,\mathrm{e}^{x} + z_2\,\mathrm{e}^{-2x} \qquad \text{mit } z_i = z_i(x)$$

$$y' = z_1'\,\mathrm{e}^{x} + z_1\,\mathrm{e}^{x} + z_2'\,\mathrm{e}^{-2x} - 2z_2\,\mathrm{e}^{-2x}$$

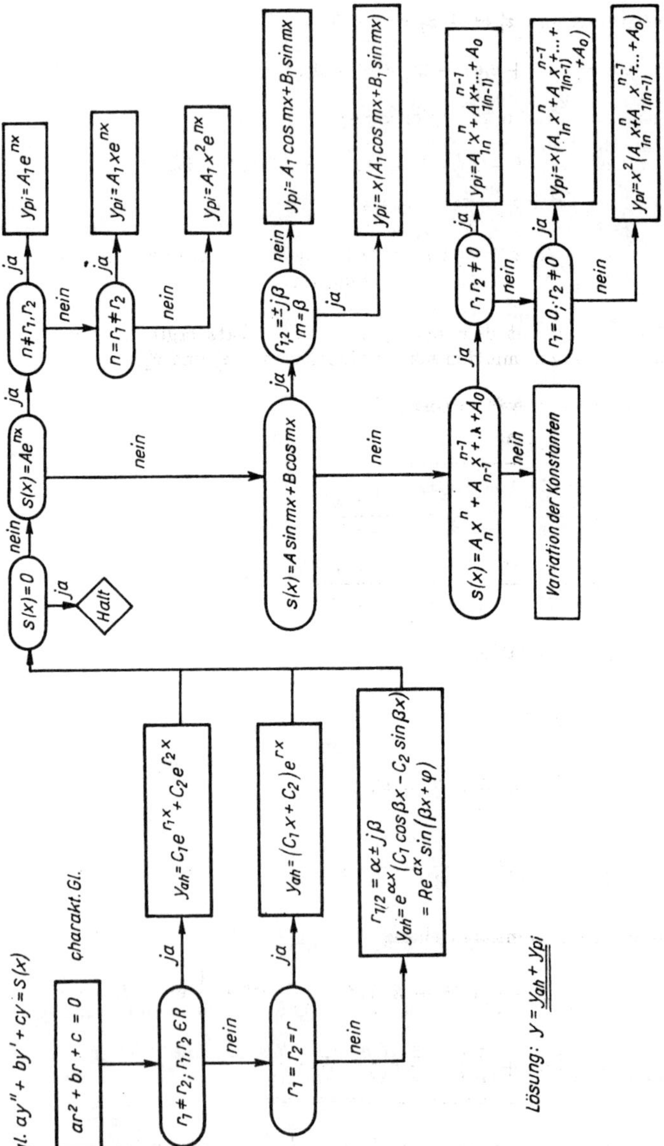

Bild 11.3. Inhomogene lineare Dgl. 2. Ordnung, Lösungsweg

Zusatzbedingung: $z_1' \, e^x + z_2' \, e^{-2x} = 0$

$$y'' = z_1' \, e^x + z_1 e^x - 2z_2' \, e^{-2x} + 4z_2 \, e^{-2x}$$

Eingesetzt in die Ausgangsgleichung:

$$z_1' \, e^x + z_1 \, e^x - 2z_2' \, e^{-2x} + 4z_2 \, e^{-2x} + z_1 \, e^x - 2z_2 \, e^{-2x}$$

$$- 2z_1 \, e^x - 2z_2 \, e^{-2x} = \cosh x$$

$$z_1' \, e^x - 2z_2' \, e^{-2x} = \cosh x$$ (Die Glieder mit z_1 und z_2 fallen stets weg.)

In Verbindung mit dem oben gemachten Ansatz ergibt sich ein Gleichungssystem mit den beiden Unbekannten z_1' und z_2':

$$\begin{array}{l|} z_1' \, e^x - 2z_2' \, e^{-2x} = \cosh x \\ z_1' \, e^x + z_2' \, e^{-2x} \quad = 0 \\ \hline \end{array}$$

$$z_1' = \frac{\cosh x}{3e^x} \qquad z_2' = -\frac{\cosh x}{3e^{-2x}}$$

$$= \frac{e^x + e^{-x}}{6e^x} \qquad = -\frac{e^x + e^{-x}}{6e^{-2x}}$$

Trennung der Variablen

$$dz_1 = \frac{1}{6} (1 + e^{-2x}) \, dx$$

$$z_1 = \frac{1}{6} x - \frac{1}{12} e^{-2x} + K_1$$

$$z_2 = -\frac{1}{18} e^{3x} - \frac{1}{6} e^x + K_2$$

Lösung der Differentialgleichung

$$y = \left(\frac{1}{6} x - \frac{1}{12} e^{-2x} + K_1\right) e^x - \left(\frac{1}{18} e^{3x} + \frac{1}{6} e^x - K_2\right) e^{-2x}$$

$$\underline{\underline{y = e^x \left(K_3 + \frac{x}{6}\right) - \frac{1}{4} e^{-x} + K_2 \, e^{-2x}}}$$

y_{pi} auch berechenbar aus $y_{pi} = Ax \, e^x + B \, e^{-x}$ (Resonanzfall)

11.3.5. Inhomogene lineare Differentialgleichung 2. Ordnung mit veränderlichen Koeffizienten

$$y'' + y'\varphi(x) + y\psi(x) = s(x) \quad \text{mit } s(x) \neq 0 \text{ (Normalform)}$$

Lösungsweg:

Es sei $y_{\text{ph}} = y_1(x)$ eine nicht identisch verschwindende Lösung der homogenen Gleichung $y'' + y'\varphi(x) + y\psi(x) = 0$. Setzt man $z = z(x) = \frac{\mathrm{d}}{\mathrm{d}x}\left(\frac{y}{y_1}\right)$, so geht diese Gleichung in die lineare homogene Dgl. erster Ordnung

$$z' + \left(\varphi + \frac{2y_1'}{y_1}\right) z = 0, \quad \varphi = \varphi(x)$$

über, die man nach der Methode der Trennung der Variablen integrieren kann. Ist z ein partikuläres Integral, so ist $y_2 = y_2(x) = y_1 \int z \, \mathrm{d}x$ ein zweites, von y_1 linear unabhängiges partikuläres Integral von

$$y'' + y'\varphi + y\psi = 0, \quad \psi = \psi(x)$$

$y_{\text{ah}} = C_1 y_1 + C_2 y_2$ das allgemeine Integral der homogenen Dgl. Das allgemeine Integral y_{ai} der inhomogenen Dgl.

$$y'' + y'\varphi + y\psi = \omega(x)$$

findet man durch Variation der Integrationskonstanten.

Beispiel:

$$x^2y'' - 2xy' + (x^2 + 2)\, y = x^4$$

$$y'' - \frac{2}{x} y' + \frac{x^2 + 2}{x^2} y = x^2 \qquad \text{(Normalform)}$$

Man löst zunächst die homogene Dgl.

$$y'' - \frac{2}{x} y' + \frac{x^2 + 2}{x^2} y = 0,$$

die das partikuläre Integral $y_{\text{ph}} = y_1 = x \sin x$ hat.

Setzt man $z = \frac{\mathrm{d}}{\mathrm{d}x}\left(\frac{y}{x \sin x}\right)$, so folgt $y = x \sin x \int z \, \mathrm{d}x$ und

$$y' = (\sin x + x \cos x) \int z \, \mathrm{d}x + xz \sin x$$

$$y'' = (2 \cos x - x \sin x) \int z \, \mathrm{d}z + 2z (\sin x + x \cos x) + xz' \sin x$$

Durch Einsetzen in die Dgl. ergibt sich

$$(2\cos x - x\sin x)\int z\,\mathrm{d}x + 2z(\sin x + x\cos x) + xz'\sin x$$

$$-\left(\frac{2}{x}\sin x + 2\cos x\right)\int z\,\mathrm{d}x - 2z\sin x + x\sin x\int z\,\mathrm{d}x$$

$$+\frac{2}{x}\sin x\int z\,\mathrm{d}x = 0 \quad \text{oder} \quad xz'\sin x + 2xz\cos x = 0;$$

$$\frac{z'}{z} = -\frac{2\cos x}{\sin x} \to \ln|z| = -2\ln|\sin x|$$

Demnach ist $z = \dfrac{1}{\sin^2 x}$.

Für das zweite von y_1 linear unabhängige Integral folgt hieraus

$$y_2 = x\sin x\int\frac{\mathrm{d}x}{\sin^2 x} = -x\sin x\cot x = -x\cos x$$

Das gesuchte allgemeine Integral der homogenen Dgl. ist also

$$y = x(C_1\sin x + C_2\cos x) = C_1y_1 + C_2y_2$$

Das allgemeine Integral der inhomogenen Differentialgleichung findet man nun durch Variation der Konstanten.

Ersetzt man C_1 und C_2 durch die Funktionen $z_1 = z_1(x)$ und $z_2 = z_2(x)$, so wird $y = z_1y_1 + z_2y_2$.

Wenn man diese in die inhomogene Dgl. einsetzt, muß den Funktionen z_1 und z_2, um sie bestimmen zu können, noch eine weitere Bedingung auferlegt werden:

Zusatzbedingung: $z_1'y_1 + z_2'y_2 = 0$

Es gilt dann:

$$y' = z_1y_1' + z_2y_2'$$

$$y'' = z_1'y_1' + z_2'y_2' + z_1y_1'' + z_2y_2''$$

Durch Einsetzen in die Normalform ergibt sich

$$z_1'y_1' + z_2'y_2' + z_1y_1'' + z_2y_2'' - \frac{2}{x}z_1y_1' - \frac{2}{x}z_2y_2' + z_1y_1$$

$$+ z_2y_2 + \frac{2}{x^2}z_1y_1 + \frac{2}{x^2}z_2y_2 = x^2$$

$$z_1'y_1' + z_2'y_2' + z_1\left(y_1'' - \frac{2}{x}y_1' + y_1 + \frac{2}{x^2}y_1\right)$$

$$+ z_2\left(y_2'' - \frac{2}{x}y_2' + y_2 + \frac{2}{x^2}y_2\right) = x^2$$

Da y_1 und y_2 partikuläre Integrale der homogenen Differentialgleichung sind, sind die Klammerausdrücke gleich Null.
Zusammen mit der Zusatzbedingung gilt demnach folgendes Gleichungssystem:

$$\begin{array}{l|} z_1'y_1' + z_2'y_2' = x^2 \\ z_1'y_1 + z_2'y_2 = 0 \\ \hline \end{array}$$

Seine Determinante ist

$$\Delta = \begin{vmatrix} y_1' & y_2' \\ y_1 & y_2 \end{vmatrix} = y_1'y_2 - y_2'y_1 = (\sin x + x \cos x)(-x \cos x)$$
$$- (-\cos x + x \sin x)\, x \sin x = -x^2 \neq 0$$

Obiges Gleichungssystem liefert

$$z_1' = \frac{\begin{vmatrix} x^2 & y_2' \\ 0 & y^2 \end{vmatrix}}{\Delta} \quad \text{und} \quad z_2' = \frac{\begin{vmatrix} y_1' & x^2 \\ y_1 & 0 \end{vmatrix}}{\Delta}$$

Integration ergibt $z_1 = \int \frac{x^2 y_2\, dx}{\Delta}$ und $z_2 = -\int \frac{x^2 y_1\, dx}{\Delta}$.

$$z_1 = \int \frac{x^2(-x \cos x)}{-x^2}\, dx = \int x \cos x\, dx = \cos x + x \sin x + C_3$$

$$z_2 = -\int \frac{x^2 \cdot x \sin x}{-x^2}\, dx = \int x \sin x\, dx = \sin x - x \cos x + C_4$$

$$\begin{aligned} y_{ai} &= (\cos x + x \sin x + C_3)\, x \sin x \\ &\quad + (\sin x - x \cos x + C_4)(-x \cos x) \\ &= \underline{\underline{x^2 + C_3\, x \sin x - C_4 x \cos x}} \end{aligned}$$

11.3.6. Besselsche Differentialgleichung

$$x^2 y'' + xy' + (x^2 - p^2)\, y = 0 \qquad p \text{ Index der Dgl.}$$

Die Lösungen heißen BESSEL*sche Funktionen*, die sich nur für $p = \frac{2k+1}{2}$, $k \in G$ aus elementaren Funktionen kombinieren lassen. Mit dem Potenzreihenansatz

$$y = x^p(a_0 + a_1 x + a_2 x^2 + \cdots)$$

erhält man nach Einsetzen in die Ausgangsgleichung für die Koeffizienten a_k:

$$a_{2n-1} = 0 \quad a_{2n} = \frac{(-1)^n a_0}{2^{2n} n!\,(p+1)(p+2)\cdots(p+n)}$$

$$n \in N \setminus \{0\}$$

Mit $a_0 = \dfrac{1}{2^p \Gamma(n+1)}$ unter Verwendung der *Gammafunktion*

$$\Gamma(x) = \begin{cases} \int\limits_0^\infty e^{-t} t^{x-1}\,dt \text{ für } x > 0 \quad (\text{Zweites } \textit{Eulersches Integral}) \\ \text{oder} \\ \lim\limits_{p\to\infty} \dfrac{p!\,p^{x-1}}{x(x+1)(x+2)\cdots(x+p-1)} \quad x \in P \end{cases}$$

und deren Beziehungen

$$\Gamma(x+1) = x\Gamma(x)$$

$$\Gamma(x)\,\Gamma(1-x) = \frac{\pi}{\sin \pi x}$$

$$\Gamma(x)\,\Gamma\left(x + \frac{1}{2}\right) = \frac{\sqrt{\pi}}{2^{2x-1}}\,\Gamma(2x)$$

und für $x \in N$

$$\Gamma(x) = (x-1)!$$

erhält man schließlich aus der Reihenentwicklung die BESSELsche Funktion p-ter Ordnung erster Art (*Zylinderfunktion*)

$$J_p(x) = \sum_{m=0}^{\infty} \frac{(-1)^m x^{2m+p}}{2^{2m+p} k!\,\Gamma(p+m+1)}$$

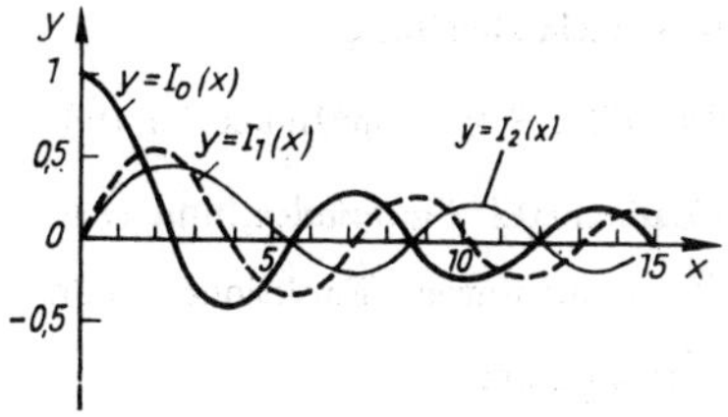

Bild 11.4. Bessel-Funktionen

Die allgemeine Lösung der BESSELschen Dgl. ist dann für $p \in P$, nicht ganzzahlig

$$y = C_1 J_p(x) + C_2 J_{-p}(x)$$

Für $p \in N$ setzt sich die allgemeine Lösung aus der Summe der BESSEL-Funktionen erster und zweiter Art zusammen:

$$y = C_1 J_p(x) + C_2 Y_p(x)$$

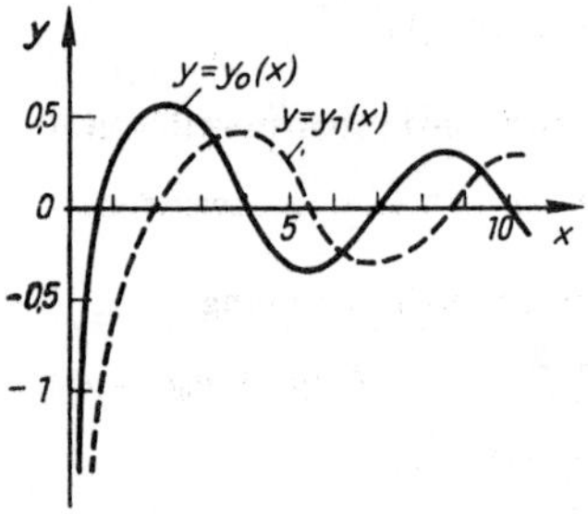

Bild 11.5. Bessel-Funktionen, allgemeine Lösung

mit

$$Y_p(x) = \lim_{m \to p} \frac{J_p(x) \cos p\pi - J_{-p}(x)}{\sin p\pi}$$

$\Gamma(x)$, $J_p(x)$ und $Y_p(x)$ für $p \in N$ sind in der einschlägigen Literatur tabelliert.

Zusammenhänge zwischen BESSEL-Funktionen erster Art verschiedener Ordnung:

$$J_{p-1}(x) + J_{p+1}(x) = \frac{2p}{x} J_p(x)$$

$$\frac{\mathrm{d}J_p(x)}{\mathrm{d}x} = -\frac{p}{x} J_p(x) + J_{p-1}(x)$$

$$\frac{\mathrm{d}}{\mathrm{d}x} [x^p J_p(x)] = x^p J_{p-1}(x)$$

Analog gelten diese Formeln auch für $Y_p(x)$.

11.4. Lineare gewöhnliche Differentialgleichungen n-ter Ordnung

Allgemein: $y^{(n)} + \varphi_{n-1}(x)\, y^{(n-1)} + \cdots + \varphi_0(x)\, y = s(x)$

Störfunktion $s(x) = 0$ homogene Dgl.

$s(x) \neq 0$ inhomogene Dgl.

Für homogene Dgl. gilt:
Sind $f_1(x)$ und $f_2(x)$ Lösungen $\rightarrow$ so sind es auch $f_1(x) + f_2(x)$

$f_1(x)$ $\rightarrow c \cdot f_1(x)$

$f_1(x), f_2(x), \ldots, f_n(x)$ $\rightarrow c_1 f_1(x) + c_2 f_2(x) + \cdots + c_n f_n(x)$
(nicht abhängig, nicht trivial) (allgemeine Lösung)

$f_1(x) = u(x) + \mathrm{j}v(x) \rightarrow u(x), v(x)$

Lineare Dgl. n-ter Ordnung mit konstanten Koeffizienten

Die Verfahren 2. Ordnung lassen sich analog anwenden.

Eulersche Differentialgleichungen n-ter Ordnung

$$a_n x^n y^{(n)} + a_{n-1} x^{n-1} y^{(n-1)} + \cdots + a_1 x y' + a_0 y = s(x)$$

Bemerkung: Gilt auch für $x \rightarrow (bx + c)$

Substitution: $x = \mathrm{e}^t \leftrightarrow t = \ln x \quad y(x) = y[x(t)] = \bar{y}(t)$

mit $y' = \dfrac{\mathrm{d}y}{\mathrm{d}x} = \dfrac{\mathrm{d}y}{\mathrm{d}t} : \dfrac{\mathrm{d}x}{\mathrm{d}t} = \dot{y} \cdot \dfrac{1}{x}$

$$y'' = \frac{\ddot{y} - \dot{y}}{x^2} \qquad y^{(3)} = \frac{\dddot{y} - 3\ddot{y} + 2\dot{y}}{x^3}$$

ergibt eine lineare Dgl. mit konstanten Koeffizienten $\bar{y}(t)$. Die charakteristische Gleichung für r ergibt die Lösung der *homogenen Eulerschen Dgl.*

Fall 1: $r_1 \neq r_2 \qquad r_1, r_2 \in P$
Lösung der Dgl.: $y = C_1 x^{r_1} + C_2 x^{r_2}$

Fall 2: $r_1 = r_2 = r \qquad r \in P$
Lösung der Dgl.: $y = x^r (C_1 \ln |x| + C_2)$

Fall 3: $r_{1,2} = a \pm \mathrm{j}b$
Lösung der Dgl.: $y = x^a [C_1 \cos (b \ln |x|) + C_2 \sin (b \ln |x|)]$

Beispiele:

Fall 1:

$$x^2 y'' - 2xy' - 10y = 0$$
$$\ddot{y} - \dot{y} - 2\dot{y} - 10y = 0$$

Charakteristische Gln.: $r^2 - 3r - 10 = 0 \rightarrow r_1 = 5, \; r_2 = -2$
Lösung der Dgl.: $\underline{\underline{y = C_1 x^5 + C_2 x^{-2}}}$

Fall 2:

$$4x^2y'' - 16xy' + 25y = 0$$

$$4\ddot{y} - 4\dot{y} - 16\dot{y} + 25y = 0$$

Charakteristische Gln.: $4r^2 + (-16 - 4)\,r + 25 = 0 \rightarrow r_1 = r_2 = r = \dfrac{5}{2}$

Lösung der Dgl.: $\underline{\underline{y = x^{\frac{5}{2}}(C_1 \ln |x| + C_2)}}$

Fall 3:

$$x^2y'' - 7xy' + 20y = 0$$

$$\ddot{y} - \dot{y} - 7\dot{y} + 20y = 0$$

Charakteristische Gln.: $r^2 + (-7 - 1)\,r + 20 = 0 \rightarrow r_{1,2} = 4 \pm \mathrm{j}2$

Lösung der Dgl.: $\underline{\underline{y = x^4[C_1 \cos(2 \ln |x|) + C_2 \sin(2 \ln |x|)]}}$

Die *inhomogene Eulersche Dgl.* wird durch Variation der Konstanten gelöst. Im Ausnahmefall lassen sich aus der Form von $s(x)$ durch spezielle Ansätze auf Basis der Substitution $x = \mathrm{e}^t$ partikuläre Lösungen finden (Ansätze siehe S. 456).

Beispiel:

$$x^2y'' - 2xy' - 10y = 2x^2 - 3x + 10 \qquad \text{Substitution } x = \mathrm{e}^t$$

$$\ddot{y} - 3\dot{y} - 10y = 2\mathrm{e}^{2t} - 3\mathrm{e}^t + 10$$

Homogene Lösung s. oben, Fall 1

$$y_{\mathrm{ah}} = \underline{\underline{C_1x^5 + C_2x^{-2}}}$$

Bestimmung eines partikulären Integrals:

Ansatz: $y = Ax^2 + Bx + C$

$y' = 2Ax + B$

$y'' = 2A$

eingesetzt $x^2 \cdot 2A - 2x(2Ax + B) - 10(Ax^2 + Bx + C)$

$= 2x^2 - 3x + 10$

Koeffizientenvergleich: $A = -\dfrac{1}{6}, \quad B = \dfrac{1}{4}, \quad C = -1$

Partikuläres Integral $y_{\mathrm{pi}} = \underline{\underline{-\dfrac{1}{6}x^2 + \dfrac{1}{4}x - 1}}$

Lösung der vollständigen Dgl.: $\underline{\underline{y = y_{\mathrm{ah}} + y_{\mathrm{pi}}}}$

11.5. Integration von Differentialgleichungen durch Potenzreihenansatz

Diese Methode ergibt eine Näherungslösung. Sie wird dann angewendet, wenn sich die Dgl. nicht in eine der bisher behandelten Formen bringen läßt.
Man setzt

$$y = a_0 + a_1 x + a_2 x^2 + \cdots + a_n x^n$$

mit den entsprechenden Ableitungen in die Differentialgleichung ein und vergleicht die Koeffizienten gleicher Potenzen von x. Durch die Anfangsbedingungen erhält man a_0, mit dem sich alle anderen Koeffizienten bestimmen lassen (*Methode der unbestimmten Koeffizienten, Koeffizientenvergleich*).

oder: Potenzreihe $y = \sum_{i=0}^{\infty} a_i (x - x_0)^i$

mit $a_i = \frac{1}{i!} y^{(i)}(x_0)$

Berechnung der a_i durch wiederholtes Differenzieren der Dgl.

Beispiel:

$$y' = y^2 + x^3 \quad \text{Anfangsbedingung } x = 0, \quad y = -1$$

Ansatz:

$$y = a_0 + a_1 x + a_2 x^2 + a_3 x^3 + \cdots + a_n x^n$$

mit

$$y' = a_1 + 2a_2 x + 3a_3 x^2 + \cdots$$

eingesetzt in die Dgl.

$$\begin{aligned} & a_1 + 2a_2 x + 3a_3 x^2 + 4a_4 x^3 + \cdots \\ & = (a_0 + a_1 x + a_2 x^2 + a_3 x^3 + \cdots)^2 + x^3 \\ & = a_0^2 + 2a_0 a_1 x + (a_1^2 + 2a_0 a_2)\, x^2 \\ & \quad + (1 + 2a_0 a_3 + 2a_1 a_2)\, x^3 + \cdots \end{aligned}$$

Koeffizientenvergleich liefert $\qquad a_0 = -1$

$$\begin{aligned} a_1 &= a_0^2 & a_1 &= 1 \\ 2a_2 &= 2a_0 a_1 & a_2 &= -1 \\ 3a_3 &= a_1^2 + 2a_0 a_2 & a_3 &= 1 \\ 4a_4 &= 1 + 2a_0 a_3 + 2a_1 a_2 & a_4 &= -\frac{3}{4} \\ &\vdots \end{aligned}$$

usw.

Die angenäherte Lösung der Dgl. lautet folglich

$$\underline{\underline{y \approx -1 + x - x^2 + x^3 - \frac{3}{4} x^4}}$$

oder:

$$\begin{aligned}
&y(0) && = -1 \text{ (Anfangsbedingung)} && = -1 \\
&y' = y^{(1)}(0) && = y^2 + x^3_{x=0} && = 1 \\
&y'' = y^{(2)}(0) && = 2yy' + 3x^2_{x=0} && = -2 \\
&y^{(3)}(0) && = 2y'^2 + 2yy'' + 6x_{x=0} && = 6 \\
&y^{(4)}(0) && = 4y'y'' + 2y''y' + 2yy^{(3)} + 6_{x=0} && = -18
\end{aligned}$$

$$\underline{\underline{y(x) \approx -1 + x - \frac{2}{2!} x^2 + \frac{6}{3!} x^3 - \frac{18}{4!} x^4}} \quad \text{wie oben}$$

11.6. Numerische Lösung von Differentialgleichungen

Euler-Cauchyscher Polygonzug

Normalform der Dgl. $y' = f[x, y(x)]$ **Definition** $y(x_0) = y_0$
Anfangsbedingung $y(a) = s$ $\qquad y'(x_0) = y'_0$

Schrittweite h ergibt Diskretisierung $x_i = a + ih, \; i = 1, 2, \ldots, n$
Beginn des Verfahrens im Punkt $P(a, s)$ in Tangentenrichtung.

$$\begin{aligned}
y'(a) &= f(a, s) = \tan \alpha_0 \\
y_1 &= s + hy'(a) \\
y'_1 &= f(x_1, y_1) = \tan \alpha_1 \\
y_2 &= y_1 + hy'_1 = y_1 + hf(x_1, y_1) \\
&\vdots \\
y'_i &= f(x_i, y_i) = \tan \alpha_i \\
y_{i+1} &= y_i + hf(x_i, y_i) \qquad i = 1, 2, \ldots, n-1
\end{aligned}$$

n Schrittzahl

Abbruchfehler (= Verfahrensfehler): $y_i - y(x_i)$
Stabilität bei beschränktem Abbruchfehler liegt innerhalb $\langle a, b \rangle$

Verfahren von Runge-Kutta (Einschrittverfahren)

(für Taschenrechner geeignet)

Allgemein: $y_{i+1} := y_i + h \cdot g(x_i, y_i)$

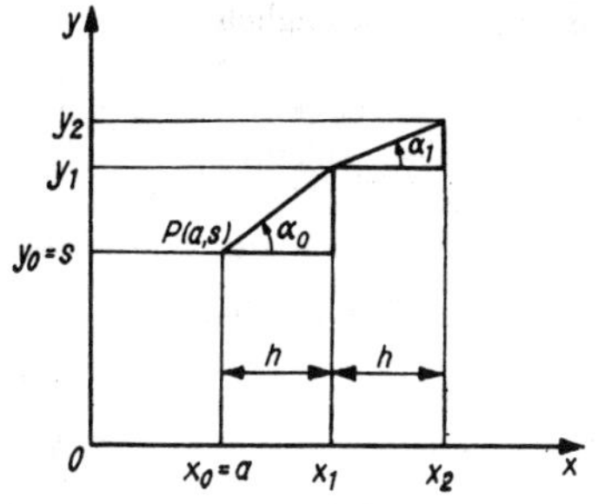

Bild 11.6. Euler-Cauchyscher Polygonzug

$g(x_i, y_i)$ ist eine allgemeinere Funktion als beim EULER-CAUCHY-Verfahren = *gewichtetes Mittel*

$$g(x_i, y_i) = \frac{1}{6}(k_0 + 2k_1 + 2k_2 + k_3) + Ah^5$$

mit $k_0 = f(x_i, y_i)$, d. h. die Dgl. selbst

$$k_1 = f\left(x_i + \frac{h}{2}, y_i + \frac{h}{2} k_0\right)$$

$$k_2 = f\left(x_i + \frac{h}{2}, y_i + \frac{h}{2} k_1\right)$$

$$k_3 = f(x_i + h, y_i + hk_2)$$

Für $y_i = 0$ ergibt sich die *Simpsonsche Regel.*
Ordnung des Abbruchfehlers: Ah^5

Fehlerabschätzung:

Feinrechnung mit Schrittweite h: Ah^5

Grobrechnung mit Schrittweite $2h$: $A(2h)^5 = 32Ah^5$

Fehler der Feinrechnung $\approx \frac{1}{15}$ (Ergebnis Feinrechnung – Ergebnis Grobrechnung)

11.7. Partielle Differentialgleichungen

Allgemeine Form: $f(x; y; z; z_x; z_y; z_{xx}; z_{yy}; z_{xy}; \ldots) = 0$ für eine Funktion $z = z(x; y)$.
Eine partielle Dgl. heißt linear, wenn sie in den Größen z, z_x, z_y, z_{xx}, z_{yy}, z_{xy}, ... linear ist.

Eine partielle Dgl. 1. Ordnung heißt *homogen*, wenn kein von z und seinen Ableitungen freies Glied vorkommt, sonst *inhomogen*.
Die Ordnung einer partiellen Dgl. wird bestimmt durch die Ordnung der höchsten vorkommenden partiellen Ableitung.
Die allgemeine Lösung einer partiellen Dgl. unterscheidet sich von der gewöhnlicher Differentialgleichungen dadurch, daß an Stelle der Konstanten willkürliche Funktionen w der unabhängigen Variablen auftreten.

	Lösung:	
$z_x = 0$	$z = w(y)$	$z = z(x, y)$
$z_y = 0$	$z = w(x)$	
$z_{xx} = 0$	$z = xw_1(y) + w_2(y)$	
$z_{yy} = 0$	$z = yw_1(x) + w_2(x)$	
$z_{xy} = 0$	$z = w_1(x) + w_2(y)$	
$z_x - z_y = 0$	$z = w(x + y)$	
$z_{xy} = f(x, y)$	$z = \iint f(x, y)\,\mathrm{d}x\,\mathrm{d}y + w_1(x) + w_2(y)$	
$z_{xx} - z_{yy} = 0$	$z = w_1(x + y) + w_2(x - y)$	
$z_x + z_y = 0$	$z = w(x - y)$	
$z_{xx} - \frac{z_{yy}}{t^2} = 0$	$z = w_1(x + ty) + w_2(x - ty)$	$t \in P$, $t \neq 0$
$az_x + bz_y = 0$	$z = w(ay - bx)$	
$z_{xx} + z_{yy} = 0$	$z = w_1(x + \mathrm{j}y) + w_2(x - \mathrm{j}y)$	
$z_x g_y - z_y g_x = 0$	$z = w[g(x, y)]$	$g = g(x, y)$
$xz_x - yz_y = 0$	$z = w(xy)$	
$yz_x - xz_y = 0$	$z = w(x^2 + y^2)$	

Lineare partielle Differentialgleichung 1. Ordnung für $z = z(x, y)$

$$Pz_x + Qz_y = R, \qquad P = P(x, y, z) \text{ dgl. } Q, R$$

$$\mathrm{d}x : \mathrm{d}y : \mathrm{d}z = P : Q : R$$

$$\frac{\mathrm{d}x}{\mathrm{d}y} = \frac{P}{Q}; \quad \frac{\mathrm{d}x}{\mathrm{d}z} = \frac{P}{R}; \quad \frac{\mathrm{d}y}{\mathrm{d}z} = \frac{Q}{R}$$

Je zwei dieser gewöhnlichen Differentialgleichungen ergeben die Lösungen

$$u(x, y, z) = C_1 \quad \text{und}$$
$$v(x, y, z) = C_2$$

aus denen die *allgemeine Lösung* der partiellen Differentialgleichung folgt:

$$w(u, v) = 0$$

Aus der Vielzahl dieser Lösungen, die durch die willkürliche Funktion w bedingt ist, sucht man *spezielle Lösungen*, indem man durch zusätzliche *Randbedingungen* die willkürliche Funktion w bestimmt.

Beispiel:

$$2xyz_x + 4y^2z_y = x^2y \qquad \text{Randbedingung:}$$

$$\mathrm{d}x : \mathrm{d}y : \mathrm{d}z = 2xy : 4y^2 : x^2y \qquad z(x, 4) = \frac{5}{4}x^2 \qquad y \neq 0$$

Differentialgleichung zur Bestimmung von u

$$\frac{\mathrm{d}x}{\mathrm{d}y} = \frac{2xy}{4y^2} = \frac{x}{2y}$$

$$\frac{\mathrm{d}x}{x} = \frac{\mathrm{d}y}{2y} \qquad \int \frac{\mathrm{d}x}{x} = \int \frac{\mathrm{d}y}{2y}$$

$$\ln x = \frac{1}{2}\ln y + C_1'$$

$$2\ln x - \ln y = C_1''$$

$$\ln\frac{x^2}{y} = \ln C_1 \qquad C_1 = \frac{x^2}{y} = u$$

Differentialgleichung zur Bestimmung von v

$$\frac{\mathrm{d}z}{\mathrm{d}x} = \frac{x^2y}{2xy} = \frac{x}{2}$$

$$\mathrm{d}z = \frac{x}{2}\,\mathrm{d}x$$

$$z = \frac{x^2}{4} + C_2 \qquad C_2 = z - \frac{x^2}{4} = v$$

Allgemeine Lösung

$$\underline{\underline{w\left(\frac{x^2}{y}, z - \frac{x^2}{4}\right) = 0}}$$

Spezielle Lösung

$$C_1 = \frac{x^2}{4} \qquad C_2 = \frac{5}{4}x^2 - \frac{1}{4}x^2 = x^2$$

$$C_1 = \frac{1}{4}C_2$$

$$\frac{x^2}{y} = \frac{1}{4}\left(z - \frac{x^2}{4}\right)$$

$$4x^2 = yx - \frac{x^2y}{4}$$

$$\underline{\underline{z(x, y) = \frac{4x^2}{y} + \frac{x^2}{4} = x^2\left(\frac{4}{y} + \frac{1}{4}\right)}}$$

12. Unendliche Reihen, Fourier-Reihe, Fourier-Integral, Laplace-Transformation

12.1. Unendliche Reihen

12.1.1. Allgemeines

Definition

Ist $\{a\}$ eine gegebene Zahlenfolge, so versteht man unter der (unendlichen) Reihe

$$\sum_{k=1}^{\infty} a_k = a_1 + a_2 + a_3 + \cdots + a_n + \cdots \qquad a_n \text{ allgemeines Glied}$$

(erste Bedeutung des Symbols $\sum\limits_{k=1}^{\infty} a_k$)

die Folge der Partialsummen s_n

$$\{s_n\} = \left\{\sum_{k=1}^{n} a_k\right\} = a_1, a_1 + a_2, a_1 + a_2 + a_3, \ldots, a_1 + a_2 + \cdots + a_n, \ldots$$
$$= s_1, \quad s_2, \quad s_3, \quad \ldots, \quad s_n \quad , \ldots$$

Die Reihe $\sum\limits_{k=1}^{\infty} a_k$ heißt dann und nur dann **konvergent**, wenn die Folge $\{s_n\}$ konvergiert:

$$\lim_{n\to\infty} s_n = S \qquad S \text{ heißt } \textbf{Summe der Reihe } \sum_{k=1}^{\infty} a_k$$

Somit $S = \sum\limits_{k=1}^{\infty} a_k = a_1 + a_2 + \cdots + a_n + \cdots$

(zweite Bedeutung des Symbols $\sum\limits_{k=1}^{\infty} a_k$)

Restglied: $R_n = S - s_n$ bei Konvergenz $\lim\limits_{n\to\infty} R_n = 0$

Beispiel:

$$\{a_k\} = 1, \frac{1}{2}, \frac{1}{4}, \frac{1}{8}, \ldots, \frac{1}{2^{n-1}}, \ldots$$

$$\{s_n\} = 1, 1 + \frac{1}{2}, 1 + \frac{1}{2} + \frac{1}{4}, \ldots = 1, 1\frac{1}{2}, 1\frac{3}{4}, 1\frac{7}{8}, \ldots$$

$$\lim_{n\to\infty} s_n = \lim_{n\to\infty} \frac{2^n - 1}{2^{n-1}} = \lim_{n\to\infty} \left(2 - \frac{1}{2^{n-1}}\right) = 2$$

$$S = \sum_{k=1}^{\infty} a_k = 1 + 1/2 + 1/4 + 1/8 + \cdots + 1/(2^{n-1}) = \underline{\underline{2}}$$

Eine unendliche Reihe heißt

— *bestimmt divergent*, wenn $\lim\limits_{n\to\infty} s_n = \infty$,

— *unbestimmt divergent*, wenn $\lim\limits_{n\to\infty} s_n$ nicht existiert,

— *absolut konvergent*, wenn die Reihe der Beträge $\sum\limits_{k=1}^{\infty} |a_k|$ konvergiert,

— *unbedingt konvergent*, wenn ihre Summe von der Reihenfolge der Glieder unabhängig,

— *bedingt konvergent*, wenn sie abhängig ist.

Konvergente Reihen können gliedweise addiert/subtrahiert werden. Absolut konvergente Reihen können wie Polynome miteinander multipliziert werden.

Hauptkonvergenzkriterium für Reihen mit beliebigen Gliedern

$$\lim_{n\to\infty} (s_{n+p} - s_n) = 0 \qquad p \in N \quad \text{beschränkte Folge der Partialsummen}$$

Dieses Kriterium ist **notwendig und hinreichend.**
Notwendige, aber *nicht hinreichende* Konvergenzbedingung:

$$\lim_{n\to\infty} a_n = 0$$

Hinreichende, aber *nicht notwendige* Konvergenzkriterien:

Quotientenkriterium: (D'ALEMBERT) $\left|\frac{a_{n+1}}{a_n}\right| \leqq q < 1$

Wurzelkriterium: (CAUCHY) $\sqrt[n]{|a_n|} \leqq q < 1$

wenn eine Zahl N existiert, so daß für alle $n \geqq N$ die Kriterien erfüllt sind.

Konvergenz bleibt erhalten bei Addition/Subtraktion endlich vieler Glieder und bei Multiplikation mit c.

Methode des Reihenvergleichs ($\forall\, a_k > 0$, $\forall\, b_k > 0$)

Ist die Reihe $\sum\limits_{k=1}^{\infty} a_k \begin{cases}\text{konvergent}\\ \text{divergent}\end{cases}$ und stets $\begin{cases} b_k \leqq a_k \\ b_k \geqq a_k \end{cases}$, so ist

auch $\sum\limits_{k=1}^{\infty} b_k \begin{cases}\text{konvergent}\\ \text{divergent.}\end{cases}$

$$\sum_{k=1}^{\infty} a_k \text{ ist dann } \begin{cases} \text{konvergente } \textit{Majorante, Oberreihe} \\ \text{divergente } \textit{Minorante, Unterreihe} \end{cases} \text{zu } \sum_{k=1}^{\infty} b_k .$$

Die *alternierende* Reihe $\sum_{k=1}^{\infty} (-1)^{k-1} a_k = a_1 - a_2 + a_3 - + \cdots$

konvergiert, wenn $\sum_{k=1}^{\infty} |(-1)^{k-1} a_k| = S$ konvergiert,

wenn $\lim_{k\to\infty} a_k = 0$, wobei die Folge $\{a_k\}$ monoton abnimmt (LEIBNIZ*sches Konvergenzkriterium*).

Für alternierende Reihen gilt: $|R_n| < |a_{n+1}|$.

Arithmetische Reihe: $\sum_{k=1}^{\infty} [a_1 + (k-1)\,d]$, für $d \neq 0$ bestimmt divergent

Sinnvoll ist daher nur die n-te Partialsumme

$$s_n = \sum_{k=1}^{n} [a_1 + (k-1)\,d] = \frac{n}{2}\,[2a_1 + d(n-1)] = \frac{n}{2}\,(a_1 + a_n)$$

Geometrische Reihe: $\sum_{k=1}^{\infty} a_1 \cdot q^{k-1}$, für $|q| < 1$ konvergent

Summe $S = \dfrac{a_1}{1-q}$

Beispiel:

Periodischer Dezimalbruch mit $q = \dfrac{1}{10}$

$$0{,}666\ldots = \sum_{k=1} \frac{6}{10^k} \to S = \frac{\frac{6}{10}}{1 - \frac{1}{10}} = \underline{\underline{\frac{2}{3}}}$$

12.1.2. Summen einiger unendlicher konvergenter Zahlenreihen

$$\sum_{k=1}^{\infty} \frac{1}{(k-1)!} = 1 + \frac{1}{1!} + \frac{1}{2!} + \cdots = \mathrm{e}$$

$$\sum_{k=1}^{\infty} \frac{(-1)^{k-1}}{k} = 1 - \frac{1}{2} + \frac{1}{3} - \cdots = \ln 2$$

$$\sum_{k=1}^{\infty} \frac{1}{2^{k-1}} = 1 + \frac{1}{2} + \frac{1}{4} + \cdots = 2$$

$$\sum_{k=1}^{\infty} \frac{(-1)^{k-1}}{2k-1} = 1 - \frac{1}{3} + \frac{1}{5} - \frac{1}{7} + - \cdots = \frac{\pi}{4}$$

$$\sum_{k=1}^{\infty} \frac{1}{k^2} = 1 + \frac{1}{2^2} + \frac{1}{3^2} + \cdots = \frac{\pi^2}{6}$$

$$\sum_{k=1}^{\infty} \frac{(-1)^{k-1}}{k^2} = 1 - \frac{1}{2^2} + \frac{1}{3^2} - \cdots = \frac{\pi^2}{12}$$

$$\sum_{k=1}^{\infty} \frac{1}{(2k-1)^2} = 1 + \frac{1}{3^2} + \frac{1}{5^2} + \cdots = \frac{\pi^2}{8}$$

$$\sum_{k=1}^{\infty} \frac{1}{k^4} = 1 + \frac{1}{2^4} + \frac{1}{3^4} + \cdots = \frac{\pi^4}{90}$$

$$\sum_{k=1}^{\infty} \frac{1}{k(k+1)} = \frac{1}{1 \cdot 2} + \frac{1}{2 \cdot 3} + \frac{1}{3 \cdot 4} + \cdots = 1$$

$$\sum_{k=1}^{\infty} \frac{1}{(2k-1)(2k+1)} = \frac{1}{1 \cdot 3} + \frac{1}{3 \cdot 5} + \frac{1}{5 \cdot 7} + \cdots = \frac{1}{2}$$

$$\sum_{k=1}^{\infty} \frac{1}{k(k+1)(k+2)} = \frac{1}{1 \cdot 2 \cdot 3} + \frac{1}{2 \cdot 3 \cdot 4} + \cdots = \frac{1}{4}$$

$$\arctan 1 = 1 - \frac{1}{3} + \frac{1}{5} - \frac{1}{7} + - \cdots = \frac{\pi}{4}$$

(Leibniz)

$$\arctan \frac{1}{2} + \arctan \frac{1}{3} = \left(\frac{1}{2} + \frac{1}{3}\right) - \frac{1}{3}\left(\frac{1}{2^3} + \frac{1}{3^3}\right) + \frac{1}{5}\left(\frac{1}{2^5} + \frac{1}{3^5}\right) - + \cdots = \frac{\pi}{4}$$

(Euler)

12.1.3. Potenzreihen

Definition

Potenzreihen sind Reihen mit Funktionen als Glieder

$$\sum_{k=0}^{\infty} a_k x^k = a_0 + a_1 x + a_2 x^2 + \cdots + a_n x^n + \cdots$$

a_k Koeffizienten

Die n-te Partialsumme ist eine ganzrationale Funktion n-ten Grades
$s_n(x) = a_0 + a_1 x + \cdots + a_n x^n$
Konvergenzbereich $I = (-r, r)$
Die Reihe konvergiert absolut für $|x| < r$, $x \in (-r, r)$,
divergiert für $|x| > r$, $x \in (-\infty, -r)$, (r, ∞)
unbestimmte Aussage für $x = r$ und $x = -r$

Konvergenzradius der Reihe $\sum_{k=0}^{\infty} a_k x^k$:

$$r = \lim_{k\to\infty} \left|\frac{a_k}{a_{k+1}}\right| \quad \text{bzw.} \quad r = \frac{1}{\lim\limits_{k\to\infty} \sqrt[k]{|a_k|}}$$

$r = \infty$ Konvergenz für jedes x (beständig konvergent)
$r = 0$ nicht konvergent außer $x = 0$

Beispiel:

$$e^x = 1 + x + \frac{x^2}{2!} + \frac{x^3}{3!} + \cdots, \; r = \lim_{k\to\infty} \left| \frac{\frac{1}{k!}}{\frac{1}{(k-1)!}} \right| = \lim_{k\to\infty} |k+1| = \underline{\underline{\infty}}$$

Jede Potenzreihe kann im Konvergenzbereich gliedweise differenziert/integriert werden, die entstehende Potenzreihe hat den gleichen Konvergenzradius wie die Ausgangsreihe.

Restglied: $R_n(x) = f(x) - S_n(x)$

$$\lim_{n\to\infty} R_n(x) = 0 \quad \text{für alle } x \in (-r, r)$$

Methoden zur Entwicklung von Funktionen in Potenzreihen

Taylorsche Reihe

Definition

Die Taylorsche Reihe ist die zu $f(x)$ gehörende Potenzreihe

$$f(x) = \sum_{k=0}^{\infty} \frac{1}{k!} f^{(k)}(x_0)\,(x - x_0)^k$$

mit der Bedingung:

$f^{(n)}(x)$ existiert in der Umgebung von x_0, d. h., $f(x)$ ist im Punkt x_0 analytisch (= Summe einer Potenzreihe)

$$f(x) = f(x_0) + \frac{f'(x_0)}{1!}(x - x_0) + \frac{f''(x_0)}{2!}(x - x_0)^2 + \cdots$$

$$+ \frac{f^{(n)}(x_0)}{n!}(x - x_0)^n + \underbrace{\frac{f^{(n+1)}(x_0)}{(n+1)!}(x - x_0)^{n+1} + \cdots}_{R_n(x)}$$

Geometrische Deutung: Annäherung durch Näherungsparabeln an den Graphen $y = f(x)$ im Punkt $P_0(x_0, y_0)$. Mit $\lim_{n\to\infty} R_n(x) = 0$ im Konvergenzbereich kann durch Vergrößerung von n beliebig weit angenähert werden.

Restglieder

Lagrange $R_n = f^{(n+1)}[x_0 + \vartheta(x - x_0)] \dfrac{(x - x_0)^{n+1}}{(n+1)!} \qquad 0 < \vartheta < 1$

Cauchy $R_n = f^{(n+1)}[x_0 + \vartheta(x - x_0)] \dfrac{(x - x_0)^{n+1}}{n!} (1 - \vartheta)^n \qquad 0 < \vartheta < 1$

Mit $x - x_0 = h$, $x = x_0 + h$ wird die **Taylorsche Reihe:**

$$f(x_0 + h) = f(x_0) + f'(x_0)\frac{h}{1!} + f''(x_0)\frac{h^2}{2!} + \cdots + f^{(n)}(x_0)\frac{h^n}{n!} + R_n(h)$$

Restglieder

Lagrange $R_n(h) = f^{(n+1)}(x_0 + \vartheta h) \dfrac{h^{n+1}}{(n+1)!} \qquad 0 < \vartheta < 1$

Cauchy $R_n(h) = f^{(n+1)}(x_0 + \vartheta h) \dfrac{h^{n+1}}{n!} (1 - \vartheta)^n \qquad 0 < \vartheta < 1$

Allgemeine Form des Restgliedes:

$$R_n(x) = f^{(n+1)}[x_0 + \vartheta(x - x_0)] \frac{(x - x_0)^{n+1}}{n!\,p} (1 - \vartheta)^{n+1-p}$$

$$p \in N,\ 0 < \vartheta < 1$$

$$R_n(h) = f^{(n+1)}(x_0 + \vartheta h) \frac{h^{n+1}}{n!\,p} (1 - \vartheta)^{n+1-p} \qquad p, \vartheta \text{ wie oben}$$

Weitere Form der TAYLORschen Reihe mit $x \to x + a$ a Konstante

$$f(x + a) = f(a) + \frac{f'(a)}{1!} x + \frac{f''(a)}{2!} x^2 + \cdots + \frac{f^{(n)}(a)}{n!} x^n + R_n(x)$$

Entwicklung an der Stelle $x = 0$ ergibt die **MacLaurinsche Reihe** (1. Form der TAYLORschen Reihe):

$$f(x) = f(0) + \frac{f'(0)}{1!} x + \frac{f''(0)}{2!} x^2 + \cdots + \frac{f^{(n)}(0)}{n!} + R_n(x)$$

$$R_n(x) = \frac{x^{n+1}}{(n+1)!} f^{(n+1)}(\vartheta x) \quad \text{für} \quad 0 < \vartheta < 1$$

$$R_n(x) = \frac{x^{n+1}}{n!} (1 - \vartheta)^n f^{(n+1)}(\vartheta x) \quad \text{für} \quad 0 < \vartheta < 1$$

Reihenentwicklung durch Integration

Eine Potenzreihe darf über ein Intervall gliedweise integriert werden, wenn sie in diesem Intervall gleichmäßig konvergiert.

Beispiel:

$\arctan x = \int\limits_0^x \frac{\mathrm{d}z}{1+z^2}$. Im Intervall $0 \leqq z \leqq x$ konvergiert die Reihe $\frac{1}{1+z^2} = 1 - z^2 + z^4 - z^6 + - \cdots$ für jedes $|z| < 1$ gleichmäßig. Durch Integration folgt $\underline{\underline{\arctan x = x - \frac{x^3}{3} + \frac{x^5}{5} - + \cdots}}$ für $|x| < 1$. Diese Reihe konvergiert außerdem noch für $x = \pm 1$ nach dem LEIBNIZschen Konvergenzkriterium über alternierende Reihen.

12.1.4. Reihendarstellung, numerische Berechnung von Reihen

(1) Hornersches Schema

- zur Entwicklung eines Polynoms in eine TAYLORsche Reihe (s. S. 122)
- zur Berechnung der n-ten Partialsumme, d. h. der ganzrationalen Funktion n-ten Grades.

(2) Konvergenzverbesserung von Reihen

Die Konvergenz einer Reihe wird besser, je weniger Glieder Anteile bis zur vorgegebenen Dezimale liefern.

- Zerlegung langsam konvergierender Reihen in eine Reihe mit bekannter Summe und einen schnellkonvergierenden Anteil

Beispiel:

$$\sum_{k=1}^{\infty} \frac{1}{k^2+1} = \sum_{k=1}^{\infty} \frac{1}{k^2} - \sum_{k=1}^{\infty} \frac{1}{k^2(k^2+1)}$$

- Abspalten führender Glieder und EULER-*Transformation* des Restes mittels Differenzenschema

$$y_k - y_{k+1} + y_{k+2} - y_{k+3} + - \cdots = \frac{1}{2^1} y_k - \frac{1}{2^2} \Delta^1 y_k + \frac{1}{2^3} \Delta^2 y_k - \cdots$$

$$= \sum_{j=0}^{\infty} (-1)^j \Delta^j \frac{1}{2^{j+1}}$$

Differenzenschema:

y_k	$\Delta^1 y_k$	$\Delta^2 y_k$
y_0		
	$\Delta^1 y_0 = y_1 - y_0$	
y_1		$\Delta^2 y_0 = \Delta^1 y_1 - \Delta^1 y_0$
	$\Delta^1 y_1 = y_2 - y_1$	
y_2		$\Delta^2 y_1 = \Delta^1 y_2 - \Delta^1 y_1$

— Ausnutzung von Additionstheoremen

Rasch konvergierende Reihen sind: TAYLOR-Entwicklung von $\sin x$, $\cos x$, e^x, $\sinh x$ u. ä.

12.1.5. Zusammenstellung fertig entwickelter Reihen

Binomische Reihe

$$(1 \pm x)^k = 1 \pm \binom{k}{1} x + \binom{k}{2} x^2 \pm \binom{k}{3} x^3 + \pm \cdots$$

$$+ (\pm 1)^n \frac{k(k-1)(k-2)\cdots(k-n+1)}{n!} x^n + \cdots$$

für Konvergenzbereich $|x| \leqq 1$.

Bei ganzzahligem positiven Exponenten $k = n$ bricht die Reihe beim $(n + 1)$-ten Glied ab.

Auch gültig für $(a \pm x)^k = a^k \left(1 \pm \frac{x}{a}\right)^k$

$$(1 \pm x)^{\frac{1}{2}} = 1 \pm \frac{1}{2} x - \frac{1 \cdot 1}{2 \cdot 4} x^2 \pm \frac{1 \cdot 1 \cdot 3}{2 \cdot 4 \cdot 6} x^3$$

$$- \frac{1 \cdot 1 \cdot 3 \cdot 5}{2 \cdot 4 \cdot 6 \cdot 8} x^4 \pm - \cdots \qquad \text{für } |x| \leqq 1$$

$$(1 \pm x)^{\frac{1}{3}} = 1 \pm \frac{1}{3} x - \frac{1 \cdot 2}{3 \cdot 6} x^2 \pm \frac{1 \cdot 2 \cdot 5}{3 \cdot 6 \cdot 9} x^3$$

$$- \frac{1 \cdot 2 \cdot 5 \cdot 8}{3 \cdot 6 \cdot 9 \cdot 12} x^4 \pm - \cdots \qquad \text{für } |x| \leqq 1$$

$$(1 \pm x)^{\frac{1}{4}} = 1 \pm \frac{1}{4} x - \frac{1 \cdot 3}{3 \cdot 8} x^2 \pm \frac{1 \cdot 3 \cdot 7}{4 \cdot 8 \cdot 12} x^3$$

$$- \frac{1 \cdot 3 \cdot 7 \cdot 11}{4 \cdot 8 \cdot 12 \cdot 16} x^4 \pm - \cdots \qquad \text{für } |x| \leqq 1$$

$$(1 \pm x)^{-1} = 1 \mp x + x^2 \mp x^3 + x^4 \mp + \cdots \qquad \text{für } |x| < 1$$

$$(1 \pm x)^{-\frac{1}{2}} = 1 \mp \frac{1}{2} x + \frac{1 \cdot 3}{2 \cdot 4} x^2 \mp \frac{1 \cdot 3 \cdot 5}{2 \cdot 4 \cdot 6} x^3 + \frac{1 \cdot 3 \cdot 5 \cdot 7}{2 \cdot 4 \cdot 6 \cdot 8} x^4 \mp + \cdots \qquad \text{für } |x| < 1$$

$$(1 \pm x)^{-\frac{1}{3}} = 1 \mp \frac{1}{3} x + \frac{1 \cdot 4}{3 \cdot 6} x^2 \mp \frac{1 \cdot 4 \cdot 7}{3 \cdot 6 \cdot 9} x^3 + \frac{1 \cdot 4 \cdot 7 \cdot 10}{3 \cdot 6 \cdot 9 \cdot 12} x^4 \pm + \cdots \qquad \text{für } |x| < 1$$

$$(1 \pm x)^{-\frac{1}{4}} = 1 \mp \frac{1}{4} x + \frac{1 \cdot 5}{4 \cdot 8} x^2 \mp \frac{1 \cdot 5 \cdot 9}{4 \cdot 8 \cdot 12} x^3 + \frac{1 \cdot 5 \cdot 9 \cdot 13}{4 \cdot 8 \cdot 12 \cdot 16} x^4 \mp + \cdots \qquad \text{für } |x| < 1$$

Reihen für Exponentialfunktionen

$$e^x = 1 + \frac{x}{1!} + \frac{x^2}{2!} + \cdots + \frac{x^n}{n!} + \cdots \qquad \text{für } |x| < \infty$$

$$a^x = e^{x \ln a} = 1 + \frac{x \ln a}{1!} + \frac{x^2 \ln^2 a}{2!} + \cdots + \frac{x^n \ln^n a}{n!} + \cdots \qquad \text{für } |x| < \infty,\ a > 0$$

Reihen für logarithmische Funktionen

$$\ln x = \frac{x-1}{1} - \frac{(x-1)^2}{2} + \frac{(x-1)^3}{3} - + \cdots + (-1)^{n+1} \frac{(x-1)^n}{n} \pm \cdots \qquad \text{für } 0 < x \leqq 2$$

$$\ln x = \frac{x-1}{x} + \frac{(x-1)^2}{2x^2} + \frac{(x-1)^3}{3x^3} + \cdots + \frac{(x-1)^n}{nx^n} + \cdots \qquad \text{für } x > \frac{1}{2}$$

$$\ln x = 2\left[\frac{x-1}{x+1} + \frac{(x-1)^3}{3(x+1)^3} + \frac{(x-1)^5}{5(x+1)^5} + \cdots + \frac{(x-1)^{2n+1}}{(2n+1)(x+1)^{2n+1}} + \cdots\right] \qquad \text{für } x > 0$$

$$\ln(1+x) = x - \frac{x^2}{2} + \frac{x^3}{3} - \frac{x^4}{4} + - \cdots + (-1)^{n+1}\frac{x^n}{n} \pm \cdots \quad \text{für } -1 < x \leqq 1$$

$$\ln(1-x) = -\left(x + \frac{x^2}{2} + \frac{x^3}{3} + \frac{x^4}{4} + \cdots + \frac{x^n}{n} + \cdots\right) \quad \text{für } -1 \leqq x < 1$$

$$\ln\frac{1+x}{1-x} = 2\,\mathrm{artanh}\,x = 2\left[x + \frac{x^3}{3} + \frac{x^5}{5} + \frac{x^7}{7} + \cdots + \frac{x^{2n+1}}{2n+1} + \cdots\right] \quad \text{für } |x| < 1$$

$$\ln\frac{x+1}{x-1} = 2\,\mathrm{arcoth}\,x = 2\left[\frac{1}{x} + \frac{1}{3x^3} + \frac{1}{5x^5} + \cdots + \frac{1}{(2n+1)\,x^{2n+1}} + \cdots\right] \quad \text{für } |x| > 1$$

Reihen für trigonometrische Funktionen

$$\sin x = x - \frac{x^3}{3!} + \frac{x^5}{5!} - \frac{x^7}{7!} + - \cdots + (-1)^n\frac{x^{2n+1}}{(2n+1)!} \pm \cdots \quad \text{für } |x| < \infty$$

$$\cos x = 1 - \frac{x^2}{2!} + \frac{x^4}{4!} - \frac{x^6}{6!} + - \cdots + (-1)^n\frac{x^{2n}}{(2n)!} \pm \cdots \quad \text{für } |x| < \infty$$

$$\tan x = x + \frac{1}{3}x^3 + \frac{2}{15}x^5 + \frac{17}{315}x^7 + \frac{62}{2835}x^9 + \cdots \quad \text{für } |x| < \frac{\pi}{2}$$

$$\cot x = \frac{1}{x} - \frac{1}{3}x - \frac{1}{45}x^3 - \frac{2}{945}x^5 - \frac{1}{4725}x^7 - \cdots \quad \text{für } 0 < |x| < \pi$$

Reihen für zyklometrische Funktionen

$$\arcsin x = x + \frac{1}{2}\,\frac{x^3}{3} + \frac{1\cdot 3}{2\cdot 4}\,\frac{x^5}{5} + \cdots + \frac{1\cdot 3\cdot 5\cdot\cdots\cdot(2n-1)\,x^{2n+1}}{2\cdot 4\cdot 6\cdot\cdots\cdot(2n)\,(2n+1)} + \cdots \quad \text{für } |x| < 1$$

$$\operatorname{arccos} x = \frac{\pi}{2} - x - \frac{1}{2}\frac{x^3}{3} - \frac{1 \cdot 3}{2 \cdot 4}\frac{x^5}{5} - \cdots$$

$$- \frac{1 \cdot 3 \cdot 5 \cdot \cdots \cdot (2n-1)\, x^{2n+1}}{2 \cdot 4 \cdot 6 \cdot \cdots \cdot (2n)\,(2n+1)} - \cdots \quad \text{für } |x| < 1$$

$$\arctan x = x - \frac{x^3}{3} + \frac{x^5}{5} - + \cdots + (-1)^n \frac{x^{2n+1}}{2n+1} \pm \cdots$$

$$\text{für } |x| \leqq 1$$

$$\operatorname{arccot} x = \frac{\pi}{2} + x + \frac{x^3}{3} - \frac{x^5}{5} + - \cdots + (-1)^{n+1} \frac{x^{2n+1}}{2n+1} \pm \cdots$$

$$\text{für } |x| \leqq 1$$

Reihen für Hyperbelfunktionen

$$\sinh x = x + \frac{1}{3!}x^3 + \frac{1}{5!}x^5 + \cdots + \frac{x^{2n+1}}{(2n+1)!} + \cdots$$

$$\text{für } |x| < \infty$$

$$\cosh x = 1 + \frac{1}{2!}x^2 + \frac{1}{4!}x^4 + \cdots + \frac{x^{2n}}{(2n)!} + \cdots$$

$$\text{für } |x| < \infty$$

$$\tanh x = x - \frac{1}{3}x^3 + \frac{2}{15}x^5 - \frac{17}{315}x^7 \pm \cdots \quad \text{für } |x| < \frac{\pi}{2}$$

$$\coth x = \frac{1}{x} + \frac{x}{3} - \frac{x^3}{45} + \frac{2x^5}{945} - + \cdots \quad \text{für } 0 < |x| < \pi$$

Reihen für Areafunktionen

$$\operatorname{arsinh} x = x - \frac{1}{2}\frac{x^3}{3} + \frac{1 \cdot 3}{2 \cdot 4}\frac{x^5}{5} - + \cdots$$

$$+ (-1)^n \frac{1 \cdot 3 \cdot 5 \cdot \cdots \cdot (2n-1)\, x^{2n+1}}{2 \cdot 4 \cdot 6 \cdot \cdots \cdot (2n)\,(2n+1)} \pm \cdots$$

$$\text{für } |x| < 1$$

$$\operatorname{arcosh} x = \ln(2x) - \frac{1}{2 \cdot 2x^2} - \frac{1 \cdot 3}{2 \cdot 4 \cdot 4x^4} - \cdots$$

$$- \frac{1 \cdot 3 \cdot 5 \cdot \cdots \cdot 2(n-1) - 1}{2 \cdot 4 \cdot 6 \cdot \cdots \cdot 2(n-1)\, x^{2(n-1)}} - \cdots \quad \text{für } x > 1$$

$$\operatorname{artanh} x = x + \frac{x^3}{3} + \frac{x^5}{5} + \cdots + \frac{x^{2n+1}}{2n+1} + \cdots \quad \text{für } |x| < 1$$

$$\operatorname{arcoth} x = \frac{1}{x} + \frac{1}{3x^3} + \frac{1}{5x^5} + \cdots + \frac{1}{(2n+1)\,x^{2n+1}} + \cdots$$

$$\text{für } |x| > 1$$

12.1.6. Näherungsformeln

Für sehr kleine ε-Werte ergeben sich aus den Potenzreihen Näherungsformeln, die in der Praxis viel angewendet werden.

$$(1 \pm \varepsilon)^n \approx 1 \pm n\varepsilon \qquad |\varepsilon| \ll 1$$

$$(a \pm \varepsilon)^n \approx a^n \left(1 \pm n \frac{\varepsilon}{a}\right) \quad \text{für} \quad \varepsilon \ll a$$

Speziell:

$$(1 \pm \varepsilon)^2 \approx 1 \pm 2\varepsilon \qquad (a \pm \varepsilon)^2 \approx a^2 \left(1 \pm \frac{2\varepsilon}{a}\right)$$

$$(1 \pm \varepsilon)^3 \approx 1 \pm 3\varepsilon \qquad (a \pm \varepsilon)^3 \approx a^3 \left(1 \pm \frac{3\varepsilon}{a}\right)$$

$$\sqrt{1 \pm \varepsilon} \approx 1 \pm \frac{1}{2}\varepsilon \qquad \sqrt{a \pm \varepsilon} \approx \sqrt{a}\left(1 \pm \frac{\varepsilon}{2a}\right)$$

$$\frac{1}{1 \pm \varepsilon} \approx 1 \mp \varepsilon \qquad \frac{1}{a \pm \varepsilon} \approx \frac{1}{a}\left(1 \mp \frac{\varepsilon}{a}\right)$$

$$\frac{1}{\sqrt{1 \pm \varepsilon}} \approx 1 \mp \frac{1}{2}\varepsilon \qquad \frac{1}{\sqrt{a \pm \varepsilon}} \approx \frac{1}{\sqrt{a}}\left(1 \mp \frac{\varepsilon}{2a}\right)$$

$$\sqrt[q]{(1 \pm \varepsilon)^p} \approx 1 \pm \frac{p}{q}\varepsilon$$

$$\frac{1}{\sqrt[q]{(1 \pm \varepsilon)^p}} \approx 1 \mp \frac{p}{q}\varepsilon$$

$$e^\varepsilon \approx 1 + \varepsilon \qquad a^\varepsilon \approx 1 + \varepsilon \ln a$$

$$\ln(1 + \varepsilon) \approx \varepsilon$$

$$\ln \frac{1 + \varepsilon}{1 - \varepsilon} \approx 2\varepsilon \qquad \ln\left(\varepsilon + \sqrt{\varepsilon^2 + 1}\right) \approx \varepsilon$$

$$\sin \varepsilon \approx \varepsilon - \frac{\varepsilon^3}{6} \qquad \tan \varepsilon \approx \varepsilon + \frac{\varepsilon^3}{3}$$

$\cos\varepsilon \approx 1 - \frac{1}{2}\,\varepsilon^2$ $\qquad$ $\cot\varepsilon \approx \frac{1}{\varepsilon}$

$\arcsin\varepsilon \approx \varepsilon$ $\qquad$ $\arctan\varepsilon \approx \varepsilon$

$\sinh\varepsilon \approx \varepsilon$ $\qquad$ $\tanh\varepsilon \approx \varepsilon$

$\cosh\varepsilon \approx 1 + \frac{\varepsilon^2}{2}$ $\qquad$ $\coth\varepsilon \approx \frac{1}{\varepsilon}$

$\operatorname{arsinh}\varepsilon \approx \varepsilon$ $\qquad$ $\operatorname{artanh}\varepsilon \approx \varepsilon$

Allgemein gilt:

$$f(\varepsilon) \approx f(0) + f'(0)\,\varepsilon$$

12.2. Fourier-Reihe, Fourier-Integral, Laplace-Transformation

12.2.1. Fourier-Reihe

Ist $f(x)$ eine eindeutige, im Intervall $\langle 0, 2\pi\rangle$ stückweise monotone und stetige, d. h. differenzierbare, periodische Funktion mit der Primitivperiode 2π (DIRICHLETsche Bedingung), so läßt sie sich in eine FOURIER-Reihe $s(x)$ von $f(x)$ entwickeln (*harmonische Analyse*; Zerlegung von $f(x)$ in ihr *diskontinuierliches Linienspektrum* nach diskreten Frequenzen, d. h. Summe harmonischer Schwingungen diskreter Frequenzen $\omega_n = \frac{2n\pi}{T_0}$)

$$f(x) = s(x) = \frac{a_0}{2} + \sum_{k=1}^{\infty} (a_k \cos kx + b_k \sin kx) \quad k \in N \tag{1}$$

Die FOURIER-Koeffizienten

$$a_k = \frac{1}{\pi}\int_0^{2\pi} f(x)\cos kx\,dx \qquad k \in N$$

$$b_k = \frac{1}{\pi}\int_0^{2\pi} f(x)\sin kx\,dx$$

ergeben minimalen mittleren quadratischen Fehler

$$\delta^2 = \int_0^{2\pi} [f(x) - s_n(x)]^2\,dx \to \text{Min}$$

der Approximation $f(x)$ durch das trigonometrische Polynom

$$s_n(x) = \frac{a_0}{2} + \sum_{k=1}^{\infty} (a_k \cos kx + b_k \sin kx).$$

Die Lage des Integrationsintervalls ist gleichgültig, oft auch $\langle -\pi, \pi \rangle$.

Nach DIRICHLET existieren weiter an der *Unstetigkeitsstelle* x_0 $f(x_0 + 0)$, $f(x_0 - 0)$:

$$\lim_{n\to\infty} \left[\frac{a_0}{2} + \sum_{k=1}^{\infty} (a_k \cos kx + b_k \sin kx)\right] = \begin{cases} f(x) \text{ für } f(x) \text{ stetig in } x \\ f\,\dfrac{(x+0) + f(x-0)}{2} \\ \text{bei } x_0 \end{cases}$$

(Gilt auch bei periodischer Fortsetzung über $I = \langle 0, 2\pi \rangle$ hinaus.)

Spektraldarstellung, komplexe Darstellung der Fourier-Reihe $s(x)$ gemäß (1)

$$s(x) = \frac{a_0}{2} + \sum_{k=1}^{\infty} d_k \sin (kx + \varphi_k)$$

mit $d_k = \sqrt{a_k^2 + b_k^2}$

$$\varphi_k = \arctan \frac{a_k}{b_k}$$

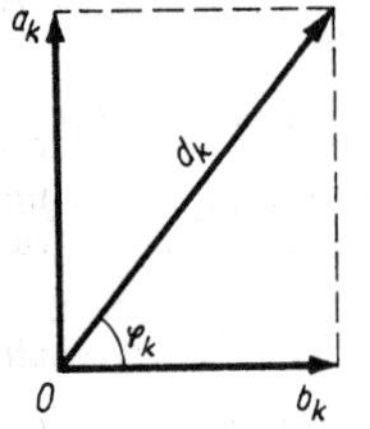

Bild 12.1. Spektraldarstellung

$$s(x) = \sum_{k=-\infty}^{\infty} c_k\, e^{jkx}$$

mit

$$c_k = \frac{1}{2\pi} \int_0^{2\pi} f(x)\, e^{-jkx}\, dx = \begin{cases} \dfrac{a_0}{2} & \text{für } k = 0 \\ \dfrac{1}{2}(a_k - jb_k) & \text{für } k > 0 \\ \dfrac{1}{2}(a_{-k} + jb_{-k}) & \text{für } k < 0 \end{cases}$$

bzw. $a_k = \underset{(k>0)}{c_k} + \underset{(k<0)}{c_k}$ $\qquad b_k = j(\underset{(k>0)}{c_k} - \underset{(k<0)}{c_k})$

Zeitfunktion (Elektrotechnik):

$$s(t) = \sum_{k=-\infty}^{\infty} c_k\, e^{jk\omega_0 t}\, dt \qquad \text{mit} \quad \omega_0 = \frac{2\pi}{T_0} \quad \textit{Kreisfrequenz}$$

$$x \to \omega_0 t$$

$$c_k = \frac{1}{T_0} \int_0^{T_0} f(t)\, e^{-jk\omega_0 t}\, dt \qquad T_0 \quad \textit{Periodendauer}$$

(Linien-) Spektrum von $f(x)$: $2\pi c_k$ bzw. $T_0 c_k$

Frequenzabstand zweier Spektrallinien $\Delta\omega_0 = \frac{2\pi}{T_0}$

Hat $f(x)$ die primitive Periode T_0, $\omega_0 = \frac{2\pi}{T_0} = 2\pi f_0$, so setzt man $f_1(x) = f\left(\frac{2\pi x}{T_0}\right)$ mit $f_1(x)$ als Funktion der Periode 2π

$$f(x) = \frac{a_0}{2} + \sum_{k=1}^{\infty}\left[a_k \cos\frac{2\pi kx}{T_0} + b_k \sin\frac{2\pi kx}{T_0}\right] \quad k \in G$$

mit

$$a_k = \frac{2}{T_0}\int_0^{T_0} f(x)\cos\frac{2\pi kx}{T_0}\,\mathrm{d}x = \frac{1}{\pi}\int_0^{2\pi} f\left(\frac{\omega_0 t}{\omega_0}\right)\cos k\omega_0 t\,\mathrm{d}(\omega_0 t)$$

$$b_k = \frac{2}{T_0}\int_0^{T_0} f(x)\sin\frac{2\pi kx}{T_0}\,\mathrm{d}x = \frac{1}{\pi}\int_0^{2\pi} f\left(\frac{\omega_0 t}{\omega_0}\right)\sin k\omega_0 t\,\mathrm{d}(\omega_0 t)$$

Ist $f(x)$ nur im Intervall $\langle 0, \pi\rangle$ gegeben, gelten die Bedingungen von DIRICHLET auch, und man kann mit $b_k = 0$ bzw. $a_k = 0$ als Cosinus- bzw. Sinusentwicklung fortsetzen.

Symmetrieverhältnisse

Gerade Funktion $f(x) = f(-x)$

$$a_k = \frac{2}{\pi}\int_0^{\pi} f(x)\cos kx\,\mathrm{d}x \qquad b_k = 0 \quad \text{(keine Sinusglieder)}$$

Ungerade Funktion $f(x) = -f(-x)$

$$b_k = \frac{2}{\pi}\int_0^{\pi} f(x)\sin kx\,\mathrm{d}x \qquad a_k = 0 \quad \text{(keine Cosinusglieder, kein Gleichglied)}$$

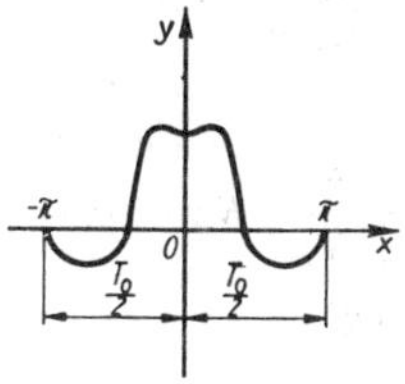

Bild 12.2. Gerade Funktion

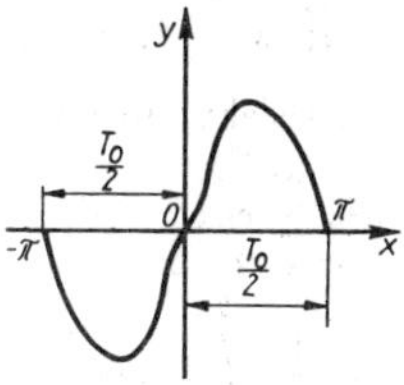

Bild 12.3. Ungerade Funktion

Gleiche Form und gleiche Lage der Halbperioden zur x-Achse
$f(x) = f(x + \pi)$

$a_{2k+1} = 0 \qquad b_{2k+1} = 0$ (nur Glieder mit geraden Argumenten)

Gleiche Form, aber verschiedene Lage der Halbperioden zur x-Achse
$f(x) = -f(x + \pi)$

$a_{2k} = 0 \qquad b_{2k} = 0$ (nur Glieder mit ungeraden Argumenten)

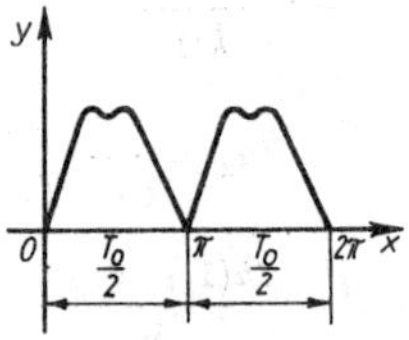

Bild 12.4. $f(x) = f(x + \pi)$

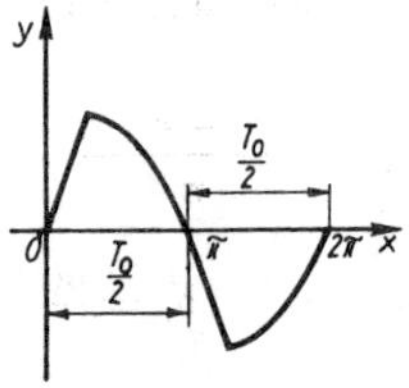

Bild 12.5. $f(x) = -f(x + \pi)$

Beispiel:

Nachfolgender rhythmisch verlaufender Ausgleichsvorgang soll in eine FOURIER-Reihe entwickelt werden:

$f(x) = h\,e^{-x}$

$x \in \langle 0, 2\pi \rangle$

$T_0 = 2\pi$

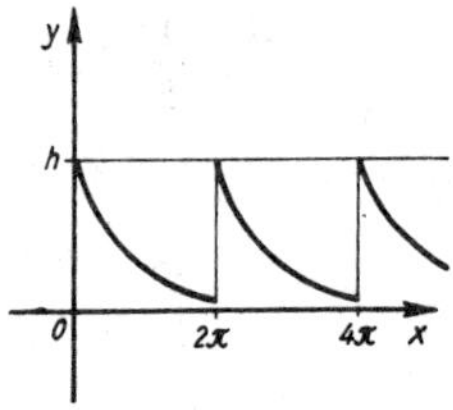

Bild 12.6. Zum Beispiel

1. Lösungsweg:
(Berechnung der Koeffizienten über die trigonometrische Form)

$$a_k = \frac{1}{\pi} \int_0^{2\pi} h\,e^{-x} \cos kx \, dx = \frac{h}{\pi} \int_0^{2\pi} e^{-x} \cos kx \, dx \qquad k \in N$$

Lösung des unbestimmten Integrals durch partielle Integration

$$\int e^{-x} \cos kx \, dx = \frac{e^{-x}}{k} \sin kx + \frac{1}{k} \int e^{-x} \sin kx \, dx$$

$$= \frac{e^{-x}}{k} \sin kx - \frac{e^{-x}}{k^2} \cos kx - \frac{1}{k^2} \int e^{-x} \cos kx \, dx$$

Rechts tritt dasselbe Integral wie links auf. Zusammengefaßt:

$$\left(1 + \frac{1}{k^2}\right) \int e^{-x} \cos kx \, dx = \frac{e^{-x}}{k} \sin kx - \frac{e^{-x}}{k^2} \cos kx$$

$$\int e^{-x} \cos kx \cos dx = \frac{k^2}{1 + k^2} \left(\frac{e^{-x}}{k} \sin kx - \frac{e^{-x}}{k^2} \cos kx \right)$$

Unter Berücksichtigung der Grenzen folgt $a_k = \frac{h(1 - e^{-2\pi})}{\pi(1 + k^2)}$

Entsprechende Rechnung liefert $b_k = \frac{hk(1 - e^{-2\pi})}{\pi(1 + k^2)}$

$$a_0 = \frac{h(1 - e^{-2\pi})}{\pi} \quad a_1 = \frac{h(1 - e^{-2\pi})}{2\pi} \quad a_2 = \frac{h(1 - e^{-2\pi})}{5\pi} \cdots$$

$$b_0 = 0 \quad b_1 = \frac{h(1 - e^{-2\pi})}{2\pi} \quad b_2 = \frac{2h(1 - e^{-2\pi})}{5\pi} \cdots$$

Die FOURIER-Reihe lautet somit:

$$f(x) = \frac{h(1 - e^{-2\pi})}{\pi} \left(\frac{1}{2} + \frac{1}{2} \cos x + \frac{1}{5} \cos 2x + \cdots \right.$$
$$\left. + \frac{1}{2} \sin x + \frac{2}{5} \sin 2x + \cdots \right)$$

2. Lösungsweg: (Berechnung der Koeffizienten über die komplexe Form)

$$c_k = \frac{1}{2\pi} \int_0^{2\pi} h \, e^{-x} e^{-jk} \, dx = \frac{h}{2\pi} \int_0^{2\pi} e^{-(1+jk)x} \, dx$$

Integration liefert sofort:

$$c_k = \left. \frac{-h \, e^{-(1+jk)x}}{2\pi(1 + jk)} \right|_0^{2\pi} = \frac{-h}{2\pi(1 + jk)} (e^{-2} \underbrace{e^{-2\pi jk}}_{1} - 1)$$

$$c_k = \frac{h(1 - e^{-2\pi})}{2\pi(1 + jk)}$$

Aus c_k berechnen sich die Koeffizienten a_k und b_k:

$$a_k = \underset{(k>0)}{c_k} + \underset{(k<0)}{c_k} = \frac{h(1 - e^{-2\pi})}{2\pi} \left(\frac{1}{1 + jk} + \frac{1}{1 - jk} \right)$$

$$= \frac{h(1 - e^{-2\pi})}{2\pi} \cdot \frac{1 - jk + 1 + jk}{1 + k^2} = \frac{h(1 - e^{-2\pi})}{\pi(1 + k^2)}$$

$$b_k = \mathrm{j}(\underset{(k>0)}{c_k} - \underset{(k<0)}{c_k}) = \frac{\mathrm{j}h(1-\mathrm{e}^{-2\pi})}{2\pi}\left(\frac{1}{1+\mathrm{j}k} - \frac{1}{1-\mathrm{j}k}\right)$$

$$= \frac{\mathrm{j}h(1-\mathrm{e}^{-2\pi})}{2\pi}\cdot\frac{1-\mathrm{j}k-1-\mathrm{j}k}{1+k^2} = \frac{hk(1-\mathrm{e}^{-2\pi})}{\pi(1+k^2)}$$

Die Koeffizienten aus beiden Rechnungen stimmen natürlich überein. Man erkennt aber, daß die Berechnung über die komplexe Form wesentlich einfachere Integrale ergibt, weshalb teilweise diese Methode weniger Rechenaufwand erfordert, vor allen Dingen, wenn f eine e-Funktion ist.

Das Linienspektrum von f ergibt sich zu

$$2\pi c_k = \frac{h(1-\mathrm{e}^{-2\pi})}{1+\mathrm{j}k} = \frac{h(1-\mathrm{e}^{-2\pi})(1-\mathrm{j}k)}{1+k^2}$$

$$= \frac{h(1-\mathrm{e}^{-2\pi})}{1+k^2} + \mathrm{j}\,\frac{-hk(1-\mathrm{e}^{-2\pi})}{1+k^2}$$

$$\approx \underline{\underline{\frac{h}{1+k^2} + \mathrm{j}\,\frac{-hk}{1+k^2}}}, \quad \text{da} \quad \mathrm{e}^{-2\pi} \ll 1 \quad \text{ist.}$$

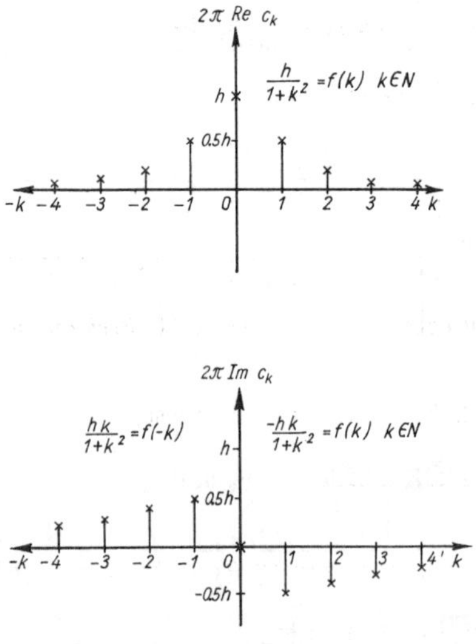

Bild 12.7. Linienspektrum

Besondere Fourier-Reihen

1. *Rechteckkurve*

$$f(x) = \frac{4h}{\pi}\left(\sin x + \frac{1}{3}\sin 3x + \frac{1}{5}\sin 5x + \cdots\right)$$

2. *Rechteckkurve*

$$f(x) = \frac{4h}{\pi}\left(\cos x - \frac{1}{3}\cos 3x + \frac{1}{5}\cos 5x - + \cdots\right)$$

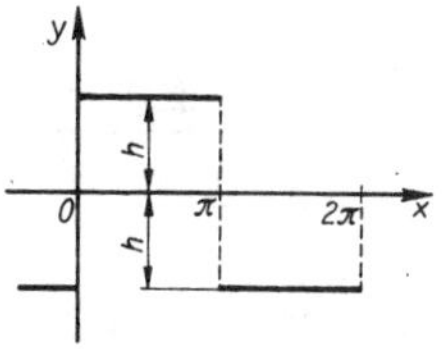

Bild 12.8. Rechteckkurve 1

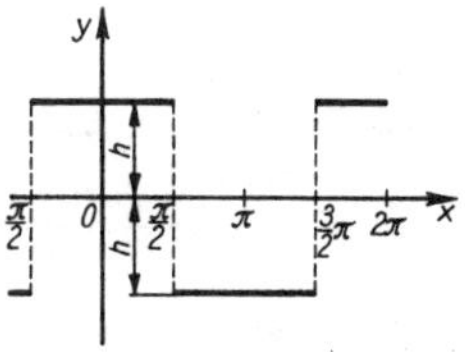

Bild 12.9. Rechteckkurve 2

3. *Rechteckkurve* (verschoben in Richtung y-Achse)

$$f(x) = \frac{h_1 + h_2}{2} + \frac{2(h_1 - h_2)}{\pi}$$

$$\times\left(\sin x + \frac{1}{3}\sin 3x + \frac{1}{5}\sin 5x + \cdots\right)$$

$h_2 = 0$ führt zum Rechteckimpuls

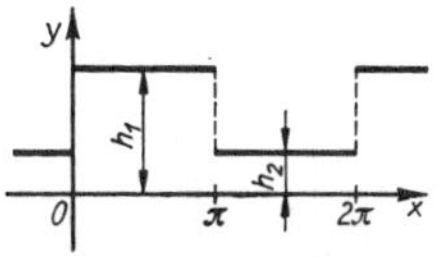

Bild 12.10. Rechteckkurve 3

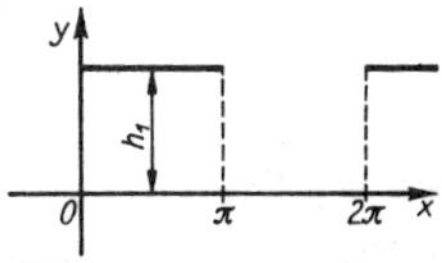

Bild 12.11. Rechteckimpuls 3

4. *Rechteckkurve* (verschoben in Richtung y-Achse)

$$f(x) = \frac{h_1 + h_2}{2} + \frac{2(h_1 - h_2)}{\pi}$$

$$\times\left(\cos x - \frac{1}{3}\cos 3x + \frac{1}{5}\cos 5x - + \cdots\right)$$

$h_2 = 0$ führt zum Reckteckimpuls

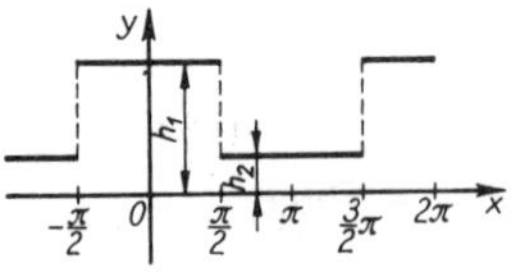

Bild 12.12. Rechteckkurve 4

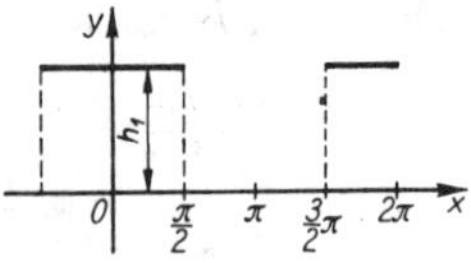

Bild 12.13. Rechteckimpuls 4

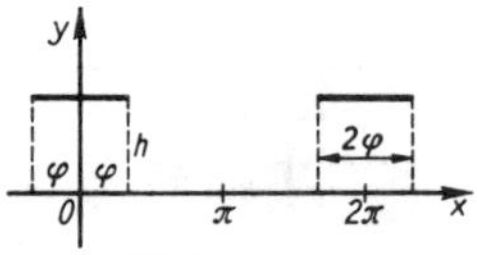

Bild 12.14. Rechteckimpuls 5

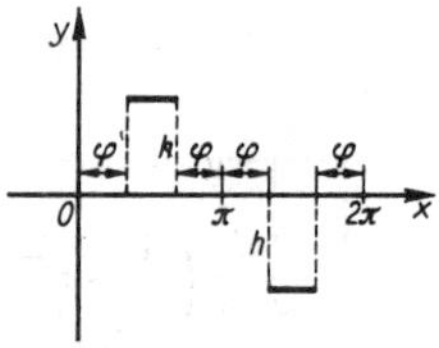

Bild 12.15. Rechteckimpuls 6

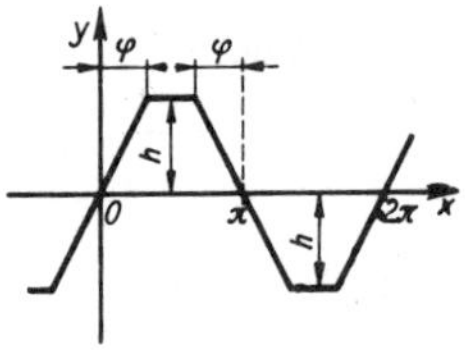

Bild 12.16. Trapezkurve 7

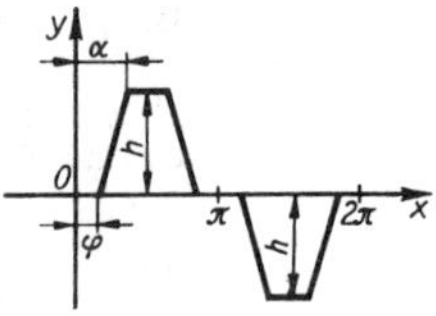

Bild 12.17. Trapezkurve 8

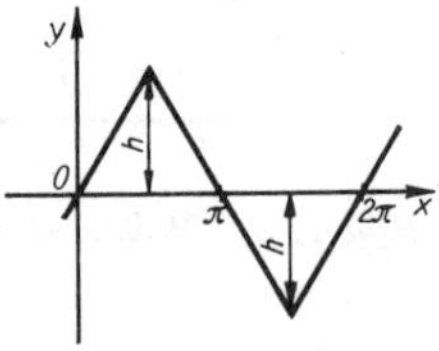

Bild 12.18. Dreieckkurve 9

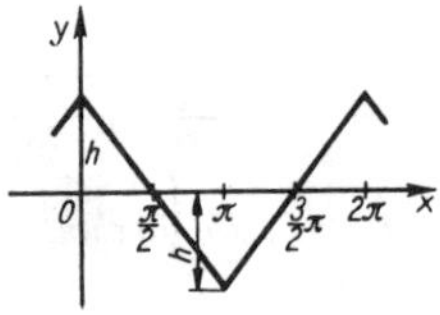

Bild 12.19. Dreieckkurve 10

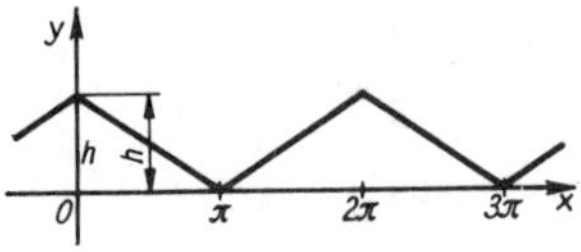

Bild 12.20. Dreieckkurve 11

5. *Rechteckimpuls*

$$f(x) = \frac{2h}{\pi}\left(\frac{\varphi}{2} + \frac{\sin\varphi}{1}\cos x + \frac{\sin 2\varphi}{2}\cos 2x + \frac{\sin 3\varphi}{3}\cos 3x + \cdots\right)$$

6. *Rechteckimpuls*

$$f(x) = \frac{4h}{\pi}\left(\frac{\cos\varphi}{1}\sin x + \frac{\cos 3\varphi}{3}\sin 3x + \frac{\cos 5\varphi}{5}\sin 5x + \cdots\right)$$

7. *Trapezkurve* (gleichschenkliges Trapez)

$$f(x) = \frac{4h}{\pi\varphi}\left(\frac{1}{1^2}\sin\varphi\sin x + \frac{1}{3^2}\sin 3\varphi\sin 3x + \frac{1}{5^2}\sin 5\varphi\sin 5x + \cdots\right)$$

8. *Trapezimpuls* (gleichschenkliges Trapez)

$$f(x) = \frac{4h}{\pi(\alpha-\varphi)}\left(\frac{\sin\alpha - \sin\varphi}{1^2}\sin x + \frac{\sin 3\alpha - \sin 3\varphi}{3^2} \times \sin 3x + \frac{\sin 5\alpha - \sin 5\varphi}{5^2}\sin 5x + \cdots\right)$$

9. *Dreieckkurve* (gleichschenkliges Dreieck)

$$f(x) = \frac{8h}{\pi^2}\left(\frac{1}{1^2}\sin x - \frac{1}{3^2}\sin 3x + \frac{1}{5^2}\sin 5x - + \cdots\right)$$

10. *Dreieckkurve* (gleichschenkliges Dreieck)

$$f(x) = \frac{8h}{\pi^2}\left(\frac{1}{1^2}\cos x + \frac{1}{3^2}\cos 3x + \frac{1}{5^2}\cos 5x + \cdots\right)$$

11. *Dreieckkurve* (gleichschenkliges Dreieck)

$$f(x) = \frac{h}{2} + \frac{4h}{\pi^2}\left(\frac{1}{1^2}\cos x + \frac{1}{3^2}\cos 3x + \frac{1}{5^2}\cos 5x + \cdots\right)$$

12. *Dreieckkurve* (gleichschenkliges Dreieck)

$$f(x) = \frac{h}{2} - \frac{4h}{\pi^2}\left(\frac{1}{1^2}\cos x + \frac{1}{3^2}\cos 3x + \frac{1}{5^2}\cos 5x + \cdots\right)$$

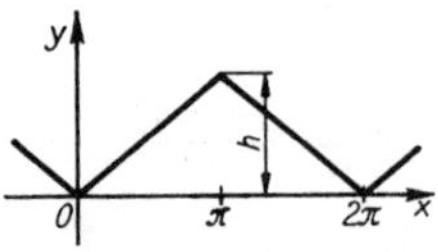

Bild 12.21. Dreieckkurve 12

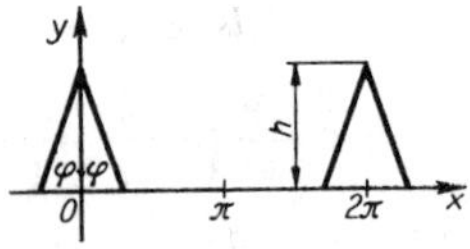

Bild 12.22. Dreieckimpuls 13

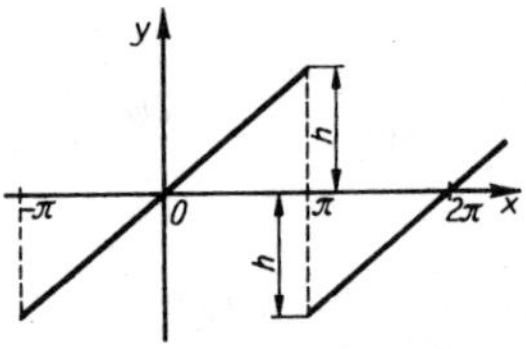

Bild 12.23. Sägezahnkurve 14

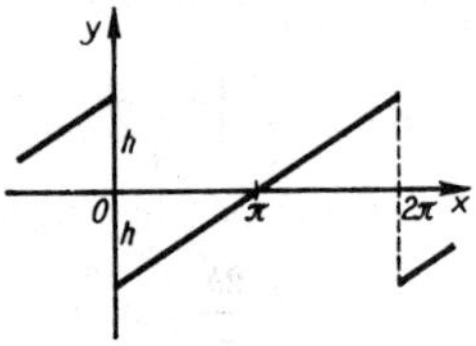

Bild 12.24. Sägezahnkurve 15

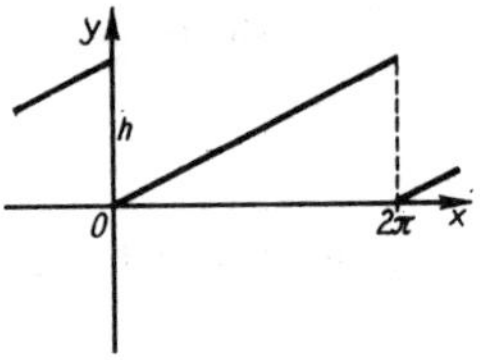

Bild 12.25. Sägezahnkurve 16

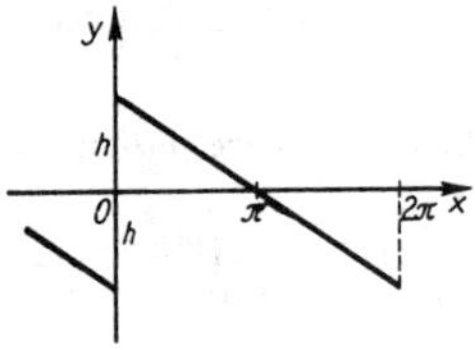

Bild 12.26. Sägezahnkurve 17

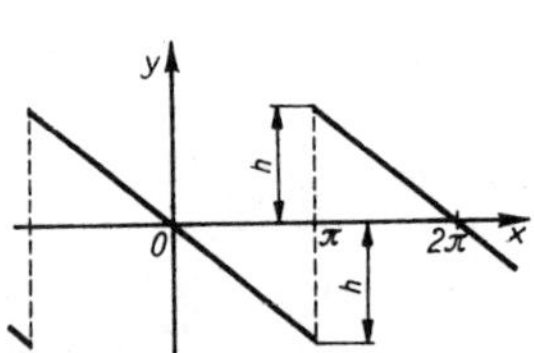

Bild 12.27. Sägezahnkurve 18

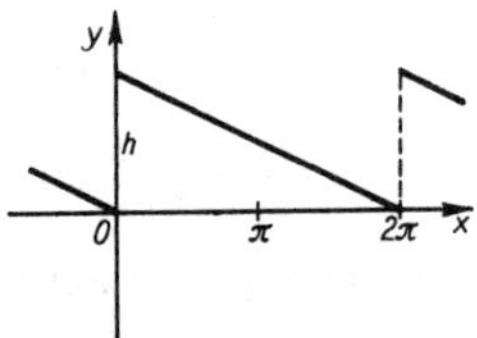

Bild 12.28. Sägezahnkurve 19

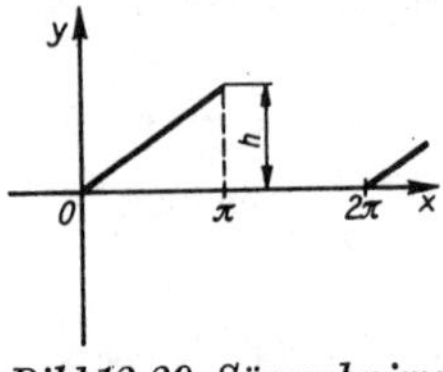

Bild 12.29. Sägezahnimpuls 20

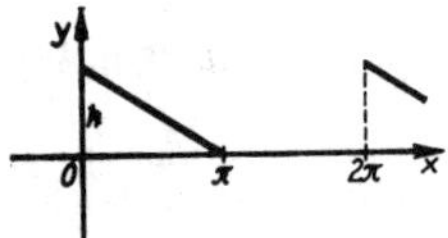

Bild 12.30. Sägezahnimpuls 21

13. *Dreieckimpuls* (gleichschenkliges Dreieck)

$$f(x) = \frac{h\varphi}{2\pi} + \frac{2h}{\pi\varphi}\left(\frac{1-\cos\varphi}{1^2}\cos x + \frac{1-\cos 2\varphi}{2^2}\cos 2x + \frac{1-\cos 3\varphi}{3^2}\cos 3x + \cdots\right)$$

14. *Sägezahnkurve* (steigend)

$$f(x) = \frac{2h}{\pi}\left(\sin x - \frac{1}{2}\sin 2x + \frac{1}{3}\sin 3x - + \cdots\right)$$

15. *Sägezahnkurve* (steigend)

$$f(x) = -\frac{2h}{\pi}\left(\sin x + \frac{1}{2}\sin 2x + \frac{1}{3}\sin 3x + \cdots\right)$$

16. *Sägezahnkurve* (steigend)

$$f(x) = \frac{h}{2} - \frac{h}{\pi}\left(\sin x + \frac{1}{2}\sin 2x + \frac{1}{3}\sin 3x + \cdots\right)$$

17. *Sägezahnkurve* (fallend)

$$f(x) = \frac{2h}{\pi}\left(\sin x + \frac{1}{2}\sin 2x + \frac{1}{3}\sin 3x + \cdots\right)$$

18. *Sägezahnkurve* (fallend)

$$f(x) = \frac{2h}{\pi}\left(-\sin x + \frac{1}{2}\sin 2x - \frac{1}{3}\sin 3x + - \cdots\right)$$

19. *Sägezahnkurve* (fallend)

$$f(x) = \frac{h}{2} + \frac{h}{\pi}\left(\sin x + \frac{1}{2}\sin 2x + \frac{1}{3}\sin 3x + \cdots\right)$$

20. *Sägezahnimpuls* (steigend)

$$f(x) = \frac{h}{4} + \frac{h}{\pi}\left(\sin x + \frac{1}{2}\sin 2x + \frac{1}{3}\sin 3x + \cdots\right) - \frac{2h}{\pi^2}\left(\cos x + \frac{1}{3^2}\cos 3x + \frac{1}{5^2}\cos 5x + \cdots\right)$$

21. *Sägezahnimpuls* (fallend)

$$f(x) = \frac{h}{4} + \frac{h}{\pi}\left(\sin x + \frac{1}{2}\sin 2x + \frac{1}{3}\sin 3x + \cdots\right) + \frac{2h}{\pi^2}\left(\cos x + \frac{1}{3^2}\cos 3x + \frac{1}{5^2}\cos 5x + \cdots\right)$$

22. *Gleichgerichtete Sinuskurve* (Zweiweggleichrichtung)

$$f(x) = \frac{4h}{\pi}\left(\frac{1}{2} - \frac{1}{1\cdot 3}\cos 2x - \frac{1}{3\cdot 5}\cos 4x - \frac{1}{5\cdot 7}\cos 6x - \cdots\right)$$

23. *Gleichgerichtete Cosinuskurve* (Zweiweggleichrichtung)

$$f(x) = \frac{4h}{\pi}\left(\frac{1}{2} + \frac{1}{1\cdot 3}\cos 2x - \frac{1}{3\cdot 5}\cos 4x + \frac{1}{5\cdot 7}\cos 6x - + \cdots\right)$$

24. *Sinusimpuls* (Einweggleichrichtung)

$$f(x) = \frac{h}{\pi} + \frac{h}{2}\sin x - \frac{2h}{\pi}\left(\frac{1}{1\cdot 3}\cos 2x + \frac{1}{3\cdot 5}\cos 4x + \frac{1}{5\cdot 7}\cos 6x + \cdots\right)$$

25. *Cosinusimpuls* (Einweggleichrichtung)

$$f(x) = \frac{h}{\pi} + \frac{h}{2}\cos x + \frac{2h}{\pi}\left(\frac{1}{1\cdot 3}\cos 2x - \frac{1}{3\cdot 5}\cos 4x + \frac{1}{5\cdot 7}\cos 6x - + \cdots\right)$$

26. *Gleichgerichteter Drehstrom*

$$f(x) = \frac{3h\sqrt{3}}{\pi}\left(\frac{1}{2} - \frac{1}{2\cdot 4}\cos 3x - \frac{1}{5\cdot 7}\cos 6x - \frac{1}{8\cdot 10}\cos 9x - \cdots\right)$$

27. *Parabelbögen*

(Parabelgleichung $y = \frac{h}{\pi^2}x^2$ für $\langle -\pi, \pi\rangle$)

$$f(x) = \frac{h}{3} - \frac{4h}{\pi^2}\left(\cos x - \frac{1}{2^2}\cos 2x + \frac{1}{3^2}\cos 3x - + \cdots\right)$$

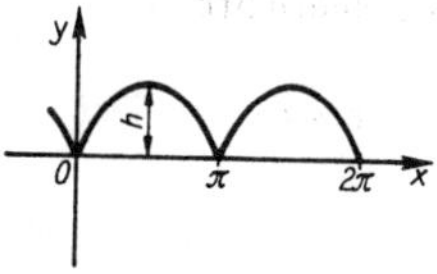

Bild 12.31.
Zweiweggleichrichtung 22

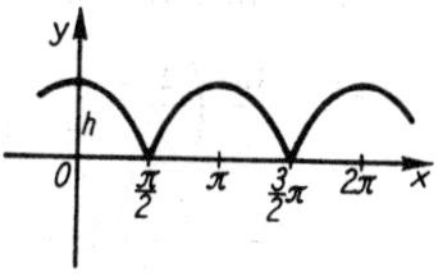

Bild 12.32.
Zweiweggleichrichtung 23

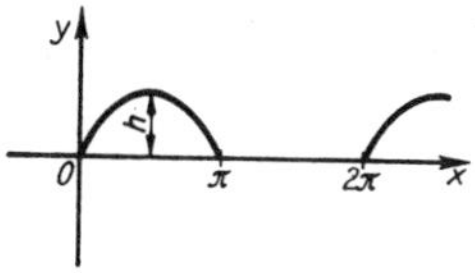

Bild 12.33.
Einweggleichrichtung 24

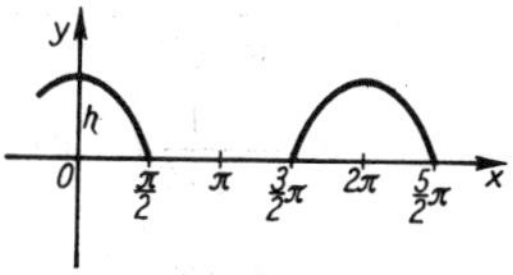

Bild 12.34.
Einweggleichrichtung 25

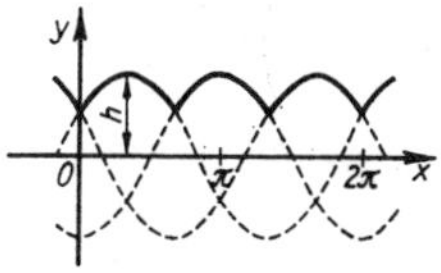

Bild 12.35.
Gleichgerichteter Drehstrom 26

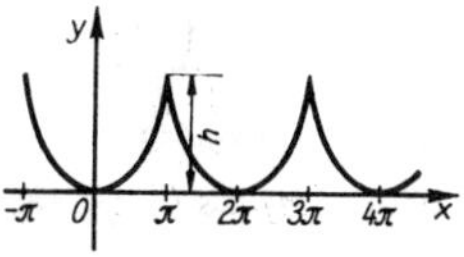

Bild 12.36.
Parabelbögen 27

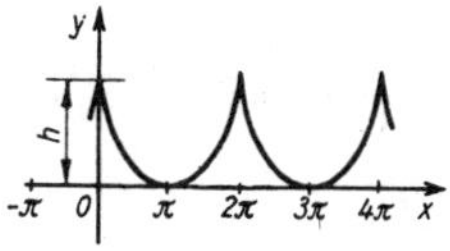

Bild 12.37. Parabelbögen 28

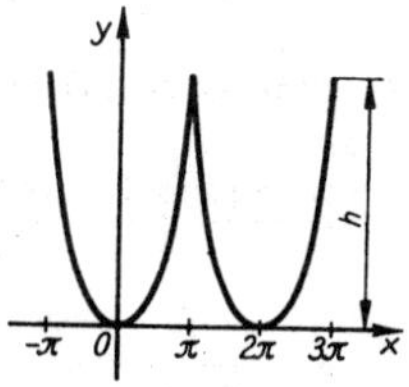

Bild 12.38. Parabelbögen 29

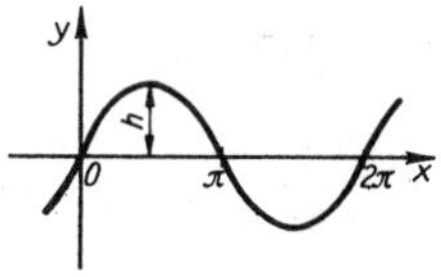

Bild 12.39. Parabelbögen 30

28. *Parabelbögen*

(Parabelgleichung $y = \frac{h}{\pi^2}(x - \pi)^2$ für $\langle 0, 2\pi \rangle$)

$$f(x) = \frac{h}{3} + \frac{4h}{\pi^2}\left(\cos x + \frac{1}{2^2}\cos 2x + \frac{1}{3^2}\cos 3x + \cdots\right)$$

29. *Parabelbögen*

(Parabelgleichung $y = x^2$ für $\langle -\pi, \pi \rangle$)

$$f(x) = \frac{\pi^2}{3} - 4\left(\cos x - \frac{1}{2^2}\cos 2x + \frac{1}{3^2}\cos 3x - + \cdots\right)$$

30. *Parabelbögen*

(Parabelgleichung $y = \frac{4h}{\pi^2}x(\pi - x)$ für $\langle 0, \pi \rangle$

und $y = \frac{4h}{\pi^2}(x^2 - 3\pi x + 2\pi^2)$ für $\langle \pi, 2\pi \rangle$)

$$f(x) = \frac{32h}{\pi^3}\left(\sin x + \frac{1}{3^3}\sin 3x + \frac{1}{5^3}\sin 5x + \cdots\right)$$

31. *Ausgleichsvorgang*

$f(x) = h\,\mathrm{e}^{-x}$ s. S. 488

12.2.2. Fourier-Integral, Fourier-Transformation

Der Grenzübergang $T_0 \to \infty$ führt zu einmaligen, nicht periodischen Vorgängen, dargestellt als FOURIER-Integral:
Zerlegung der Funktion $f(t)$ im Zeitbereich in ein kontinuierliches Spektrum ($k\omega_0 \to \omega$) unendlich dicht beieinander liegender Sinusschwingungen sämtlicher Frequenzen im Frequenzbereich ($\Delta\omega = \omega_0 \to 0$).
Differenz zweier aufeinanderfolgender Glieder der Reihe $\lim\limits_{T_0 \to \infty} \Delta\omega = \mathrm{d}\omega$

Bedingung: $\int\limits_0^\infty |f(t)|\,\mathrm{d}t$ beschränkt ($< \infty$)

$$f(t) = \frac{1}{2\mathrm{j}\pi}\int\limits_{-\infty}^{\infty} F(\mathrm{j}\omega)\,\mathrm{e}^{\mathrm{j}\omega t}\,\mathrm{d}\omega \quad \text{bzw.} \quad f(t) = \frac{1}{2\mathrm{j}\pi}\int\limits_{-\mathrm{j}\infty}^{\mathrm{j}\infty} f(\mathrm{j}\omega)\,\mathrm{e}^{\mathrm{j}\omega t}\,\mathrm{d}(\mathrm{j}\omega)$$

$$= F^{-1}\{f(\mathrm{j}\omega)\}$$

Zeit-, Originalfkt.

Die Spektralfunktion $F(\mathrm{j}\omega)$ nennt man FOURIER-*Abbildung*.

Fourier-Transformation:

Zeitbereich $f(t) \to$ Frequenzbereich $F(j\omega)$

$$F(j\omega) = \frac{1}{\sqrt{2\pi}} \int_{-\infty}^{\infty} f(t)\, e^{-j\omega t}\, dt = \boldsymbol{F}\{f(t)\}$$

Bildfunktion; $\boldsymbol{F}$ FOURIER-Transformierte

Amplitudenspektrum $|F(j\omega)|$
Phasenspektrum $\arg F(j\omega)$

Beispiel:

Der S. 488 oben behandelte Ausgleichsvorgang $f(x) = h\, e^{-x}$ mit $T_0 = 2\pi$ soll als nichtperiodischer, einmaliger Vorgang betrachtet werden:

$$h\, e^{-t} = \begin{cases} f(t) & \text{für} \quad 0 \leqq t \\ 0 & \text{für} \quad t < 0 \end{cases}$$

Der Wert der Spektralfunktion lautet:

$$F(j\omega) = \int_0^{\infty} f(t)\, e^{-j\omega t}\, dt = h \int_0^{\infty} e^{-t}\, e^{-j\omega t}\, dt = h \int_0^{\infty} e^{-(1+j\omega)t}\, dt$$

$$F(j\omega) = h\, \frac{-1}{1+j\omega}\, e^{-(1+j\omega)t} \Big|_0^{\infty} = \frac{h}{1+j\omega} = \underline{\underline{\frac{h}{1+\omega^2} + j\, \frac{-h\omega}{1+\omega^2}}}$$

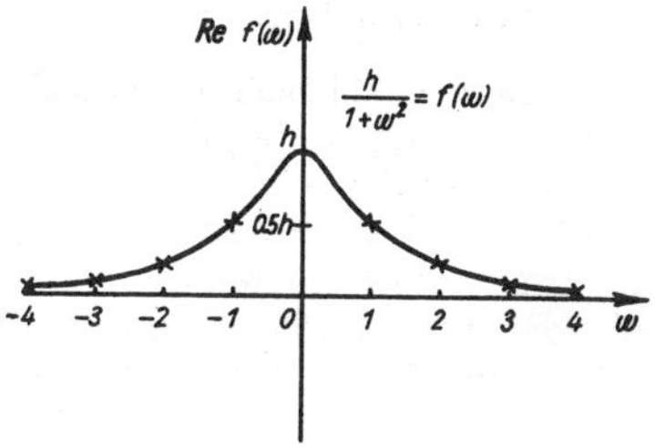

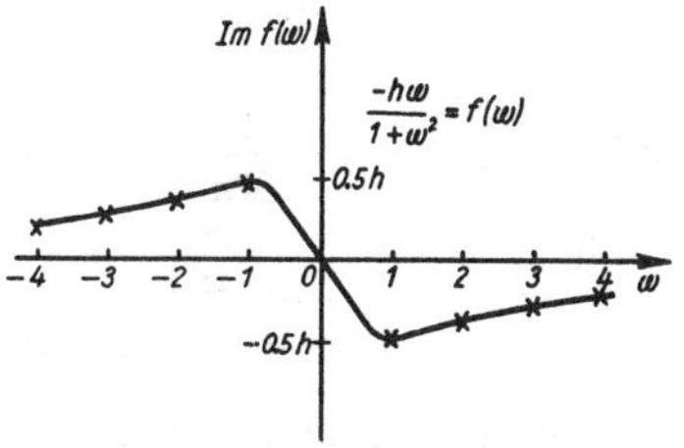

Bild 12.40. Spektraldarstellung des Beispiels

Das FOURIER-Integral lautet:

$$f(t) = h\,\mathrm{e}^{-t} = \frac{1}{2\pi}\int_{-\infty}^{\infty} \frac{h}{1+\mathrm{j}\omega}\,\mathrm{e}^{\mathrm{j}\omega t}\,\mathrm{d}\omega = \frac{h}{2\pi}\int_{-\infty}^{\infty} \frac{1-\mathrm{j}\omega}{1+\omega^2}\,\mathrm{e}^{\mathrm{j}\omega t}\,\mathrm{d}\omega$$

Graphische Darstellung = kontinuierliches Spektrum

12.2.3. Laplace-Transformation

Festsetzungen: $f(t) = 0$ für $t < 0$
jω verallgemeinert zu $s = \sigma + \mathrm{j}\omega$ (auch p statt s)

Originalfunktion, Oberfunktion:

$$f(t) = \frac{1}{2\mathrm{j}\pi}\int_{\beta-\mathrm{j}\omega}^{\beta+\mathrm{j}\omega} F(s)\,\mathrm{e}^{st}\,\mathrm{d}s = \boldsymbol{L}^{-1}\{f(t)\} = \begin{cases} f(t) & \text{für } t \geqq 0 \\ 0 & \text{für } t < 0 \end{cases}$$

β Konvergenzabszisse

Laplace-Transformierte, Unterfunktion, Bildfunktion

$$F(s) = \int_0^{\infty} f(t)\,\mathrm{e}^{-st}\,\mathrm{d}t = \boldsymbol{L}\{f(t)\}$$

LAPLACE-Transformation $\boldsymbol{L}\{f(t)\} = F(s)$

$f(t) \circ\!\!-\!\!\bullet\ F(s)$ Korrespondenz

Umkehrtransformation $\boldsymbol{L}^{-1}\{F(s)\} = f(t)$

$F(s) \bullet\!\!-\!\!\circ\ f(t)$ Korrespondenz

$$\boldsymbol{L}^{-1}[\boldsymbol{L}\{F(s)\}] = F(s) \qquad \boldsymbol{L}^{-1}[\boldsymbol{L}\{f(t)\}] = f(t)$$

Im Bereich stückweise stetiger und monotoner Funktionen F existiert, wenn überhaupt, nur eine Oberfunktion f.
Kriterien für die Existenz der LAPLACE-Transformierten F im Bereich $t > 0$:

1. $\int_{-\infty}^{+\infty} |f(t)|\,\mathrm{d}t < \infty$, f stückweise stetig

2. $\int_0^{T_1} |f(t)|\,\mathrm{d}t = \lim_{\delta\to 0}\int_{\delta}^{T_1} |f(t)|\,\mathrm{d}t$

3. $T_2 > T_1$; für mindestens ein $s_0 \in K$

$$\lim_{T_2\to\infty}\left|\int_{T_1}^{T_2} \mathrm{e}^{-s_0 t} f(t)\,\mathrm{d}t\right| = 0$$

Funktionen, die 1 bis 3 erfüllen, heißen $\boldsymbol{L}$-Funktionen.

4. Ist die Konvergenz von $\boldsymbol{L}\{f(t)\}$ für x_0 gegeben, konvergiert sie auch für alle $x > x_0$ bzw. $R(s) < R(s_0)$. Der kleinste mögliche Wert von x_0 heißt Konvergenzabszisse β (K.A.). Wenn $\boldsymbol{L}\{f(t)\}$ absolut konvergiert, schreibt man: $\boldsymbol{L}_a$-Funktion.

$$\int\limits_0^\infty |\mathrm{e}^{-st}f(t)|\,\mathrm{d}t < \infty \quad \text{für} \quad x > \beta$$

$\boldsymbol{L}_a$-Funktionen sind auch $\boldsymbol{L}$-Funktionen.

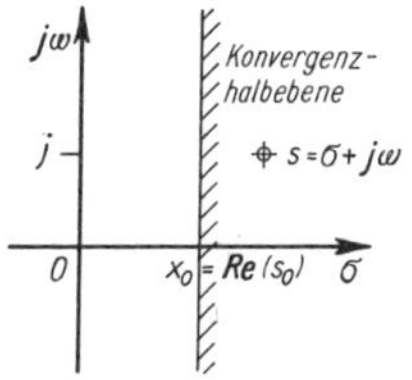

Bild 12.41.
Konvergenz der $\boldsymbol{L}$*-Transformation*

Rechenregeln

Linearität, Additionssatz, Superposition

$$\boldsymbol{L}\{af_1(t) + bf_2(t)\} = a\boldsymbol{L}\{f(t)\} + b\boldsymbol{L}\{f(t)\}$$
$$= aF_1(s) + bF_2(s) \qquad \text{K.A.} = \max(\beta_1, \beta_2)$$

Dämpfungssatz

$$\boldsymbol{L}\{\mathrm{e}^{-\alpha t}f(t)\} = F(s + \alpha) \qquad \text{K.A.} = \beta - R(\alpha)$$
$$\alpha > 0, \quad \alpha \in P$$

Ähnlichkeitssatz

$$\boldsymbol{L}\{f(\alpha t)\} = \frac{1}{\alpha}\,F\left(\frac{s}{\alpha}\right) \qquad \alpha > 0 \qquad \text{K.A.} = \alpha\beta$$

Verschiebungssatz

$$\boldsymbol{L}\{f(t - a)\} = \mathrm{e}^{-as}F(s) = \mathrm{e}^{-as}\boldsymbol{L}\{f(t)\} \quad \text{mit } f(t - a) = 0$$
$$\text{für} \quad t < a$$

Differentiationssatz

$$\boldsymbol{L}\{f^{(n)}(t)\} = s^nF(s) - s^{n-1}f(+0) - s^{n-2}\dot{f}(+0) - s^{n-3}\ddot{f}(+0) - \cdots$$
$$- f^{(n-1)}(+0)$$

demnach 1. Ableitung $\boldsymbol{L}\left\{\dfrac{\mathrm{d}f(t)}{\mathrm{d}t}\right\} = sF(s) - f(+0)$

2. Ableitung $\boldsymbol{L}\left\{\frac{d^2 f(t)}{dt^2}\right\} = s^2 F(s) - sf(+0) - \dot{f}(+0)$

$$\frac{d^n F(s)}{ds^n} = \frac{d^n}{ds^n}\boldsymbol{L}\{f(t)\} = (-1)^n \boldsymbol{L}\{t^n f(t)\} = (-1)^n t^n F(s)$$

demnach $F'(s) = -t\boldsymbol{L}\{f(t)\}$ $\quad F''(s) = +t^2\boldsymbol{L}\{f(t)\}$

Integrationssatz

$$\boldsymbol{L}\left\{\int_0^t f(\tau)\,d\tau\right\} = \frac{1}{s} F(s) \qquad \boldsymbol{L}\left\{\frac{f(t)}{t}\right\} = \int_s^\infty F(\sigma)\,d\sigma \qquad \sigma \in C$$

Definition des *Faltungsintegrals*

$$f_1(t) * f_2(t) = \int_0^t f_1(\tau)\, f_2(t-\tau)\,d\tau$$

Kommutatives Gesetz: $f_1(t) * f_2(t) = f_2(t) * f_1(t)$

Assoziatives Gesetz: $[f_1(t) * f_2(t)] * f_3(t) = f_1(t) * [f_2(t) * f_3(t)]$

Multiplikationssatz

$$\boldsymbol{L}\{t^n f(t)\} = (-1)^n F^{(n)}(s)$$

Divisionssatz

$$\boldsymbol{L}\left\{\frac{1}{t} f(t)\right\} = \int_0^\infty F(q)\,dq, \qquad \text{falls } \frac{1}{t} f(t) \text{ transformierbar ist}$$

Grenzwertsätze

$$\lim_{t\to+0} f(t) = \lim_{s\to\infty} sF(s) = f(+0)$$

$$\lim_{t\to+\infty} f(t) = \lim_{s\to 0} sf(s) = f(\infty)$$

Lösung von gewöhnlichen Differentialgleichungen mittels $\boldsymbol{L}$-Transformation

Schematischer Rechengang:

Differentialgl. + Anfangsbedingungen → Lösung y | Originalraum

↓ ↑

LAPLACE-Transformation (Rechenregeln, Tabellen) ↓ | $\boldsymbol{L}^{[-1]}$-Transformation (Rechenregeln, Tabellen) ↑ | Bildraum

Lineare algebraische Gleichung → Lösung für $\boldsymbol{L}\{y\}$ |

Vorteile: Die Anfangsbedingungen (Anfangswertproblem) werden von vornherein berücksichtigt, und man erhält sofort die spezielle Lösung. Hat das Störglied eine $\boldsymbol{L}$-Transformierte, wird die inhomogene Dgl. wie die homogene lösbar.

Beispiele machen die Handhabung deutlich.

(1) $\ddot{y} + 5\dot{y} + 4y = t \quad \text{mit} \quad y(0) = 0,\ \dot{y}(0) = 0$

Anwendung des Differentiationssatzes

$$s^2\boldsymbol{L}\{y\} - sy(0) - \dot{y}(0) + 5s\boldsymbol{L}\{y\} - 5y(0) + 4\boldsymbol{L}\{y\} = \boldsymbol{L}\{t\}$$

$$s^2\boldsymbol{L}\{y\} + 5s\boldsymbol{L}\{y\} + 4\boldsymbol{L}\{y\} = \boldsymbol{L}\{t\} \qquad \text{(Anfangsbedingungen)}$$

$$\boldsymbol{L}\{y\} = \frac{1}{s^2}\cdot\frac{1}{s^2+5s+4} = \frac{1}{s^2}\cdot\frac{1}{s+1}\cdot\frac{1}{s+4} \qquad \begin{array}{l}\text{(Tabelle Nr. 3)}\\ \text{(s. S. 506)}\end{array}$$

Rücktransformation

$$y = \boldsymbol{L}^{[-1]}\left\{\frac{1}{s^2}\cdot\frac{1}{s+1}\cdot\frac{1}{s+4}\right\}$$

Umformung in eine Summe durch Partialbruchzerlegung

$$\frac{1}{s^2}\cdot\frac{1}{s+1}\cdot\frac{1}{s+4} = \frac{A}{s^2} + \frac{B}{s} + \frac{C}{s+1} + \frac{D}{s+4}$$

$$\frac{1}{s^2(s+1)(s+4)} = \frac{A(s+1)(s+4) + Bs(s+1)(s+4)}{s^2(s+1)(s+4)} + \frac{Cs^2(s+4) + Ds^2(s+1)}{s^2(s+1)(s+4)}$$

Koeffizientenvergleich liefert

$$A = \frac{1}{4}; \qquad B = -\frac{5}{16}; \qquad C = \frac{1}{3}; \qquad D = -\frac{1}{48}$$

$$y = \frac{1}{4}\boldsymbol{L}^{[-1]}\left\{\frac{1}{s^2}\right\} - \frac{5}{16}\boldsymbol{L}^{[-1]}\left\{\frac{1}{s}\right\} + \frac{1}{3}\boldsymbol{L}^{[-1]}\left\{\frac{1}{s+1}\right\} - \frac{1}{48}\boldsymbol{L}^{[-1]}\left\{\frac{1}{s+4}\right\}$$

$$\underline{\underline{y = \frac{t}{4} - \frac{5}{16} + \frac{1}{3}\,\mathrm{e}^{-t} - \frac{1}{48}\,\mathrm{e}^{-4t}}} \qquad \text{(Tabelle Nr. 3, 1, 5)}$$

(2) $\ddot{y} - 4y = 2 \sinh t \quad \text{mit} \quad y(0) = 0, \quad \dot{y}(0) = 0$

$$s^2\boldsymbol{L}\{y\} - sy(0) - \dot{y}(0) - 4\boldsymbol{L}\{y\} = 2\boldsymbol{L}\{\sinh t\}$$

$$s^2\boldsymbol{L}\{y\} - 4\boldsymbol{L}\{y\} = 2\boldsymbol{L}\{\sinh t\}$$

$$\boldsymbol{L}\{y\} = \frac{2}{s^2 - 4}\,\boldsymbol{L}\{\sinh t\}$$

Lösungsweg 1:

$$\frac{2}{s^2 - 4} = \boldsymbol{L}\{\sinh 2t\} \qquad \text{(Tabelle Nr. 9)}$$

$$\boldsymbol{L}\{y\} = \boldsymbol{L}\{\sinh 2t\}\,\boldsymbol{L}\{\sinh t\}$$

$$\boldsymbol{L}\{y\} = \boldsymbol{L}\{\sinh 2t * \sinh t\} \qquad \text{(Faltungssatz)}$$

$$y = \boldsymbol{L}^{-1}\boldsymbol{L}\{\sinh 2t * \sinh t\} = \sinh 2t * \sinh t$$

$$y = \int_0^t \sinh(t - \tau) \cdot \sinh 2\tau \, d\tau$$

Lösung durch zweimalige partielle Integration

$$y = \left[\frac{1}{2} \sinh(t - \tau) \cosh 2\tau\right]_{\tau=0}^{t} + \frac{1}{2}\int_0^t \cosh(t - \tau) \cosh 2\tau \, d\tau$$

$$y = -\frac{1}{2} \sinh t + \left[\frac{1}{2}\left(\frac{1}{2} \cosh(t - \tau)\right) \sinh 2\tau\right]_0^t$$

$$+ \frac{1}{4}\int_0^t \sinh 2\tau \sinh(t - \tau) \, d\tau$$

$$y = -\frac{1}{2} \sinh t + \frac{1}{4} \sinh 2t + \frac{1}{4} y$$

$$\underline{\underline{y = -\frac{2}{3} \sinh t + \frac{1}{3} \sinh 2t}}$$

Lösungsweg 2:

$$\boldsymbol{L}\{\sinh t\} = \frac{1}{s^2 - 1} \qquad \text{(Tabelle Nr. 9)}$$

$$\boldsymbol{L}\{y\} = \frac{2}{s^2 - 4} \cdot \frac{1}{s^2 - 1}$$

$$y = \boldsymbol{L}^{-1}\left\{\frac{2}{s^2-4}\cdot\frac{1}{s^2-1}\right\}$$

$$\frac{2}{(s^2-4)\,(s^2-1)} = \frac{A}{s^2-4} + \frac{B}{s^2-1}$$

Eine Zerlegung in die Nenner $(s-2)\,(s+2)\,(s-1)\,(s+1)$ ist unzweckmäßig, da $\frac{a}{s^2-a^2}$ $\boldsymbol{L}$-Transformierte ist.

$$A = \frac{2}{3}; \qquad B = -\frac{2}{3}$$

$$y = \frac{1}{3}\boldsymbol{L}^{-1}\left\{\frac{2}{s^2-4}\right\} - \frac{2}{3}\boldsymbol{L}^{-1}\left\{\frac{1}{s^2-1}\right\}$$

$$\underline{\underline{y = \frac{1}{3}\sinh 2t - \frac{2}{3}\sinh t}} \quad \text{(wie oben)} \quad \text{(Tabelle Nr. 9)}$$

(3) Man löse die Dgl. der gleichmäßig beschleunigten Bewegung $\ddot{y} = b$ mit $y(0) = y_0$, $\dot{y}(0) = v_0$.

$$s^2\boldsymbol{L}\{y\} - sy(0) - \dot{y}(0) = \boldsymbol{L}\{b\} \qquad \text{(Differentiationssatz)}$$

$$s^2\boldsymbol{L}\{y\} - sy_0 - v_0 = \frac{b}{s}, \qquad s^2\boldsymbol{L}\{y\} = \frac{b}{s} + sy_0 + v_0$$

$$\boldsymbol{L}\{y\} = \frac{b}{s^3} + \frac{y_0}{s} + \frac{v_0}{s^2}$$

Anwendung des Faltungssatzes auf

$$\frac{b}{s^3} = \frac{b}{s^2}\cdot\frac{1}{s} = \boldsymbol{L}\{bt\}\;\boldsymbol{L}\{1\} \qquad \text{(Tabelle Nr. 1, 3)}$$

$$y = \boldsymbol{L}^{-1}\boldsymbol{L}\{bt\}\;\boldsymbol{L}\{1\} + \boldsymbol{L}^{-1}\left\{\frac{y_0}{s}\right\} + \boldsymbol{L}^{-1}\left\{\frac{v_0}{s^2}\right\}$$

$$= \boldsymbol{L}^{-1}\boldsymbol{L}\{bt * 1\} + y_0 + v_0t = \int_0^t b\tau\, 1\,\mathrm{d}\tau$$

$$+ y_0 + v_0t \qquad \text{(Faltungsintegral)}$$

$$\underline{\underline{y = \frac{b}{2}t^2 + v_0t + y_0}}$$

Man erkennt, daß die Methode der Lösung von Dgln. mittels $\boldsymbol{L}$-Transformation nur bei komplizierteren Gleichungen den Lösungsweg vereinfacht.

(4) Man löse die Dgl. der harmonischen Schwingung

$$m \cdot \frac{d^2y}{dt^2} = -mg + k(a - y) \quad \text{mit} \quad y(0) = 0, \quad \dot{y}(0) = v_0$$

(k Federkonstante)

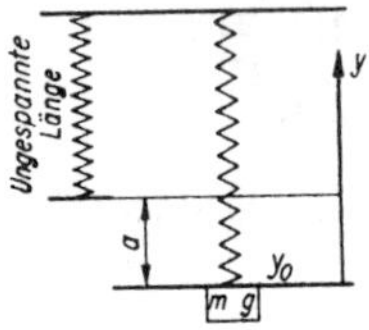

Bild 12.42.
Beispiel »Harmonische Schwingung«

Aus $-mg = ka \to m\ddot{y} = -ky, \quad \ddot{y} + \frac{k}{m} y = 0$

$$s^2 \boldsymbol{L}\{y\} - sy(0) - \dot{y}(0) + \frac{k}{m} \boldsymbol{L}\{y\} = 0$$

$$s^2 \boldsymbol{L}\{y\} - v_0 + \frac{k}{m} \boldsymbol{L}\{y\} = 0$$

$$\boldsymbol{L}\{y\} = \frac{v_0}{s^2 + \frac{k}{m}}$$

Rücktransformation:

$$y = v_0 \boldsymbol{L}^{-1} \left\{ \frac{1}{s^2 + \frac{k}{m}} \right\} = v_0 \sqrt{\frac{m}{k}} \boldsymbol{L}^{-1} \left\{ \frac{\sqrt{\frac{k}{m}}}{s^2 + \frac{k}{m}} \right\}$$

$$\underline{\underline{y = v_0 \sqrt{\frac{m}{k}} \sin\left(\sqrt{\frac{k}{m}}\, t\right)}} \qquad \text{(Tabelle Nr. 17)}$$

Korrespondenzentabelle einiger rationaler Laplace-Integrale

Oberfunktion $f(t)$	Unterfunktion $F(s) = \boldsymbol{L}\{f(t)\}$
1. h	$\frac{h}{s}$
2. $\sigma(t) = 1$ für $t \geqq 0$	$\frac{1}{s} \quad s > 0$

Oberfunktion $f(t)$	Unterfunktion $F(s) = \boldsymbol{L}\{f(t)\}$
3. t	$\frac{1}{s^2}$
4. $\frac{t^n}{n!}$	$\frac{1}{s^{n+1}} \quad n \in G$
5. $e^{\pm at}$	$\frac{1}{s \mp a} \quad \operatorname{Re} s > \operatorname{Re} a$
6. a^t	$\frac{1}{s - \ln \lvert a \rvert}$
7. $(a + e^{-t})^n$	$\sum_{k=0}^{n} \binom{n}{k} \frac{a^{n-k}}{s+k}$
8. $-a\, e^{-at}$	$\frac{-a}{s+a}$
9. $\sinh at$	$\frac{a}{s^2 - a^2}$
10. $\cosh at$	$\frac{s}{s^2 - a^2}$
11. $\frac{1}{a}(e^{at} - 1)$	$\frac{1}{s(s-a)}$
12. $t\, e^{\pm at}$	$\frac{1}{(s \mp a)^2}$
13. $\frac{e^{bt} - e^{at}}{b - a}$	$\frac{1}{(s-a)(s-b)}$
14. $\frac{b\, e^{bt} - a\, e^{at}}{b - a}$	$\frac{s}{(s-a)(s-b)}$
15. $e^{-bt} \sin at$	$\frac{a}{(s+b)^2 + a^2}$
16. $e^{-bt} \cos at$	$\frac{s+b}{(s+b)^2 + a^2}$
17. $\sin at$	$\frac{a}{s^2 + a^2} \quad a \neq 0$

Oberfunktion $f(t)$		Unterfunktion $F(s) = \mathbf{L}\{f(t)\}$	
18.	$\cos at$	$\dfrac{s}{s^2 + a^2}$	$a \neq 0$
19.	$\sin(\omega t + \varphi)$	$\cos\varphi \cdot \dfrac{\omega}{s^2 + \omega^2} + \sin\varphi \cdot \dfrac{s}{s^2 + \omega^2}$	
20.	$1 - 2\sin at$	$\dfrac{(s-a)^2}{s(s^2 + a^2)}$	$a \neq 0$
21.	$\cos^2 at$	$\dfrac{s^2 + 2a^2}{s(s^2 + 4a^2)}$	$a \neq 0$
22.	$\cosh^2 at$	$\dfrac{s^2 - 2a^2}{s(s^2 - 4a^2)}$	$a \neq 0$
23.	$\dfrac{t^{n-1}}{(n-1)!}$	$\dfrac{1}{s^n}$	$n > 0$

Ausführlichere Tabellen siehe Spezialliteratur, z. B. Doetsch: Anleitung zum praktischen Gebrauch der Laplace-Transformation, Verlag R. Oldenbourg, München.

13. Fehlerrechnung, Wahrscheinlichkeitsrechnung, Mathematische Statistik, Ausgleichsrechnung

13.1. Fehlerrechnung

Wahrer Wert, Sollwert $A, B, X, Y, \ldots$
(Exakte Funktion G)
Näherungswert, fehlerbehafteter Wert $a, b, x, y, \ldots$
Istwert, Meßwert
(Verfahrensbedingte Funktion g)
Wahrer Fehler (unbekannte Größe) $\delta(x) = x - X$
untere Schranke $\underline{\delta}(x)$
obere Schranke $\bar{\delta}(x)$

Absoluter Fehler, Fehlerschranke

$$\Delta x \stackrel{\text{Def}}{=} \max \{|\underline{\delta}(x)|, |\bar{\delta}(x)|\}$$

$$x - \Delta x \leqq X \leqq x + \Delta x \qquad \Delta x > 0$$

Relativer Fehler $\varrho(x) \stackrel{\text{Def}}{=} \dfrac{\delta(x)}{|x|}$

Man unterscheidet folgende Komponenten des **Ausgangsfehlers** einer Rechnung:

Systematische Fehler: Verfahrensfehler (Algorithmus, Abbruch, Genauigkeit des Meßinstruments u. ä.)

$$\delta_v(x) = g(a, b, \ldots) - G(a, b, \ldots)$$

Zufällige Fehler: **Eingangsfehler** (Meß-, Beobachtungsfehler, Klimatische Einflüsse u. ä.)

$\delta_e(x) = g(a, b, \ldots) - g(A, B, \ldots)$ Maß für die Fortpflanzung des Eingangsfehlers

Zusatzfehler (Rundung, Störungen, Stellenverlust, Rundungsregeln S. 51)

$$\delta_z(x) = x - g(a, b, \ldots)$$

Vereinbarung numerischer Berechnung:

Δx ist 1/2 der folgenden Zehnerpotenz, z. B. $x = 764{,}35$, $\Delta x = 0{,}005$
Stabilität eines Verfahrens: Eingangs- und Ausgangsfehler bleiben in einer bestimmten Grenze (*Kondition* = Grad der Stabilität).

Fehlerschranke einer Funktion, Abschätzung des Eingangsfehlers

Problemstellung: Ermittlung einer Größe aus mehreren (gemessenen) anderen

$$|f(x_1, x_2, \ldots, x_n) - f(X_1, X_2, \ldots, X_n)| \leqq \Delta y$$

Sind $\Delta x_1, \Delta x_2, \ldots, \Delta x_n$ die Fehler der Größen $x_1, x_2, \ldots, x_n$, so hat der Funktionswert $y = f(x_1, x_2, \ldots, x_n)$ den

absoluten Maximalfehler

$$\Delta y_{\max} = \sum_{\nu=1}^{n} \left| \frac{\partial f(x_1, x_2, \ldots, x_n)}{\delta x_\nu} \Delta x_\nu \right|$$
$$= \left\{ \left| \frac{\partial y}{\partial x_1} \Delta x_1 \right| + \left| \frac{\partial y}{\partial x_2} \Delta x_2 \right| + \cdots + \left| \frac{\partial y}{\partial x_n} \Delta x_n \right| \right\}$$

Bei nur einer Variablen: $\Delta y_{\max} = |f'(x)\,\Delta x|$

Relativer Maximalfehler $\Delta y_{\mathrm{r}} = \dfrac{\Delta y_{\max}}{|y|}$

Ist $y = \varphi_1(x_1) \cdot \varphi_2(x_2) \cdot \cdots \cdot \varphi_n(x_n)$, führt logarithmische Differentiation auf

$$\Delta y_{\mathrm{r}} = \left| \frac{\Delta y_{\max}}{|y|} = \frac{\varphi_1'(x_1)}{\varphi_1(x_1)} \Delta x_1 \right| + \left| \frac{\varphi_2'(x_2)}{\varphi_2(x_2)} \Delta x_2 \right| + \cdots + \left| \frac{\varphi_n'(x_n)}{\varphi_n(x_n)} \Delta x_n \right|$$

Beispiele:

(1) $y(x_1, x_2, \ldots, x_n) = x_1 + x_2 + \cdots + x_n$

$$\Delta y_{\max} = \left| \frac{\partial(x_1 + x_2 + \cdots + x_n)}{\partial x_1} \Delta x_1 \right| + \left| \frac{\partial(x_1 + x_2 + \cdots + x_n)}{\partial x_2} \Delta x_2 \right| + \cdots$$
$$= \underline{\underline{\Delta x_1 + \Delta x_2 + \cdots + \Delta x_n}}$$

$$\underline{\underline{\Delta y_{\mathrm{r}} = \frac{\Delta x_1}{|x_1|} + \frac{\Delta x_2}{|x_2|} + \cdots + \frac{\Delta x_n}{|x_n|}}}$$

(2) $y = x_1 - x_2$

$$\Delta y_{\max} = \underline{\underline{\Delta x_1 + \Delta x_2}} \quad \Delta y_{\mathrm{r}} = \underline{\underline{\frac{\Delta x_1 + \Delta x_2}{|x_1 - x_2|}}} \quad x_1 \neq x_2$$

(3) $y = c \cdot x_1 x_2 \ldots x_n$

$$\Delta y_{\max} = \underline{\underline{|c|\,\{|\Delta x_1 x_2 \ldots x_n| + |x_1 \Delta x_2 x_3 \ldots x_n| + \cdots}}$$
$$\underline{\underline{+ |x_1 x_2 \ldots x_{n-\mathrm{S}1} \Delta x_n|\}}}$$

$$\Delta y_{\mathrm{r}} = \underline{\underline{|c| \left\{ \frac{\Delta x_1}{|x_1|} + \frac{\Delta x_2}{|x_2|} + \cdots + \frac{\Delta x_n}{|x_n|} \right\}}}$$

(4) $y = \frac{x_1}{x_2} \quad x_2 \neq 0$

$$\Delta y_{\max} = \underline{\underline{\frac{|x_2|\,\Delta x_1 + |x_1|\,\Delta x_2}{x_2^2}}} \qquad \Delta y_r = \underline{\underline{\frac{\Delta x_1}{|x_1|} + \frac{\Delta x_2}{|x_2|}}} \qquad x_1 \neq 0$$

(5) $y = x^k \quad x > 0 \quad k \in P$

$$\Delta y_{\max} = \underline{\underline{\Delta x\,|kx^{k-1}|}} \qquad \Delta y_r = \underline{\underline{|k|\,\frac{\Delta x}{|x|}}}$$

(6) $y = c \log_a x \qquad x > 0$

$$\Delta y_{\max} = \underline{\underline{\left|\frac{c}{\ln a}\right| \frac{\Delta x}{|x|}}} \qquad \Delta y_r = \underline{\underline{\left|\frac{1}{\ln a}\right| \frac{\Delta x}{|x \log x|}}}$$

13.2. Wahrscheinlichkeitsrechnung

13.2.1. Allgemeines

Die Wahrscheinlichkeitsrechnung liefert mathematische Modelle für zufällige Erscheinungen der objektiven Realität.
Zufälligen *Ereignissen* A, B (Ereignisfeld) werden Wahrscheinlichkeiten $P(A)$, $P(B)$ für ihr Eintreten zugeordnet.

Definition gemäß axiomatischer Wahrscheinlichkeitsrechnung:
Elementare Ereignisse sind alle möglichen, einander ausschließenden Ausgänge eines (beliebig oft wiederholbaren) Versuchs (zufälligen Experiments). Ihre Menge heißt E.
Jede Teilmenge $A \subseteqq E$ heißt *Ereignis*, das genau dann eintritt, wenn eines der Elementarereignisse eintritt, aus denen A besteht.

Beispiele:

(1) Einmaliger Wurf eines Würfels.
Elementare Ereignisse $E = \{1, 2, 3, 4, 5, 6\} \to E = \{e_i\}$ mit
$i = 1, 2, 3, 4, 5, 6$
Ereignis »ungerade Zahl«: $A = \underline{\underline{\{e_1, e_3, e_5\}}} \quad A \subset E$

(2) Lebensdauer L eines technischen Erzeugnisses.
Elementare Ereignisse $E = \{\text{alle positiven reellen Zahlen}\} = \langle 0, \infty)$
Ereignis »Lebensdauer« $\geqq 3000$ h: $A = \underline{\underline{\langle 3000, \infty)}}$

Sicheres Ereignis: E (deterministisches Ereignis)

Unmögliches Ereignis: $A = 0$

Teilereignis: $A \subset B$ »nach A folgt stets B«

Summe von Ereignissen: $C = A \cup B$ »C tritt ein, wenn wenigstens eines (A oder B) eintritt«

Produkt von Ereignissen: $C = A \cap B$ »C tritt ein, wenn A und B eintreten«

Unvereinbare Ereignisse: $A, B \rightarrow A \cap B = 0$ »A und B können (*konträre Ereignisse*) nicht gleichzeitig eintreten«

Komplementäres Ereignis: $\bar{A}$ zu $A \rightarrow \bar{A} = E \setminus A$, $A \cap \bar{A} = 0$ »$\bar{A}$ tritt ein, wenn A nicht eintritt«

Unabhängigkeit von Ereignissen

A und B sind unabhängig voneinander, wenn das Eintreten eines Ereignisses keine Auswirkungen auf die Wahrscheinlichkeit des anderen hat.

Nur für endlich viele, gleichmögliche Versuchsausgänge gilt die **klassische Definition der Wahrscheinlichkeit:**

$$P(A) \stackrel{\text{Def}}{=} \frac{g}{m}$$

g günstige Ausgänge für A
m mögliche gleichwertige Ausgänge des Versuchs

Beispiele:

(1) Die Wahrscheinlichkeit, bei einem Wurf eine 4 zu würfeln, beträgt $P = \frac{1}{6}$.

(2) Die Wahrscheinlichkeit, mit zwei Würfeln als Summe $\leqq 3$ zu würfeln, d. h. [1, 1], [1, 2], [2, 1] ist

$$P = \frac{3}{36} = \frac{1}{12}$$

Bemerkung: Bei Würfeln ungleicher Masseverteilung versagt die Formel, da keine Gleichwertigkeit für alle Zahlen existiert.

Relative Häufigkeit des zufälligen Ereignisses A in n Versuchen (Schätzung, Näherungswert für die Wahrscheinlichkeit aus Zählungen, **statistische Definition**):

$$p = \frac{P(A)}{n} \stackrel{\text{Def}}{=} \frac{h}{n}$$

$p = P_n(A)$ reelle Zahl
h Anzahl des Eintretens von A
n Anzahl der Versuchsergebnisse, Stichprobe vom Umfang n aller denkbaren Versuchsergebnisse unter gleichen Bedingungen.

$P_n(A)$ schwankt bei großem n immer weniger um einen gewissen Wert, der Wahrscheinlichkeit $P(A)$, ohne daß grobe Abweichungen mit Sicherheit ausschließbar sind.

Unter Umgehung des Grenzwertes für Häufigkeiten stellte KOLMOGOROW die *Axiome* moderner Wahrscheinlichkeitsbetrachtung auf:

- Jedem zufälligen Ereignis A wird eine reelle Zahl $P(A)$ mit $0 \leqq P(A) \leqq 1$ zugeordnet, die Wahrscheinlichkeit von A
- Wahrscheinlichkeit des sicheren Ereignisses: $P(E) = 1$
- Additionsregel für *paarweise unvereinbare Ereignisse* ($A_i \cap A_j = 0$ für $i \neq j$ (entweder — oder))

$$P(A_1 \cup A_2 \cup \cdots \cup A_n) = P(A_1) + P(A_2) + \cdots + P(A_n)$$

Wahrscheinlichkeit des unmöglichen Ereignisses: $P(0) = 0$
Wahrscheinlichkeit des Nichteintretens eines Ereignisses:

$$P(\bar{A}) = 1 - P(A)$$

Beispiel:

Die Wahrscheinlichkeit dafür, daß man bei einem Wurf die Zahl 3 und 5 erhält, ist

$$P(A \cup B) = P(A) + P(B) = \frac{1}{6} + \frac{1}{6} = \underline{\underline{\frac{1}{3}}}$$

Bei nicht unvereinbaren Ereignissen gilt:

$$P(A \cup B) = P(A) + P(B) - P(A \cap B)$$

Beispiel:

Wie groß ist die Wahrscheinlichkeit, aus einem Skatspiel eine rote bzw. eine Bildkarte zu ziehen?

$$P(\text{Bildkarten}) = P(A) = \frac{16}{32} = \frac{1}{2}$$

$$P(\text{rote Karten}) = P(B) = \frac{8}{32} = \frac{1}{4}$$

$$P(C) = P(A) + P(B) - [P(A) \cap P(B)] = \frac{1}{2} + \frac{1}{4} - \frac{4}{32} = \underline{\underline{\frac{5}{8}}}$$

oder $P(C) = \frac{20}{32} = \underline{\underline{\frac{5}{8}}}$

Bedingte Wahrscheinlichkeit

Die Wahrscheinlichkeit des Ereignisses A unter der Bedingung, daß das Ereignis B schon eingetreten ist, heißt Wahrscheinlichkeit von A unter der Bedingung B:

$$P(A/B) = \frac{P(A \cap B)}{P(B)} \qquad P(B) \neq 0$$

Multiplikationssatz der Wahrscheinlichkeit (Wahrscheinlichkeit des »sowohl – als auch«, gleichzeitiges Eintreten mehrerer Ereignisse)

für 2 beliebige Ereignisse $P(A \cap B) = P(A) \cdot P(B/A)$
für unabhängige Ereignisse $P(A \cap B \cap C \ldots) = P(A) \cdot P(B) \cdot P(C) \cdot \cdots$

Beispiel:

Zieht man aus einem Kartenspiel (32 Karten) eine Karte, so ist die Wahrscheinlichkeit, einen König zu ziehen $P(B) = \frac{4}{32} = \frac{1}{8}$. Ist die gezogene Karte ein König und zieht man eine weitere Karte, so ist die Wahrscheinlichkeit, wieder einen König zu ziehen $P(A/B) = \frac{3}{31}$. Die Wahrscheinlichkeit, zwei Könige mit zwei Karten zu ziehen, ist

$$P(C) = P(B) \cdot P(A/B) = \frac{1}{8} \cdot \frac{3}{31} \approx \underline{\underline{0{,}012}}$$

Für k unabhängige Ereignisse $A_1, A_2, \ldots, A_k$ ist die Wahrscheinlichkeit dafür, daß

sie *gleichzeitig* auftreten $P = P(A_1) \cdot P(A_2) \cdot \cdots \cdot P(A_k)$
keines eintritt $P = [1 - P(A_1)]\,[1 - P(A_2)] \times \cdots \times [1 - P(A_k)]$
mindestens eines eintritt: $P = 1 - [1 - P(A_1)]\,[1 - P(A_2)) \times \cdots \times [1 - P(A_k)]$

Totale Wahrscheinlichkeit

Das Ereignis B soll stets mit genau einem paarweise unvereinbaren Ereignis $A_1, A_2, \ldots, A_k$ eintreten:

$$P(B) = P(A_1)\,P(B/A_1) + P(A_2)\,P(B/A_2) + \cdots + P(A_k)\,P(B/A_k)$$
$$= \sum_{i=1}^{k} P(A_i)\,P(B/A_i) \qquad A_i \cap A_j = 0 \quad \text{für} \quad i \neq j$$

Wahrscheinlichkeit a posteriori

Das Ereignis B soll stets mit genau einem der paarweise unvereinbaren Ereignisse $A_1, A_2, \ldots, A_k$ eintreten. Die Wahrscheinlichkeit des Ereignisses A_i unter der Voraussetzung, daß B bereits eingetreten ist, beträgt:

$$P(A_i/B) = \frac{P(A_i)\,P(B/A_i)}{\sum_{j=1}^{k} P(A_j)\,P(B/A_j)} \qquad A_i \cap A_j = 0 \quad \text{für} \quad i \neq j$$

Beispiel:

Gegeben: Drei Fahrzeuge der Gruppe I mit je 2 männlichen und 2 weiblichen Personen (Auswahl = Ereignis A_1)

und Zwei Fahrzeuge der Gruppe II mit je 1 männlichen und 2 weiblichen Personen (dgl. A_2)

Es wird wahllos ein Fahrzeug ausgewählt und daraus eine Person befragt (subjektive Bevorzugung ausgeschlossen)

Ereignis B sei »die befragte Person ist eine Frau«

$$P(A_1) = \frac{3 \text{ (Fahrzeuge Gruppe I)}}{5 \text{ (Gesamtfahrzeuge)}}$$

$$P(A_2) = \frac{2}{5} \qquad P(B/A_1) = \frac{2 \text{ (Frauen)}}{4 \text{ (Personen)}} = \frac{1}{2}$$

$$P(B/A_2) = \frac{2}{3}$$

$$P(B) = P(A_1)\, P(B/A_1) + P(A_2)\, P(B/A_2) = \frac{3}{5} \cdot \frac{1}{2} + \frac{2}{5} \cdot \frac{2}{3} \approx \underline{\underline{0{,}57}}$$

Wie groß ist nach der Wahl der Person die Wahrscheinlichkeit, daß sie aus einem Fahrzeug der Gruppe II stammt?

$$P(A_2/B) = \frac{P(A_2)\, P(B/A_2)}{P(A_1)\, P(B/A_1) + P(A_2)\, P(B/A_2)} = \frac{\frac{2}{5} \cdot \frac{2}{3}}{\frac{3}{5} \cdot \frac{1}{2} + \frac{2}{5} \cdot \frac{2}{3}} \approx \underline{\underline{0{,}47}}$$

13.2.2. Wahrscheinlichkeitsverteilungen

Zufallsgrößen X, Y (*zufällige Variable*) sind reelle Variable, deren Wert bei konstanten Bedingungen vom Zufall abhängt.

Diskrete Zufallsgröße: Sie kann nur endlich bzw. abzählbar unendlich viele Werte annehmen.

Stetige Zufallsgröße: Sie kann in einem Intervall jeden reellen Wert annehmen.

Verteilungsfunktionen der Wahrscheinlichkeiten von Zufallsgrößen charakterisieren die Zufallsgrößen wahrscheinlichkeitstheoretisch vollständig:

$$F(x) = P(X < x)$$

Der Wert einer Verteilungsfunktion an der Stelle x_0 ist die Wahrscheinlichkeit dafür, daß die Zufallsgröße $X < x_0$ ist.

Wahrscheinlichkeit eines Intervalls

$$P(a \leqq X \leqq b) = F(b) - F(a)$$

Eigenschaften von Verteilungsfunktionen

$F(x)$ ist eine monotone, nicht fallende Funktion

$$x_1 < x_2 \rightarrow F(x_1) \leqq F(x_2)$$

$F(x)$ hat höchstens abzählbare Sprungstellen
$F(x)$ ist linksseitig stetig

$$\lim_{x \to +\infty} F(x) = 1 \qquad \lim_{x \to -\infty} F(x) = 0$$

Kennwerte von Zufallsverteilungen

Momente

Diskrete Zufallsgröße X, $P(X = x_i) = p_i$

$$m_k = \sum_{i=1}^{n} (x_i - c)^k \, p_i$$

Stetige Zufallsgröße X, Dichte $p(x)$

$$m_k = \int_{-\infty}^{+\infty} (x - c)^k \, p(x) \, \mathrm{d}x$$

Anfangsmomente k-ter Ordnung α_k für $c = 0$
Zentralmomente k-ter Ordnung μ_k für $c = EX$
speziell $\mu_2 = \alpha_2 - \alpha_1^2$

Der **Erwartungswert** EX (auch MX), gewichtetes arithmetisches Mittel, ist das Anfangsmoment 1. Ordnung

$$\alpha_1 = EX = \sum_{i=1}^{n} x_i p_i(x) \qquad \text{für diskrete Zufallsgröße } X$$

$$\alpha_1 = EX = \int_{-\infty}^{+\infty} x p(x) \, \mathrm{d}x \qquad \text{für stetige Zufallsgröße } X$$

Die **Varianz (Dispersion)** $DX \triangleq D^2X$ ist das Zentralmoment 2. Ordnung

$$\mu_2 \stackrel{\text{Def}}{=} DX = E(X - EX)^2 = \sum_{i=1}^{n} (x_i - EX)^2 \, p_i(x)$$

für diskrete Zufallsgröße X

$$\mu_2 \stackrel{\text{Def}}{=} DX = E(X - EX)^2 = \int_{-\infty}^{+\infty} (x - EX)^2 \, p(x) \, \mathrm{d}x$$

$p(x)$ Dichte für stetige Zufallsgröße X

Standardabweichung, Streuung, mittlere quadratische Abweichung

$$\sigma \overset{\text{Def}}{=} \sqrt{DX}$$

Rechenregeln

$Ec = c$	$Dc = 0$
$E(X_1 + X_2) = EX_1 + EX_2$	$D(X_1 + X_2) = DX_1 + DX_2$
$E(X_1 \cdot X_2) = EX_1 \cdot EX_2$	X_1, X_2 unkorreliert
$EcX = cEX$	$DcX = cDX$
	$DX = EX^2 - (EX)^2$

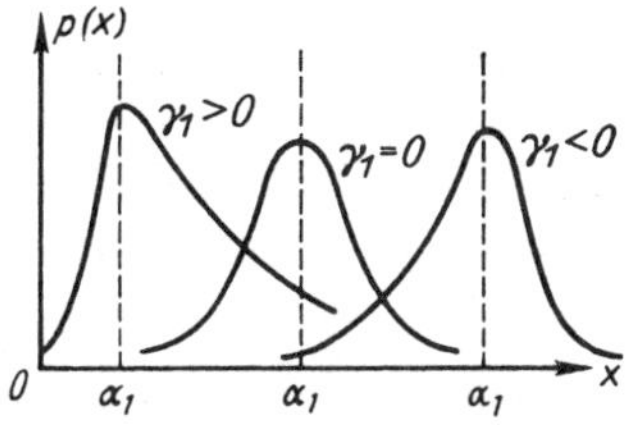

Bild 13.1. Schärfe

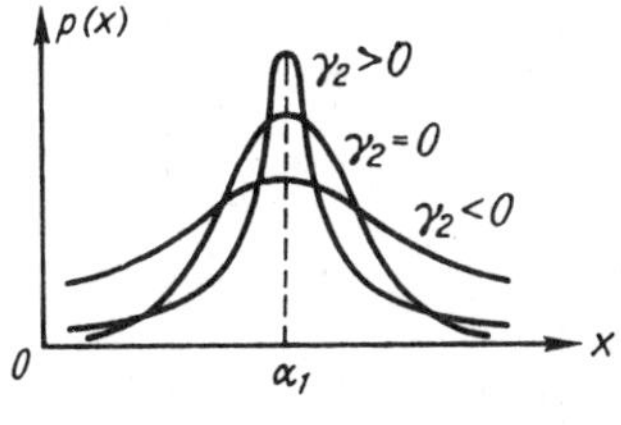

Bild 13.2. Exzeß

Variationskoeffizient: $\nu = \dfrac{\sigma}{EX} = \dfrac{\sigma}{\alpha_1}$

Schiefe: $\gamma_1 = \dfrac{m(X - EX)^3}{\sigma^3}$ Maß für die Symmetrie

Exzeß: $\gamma_2 = \dfrac{m(X - EX)^4}{\sigma^4} - 3$ Maß für die Steilheit

13.2.3. Diskrete Verteilungsfunktionen

Allgemeines

Einzelwahrscheinlichkeit p_i, daß X den Wert x_i annimmt

$$p_i = P(X = x_i) \qquad i \in N$$

$$\sum_{i=1}^{n} p_i = 1$$

Verteilungsfunktion der diskreten Zustandsgröße X, *Treppenfunktion*:

$$F(x) = \sum_{x_i < x} P(X = x_i) = \sum_{x_i < x} p_i \qquad \begin{array}{ll} x_i & \text{Sprungstellen} \\ p_i & \text{Sprunghöhen} \end{array}$$

Sie gibt die Wahrscheinlichkeit an, daß X einen Wert kleiner x_i annimmt.

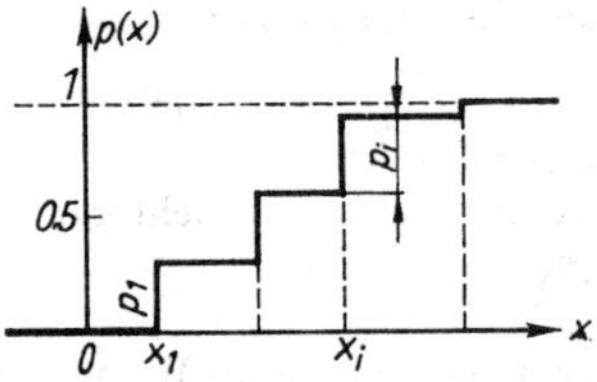

Bild 13.3. Diskrete Verteilungsfunktion

Wahrscheinlichkeit eines **Intervalls** $P(a \leqq k \leqq b) = \sum_{k=a}^{b} p_k$ (Histogramm, siehe Bild 13.5)

Indikator eines Ereignisses A mit $P(A) = p$

$$X = \begin{cases} 1 & \text{bei Eintritt des Ereignisses } A \\ 0, & \text{wenn } A \text{ nicht eintritt} \end{cases} \rightarrow \begin{array}{l} p_1 = P(X=1) = p \\ p_0 = P(X=0) \\ \quad = 1 - p = q \end{array}$$

Binomialverteilung (= Stichprobe vom Umfang n **mit** Zurücklegen)
Grundlage: BERNOULLIsche Formel

Für $p_k^{(n)} = P(X^{(n)} = k)$ gilt

$$p_k^{(n)} = P(X^{(n)} = k) = \binom{n}{k} p^k q^{n-k}$$

n	Versuchsanzahl
k	Trefferzahl $\{1, 2, \ldots, n\}$
$X^{(n)}$	Anzahl des Eintretens von A $\{1, 2, \ldots, n\}$

mit $q = 1 - p$

$$\alpha_1 = EX = np \qquad \sigma = \sqrt{npq}$$

$$\gamma_1 = \frac{q - p}{\sigma} \qquad \gamma_2 = \frac{1 - 6pq}{DX}$$

Rekursionsformel für $p_k^{(n)}$:

$$\frac{p_k^{(n)}}{p_{k-1}^{(n)}} = 1 + \frac{(n + 1)\,p - k}{kq}$$

$p_k^{(n)}$ ist der Koeffizient von x^k in der Entwicklung des Polynoms $(q + px)^n$ nach Potenzen von x (Binomialgesetz der Wahrscheinlichkeitsverteilungen).

$$p_k^{(n)} < p_{k+1}^{(n)} \quad \text{für } k < np - q \qquad 1 - p = q$$

$$p_k^{(n)} > p_{k+1}^{(n)} \quad \text{für } k > np - q$$

$$p_k^{(n)} = p_{k+1}^{(n)} \quad \text{für } k = np - q$$

Das Maximum von $p_k^{(n)}$ liegt bei $EX = \overline{m}_0 m_0 = np - q$

$$\text{mit} \quad \overline{m}_0 = \left\{\begin{matrix} m_0 \\ \text{der kleinsten ganzen} \\ \text{Zahl, die } m_0 \text{ enthält} \end{matrix}\right\} \text{falls } m_0 \left\{\begin{matrix} \text{ganzzahlig} \\ \\ \text{nicht ganzzahlig} \end{matrix}\right.$$

Beispiele:

(1) Wie groß ist die Wahrscheinlichkeit bei 10 Würfen, 1 oder 6 zu würfeln?

$$n = 10, \qquad p = \frac{2}{6} = \frac{1}{3} \qquad q = 1 - p = \frac{2}{3}$$

Mittelwert $\alpha_1 = EX = np = 3{,}3\bar{3}\ldots \quad \sigma = \sqrt{EX} = 1{,}83$

$$p_k^{(10)} = \binom{10}{k}\left(\frac{1}{3}\right)^k\left(\frac{2}{3}\right)^{10-k}$$

$$p_0^{(10)} = 1 \cdot 1 \cdot 0{,}0173415 = 0{,}0173415$$

$$p_1^{(10)} = 10 \cdot \frac{1}{3} \cdot 0{,}0260123 = 0{,}086707$$

oder mittels Rekursionsformel

$$p_1^{(10)} = p_0^{(10)}\left(1 + \frac{(n+1)\,p - k}{kq}\right)$$

$$= p_0^{(10)}\left(1 + \frac{11 \cdot \frac{1}{3} - 1}{1 \cdot \frac{2}{3}}\right) = \text{wie oben}$$

$$p_2^{(10)} = 0{,}19509 \qquad p_7^{(10)} = 0{,}016257$$

$$p_3^{(10)} = 0{,}26012 \qquad p_8^{(10)} = 0{,}0030483$$

$$p_4^{(10)} = 0{,}227605 \qquad p_9^{(10)} = 0{,}0003387$$

$$p_5^{(10)} = 0{,}13656 \qquad p_{10}^{(10)} = 0{,}0000169$$

$$p_6^{(10)} = 0{,}056901$$

Darstellung im Histogramm der Abweichungen um den Wert a von $k = 3$, der dem Mittelwert $3{,}3\bar{3}\ldots$ am nächsten liegenden Größe.

$|k - k_{EX}| \leqq a$ $\quad k_{EX} = 3$ (bei symmetrischer Verteilung wird $k_{EX} = EX$, d. h. Mittelwert α_1)

Gesucht wird $P(|k - k_{EX} \leqq a)$

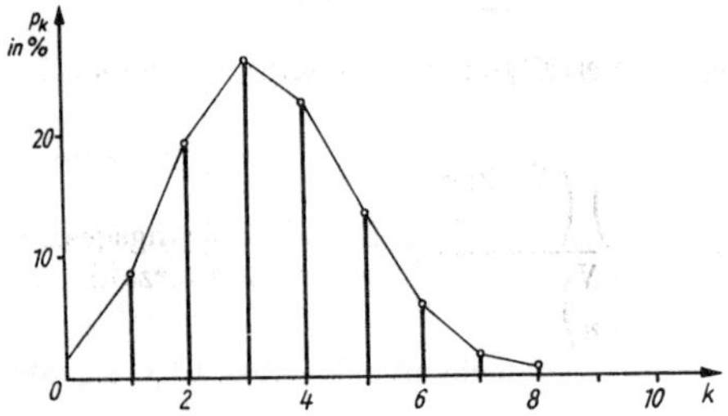

Bild 13.4. Wahrscheinlichkeitsverteilung zum Beispiel

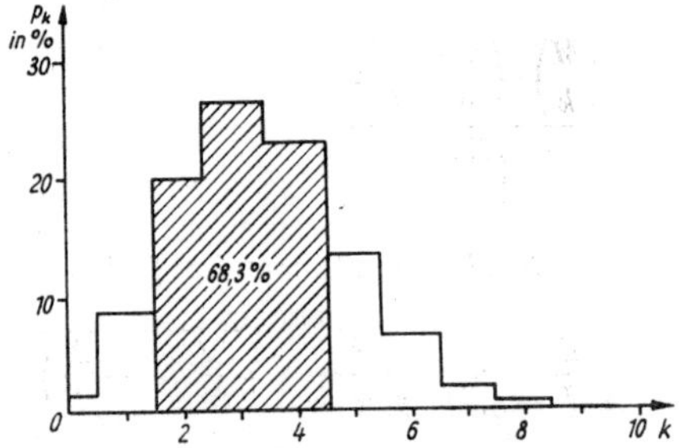

Bild 13.5. Histogramm

Abweichung a	k	P	
0	3	$P(3)$	$= 0{,}26012$
1	2…4	$P(2) + P(3) + P(4)$	$= 0{,}68281$
2	1…5	$P(1) + \cdots + P(5)$	$= 0{,}90607$
3	0…6	$P(0) + \cdots + P(6)$	$= 0{,}98031$
4	0…7	$P(0) + \cdots + P(7)$	$= 0{,}99657$
5	0…8	$P(0) + \cdots + P(8)$	$= 0{,}99962$
6	0…9	$P(0) + \cdots + P(9)$	$= 0{,}99996$
7	0…10	$P(0) + \cdots + P(10)$	$= 1{,}00000$

(2) Die Wahrscheinlichkeit der Geburt eines Mädchens ist 0,485.
Wie groß ist die Wahrscheinlichkeit, daß unter 20 willkürlich ausgewählten Geburten der Statistik 8 Mädchen sind?

$$p_8^{(20)} = \binom{20}{8} \cdot 0{,}485^8 \cdot 0{,}515^{12} = \underline{\underline{0{,}13424}}$$

Hypergeometrische Verteilung (= Stichprobe vom Umfang n **ohne** Zurücklegen)

$$p_k(N, n) = \frac{\binom{N \cdot P(A)}{k} \binom{N \cdot Q(B)}{n-k}}{\binom{N}{n}}$$

N Ausgangsgesamtheit
k Trefferzahl $\{1, 2, \ldots, n\}$

mit $Q(B) = 1 - P(A)$

$$\alpha_1 = EX = nP(A) \qquad \sigma = \sqrt{nP(A)\, q\, \frac{N-n}{N-1}}$$

$$\text{bzw. } p_k(N, M, n) = \frac{\binom{M}{k} \cdot \binom{N-M}{n-k}}{\binom{N}{n}}$$

mit $pN = M$ $\quad N, M, n$ Parameter der Verteilung

$$\alpha_1 = EX = n\frac{M}{N} \qquad \sigma = \sqrt{\frac{N-n}{N-1}\, n\, \frac{M}{N}\left(1 - \frac{M}{N}\right)}$$

Für $N \gg n$ ist die Binomialverteilung benutzbar.

Poisson-Verteilung

$$p_k = \frac{\lambda^k}{k!} e^{-\lambda}$$

$k = 1, 2, \ldots$
λ Parameter der Verteilung

Sie stellt eine gute Näherung für die Binomialverteilung bei großem n und kleinem p dar: $\lambda = np$
Poisson-Verteilungen liegen tabelliert vor.

$$\alpha_1 = EX = \lambda \qquad \sigma = \sqrt{\lambda} \qquad \gamma_1 = \frac{1}{\sqrt{EX}} \qquad \gamma_2 = \frac{1}{EX}$$

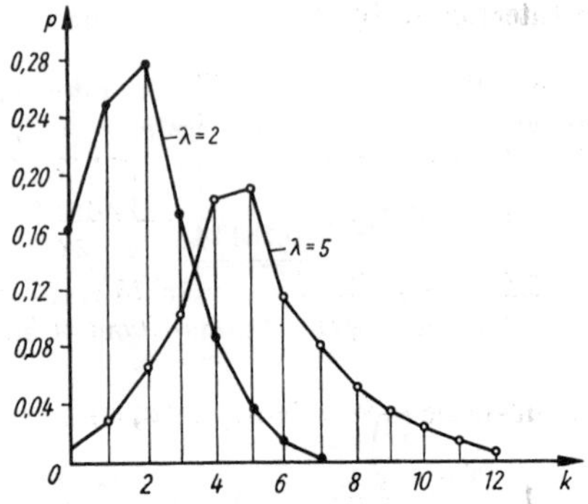

Bild 13.6. POISSON-*Verteilung*

13.2.4. Stetige Verteilungsfunktionen

Allgemeines

Eine stetige Zufallsgröße X hat die stetige Verteilungsfunktion F

$$F(x) = P(X < x) = \int_{-\infty}^{x} p(t)\,\mathrm{d}t \qquad \frac{\mathrm{d}F(x)}{\mathrm{d}x} = p(x)$$

$p(x)$ heißt **Dichtefunktion** (*Wahrscheinlichkeitsdichte*), $p(x) \geqq 0$.

$$\int_{-\infty}^{+\infty} p(x)\,\mathrm{d}x = 1$$

Wahrscheinlichkeit eines *Intervalls*

$$P(a \leqq X \leqq b) = \int_a^b p(x)\,\mathrm{d}x$$ ≙ Fläche unter der Verteilungskurve

folglich $P(X = a) = 0$ — a Konstante

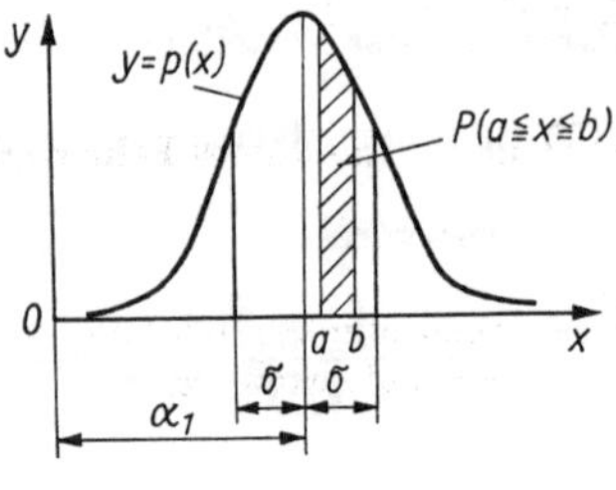

Bild 13.7. Stetige Wahrscheinlichkeitsdichtefunktion

Gleichverteilung im Intervall $\langle a, b\rangle$

$$F(x) = C$$

$$p(x) = \begin{cases} \dfrac{C}{b-a} & \text{für } a \leqq x \leqq b \\ 0 & \text{für } x < a,\ x > b \end{cases}$$

$$\alpha_1 = EX = \frac{a+b}{2} \qquad \sigma = \frac{b-a}{\sqrt{12}}$$

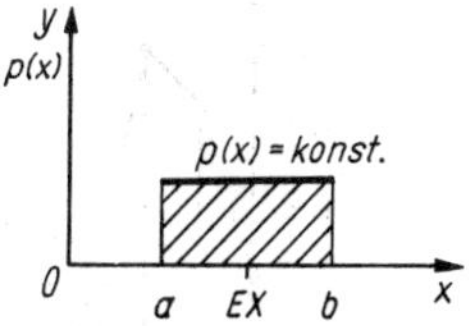

Bild 13.8. Gleichverteilung in $\langle a, b\rangle$

Normalverteilung (Gauß-Laplace-Verteilung) $N(\alpha, \sigma)$

$$F(x, \alpha, \sigma) = \frac{1}{\sqrt{2\pi\sigma^2}} \int_{-\infty}^{x} e^{-\frac{(t-\alpha)^2}{2\sigma^2}}\, dt \qquad \alpha \text{ Mittelwert}$$

$$p(x, \alpha, \sigma) = \frac{1}{\sqrt{2\pi\sigma^2}}\, e^{-\frac{(x-\alpha)^2}{2\sigma^2}} \qquad \textbf{Glockenkurve}$$

Parameter: Erwartungswert, Mittelwert $EX = \alpha$

Varianz DX, Streuung $\sigma = \sqrt{DX}$

Wendepunkt der Kurve $x_w = \alpha \pm \sigma$
Schreibweise einer normalverteilten Zufallsgröße $X \in N(\alpha, \sigma)$

Näherungswerte für das Zeichen der Glockenkurve

$x =$	$\alpha \pm \frac{1}{2}\sigma$	$\alpha \pm \sigma$	$\alpha \pm \frac{3}{2}\sigma$	$\alpha \pm 2\sigma$	$\alpha \pm 3\sigma$
$y =$	$\frac{7}{8} y_{max}$	$\frac{5}{8} y_{max}$	$\frac{2,5}{8} y_{max}$	$\frac{1}{8} y_{max}$	$\frac{1}{80} y_{max}$

Normalform der Normalverteilung

(normiert und zentriert durch $\sigma = 1$, $\alpha = 0$)

$$F(x, 0, 1) = \frac{1}{\sqrt{2\pi}} \int_{-\infty}^{x} e^{-\frac{t^2}{2}}\, dt \qquad \textbf{Gaußsches Fehlerintegral}$$

$$p(x, 0, 1) = \frac{1}{\sqrt{2\pi}}\, e^{-\frac{x^2}{2}}$$ Dichtefunktion der normierten Normalverteilung

Wertetafel der Normalform der Normalverteilung

x	$p(x, 0, 1)$	$F(x, 0, 1)$
0,0	0,3989	0,5000
1	3970	5398
2	3910	5793
3	3814	6179
4	3683	6554
5	3521	6915
6	3332	7257
7	3123	7580
8	2897	7881
9	2661	8159
1,0	2420	8413
1	2179	8643
2	1942	8849
3	1714	9032
4	1497	9192
5	1295	9332
6	1109	9452
7	0940	9554
8	0790	9641
9	0656	9713
2,0	0540	9772
1	0440	9821
2	0355	9861
3	0283	9893
4	0224	9918
5	0175	9938
6	0136	9953
7	0104	9965
8	0079	9974
9	0060	9981
3,0	0044	99865
2	0024	99931
4	0012	99966
6	00061	99984
8	00029	99993
4,0	000134	999968
4,5	000016	999997
5,0	000002	99999997

Normierung: Jede Normalverteilung $F(x, \alpha, \sigma)$ läßt sich durch die Transformation $z = \frac{x - \alpha}{\sigma}$ auf die Normalform bringen.

Veränderung der Grenze $-\infty \to 0$ ergibt

$$F_0(x) = \frac{1}{\sqrt{2\pi}} \int_0^x e^{-\frac{t^2}{2}} dt \to F(x) = F_0(x) + \frac{1}{2}$$

Abweichungsintegral der Normalverteilung

$$F(u) = \frac{1}{\sqrt{2\pi}} \int_{-u}^{+u} e^{-\frac{x^2}{2}} dx$$

$$P(|x - \alpha| < a) = F\left(\frac{a}{\sigma}\right)$$

Anwendung: Prüfverteilung der statistischen Qualitätskontrolle (x normalverteilt, α Mittelwert, σ Streuung)

Prüfgröße (Zufallsgröße) $u = \frac{x - \alpha}{\sigma}$ Normalform der Glockenkurve

Prüfverteilung $P(|u| < u_0) = F(u_0) = P(|x - \alpha| < u_0\sigma)$

mit $a = u_0\sigma$ — a Abweichung, u_0 Sicherheitsgrenze

Statistische Sicherheit

Man versteht unter statistischer Sicherheit die **Sicherheitsgrenze** u_0 als Funktion der gewünschten Intervallwahrscheinlichkeit

$u_0 = u(P)$ *Signifikanzniveau* $\beta = 1 - P$

u_0	P	u_0	P	u_0	P	u_0	P
0,0	0,000	1,0	0,683	2,0	0,955	1,960	0,95
0,1	0,080	1,1	0,729	2,1	0,964	2,576	0,99
0,2	0,159	1,2	0,770	2,2	0,972	3,291	0,999
0,3	0,236	1,3	0,806	2,3	0,979		
0,4	0,311	1,4	0,838	2,4	0,984		
0,5	0,383	1,5	0,866	2,5	0,988		
0,6	0,451	1,6	0,890	2,6	0,991		
0,7	0,516	1,7	0,911	2,7	0,993		
0,8	0,576	1,8	0,928	2,8	0,995		
0,9	0,632	1,9	0,943	2,9	0,996		
				3,0	0,997		

Beispiel:

Ein Seriendrehteil habe den Durchmesser $d = 15$ mm $= \alpha_1$, normalverteilte Zufallsgröße angenommen, Streuungsmaß $\sigma = 0{,}15$ mm.

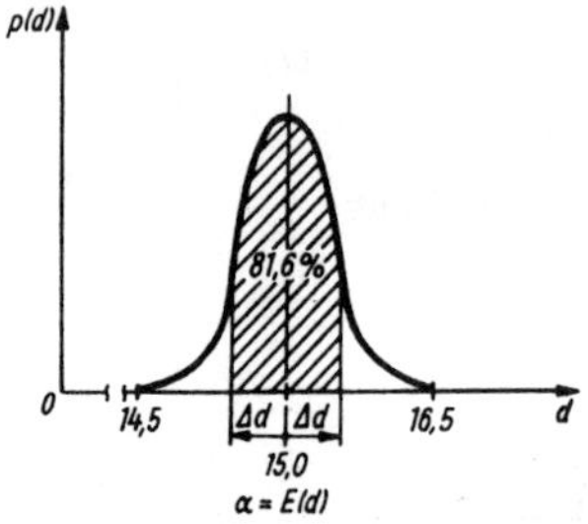

Bild 13.9. Beispiel Drehteil

Wie groß ist die Wahrscheinlichkeit für $a = \Delta d = 0{,}2$ mm

$$P(|x - \alpha_1| < u_0\sigma) = F(u_0) \quad \text{mit } u_0 = \frac{a}{\sigma} = \frac{\Delta d}{\sigma} = \frac{0{,}2}{0{,}15}$$

$$P(|x - 15| < 0{,}2) = F\left(\frac{0{,}2}{0{,}15}\right) = F(1{,}3\bar{3}\ \ldots) = \underline{\underline{0{,}816}}$$

interpoliert lt. Tabelle

Bei Annahme statistischer Sicherheit von 95%, $d = 15{,}5$ mm bei gleichem Verfahren.

$$u = \frac{15{,}5 - 15}{0{,}15} = 3{,}33$$

$$u_0(5\%) = 1{,}96 < |u|$$

Ergebnis: Das Verfahren hat sich offensichtlich verändert, da die Abweichung signifikant (bedeutsam) ist.

Exponentialverteilung

$$p(x) = \begin{cases} \lambda\, \mathrm{e}^{-\lambda x} & \text{für } x \geqq 0 \\ 0 & \text{für } x < 0 \end{cases} \qquad \lambda > 0 \text{ Parameter}$$

$$EX = \frac{1}{\lambda} \qquad \sigma = \frac{1}{\lambda}$$

Anwendung: Zuverlässigkeitsangabe für (elektronische) Bauelemente

Weibull-Verteilung

$$p(x) = \begin{cases} \gamma r x^{r-1} e^{-\gamma x^r} & \text{für } x \geqq 0 \qquad r \geqq 0 \\ 0 & \text{für } x < 0 \qquad \gamma > 0 \end{cases}$$

$r = 1$ ergibt die Exponentialverteilung.

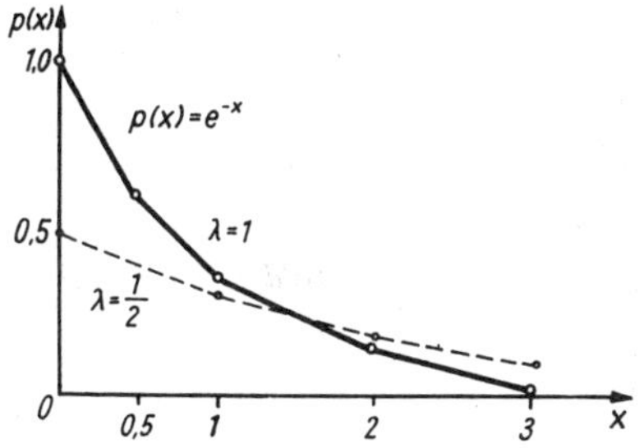

Bild 13.10. Exponentialverteilung

13.3. Mathematische Statistik

13.3.1. Allgemeines

Die mathematische Statistik bereitet das Material der beschreibenden Statistik mittels Wahrscheinlichkeitsrechnung auf.

Definition

(Mathematische) *Stichprobe* vom Umfang n (*Urliste*) aus der *Grundgesamtheit* der Ermittlung qualitativer (gut — schlecht) bzw. quantitativer Zufallsmerkmale X ist ein n-dimensionaler Zufallsvektor $(X_1, X_2, \ldots, X_n)$, falls die X_i unabhängig voneinander sind und gleiche Verteilung haben.
Stichprobenfunktion (Zufallsgröße) $Z_n(X_1, X_2, \ldots, X_n)$

Darstellungsformen der beschreibenden Statistik bei n Entnahmen

Histogramm

Rechtecke mit der Abszisse = Intervalle Δx_i (Klassen)
Ordinate = Anzahl der Teile der Stichprobe, die in die Klasse gehören: m_i/n (relative Klassenzugehörigkeit)
n Stichprobenumfang

Polygonzug durch Verbindung der in der Intervallmitte aufgetragenen Ordinaten = Klassenhäufigkeit in ihren Endpunkten.

Empirische Verteilungsfunktion, Treppenfunktion

$w_n(x) = \frac{m_i(x)}{n}$ mit $m_i(x)$ Anzahl Stichproben, die kleiner x_i sind
$w_n(x)$ Zufallsgrößen, angenähert $F(x)$

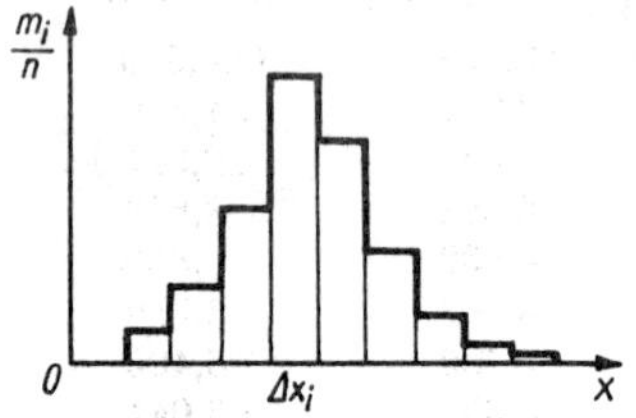

Bild 13.11. Histogramm, Klassenhäufigkeit m_1/n_i (n Gesamtzahl der Proben)

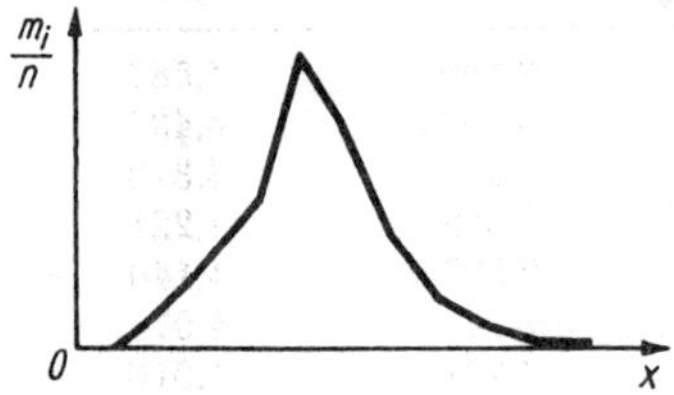

Bild 13.12. Polygonzug

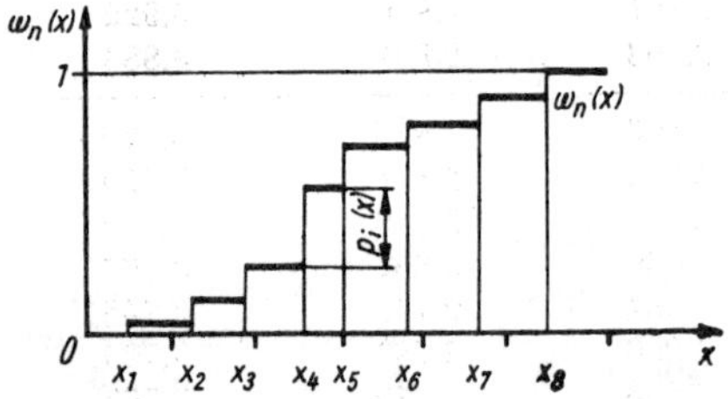

Bild 13.13. Treppenfunktion, 8stufig

Hauptsatz der mathematischen Statistik (Gliwenko)

$D_n = \sup |w_n(x) - F(x)|$ konvergiert für $n \to \infty$ fast sicher gegen Null.

Signifikanzniveau β ist die Wahrscheinlichkeit des nicht mehr als zufällig betrachteten Intervalls.

$$\beta \overset{\text{Def}}{=} P(|u| > u_0) \qquad u_0 \text{ Sicherheitsgrenze}$$

bzw.: 2 gleichartige statistische Maßzahlen haben wesentlichen (signifikanten) Unterschied bei $|u| > u(\beta)$

t-Verteilung $t_0 = t(\beta, k)$ $k = n - 1$ Freiheitsgrad
β Signifikanzniveau

k	$\beta = 0{,}05$	$\beta = 0{,}01$	$\beta = 0{,}001$
1	12,706	63,657	636,619
2	4,303	9,925	31,598
3	3,182	5,841	12,941
4	2,776	4,604	8,610
5	2,571	4,032	6,859
6	2,447	3,707	5,959
7	2,365	3,499	5,405
8	2,306	3,355	5,041
9	2,262	3,250	4,781
10	2,228	3,169	4,587
11	2,201	3,106	4,437
12	2,179	3,055	4,318
13	2,160	3,012	4,221
14	2,145	2,977	4,140
15	2,131	2,947	4,073
16	2,120	2,921	4,015
17	2,110	2,898	3,965
18	2,101	2,878	3,922
19	2,093	2,861	3,883
20	2,086	2,845	3,850
21	2,080	2,831	3,819
22	2,074	2,819	3,792
23	2,069	2,807	3,767
24	2,064	2,797	3,745
25	2,060	2,787	3,725
26	2,056	2,779	3,707
27	2,052	2,771	3,690
28	2,048	2,763	3,674
29	2,045	2,756	3,659
30	2,042	2,750	3,646
35	2,030	2,724	3,592
40	2,021	2,704	3,551
45	2,014	2,689	3,521
50	2,008	2,678	3,496
60	2,000	2,660	3,460
70	1,994	2,648	3,435
80	1,990	2,638	3,416
90	1,987	2,631	3,402

k	$\beta = 0{,}05$	$\beta = 0{,}01$	$\beta = 0{,}001$
100	1,984	2,626	3,390
120	1,980	2,617	3,373
140	1,977	2,611	3,361
160	1,975	2,607	3,352
180	1,973	2,603	3,346
200	1,972	2,601	3,340
300	1,968	2,592	3,324
400	1,966	2,588	3,315
500	1,965	2,586	3,310
1000	1,962	2,581	3,300
∞	1,960	2,576	3,291

Abweichung des arithmetischen Mittelwertes $AM = \bar{x}$ vom Mittelwert $EX = \alpha_1$

$$t = \frac{\bar{x} - EX}{s_{\bar{x}}} \quad \text{mit} \quad s_{\bar{x}} = \frac{s}{\sqrt{n}}$$

n Anzahl der Proben
$k = n - 1$ Freiheitsgrad
s Streuung der Stichproben

ist t-verteilt $\to t(\beta, k)$

Beispiel:

Ein Serienerzeugnis habe die Lebensdauer $L_A = 2000$ h. Ein neues zu seiner Herstellung eingesetztes Verfahren ergab $L_B = 2500$ h mit $s = 250$ h, erprobt an 3 Erzeugnissen. Vorgabe: $\beta = 5\%$. Ist das neue Erzeugnis (Verfahren) besser?

$$s_{\bar{x}} = \frac{250}{\sqrt{3}} = 144$$

$$t = \frac{2500-2000}{144} = 3{,}47$$

lt. Tabelle $t(5\%, 2) = 4{,}303$ $\quad \underline{\underline{|t| < t(5\%, 2)}}$

Schlußfolgerung: Zufällige Abweichung, keine Aussage, ob Verbesserung eingetreten ist.
Abhilfe: Erweiterung des Stichprobenumfangs auf $n = 6$
$L'_B = 2450$ h bei einer Streuung von 260 h

$$s_{\bar{x}} = \frac{260}{\sqrt{6}} = 106$$

$$t = \frac{2450 - 2000}{106} = 4{,}245$$

lt. Tabelle $\underline{\underline{t(5\%, 5) = 2{,}571}}$ $\quad |t| > t(5\%, 5) \to$ signifikante Abweichung.

Schlußfolgerung: Neues Erzeugnis ist mit 5% Irrtumswahrscheinlichkeit besser als das alte.

Konfidenzintervall ist der statistische Größtfehler des Mittelwertes

$$a = \frac{s}{\sqrt{n}}\, t(\beta, k) \qquad \bar{x} - a < EX < \bar{x} + a$$

13.3.2. Mittelwerte (*Stichprobenfunktion*)

Arithmetisches Mittel $\bar{x}$, AM
(Empirisches Mittel, Mittelwert der Stichprobe)

$$\bar{x} = \frac{1}{n} \sum_{i=1}^{n} x_i$$

Gewichtetes arithmetisches Mittel

$$\bar{x}' = AM' = \frac{x_1 h_1 + x_2 h_2 + \cdots + x_n h_n}{h_1 + h_2 + \cdots + h_n} = \frac{\sum\limits_{i=1}^{n} x_i h_i}{\sum\limits_{i=1}^{n} h_i} = \frac{[hx]}{[h]}$$

$$= \frac{1}{n} \sum_{i=1}^{n} x_i h_i \quad \text{mit } n = \sum_{i=1}^{n} h_i$$

h_i Häufigkeit, Gewichte bei unterschiedlicher Genauigkeit der x_i
x_i Einzelwerte der Beobachtungen oder Mittelwert der i-ten Meßreihe

Eigenschaften des arithmetischen Mittels
Schwerpunkteigenschaft

$$\sum_{i=1}^{n} (x_i - \bar{x})\, h_i = 0$$

$$\frac{1}{n} \sum_{i=1}^{n} (x_i - c)\, h_i = \bar{x} - c$$

$$\frac{1}{n} \sum_{i=1}^{n} c x_i h_i = c\bar{x}, \quad \text{aber} \quad \frac{\sum\limits_{i=1}^{n} \left(x_i \frac{h_i}{c}\right)}{\sum\limits_{i=1}^{n} \frac{h_i}{c}} = \bar{x}$$

Quadratische Minimumeigenschaft

$$\sum_{i=1}^{n} (x_i - \bar{x})^2\, h_i \to \min$$

Berechnung von $\overline{x}$ über einen *angenommenen Mittelwert D*

$$z_i = x_i - D$$

$$\overline{x} = D + \frac{1}{n} \sum_{i=1}^{n} z_i = D + \overline{z} \qquad s_{n-1} = \sqrt{\frac{1}{n-1} \sum_{i=1}^{n} (z_i - \overline{z})^2}$$

für x_i groß, Taschenrechnernutzung wird vereinfacht.

Geometrisches Mittel $\mathring{x}$, *GM*

$$\mathring{x} = \sqrt[n]{x_1 x_2 \dots x_n} = \sqrt[n]{\prod_{i=1}^{n} x_i} \qquad x_i > 0$$

$$\lg \mathring{x} = \frac{1}{n} \sum_{i=1}^{n} \lg x_i$$

Gewichtetes geometrisches Mittel $= \sqrt[n]{\prod_{i=1}^{n} x_i h_i}$

Durchschnittliches *Wachstumstempo*

$$\overline{W} = \sqrt[n-1]{\frac{a_n}{a_1}}$$

Quadratisches Mittel *QM*

$$QM = \sqrt{\frac{x_1^2 + x_2^2 + \cdots + x_n^2}{n}} = \frac{1}{\sqrt{n}} \sqrt{\sum_{i=1}^{n} x_i^2}$$

Gewichtetes quadratisches Mittel $= \frac{1}{\sqrt{n}} \sqrt{\sum_{i=1}^{n} x_i^2 h_i}$

Harmonisches Mittel *HM*

$$HM = \frac{n}{\frac{1}{x_1} + \frac{1}{x_2} + \cdots + \frac{1}{x_n}} = \frac{n}{\sum_{i=1}^{n} \frac{1}{x_i}}$$

Gewichtetes harmonisches Mittel $= \frac{n}{\sum_{i=1}^{n} \frac{1}{x_i} h_i}$

Satz von CAUCHY:

$$x_{\max} > QM > AM > GM > HM > x_{\min}$$

für $x_i \neq x_k \quad i, k = 1, 2, \dots, n$

Zentralwert, Median, Mittelwert der Lage $\tilde{x}$, Z

Nach Ordnen der Beobachtungswerte x_i nach steigenden Werten wird der Median als mittelster Zahlenwert

$$Z = \frac{x_{n+1}}{2} \quad \text{bei } n \text{ ungerade}$$

$$Z = \frac{x_{n/2} + x_{n/2+1}}{2} \quad \text{bei } n \text{ gerade}$$

Lineare Minimumeigenschaft $\sum_{i=1}^{n} |x_i - Z|\, h_i < \sum_{i=1}^{n} |x_i - k|\, h_i \quad Z \neq k$

Dichtemittel, Modalwert, Häufigster Wert: $h_{i\,\max}$

13.3.3. Streuungsmaße

Variationsbreite, Spannweite $R = x_{\max} - x_{\min}$

Durchschnittliche Abweichung, lineare Streuung

$$d = \frac{1}{n} \sum_{i=1}^{n} |x_i - M|\, h_i \quad \text{mit } n = \sum_{i=1}^{n} h_i \qquad M = AM \text{ oder } Z$$

Mittlere quadratische Abweichung, Standardabweichung, mittlerer Fehler, empirische Streuung

$$s = \sqrt{\frac{1}{n-1} \sum_{i=1}^{n} (x_i - \overline{x})^2\, h_i} \qquad n = \sum_{i=1}^{n} h_i$$

Für alle $h_i = 1$ wird

$$s_{n-1} = \sqrt{\frac{1}{n-1} \sum_{i=1}^{n} (x_i - \overline{x})^2} = \sqrt{\frac{1}{n-1} \left\{ \sum_{i=1}^{n} x_i^2 - \overline{x} \sum_{i=1}^{n} x_i \right\}}$$

Empirische Varianz einer Stichprobe: s^2

Variationskoeffizient, Variabilitätskoeffizient, relatives Streuungsmaß

$$v = \frac{s}{\overline{x}}$$

Ausreißerproblem

In einer Stichprobe von $n + 1$ Meßwerten ist einer x_{n+1} auffallend groß. Die Grundgesamtheit sei normalverteilt.

Der Ausreißer wird fortgelassen, wenn

$x_{n+1} > \bar{x} + ks$ $\bar{x}$ AM ohne den Ausreißer x_{n+1}
s Standardabweichung ohne x_{n+1}
k Koeffizient gemäß Bild

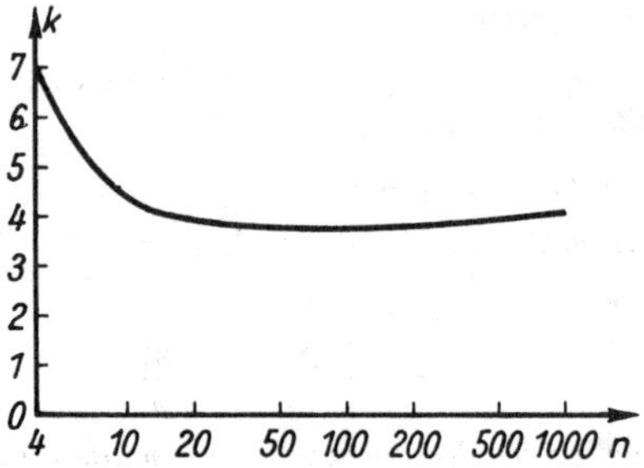

Bild 13.14. Koeffizient k

13.4. Ausgleichsrechnung

Annäherung von *Zufallsgrößen* (Meßreihen) durch empirisch ermittelte Formeln (Ausgleichung der Meßergebnisse) so, daß ein (willkürliches) Maß der Abweichung minimiert wird.

Annahme: Die *zufälligen* **Fehler v_i** sind normalverteilt

$v_i \overset{\text{Def}}{=} f(x_i) - y_i$ y_i Meßwerte

Methode der kleinsten Quadrate nach Gauß

Die Basis bildet eine *Zeitreihe* (dynamische Reihe), in der empirische Werte einem Zeitpunkt (Zeitraum) zugeordnet sind. Die erkennbare Entwicklungsrichtung heißt *Grundrichtung, Entwicklungsrichtung* oder *Trend.* Die Methode der kleinsten Quadrate ergibt eine Näherungsfunktion, bei der die Summe der Quadrate der Abweichungen der Funktionswerte $f(x_i)$ von den statistisch-verteilten Werten y_i ein Minimum ergibt.

$$S[f(x_i) - y_i] = \sum_{i=1}^{n} [f(x_i) - y_i]^2 = \sum_{i=1}^{n} v_i^2 = [vv] \to \min$$

Ansatz: $f(x_i) = a_m x_i^m + a_{m-1} x_i^{m-1} + \cdots + a_1 x_i^1 + a_0$

$$S = \sum_{i=1}^{n} (a_m x_i^m + a_{m-1} x_i^{m-1} + \cdots + a_1 x_i^1 + a_0 - y_i)^2 \to \min$$

Die a_k findet man durch partielle Ableitung. Praktisch genügt meist die Beschränkung auf konstante, lineare und quadratische *Tendenz,* die progressiv bzw. degressiv sein kann.

Ausgleichung einer Konstanten a_0, Ausgleichung direkter Beobachtungen

$$S = \sum_{i=1}^{n} (a_0 - y_i)^2 \to \min$$

$$\frac{\partial S}{\partial a_0} = \sum_{i=1}^{n} 2(a_0 - y_i) = 0 \quad S_{a_0 a_0} = 2 > 0 \text{ Minimum}$$

Man schreibt statt $y_i \to x_i$, statt $a_0 \to \bar{x}$:

Einzelfehler, scheinbarer Fehler $v_i = x_i - \bar{x}$

Wahrscheinlicher Fehler $\sum v_i = [v] = 0$

Mittelwert, AM $\bar{x} = \frac{1}{n} \sum_{i=1}^{n} x_i = \frac{[x]}{n}$

Streuungsmaß, mittlerer Fehler der Beobachtungen, mittlere quadratische Abweichung, Standardabweichung

$$s = \sqrt{\frac{[vv]}{n-1}} = \sqrt{\frac{\sum_{i=1}^{n} (x_i - \bar{x})^2}{n-1}}$$

$n - 1$ Freiheitsgrade des Ausgleichsproblems

Varianz s^2

Mittlerer Fehler des Mittelwertes

$$s_{\bar{x}} = \frac{s}{\sqrt{n}} = \sqrt{\frac{[vv]}{n(n-1)}}$$

Ergebnis der Meßreihe $\bar{x} \pm s_{\bar{x}}$

Ausgleichung von direkten Beobachtungen ungleicher Genauigkeit

Bei der Kombination eines Ergebnisses aus mehreren Teilergebnissen unterschiedlicher Genauigkeit sind diese mit Gewichtsfaktoren h_i zu belegen.
Ausgleichsbedingung: $[hvv] \to \min$

Gewichtetes arithmetisches Mittel

$$\bar{x} = \frac{[h\bar{x}]}{[h]} = \frac{h_1\bar{x}_1 + h_2\bar{x}_2 + \cdots + h_n\bar{x}_n}{h_1 + h_2 + \cdots + h_n}$$

$$h_1 : h_2 = s_2^2 : s_1^2$$

$\bar{x}_i$ Mittelwert der i-ten Meßreihe
h_i Gewichte

Scheinbarer Fehler des Mittelwertes $\bar{x}$: $v_i = x_i - \bar{x} \to [hv] = 0$

Gewichtseinheitsfehler: $s_0 = \sqrt{\frac{[hvv]}{n-1}}$

Mittlerer Fehler des gewichteten arithmetischen Mittels

$$s_{\bar{x}} = \frac{s_0}{\sqrt{[h]}} = \pm \sqrt{\frac{[hvv]}{[h](n-1)}}$$

Verschieden genaue Messungen werden auf gleiche Genauigkeit normiert, indem man die x_i mit $\sqrt{h_i}$ multipliziert.

Vermittelnde Beobachtungen (nicht direkt meßbar)

a) Ausgleichung durch eine Gerade

Bedingung $\Delta y_i/\Delta x_i \approx$ konst. Ausgleichsgerade $f(x) = a_1x + a_0$

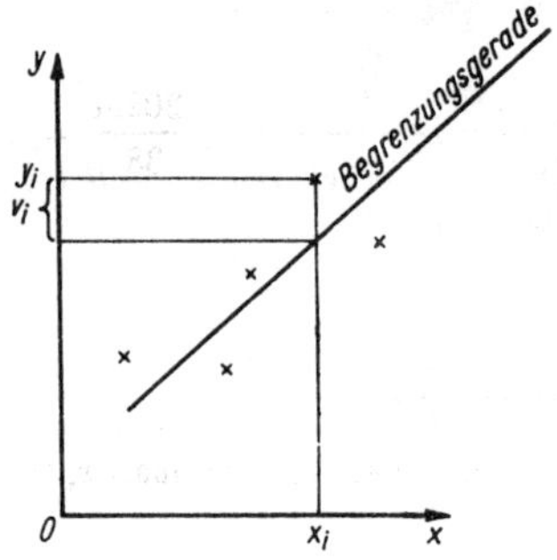

Bild 13.15. Ausgleichsgerade

$$S = \sum_{i=1}^{n} (a_1x_i + a_0 - y_i)^2 = [vv] \to \min$$

Normalgleichungen

$$\frac{\partial S}{\partial a_0} = \sum_{i=1}^{n} 2(a_1x_i + a_0 - y_i) = 0 \quad \to \quad na_0 + a_1[x] = [y]$$

$$\frac{\partial S}{\partial a_1} = \sum_{i=1}^{n} 2(a_1x_i + a_0 - y_i)\, x_i = 0 \to \quad a_0[x] + a_1[xx] = [yx]$$

$$S_{a_0a_0} \cdot S_{a_1a_1} - S_{a_0a_1} > 0 \to \text{Minimum} \qquad a_0, a_1 \text{ s. unten}$$

Mittlerer Fehler von y_i: $s = \pm \sqrt{\frac{[vv]}{n-2}}$

Sollen die Werte $(y_i, x_{1i}, x_{2i}, \ldots, x_{ri})$ $(i = 1, 2, \ldots, n;\ n > r + 1)$ einer linearen Gleichung genügen, so sind die Koeffizienten a_i der linearen Gleichung $y = a_0 + a_1x_1 + a_2x_2 + \cdots + a_rx_r$ aus den folgenden *Normalgleichungen* zu bestimmen:

$$na_0 + a_1[x_1] + a_2[x_2] + \cdots + a_r[x_r] = [y]$$

$$a_0[x_i] + a_1[x_1x_i] + a_2[x_2x_i] + \cdots + a_r[x_rx_i] = [yx_i]$$

$$(i = 1, 2, \ldots, r)$$

Beispiel:

Es sind $n = 5$ Wertepaare gemessen worden:

[4; 3], [7; 4,5], [8; 5], [9; 6,1], [10; 6,4].

Es soll die Ausgleichsgerade ermittelt werden.

$$[x] = 4 + 7 + 8 + 9 + 10 = 38$$

$$[y] = 25, \ [xx] = 310, \ [yx] = 202{,}4$$

Normalgleichungen: $5a_0 + 38a_1 = 25$

$$38a_0 + 310a_1 = 202{,}4$$

$$a_0 = \frac{[y] \cdot [xx] - [x] \cdot [xy]}{n \cdot [xx] - [x]^2} = \frac{25 \cdot 310 - 38 \cdot 202{,}4}{5 \cdot 310 - 38 \cdot 38} = 0{,}555$$

$$a_1 = \frac{n \cdot [xy] - [y] \cdot [x]}{n \cdot [xx] - [x]^2} = 0{,}585$$

Ausgleichsgerade: $\underline{\underline{y = 0{,}555 + 0{,}585x}}$

Vereinfacht werden die Berechnungen der a_k, wenn man x_i so wählt, daß

$\sum\limits_{i=1}^{n} x_i^{2k-1} = 0$ $k = 1, 2, \ldots, m$, d. h., je eine Hälfte der x_i ist positiv/negativ, mittleres Glied Null.

Daraus $na_0 = [y]$

$$a_1[xx] = [xy]$$

Bei ungleicher Genauigkeit der einzelnen Werte, d. h., wenn $(y_i, x_{1i}, \ldots, x_{ri})$ das Gewicht h_i hat, werden die a_j aus den folgenden Normalgleichungen bestimmt:

$$a_0[h] + a_1[hx_1] + \cdots + a_r[hx_r] = [hy]$$

$$a_0[hx_i] + a_1[hx_1x_i] + \cdots + a_r[hx_rx_i] = [hyx_i]$$

$$(i = 1, 2, \ldots, r)$$

b) Nichtlinearer Zusammenhang

Die n gemessenen Wertepaare $[x_i; y_i]$ $(i = 1, 2, \ldots, n)$ sollen einer ganzen rationalen Funktion $y = a_0 + a_1x + \cdots + a_rx^r$ $(r + 1 < n)$ genügen.

Man löst die Aufgabe mit den Normalgleichungen des Falles a), indem man x_i durch x^i ersetzt.

Beispiel:

Im Fall der *Ausgleichsparabel* erhält man die Normalgleichungen:

$$\begin{aligned} na_0 + a_1[x] + a_2[x^2] &= [y] \\ a_0[x] + a_1[xx] + a_2[x^2x] &= [yx] \\ a_0[x^2] + a_1[xx^2] + a_2[x^2x^2] &= [yx^2] \end{aligned}$$

Vereinfacht wie bei a)

$$\begin{aligned} na_0 + a_2[x] &= [y] \\ a_1[xx] &= [yx] \\ a_0[xx] + a_2[x^2x^2] &= [yxx] \end{aligned}$$

Bedingte Beobachtungen

Aus einer Meßreihe sind die Werte $x_1', x_2', \ldots, x_r'$ mit gleicher Genauigkeit bestimmt worden. Die Werte sollen t lineare Bedingungsgleichungen

$$[a_ix] = a_{1i}x_1 + a_{i2}x_2 + \cdots + a_{ir}x_r = c_i \qquad (i = 1, 2, \ldots, t)$$

streng erfüllen.

Die an die gemessenen Werte anzubringenden *Korrekturen* v_n ($n = 1, 2, \ldots, r$) werden aus den *Korrelaten* k_j ($j = 1, 2, \ldots, t$) berechnet:

$$v_n = \sum_{i=1}^{t} a_{in}k_i \qquad (n = 1, 2, \ldots, r)$$

Die Korrelaten werden aus den *Normalgleichungen* berechnet:

$$[a_ia_1]\,k_1 + [a_ia_2]\,k_2 + \cdots + [a_ia_t]\,k = w_i \qquad (i = 1, 2, \ldots, t)$$

$$w_i = c_i - [a_ix']$$

Sind die Werte $x_1', x_2', \ldots, x_r'$ mit verschiedener Genauigkeit ermittelt worden, d. h., ist x_n mit dem Gewicht h_n bestimmt worden, so hat man für v bzw. k die Bestimmungsgleichungen:

Korrekturen: $$v_n = \sum_{i=1}^{t} \frac{a_{in}k_i}{h_n} \qquad (n = 1, 2, \ldots, r)$$

Normalgleichungen für die Korrelaten:

$$\left[\frac{a_ia_i}{h}\right] k_1 + \left[\frac{a_ia_2}{h}\right] k_2 + \cdots + \left[\frac{a_ia_t}{h}\right] k_t = w_i \qquad (i = 1, 2, \ldots, t)$$

$$w_i = c_i - [a_ix']$$

Beispiel:

Die Werte $x_1' = -1{,}2$ und $x_2' = 1{,}9$ sollen die Gleichungen

$$3x_1 + 4x_2 = 5$$
$$-7x_1 + 2x_2 = 11$$

streng erfüllen. Es gilt dann

$$w_1 = 5 - 3x_1' - 4x_2' = 5 + 3{,}6 - 7{,}6 = 1$$
$$w_2 = 11 + 7x_1' - 2x_2' = 11 - 8{,}4 - 3{,}8 = -1{,}2$$
$$[a_1a_1] = a_{11}a_{11} + a_{12}a_{12} = 3 \cdot 3 + 4 \cdot 4 = 25$$
$$[a_1a_2] = a_{11}a_{21} + a_{12}a_{21} = 3 \cdot (-7) + 4 \cdot 2 = -13$$
$$[a_2a_1] = a_{21}a_{11} + a_{22}a_{12} = (-7) \cdot 3 + 4 \cdot 2 = -13$$
$$[a_2a_2] = a_{21}a_{21} + a_{22}a_{22} = (-7)(-7) + 2 \cdot 2 = 53$$

Normalgleichungen:

$$25k_1 - 13k_2 = 1$$
$$-13k_1 + 53k_2 = -1{,}2$$

Daraus erhält man $k_1 = 0{,}032$ und $k_2 = -0{,}015$.
Nun kann man die Korrekturen berechnen. Es gilt

$$v_1 = a_{11}k_1 + a_{21}k_2 = 3 \cdot 0{,}032 + (-7) \cdot (-0{,}015) = 0{,}2$$
$$v_2 = a_{12}k_1 + a_{22}k_2 = 4 \cdot 0{,}032 + 2 \cdot (-0{,}015) = 0{,}1$$

Bringt man diese Korrekturen an die Meßergebnisse x_1', x_2' an, so erhält man als endgültige Werte $x_1 = -1$ und $x_2 = 2$, welche die Bedingungsgleichungen streng erfüllen.

13.5. Fehlerfortpflanzung für mittlere Fehler (Gauß)

$y = f(x_1, x_2, \ldots, x_n)$ sei eine Funktion der direkt gemessenen Größen x_i mit den mittleren Fehlern $s_{\bar{x}_i}$, dann gilt als mittlerer Fehler von y

$$s_y = \sqrt{\sum_{\nu=1}^{r} \left(\frac{\partial f}{\partial x_\nu}\right)^2 s_{\bar{x}}^2}$$

Für zwei Variablen $z = f(x, y)$: $s_z = \sqrt{\left(\frac{\partial z}{\partial x}\right)^2 s_x^2 + \left(\frac{\partial z}{\partial y}\right)^2 s_y^2}$

Speziell: $z = x \pm y$ $\qquad$ $z = x \cdot y$ bzw. $\frac{x}{y}$

$$s_z^2 = s_x^2 + s_y^2 \qquad \left(\frac{s_z}{z}\right)^2 = \left(\frac{s_x}{x}\right)^2 + \left(\frac{s_y}{y}\right)^2$$

Beispiel:

Bestimmung der Wanddicke eines Hohlzylinders; Außendurchmesser D, Innendurchmesser d

$$\text{Wanddicke } w = \frac{1}{2}(D - d) \qquad \frac{\partial w}{\partial D} = \frac{1}{2} \qquad \frac{\partial w}{\partial d} = -\frac{1}{2}$$

Für D und d wurden jeweils 5 Messungen durchgeführt:

D	v_i	v_iv_i	d	v_i	v_iv_i
9,98	−0,01	0,0001	9,51	+0,01	0,0001
9,97	−0,02	0,0004	9,47	−0,03	0,0009
10,01	+0,02	0,0004	9,50	±0,00	0,0000
9,98	−0,01	0,0001	9,49	−0,01	0,0001
10,02	+0,03	0,0009	9,51	+0,02	0,0004
49,96	+0,01	0,0019	47,49	−0,01	0,0015

$$\text{Arithmetisches Mittel } \bar{D} = \frac{49,96}{5} = 9,99 \qquad \bar{d} = \frac{47,49}{5} = 9,50$$

Standardabweichung

$$s_D = \sqrt{\frac{0,0019}{4}} = 0,0218 \qquad s_d = \sqrt{\frac{0,0015}{4}} = 0,0194$$

Mittlerer Fehler des arithmetischen Mittels

$$s_{\bar{D}} = 0,0097 \qquad s_{\bar{d}} = 0,0087$$

$$\text{Wanddicke } \bar{w} = \frac{1}{2}(\bar{D} - \bar{d}) = \frac{0,49}{2} = 0,245$$

$$s_w = \sqrt{\left(\frac{1}{2}\right)^2 s_{\bar{D}}^2 + \left(-\frac{1}{2}\right)^2 s_{\bar{d}}^2}$$

$$= \sqrt{0,25 \cdot 0,000094 + 0,25 \cdot 0,000076} \approx \underline{\underline{0,0065}}$$

13.6. Lineare Regression, lineare Korrelation

Meßreihen mit 2 Merkmalen werden auf stochastische Abhängigkeiten untersucht (korrelativer Zusammenhang zwischen den x_i und y_i). Die *Regressionsgleichung* stellt den analytischen Zusammenhang zwischen den Variablen her, die entstehende Gerade paßt sich dem Punktschwarm optimal an (*Regressionsgerade, Beziehungsgerade*).

Ansatz $\tilde{y} = a_0 + a_1 x$ $\quad a_1$ *Regressionskoeffizient*

Lineare Regressionsgleichung:

$$\tilde{y} = \bar{y} + \frac{\sum x_i y_i - \bar{y} \sum x_i}{\sum x_i^2 - \bar{x} \sum x_i} (x - \bar{x})$$

Summationsgrenzen $i = 1$ bis $i = n$

mit $s = \sqrt{\frac{1}{n-2} \sum_{i=1}^{n} (y_i - \tilde{y}_i)^2}$

Der Grad der Abhängigkeit (Exaktheit des linearen Zusammenhangs) wird im *Korrelationskoeffizienten* r_{xy} ausgedrückt:

$$r_{xy} = \frac{\sum (x_i - \bar{x})(y_i - \bar{y})}{\sqrt{\sum (x_i - x)^2 \cdot \sum (y_i - y)^2}} \qquad r_{xy} \in [-1, 1]$$

$r_{xy} = \pm 1$ lineare Abhängigkeit zwischen x und $f(x)$ ist 100%

$r_{xy} = 0$ keine lineare Abhängigkeit zwischen x und $f(x)$

Mit der *Kovarianz* $\sigma_{xy} = \frac{1}{n-1} \left(\sum x_i y_i - \frac{\sum x_i \cdot \sum y_i}{n} \right)$

werden $r_{xy} = \frac{\sigma_{xy}}{\sigma_x \cdot \sigma_y}$, $a_1 = r_{xy} \frac{\sigma_y}{\sigma_x}$

$$r_{xy} = a_1 \frac{\sigma_x}{\sigma_y}$$

Das *Bestimmtheitsmaß* $B_{xy} = r_{xy}^2$.

14. Lineare Optimierung

14.1. Allgemeines

Lineare Optimierung ist eine Klasse von Optimierungsaufgaben mit linearer Zielfunktion bei mehreren Variablen und linearen Nebenbedingungen (*Restriktionen*), dargestellt an einem mathematischen Modell. Der Algorithmus des Modells wird bei größeren Aufgaben mittels EDV gelöst.
Lineare Optimierung ist der am meisten angewendete Typ bei der Operationsforschung. Das Verfahren der Extremwertbestimmung mittels Differentialrechnung versagt, da bei der Differentiation die linearen Variablen verschwinden.
Lineare Optimierung ist die **Minimalaufgabe**, bei der die Nebenbedingungen nur positive Werte aufweisen und die Nichtnegativitätsbedingung $x_k \geqq 0$ erfüllt ist.
Die **Maximalaufgabe** $g(x) \to \max$ ist identisch mit $z(x) = -g(x) \to \min$.

Aufstellen des mathematischen Modells (Normalform)

Ziel- oder Zweckfunktion:

$$z(x) = c_1 x_1 + c_2 x_2 + \cdots + c_n x_n = \sum_{k=1}^{n} c_k x_k \to \min$$

Nebenbedingungen (Definitionsbereich)

$$\begin{aligned} a_{11}x_1 + a_{12}x_2 + \cdots + a_{1n}x_n &\gtreqless b_1 \qquad a_{ik}, c_k \text{ Konstante} \\ a_{21}x_1 + a_{22}x_2 + \cdots + a_{2n}x_n &\gtreqless b_2 \qquad b_i > 0 \\ &\vdots \qquad\qquad a, b, c \in P \\ a_{m1}x_1 + a_{m2}x_2 + \cdots + a_{mn}x_n &\gtreqless b_m \\ x_k &\geqq 0 \qquad (\textit{Nichtnegativitätsbedingung}) \end{aligned}$$

Matrixschreibweise

$$z(\boldsymbol{x}) = \boldsymbol{c}^{\mathrm{T}}\boldsymbol{x} \to \min$$

$$\boldsymbol{A}\boldsymbol{x} \gtreqless \boldsymbol{b}$$

$$\boldsymbol{x} \geqq \boldsymbol{o}$$

Die Menge aller zulässigen Lösungen sind alle Vektoren $\boldsymbol{x}$, für die die Nebenbedingungen gelten. Die Lösung $\boldsymbol{x}_0$, für die die Zielfunktion ein Minimum wird, heißt *optimales Programm*.
Nebenbedingungen als Ungleichung werden durch sog. *Schlupfvariablen* x_{n+1}, x_{n+2}, ..., die gleich/größer Null sind, in die Gleichungen der Normalform übergeführt. Schlupfvariablen kennzeichnen die Reserven! In der Zielfunktion erhalten die Schlupfvariablen den Koeffizienten 0.
Ist für ein x_i die Nichtnegativitätsbedingung $x_i \geqq 0$ nicht erfüllt, setzt man $x_i = x_{i1} - x_{i2}$ mit $x_{i1} \geqq 0$, $x_{i2} \geqq 0$.

14.2. Graphisches Verfahren für zwei Variablen

In einem kartesischen Koordinatensystem $\{O;\ x_1,\ x_2\}$ wird der zulässige Bereich für die Gültigkeit der Nebenbedingungen graphisch ermittelt:

$$a_{11}x_1 + a_{12}x_2 = b_1$$

$$a_{21}x_1 + a_{22}x_2 = b_2$$

usw.

Sind die Nebenbedingungen als Ungleichungen gegeben, teilt jede der Geraden die Fläche in einen für diese möglichen bzw. unmöglichen Bereich.
Die Zielfunktion wird durch Niveaulinien $z(x_1, x_2) = c$ dargestellt (c willkürliche Konstante). Das Optimum entsteht für $c = c_{\min}$ bzw. $c = c_{\max}$ je nach Aufgabenstellung. Es ist eindeutig, wenn die Niveaulinie durch eine Ecke des möglichen Bereichs verläuft (*Eckenlösung*), sie ist mehrdeutig, wenn die Niveaulinien parallel zu einer der Geraden aus den einschränkenden Bedingungen verlaufen.

Beispiel:

Es ist das optimale Programm der Zielfunktion

$z(x_1, x_2) = 10x_1 + 15x_2 \to \max$ zu ermitteln.

Nebenbedingungen:

$$\begin{aligned} x_1 + 2x_2 &\leqq 102 \\ 15x_1 + 3x_2 &\leqq 450 \qquad \left.\begin{aligned} x_1 &\geqq 0 \\ x_2 &\geqq 0 \end{aligned}\right\} \text{ I. Quadrant} \\ x_1 \qquad &\leqq 25 \\ x_2 &\leqq 45 \end{aligned}$$

Bereich der zulässigen Lösungsmenge: Sechseck $O, P_1, P_2, P_3, P_4, P_5$
Zeichnen einer Niveaulinie $z(x_1, x_2) = c$: $10x_1 + 15x_2 = 300$
Parallelverschiebung dieser Geraden durch P_3 ergibt das Maximum
$z(22, 40) = 10 \cdot 22 + 15 \cdot 40 = \underline{\underline{820}}$

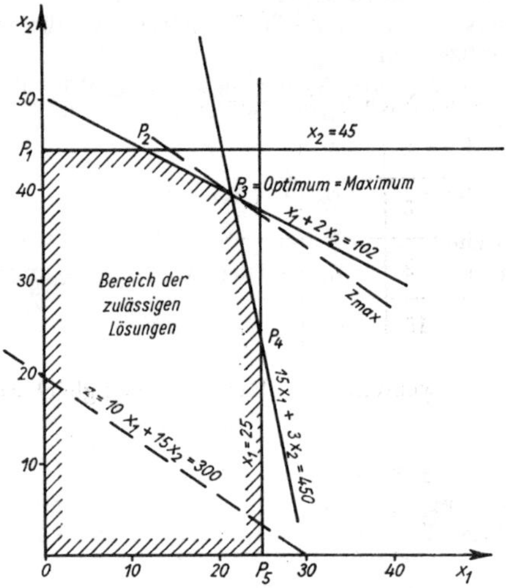

Bild 14.1. Lineare Optimierung, Beispiel

14.3. Kanonische Form der linearen Optimierung

Diese liegt vor, wenn in jeder Gleichung der Nebenbedingungen (ohne die Nichtnegativitätsbedingung) eine Variable (Basisvariable) mit dem Koeffizienten 1, in allen anderen aber nicht vorkommt. Sind noch alle $b_i \geqq 0$, liegt die zulässige kanonische Form vor. Man vereinfacht dann die Zielfunktion durch Subtraktion mit den so vervielfachten Gleichungen der Nebenbedingungen, daß die Basisvariablen entfallen (Umrechnung der Zielfunktion auf die Nichtbasisvariablen): Lineare Optimierung in kanonischer Form.

Beispiel:

$$5x_2 - x_3 + \boxed{x_4} = 25 \qquad \text{Basisvariable } x_4$$

$$\boxed{x_1} + 2x_2 - 2x_3 = 6 \qquad \text{Basisvariable } x_1$$

$$x_i \geqq 0 \qquad i = 1, 2, 3, 4$$

$$z = 2x_1 + 4x_2 - x_3 + 3x_4 \to \min$$

Umrechnung:

$$z = 2x_1 + 4x_2 - x_3 + 3x_4 - (15x_2 - 3x_3 + 3x_4 - 75)$$
$$- (2x_1 + 4x_2 - 4x_3 - 12) = -15x_2 + 6x_3 + 87 \to \min$$

Nichtbasisvariablen = 0 ergibt $\underline{\underline{z_0 = 87.}}$

Simplextafel

Indizes der Nichtbasisvariablen (Spalten); Indizes der Basisvariablen (Zeilen)

	2	3	b_i
4	5	−1	25
1	2	−2	6
	−15	6	−87

Graphisch darstellbar, wenn man die Basisvariablen gleich Schlupfvariablen ansetzt:

$$\begin{aligned} 5x_2 - x_3 &= 25 \\ 2x_2 - 2x_3 &= 6 \\ x_2 &\geqq 0 \\ x_3 &\geqq 0 \end{aligned}$$

$$\underline{\underline{z = -15x_2 + 6x_3 + 87}} = \min$$

Basislösung: Das Minimum im Raum der Basisvariablen ist stets der Nullpunkt.

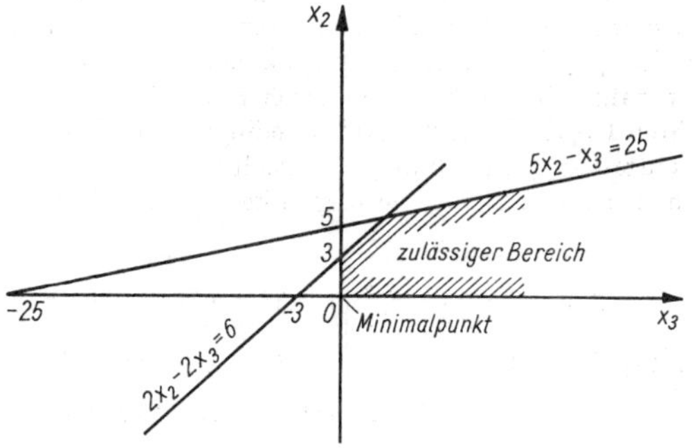

Bild 14.2. Kanonische Form der linearen Optimierung

14.4. Simplexverfahren, Simplexalgorithmus

Es ist ein Iterationsverfahren bei zwei und mehr Variablen zur Annäherung an das Optimum (Minimumtest).
Liegt eine zulässige Simplextafel, d. h. in kanonischer Form, vor und sind in z im Raum der Nichtbasisvariablen alle Koeffizienten

$$\left.\begin{matrix}\geqq 0\\ \leqq 0\end{matrix}\right\}, \text{ ist } z_0 \text{ der } \left\{\begin{matrix}\text{Minimalwert}\\ \text{Maximalwert}\end{matrix}\right\} \text{ der Funktion.}$$

(Im o. a. Beispiel ist die Bedingung nicht gegeben.)

Basisaustauschverfahren

Ist der Minimaltest nicht erfüllt, muß man Basis- und Nichtbasis-Variable schrittweise austauschen.
Unter *Basislösung* versteht man eine die einschränkenden Bedingungen erfüllende Lösung, die höchstens so viele Variablen (*Basisvariablen*) mit einem Wert $\neq 0$ besitzt, wie voneinander unabhängige einschränkende Bedingungen vorhanden sind. Die Menge der Basisvariablen heißt *Basis*, die nicht zur Basis gehörenden, Null gesetzten Variablen heißen *Nichtbasisvariablen*.
Die Nicht-Negativitätsbedingungen werden beim Verfahren automatisch berücksichtigt und zählen nicht mit bei der Wahl der Anzahl der Basisvariablen.
Jeder Basislösung entspricht ein Eckpunkt, der Austausch dem Übergang von einer Ecke längs einer Kante zu einer anderen Ecke des zulässigen Bereichs.

Simplextafel

Nichtbasisvariablen

Pivotspalte

	$k \rightarrow$ / $i \downarrow$	k	k'		
Basisvariable	i	$a_{ik} \cdots$	$a_{ik'}$	$\cdots$	b_i
	$\vdots$		$\vdots$		
Pivotzeile	i'		$p = a_{i'k'}$		
	$\vdots$		$\vdots$		
		c_k	$c_{k'}$		$-z_0$

x_i Basisvariablen $\qquad \sum i + \sum k = n$ Variablenanzahl

x_k Nichtbasisvariablen $\qquad p = a_{i'k'}$ Pivotelement

Arbeitsgang

1. Wahl der Pivotspalte: Der kleinste Wert $c_k \leqq 0$ bestimmt die Pivotspalte k'.
   Es existiert kein Minimum (Maximum), wenn alle $a_{ik'}$ der Pivotspalte $\leqq 0$ ($\geqq 0$) $\rightarrow$ Abbruch.
2. Wahl der Pivotzeile i': Für alle positiven $a_{ik'}$ wird der Quotient $\dfrac{b_i}{a_{ik'}}$ gebildet, der kleinste Wert ergibt die Pivotzeile i', Kennzeichnung von $p = a_{i'k'}$
3. Austauschschritt mit Pivotelement p:
   Man fügt eine neue Tabelle gleicher Einteilung an
   a) Tausche die Zahlen k' und i'
   b) Ersetze Pivotelement p durch $\dfrac{1}{p}$
   c) Multipliziere die übrigen Elemente der Pivot**spalte** mit $-\dfrac{1}{p}$ aus b).
   Bemerkung: Die Abweichung zu S. 102 ergibt sich aus der veränderten Schreibweise des Gleichungsschemas.
   d) Multipliziere die übrigen Elemente der Pivot**zeile** mit $\dfrac{1}{p}$ aus b). Die neuen Elemente mögen $q, r, s, \ldots$ heißen. Sie werden evtl. in der Kellerzeile zusätzlich angeordnet.
   e) Vermindere die restlichen Elemente des ursprünglichen Schemas um das q-, r-, s-, …-fache des in der gleichen Zeile stehenden Elements der Pivotspalte.
   Empfehlung: Spaltenweise Abarbeitung aller $k \neq k'$
   (Neue Spalte) = (alte Spalte) — (Wert, der in der neuen Spalte nach d) schon steht) · (Pivotspalte des alten Schemas)
   f) $(-z_{0\,\text{neu}}) = (-z_{0\,\text{alt}}) - b_{i'\,\text{neu}} \cdot c_{k'\,\text{alt}}$ für Minimum

Ende des Austauschs, wenn alle $c_i \geqq 0$.

Beispiel:

$$
\begin{array}{rcl}
-x_1 + 2x_2 \qquad + 3x_4 + \boxed{x_5} & = & 21 \\
\boxed{x_3} + 2x_4 & = & 4 \\
3x_1 - 3x_2 \qquad\qquad + \boxed{x_6} & = & 3 \\
x_2 \qquad - 3x_4 \qquad\qquad + \boxed{x_7} & = & 6
\end{array}
$$

$\boxed{}$ Basisvariablen

$x_1 \geqq 0,\ x_2 \geqq 0,\ \ldots,\ x_7 \geqq 0$

$z = 3x_1 - 5x_2 + 12x_4 + 84 \rightarrow \min$

Kanonische Form liegt vor, Simplextabelle aufstellen.

$i \downarrow$ / $k \rightarrow$	k': 1	2	4	b_i	$\frac{b_i}{a_{ik'}}$
5	−1	2	3	21	21/2
3	0	0	2	4	
6	3	−3	0	3	
i' 7	0	$p =$ [1]	−3	6	6/1
	3	−5	12	−84	

→ Pivotzeile ②

Pivotspalte ①

	k': 1	(3a) 7	4	b_i
5	(−1 − 0 · 2) −1	(3c) −2	[3 − (−3) 2] 9	(21 − 6 · 2) 9
3	0	0	[2 − (−3) 0] 2	(4 − 6 · 0) 4
6	[3 − 0(· 3)] 3	3	[0 − (−3) · (−3)] −9	[3 − 6(−3)] 21
(3a) 2	0	(3b) $\frac{1}{1} = 1$	−3	6 (3d)
	[3 − 0(· 5)] 3	5	[12 − (−3) · (−5)] −3	[−84 − 6(−5)] −54

Somit nach dem ersten Tausch ohne Nebenrechnungen

	1	7	4	b_i	$\frac{b_i}{a_{ik'}}$
5	−1	−2	[9]	9	9/9
3	0	0	2	4	2
6	3	3	−9	21	
2	0	1	−3	6	
	3	5	−3	−54	

$\rightarrow i'$

k'

	1	7	5	b_i	
4	$-\frac{1}{9}$	$-\frac{2}{9}$	$\frac{1}{9}$	1	
3	$\frac{2}{9}$	$\frac{4}{9}$	$-\frac{2}{9}$	2	
6	2	1	1	30	
2	$-\frac{1}{3}$	$\frac{1}{3}$	$\frac{1}{3}$	9	
	$\frac{8}{3}$	$\frac{13}{3}$	$\frac{1}{3}$	-51	alle $c_i > 0$

Alle Zielfunktionskoeffizienten sind nicht-negativ.
Minimumpunkt:

$$x_1 = 0,\ x_2 = 9,\ x_3 = 2,\ x_4 = 1,\ x_5 = 0,\ x_6 = 30,\ x_7 = 0.$$

$$\underline{\underline{z_0 = 51 \to \text{Minimum}}}$$

Sonderfall: Transportoptimierung, siehe einschlägige Literatur.

15. Taschenrechner

Basis: Rechner für wissenschaftlich-technische Berechnungen mit algebraischer Logik und Klammern, rechnendem Speicher, mit statistischer Berechnung, mit Hierarchie

Hierarchie = Punktrechnung geht vor Strichrechnung

z. B. [2] [×] [3] [+] [4] [×] [5] [=] $(2 \cdot 3) + (4 \cdot 5) = 26$

dagegen ohne Hierarchie $= (2 \cdot 3 + 4) \cdot 5 \quad = 50$

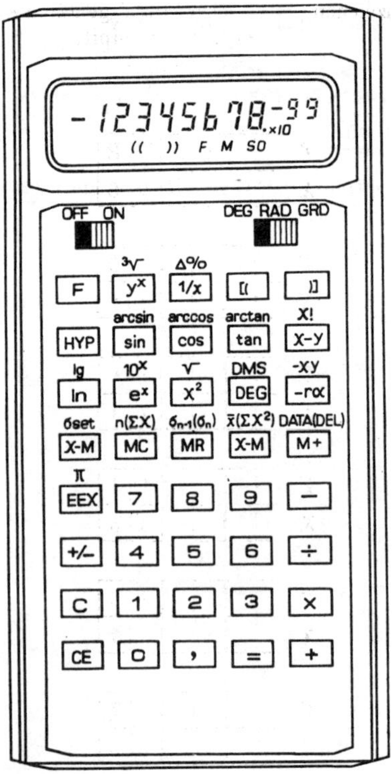

Bild 15.1.
Taschenrechner

Register: Eingaberegister X, zugleich Anzeigeregister
Rechenregister Y

Eingabereihenfolge:

[Zahl] [Rechenzeichen] [Zahl] [Rechenzeichen] bzw. [=]

[Argument der Funktion] [Funktionstaste]

Merke: Operationen mit Funktionstasten beanspruchen nur das X-Register, der Inhalt Y bleibt erhalten.

Arbeitsweise:

1. Zahl	→	X-Register
Rechenzeichen	→	Zahl von $X \to Y$, bleibt in X erhalten
2. Zahl	→	X wird überschrieben
Rechenzeichen	→	X wird mit Y gemäß Rechenzeichen verknüpft, Ergebnis in X

Beispiel: (46 – 11) : 7

Taste	Register						
[4] [6]	Y			L	E	E	R
	X					4	6
[–]	Y					4	6
	X					4	6
[1] [1]	Y					4	6
	X					1	1
[÷]	Y					1	1
	X					3	5
[7]	Y					3	5
	X						7
[=]	Y						7
	X						5

Schalter

off/on	Aus/Ein
DEG, RAD, GRD	DEG Eingabe/Ergebnis in dezimal geteilten Altgrad RAD in Radiant GRD in Gon fehlt der Schalter: $\alpha^\circ = \frac{180}{\pi}\hat{\alpha}$

Tasten

[0] ··· [9]	Ziffern
[,] ; [·]	Komma
[+/−] ; [CS] ; [CHS]	Vorzeichenwechsel (auch für den Exponenten), (engl. *change sign*)
[+], [−], [×], [÷]	Addition, Subtraktion, Multiplikation, Division; Falsche Taste wird durch Betätigen der richtigen gelöscht
[=]	Ergebnistaste Ergebnis erscheint z. T. in Exponentenschreibweise bei $z \geqq 1 \cdot 10^n$ für n-stelligen Rechner bzw. bei $z < 1$, sofern $n - 1$ Stellen nach dem Komma überschritten werden, z. B. $1/3 = 3{,}3\ldots 10^{-1}$
[C]	Löschen (*clear*) aller Register, Speicherinhalt bleibt erhalten
[CE]	Löschen der Eingabe (X-Register)
[C/CE]	1× Drücken: Eingabe löschen 2× Drücken: alle Register löschen
[F] ; [2nd]	Umschalten der Tasterfunktion auf 2.,
[G] ; [3rd]	3. Belegung
[M] ; [X → M]	Speicher (*memory*), Übernahme des angezeigten Wertes in den Speicher, vorhandener Speicherinhalt geht verloren.
[M+], [M−], [M×], [M÷]	addierender ... dividierender Speicher, Inhalt X wird Summand, Subtrahend, Faktor, Divisor.

Beispiel:

Parallelschaltung dreier Widerstände $R_1 = 2\Omega$, $R_2 = 6\Omega$ $R_3 = 12\Omega$

$$R = \frac{R_1R_2R_3}{R_1R_2 + R_1R_3 + R_2R_3} = \frac{2 \cdot 6 \cdot 12}{2 \cdot 6 + 2 \cdot 12 + 6 \cdot 12}$$

	Ergebnis	Speicherinhalt
[CM], [2] [×] [6] [=] [M+]	12	12
[2] [×] [12] [=] [M+]	24	36
[6] [×] [1] [2] [=] [M+]	72	108 = Nenner
[×] [2]	144 = Zähler	
[÷] [MR] [=]	1,33 … Ω	

[MR]	Speicheraufruf (*memory recall*), Speicherinhalt bleibt erhalten
[MC] ; [CM]	Speicher löschen (*memory clear*)
[MEX] ; [M ↔ X]	Austausch Speicher-Register X
[STO] [n]	Speicheradressierung
[RCL] [n]	Speicheraufruf
[CL] [n]	Speicherlöschung

(Speicheradressierung, Speicheraufruf, Speicherlöschung:) des n-ten Speichers bei mehr als 1 Speicher (*store*)

[EE] ; [EEX] Eingabe des Exponenten bei Gleitkommazahlen, zweistellig:
$z = m \cdot 10^E$ m Mantisse, E Exponent
z. B. Elementarladung
$e = 1{,}602\,189 \cdot 10^{-19}$

[1] [.] [6] [0] [2] [1] [8] [9] [EEX]

[+/−] [1] [9]

Merke: Gleitkommazahlen werden automatisch normiert ., … 10^k $k \in G$. Exponentenkorrektur durch Überschreiben der falschen Zahl.

Beispiel:

$$(-51{,}73 \cdot 10^{-8}) \cdot (0{,}24 \cdot 10^{-4}) = -1{,}2415 \cdot 10^{-11}$$

[5][1][,][7][3] [+/−] [EE] [8] [+/−] [×] [0][,][2][4] [EE] [4] [+/−]

[=] | $-1{,}2415\ -11$

[X ↔ Y] ; [XY] Austausch der Registerinhalte

[%] Prozent des Registerinhalts

Beispiele:

(1) [2][0][0] [+] [5] [%] [=] | 210 oder

[2][0][0] [×] [5] [%] [+] | 210 Aufschlag von 5%

(2) [2][0][0] [−] [5] [%] [=] | 190 oder

[2][0][0] [×] [5] [%] [−] | 190 Abschlag von 5%

(3) [2][0][0] [×] [5] [%] | 10 Prozentwert

(4) [5][0] [÷] [2][0][0] [%] | 25% Prozentsatz

[Δ%] [a] [+] [b] [Δ%] $\triangleq \frac{a+b}{b}\,100$

[a] [×] [b] [Δ%] $\triangleq \frac{ab}{100}$

[a] [÷] [b] [Δ%] $\triangleq \frac{a}{b}\,100$

[$\sqrt{\ }$] , [$\sqrt[3]{\ }$] Quadratwurzel, Kubikwurzel

fehlt [$\sqrt[3]{\ }$] $\rightarrow Y^X = y^{0,33333\ldots}$

[Y^X] Potenz y^x, x positive oder negative Zahl, x keine Gleitkommazahl (teilweise)

Merke: x ist teilweise auch nicht in einer Nebenrechnung und Abspeicherung ermittelbar, z. B. $x = 1:5$, $32^{1/5} = 2$

[3][2] [Y^X] [1] [÷] [5] = falsch

Beispiele:

$\sqrt[5]{32} = 2$

[3] [2] [Y^X] [0] [,] [2] [=] | $\underline{\underline{2}}$

$\sqrt[3]{27} = 3$

[2] [7] [Y^X] [0] [,] [3] [3] [3] [3] [3] [3] [3] [=] | $\underline{\underline{3}}$

$$\frac{1}{\sqrt[3]{27}} = 27^{\frac{-1}{3}} = 0{,}33\ldots$$

[2] [7] [Y^X] [0] [,] [3] [3] [3] [3] [3] [3] [3] [+/−] [=] | $\underline{\underline{0{,}33333\ldots}}$

Evtl. falsch [2] [7] [Y^X] [3] [1/x] (es entsteht 3,33 ... −01) = falsch

[X^2]	Quadrat x^2
[1/X]	Kehrwert $1/x$
[10^X]	Zehnerpotenz 10^x
[e^x]	e-Funktion e^x, z. B. $e^{-3,4} = 0{,}0333733$
	[3] [,] [4] [+/−] [e^x] | $\underline{\underline{0{,}0333733}}$
[lg]	dekadischer Logarithmus lg x
[ln]	natürlicher Logarithmus ln x, z. B.
	ln 3 = 1,098613; [3] [ln] | $\underline{\underline{1{,}098613}}$
[x!]	Fakultät $x!$
[$\to r\alpha$]	Wandlung kartesischer Koordinaten in Polarkoordinaten
	z. B. [x_1] [+] [y_1] [$\to r\alpha$] | r_1
	[X ↔ Y] | α_1
[$\to xy$]	Wandlung Polarkoordinaten in kartesische Koordinaten
	z. B. [r_1] [+] [α_1] [$\to xy$] | x_1
	[X ↔ Y] | y_1

[DEG]	Wandlung Grad, Minute, Sekunde in Dezimalgrad
[DMS]	Wandlung Dezimalgrad in Grad, Minute, Sekunde (nur eine Klammer verwendbar!)

Additionen von Winkeln werden in Dezimalgraddarstellung vorgenommen und rückverwandelt.

[sin], [cos], [tan]	Winkelfunktionen, Ein-/Ausgabe gemäß Schalterstellung Grad/Radiant $\cot x = 1/\tan x$

[ARC] mit [sin], [cos], [tan] inverse trigonometrische Funktion

oder [arcsin], [arccos], [arctan]

oder [$\sin^{-1}$], [$\cos^{-1}$], [$\tan^{-1}$] wobei $\sin^{-1} x \triangleq \arcsin x$ und **nicht** $\dfrac{1}{\sin x}$

Beispiel:

$$\arcsin \frac{1}{2} \sqrt{3}$$

[3] [$\sqrt{\ }$] [$\div$] [2] [=] [arcsin] [=] | $\underline{\underline{60°}}$ bei DEG

| $\underline{\underline{1{,}0472}}$ bei RAD

[HYP] mit [sin] ...	sinh ... fehlt die Taste, Definitionen S. 190 verwenden

$\operatorname{arsinh} x = \ln \left(x + \sqrt{x^2 + 1}\right)$ usw. s. S. 197

[K] oder automatisch wirkend *Konstantenautomatik*

$x + k,\ x - k,\ k \cdot x,\ x:k \quad k$ Konstante

Merke: Man informiere sich in der Bedienanleitung seines Taschenrechners über die Konstantenrechnung. (Welcher Operand ist die Konstante? Sind alle 4 Grundrechnungsarten möglich?)

Beispiele:

$4 + 5 = 9$	[4] [+] [5] [=]	9	[4] [+] [5] [=] [=] [=]	19
$8 + 5 = 13$	[8] [=]	13		
$4 - 5 = -1$	[4] [−] [5] [=]	−1		
$8 - 5 = 3$	[8] [=]	3		
$5 \cdot 8 = 40$	[5] [×] [8] [=]	40	[5] [×] [=]	25
$5 \cdot 4 = 20$	[4] [=]	20	[5] [×] [=] [=]	125
$15 : 5 = 3$	[1][5] [÷] [5] [=]	3		
$35 : 5 = 7$	[3][5] [=]	7		

[π] Zahl $\pi = 3{,}141\,592\,6\ldots$

[[(], [)]] Klammer auf, zu; zwei Klammern ineinander schachtelbar

Beispiel: $3 \cdot [4(5 + 6) - 4] = 120$

[3] [×] [[(] [4] [×] [[(] [5] [+] [6] [)]] [−] [4] [)]] [=] | $\underline{\underline{120}}$

Betriebsart »Statistische Berechnungen«

[σ_{set}] Umschalter auf statistische Berechnungen, Anzeige »SD«;

Nicht ausführbar sind: Speicherrechnungen, Klammerrechnung, Koordinatentransformation, Winkelumrechnung

Aufhebung der Betriebsart »statistische Berechnungen« [C] oder nochmals [σ_{set}]

[n ($\sum$X)] Anzahl n der eingegebenen Werte

[F] [n ($\sum$X)] Summe der eingegebenen Werte $\sum x$

$\boxed{\sigma_{n-1}(\sigma_n)}$	Standardabweichung aus der Datenmenge DATA.

$$s_{n-1} = \sigma_{n-1} = \sqrt{\frac{\sum\limits_{i=1}^{n} x_i^2 - \frac{1}{n}\left(\sum\limits_{i=1}^{n} x_i\right)^2}{n-1}}$$

$$= \sqrt{\frac{\sum\limits_{i=1}^{n} x_i^2 - \frac{1}{n}\,\bar{x}\sum\limits_{i=1}^{n} x_i}{n-1}}$$

$\boxed{F}$ $\boxed{\sigma_{n-1}(\sigma_n)}$	Standardabweichung aus der Datenmenge DATA.

$$s_n = \sigma_n = \sqrt{\frac{\sum\limits_{i=1}^{n} x_i^2 - \frac{1}{n}\left(\sum\limits_{i=1}^{n} x_i\right)^2}{n}} = \frac{\ldots \text{ wie oben}}{n}$$

$\boxed{\bar{x}\ (\sum X^2)}$	arithmetischer Mittelwert $\bar{x}$
$\boxed{F}$ $\boxed{\bar{x}\ (\sum X^2)}$	Summe der Quadrate der eingegebenen Werte $\sum x_i^2$
$\boxed{\text{DATA (DEL)}}$	Eingabe der Werte der Stichprobe
$\boxed{F}$ $\boxed{\text{DATA (DEL)}}$	Streichung des vorher eingegebenen Wertes (*deletion*)

Beispiel:

Berechne $\sum x$, $\bar{x}$, $\sum x^2$, $s_n = \sigma_n$ aus den Werten 9,17; 9,19; 9,14; 9,15; 9,20! $\boxed{\sigma_{\text{set}}}$

Dateneingabe: $\boxed{9}\boxed{,}\boxed{1}\boxed{7}$ $\boxed{\text{DATA}}$, $\boxed{9}\boxed{,}\boxed{1}\boxed{9}$ $\boxed{\text{DATA}}$,

$\boxed{9}\boxed{,}\boxed{1}\boxed{4}$ $\boxed{\text{DATA}}$, $\boxed{9}\boxed{,}\boxed{1}\boxed{8}$ $\boxed{\text{DATA}}$ (Fehler) $\boxed{9}\boxed{,}\boxed{1}\boxed{8}$ $\boxed{F}$

$\boxed{\text{DEL}}$, $\boxed{9}\boxed{,}\boxed{1}\boxed{5}$ $\boxed{\text{DATA}}$, $\boxed{9}\boxed{,}\boxed{2}\boxed{0}$ $\boxed{\text{DATA}}$,

$\boxed{F}$ $\boxed{n\ (\sum X)}$ | $\underline{\underline{45{,}85\ \text{SD}}}$

$\boxed{\bar{x}\ (\sum X^2)}$ | $\underline{\underline{9{,}17\ \text{SD}}}$

[F] [$\bar{x}$ ($\sum X^2$)] | 420,4471 SD

[F] [$\sigma_{n-1}(\sigma_n)$] | $2{,}2803 \cdot 10^{-2}$ SD

[n ($\sum X$)] | 5 SD

Genauigkeit: Siehe Gebrauchsanleitung des Taschenrechners
Spannungstest: $1{,}2345679 \cdot 7{,}2 = 8{,}8888888$

Sachwortverzeichnis

Zeichen	Bedeutung, Sprechweise
Geometrie	
$\parallel$	parallel
$\nparallel$	nicht parallel
$\uparrow\uparrow$, $\uparrow\downarrow$	gleich-, gegensinnig parallel
$\perp$	rechtwinklig zu, senkrecht auf
$\triangle$	Dreieck, z. B. $\triangle\ ABC$
$\sphericalangle$	Winkel, z. B. $\sphericalangle\ ABC$, Scheitel B
$\lvert\sphericalangle\ ABC\rvert$	Größe des Winkels ABC
$\measuredangle$	orientierter Winkel
AB	Gerade AB (durch die Punkte A und B)
$\overline{AB}$	Strecke $\overline{AB}$, Länge der Strecke $\overline{AB}$ (Endpunkte A und B)
$\overrightarrow{AB}$	Verschiebung, die A auf B abbildet; physikalisch: gerichtete Strecke $\overline{AB}$ (von A nach B)
$\widehat{AB}$	Bogen AB
$^\circ$, $'$, $''$	Grad, Minute, Sekunde als Größe eines Winkels im Gradmaß
arc α, $\hat{\alpha}$	arcus α, Bogen, Bogenmaß
rad	Radiant, Einheit des Bogenmaßes (1 rad = 57,29578°)
$\{O; x, y\}$	Kartesisches Koordinatensystem, Ursprung O, Koordinaten x und y
$\{O; x, y, z\}$ oder $\{O; \boldsymbol{i}, \boldsymbol{j}, \boldsymbol{k}\}$	räumliches kartesisches Koordinatensystem, Ursprung O, Koordinaten x, y, z
$\{O; r, \varphi\}$	Polarkoordinatensystem, Pol O, Modul r, Argument φ
$\{O; r, \lambda, \varphi\}$	Kugelkoordinatensystem, Pol O, Betrag des Radiusvektors $\boldsymbol{r}$, Winkel $\sphericalangle$ (Null, $\boldsymbol{r}$) $= \lambda$, Winkel $\sphericalangle$ (Äquatorebene, $\boldsymbol{r}$) $= \varphi$
Vektoren	
$\boldsymbol{a}$, $\vec{a}$	Vektor $\boldsymbol{a}$
$\boldsymbol{o}$	Nullvektor
$\boldsymbol{a}^0$	Einheitsvektor
$(a_1, a_2, \ldots, a_n)$	n-dimensionaler Vektor
a, $\lvert\boldsymbol{a}\rvert$	Betrag, Länge, Norm des Vektors $\boldsymbol{a}$
V_n	n-dimensionaler Vektorraum
$\boldsymbol{i}, \boldsymbol{j}, \boldsymbol{k}$	Einheitsvektoren im kartesischen räumlichen Koordinatensystem
$\boldsymbol{ab}$	skalares Produkt $ab = \lvert\boldsymbol{a}\rvert \cdot \lvert\boldsymbol{b}\rvert \cdot \cos(\boldsymbol{a}, \boldsymbol{b}) = \boldsymbol{a}\boldsymbol{b}_a = \boldsymbol{a}_b\boldsymbol{b}$
$\boldsymbol{a} \times \boldsymbol{b}$, $[\boldsymbol{a}, \boldsymbol{b}]$	$\boldsymbol{a}$ Kreuz $\boldsymbol{b}$, Vektorprodukt